JN175606

Welcome
to the
Universe

An
Astrophysical
Tour

宇宙へようこそ

宇宙物理学をめぐる旅

ニール・
ドグラース・タイソン
Neil deGrasse Tyson

マイケル・A・ストラウス
Michael A. Strauss

J・リチャード・ゴット
J. Richard Gott

松浦俊輔 訳

青土社

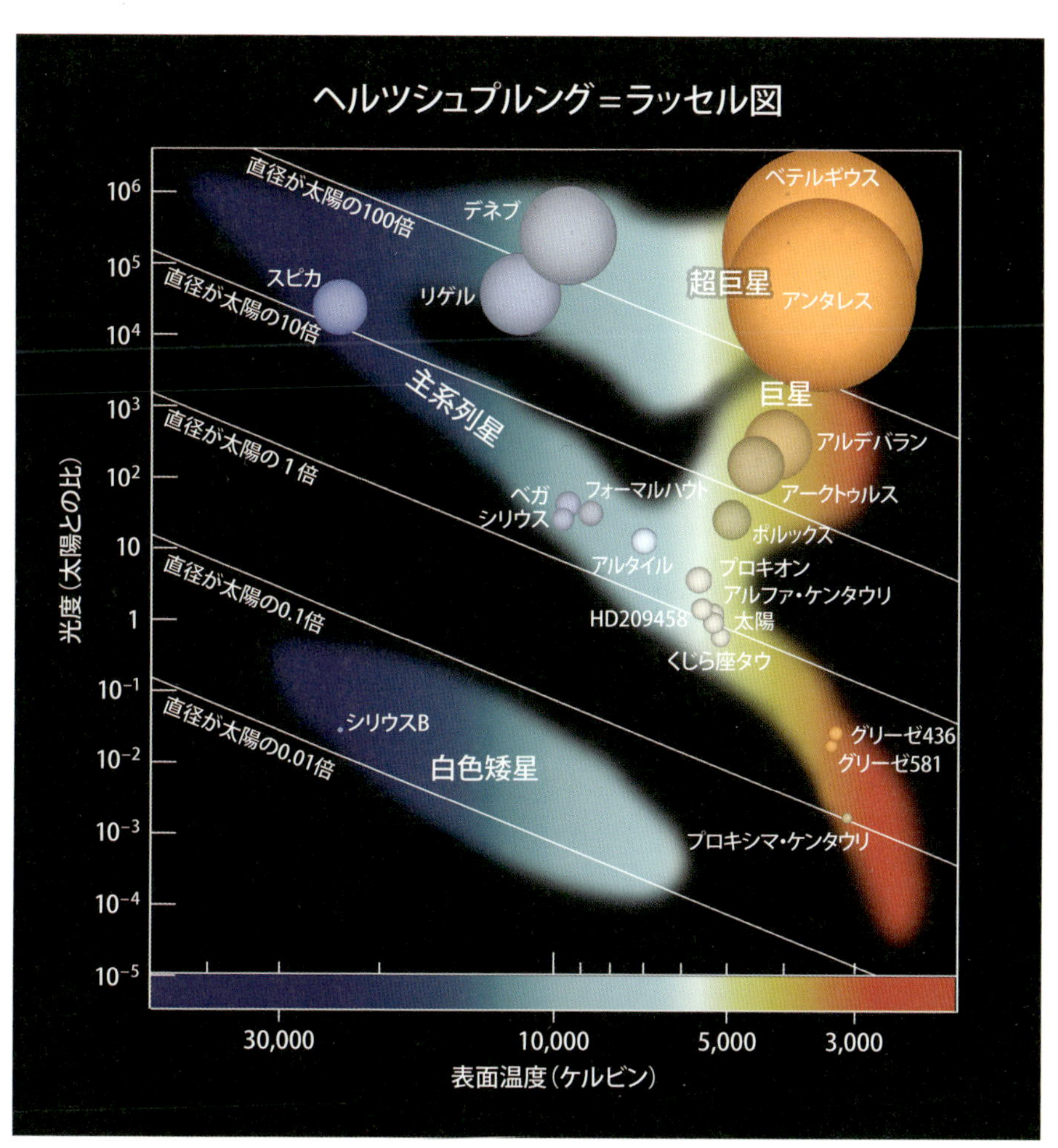

図 7-1　星のヘルツシュプルング＝ラッセル図。星の表面温度に応じた星の明るさがグラフに描かれている。慣習により、表面温度は右へ行くほど低いことに注意。ここに示されているように、表面温度が低い星は赤く、高い星は青い。雲のようになったところが星がふつうに見つかる領域を示す。特定の名がついた斜線に沿った星は、半径が等しい。図版—— J. Richard Gott, Robert J. Vanderbei（*Sizing Up the Universe*, National Geographic, 2011）を元に手を加えた。

図 7-2　散開星団、プレアデス。これは若い星団（おそらくできてから 1 億年未満）。写真 —— Robert J. Vanderbei.

図 7-3　球状星団 M13。写真 —— J. Richard Gott, Robert J. Vanderbei（*Sizing Up the Universe*, National Geographic, 2011）による。

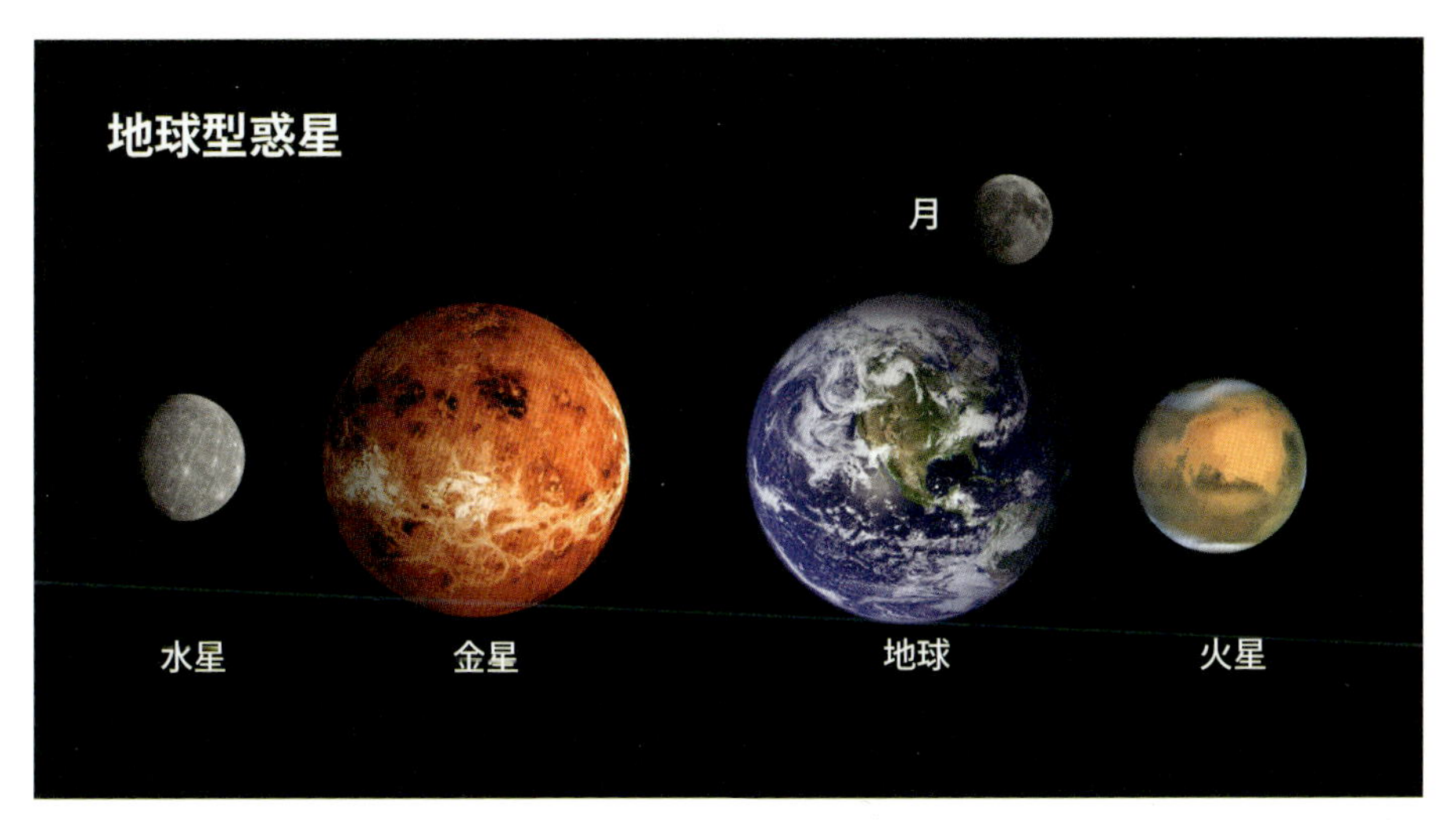

図 9-2　縮尺をそろえた地球型／岩石型惑星（比較のために月も表示した）。ここでは金星の雲に覆われた大気圏を省略しているので、マゼラン探査船によるレーダー画像によって明らかになった表面の地形が見えている。写真―― J. Richard Gott, Robert J. Vanderbei（*Sizing Up the Universe*, National Geographic, 2011）による。

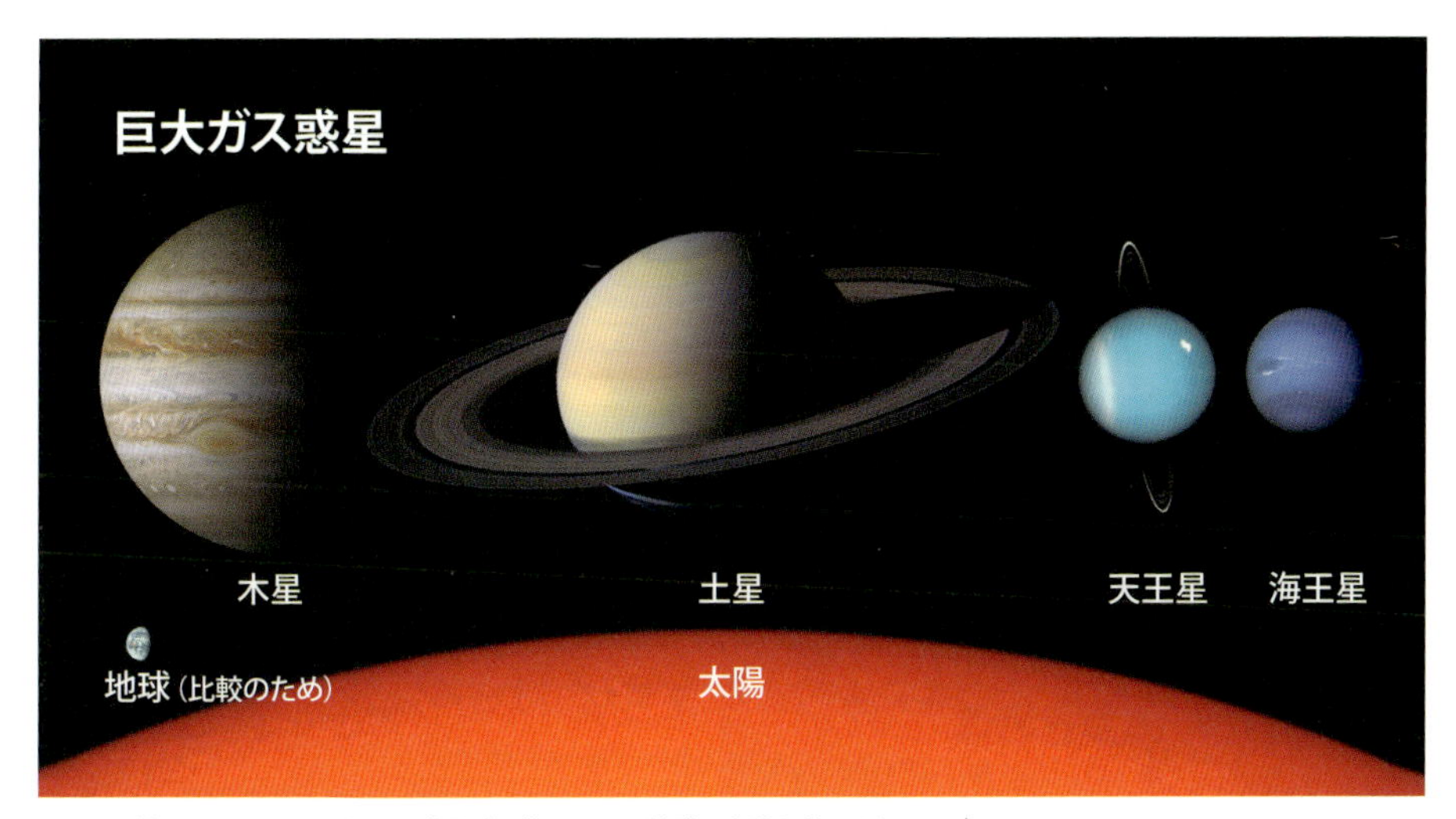

図 9-3　縮尺をそろえた巨大ガス惑星（比較のために地球と太陽を並べた）。
写真―― J. Richard Gott, Robert J. Vanderbei（*Sizing Up the Universe*, National Geographic, 2011）による。

図 10-1　ケプラー衛星によって見つかり、惑星半径と恒星からの距離が測定された系外惑星。2106 年 2 月段階。確認された 1100 以上の系外惑星がドットで示されている。縦軸での位置は惑星の半径（地球半径を単位とする）、横軸での位置は恒星からの距離（天文単位 AU）。こうした系外惑星は、恒星の正面を通過して、その恒星の明るさをわずかに下げるときに発見された。青の照準線はこの図に地球を置いたとしたときの位置を示す。図版——Michael A. Strauss, NASA

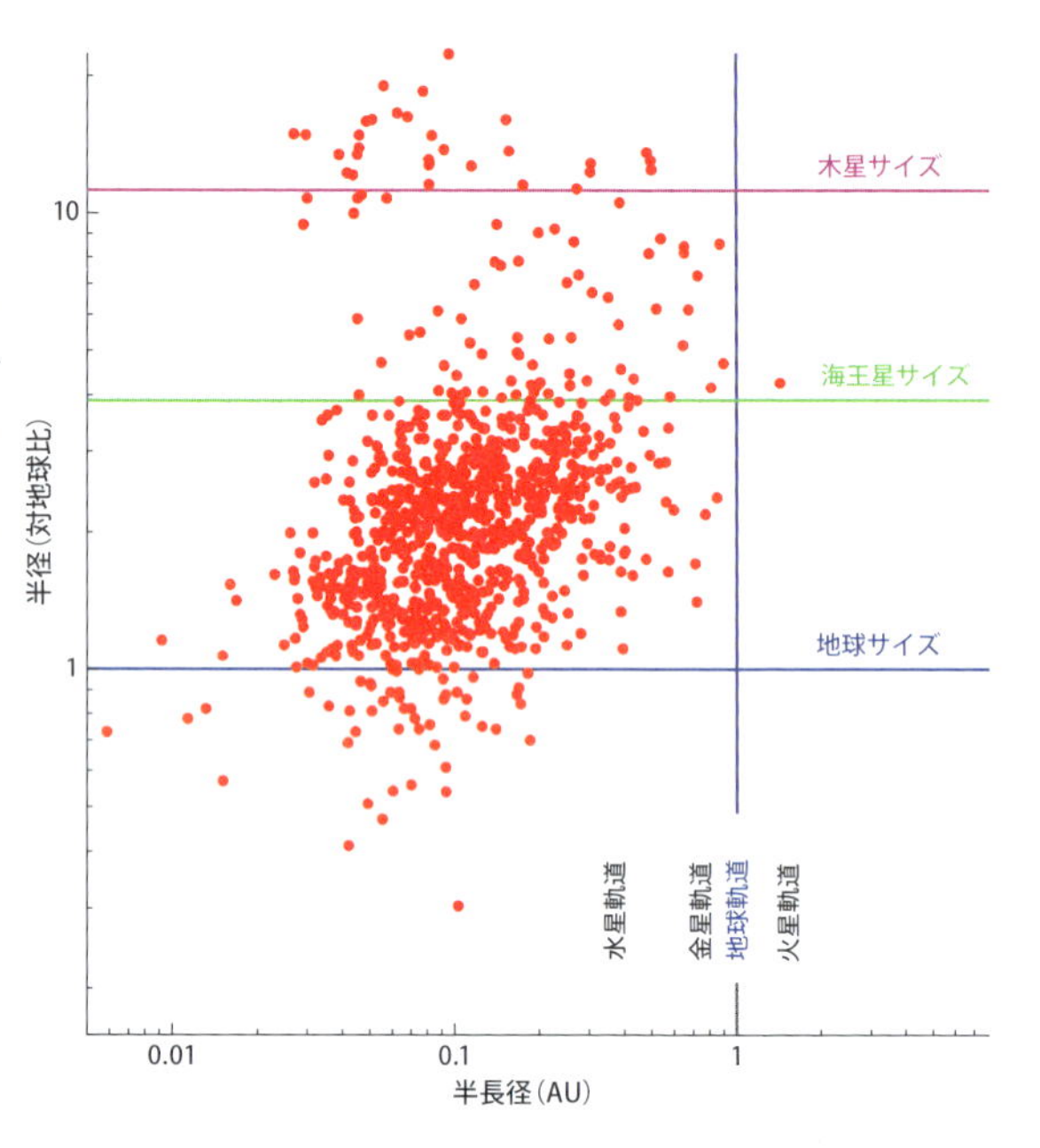

図 11-2　銀河の中心。天の川の塵は、長波長の光より短波長の光をよく隠し、塵の背後の星に目立って赤っぽい色調を与える。この画像には約 1000 万の恒星があり、さしわたしは約 4000 光年にわたる。天の川の中心の正確な位置は、左上の最も濃密な赤い地点。写真—— Two Micron All Sky Survey（NASA と NSF の研究資金に基づき University of Massachusetts および the Infrared Processing and Analysis Center/California Institute of Technology が行なった合同研究）で得られたアトラス画像。

図 11-4　オリオン星雲。この星が形成されている領域の鮮かな色は、隠れている若く明るい星々によって照らされる蛍光を出すガスによる。塵が糸状に広がっているところも見える。写真—— NASA, ESA, T. Megeath (University of Toronto), and M. Robberto (STScI)

図 11-5　三裂星雲。赤い光は水素α（Hα）輝線で輝く蛍光を発するガスで、青い光はほとんどが豊富な塵で反射される星の光。写真—— Adam Block, Mt. Lemmon SkyCenter, University of Arizona

図 13-1　M101、風車銀河。写真—— NASA/HST

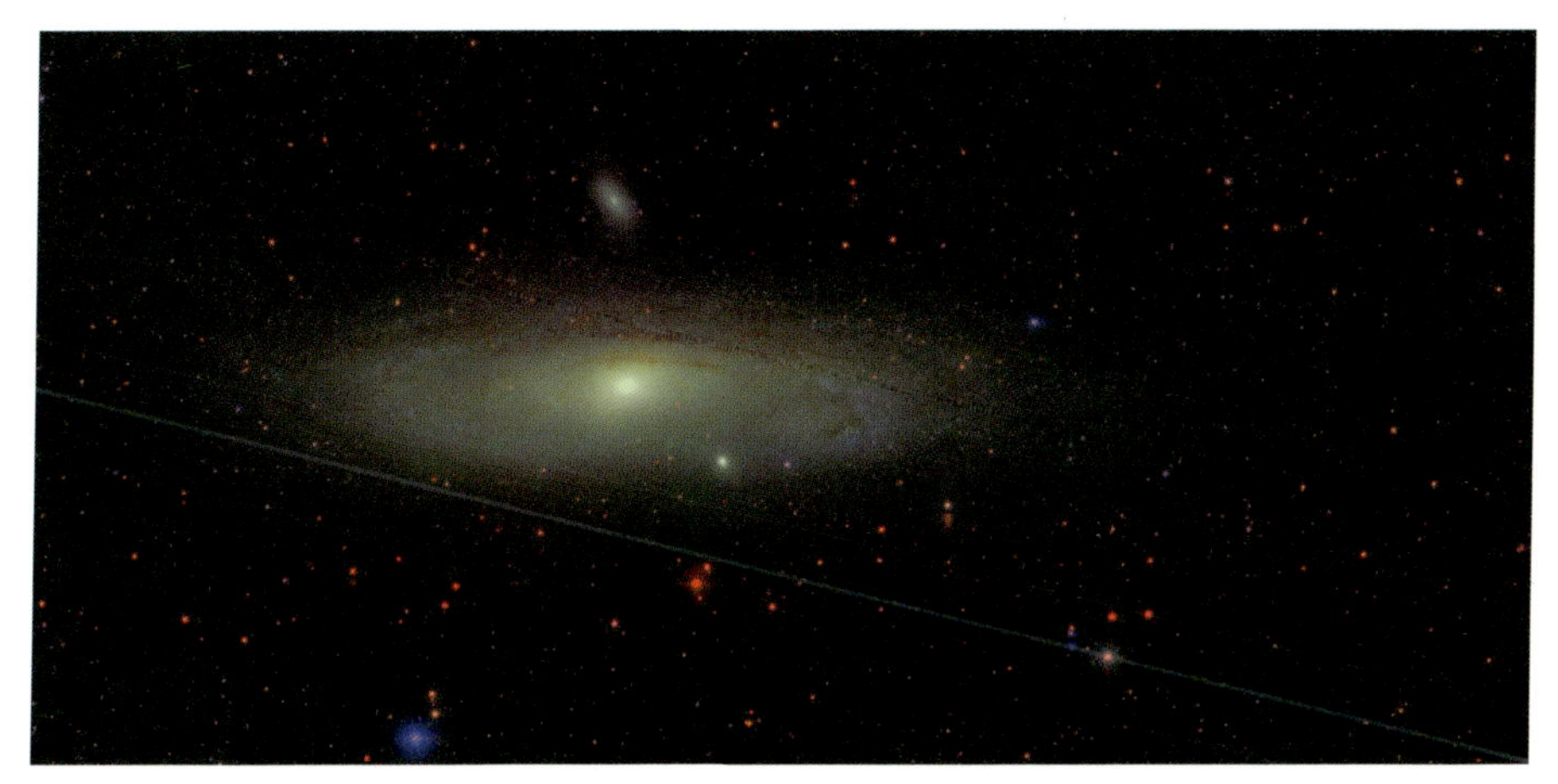

図 13-2　スローン・デジタル・スカイ・サーベイによるアンドロメダ銀河。アンドロメダ銀河はほとんど真横から見た渦巻で、二つの小さな楕円伴銀河（下の M32、上の NGC205）を伴っている。

図 13-4　ソンブレロ銀河。ソンブレロ銀河はほとんど真横から見た巨大なバルジのある渦巻銀河。写真—— NASA and the Hubble Heritage Team（AURA/STScI）Hubble Space Telescope, ACS STScI-03-28

図 13-5　ペルセウス銀河団の中心部。スローン・デジタル・スカイ・サーベイによる。写真——Sloan Digital Sky Survey and Robert Lupton

図 13-6　ハッブル宇宙望遠鏡のおたまじゃくし銀河。これは実際には合体した二つの銀河で、長い尻尾を伸ばしているところ。多くの暗い、もっと遠くにある銀河が見える。写真—— ACS Science and Engineering Team, NASA

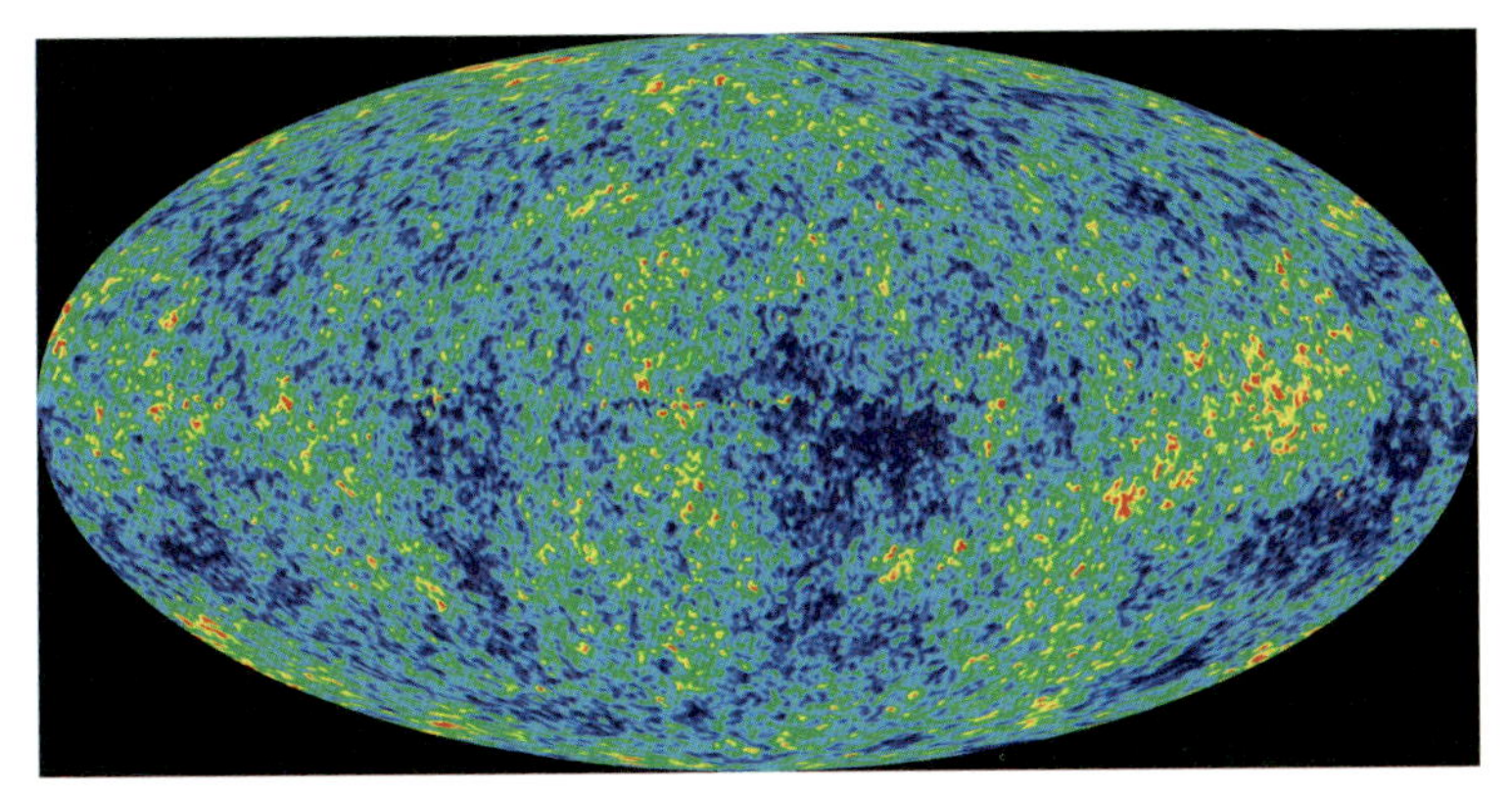

図 15-2　WMAP 衛星による宇宙マイクロ波背景の分布図。2010 年の 9 年分のデータに基づく。これは空全体の図で、図 11-1 や図 12-2 と同じ投影法による。天の川銀河そのものによるマイクロ波放射も、地球の宇宙マイクロ波背景に対する固有運動によるドップラー偏移も差し引きされている。赤いところは平均温度よりわずかに高いことを表し、青いところはわずかに低いところを表し、緑は中間の温度を表す。写真―― NASA，WMAP 衛星。

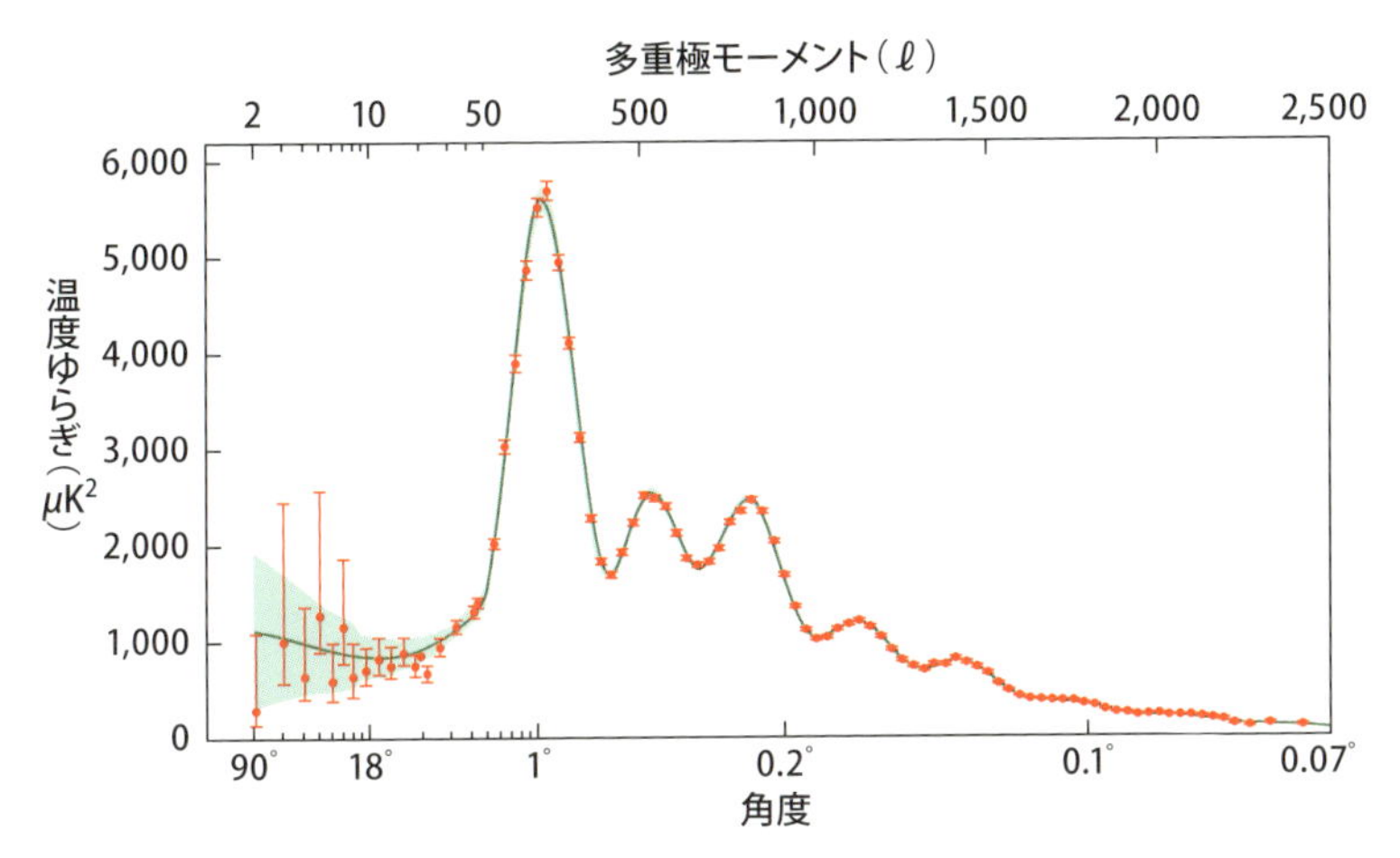

図 15-3　宇宙背景放射ゆらぎの強さを、角度の関数として並べたもの（赤いドット）と、理論値（緑の曲線）とを比べたもの。Planck Stellite Team 2013 より。縦軸は宇宙背景放射の温度に表れるばらつきの強さ（パワー）で、度で表したゆらぎをとる幅の関数で表している。縦軸の単位はマイクロケルビンの 2 乗で、一様な温度、2.7325K からのずれを、10 万分のいくつという単位で表している。曲線の振動は、再結合の時期まで宇宙を伝わっていた音波のせい。データ点を通実線による曲線は、ビッグバン・モデルを前提として予想される曲線で、ダークマター、ダークエネルギー、インフレーション（これについては第 23 章で）の影響を含む。基本的に観測とは完璧に一致していて、ビッグバン・モデルが正しいことの見事な確認となっている。以前の NASA の WMAP 衛星によるデータも、同じ結論に至った。ESA および Planck Collaboration 提供。

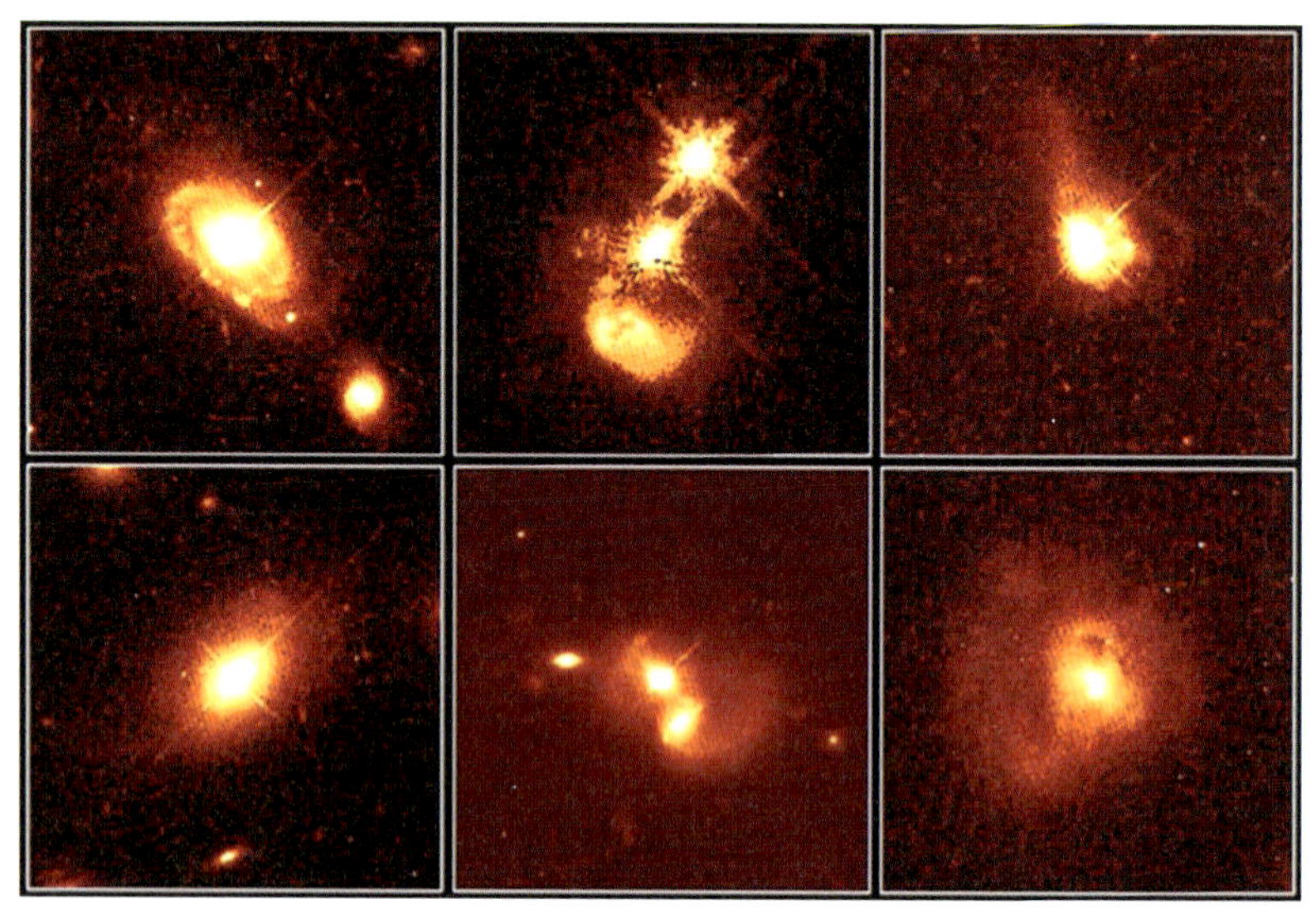

図 16-3　クェーサーと宿主銀河。ハッブル宇宙望遠鏡撮影。写真提供―― J. Bahcall and M. Disney, NASA

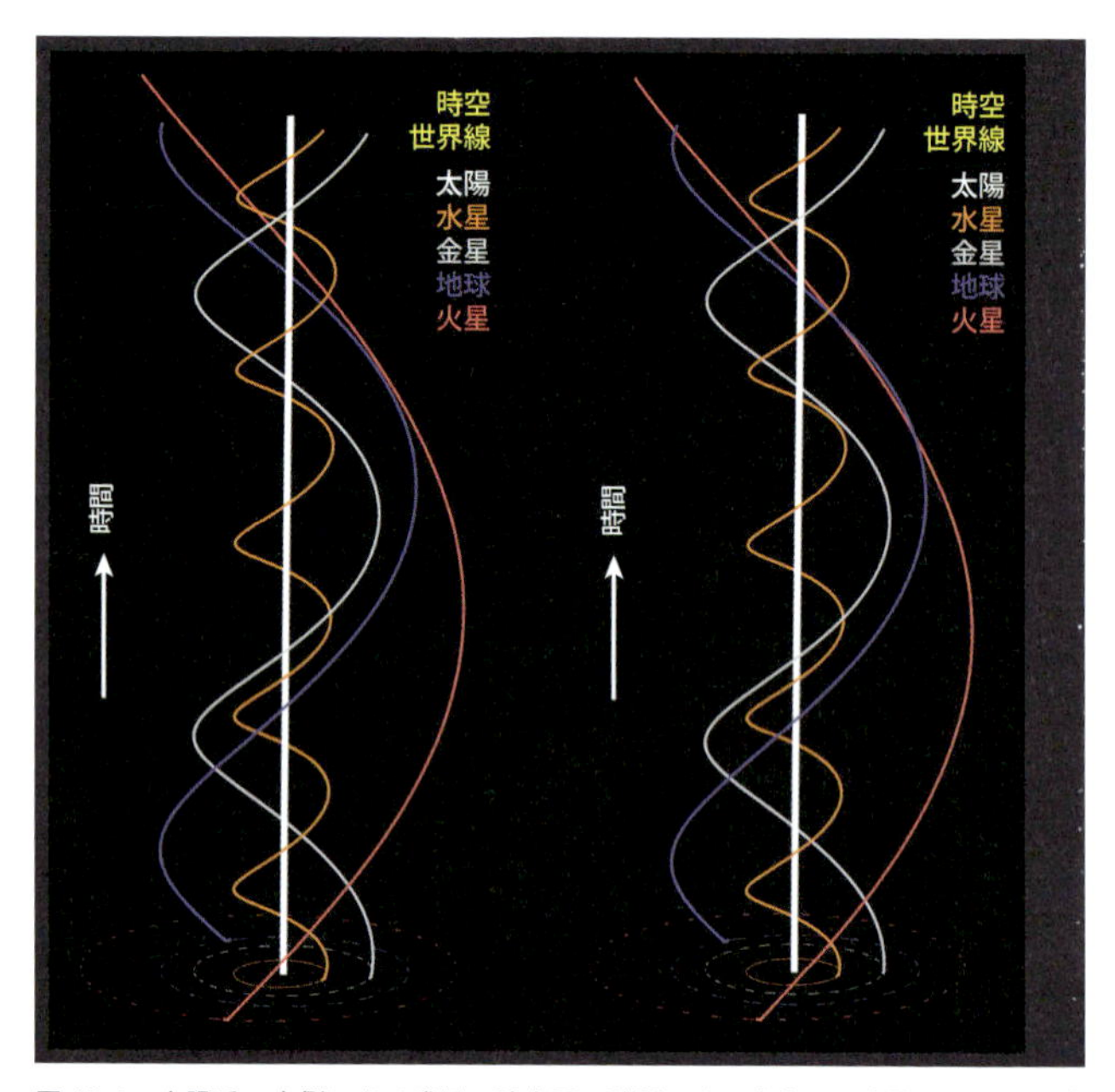

図 18-1　太陽系の内側にある惑星の時空図。時間は上下方向で、空間の 2 次元が水平方向に描かれている。これは 3 次元の図で、両眼視による立体画像の対にしてある。図 4-2 を見るための指示に従うこと。太陽の世界線は中央の垂直の白い線。地球は反時計回りに公転し、最初は太陽の手前を回り、それから後ろへ回る（図の上側で）。水星、金星、地球、火星はこの順で公転周期が大きくなり、したがって、らせんの巻き付き方が緩くなる。写真提供、Robert J. Vanderbei and J. Richard Gott.

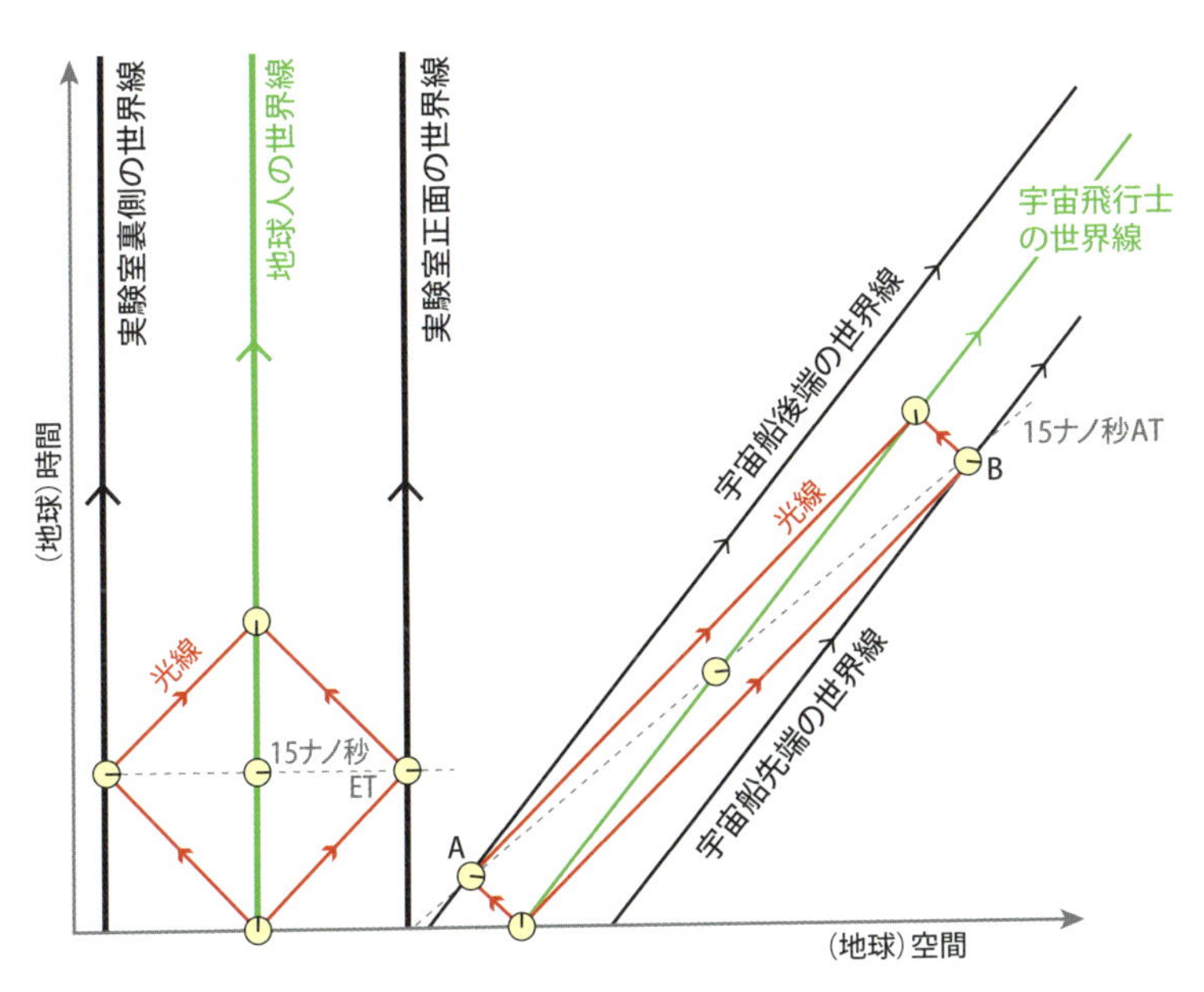

図 18-2　私の実験室と宇宙飛行士が乗るロケットの時空図。図版—— J. Richard Gott（Time Travel in Einstein' s Universe, Houghton Mifflin, 2001）を元にした。

図 20-1　ブラックホール漏斗。ブラックホールのまわりの形はバスケット・コートのような平らなものではなく、漏斗のように曲がっている。漏斗はシュヴァルツシルト半径のところで垂直になる。図では赤い帯で印がつけられていて、シュヴァルツシルト半径の 2 π倍の円周を示している。宇宙飛行士はまっすぐ落ちることもできる。シュワルツシルト半径（赤い帯）を通過すると、もう帰還はできない。漏斗を立てている台は無視すること。また漏斗の内側と外側も無視。それは形を実際に見せているだけだ。写真提供—— J. Richard Gott

図 20-2　クラスカル図。シュワルツシルト（非回転）ブラックホールの内外両方の形状を示す時空図。未来はてっぺん側にある。図は永遠に存続する 1 点の周囲にできる空っぽの時空を表す。私たちのいる宇宙は右側。教授と院生（GS）の世界線が示されている。教授はブラックホールの外、シュワルツシルト半径の 1.25 倍（1.25 r_S）のところに安全に留まっている。院生はブラックホールに落下して、r = 0 のところにある特異点に衝突する。事象の地平（EH）が半径がシュワルツシルト半径に等しいところ（$r = r_S$）の線に沿っている。J. Richard Gott 提供。

r = 0
特異点
別の宇宙
r = 0.75 r_s
r = r_s
ひどい
進行は
の
事態
私たちの宇宙
GS
教授
r = r_s
事象の地平（EH）
r = 1.25 r_s
r = 0
特異点

図 20-3　シュワルツシルト・ブラックホールの見え方のシミュレーション。空の黒い円盤が、重力レンズで歪んだ背景の星の像に囲まれている。銀河平面の像が二つ見える。そこからの光がこちらの眼に届く途中でブラックホールの両側で曲がるからだ。写真 —— Andrew Hamilton（背景の銀河系の画像は Axel Mellinger のものを加工）

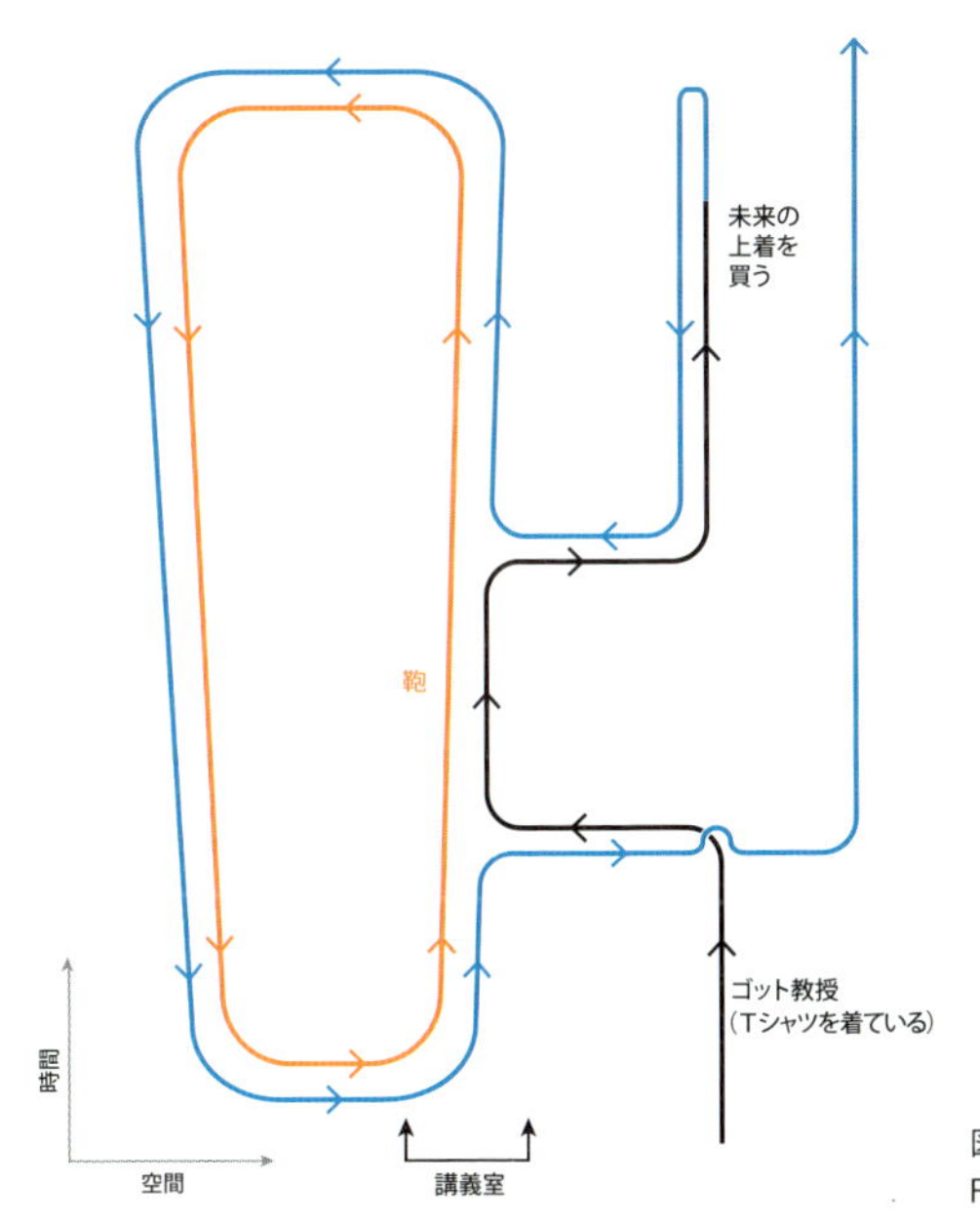

図 21-1　ゴット教授の時間旅行講演の時空図。J. Richard Gott 提供。

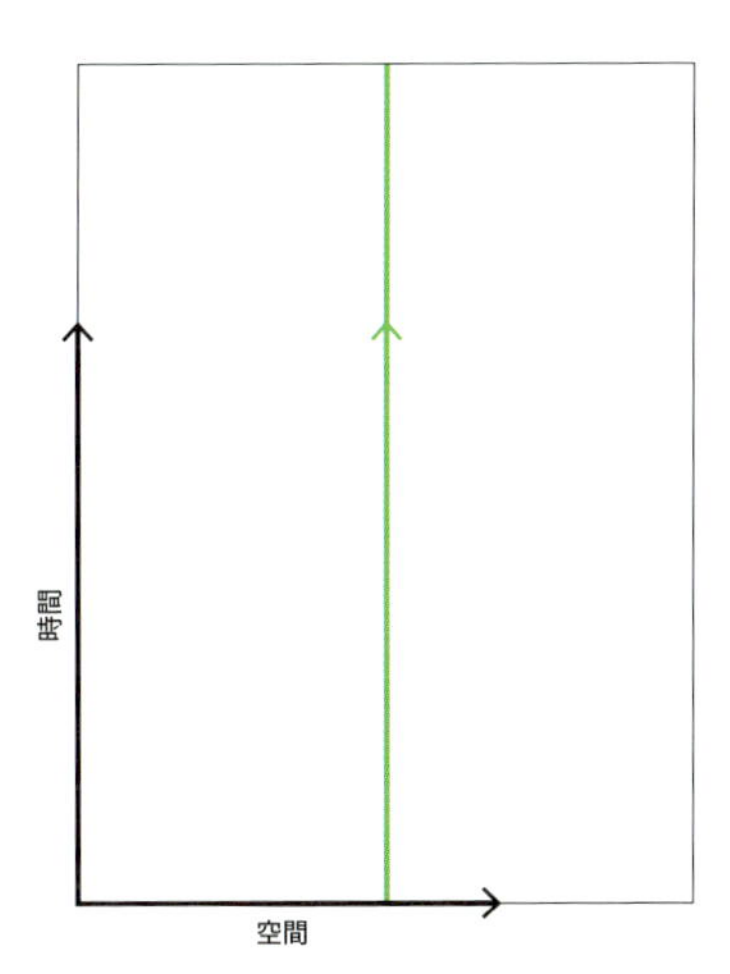

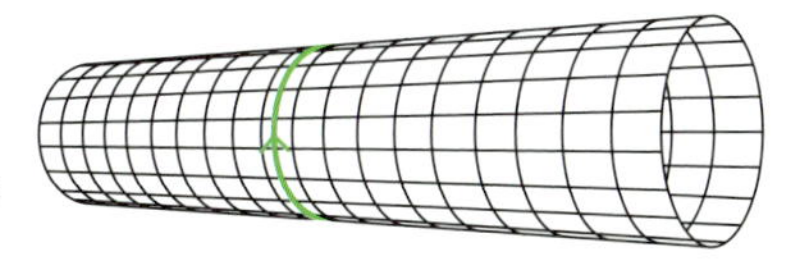

図 21-3　曲がった時空によって世界線は過去の方に巻き戻ってくる。図版── J. Richard Gott によるもの（*Time Travel in Einstein's Universe*, Houghton Mifflin, 2001）を元にした。

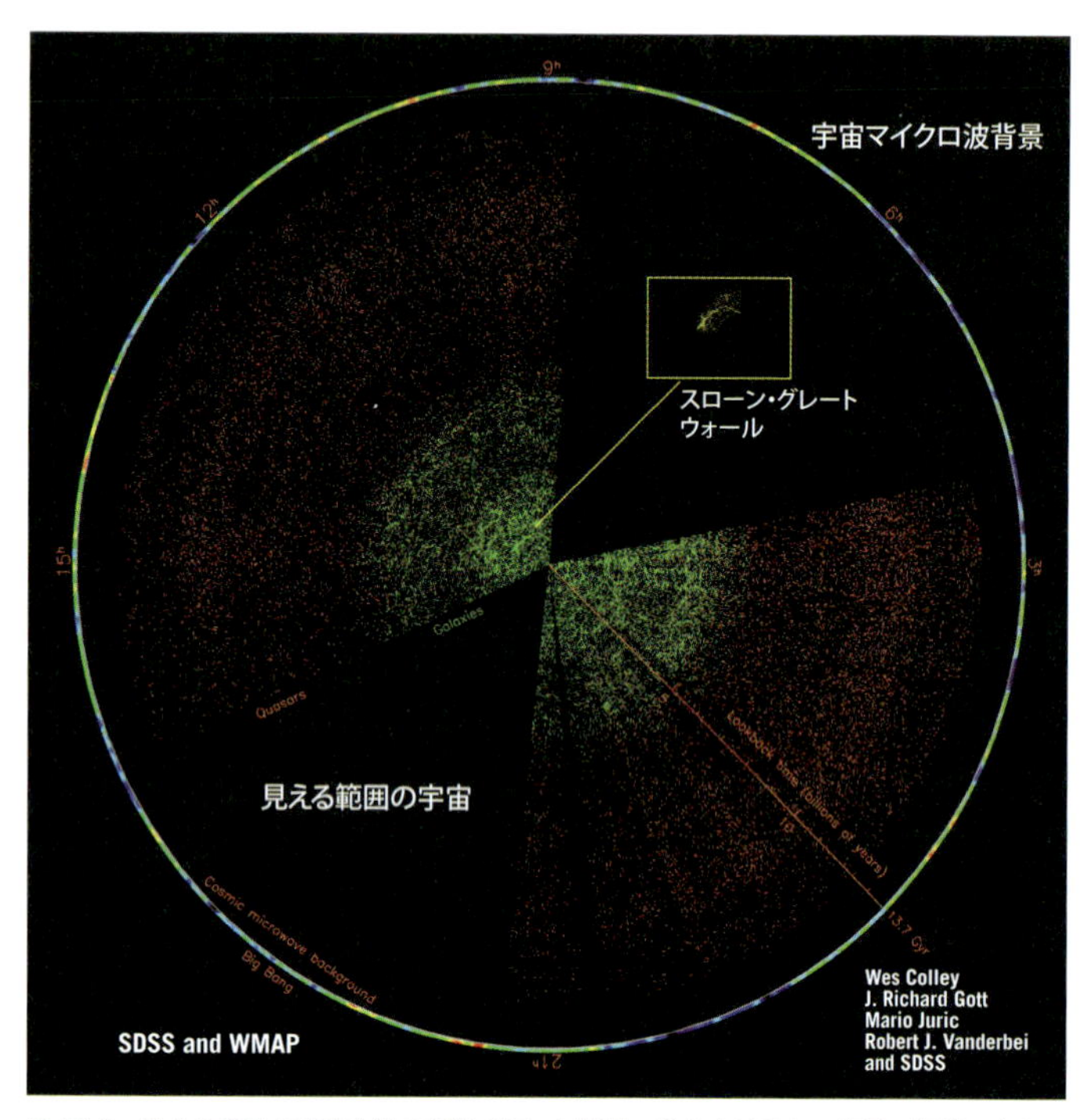

図 22-2　見える範囲の宇宙全体の赤道で切った断面。私たちは見える範囲の領域の中心にいる。ドットはそれぞれ銀河（緑）あるいはクェーサー（オレンジ）を示し、スローン・デジタル・スカイサーベイ（SDSS）で測定された赤方偏移を伴う（この図の中央部は先に図 15-4 で示したところ）。宇宙マイクロ波背景が円周をなす。写真提供—— J. Richard Gott, Robert J. Vanderbei（Sizing Up the Universe, National Geographic, 2011）

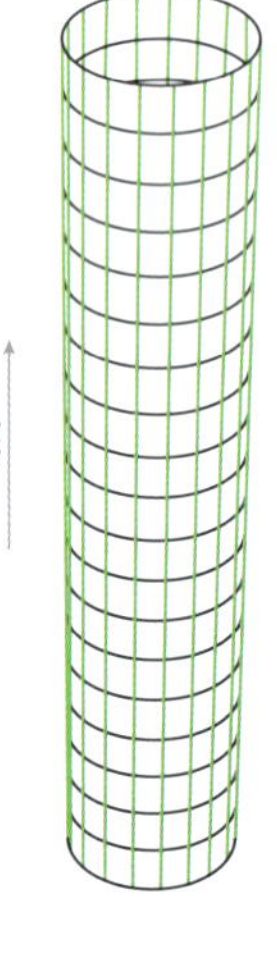

図 22-4　アインシュタインの静止的宇宙。これは時空図。時間は上下方向で、未来は上に向かう。空間は 1 次元だけ（円筒を囲む周方向）と時間次元（上下方向）を示している。このモデルでの星（あるいは銀河）の世界線は、円筒をまっすぐ上に上がる、まっすぐな縦線（測地線）だ。円筒の周は時間とともに変化しない——モデルは静止的になっている。この図で実在するところは、円筒形そのものだけで、その内側にも外側にも意味はない。図版—— J. Richard Gott によるもの（*Time Travel in Einstein's Universe*, Houghton Mifflin, 2001）を元にした。

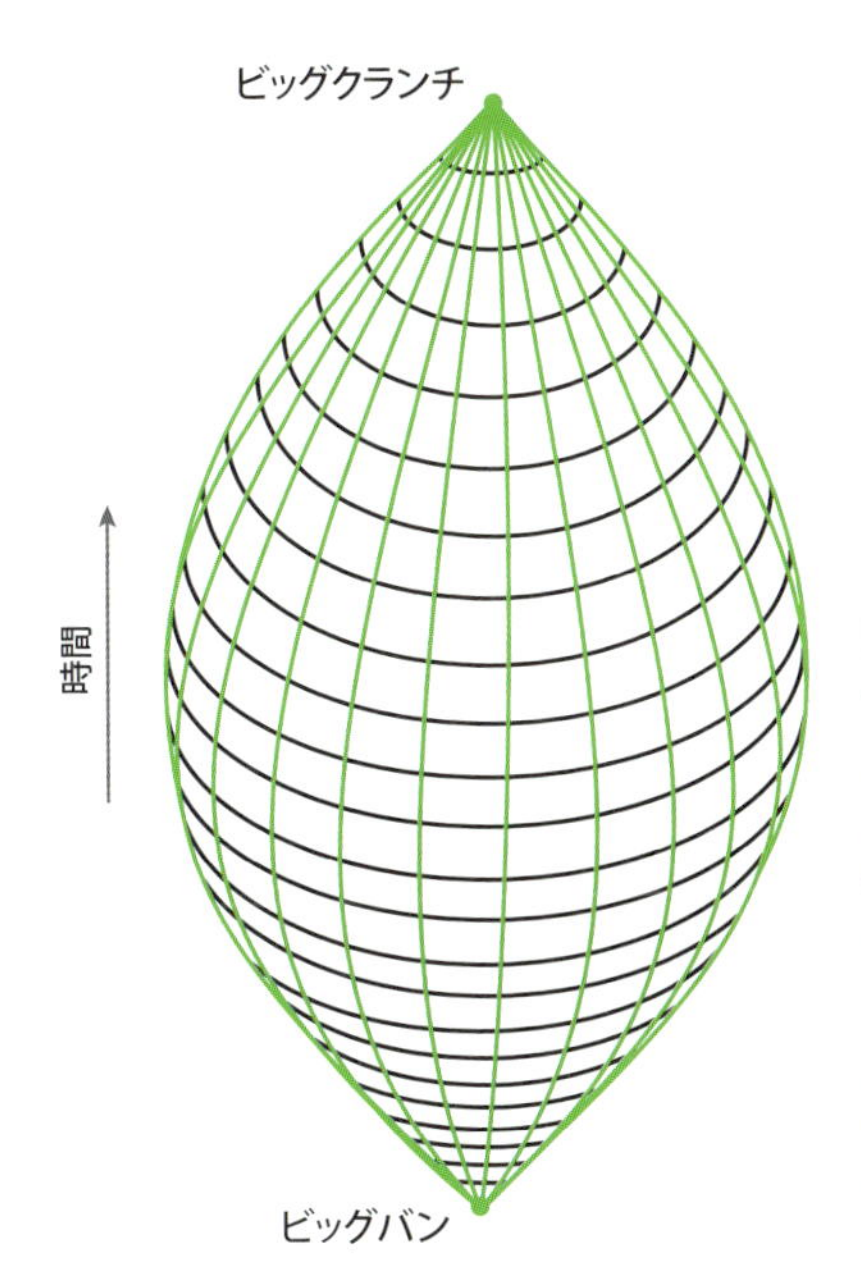

図 22-5　フリードマンのビッグバン宇宙。この時空図も空間の 1 次元（フットボール形の周）だけと時間の 1 次元（上下）を示している。銀河の世界線は、フットボールを上下に走る緑の縫い目だ。それが測地線——この面に描ける最もまっすぐな線——となる。銀河の質量は曲がった形をもたらし、世界線は曲がった面で測地線をたどる。宇宙は動的で、ビッグバンが始まりにある。宇宙の周が時間とともに大きくなるとともに銀河どうしは遠ざかる。これは膨張する宇宙だ。しかしその後、重力による銀河の引力で宇宙は収縮を始め、最後にはビッグクランチで終わる。この図で現実にあるのは「ボール」の面だけだ——ボールの中も外も意味はない。
図版—— J. Richard Gott によるもの（*Time Travel in Einstein's Universe*, Houghton Mifflin, 2001）を元にした。

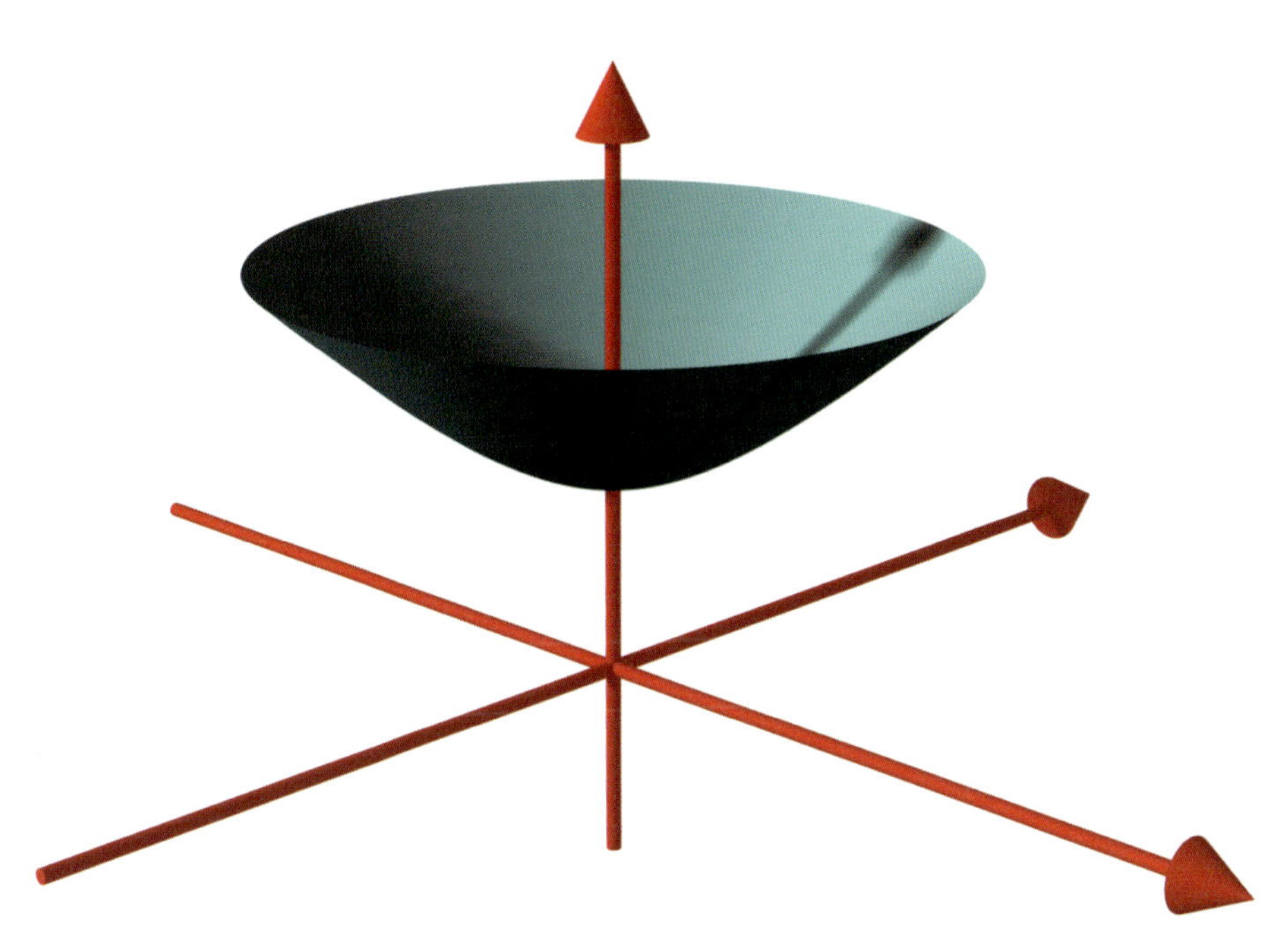

図 22-6　通常の時空の中の双曲的負に曲がった空間（青）。時間は縦方向で、上に向かって未来。二つの空間的な次元——横軸——も示してある。図版—— Lars H. Rohwedder のものに手を加えた。

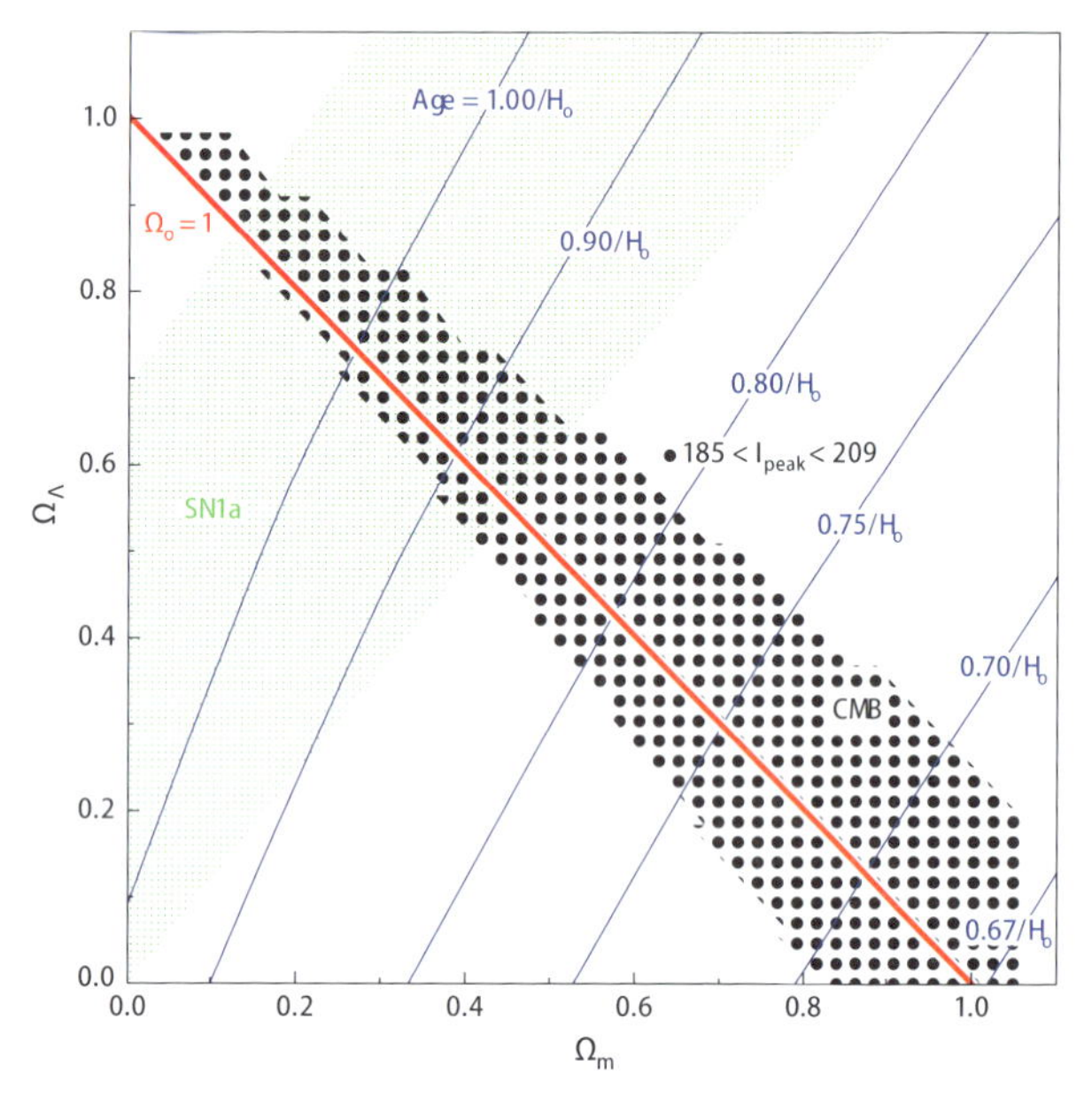

図 23-5　宇宙論モデル（Ω_m, Ω_Λ）。図中の各点は、特定の物質密度の値（横軸座標Ω_mに対応）とダークエネルギー密度（縦軸座標Ω_Λに対応）を持つ、個々の宇宙モデルを表す。緑の点が並んだ領域は、宇宙が膨張することを示したIa型超新星（SN1a）の観測結果によって許容されるモデルの範囲を表す。黒い点の領域は、2000年のブーメラン気球観測による、宇宙マイクロ波背景（CMB）で許容されるモデルの範囲。こちらの観測は、$\Omega_m \approx 0.3$ かつ$\Omega_\Lambda \approx 0.7$ あたりで、CMBと超新星の観測結果を合わせて平坦な宇宙（$\Omega_0 = \Omega_m + \Omega_\Lambda = 1$）を意味することを示した初期の論文の一つとなった。ダークエネルギーは宇宙の中身の70%を占める。WMAPやプランク各衛星によるその後の観測は、この結論を大いに補強している。
図 —— MacMillan Publishers Ltd の許可を得て転載。*Nature*, 404, P. de Bernardis, et al. April 27, 2000

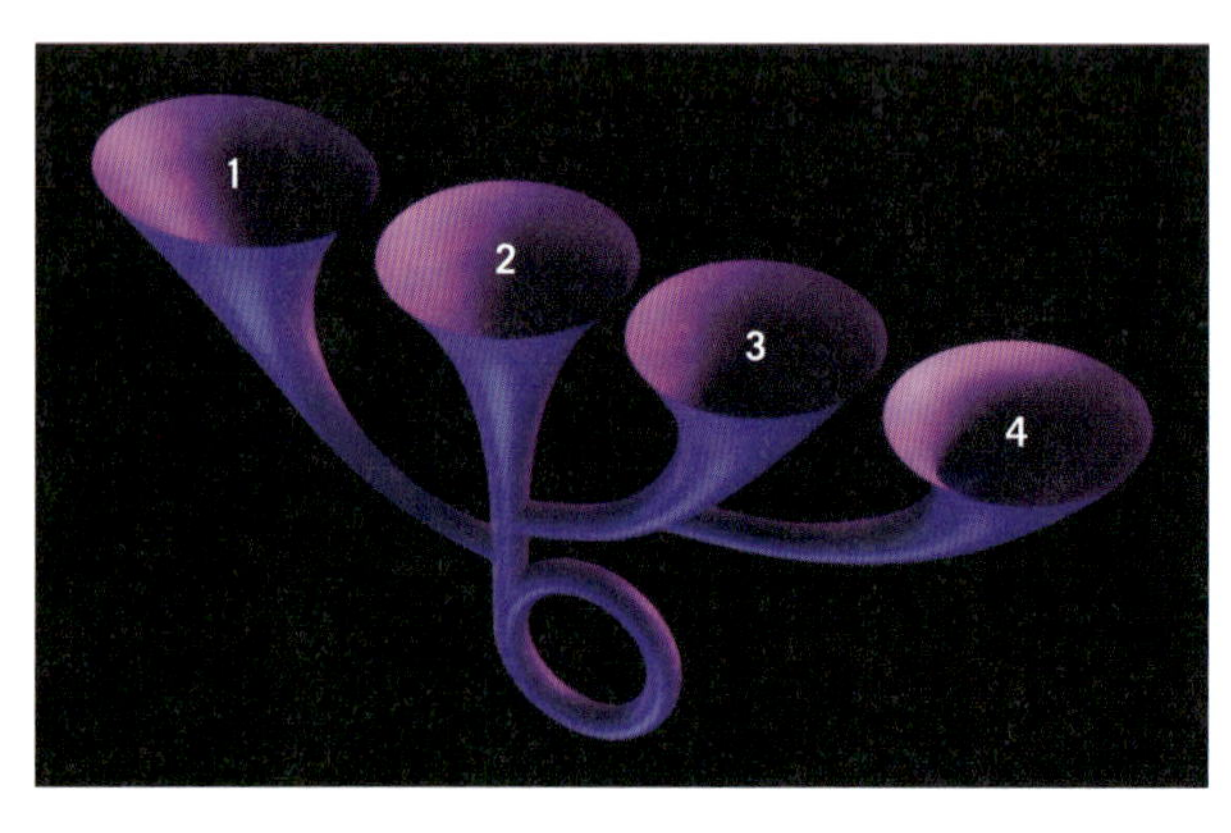

図 23-7　ゴット＝リの自己生成マルチバース。底部のループはタイムマシンに相当する。宇宙はそれ自身を生む。
写真 —— J. Richard Gott, Robert J. Vanderbei（Sizing Up the Universe, National Geographic, 2011）.

宇宙へようこそ

目次

第2部　銀河

第3部　アインシュタインと宇宙

宇宙へようこそ　宇宙物理学への旅

著者3人に宇宙物理学研究と教育での消えない影響を及ぼした、ライマン・スピッツァー・ジュニア、マーティン・シュワルツシルト、ボーダン・パチニスキー、ジョン・バーコールの記念に。

まえがき

孫のアリソンが生まれて初めて面会がかなったとき、私が言った言葉はこれだ。「宇宙へようこそ」。共著者のニール・ドグラース・タイソンがラジオやテレビでよくそう言っている。実際、それはタイソンの署名のような台詞だ。人は生まれると宇宙の住人になるのだ。あたりを見回して、身のまわりに好奇の念を抱くべきだろう。

タイソンはこの宇宙からの呼び声を、九歳のときにニューヨーク市のヘイデン・プラネタリウムに初めて行ったときに感じたという。都会育ちでそれまで、見たこともない輝かしい夜空がプラネタリウムのドームに映写されるのを見たタイソンは、その瞬間、天文学者になることに決めた。今はその施設の館長だ。

実は私たちは誰もが宇宙の影響を受けている。人体を構成する水素は宇宙が誕生するときにできたものだし、はるか昔に消滅した星で生まれた元素もある。携帯電話で電話をかけるときには天文学者に感謝しよう。携帯電話技術はマクスウェルの方程式によっていて、この方程式の正しさは、天文学者がすでに光速を測定していたことによって確かめられた。その携帯の位置を教え、ナビでお世話になっているGPSは、アインシュタインの一般相対性理論に依拠しており、これは星が太陽付近を通過する際に光が曲がるのを測定したことによっている。直径一五センチメートルのハードディスクに貯蔵できる情報量には究極の限界があることは、それはブラックホールの物理学に基づくことをご存じだろうか。もっと日常的なところでは、毎年経験する四季は、地球が太陽を公転する面に対して地軸が傾いていることによっている。

本書は、読者が暮らしている宇宙のことをもっと知ってもらうことを目指して作られたものである。本書の構想は、プリンストン大学での、専攻が理系でない学部学生――ひょっとするとそれまで理系の授業は取ったことのない学生――向けに宇宙に関する新しい講義を三人が担当したときに始まった。この授業のために、同僚で学部教育の監督をしていたネータ・バーコールがニール・ドグラース・タイソンとマイケル・ストラウスと私を選んだ。科学を非科学者に向かって

図0-1　著者3名。左から右へ、ストラウス、ゴット、タイソン。写真撮影――プリンストン大学 Denise Applewhite.

語るタイソンの天賦の才は明らかだし、ストラウスはこれまで宇宙に見つかった中で最も遠いクェーサーを発見したばかり、私は大学の学長優秀教育賞をもらったところだった。授業は鳴り物入りで始まり、学生が多すぎて、天文学棟では収容できず、物理学科にある最大の講義室に移動しなければならなかったほどだ。タイソンは「恒星と惑星」について話し、ストラウスは「銀河とクェーサー」について、私は「アインシュタインと相対性理論と宇宙論」について話した。その授業は、『タイム』誌がタイソンを二〇〇七年の世界で最も影響力のある一〇〇人の一人に選んだときにも同誌で取り上げられた。本書の目玉はいろいろあるが、とくに、理系の知識のない学生向けの学生に対してする話をタイソン読者に語っている、ということだろう。

私たちは何年かこの講義をした後、宇宙についてもっと深く知りたいと思う読者のために、この講義の考え方を本の形にすることにした。

私たち三人は、宇宙物理学的視点から、つまり宇宙で何が起きているかを理解しようとする視点から、宇宙を巡る旅を提供する。ニュートンとアインシュタインがその最大のアイデアを得たいきさつを語る。スティーヴン・ホーキングが有名であることはご存じだろうが、ここではなぜ有名なのかを語る。その人生を描いたヒット映画『博士と彼女のセオリー』は、なるほどのホーキング像で、演じたエディ・レッドメインにオスカーをもたらした。しかし、この映画は、ホーキングが暖炉を見つめているだけで最大のアイデア得て、それを突然思い浮かんだように描いている。本書では、映画では描けなかったことを語る。ホーキングがヤコブ・ベッケンシュタインの業績を信じなかったのに、結局それを再確認することになり、そこからまったく新しい結論に導かれたことだ。そしてそのヤコブ・ベッケンシュタインが、直径一五センチメートルのハードディスクに保存できる情報量の究極の限界を見出した。すべてはつながっているのだ。本書では、宇宙に関するすべてのテーマの中でも、もっぱら自分たちが熱意を抱いているテーマを取り上げ、私たちのわくわくどきどきが伝染することを願っている。

私たちがこの仕事を始めてからも天文学の知識は大きく増え、本書はそれを反映している。タイソンの冥王星の地位に関する見方は、二〇〇六年の国際天文学連合での歴史的投票によって承認され、他の恒星を回る惑星が新たに何千個も発見された。そうしたことも取り上げる。通常の原子核、ダークマター、ダークエネルギーを含む宇宙論の標準モデルは、ハッブル宇宙望遠鏡、スローン・デジタル・スカイサーベイ、ウィルキンソン・マイクロ波異方性探査（WMAP）、プランク衛星などのおかげで、今では申し分のない精度でわかっている。物理学者はヨーロッパのLHC（大型ハドロン衝突型加速器）でヒッグス粒子を発見し、求められる万物理論に一歩近づいている。レーザー干渉計重力波観測所（LIGO）の実験では、らせんを描いて近づく二つのブラックホールから出る重力波が直接に検出された。

私たちは天文学者がどうやってダークマターの量を測るのか、それが通常の物質（陽子と中性子による原子核）とは違うものであるときていないことをどうやって知るのかを解説し、ダークエネルギーの密度をどのようにしてわかり、それが負の圧力を持つことをどのようにして知るのかを解説する。宇宙の起源や将来の展開をめぐる、現在進行形の推測も取り上げる。こうした問題によって、私たちは今日の物理学の先端に向かうことになる。ハッブル宇宙望遠鏡、WMAP衛星、ニュー・ホライズンズ探査機による見事な画像も収めた――冥王星とそれに伴う衛星カロンも見える。

宇宙は恐るべきところだ。タイソンはそれを最初の章で明らかにする。これは多くの人にスリルを感じさせるが、ちっぽけで取るに足らないという感覚も残す。しかし私たちの目的は宇宙を理解する力を与えることだ。それができれば心強いだろう。これまで人類は、重力がどう作用するか、星はどんな一生をたどるか、宇宙ができてどのくらい経ったかなどのことを解明してきた。これらがわかったのは人間の思考力と観察力の賜物だ――人類の一員であることを誇りに思えるようなことだろう。

宇宙が手招きしている。それでは始めよう。

ニュージャージー州プリンストンにて

J・リチャード・ゴット

第1部　恒星、惑星、生命

第1章　宇宙の大きさ、規模

ニール・ドグラース・タイソン

まず恒星から始め、銀河、宇宙、その先へと踏み出し、上っていこう。『トイ・ストーリー』のバズ・ライトイヤーは言った。「無限の彼方へさあ行くぞ」。

宇宙は大きい。これから宇宙のサイズとスケールを紹介したいが、そこは思っているよりもっと大きく、熱く、密度が高く、しかも希薄だ。宇宙について人が思いつくことは、実際ほどにはエキゾチックではない。始める前にちょっとした仕掛けを手にしておこう。大きな数と小さな数を巡っておきたい。そうして私たちの語彙をほぐし、宇宙にある物の大きさについての感覚をほぐしておきたいのだ。まずは1から。この数は見たことがあるだろう。そこにはゼロはない。1を指数表記で表せば、10の0乗、10^0となる。指数の0は、1の右に0が0個であることを表す。もちろん、10は10の1乗、10^1と書ける。1000になれば10^3だ。メートル法で1000を表す接頭辞はキロという。キログラムは1000グラムのこと、キロメートルは1000メートルのこと、というふうに。さらに0を加えて一〇〇万（ミリオン）、つまり10^6にすると、これにはメガがつく。メガホンが発明された頃には、教わる数はここまでだったかもしれない。さらに0を三つつければ一〇億（ビリオン）、10^9になることを知っていたら、「ギガホン」と呼ばれていたかもしれない。コンピュータのファイルサイズを調べることがあるなら、メガバイトとギガバイトという二つの言葉はおなじみだろう。ギガバイトは一〇億バイトのことだ。[*1] ビリオンが実際にどれほどの大きさか、ちゃんと理解されているとは私には思えないので、周囲を見回して、ビリオン単位のものがどういうものか、考えてみよう。

まず、地球には七〇億（セビリオン）の人がいる。

ビル・ゲイツはどこまで貯めたか。最後に調べたときには八〇〇億（八〇ビリオン）ドルだった。ビル・ゲイツはギークの守護聖人で、ギークが実際に世界を支配した初めての例だ。人類史のほとんどではそんなことはなかった。世の中変わったものだ。一〇〇ビリオンはどこにあるだろう。まだまだそこまでは行っていないが、マクドナルドは「ハンバーガーを九九ビリオン個以上を提供しました」と言っている。街中で目にしたことのある最大の数といえばそのあたりだろう。私はマクドナルドが個数を数え始めた頃のことを覚えている。私が子どもの頃のマクドナルドは、誇らしく「八ビリオン個突破」と表示していた。マクドナルドの看板が一〇〇ビリオンを表示することはなかった。個数を表す桁が二つしかなかったからで、だから九九ビリオンで止まっている。カール・セーガンのような人なら、その著書のように、「ビリオンにさらにビリオン(billions and billions)」個とでも言うかもしれない。

　一〇〇ビリオン個のハンバーガーを並べてみよう。ニューヨーク市から始め、西へ続ける。シカゴまで行くだろうか。もちろん。当然、カリフォルニアまでも行く。何とかしてハンバーガーを海に浮かべよう。バーガーそのものはバンズよりも小さいので、この計算はバンの直径（一〇センチメートル）について行なう。つまりこの計算では、すべてバンズを単位にしている。地球の大円に沿って生みに一〇〇ビリオンのハンバーガーを浮かべれば、太平洋を横断して、オーストラリア、アフリカを超え、大西洋を渡ってニューヨークに戻ってくる。一〇〇ビリオンのハンバーガーはとてつもなく多い。しかも地球を一回りして戻ってきてもまだ余りがある。余りを使って旅を続けると、さらに二一五周もできて、まだいくらか残る。地球を回るのは飽きたら、積み上げてみよう。地球を二一六周した分で今度は積み上げるとどれだけの高さになるだろう。月まで行って帰ってきてやっと一〇〇ビリオンのハンバーガーを使い切ることになる（厚さは五センチメートルとする）。だから牛はマクドナルドを怖がる。比較して言うと、天の川銀河にある恒星の数が三〇〇ビリオンほどだ。マクドナルドは宇宙規模に向かって進んでいることになる。

　生まれて三一年と七か月九時間四分二〇秒経てば、生まれて一〇億（ビリオン）秒たったことになる。その年齢になったとき、私はシャンパンで祝杯を挙げた。小さな瓶だった。ビリオンに出会うことはそうたびたびはない。

　さらに進めよう。もう一段階上がるとどうなるか。一兆（トリリオン）、10^{12}だ。これにはテラというメートル法の接頭辞がつく。一兆を数えることはできない。もちろん試してみることはできる。しかし一秒に一つずつ数えると、三一年の一〇〇〇倍、つまり三万一〇〇〇年がかかる。だから私はそんなことをするのは、家の中であっても薦めない。一兆秒前を考えると、そこでは洞穴で暮らす人々——穴居人——は、住まいの壁に絵を描いていた。
私がいるニューヨーク市のローズ地球宇宙センターには、ビッグバンに始まり、一三八億年にわたる宇宙の時系列をらせん階段状にして展示している。まっすぐ伸ばしていたら、長さはフットボール場くらいになる。一段で五〇〇〇万年の幅がある。上りきってはたと思う。「自分たちはどこにいるのか、人類の歴史はどこにあるのか」と。一兆秒前から今まで、落書き好きの穴居人から今までの期間全体がこの段で占めるのは、髪の毛一本分の幅くらいにしかならない。それを展示では、らせん階段型時系列の端に置いてある。人間は長く生きてきたように思い、文明は長いこと続いていると思っても、宇宙全体から見ればそうではない。

その次のレベルはというと、10^{15}で、一〇〇〇兆（クォドリリオン）と言い、メートル法の接頭辞は「ペタ」となる。これは私の好きな数の一つだ。蟻の専門家、E・O・ウィルソンによれば、地球には一〇〇〇兆から一万兆（一京）匹の蟻がいるという。

その次のレベルはというと、10^{18}、つまり一〇〇京（クィンティリオン）で、メートル法の接頭辞は「エクサ」となる。十大ビーチにある砂粒の数の推定値がこのくらいだ。世界で最も有名なビーチは、リオデジャネイロのコパカバーナ・ビーチだろう。長さ四・二キロメートル、元は幅五五メートルで、そこに三五〇万平方メートルの砂を運んで幅を一四〇メートルに広げた。コパカバーナ・ビーチの海水面での砂粒の平均の大きさは三分の一ミリほどだ。これは一立方ミリメートルあたり二七個の砂粒ということで、そのくらいの砂粒が三五〇万立方メートルとなると、10^{17}粒くらいになる。それが今そこにある砂の大半だ。つまり、コパカバーナ・ビーチが一〇か所あれば、そこにある砂粒は10^{18}個ほどということになる。

さらに一〇〇〇倍にすると、10^{21}、一〇〇垓（セクスティリオン）となる。キロメートル、メガフォン、マクドナルドのハンバーガー、クロマニョン人の画家、蟻、海辺の砂粒と見てきて、とうとうここまで来た。一〇〇セクステリオン（一〇〇垓＝一〇〇億兆）、すなわち

観測可能な宇宙にある星の数

この宇宙にいるのはわれわれだけだと断言する人々がいて、毎日、そのへんを歩き回っている。そうした人々は、大き

な数や、宇宙の大きさについての概念がまったくないのだ。後で、観測可能な宇宙、つまり私たちに見える宇宙とはどういうことかがわかる。

揉めている間に、その先へジャンプして、一セクスティリオンよりもはるかに大きな数を取り上げてみよう——10^{81}はどうだろう。私が知るかぎり、この数に英語の名前はついていない。これは観測可能な宇宙にある原子の個数だ。これより大きな数が必要になるとしたら、なぜか。「金輪際」まで来て、何を数えようというのか。10^{100}はどうだろう。きりのよさそうな数ではないか。この数はgoogol（グーゴル）と呼ばれる。「googol」の綴りをもじったインターネット企業、グーグルと混同しないこと。

観測可能な宇宙には、数えるのにグーゴルを使うほどのものはない。ただの冗談のような数だ。それを10^{100}と書くことはできるし、上付き文字が使えなければ10^100でも通用する。それでもそのような大きな数が使える場面はある。ものを数えるのではなく、起こりうる場合の数を数えるようなときだ。たとえば、チェスのゲームが始まって終わるまでの進行は何通りありうるだろう。同じ盤面が三回繰り返されたとき、五〇手指してもポーンを動かすことも駒を取ることもなかったとき、チェックメイトができるだけの駒がなくなったとき、いずれかのプレイヤーによって引き分けとされる。二人のうち一方のプレイヤーは、局面がそうなった場合には必ずこのルールを利用するものとすると、チェスにありうる進行の数を計算できる。リチャード・ゴットが実際に計算して、答えは$10^{(10^\wedge 4.4)}$よりは少ない数ということになった。これは$10^{(10^\wedge 2)}$に相当するグーゴルを大きく上回る。ものを数えているわけではなく、何かのありうる場合の数を数えていると、数はものすごく大きくなれる。

私はこれよりもっと大きい数を知っている。一グーゴルは、1の後に0が一〇〇個続く数だとすれば、一〇のグーゴル乗はどうなるだろう。これにも名前がついていて、グーゴルプレックスという。これは1の後に0がグーゴル個続く数だ。この数を書くことができるかと言えば、できない。一グーゴル個のゼロがあり、一グーゴルはこの宇宙にある原子の数より多いのだ。だからこの数は、$10^{\text{グーゴル}}$とか、$10^{(10^\wedge 100)}$とか、10^(10^100)とかの形に書くしかない。やる気になれば、10^{19}個の0なら、宇宙にあるすべての原子を使って書こうとしてみることができるのではないかと思う。しかしきっと、それよりましなやることがあるだろう。

私はただの時間つぶしにこんなことをしているのではない。グーゴルプレックスよりも大きな数がある。ヤコブ・ベッケンシュタインは、私たちの観測可能な宇宙に相当する質量と大きさを持ちうる相異なる量子状態の最大の数を概算できる式を考えた。観測される量子のぼやけを考えると、その数は私たちの宇宙のような相異なる観測可能な宇宙の最大数となる。それは10^(10^124)で、グーゴルプレックスの10^{24}倍の0が並ぶ。この10^(10^124)種類の宇宙には、ほとんどがブラックホールでできている恐ろしい宇宙もあれば、何から何まで私たちの宇宙と同じだが、誰かの鼻の穴を通る酸素分子が一個少なくて、どこかのエイリアンの鼻の穴を通る酸素分子が一個多いだけの宇宙というのもある。

要するに、何かの非常に大きい数にも何かの使い途があるということだ。これよりも大きい数についての用途を私は知らないが、数学者は知っている。ある定理には、10^(10^(10^34))という恐るべき数が含まれていた。これはスキューズ数と呼ばれる。数学者は物理的実在をはるかに超えることを考えて喜びを引き出すものなのだ。

宇宙にある他の極端の感覚も持っていただこう。

密度はどうだろう。密度がどういうものかは直感的に理解しているだろうが、宇宙の中での密度というのを考えてみよう。まず身のまわりにある空気から。人が呼吸する空気には、一立方センチメートルあたり2.5×10^{19}個の分子があり、七八パーセントは窒素、二一パーセントが酸素だ。

一立方センチメートルあたり2.5×10^{19}個という密度は、思っていたよりも高いかもしれない。しかし最高水準の実験室でできる真空を見てみよう。今日では実に高度になっていて、一立方センチメートルあたり約一〇〇個の分子という密度まで下げられる。惑星間空間はどうなるだろう。地球に太陽から吹き付ける太陽風には、一立方センチメートルあたり約一〇個の陽子がある。ここで密度と言っているのは、ガスを構成する分子、原子、自由粒子の数のことだ。恒星間空間となるとどうなるだろう。その密度には、どこで測るかによってばらつきがあるが、立方センチあたり原子一個という密度の領域は珍しくない。銀河間空間になると、個の数はさらに小さくなって、一立方メートルあたり一個となる。

どんな高性能の実験室でも、それほどすかすかの真空は得られない。「自然は真空を嫌う」という古い言い伝えがある。そう言った人々は、地球表面から離れたことがなかった。実際には、自然は真空が大好きで、宇宙の大半は真空だ。昔の人々が「自然」と言っていたときには、私たちが今いるところ、つまり大気と呼ばれる地球を覆う空気の底のことを言っていて、大気は確かに、空っぽの隙間はできるかぎり埋めようと押し寄せる。

チョークを黒板に投げつけて、かけらを一つ拾うとしてみよう。チョークは粉々になった。この粉々のかけら一つの直径が一ミリメートルほどだとしよう。これが陽子だと想像していただきたい。最も単純な原子は何かというと、察しはついたかもしれないが、水素だ。その原子核には陽子が一個あり、通常の水素はその陽子を取り囲む電子軌道（オービタル）を占める電子が一個ある。水素原子はどのくらいの大きさだろう。先のチョークのかけらが陽子だとすると、ビーチボールくらいあるだろうか。いやいや、それよりはるかに大きい。直径は一〇メートルほど、三〇階建てのビルほどの大きさになる。どういうことかというと、原子は実にすかすかということだ。原子核と、はるかかなたの電子の間に粒子は何もない。電子はその第一オービタルにあって、このオービタルは量子力学によれば、原子核を取り囲む球の形をしている。さらに小さいところを見て、測定もできないほど小さいものの大きさで表される、宇宙の別の極限に行ってみよう。私たちはまだ電子の直径がいくらか知らない。それは測定できないほど小さい。それでも、超弦（スーパーストリング）理論は、電子は長さが10^{-35}メートルほどの振動する極微の弦ではないかと言う。

原子の大きさは10^{-10}メートル（一〇億分の一メートル）ほどだ。では10^{-12}メートルとか10^{-13}メートルというのはどの程度だろう。その大きさで知られているものとしては、電子が一個だけのウランや、陽子が一個と、それを囲む軌道にミューオンという電子を重くしたようなものがある、変わった形の水素がある。ふつうの水素原子の大きさのおよそ二〇〇分の一の大きさで、ミューオンが自然発生的に崩壊するせいで、半減期は二・二マイクロ秒ほどしかない。10^{-14}から10^{-15}メートルまで下りてはじめて、原子核の大きさのレベルになる。

今度は逆方向に行って、密度が高い方へ上っていこう。太陽はどうか。この密度は高いだろうか、さほどでもないだろうか。太陽の中心は相当に高密度だが（それにばかみたいに熱いが）、縁の方ではぐっと低く、太陽全体の平均をとると、密度は水の一・四倍程度になる。水の密度はわかっていて、立方センチあたり一グラムだ。太陽の中心では、密度は立方センチあたり一六〇グラムほどだが、太陽はこの種の物質としてはごく普通で、恒星にはとんでもないふるまいのものもある。非常に低密度で大きく膨らんでいるものもあれば、小さく高密度に収縮しているものもある。あらためて陽子という細かい粒と、それを取り囲む、何もない空っぽの空間を考えてみよう。物質を押しつぶして、それが原子核の密度に達するほどぎゅうぎゅうに詰め込むような作用が宇宙にはある。そのような恒星の内部では、原子核どうしが触れ合っている。実際にこうした異例の性質を持つ天体は、ほとんどが中性子でできている——この宇宙の超高密度の領域だ。

　私たちの業界では、物の名を見たとおりにつける傾向がある。大きく赤い星は赤色巨星（レッドジャイアント）と呼ぶ。小さな白い星は白色矮星（ホワイトドウォーフ）と呼ぶ。星が中性子でできているときは、それを「中性子星」というし、パルスを発する星はパルサーだ。生物学では事物を表すのに堂々たるラテン語を使う。医者は処方箋を患者にわからないように楔形文字で書き、薬剤師に渡す。こちらはその楔形文字が読める。それはくらくらするような長々しい名の化学物質で、それを私たちは摂取する。生化学で最も知られた分子は一〇音節もある——デオキシリボ核酸（ニュクレイック・アシッド）だ。一方、宇宙での空間と時間と物質とエネルギーすべての始まりは、二つの簡単な単語でできたビッグバンで表される。私たちの分野の科学では簡単な言葉を使う。宇宙というだけでも十分ハードなので、さらに混乱させるような大仰な言葉を使っても意味はない。

　さらにいえば、宇宙には重力が強くて光が出て来られないところもある。そこに落ちると出て来ることもできない。それがブラックホールだ。やはり一音節の単語ですべてすませる。申し訳ないが、胸の内にあることはすべて吐き出さずにはいられなかった。

　中性子星はどれほどの密度だろう。指ぬき一つくらいの大きさの中性子星をなす物質をとる。昔の人は何でも手で縫っていた。指ぬきは指を針で刺すのを防ぐためのものだった。中性子星の密度を得るためには、一億頭の象を集め、それを指ぬきの大きさにつぶさなければならない。つまり、一億頭の象をシーソーの一方の側に置き、指ぬきの大きさの中性子星の物質を反対側に置くとつりあう。相当の密度の物質だ。中性子星の重力も非常に強い。どれほどかを知るために、中性子星の表面に行ってみよう。

　手にしている物にかかっている重力がどれほどのものかを測定する方法の一つは、物を持ち上げるのにかかるエネルギーはどれほどかと考えることだ。かかっている重力が強ければ、持ち上げるのに必要なエネルギーも多くなる。私が階段を上るときには一定量の、私のエネルギーの蓄えの範囲内に十分収まる程度のエネルギーを行使する。しかし地球と同程度の重力がある仮想の巨大惑星に、高さ二万キロメートルの崖があると想像してみよう。崖底から頂上まで、登る間に地球でかかる程度の重力加速度にさからって登るときに行使するエネルギーの量を測定すれば、相当な量になる。これは崖底にいたときに自分の体に蓄えられていたエネルギーより多い。登る途中で、カロリーメイトでも何でも、消化しやすい高カロリーの食品を食べる必要がある。ではそうしよう。一時間に100メートルの速さで登るとすると、頂上に達するには、一日二四時間登るとしても、二二年以上かかる。これが中性子星の表面に広げた一枚の紙の上に足を乗せるのに必要なエネルギーだ。そんな中性子星には生命はいないだろう。

一立方メートルに陽子一個の密度から、指ぬきほどの大きさで一億頭の象なみの密度まで進んできた。あと、何が残っているだろう。温度はどうか。熱い話をしよう。太陽の表面から始めると、だいたい六〇〇〇ケルビン、つまり六〇〇〇Kある。そこに何を置いても蒸発するだろう。すべてのものが蒸発する温度なので、太陽は気体だ（比較して言うと、地球表面の平均気温はわずか二八七Kにすぎない）。

太陽の中心の温度はどうだろう。察しがつくように、中心は表面より熱い。後で出てくるように、これには立派な理由もある。太陽の中心は約一五〇〇万Kある。一五〇〇万Kともなると、ものすごいことになる。陽子は高速で動き回っている。実に速い。二個の陽子はふつうは反発し合う。どちらも同じ正電荷を持っているからだ。しかし動きが速ければ、その勢いは斥力を乗り越えることができる。十分に近づけると、新しい力が関与するようになる――静電気の反発力ではなく、ごく短い距離でだけ現れる引力だ。二つの陽子が十分に近づき、その短い距離の範囲内に入ればその陽子はくっつく。この力には名前があって、「強い核力」と呼ばれる。それが正式名だ。この強い核力は陽子をまとめ、それで新しい元素を作ることができる。周期表では水素の次にあるヘリウムだ。恒星のなりわいは、それが生まれる元になった水素とヘリウムよりも重い元素を作ることだ。そしてこの過程は奥深くの中心部で進む。これについては第7章でさらに詳しく学ぶ。

冷たい（クール）方へ行こう。宇宙全体の温度はどうなるだろう。実際、宇宙には温度がある――ビッグバンの余熱だ。一三八億年ほど前のこと、今見ることができる、一三八億光年先までのすべての空間、時間、物質、エネルギーは一か所に固まっていた。生まれようとする宇宙は物質とエネルギーが熱くたぎる鍋のようなものだった。宇宙はそのときから膨張して冷え、二・七Kくらいになった。

今でも膨張は続いていて、冷え続けている。心配になるかもしれないが、データからすると、これは一方通行らしい。

私たちの宇宙はビッグバンで生まれ、永遠に膨張し続けることになる。温度は下がり続け、いずれ、二K、一K、〇・五Kと、漸近的に絶対零度に近づいていく。最後には、スティーヴン・ホーキングが発見して、第24章でゴットが解説する作用によって、温度はおよそ7×10^{-31}Kあたりの底に達する。しかしそれで安心できるわけではない。恒星はすべての熱核融合燃料の融合を終え、一つ一つ死滅して、空からいなくなる。星間ガス雲が新しい星を作ると言っても、もちろんこれによってガスは枯渇していく。ガスから始まり、恒星ができ、その恒星が一生を歩み、遺骸が残り、星の一生の行き着くところはブラックホール、中性子星、白色矮星だ。これはすべての銀河の光が一つ一つ消えてしまうまで続く。銀河は暗くなる。宇宙が暗くなる。ブラックホールが残され、これまたスティーヴン・ホーキングが予想したかすかな光だけを放つ。

そうして宇宙は終わる。爆発で終わるのではなく、くすぶって消える。

そうなるはるか前のこと、太陽はサイズで言えば大きくなる。きっとそんなことに立ち会いたくはないだろう。太陽が死ぬときには、複雑な熱の物理的過程が内部で起きて、太陽の外側を膨張させる。どんどん、どんどん大きくなって、空の中で太陽が占める広さもどんどん大きくなる。最後には水星と金星の軌道を呑み込む。五〇億年後には、地球は黒焦げになった燃えさしで、太陽の表面のすぐ外側を公転している。海はもう沸騰したあげく大気中に蒸発してしまっているし、大気は熱せられて、すべての分子が宇宙空間へ飛び出しているだろう。私たちが知っているような生命は存在しなくなる。そして七六億年後には、黒焦げになった地球を別の力が太陽に落とし、地球はそこで蒸発する。

気をつけてお出かけを。

ここで体感してもらおうとしたのは、この本が取り上げることの規模や壮大さについての感覚だ。そして私が今取り上げたことはすべて、この先々で、さらに深く、詳しくなって取り上げられる。宇宙へようこそ。

第2章　昼と夜の空、惑星軌道

ニール・ドグラース・タイソン

この章では、三〇〇〇年に及ぶ天文学史を取り上げる。古代のバビロニアに起きたことから、一七世紀に至るまでの話だ。誰が何を最初に考え、最初に発見したかをこまごまと取り上げて歴史の話をしようというのではない。この間にわかったことについて、感じをつかんでもらいたいと思っている。それは人々が夜空を理解しようとしたことから始まる。

まず太陽がある（図2-1）。その隣に地球を描こう。距離も大きさも縮尺どおりではなく、ただただ太陽・地球系の一定の特色を図解しようというものだ。はるか外側には、もちろん夜空の星がある。ここでは空は星々そのもので、大きな球面の内側に貼りついた光の点ということにしよう。そうすると他のことがいろいろ描きやすくなる。

地球は、おそらくご存じと思うが、地軸を中心に自転していて、その地軸は太陽を回る公転軌道面に対して傾いている。傾斜の角度は二三・五度。一回自転するのにかかる時間は一日。太陽を一周するのにかかる時間はいくらかというと、一年。アメリカの一般の人々は、これを聞かれると、三割は間違う。

宇宙で自転する物体は、実は非常に安定していて、公転する間も空間の中での方向は一定に保っている。六月二一日から一二月二一日まで、地球を太陽のまわりで動かし、太陽の反対側へ移動させても（図2-1の右図）、地球は自転軸の向きを維持している――太陽を一周しても同じ方向を向いている。これによって興味深い特色がもたらされる。たとえば六月二一日の図を見ると、地球の公転軌道による平面に垂直な上下の線が地球を夜と昼に分けている。この線の左側、太陽から遠い側について何が言えるだろう。そこは夜だ。しかし一二月二一日の方では、地球が公転軌道の反対側にいて、夜側も逆になって図の右側にできている。夜空を見上げている人々は、太陽の反対側の空しか見えない。六月二一日の夜空――左側の星空――は、一二月二一日に見える夜空――右側の星空――とは違う。夏の夜空には、はくちょう座の北十字、

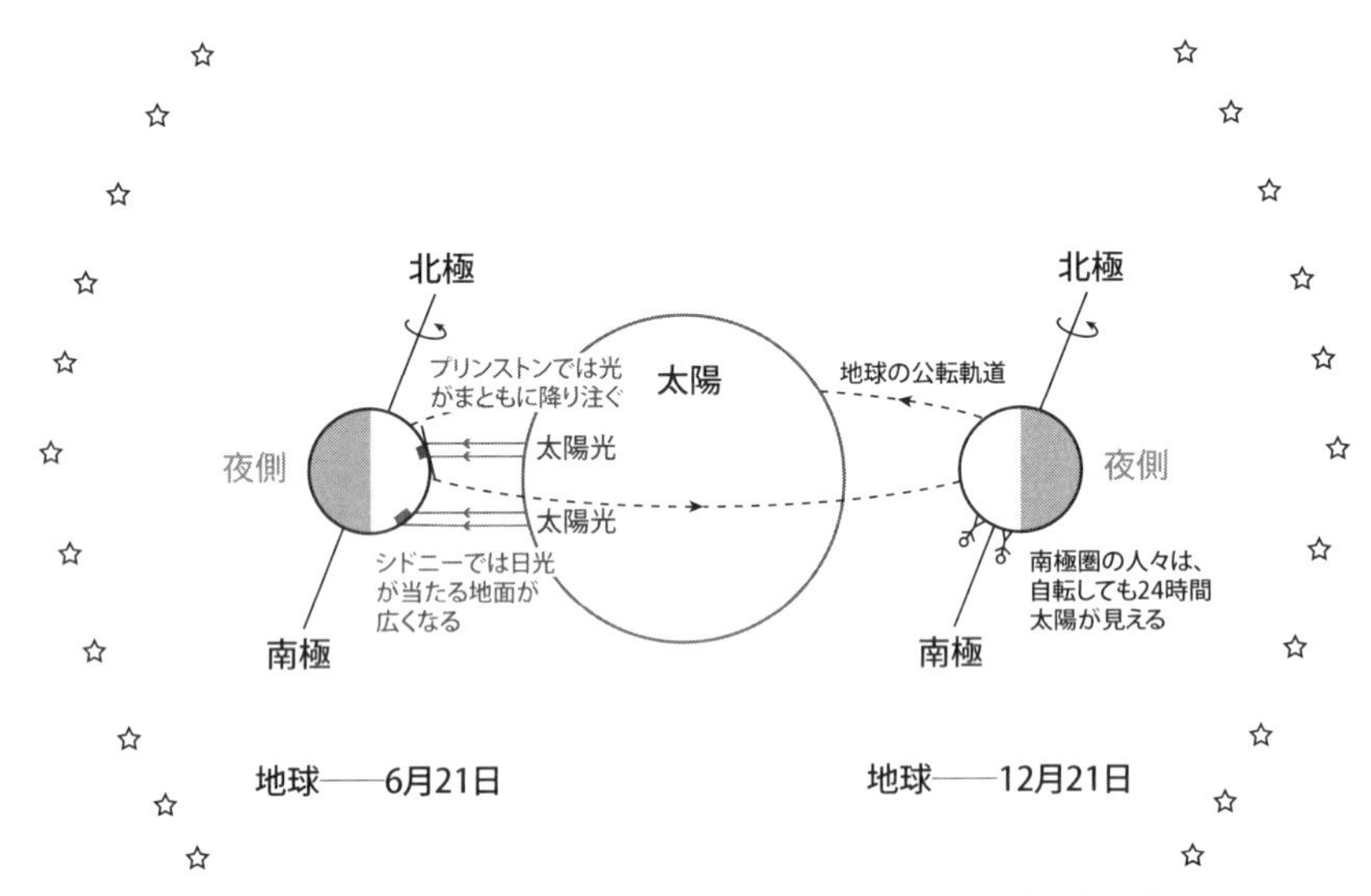

図 2-1　地球は太陽を回り、季節の変化とともに、見える夜空が違う。地軸が公転軌道に対して傾いているため、6月 21 日の図では北半球が太陽光線を真上の方から受け取り、オーストラリアなどの南半球では横の方から受けることになる。12 月 21 日の図では、南極圏の内側にいる人々は、地球の自転とともに南極を中心に回転しても、24時間、太陽を見ることになる。J. Richard Gott 提供。

こと座といった「夏の」星座が見えるが、冬の夜空には、オリオン座やおうし座といった「冬の」星座が見える。

また別のところを見よう。一二月二一日、上下の線の右側にある夜で地球が自転していると、南極圏内の南極大陸にいる、上下逆さまに見える人々はどうなるだろう。この人たちは南極点を中心に回っている。暗闇にいる人はいるだろうか。いない。一二月二一日には、そこにいる人にとっては、地球が自転しても、二四時間暗くならない。ずっと太陽が出ている。その日には地球の南極の氷の上にいる人誰にとっても夜がない。南極圏の円と南極点の間にいる人なら誰にでもそれが言える。この話の筋をたどると、北極の方へ行って、北極点のまわりの北極圏内の人々——サンタクロースとその仲間——を見れば、いくら自転しても地球の昼側に入る人はいない。こちらの人々にとっては、一二月二一日は二四時間夜となる。察しがつくと思うが、六月二一日には逆のことが起きる。昼がないのは南極圏内の人々の方になり、北極圏内の人々にとっては夜がなくなる。

ニュージャージー州プリンストン——ニューヨーク市に近いが摩天楼や都市光がないので、視野を遮るものはないところ——から観測しよう。この町の緯度は北緯四〇度だ。六月二一日の夜明けには、北半球の自転でニュージャージー州は昼側に入り、真上に近いところから日が差すが、南半球に指す光は地表面に対してかなり横の方から差してくる。
正午は太陽がいちばん高い地点に達するときだが、アメリカ合衆国には、一年のうちのいずれかの日のいずれかの時刻に真上から日が差すところはない。街中で人をつかまえて、「正午には太陽はどこにありますか」と聞けば、たいてい「真上だよ」と言うことを考えれば奇妙なことだ。この場合、また他の多くの場合、みんな単純に自分で正しいと思っている内容を繰り返しているだけで、自分で見てはいないことを明かしている。自分ではまったく気づいていないのだ。実験をすることもない。世界にはその種のことばかりある。たとえば、冬の昼の長さはどうなるか、何と言っているだろう「冬には昼がだんだん短くなり、夏にはだんだん長くなる」。それについて考えてみよう。一年で最も昼が短いのはいつだろう。冬至の一二月二一日で、西洋では北半球の冬の始まりとも言われる。冬の最初の日が一年でいちばん昼が短い日だとしたら、冬の他の日はどういうことになるだろう。日はだんだん長くなるのだ。冬には昼が長くなるのであって、短くなるのではない。そのことを理解するのには博士号も国立科学財団の研究補助金も要らない。日中の時間は、冬の間には長くなり、夏には短くなる。

夜空でいちばん明るい星は何だろう。北極星だと言われる。見たことはあるだろうか。たいていの人はない。北極星（ポラリスとも言われる）はトップテンの中にも入っていない。トップトゥエンティにも、トップサーティにも、トップフォーティにもない。オーストラリアは南にありすぎて、北極星は見えない。そちらには見るべき南極星もない。私たちは天の半球の話をしているが、南天のあの星座をうらやましがらないようにしよう。南十字星だ。聞いたことはあるだろう。これについての歌もある。しかし、みなみじゅうじ座は八八ある星座の中で最も小さいことをご存じだろうか。腕を伸ばして拳を握ると、それでこの星座全体が隠れてしまう。他方、南天で最も明るい四つの星がみなみじゅうじ座の歪んだ四角形をなしている。十字の中心を示す星はない。南菱形星と考えた方が正確だ。対照的に、北十字星が空に占める面積は一〇倍あり、目立つ星が六つある——十字に見えるし、中心にも星がある。北には大きな星座がいくつかあるのだ。

北極星は実は夜空の星の中で明るさでは第四五位だ。街で人をつかまえて同じことを尋ね、正解を教えてあげてほしい。知る必要があるなら、夜空で最も明るい星は、シリウス、またの名を犬狼星（ドッグスター）という。

ここで地球の二つの位置にあるときの日光がどうなるかを比べよう。六月二一日正午のプリンストンの地面を見る——

日光が非常に高い角度で当たっている（図2-1）。太陽からやって来る二本の平行な光線がプリンストンに、地面ではごくわずかしか離れていないところに当たる。オーストラリアのシドニーの正午の地面では、それと似ているが、角度は低く、地面ではプリンストンの場合より離れた光線が入ってくる。どういうことになっているのだろう。どちらの地面がよく暖まるだろう。もちろんプリンストンだ。プリンストンの地面に差し込むエネルギーの方が、光線と地表面との当たり方のせいで集中していて、プリンストンの地面の方を熱くするからだ。六月二一日はプリンストンでは夏で、この同じ日、オーストラリアのシドニーは冬だ。六か月後の一二月二一日には、逆のことが言える。

太陽は地面を温め、地面は空気を温める。太陽は空気そのものはそれとわかるほど温めない。空気は透明で、ということは太陽からのエネルギーの大半をただ通過させるからだ。太陽のエネルギーはスペクトルの可視光の部分で最大になるので、大気圏の向こうにある太陽が見えるのはご存じのとおり。そこから、太陽の可視光は空気には吸収されないというわかりやすい事実が導かれる。そうでなかったら太陽は見えないだろう。屋内の窓のない部屋の中にいるときは、太陽は見えない。建物の屋根や壁が太陽からの可視光をすべて吸収するか反射するかしてしまい、通さないからだ。太陽を見るには、透明な窓ごしに見るか、外に出るかしなければならない。つまり、太陽からの光は次々と空気を通り抜けて地面に当たるということだ。地面は太陽からの光を吸収し、そのエネルギーを目に見えない赤外線として放出する。大気はこれは吸収できる——このスペクトルの可視光以外の部分については第4章でさらに述べる。

太陽からの可視光を吸収した地面は温まり、その地面が出す赤外線によって空気が温まる。これは瞬時に起きることではない。時間がかかる。どのくらいかかるかと言うと——一日でいちばん暑くなるのは何時だろう。地面が温まる頂点の正午ではない。一日でいちばん暑いのは正午ではなく、空気が温まるまでの時間差のせいで、何時間か後の二時か三時になる。四時くらいになる場合もある。

それは北半球の夏のこと。夏には、地軸の北極は太陽の方に向かって傾いていて、もちろん南半球の人々にとってはこれは冬ということになる。一日でいちばん暑いときが正午ではないのと同じ理由で、北半球の一年でいちばん暑い時期は六月二一日より後になる。夏が六月二一日に始まり、そこからだんだん暑くなるのはそういうわけだったのだ。同様に、一二月二一日は北半球では冬の始まりで、そこからますます寒くなる。

三か月後の三月二一日に春が始まる。地球のどこの部分も、北半球の春の初日（三月二一日）から日光が来る方向に傾いて自転し、北半球の秋の初日（九月二一日）からは日光が来るのとは逆方向に傾いて自転する。つまり地球上にいる誰もがその日――昼夜平分（エクィノックス）――には、明暗の量が等しくなる。

地球の北極は、北極星であるポラリスを指している。宇宙が示し合わせたのだろうか。実はそんなことはない。だいいちぴったり北極を指しているわけではない。空の自転軸が実際に指す点（天の北極）とポラリスの位置との間には、満月の幅の一・三倍分の差がある。

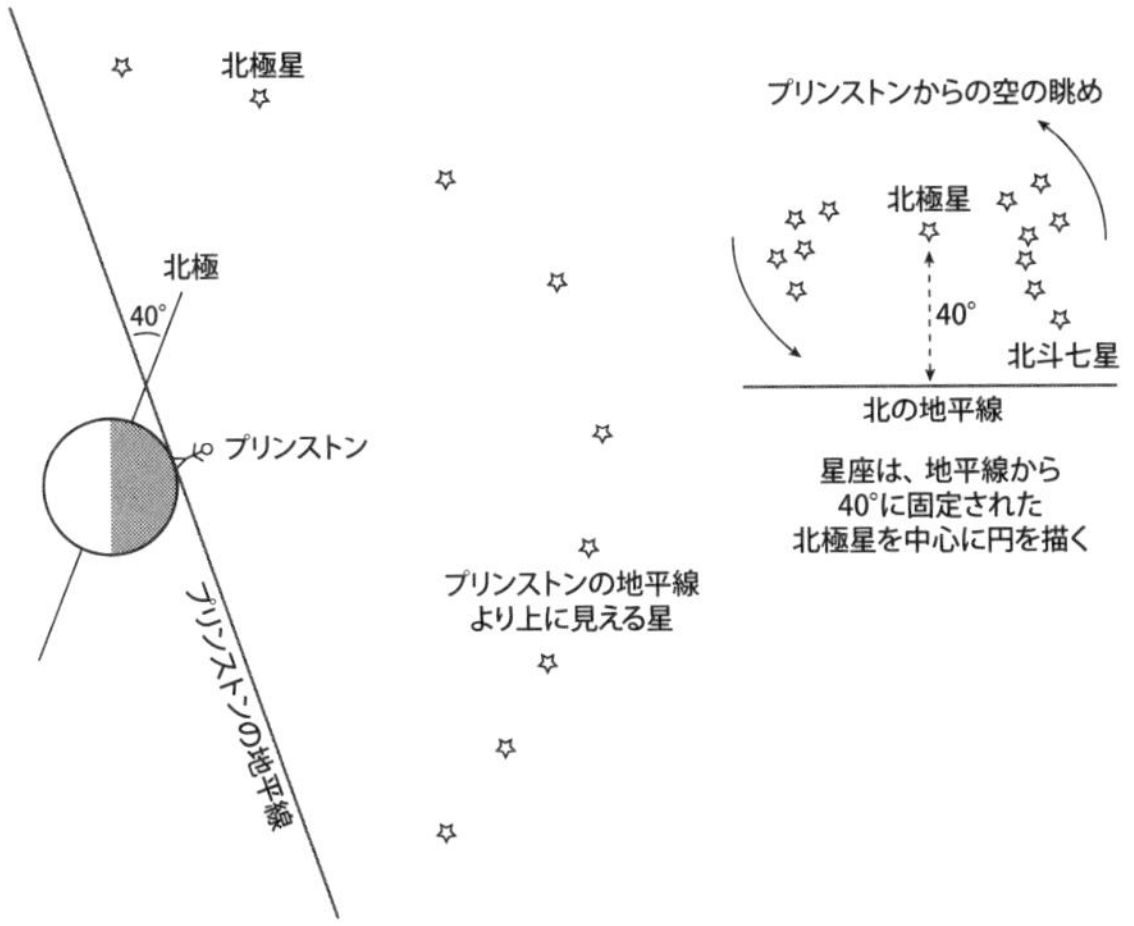

図2-2　プリンストン（北緯40°）から見た夜空の眺め。北極星は北の地平線から40°上で静止している。北斗七星は北極星を中心に、反時計回りに回る。J. Richard Gott 提供。

図2-2に示したプリンストンに戻ろう。夜にはその時点での空の一方の側にある星が見える。図では、この星は「プリンストンの地平線より上に見える星」と記されている。プリンストンの地平線も引かれている――この線は見上げる人が立っている位置での地表面に対する接線となる。見上げると、地球が回るのにつれて、星が北極星を中心に円を描いているのがわかる（北極星は天の北極にごく近いので、ほとんど動かない）。すると、空には星々が北極星を中心に円を描くが、決して地平線より下には沈まないキャップのような領域ができる。これは周極星と呼ばれる。

北極星からもっと離れた星を見るとしよう。星は沈み、また戻ってきて昇る。地球から見ると、空はそういうふうに見える。夜空で比較的なじみのある星の群れ（星が描く模様）は北斗七星だ。明るくて北極星のまわりを回っているのでよく知られている（図2-2）。それは地平線を掬うように下りて行き（プリンストンから見ると）、また戻って上昇する。北斗七星よりも遠い星はみな確かに沈む。北極星はプリンストンから見て、角度でどれだけの高さがあるだろう。それを求めることができる。まず、北極点のサンタクロースを訪ねたとしてみよう。北極星は空のどこにあるだろう。サンタクロースのところへ行ったとしたら、北極星は頭の（ほとんど）真上にあるだろう。北極星はいつも頭の真上にある。北極から見た空の中程の高さにある星は、地球が回っても、ずっと地平線の上にとどまっている。地平線上にある星は、その地平線上を回るので、見える星はすべて地平線上にとどまる。昇る星もなく、沈む星もない。すべて頭上の北極星を中心に円を描き、天の北半球全体が見える。それが北極点のサンタクロースの見る光景だ。

北極の緯度はというと、九〇度だ。北極点で見た北極星の、地平線から測った高度は何度だろう。頭の真上の九〇度――同じ数字になる。これは偶然の一致ではない。北極星は九〇度の高さにあり、緯度は九〇度だ。赤道まで下りてみよう。赤道の緯度は〇度。北極星は地平線から〇度上にある。プリンストンの緯度は四〇度なので、プリンストンから見える北極星の高さは地平線から四〇度上ということになる。

星を使って航海する人々は、観察している北極星の高度が自分がいるところの緯度に等しいことを知っていた。クリストファー・コロンブスは、船出の時の緯度を、大西洋を横断する航海の間、ずっと維持していた。昔に戻ってコロンブスの地図を見てみよう。船乗りはそうやって航海したのだ。航海している間、北極星がずっと、地平線の上、同じ高さにあるようにしてその緯度を保っていた。

子どもの頃独楽（こま）で遊んでそれが首を振るのを見たことがあるだろう。地球も首を振る。地球は回転する独楽で、太陽や月の重力による引力の影響を受けていて、それで首を振る。首振りが一周するのに二万六〇〇〇年かかる。一日に一回自転して、二万六〇〇〇年に一回首を振る。そこから興味深い結果が導かれる。まず、太陽系を取り巻く星が貼りついた球を考えよう。地球が太陽を公転するうちに、太陽の背景にある星が変わっていく。六月二一日、先の図2-1では太陽が地球と右端の星の間にある。つまり、太陽は六月二一日に私たちの正面にある星の前を通過する。一二月二一日には、太陽は左端の星と地球の間にある。その間の時期には、太陽が空を渡るとともに、一年を通じていろいろな星の前の位置を占める。大昔、世界中のほとんどの人が字を読めなかった頃、夜のテレビ番組もなく、本もインターネットもなかった頃、人々は自分たちの教養を空に向けた。自分たちの生活に大事なことだった。人間の頭は実際には何もないところにパターンを作るのが非常に得意だ。点がでたらめに並んでいるところからすぐにパターンを拾うことができる。脳が「パターンみっけ」と言うのだ。こんな実験をしてみることができる。コンピュータのプログラムができるなら、画面上にドットをランダムに散らばらせてみよう。たとえば一〇〇〇個ばらまいてそれを見て、「おや……エイブラハム・リンカーンじゃないか」などと思う。見えてしまうのだ。それと同じで、この古代人は自分たちの素養を、そこで何が起きているか、他に考えようがないところで空に向けていた。惑星が何をしているかも知らなかったし、物理学の法則も理解していなかった。「ふむ、空は私より大きい――なら私の行動に影響するにちがいない」と思う。そこでこう考える。「あそこにカニのように見える星の集団があって、それには何かの人格的特徴がある。自分が生まれたとき、太陽はあのあたりにあった。自分がそんなに変わっている理由はそのことと関係しているにちがいない。こちらには魚に見えるところ、あちらには双子に見えるところがある。ケーブルテレビもないので、自分で物語を紡いでその物語を人から人へ伝えよう」。その際、古代の人々は「黄道帯」という、一年を通じて太陽がその正面を移動するように見えるものを敷いていく。

黄道帯には一二の星座がある。全部ご存じのやつだ――「てんびん」とか、「さそり」とか、「みずがめ」とか。毎日送られてくるニュースにも入っているので、誰もがそれを知っている。会ったことのない誰かが、あなたに恋愛運を教えて稼いでいる。それを理解しようとしてみよう。まず、太陽が通過する星座は、実は一二ではなく、一三ある。占星術師がそう言わないのは、そうしたからといって稼げるわけでもないからだ。黄道帯にある一三番めの星座が何かご存じだろうか。「へびつかい座(オフィユーカス)」という。病気の名みたいだ。「今日はオフィユーカスがありますか」とかなんとか。私はあなたが自分の星座が何か知っていることを知っている。だから「星占いは読んだことがない」などと嘘は言わないこと。さそり座の人は、実はほとんどがへびつかい座なのだが、占星術の図にはへびつかい座は出ていない。

しばらくこのことを頭に入れておこう。黄道帯が定められたのはいつのことかというと、二〇〇〇年前には体系化されていた。クラウディオス・プトレマイオスがその図を発表した。二〇〇〇年は二万六〇〇〇年の一三分の一で、一二分の一にも近い。地球の首振り(正式には歳差運動と言う)のせいで、太陽が獣帯の特定の星座の前にいる月がずれることに気づくだろうか。新聞の星占い欄で特定されている日付に割り振られた黄道帯の星座は、それぞれひと月ずつずれている。たとえばさそり座とへびつかい座は今はてんびん座ということになる。

教育の最大の価値はそういうところにある。人は宇宙の仕組みについて、別個の知識を得る。他の人が自分が語っていることをちゃんとわかっているかどうか、評価できるほど知らなければ損をする。社会人類学者は、宝くじは貧者への課税だと言うが、それは違う。それは数学を知らない人にかかる税だ。知っていたら、確率は不利だということを理解して、苦労して稼いだ金をくじを買うのに使おうという気にはならないだろうからだ。

この本はその教育をしようというものだ。それに加えて宇宙についていくらか知ってもらおう。月の話をして、それからヨハネス・ケプラーに向かい、あのアイザック・ニュートンの話もする。テレビ番組『コスモス――時空と宇宙』を撮影したときには、私はその生家へも行った。

しかしまず、地球が太陽を公転し、もちろん月は地球を公転しているので、そのことを図2-3で見ておこう。太陽は右側のはるか外にあり、地球が中心にあって、月が地球を公転する間のいろいろな位置に記されている。私たちは月の軌道の北極点上空から見下ろしていて、日光は右から入ってくる。

地球も月も、必ず――いつでも――太陽に半分を照らされている。地球に立って月を見るとして、月が太陽の正反対の位置にあるとき、何が見えるだろう。月の満ち欠けはどうなっているかというと、満月だ。図2-3の拡大した写真は、公転軌道上の各点にあるときに地球から見た月の形を示している。

図のように、地球は毎月太陽と月の間に入るのに、毎月、月食にはならないのはどうしてだろう。それは月の軌道が地球の太陽に対する公転軌道による面に対して五度ほど傾いているからだ。そのため何月でも、月はたいてい宇宙にできる地球の影の上か下を通ることになり、通常の満月の姿を見せる。ときどき、満月のときに地球の軌道面を通過するときがあって、そのときには地球が作る影を通過するので、月食になる。

さて、月を反時計回りに九〇度進めてみよう。月は下弦になっている。口語的には半月と言う――月の半分が明るく見えている。さらに反時計回りに九〇度進めると、月は地球と太陽の間を通る。月の太陽に面する側だけが照らされ、地球からは見えないので、地球にいると月が見えないことになる。これを新月と言う。月はこの時期、たいてい太陽の上側か下側を通る。ときどき、太陽の真正面を通ることがあって、そのときには日食になる。

これまで、満月、下弦、新月を見た。さらに九〇度進めると上弦の月になり、このときも半分が明るく見える。こうした時期の間の満ち欠けもある。新月から上弦へと進んで行くとき何が見えるだろう。ほんの少ししか見えない。細い月だ。

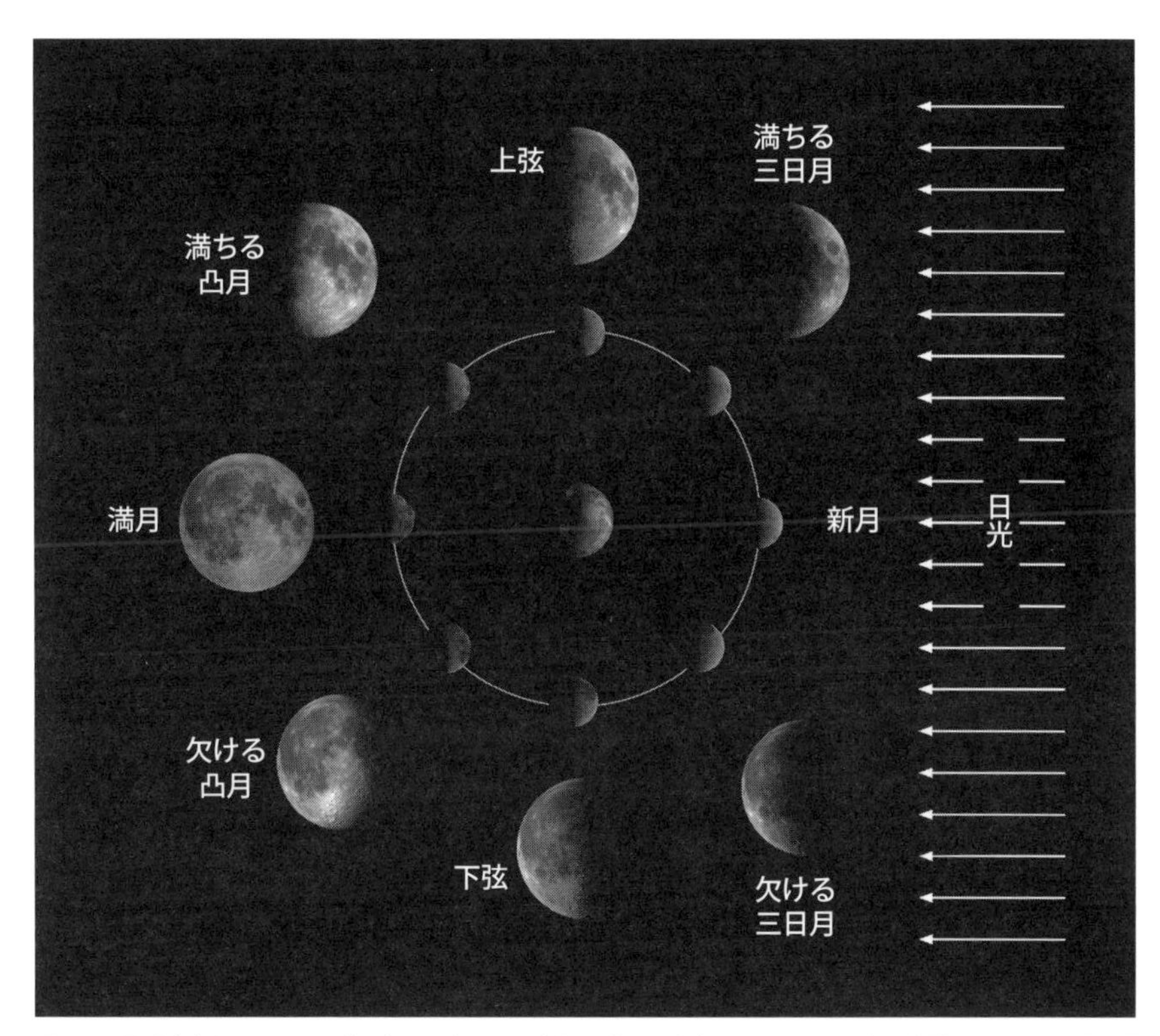

図 2-3　月が地球を回るときの満ち欠け。右にある太陽はずっと地球と月のそれぞれ半分を照らしている。図が示しているのは、地球を回る軌道上で月が占める位置の順序（反時計回り）を示している。私たちは公転軌道の真上から見下ろしている。月はいつも地球に対して同じ面を向けている。新月のときには、地球からは決して見えない月の裏側が照らされている。大きい方の写真は、月がそれぞれの位置にあるときに地球から見たときの姿を示す。写真—— Robert J. Vanderbei.

満ちる三日月（ワクシング・クレセント）と呼ばれるが、それは日々太くなっていくからだ。新月の直前には、欠ける三日月（ウェイニング・クレセント）が見える。両者は月が細くなってまた太くなるときに、向きが反対になる。

上弦の月と満月の間には、満ちる凸月（ワクシング・ギバス）と呼ばれるものがある。この時期は不格好に見えて、画家が描くこともほとんどないが、半分ほどの時期はこの凸月になる——満月でもなく、半月でもない。画家が一年を通じて空の中からでたらめに選んで描くのなら、その作品の中の半分で凸月が見られることになるが、画家はふつう、三日月か満月を描くものだ。画家は目の前にある現実をまるごと捉えてはいない。

もちろん、この周期を一周するには一か月（month）かかる。正式には「moonth」と呼ばれる。満月が太陽の反対側にあるのなら、月の出は何時になるだろう。月が太陽の反対側にあって、太陽が沈もうとするとき、満月が昇ってくる。つまり月の出は日没時と言える。日の出の頃、満月は沈みつつある。

一か月の他の時期では状況は違う。下弦の月が空の高いところにあるとき、太陽は昇ろうとしている。図では、地球は反時計回りに自転していて、下弦の月が空の高いところにあるときは、自転して日の当たる側に入ろうとしているときになる。想像で頭と眼をこの図に突っ込んで見渡して、また現実世界に戻って結果を確かめてみよう。

私のコンピュータは、デスクトップ画面にすると月がそこにあって、毎日その日の満ち欠けを示すアプリを載せている。それが私の月時計で、コンピュータ画面を見つめているときでも、私を宇宙につなげてくれている。

話を太陽系に戻そう——一六世紀の末のことだ。デンマークには、ティコ・ブラーエという裕福な天文学者が暮らしていた。月にあるティコ・クレーターはこの人の名を取っている。

私は一度、デンマークの人から一時間かけて、この天文学者の名をどう発音するかを習った。ティコー・ブラーだった。それについては私は勉強している。しかしもちろんアメリカでは、見える通りに何とでも発音する。

ティコ・ブラーエは惑星のことを大いに気にかけていて、その記録を取っていた。当時の裸眼による最高の観測装置を作り、惑星の位置についての最も正確な測定結果を保管していた。望遠鏡が発明されるのは一六〇八年のことで、ティコは照準装置を用い、空の星の位置や惑星の位置を時間の関数として記録した。ティコは膨大なデータベースを得て、聡明な助手、ドイツの数学者ヨハネス・ケプラーもいた。

ケプラーはデータを得て、事態を理解した。ケプラーは思った。「自分には惑星が何をしているかわかっている。実際、惑星がしていることを正確に記述する法則を立てることができる」。ケプラー以前は、宇宙の編成は平明だった。「星が回っている。太陽は昇り、沈む。月も昇り、沈む。われわれが宇宙の中心にいるにちがいない」。そう信じるのは気持ちがいいだけでなく、その通りに見えた。それは人間のエゴをくすぐるし、証拠もそれを支持していたので、誰も疑わなかった——ポーランドの天文学者、ニコラス・コペルニクスが登場するまでは。地球が中心にあるのなら、惑星は何をしているのだろう。空を見上げて日々火星が背景の星々に対して動いているのを見る。ふむ。今は減速している。おやおや、止まったぞ。今度は逆方向に進んでいる（これは逆行運動と呼ばれる）。それからまた前に進む。なぜ火星はそういうふうになるのだろう。

コペルニクスは考えた——太陽が中心にあるとして、地球が太陽を回っているとしたらどうなるだろう。するとこの前後への動きは直ちに説明がつく。太陽が中央にあり、地球が太陽のまわりの軌道を回る。レーシングカーがコースを周回するように。火星は太陽から見て地球の次の外側にあり、公転が少し遅い。地球が火星の内側のコースを進むとき、火星はしばらく空で後退するように見える。高速道路で追越車線にいて隣の車線の遅い車を追い抜くとき、その車はこちらに対して後方へ進んでいるように見える。太陽を中心に置いて、地球と火星が太陽のまわりの単純な円軌道を周回しているとしたら、それが逆行運動を説明する。夜空で起きていることが説明できる。太陽から遠い惑星ほど、周回は遅くなる。コペルニクスはこのことを『天球の回転について』という本で発表した。この本の初版をオークションで買おうとすれば、二〇〇万ドルはかかるだろう。人類史上でも有数の重要な本だからだ。

この本が一五四三年に出版されると、人々はいろいろと考えさせられた。コペルニクスは最初、この本の出版を恐れていて、原稿を個人的に仲間に見せたこともあった。地球が宇宙の中心でないなどとはおいそれと言い出せることではなかった。権力のあるカトリック教会は、物事の見方が違っていて、地球が中心だと断じていたからだ。

アリストテレスがそう言っていた。古代ギリシアではアリスタルコスが、地球が太陽を回ることを正しく推理していたが、アリストテレスの見方が勝利を収め、教会もまだそれを支持していた。その方が聖書と整合したからだ。すると、コペルニクスはいつその本を出版したのだろう。死の床に就いていたときだった。死んでしまっていたら処刑もできない。

太陽が中心にある宇宙をあらためて紹介し、「太陽中心モデル（ヘリオセントリック）」とした。それはアリストテレスやプトレマイオス、さらには教会のお触れによっていた。

「ヘリオ」は太陽を意味する。そのときまでは「地球中心モデル（ジオセントリック）」だった。

そこへケプラーが登場する。ケプラーはコペルニクスにあるところまでは同意していた。コペルニクスは完全な円を唱えていた。しかしそれでは観測された惑星運動には一致しなかったので、コペルニクスは円周上で回転する小さな円、周転円を加えて調節した（プトレマイオスもそうしていた）。それでも、空の惑星の位置とはぴったり一致しなかった。ケプラーはコペルニクスのモデルは修正が必要だと考えた。そしてティコ・ブラーエによってケプラーの手に渡ったデータ――惑星の位置を時間経過とともに測定したもの――から、ケプラーは惑星運動の三法則を導いた。それを「ケプラーの法則」と呼ぶ。

第一法則は、「惑星軌道は円ではなく楕円である」ことを言う（図2-4）楕円とは何だろう。数学的には円には中心が一つあるが、楕円には中心のようなものが二つあり、それは焦点よ呼ばれる。円ではすべての点が中心から等距離のところにあるが、楕円では、すべての点の二つの焦点からの距離の和が一定となる。実は、円は楕円の極限で、二つの焦点が同じ点を占める。楕円が細長くなると、焦点間の距離は大きくなる。焦点を近づけると、真円によく似たものが得られる。

ケプラーによれば、惑星は太陽を一方の焦点とする楕円を周回する。これだけでも革命的だった。ギリシア人は、宇宙が神の世界なら、それは完全なものでなければならないと言い、完全であるとはどういう意味かについて哲学的な感覚を持っていた。円は完全な形である。円周上のすべての点が中心から等距離にある。それが完全ということだ。神の宇宙ではどんな運動も完全な円を描かなければならない。星々は円運動をするとギリシア人は考えた。この哲学は一〇〇〇年以上続いた。そこへケプラーが、みなさん、それは円ではありませんよと言ったのだ。私にはティコからもらったデータがあって、それは楕円だということを示していますと。

ケプラーはさらに、惑星が公転するとき、惑星の速さは太陽からの距離とともに変化することも示した。完全な円の軌道を想像しよう。円のあるところでの速さと別のところでの速さが違うとする理由はなく、惑星は同じ速さを保つはずだ。しかし楕円となるとそうは言えない。惑星がいちばん速くなるのはどこだろう。察しがつくとおり、惑星が太陽に最も近

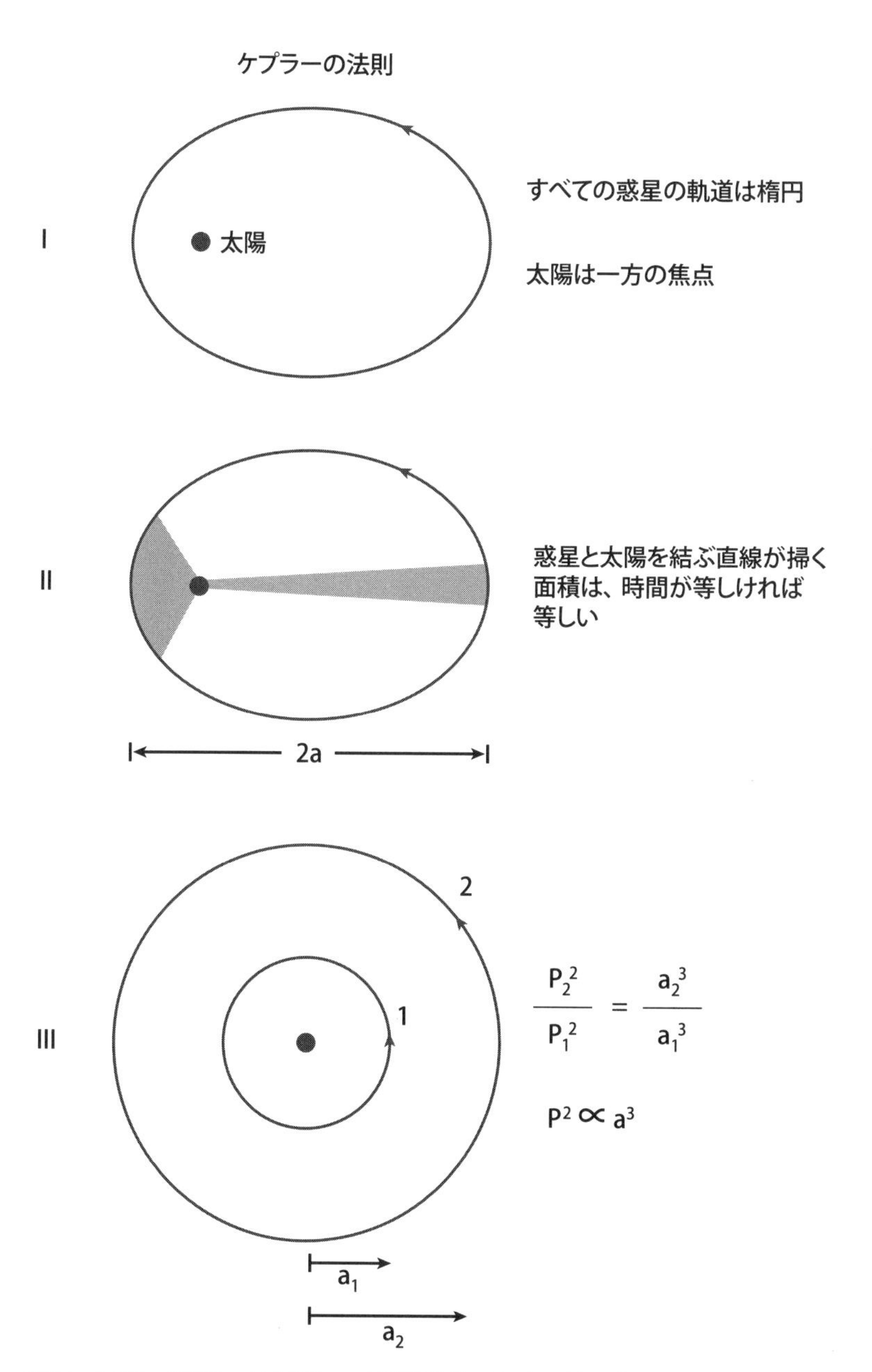
ケプラーの法則
I
太陽
すべての惑星の軌道は楕円
太陽は一方の焦点
II
惑星と太陽を結ぶ直線が掃く
面積は、時間が等しければ
等しい
2a
III
2
1
$\frac{P_2^2}{P_1^2} = \frac{a_2^3}{a_1^3}$
$P^2 \propto a^3$
a_1
a_2

図 2-4　ケプラーの法則。a は長半径、つまり楕円軌道の長い方の直径の半分。離心率が 0 の円軌道については、長半径は半径に等しい。J. Richard Gott 提供。

づいたときだ。ケプラーは惑星が太陽に近いときは速く、太陽から遠ざかるほど遅くなると見た。

この問題を幾何学的に考えたケプラーは「惑星が、たとえば一か月にどれだけ進むかを測ろう」と言った。惑星が太陽に近くて動きが速いとき、惑星は一か月で軌道の一定の面積を、ずんぐりと太い扇形を掃く（図2-4）。この面積をA_1とする。同じことを、軌道の他の部分、太陽からもっと遠くにあるところでしてみよう。ケプラーは惑星が遠くなるほど動きが遅くなり、したがって同じ時間でもあまり進まないと見た。同じ一か月に進む距離は短いが、細長い扇形の面積A2を掃く。ケプラーはぬかりなく、一か月に掃く面積は、それが太陽に近くても遠くても同じで$A_1 = A_2$になることを見て取った。そこで第二法則を立てる。「惑星が同じ時間に掃く面積は等しい」。

これはある根本的なことから派生することだ。それは「角運動量」の保存から出てくるのだ。この言葉を見たことがなくても、直観的に理解することができる。

フィギュアスケートの選手はそれを使っている。フィギュアスケート選手がスピンするときに注目しよう。最初は腕を広げている。それからどうするかというと、腕をたたんで、腕と回転軸との距離を短くすると、それに応じて回転速度は上がる。楕円軌道上の惑星が太陽に近づいて太陽との距離を短くすると、スピードは上がる。

これを角運動量の保存と呼ぶ。ケプラーの時代には、そのような語彙はなかったが、事実上、ケプラーはそれを発見していたのだ。

ケプラーの第三法則は見事だ。ただただ見事だ（あらためて図2-4）。ケプラーがそれを見つけるのには長い時間がかかった。最初の二つの法則は、ささっと、実質的には、一晩でできあがった。第三法則には一〇年かかり、それで苦労した。ケプラーは、惑星の太陽からの距離と、太陽を一周する時間、つまり公転周期との関係を求めようとしていた。外側の惑星は内側の惑星よりも一周するのにかかる時間が長い。

惑星はいくつ知られていたかというと、水星、金星、地球、火星、木星、そしてみんなが大好きな土星だ。

小学校三年生はかつて、冥王星を好きな惑星に挙げていたものだ。そのおかげで、私が勤めるローズ地球宇宙センターが冥王星を惑星から、太陽系の外縁にある氷の球に格下げしたときには、私の評判が悪くなった。

惑星（プラネット）の元になるギリシア語「プラネテス」は「さまよえるもの」という意味だった。古代ギリシア人にとっては、地球は宇宙の中心だったので、これは惑星ではなかった。またギリシア人は私が挙げなかった惑星を他に二つ認識していた。それはやはり背景の星に対して動いていた。太陽と月だ。古代ギリシア人の定義では、これで七惑星となった。一週間の七つの曜日も七つの惑星、あるいはそれに対応する神様の名によっている。日曜(サンデー)と月曜(マンデー)は明らかだ。土曜(サタデー)は土星(サターン)の日。残りについては別の言語を見なければならない。たとえば金曜(フライデー)はフリッガによる。これは（あるいはフレイヤとも）は、金星に対応する北欧の神様だ。

とうとうケプラーは式を考えついた。それは宇宙の最初の方程式だった。

ケプラーは距離を、地球と太陽の距離を単位にして表した。これを天文単位(アストロノミカル・ユニット)、略してＡＵと呼ぶ。惑星の太陽からの距離は時間とともに変動する。楕円はつぶれた円で、長い軸と短い軸、つまりそれぞれ長軸と短軸がある。ケプラーは（聡明にも）、太陽からの惑星の距離を表す尺度として、公転軌道の長軸の半分をとるのが良いと見た。私たちはこれを長半径と呼ぶ。これは惑星の太陽からの距離の最大値と最小値の平均となる。

そして公転周期を地球の一年を単位にして表せば、宇宙を理解する力の夜明けとなった式が得られる。惑星の公転周期(ピリオド)をP年とし、惑星の太陽からの距離の最小値と最大値の平均(アベレージ)をa天文単位とすると、次の式が得られる。

$$P^2 = a^3$$

ケプラーの第三法則だ。これが地球について成り立つことを見よう。等式を試してみる。地球の公転周期は一年、最小距離と最大距離の平均は一天文単位。式は$1^2 = 1^3$となる。つまり$1 = 1$で成り立つ。結構。

これが太陽系全体の法則なら、どの惑星にも（あるいは太陽を公転する他の天体にも）成り立つはずだ。当時知られていたものについても、その後発見されるものについても。冥王星はどうだろう。ケプラーは冥王星のことは知らなかった。冥王星について計算すると、太陽からの最小距離と最大距離の平均は39.264 AUで、法則は$P^2 = 39.264^3$となることを言っている。39.264の三乗はいくらかというと、60531.8だ。電卓を使えば確かめられる。公転周期Pはこの60,531.8の平方根、四桁に丸めて246.0にならなければならない。では冥王星の実際の公転周期はいくらかというと、二四六年だ。

ケプラーはものすごい奴だった。

アイザック・ニュートンが万有引力の法則を考えたとき、$P^2 = a^3$をに訴えて、重力による引力が距離とともに小さくなることを明らかにした。引力は距離の二乗分の一で弱くなる。ニュートンは答えに達するために微積分を使った――ニュートンは都合のよいことに、それを考案していた。ニュートンはケプラーの法則を一般化して、もはや太陽と惑星だけにあてはまるのではない法則を見つけた。それは新たに明らかになった互いに引き寄せ合う重力に基づいて、宇宙にあるどの二つの物体にもあてはまり、次の式で与えられる。

$$F = G\, m_a m^b/r^2$$

Gは定数で、m_aとm_bは二つの物体の質量、rは二つの中心間の距離を表す。

方程式から、特殊な場合として、ケプラーの第三法則、$P^2 = a^3$が導ける。太陽を回る惑星の一般的な軌道は太陽をその一方の焦点とする楕円であるというのと、惑星は同じ時間に同じ面積を掃くという、ケプラーの第一法則と第二法則も導ける。それがニュートンの万有引力の法則の威力であり、それがケプラーの法則より大きいということだ。ニュートンの法則は、宇宙のどこにあろうと、どんな軌道を描いていようと、二つの物体間の重力をすべて記述する。ニュートンは私たちの宇宙理解を拡張し、ケプラーが想像したよりも遠くまで広がる惑星の記述を得た。ニュートンはこの式を、二六歳になる前に導いた。ニュートンは光学の法則を発見し、スペクトルに現れる色を特定し、驚くことに、虹の色が組み合わさると白色光になることを明らかにした。反射望遠鏡を発明し、微積分を発明した。ニュートンはそれを全部行なった。

次の章はまるごとニュートンの話をしよう。

第3章　ニュートンの法則

マイケル・A・ストラウス

コペルニクスは惑星運動を太陽中心の宇宙で説明するという大飛躍を遂げた。太陽系と呼ばれるものの中心に太陽を置くことによる。地球を含むいろいろな惑星が、すべて太陽を回る軌道を動いている。私たちの足元は動いているのだ。地球がどれほどの速さで動いているかを求めるには、一定の時間でどれだけ先まで進むかを求める必要がある。その上で、距離÷時間で速さが求められる。

第2章で見たように、ケプラーは地球の軌道が楕円であることを明らかにした。実は、太陽系の大半の惑星軌道は円に近く、したがって、私たちは当面、地球は円軌道を一年で一周するという近似をする。この円の半径、つまり太陽から地球までの距離は、天文学ではしょっちゅう使っている長さで、前章でも述べられたように、これには公式に「天文単位（アストロノミカル・ユニット）」、略してAUと名前がついている。一AUはほぼ一億五〇〇〇万キロメートル、つまり1.5×10^8キロメートルに相当する。

つまり地球は一年で半径一億五〇〇〇万キロメートルの円の円周を進むことになる。円周は半径の2π倍で、πはだいたい3であることは誰でも知っている。天文学者はおおよその推定を行なうときには、この種の近似を好んで行なう。円周を時間、つまり一年で割る必要がある。

一年を秒で表したい。その方がここでの目的には有効だろう。一年の秒数は、六〇（一分の秒数）×六〇（一時間の分の数）×二四（一日の時間数）×三六五（一年の日数）となる。電卓でこのかけ算をすることもできるだろうが、第1章で、タイソンが生まれて一〇億秒のときにシャンペンを飲んで、それが三一歳くらいだったと言っていたのを思い出そう。つまり一年は一〇億秒の三〇分の一ほどで、これは約三〇〇〇万秒となる。これを一年はおよそ3.0×10^7秒と書くことにする。

以上をまとめると、地球が太陽を公転する速さは $2\pi r/1\text{年} = 2\times3\times(1.5\times10^8\ \text{km})/(3\times10^7\text{秒}) = 30\text{km}/\text{秒}$　となる。

地球が今太陽を回っている速さがこれだ。私たちは爆走している。自分は静かに座っていると思うし、だからこそ古代の人々は自分たちが宇宙の中心にあると考えるのが自然だった。それはごくあたりまえに思われていた。しかし実際には、とてつもなく動いている。地球は一日に一回転、自転している。それが秒速三〇キロメートルで進み、一年に太陽のまわりを一周している。第2部では、太陽も（地球などの惑星を引き連れて）さらに各種の運動をして動いていることを見る。

コペルニクスは様々な惑星が太陽を回っていると言った。ケプラーはティコ・ブラーエのデータを使って、いろいろな惑星の軌道を特定し、その軌道の特性について知った。第2章でも述べられたように、ケプラーはこの軌道から三法則を引き出した。ここでの話の主人公の一人、アイザック・ニュートンは、ケプラーの第三法則から、重力の法則が二つの物体間の根本的な力であり、両者間の距離の二乗に反比例することを導いた。

ニュートンはたぶん最大の物理学者で、何学だろうと史上最大の科学者で、驚くほど多くの根本的な発見をした。万物——惑星が太陽を回る動きだけでなく、空中に放り出されたボールでも、斜面を転がり落ちる岩でも、何でも——がどう運動するかについて理解しようとしたのだ。

科学では、何度も観察して、そこから観察結果全体を包含してそれを説明する少数の法則を引き出そうとする。ニュートンは運動の三法則を考えた。第一法則は「慣性」の法則。慣性(イナーシャ)とは何だろう。日常的には、「今日はイナーシャが大きい」と言えば、実際には出て行きたくないということで、じっと座っていて、そのままごろごろ寝そべって動きたくないということを意味する。動こうとすれば、他の何かが必要だ。静止した物体は（ごろごろ寝そべっている人のように）、力がかからないかぎり、静止したままだ。

力とは何かについて話そう。ニュートンの慣性の法則は二つの部分に分かれる。第一部は「静止した物体は外部から力がかからなければ静止し続ける」と言っている。これは筋が通っている。テーブルの上にリンゴがあるとしよう。そこにはすべてを差し引きするとかかる力はなくなり、したがって静止し続ける。

ニュートンの慣性の法則の第二部は、それほどわかりやすくはない。こちらは「一様な速度の物体は、外部から力がかからなければ、その一様な速度を維持する」と言っている。一様な速度とは、一定の方向へ一定の速さで、いずれも変化せずに進むということだ。床にボールを転がせば、一定の速さで一定の方向に永遠に動き続けることはなく、減速し、止まる。それはボールと床の間に摩擦という力が作用するからである。摩擦は日常的な環境のどこにでもある。空中に紙を一枚投げるとしよう。それは遅くなり、床にひらひらと落ちる。実際、二つの力が作用している。⑴重力。これについてはすぐ後で詳しく話す。⑵空気そのものの抵抗による力。紙は空気が当たる面積が大きく、空気抵抗がものを言うようになる。

運動する物体は外から力が作用しなければ、一定の速度で動き続けるという考えが直観的にわかりにくいのは、至るところに摩擦があるからだ。摩擦がなく、力がかからないような状況は日常にはなかなか見られない。フィギュアスケート選手は氷とスケート靴の間にほとんど摩擦がなく、したがって、力を入れなくても長い間氷の上を滑っていられる。摩擦がまったくないという極限で、一押しされた物体は一定の速度を維持することになる。ガリレオはそのことを見てとった。宇宙空間は、いっさいの摩擦力がない最も見栄えのする例となる。宇宙では、実際に何かを動かして一定速度にすると、その途上にはそれを止めるものは何もないので、一定速度の運動がずっと続くことがわかる。ニュートンはこれを基本的法則にした。

ニュートンの運動の第二法則は、物体に力が作用したときにどうなるかを教えてくれる。物体にはいろいろな力がかかりうるが、その力が何であれ、そのすべての力の和が一様な速度からの逸脱を生む。この逸脱の度合いを量で表すために加速度という用語を用いる。加速度は単位時間あたりの速度の変化だ。そこで第二法則は、物体の加速度と、それにかかる力との関係をつける。物体をある力で押せば、その物体は加速する。力が同じでも、物体の質量が小さければ加速度は大きくなるが、質量が大きければ力は同じでも加速度は小さくなる。この関係が、ニュートンの最も有名な式、$F = ma$ となる。つまり「力は質量×加速度に等しい」ということだ。

ニュートンの運動の第三法則は、口語的に「こちらが押せば、向こうが押し返す」と言い表すことができる。つまり、一方の物体が別の物体に力を及ぼすと、その相手方の物体が、元の物体を、同じ大きさで正反対の向きの力で押し返す。テーブル面を手で下向きに押せば、手に圧力を感じる、テーブルが押し返しているのだ。すべての力には、それと対になる、大きさが同じで向きが正反対の力がはたらく。

掌にリンゴがあるとしよう。それは明らかに静止している。それに作用する力はあるかと言えば、もちろん地球からの重力がある。重力はリンゴの動きを下向きに加速させているはずだが、明らかにそうはなっていない。そのわけは、手がリンゴを押しとどめ、(腕の筋肉で)上向きに押し返しているからだ。それに応じて、ニュートンの第三法則によって、リンゴは手を下向きに押している。それがリンゴの重さと呼ばれるものだ。リンゴにかかる地球からの下向きの引力と、手がリンゴを上向きに押し返す力はちょうどつりあう。二つの力の和はゼロだ。ゼロの力とは、ニュートンの第二法則によって加速度ゼロということなので、最初に静止していたリンゴはどこにも行かない。

　実は、話はもう少しおもしろい。先に地球が太陽のまわりを公転する速さを、毎秒三〇キロメートルと計算した。したがってリンゴもそれと同じ速さで動いている。これについて考えるために、寄り道をして円運動の性質について話さなければならない。

　毎秒三〇キロメートルという一定の速さでも、円を描いて動くのは、一定な速度ではない。太陽を公転するときの地球の動きの方向はつねに変化しているからだ。それが方向を変えなければ、地球は円ではなく直線上を動いているだけになる。円周上を進むことから生じる加速度は、日常生活でもおなじみのことだ。遊園地のいろいろな乗り物は円運動をし、乗っている人は身をもって加速度を感じることができる。

　ニュートンは自分で考案したばかりの微分という道具を使って、半径rの円を、一定の速さvで運動する物体の加速度を求めた。その加速度は、円の中心方向に、v^2/rとなる。手にあるリンゴは静止していると考えられるが、実際には毎秒三〇キロメートルで巨大な円を描いて運動している。それは加速しているのだ。ニュートンの第二法則から、それに作用する力がなければならない。その力は太陽の重力による引力だ。太陽は公転する地球を引き寄せ、その引力でリンゴも引き寄せている。リンゴには太陽の重力がかかっていて、それは私にもあなたにもかかっている。

　私たちは太陽のまわりを秒速三〇キロメートルで回っている。このとんでもない速さからすると、導かれる加速度は大きいと思われるかもしれないが、実際にはその加速度はかなり小さい。円の半径がとてつもなく大きいからだ。どれだけ小さいかというと、地球の速さが毎秒三〇キロメートル、つまり毎秒三万メートルで、地球の半径は一五〇〇億メートルある。先のv^2/rという式を使えば、この加速度は$(30000\ \mathrm{m/sec})^2/150{,}000{,}000{,}000\ \mathrm{m} = 0.006\ \mathrm{m/sec}^2$、つまり毎秒、秒速〇・〇〇六メートルの速度変化ということになる。つまり速さが一秒に秒速六ミリメートルずつ変化する。これは小さい。

ガリレオは、地球の重力の作用で地面に落下する物体の加速度は、これよりずっと大きく、毎秒、秒速九・八メートル程度であると見た。したがって、私たちは非常に高速で太陽のまわりを運動しているとはいえ、地球が加速されている程度はごくわずかということになる。これに対して、遊園地のジェットコースターは、秒速三〇キロメートルには遠く及ばないが、たどる円の半径が小さい。v^2/r の割る数 r が小さいので、結果としての加速度は相当に大きく、この加速度分の引力はすぐにわかる（たとえば、コースターが秒速一〇メートルの速さで半径が一〇メートルとしたら、加速度は毎秒、秒速一〇メートルということになる）。

太陽による加速度を観察しようとする際には、私たちの状況はさらに微妙になる。太陽は重力で、地球上にあるすべてのもの――あなたも、今持っている本も、手にあるリンゴも――をすべて、同率で加速している。私たちはみな、太陽を回る自由落下軌道にある。身のまわりにあるものに対する運動は探知しない。私たちには、自分が止まっているように見える。自分が動いていることには気づかないし、加速されていることもわからない。

しかし事実は事実、地球は v^2/r という量で太陽の方へ加速されている。ニュートンはそのうえで、ケプラーの第三法則を使って、太陽によってもたらされる加速度が半径に応じてどう変化するかを計算した。惑星の公転周期 P は、

$$P = (2\pi r/v)$$

で、これは公転軌道 P が、惑星が軌道を一周する距離（$2\pi r$）を速さ v で割ったものになるということだ。つまり、

- P は r/v に比例し、
- P^2 は r^2/v^2 に比例する。

ケプラーは、P^2 は a^3 に比例すると言った。a は惑星軌道の半長径だ。この場合、地球の軌道はほぼ円なので、近似的に $r = a$ と言ってよく、したがって a の代わりに r を使えば、

- P^2 は r^3 に比例する。

P^2 は r^2/v^2 にも比例するので、

・r^2/v^2 は r^3 に比例することになる。

r で割れば、

・r/v^2 が r^2 に比例し、

逆転すれば、次のことがわかる。

・v^2/r（加速度）は $1/r^2$ に比例する。

この数段階の推理と、ケプラーの第三法則と、少々の式計算によって、太陽が距離 r のところにある物体に及ぼす重力加速度が、したがって力が、距離の二乗分の一に比例することが導けた。ニュートンの重力の逆二乗則だ。ニュートン自身の言い方では、

［私が］「惑星の周期が軌道の中心からの距離の一・五乗に比例するというケプラーの法則から、惑星を軌道に留める力はそれが回転する中心からの距離の二乗に逆比例することを」導いて以来、「私は発明とどの時代よりもよく考えられた数学と哲学が栄えるこの時代の盛りにいた[*1]」。

ニュートンはこの重力の理解を地球と月にあてはめた。ニュートンを触発した有名な落下するリンゴを考えよう。それ

は地球の中心から地球の半径分の距離にあり、地球に向かって、毎秒、秒速九・八メートルの割合の加速度で落下する。月は地球半径六〇個分のところにある。地球の重力による引力が$1/r^2$に比例して小さくなるなら（太陽について言えたこと）、月の軌道の距離では、地球の万有引力は、地表での毎秒、秒速九・八メートルの60^2分の1の大きさになるはずだ。つまりおよそ毎秒、秒速〇・〇〇二七二メートルだ。

太陽を回る地球の運動について見たように、月が地球を回る円運動をするときの加速度を、周期（二七・三日）と軌道半径（三八万四〇〇〇キロメートル）を使って計算することができる。数字をv^2/rに代入すると、毎秒、秒速〇・〇〇二七二メートルの加速度となる。ご名算！　リンゴから予想されることと見事に一致する。ニュートン自身が言ったように、二つの結果がほとんど同じ答えだということを見た。りんごを地球の方へ引き寄せるのと同じ力が月を地球に引き寄せていて、その経路を直線軌道から曲げて、月をだいたい円の、地球を回る軌道に留める。リンゴを地面に落下させる、地球が及ぼす重力は、月の軌道にまで拡張できる。ニュートンがこのことを発見したのは、ケンブリッジ大学がペストの大流行で閉鎖されたために祖母の家にいたときのことだった。しかしニュートンはその成果を発表しなかった。ニュートンが実は地球の半径について、計算できるほど正確な長さが得られていなかったことによるわずかなずれはあっても、予測と観測との合致が完璧だったことに動転したのかもしれない。いずれにせよ、ニュートンがエドマンド・ハレー（ハレー彗星の名の元）によって発表を促されるのは、

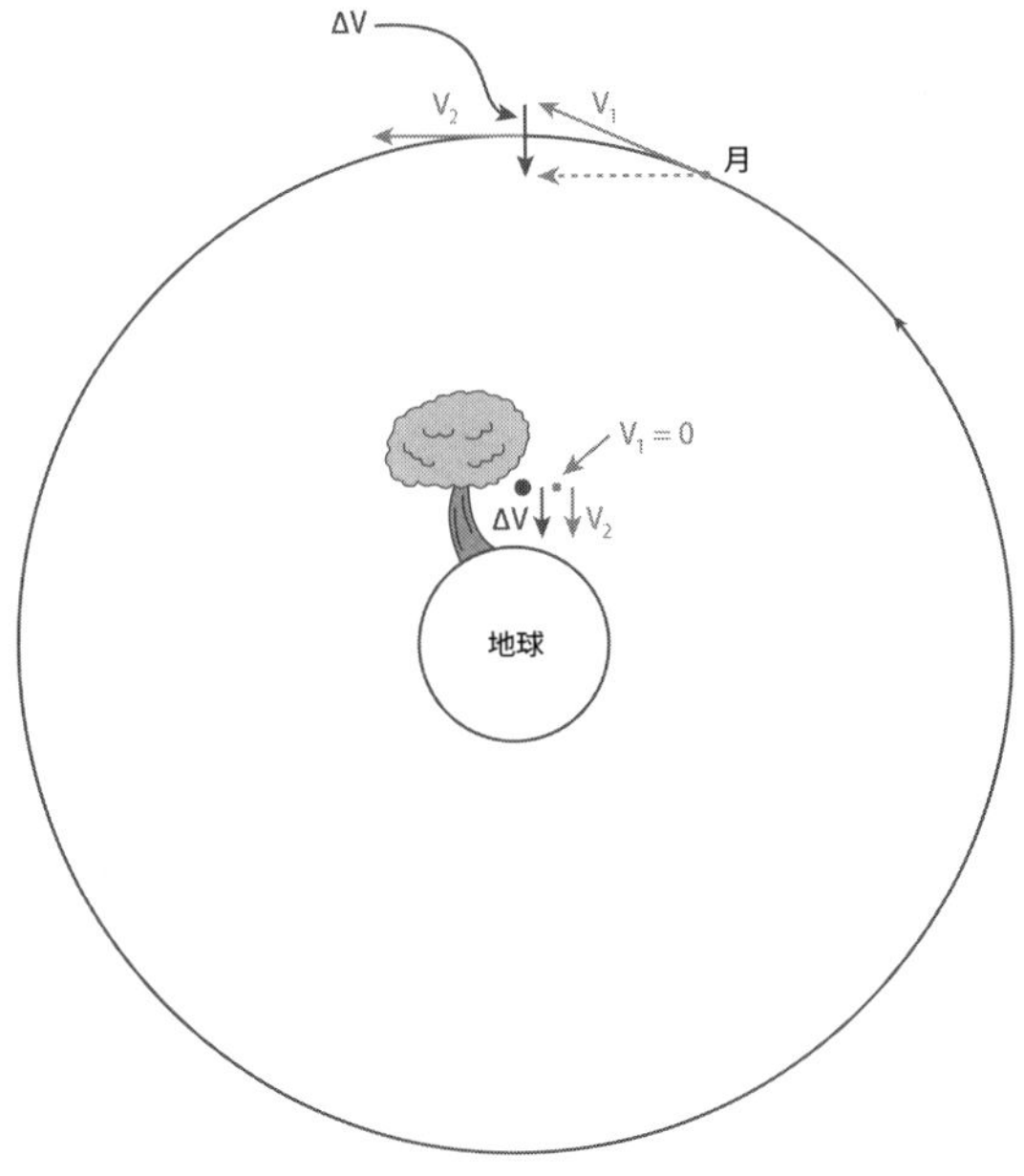

図3-1　月と、木から落下するニュートンのリンゴの加速度。それぞれについて、加速度（速度の変化）は地球の中心に向かっている点に注意すること。J. Richard Gott 提供。

ずっと後になってからのことだった。

ニュートンはときどき壮大にも万有引力の法則とも呼ばれる、第2章で紹介したものを計算した。二つの物体、たとえば太陽と地球を考えよう。両者間の距離（一天文単位、つまり一億五〇〇〇万キロメートル）は、太陽そのものの直径（約一四〇万キロメートル）のほぼ一〇〇倍だ。それぞれの質量は、$M_{地球}$と$M_{太陽}$とする。

ニュートンは、二つの物体間に作用する重力による力は、それぞれの質量に比例し、両者間の距離の二乗に反比例することを発見した（先に述べたケプラーの第三法則からの推論を使って）。「比例」というのは力を表す式に比例定数が含まれるということで、ここではそれを、サー・アイザック・ニュートンを称えてニュートンの定数、Gと呼ぶ。太陽と地球に作用する力を表すニュートンの公式はこうなる。

$$F = G M_{太陽} M_{地球} / r^2$$

力は引力として作用する。つまり、二つの物体は引き合い、したがって力はそれぞれの物体から相手に向かう方向に作用する。

ニュートンの運動の第三法則によって、この式は太陽が地球に及ぼす重力と、地球が太陽に及ぼす力の両方のことを言っている。しかし太陽の質量は地球の質量よりはるかに大きい。ニュートンの第二法則は、加速度は力÷質量であることを述べている。その結果、地球の加速度は太陽の加速度よりはるかに大きく、この力による太陽の動きは地球の動きに比べるとごく小さい（どちらも両者の共通重心を公転しているが、これは太陽の表面よりずっと奥の方にある。太陽はこの重心に対して小さな円運動をしているが、地球は太陽のまわりを大きく周回することになる）。

ニュートンの式には、次のような魅惑の帰結もある。ニュートンの第二法則によって、今しがた式を書いた重力は、「地球の質量（$M_{地球}$）×その加速度」に等しく、円運動の場合、加速度はv^2/rに等しかった。つまりこの場合の$F = ma$は、次のように書き直せる。

$$GM_{太陽}M_{地球}/r^2 = M_{地球}/v^2/r$$

地球の質量は両辺に表れ、したがって両辺をそれで割ることができて、次のようになる。

$$GM_{太陽}/r^2 = v^2/r$$

これは地球の加速度（$GM_{太陽}/r^2 = v^2/r$）は地球の質量には左右されないことを意味する。これは恐るべき事実だ。重力加速度は、太陽の公転軌道上だろうと、地球の重力場での落下であろうと、加速される物体の質量には左右されない。物体の質量は $F = ma$ の両辺に出てくるので約せて消えるからだ。本と一枚の紙の両方を落とせば、本の方がはるかに質量が大きいのだが、両者とも同じ加速度を受け、同じ速さで落下する。それはガリレオが真空中ではそうなると言っていたことだ。実際にも成り立つだろうか。そうはならない。空気抵抗があるので、本と紙切れの落ちる速さは違う。空気抵抗は本にも紙にも作用するが、本は紙よりずっと質量が大きいので、空気抵抗による本の加速度は小さい――基本的に無視しうる。しかし、紙を大きな本の上に置いて、本が紙に対する空気抵抗をブロックするようにして両者を落とせば、紙は本の上にとどまり、両者は一体で同じ速さで落下する。自分で実験してみるとよい。

アポロ一五号の飛行士は、月へ行ったとき、この原理を確かめる実験をしようとハンマーと羽を持って行った。月には事実上大気がない。月面ではほぼ真空なので、それとわかる空気抵抗はまったくない。飛行士が羽とハンマーを同時に落とすと、両者はニュートンが（ガリレオが）予想したように、ぴったり同じ速さで落下した。この月面実験を記録した動画を見ることもできる。

アリストテレスがこの点で間違っていたことは誰もが知っているのではないか。アリストテレスは質量の大きい物体ほど大きな加速度がかかって速く落下すると言っていた。その方が論理的に見えたからだが、実際には自分の考えが正しいかどうかを確かめるための実験はしなかった。大きな石と小さな石（どちらも空気抵抗にはあまり影響されない）を拾い、それを落とせばどちらも同じ速さで落ちることを発見できただろうに。要するに、科学では、直観を実験で確かめることが決定的に重要だ。

関連する問題を考えてみよう。伸ばした手で持ったリンゴに地球が及ぼす重力の力を考える。ニュートンの式にはリンゴから地球までの距離rが含まれる。素朴にはリンゴから床までの二メートルほどを使えばよいと思うかもしれないが、それは正しくない。ニュートンは、地球の一グラム一グラムすべてによる重力を計算しなければならないことを認識していた。足元の土だけではなく、地球の反対側にある部分の土も何もかもだ。ニュートンがこれをどう計算するかを理解するには約二〇年かかった。すべての、それぞれにリンゴからの距離や方向が異なる土の塊による力を足し合わせる必要があった。この力をすべて足し算するには、「積分法」と呼ばれる数学の新しい手法を発明する必要があった。正味の計算結果は、球形の物体（地球のような）の重力は、すべての質量が中心に集中しているかのようにふるまうという、あまり直観的ではない考え方だった。リンゴにかかる重力を計算するには、地球の質量がすべて、足元の地下六三七一キロメートルのところにあると考える必要がある。地球の中心から表面までの距離だ。本書では、ニュートンがリンゴの落下と月の公転を比べたという話をしたときに、すでにこの手順に訴えている。

しかし（まっすぐ下に）落下するリンゴは確かに月の公転運動と同じようには見えない。月が円を描いて進んでいるのに、リンゴはただ地面に落ちるのはなぜだろう。リンゴを公転させるには、それを横方向に猛烈な速さで投げなければならない。落ちるまでに地球を一周してしまうほどの速さだ。ハッブル宇宙望遠鏡を考えよう。これは地球の上空数百キロメートルのところを回っている。これは地球のまわりの約四万キロメートルを、約九〇分で一周する。これを速さに換算すると、秒速約八キロメートルということになる。つまり、リンゴを公転させようとするなら、それを真横方向に秒速約八キロメートルで投げなければならないということだ。

（大気の摩擦がないほど）高い山の頂上から、真横に、物体をだんだん速さを大きくして投げるとする。リンゴをできるだけ強く投げてみよう。それでもリンゴはすぐに地面に落ちる。大リーグのピッチャーに投げてもらおう。いくらか遠くまで行くだろうが、それでも地面に落下する。今度はスーパーマンに投げてもらおう。だんだん強く投げると、リンゴは遠くまで飛び、下向きに曲がる軌道が地面に当たるまでの距離が長くなる。しかし地球の表面は平らではなく、遠方では下の方に曲がっている。スーパーマンはもちろん秒速八キロメートルほどで物体を投げることができる。投げられた物体はやはり重力の作用を受けるが、その曲がった軌道は地球の曲がり具合に合致して、落ちても落ちても地面に当たることはなく、結局、丸い軌道に行き着くことになる。軌道にある物体はずっと落下しているのだが、横方向の運動も大きい。リンゴを落としたときは、地球の重力による加速度で落ちるだけだ。その同じ重力が、ハッブル宇宙望遠鏡も月も、地球のまわりを回るようにしている（月は軌道がはるかに高いところにあるので、動きは遅くなる）。低軌道では、地球の曲がり方と同じ率で落下すると、地面に落ちることはなくなる。ニュートンはこれを理解していて、地球を回る軌道の人工衛星の概念を——実際にできるより二七〇年前に——唱えていた。

急にがたっと落下するエレベーターに乗ったことがあれば、ほんの短い間、乗った人は落下し、その人の周囲のすべてのものが、一緒に落下する。リンゴを落としても、落とした人が一緒に落ちることはない。地面から靴底にかかる力が上に押しとどめているからだ。落とした人は周囲の他のものに対して静止して立っているが、リンゴは加速度を受けて落下する。足を払われてリンゴと一緒に落下すれば、リンゴと人が一緒に落下するのを見ることができる（少なくとも両者が床にぶつかるまでは）。

おそらく、地球を回る国際宇宙ステーションの飛行士の映像を見たことはあるだろう。地球の重力は飛行士にも、宇宙ステーションにも同じように作用している。しかし宇宙ステーションの中のすべてのものは同じ率で落下する——重力加速度は軌道にある物体の質量には左右されないことを見た、先の計算を思い出すこと。すべてが同じ速さで落ちると、飛行士は重さを感じない。「重さ」とは体重計に乗ったときにその秤が示す値だ（あるいはニュートンの第三法則によって体重計が乗った人をどれだけ押し返すかを示す）。しかし秤が乗った人と一緒に落下していれば、秤を下に押すこともできないので、重さは0と表示される。人は無重量になる。

しかしこれは「質量」がゼロになったという意味ではない。質量と重さは同じものではない。ニュートンによれば、質量とは運動の第二法則（力と質量と加速度の関係）に入れられる量で、重力をもたらす量でもある。「体重」を減らすと言われるときには、その人が実際に減らしたいのは質量だ。脂肪にも質量があり、それをいくらかでも取り除きたいのだ。すると、かける力の大きさは同じでも加速度が大きくなり、人は動きやすくなる。

ここでニュートンがなしとげたことを評価してみよう。ケプラーは当時知られていた惑星の動きを観察して、そこから惑星の軌道を記述する三法則を引き出した。それからニュートンが登場して、これについてまったく別の考え方をした。ニュートンは運動の三法則によって、当時から太陽を公転することが知られていた六つの惑星だけでなく、万物の動き方を理解しようとした。加えてニュートンは重力という、天文学で最も重要な力の物理学的理解を展開した。ケプラーの第三法則を使って、重力は$1/r^2$に比例して遠くなると小さくなることを示した。二つの物体間に作用する重力は引力で、太陽の惑星に及ぼす力Fは、$GM_{太陽}M_{惑星}/r^2$に等しいことを見いだした。これをすべてまとめて、ケプラーの第三法則はニュートンの運動法則と万有引力の法則によって理解できることもわかった。ニュートンはケプラーの第三法則の背後にある物理学について、ケプラーよりもずっと幅広い理解に達したのだ。

とどめとして、ニュートンは自分の重力法則が太陽を一方の焦点に置く楕円軌道を描くことを予測し、惑星と太陽を結ぶ線が同じ時間に掃く面積は一定であることを示した。ケプラーの三つの法則はすべて、今やニュートンの万有引力の法則と運動の三法則から直接導けるものと見ることができる。

ニュートンの重力法則は、私たちが理解した最初の物理学の法則だった。大事なことに、これを使うと、検証できる予測を立てることができる。ハレーはニュートンの法則を使って何世紀かにわたる何度かの彗星の出現（ベイユー・タペストリに記録された一〇六六年のものも含め）が、実はきわめて細長い楕円軌道にある同じ彗星であることを発見した。それはほぼ七六年に一度戻っていた。木星や土星の軌道を横切るときにその影響を受け、やって来る時期にはいささかの変動はあったが、それもニュートンの法則で予測できた——ケプラーの法則では、周期に変化はなかったことになっていたのに。ハレーはその彗星が一七五八年に再びやって来ることを予測した。本人は一七四二年に亡くなり、その出来事を見ることはできなかったが、予測どおり一七五八年に出現したその彗星には、翌年、ハレーの名がつけられ、ハレー彗星となった。それが太陽に最接近する時期は、アレクシス・クレロー、ジェローム・ラランド、ニコル＝レーヌ・ルポートが、ニュートンの法則を使って、一か月の精度で予想した。これはニュートンの重力法則を見事に確かめる結果だった。

ニュートンの法則が大成功を収めた例は他にもある。新しく発見された天王星という惑星は、ニュートンの法則に正確に従っておらず、その軌道は乱されているようだった。ユルバン・ルヴェリエは、これは天王星が別の、太陽から遠い方の側にあるが見えていない惑星に重力で引かれているとすれば説明できると考えた。ルヴェリエはこの惑星がどこにあるかを予測して、一八四六年、ヨハン・ゴットフリート・ガレとハインリヒ・ルイス・ダレストが、ルヴェリエの計算結果を用いて、予測されていた空の位置から角度で一度しか離れていないところにその惑星を発見した。ニュートンの法則を使って新しい惑星、海王星が発見されたのだ。ニュートンの名声は大いに高まった。

本書では、宇宙を理解するために、この力と重力の基本的概念を何度も使うことになる。

第4章　星はどのようにエネルギーを放射するか（I）

ニール・ドグラース・タイソン

今度は星までの距離を理解してみよう。すでに太陽から地球までの距離が、太陽の直径の約一〇〇倍、一億五〇〇〇万キロメートル（一AU）であることは見た。地球と太陽の距離を一メートルに縮めるとしたら、太陽の大きさは一センチメートルくらいになる。最も近い恒星は二〇万AUあたりなので、この比率では二〇〇キロメートルということになる。恒星間の隙間は恒星の大きさと比べるととてつもなく広い。そこで、この距離は、kmやcmで表すより、光がその距離を進むのにかかる時間で表す方が便利だということになる。

cで表される光の速さは3×10^8 m/秒で、これもおぼえておくべき数字だ。第17章では、この速さが宇宙の制限速度であることを細かく見る。どんなものでも速さはここまでだ。私たちは星をそこから出る光で見ているので、光は自然な距離の単位の元になる。一光秒は光が一秒で進む距離、3×10^8メートル、つまり三〇万キロメートル――地球を七周ほど――だ。月は三八万四〇〇〇キロメートル先にあり、光はこの距離をだいたい一・三秒で進む。このことを、月は約一・三光秒離れていると言う。地球から太陽までの距離（一AU）はおよそ八光分、つまりその距離を光が進むのに八分かかるということになる。いちばん近い恒星は約四光年離れている。光年は距離の単位であって時間の単位ではない――光が一年かかって進む距離のことだ。一光年は約一〇兆キロメートルに相当する。今日、このいちばん近い星を見ていれば、目に入る光がその星を出たのは四年前。宇宙では、私たちは必ず過去を見ていることになる。私たちはこうした近くの星については、今の姿を見ているのではなく、四年前の姿を見ているということだ。

これは日常のすべてのものごとにもあてはまる。光の速さを他の単位で表すと、たとえば一ナノ秒＝一〇億分の一秒で一フィート＝約三〇センチメートルなので、テーブルをはさんで座る二人の人は、互いに相手を数ナノ秒遅れで見ている。

もちろん、これはそれとはわからないほど短い時間だが、それでも私たちの視覚による接触には、時間の遅れが内在している。

最も近い恒星までの距離はどうすれば測れるのだろう。四光年は巨大だ。向こうとこちらの間に巻尺を延ばして測るというわけにはいかない。それを測ろうとすれば、「視差」という概念を導入する必要がある。地球は太陽を公転している（図4-1）。地球は一月には太陽の一方の側にあり、六か月後の七月には、太陽の正反対の側にある。図では地球の右方向に近くの星があり、さらに右の方にもっと遠くにある星が描かれている。これは遠いので、全部右端に並べておくことにする。そこで私が一月に、近くにある星を撮影するとしよう。その写真にはあらゆる星が写っているが、その一つが当該の星だ（色を塗ったもの）。図4-1の一月の地球からの星空を見よう。もちろんこれだけでは何もわからない。念を押すと、どの星が近くてどの星が遠いかは見ただけではわからない——この点についてはまだ何も知らない。しかし半年待って、七月に地球が軌道の反対側の別の位置にあるときに同じ星を撮影する。背景も同じものが見えるが、注目している星（色つき）は先ほどとは違うところ、七月の地球からの眺めにある位置にあるように見える。それはずれている。他のものはすべて基本的に同じところにある。また半年経つとどうなるだろう。それはまたずれて元に戻る。このずれは繰り返され、その星は、一年の中のいつ見るかによって位置を変える。

二枚の写真を重ねてめくったり戻したりしてみよう。写真をぱらぱらとめくって、ある星が動いてそれ以外は同じなら、その星は他の星よりも近くにある。この星がさらに近ければ、写真でのずれはもっと大きくなるだろう。近い星ほど「ずれ」は大きい。「ずれ」とかっこに入れたのは、星が動くわけではなく——太陽のまわりを行ったり来たりしているのはこちらなので——ずれといっても、実際にはこちらの視点が変わることによるからだ。

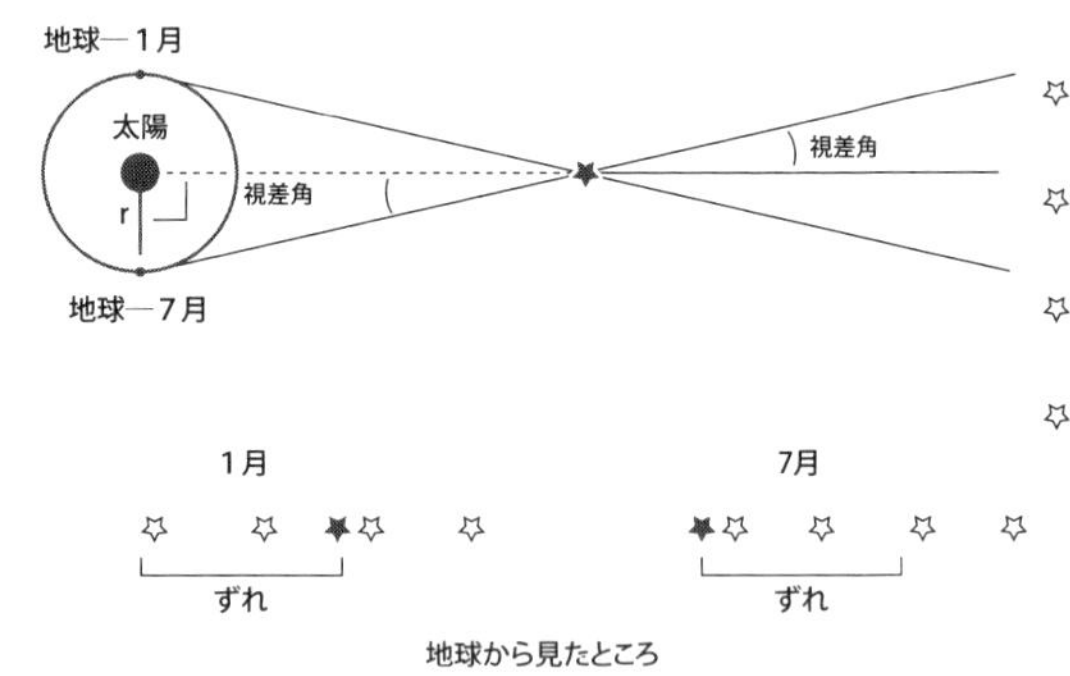

図4-1　視差。地球が太陽を回るとき、近くの星は、空での遠い星に対する位置を移す。J. Richard Gott 提供。

立体視アートを三次元で見る方法

私たちは現実の世界で、両眼の視線の方向がわずかに異なるものを見るときに奥行きを感じることを考えれば、本のような平らな面でも三次元が見えているように思い込ませることができる――必要なのは二つの像を、それぞれが左右それぞれの眼の視点から見えるものになるようにして提示することだけだ。このステレオ写真（図4-2）では、右眼用の画像が左に、左眼用の画像が右にあり、これを寄り目で見ることになる。それは思うよりは易しい。この本を片方の手で、目の前四〇センチメートル弱ほどのところに持つ。もう一方の手の人差し指を、眼と本のページの間の中ほどにまっすぐ立てる。本の紙面を見よう。人差し指の二つのぼやけた透明な像（一方は右眼、もう一方は左眼が見るもの）も見えるだろう。指を前後に動かして、この二つの透明な指の像が、紙面上のそれぞれの画像の底辺のところで完全に中心になるようにする。頭を左か右に傾けないと、指の二つの像が互いに同じ高さにならないかもしれない。そこで指に集中しよう。指の像と、紙面上の写真のぼんやりした三種類が見えるはずだ。視線の交差を解かないようにしつつ、中央の画像に注意を移していくと、美しい３Ｄ画像にピントが合ってくるはずだ。手前にあるベガが他の星々を背景に、紙面から飛び出してくる。星の距離が違うということが見えるだろう。人の脳は、このずれを自動的に測定して、視差の計算を行っている。もちろん３Ｄ視はそうやって生み出されるのだ。私たちの脳は、両岸からの見え方を絶えず比較し、視差の計算をして、見える物体までの距離を判定している。それに対して、まず指だけを見るようにしよう――眼はもちろん交差的に見ている。その背後に三枚のぼんやりした画像が現れてくる。視線をその中央にずらすと、３Ｄが見えてくる。しばらくやり続けること――少々、見方の訓練が要る。誰にでも見えるというものではないが、できたときの効果は見事でで、がんばって習熟するに値する。この技は後の図18-1で再び用いる。

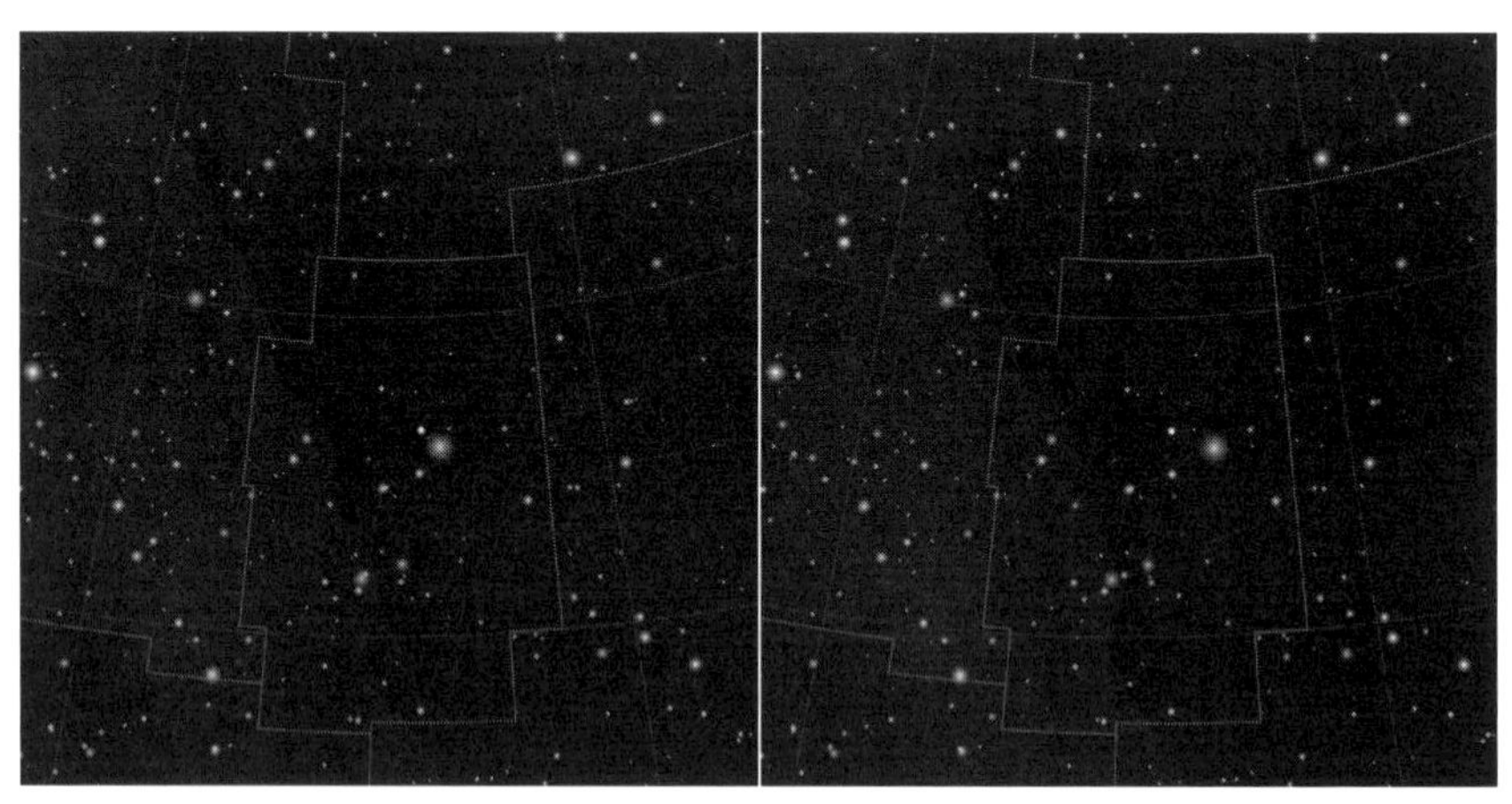

図4-2　ベガの視差。こと座のシミュレーション写真。地球が太陽を公転する間に半年の間隔を置いて撮ったようにしている。写真にあるそれぞれの星には距離に反比例する視差によるずれがある（視差によるずれは、見えやすくするために、大きく誇張されている）。前面に見えるベガ（こと座でいちばん明るい星）は地球から25光年しか離れておらず、ずれが最も大きい。ベガの視差は、二つの画像での位置を比べることによって見ることができる。これは本文にある指示に従うと、2枚の画像を寄り目によるステレオ立体画像として見ることができる。写真提供、Robert J. Vanderbei and J. Richard Gott.

このことは自分で実験できる。左眼を閉じて、腕を伸ばした先の親指を見る。親指を立てて、それを右眼だけを使って遠くの何かの目標にそろえる。今度は右眼を閉じて左眼を開く。どうなるかというと、親指が移動したように見える。今度は親指を眼から腕半分の長さのところに移動させて同じことを繰り返す。親指はもっと移動する。人々はこの効果を発見し、それが星にも当てはまることに気づいた。近くの星は親指で、地球軌道の直径は両眼の隔たりだ。当然、自分の眼を使って星の距離を測定することなどできない。両眼の間の何センチメートルかでは、遠くの星に対する角度の違いをきちんと捉えるには足りない。しかし地球軌道の直径は三億キロメートルある。これだけ離れていると、宇宙に向かって眼をぱちぱちさせて、星までの距離がどのくらいかを導けるようになる。

図4-2では、このことをこと座でシミュレーションしている。二つの写真にある恒星は、地球軌道の半年分離れたところで二回撮影された二枚の写真を表しているかのように、観測された視差に比例して移動している。ここでは見やすいように、このずれの大きさを誇張している。

写真でいちばん明るい星、ベガは、二五光年ほどしか離れていない。これは中央にある、同じこと座の他の星よりもずっと近い。二つの写真を注意深く比べ、違いを探せば、ベガが他の星よりも大きくずれていることがわかるだろう。

星が遠くなるほど、ずれは小さくなる。しかし多くの比較的近くの星については、この技を使って距離を測定できる。そのためには、幾何学のいくつかの事実を応用する必要がある。図4-1では、近くの星が一月にある一群の星の正面にあるのを見て、七月には別の一群の星の正面にあるのを見た。慣習として、このずれの半分の角度を視差角と呼ぶ。直径分の二AUではなく、一AU分だけずれたとしたら見えるずれに対応する。地球の公転軌道の半径（一AU）はキロメートルの単位でわかっている。視差角を測定することもできる。地球と太陽と当該の星によってできる三角形を考えよう。それは太陽を直角の頂点とする直角三角形になる。近くの星を見たときにその年に観察されるずれの角度は、その星にいる観測者が、同じ二本の視線上にこちらを見るときに見るずれとまったく同じになる。つまり、その視差角（ずれ全体の半分）は、太陽と地球（七月の）の角度を、その星から観測した角度に等しい（あらためて図4-1）。こうして、地球・太陽・星の三角形の角は、九〇度（太陽）、視差角に等しい角（星）、九〇度から視差角を引いた角（地球）からなる。ユークリッド幾何学では三角形の内角の和は一八〇度でなければならないからだ。

直角を挟む辺の一方（地球と太陽の距離）はわかっているので、三角形での残り二つの角の大きさがわかれば、太陽と星を結ぶ三角形の直角を挟む辺の長さを求めることができる。これは星の距離を表す直接の尺度となる。ここで新たに距離の単位を考えよう。星の視差が角度で一秒になるような距離の名をつける。角度で一度の六〇分の一が一分で、その六〇分の一が一秒、つまり一秒は三六〇〇分の一度となる。星の視差が角度で一秒となる距離がある。その距離が一Pc（パーセク）と呼ばれる。なかなかクールな名ではないか。一秒の視差角は、円周の $1/(360 \times 60 \times 60)$ に相当する。星が距離 d のところにあれば、円周 $C = 2\pi d$ で、地球と太陽の距離 $r = 1\mathrm{AU}$ が円周の $1/360 \times 60 \times 60$）を張っているので、$1\mathrm{AU}/2\pi d = 1/(360 \times 60 \times 60)$ となる。したがって、一秒の視差については、$d = 206{,}265$ AUで、これが一パーセクとなる。これはすべて単なるユークリッド幾何学の話だ。

『スター・トレック』を観ていれば、そこではこの距離の単位が使われているのを耳にするだろう。これはを光年で表すと、三・二六光年となる。パーセクという単位は気が利いているが、この本は光年という単位で統一することにする。この「パーセクという言葉に遭遇することがあっても、もうそれがどういうものかはわかっているだろう。天文学者はこの言葉を、他の二つの用語、視差（パララックス）と秒（セカンド）を組み合わせて造語した。視差が二分の一秒の星は二パーセクのところにある。視差が一〇分の一秒の星は一〇パーセクのところにある。簡単だ。天文学にはとてつもない距離を伴う人為的な用語がいくつかある——たとえば準恒星天体（クェーサー）のように。これは準恒星（クェイサイ・ステラー）電波源に由来する。パルサーは脈動する星（パルセイティング・スター）による——これを天文学者が造り、人々がそれを気に入った。パルサーという腕時計もある。

地球にいちばん近い星はと言えば太陽だ。アルファ・ケンタウリだと思った人はひっかかった。アルファ・ケンタウリは太陽にいちばん近い星系ということになる。アルファとはその星座で最も明るい星のことで、南半球にケンタウルス座という星座がある。しかしこのアルファ星は実は三重星系で、その一つがこの太陽系に最も近い。三重星系とは実にクールだ。アルファ・ケンタウリA星という太陽型の、直径は太陽の一二三パーセントという星がある。アルファ・ケンタウリB星は太陽の八六・五パーセントの直径で、プロクシマ・ケンタウリという暗い赤い星は太陽の直径の一四パーセントしかない。この三つの星のうち、太陽に最も近いのがプロクシマ・ケンタウリだ。だからその星は最も近い（プロクシマ）と呼ばれる。太陽からの距離は約四・一光年で、視差は〇・八秒となる。

一秒という角度は実に実に小さい。地球にある専門家の望遠鏡で撮影された夜空の画像で言えば、その画像にあるたいていの恒星の見かけの大きさが一秒だ。それは地上に設置された望遠鏡にとっては典型となる。ハッブル宇宙望遠鏡の場合、それより一〇倍の性能がある。地上の望遠鏡を使うときには大気圏がやっかいの種で、画像をぼやけさせる。星の光は明瞭な光の点として入ってくるが、自分の進路だけを考えて大気圏に衝突し、はね返り、振動してにじみ、最終的にはこの斑点になる。地球では、「きれいね。あの星が瞬いている」などと言われる。しかし恒星を観測しようとしている天文学者にとっては、瞬きは迷惑な話で、瞬く画像では、一秒くらいの幅で瞬いている場合はざらにある。

念を押すと、一パーセクは最も近い星までの距離よりも短い。そのため、視差が測定されるまでには何千年もかかった。一八三八年になってやっと、ドイツの数学者、フリードリヒ・ベッセルが初めて恒星の視差を測定した（大気が画像を一秒分にじませるとすると、望遠鏡で観測する人は、何度も観測して、精度を一秒より小さくしなければならない）。実は、二〇〇〇年以上前のアリスタルコスによって、地球は太陽を回るという論証が示されたが、当時は視差が観測できなかったため、この説は退けられた。ギリシア人は実に頭が良く、「結構。私たちの太陽が地球を回る地球中心の宇宙がお気に召さないとな？　地球が太陽を回ってほしいとな？」と言った。地球が実際に太陽を回るなら、近い星を見ると、地球が太陽の一方の側にあるときと、反対側にいるときと比べて、方角がずれるだろうということを、ギリシア人は知っていた。この視差の効果が見えるはずだと言う。望遠鏡はまだ発明されておらず、そのためギリシア人は丁寧に見続けるだけだった。どんなに懸命に見つめても、差は見つけられない。実際には、この影響は望遠鏡がなければ測定できないので、その測定できないことを、太陽中心説に対する強力な反証として用いていた。しかし何かがある証拠がないからといって、必ずしもその何かがないことの証拠とはならない。

夜空の星すべてを見て、けばだった雲のような天体が星々の間にあることに気づいた後でも、二〇世紀の前期になるまでは、私たちは宇宙の姿は本当にはわかっていなかった。まだ星の光をプリズムを通してデータを得て、その結果の姿を見ていた時代だった。その後、私たちはいくつかの星が「標準燭光」として使えることを知った。それについて考えてみよう。夜空のすべての星がまったく同じなら——何らかの型で切り抜かれて宇宙に放り出されているものなら——暗い星は明るい星よりも遠くにあることになる。それなら話は単純だろう。明るい星は近くて、暗い星は遠い。しかし実際にはそうではない。この星の集団の中に、どこにあろうと同じ種類の星を探す。つまり、ある星のスペクトルに特異な特色があるなら、またそれと同じ種類の星が視差を測れるほど近いなら、ラッキーということになる。星の明るさの物差しが得られ、それを使ってそれに似た星がそれの四分の一の明るさだ、九分の一の明るさだということがわかれば、その星がどれほど遠いかを計算できる。しかしその標準燭光、つまり物差しが必要だ。そのような物差しを、私たちは一九二〇年代になるまで持っていなかった。その時まで、宇宙にあるものがどれほど遠いかについてはまったく知らなかった。実際、その頃の本は宇宙を単純に星が広がっているように描いていて、その向こうにもっと広い宇宙があることを知らず、そういう話もしていなかった。

星を理解しようとするときには、ウェストポーチに数学の道具を追加しておく必要がある。その一つは分布関数だろう。それは強力で役に立つ数学のアイデアだ。私はそこに無理なく進みたいので、単純な形の分布関数を紹介する。図やグラフで棒が大々的に出ているため、『USAトゥデイ』紙なら棒グラフと呼ぶようなものだ。たとえば、ふつうの大学の教室にいる人数を、年齢の関数としてグラフにすることができる（図4-3）。

このようなグラフを作るには、まず教室にいる人々に、一六歳以下の人はいますかと尋ねることになる。誰も手を上げ

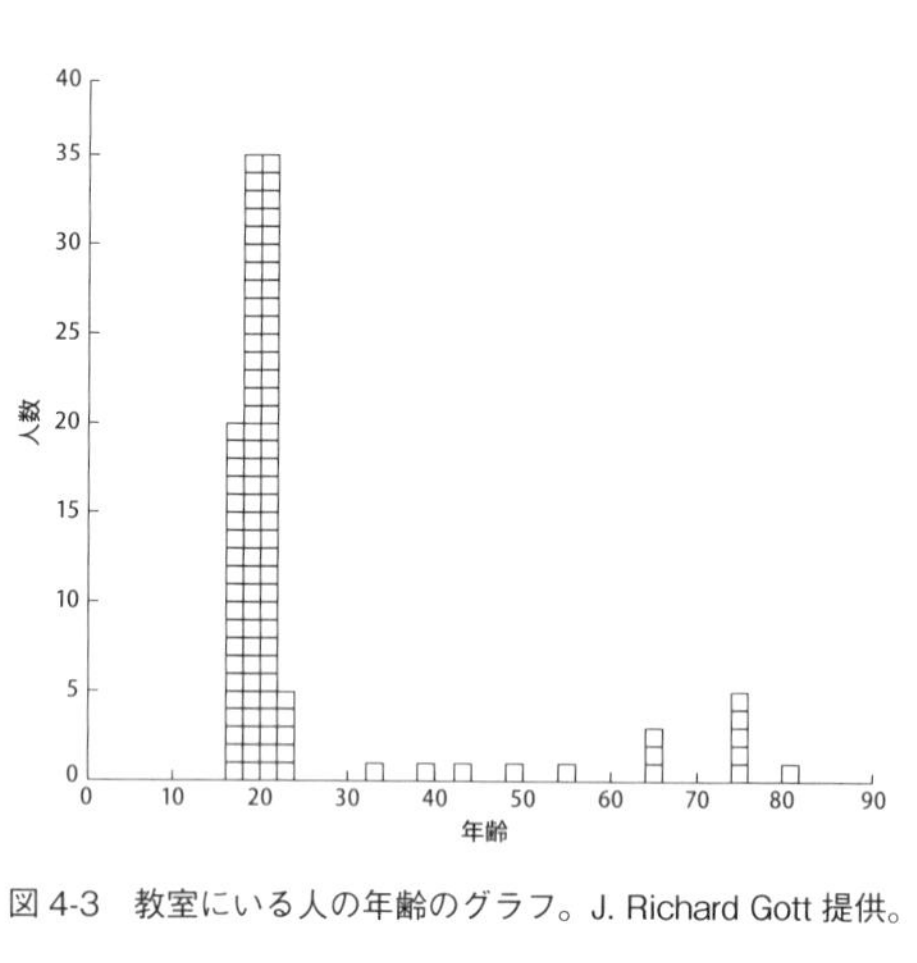

図4-3　教室にいる人の年齢のグラフ。J. Richard Gott提供。

なければ、グラフでのその年齢の値はゼロになる。次に、一七〜一八歳の人に挙手させて何人いるか数える。二〇人いたとしよう。一七〜一八歳の棒の高さを二〇人分にする。それから一九〜二〇歳の人、手を挙げて。三五人。これをそこにいる人をすべて数え上げるまで続ける。

あらためて図4-3を見てみよう。これは、ふつうのクラスにいる人の年齢分布についていくつかのことを教えてくれる。たとえば、ほとんどの人が二〇歳周辺に集中していて、このグラフはおそらく大学のクラスのものであることを伝えている。そして隙間やいくつかの例外的な年齢があって、また七〇代半ばに山がある——二つの山、二つの最頻値がある。これは双峰分布と呼ばれる。この高年齢側の集団にいる人の大半は、実は学部の学生ではなく、おそらく聴講生だろう。また昼間に大学の授業を聴講する人は九時五時で働いて授業料を払う人ではなく、おそらく退職しているだろう。この分布を見るだけで、集団について見通しを得ることができる。これを大学のキャンパス全体にいる学生について行なえば、隙間も埋まるだろうが、だいたい同じ形になることには賭けてもよい。ほとんどが学部学生で、それより年上の人々がいくらかいて、ときたま一四歳といったませた子が——千人に一人くらい——いる。一年生向けの授業にはたいてい一人はそういう子がいるからだ。この棒グラフには二年の幅の区画がある。サンプルのサイズを十分に大きくして、全国の大学生をすべて入れることができたら、それぞれの区画を一日幅にすることもできるだろう。データがたくさん得られて、このグラフを埋めて、あまり角張らないようにすることもできる。それほど多くのデータがあれば、区画は狭くして、そこになめらかな曲線を重ねることができる。棒グラフからなめらかな曲線に移り、それを何らかの数式で表すことができれば、その棒グラフは分布関数になる。

このクラスにいる人数は全部で何人だろう。易しい問題だ——横軸を一つ一つ進みながら人数を足していけばよい。この場合、一〇九が得られる。得られているのがなめらかな関数なら、積分をして曲線の下の面積を足し合わせると、そこに表されているものの数がわかる。アイザック・ニュートンは微分と積分を二六歳の頃には考えていた——私の考えでは、地球史上最も頭のいい人物だった。

　これが星とどう関係するのだろう。太陽に向かって、「太陽さん、ちょっと教えてください。あなたが放出している光の粒子が何個あるか知りたいんですが」と言うとする。アイザック・ニュートンも、アインシュタインよりもずっと前に光の粒——粒子——を考えたことも言っておいていいかもしれない。今の私たちは、この粒子を表す「光子（フォトン）」という言葉を持っている——フォトンであって、陽子（プロトン）ではない。「写真（フォトグラフ）」の「フォ」、「光子魚雷（フォトン・トーピードー）」の「フォ」だ。『スタートレック』ファンにはおなじみの言葉だろう。

　光子にはさまざまな色味がある。アイザック・ニュートンは白色光をプリズムに通し、見えた虹の色を挙げた。赤、橙、黄、緑、青、藍（インディゴ）（ニュートンの時代には有名な染料の色だったのでニュートンはこれを含めた）、紫（バイオレット）だ。今日では、虹と言えば、ふつう六色しか挙げない。しかし私はアイザックを称えて、たいてい藍を含めるし、加えて学生には英語の色名の頭文字を並べて「Roy G Biv」と書かせる——虹の色を覚える伝統の方法だ。

　イギリスの天文学者、ウィリアム・ハーシェルは、スペクトルにまったく別の部分を発見した——今なら「赤外（イントラレッド）」線と呼ばれるもので、人間の眼には見えない部分だ。エネルギーの物差しでは、赤の「下」に当たる。ハーシェルは日光をプリズムに通して、可視光の赤側の端から外れたところに置いた温度計が熱くなることに気づいた。可視光の反対側から外れたところでは、紫を超えたところがあり、紫外（ウルトラバイオレット）、つまりＵＶが得られる。こうした光の帯域は、今日の日常生活にも顔を出すので、それについては聞いたことがあるだろう。ＵＶ放射は日焼けの元となり、コンビニの赤外線ヒーターは、売れるのを待つフライドポテトを保温する。

　要するに、スペクトルは見える部分よりもはるかに豊かだ。紫外線をさらに超えたところにはＸ線がある。そこにはＸ線の光子がある。Ｘ線を超えたところにはガンマ線がある。どれも聞いたことはあるだろう。反対側の赤外線の方へ行こう。赤外線の下には何があるかというと、マイクロ波がある。その下には電波がある。マイクロ波はかつては電波の一部と考えられていたが、今ではスペクトルの中の独自の部分として扱われている。スペクトルの各部分を表す言葉は以上だ。ガンマ線の向こうには何もない——どこまで行ってもガンマ線と呼ぶだけだ——し、電波の下にもなにもない。

光子は粒子だがそれを波と考えることもできる。波動・粒子の二重性だ。いったいどちらなのだろう。波(ウェーブ)か、粒子(パーティクル)か。この問いには意味はない。その代わりに、私たちの頭ではそもそも二重の実在性があるものをまとめることができないのはなぜかと考えるべきだろう。問題はそこだ。「波粒子(ウェーピクル)」のような言葉をこしらえることはできるだろう。この用語はしばらく前に導入されたが、定着はしなかった。それを使ったところで、人々は波か粒子のどちらか知りたがったからだ。答えは対象をどう測定するかに左右される。それを波と考えることができ、波には波長がある。波の長さ(レングス)を表すには、Lを用いずに、Lと同じ音で始まるギリシア文字、ラムダを用いる。使うのはラムダの小文字で、λという形をしている。波長を表す記号としては、こちらの方が好まれる。

電波はどれほどの大きさだろう。こんなふうに考えてみよう。かつては、テレビのチャンネルを変えようと思えば、ソファから立って、テレビのところへ行き、つまみを回さなければならなかった。遠い昔の話だ。その同じテレビには、「兎の耳」アンテナ——Vのような形の、伸ばせる針金——がついていた。受信状態が適切でない場合には、アンテナの二本の針金を動かしていた。このアンテナの長さは一定で、約一メートルだった。実は、テレビ電波の波長はだいたい一メートルなのだ。このアンテナが空中(エア)のテレビ電波を受信する。それでテレビ局のスタジオへ行くと、「放送中(オン・ジ・エア)」という看板があるのだ。番組は空気中を通して各家庭に放送されているからだ。もちろん、今やその大部分は有線で来るが、今でも看板は「オン・ザ・ケーブル」とは言わない。いずれにせよ、光（電波も含む）は何もない空間を難なく進んで行く。だから空気は関係なく、そのため「オン・ジ・エア」の表示を「オン・ザ・スペース」の表示に変えたいというもやもやが残る。

携帯電話はどうか。アンテナはどれくらいの大きさだろう。ごく小さい。こちらはマイクロ波を使っていて、これは波長が一センチメートルしかない。今ではアンテナは電話本体に組み込まれているが、かつては携帯電話を使うたびに、太く短いアンテナを延ばしていた。

電子レンジ(マイクロウェーブ・オーブン)の網の目はどれほどの大きさだろう。電子レンジには、中の調理がどうなっているか見る窓に網目がついている。気づかなかったかもしれないが、この網目は間隔がほんの数ミリしかない。これは食物を加熱するマイクロ波の実際の波長よりも小さい。そのため波長一センチメートルのマイクロ波がレンジから出ようとしても、幅が数ミリメートルしかない穴に出会い、出ることができない。電子レンジからの出口は見つからない。他にどんな人がマイクロ波を使っているか、ご存じだろうか。例えば車にレーダーを照射して速度を測定する警察がそうだ。マイクロ波は車の金属で跳ね返る。それを防ぐこんな方法がある。スポーツカーを持つ人々がよく車の正面に張っている黒いキャンバス地の虫除けをご存じだろうか。これはマイクロ波をよく吸収するので、マイクロ波のビームを当てても、警察のレーダーガンに戻る信号は弱くて読み取ることができない。もちろん車のフロントガラスはマイクロ波を反射しないで通す。マイクロ波がガラスを通過することはどうしてわかるだろう。レーダー検出器はどこに置くかと言えば、たいてい車の中のダッシュボードの上だ。つまり当然、マイクロ波はガラスを通り抜けている。同じように、電子レンジでガラス容器に入れたものを調理することができるのは、マイクロ波が妨げられずに通り抜けるからだ。警察は「ドップラー偏移」と呼ばれるものを使って車の速度を測る。これについては少し後で述べる。当面は、この場合、ドップラー偏移は運動する物体から跳ね返る信号の波長の変化を表すことを知っていればよい。動いている物体の進行方向ぴったりに向いて測定すれば、読み取りは最も正確になる。実際には、スピードガンの検出装置は車の正確な速度を測定しない。正確な測定のためには、警察官は車線の中央に立って車に向かわなければならないが、そんなことはあまりせず、車線の脇に立つ。つまり得られる速度はつねに、実際の速度より（残念ながら）低い値になる。つまり、それで速度超過になるのであれば、反論の余地はない。罰金を払うしかない。

警察のスピードガンは車に跳ね返る信号を発射する。三メートル離れた鏡で自分の像を見ているとしよう。鏡は毎秒三〇センチメートルずつこちらへ進んでくるとする。映った姿は最初、六メートル離れたところに見える（光は三メートル進んで三メートル戻ってくる）。しかし一秒後、鏡は二・七メートル先にあり、映った像は五・四メートル先になる。自分の像は毎秒六〇センチメートルずつ近づいてくる。同様に、警官がスピードガンで見ている自分に向かってくる像のスピードは、実際の倍になっている。そのことを裁判官に言ってみたらどうだろう。もちろん、スピードガンはそれが測定するドップラー偏移を半分にして報告するよう調整されている。きちんと鏡——車——の速さを伝えている。ついでながら、レーダーは、マイクロ波が電波の一族だと考えられていた頃の「電波探知距離測定」の頭文字を並べた語だ。

ここでの話はマイクロ波のことだった。水の分子、H_2O は、マイクロ波によく反応する。電子レンジのマイクロ波は水分子を波の振動数で揺り動かす。水分子の群れがあれば、みなそうなる。何億何兆ではきかない数の水分子だ。まもなく、水はこの揺さぶられる分子どうしの摩擦で熱くなる。電子レンジに水分があるものを入れてチンすれば、何でも熱くなる。塩だけというのでもない限り、食べ物には必ず水が含まれている。だから電子レンジは効果的に調理するのだし、食べ物の載っていないガラスの皿は熱くならない。

人体は赤外線に反応する。皮膚はそれを吸収して熱を生み、温かいと感じる。可視光は誰でもよく知っている。肌の色によって、紫外線に対する感度が異なる。紫外線は皮膚の奥の方にダメージを与えて皮膚がんを起こすことがある。大気中のオゾンは太陽の紫外線の大部分から守ってくれる。空気中の酸素はO_2という分子と、一部はオゾンのO_3分子となっている(それぞれ酸素原子二個と三個の分子)。オゾンは大気圏の上層にあって、すぐに分解される。紫外線の光子が入ってくると吸収されてオゾンの分子を壊す。紫外線はなくなる。要するにオゾンに食べられたのだ。オゾンがなくなると、紫外線を消費するものがなくなるので、紫外線がそのまま降ってきて、皮膚がんが発生する数が増える。火星にはオゾンがないので、火星の表面はいつも太陽からの紫外線を浴びている。だから私たちは、火星には今、地下はともかく、表面には生物はいないとにらむのだ。大量の紫外線にさらされていては、生物は絶滅してしまっているだろう。

たいてい誰でもX線を受けたことがある。X線技師が撮影のスイッチを入れる前に何をしたか覚えているだろうか。技師はあなたを横にならせると「じっとしていてください」と言い、それから外の、鉛の遮蔽物の向こうへ行き、扉を閉め、スイッチを入れる。技師はX線にさらされるのを望まない。あなたはこれから起きることはあまりいいことではないことだと察するはずだ。しかしたいてい、診断のためにX線が必要なら、X線撮影をしないより、撮影した方がましになる——腕の骨が折れていたら、X線画像でそれがわかる。X線は皮膚よりも奥まで貫入する。体内の器官でがん成長のきっかけともなることもある。しかし浴びるX線の量が少なければ、リスクは小さい。

ガンマ線はもっと悪い。まっすぐDNAに向かい、めちゃくちゃにすることがある。漫画さえ、ガンマ線が良くないことを知っている。映画『ハルク』をおぼえているだろうか。ハルクはどうやってハルクになったか。ハルクに何があったのか。何かの実験をしていて、大量のガンマ線に被曝したのではなかったか。それでハルクは怒りっぽくなり、大きくなり、醜くなり、緑になった。だからガンマ線には気をつけた方がいい——そんなことになってほしくはない、というわけだ。スペクトルを波長が短い方へ紫外線からX線、ガンマ線と進むにつれて、光子一個に含まれるエネルギーは増え、ダメージを与える力も大きくなる。
現代では、電波は身のまわりの至るところにいつもある。それを証明できる簡単な実験がある。ラジオをつけて、どこかの局に合わせる。いつでも、どの局にでも合わせられる。電波はどこにでもあり、つねに放送されている。自分がずっと――いつでも――マイクロ波にさらされていることがどうしてわかるのだろう。携帯電話は持ち主がただ座っているだけで、いつでも鳴ることができる。電子レンジの強力な電磁場に入るのでもないなら、マイクロ波はX線やガンマ線によって起きることに比べると害はない。

こうした光子が空っぽの空間をくぐる速さは一定で、「光速」という。単にうまい考えなのではなく、それが法則なのだ。可視光は、私たちが定義したところでは、電磁スペクトルの中程にあるが、すべて光で、秒速三〇万キロメートル（正確に言うと、秒速二億九九七九万二四五八メートル）で進む。これは私たちが知る中でも重要な自然の定数の一つだ。

光のあらゆる帯域の光子は真空中では同じ速さで進むが、波長は異なる。それが通り過ぎるのを見れば、振動数は一秒あたりに通過する波の山の数と定義される。波長の短い波なら一秒に通過する山の数は多くなる。つまり高い振動数は短波長に対応し、逆に低い振動数は長波長に対応する。式を立てるにはもってこいの状況だ。光の速さ（c）は、波長（λ）の振動数倍となる。振動数を表すには、ギリシア文字のν（ニュー）を使う。式はこうなる。

$$c = \lambda\nu$$

波長が一メートルの電波があったとしよう。光の速さは秒速約三億メートルで、これが一メートルのν倍に等しく、したがって振動数は一秒に三億個の山（周波（サイクル））となる（三〇〇メガサイクル）。

もちろん、振動数と光子にあるエネルギーも等式で結びついている。光子一個のエネルギーEは$h\nu$に等しい。

$$E = h\nu$$

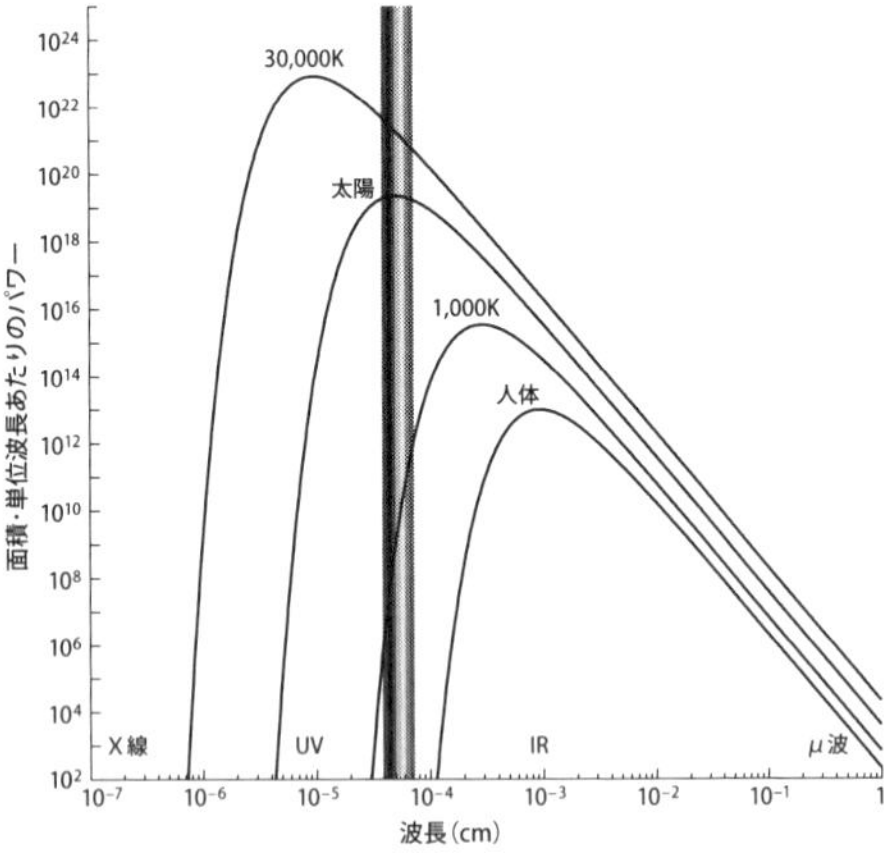

図4-4　星や人間の出す放射。縦軸は、いろいろな物体が単位波長あたり、単位面積あたりに出す単位時間あたりのエネルギー（つまりパワー）。横軸は波長を表す。ここでは〔表面温度が〕30,000Kの星、太陽（5,800K）、1,000Kの褐色矮星、人体（310K）を示した。X線、紫外線、可視光（縦線の帯）、赤外線、マイクロ波（μ波）に対応する波長が示されている。写真提供―― Michael A. Strauss.

この等式を発見したのはアインシュタインだった。ドイツの物理学者マックス・プランクの名がついた、プランク定数hを使っている。これは等式の比例定数の役目をしており、振動数と光子のエネルギーがどう関係するかを教えている。振動数が高いほど、個々の光子のエネルギーも高い。X線の光子には大きな破壊力が詰め込まれているが、電波の光子はごくわずかなエネルギーしか持っていない。

さて、太陽に尋ねてみよう。それぞれの波長の光子が何個くらい届いているのでしょうか。そちらの表面から届く緑の光子は何個で、赤の光子は何個で、赤外線は、マイクロ波は、電波は、逆にガンマ線は何個でしょう。教えていただきたいのですが。太陽から降り注ぐ光子はやたらと多いので、単純な棒グラフよりもずっとましなことができる。データが流れ込んで来るのだ。滑らかな曲線が描けて、その場合、波長に対する強度をグラフにすることになる。この場合、強度は縦軸にとり、太陽の表面一平方メートルあたり、波長λからλプラス一単位分の幅、つまり単位波長幅あたり、一秒に何個の光子がそれぞれの波長で出るかに、それぞれの光子一個が運ぶエネルギーをかけて表す。ただ光子を数えてもいいのだが、結局、それによってもたらされるエネルギーが知りたいのが普通だ。この縦軸は太陽の表面から出てくる単位面積あたり、単位波長あたりのパワー（単位時間あたりのエネルギー）を表す。横軸には波長を左から右へだんだん長くなるようにとる。そこでX線、紫外線（UV）、可視光（虹色の一帯）、赤外線（IR）、マイクロ波（μ波）を入れてみよう。図4-4は太陽からの強度分布関数を示す。

熱い太陽は温度約五八〇〇Kの放射を出している。分布はマックス・プランクによって求められた。これは可視光部分で最大になり、それは偶然ではない――私たちの眼は、そのあたりの日光を最大限に探知するよう進化している。他の星々と比べるために、平方メートルあたりの平均をとって一例として使ってみよう。例となる星ごとに同じ大きさの区画を用いるかぎり、この区画の実際の大きさはどうでもよい。ときどき太陽は黄色いと言われることがあるが、実際には黄色ではない。最大値が黄色付近にあるから黄色と呼びたいとすれば、緑のところで最大と言うことも十分可能なのだが、誰も太陽は緑だとは言わない。黄色の他にも、グラフが示しているように、紫、藍、青、緑、赤の光も含めなければならない。全部を合わせよう。各色のいずれもほぼ同量になっている。アイザック・ニュートンを振り返ってみよう。これは何かと言えば、白色光だ。可視光の各色を同じ量だけプリズムに通してまとめると、出てくるのは白色光となる。ニュートンは実際にその実験を行なっている。したがって太陽は、可視光の各色をほぼ同量ずつ放射しているので、白色光をもたらす。教科書で太陽がどんな絵に描かれているかと関係なく、町中の人々が何を言おうと関係なく、私たちの恒星は白い――ただそれだけだ。ついでながら、太陽が本当に黄色だったら、白い面は太陽がまともに当たるときには黄色に見えるだろうし、雪も黄色に見えるだろう（赤い消火栓のそばにいようといまいと）。

太陽の表面温度は約五八〇〇K。ケルビン単位の温度（K）は摂氏に換算するとプラス二七三度となる。水は〇度（二七三K）で凍る。水は一〇〇度（三七三K）で沸騰する。摂氏とKの値の差は二七三で、温度が高くなればなるほど、その差を気にすることには意味がなくなる。いずれにせよ五八〇〇Kは非常に熱い。人は蒸発してしまうだろう。また、おおざっぱに言えば、〇K（絶対零度という言葉は聞いたことがあるかもしれない）はありうる温度の中で最も低い。分子運動は〇Kで止まる。

他の星を見てみよう。まず、わずか一〇〇〇Kあたりに「冷たい」ものがある（図4-4）。一〇〇〇Kの星の光はどこに山があるかというと、赤外線のところだ。赤外線は目には見えない。その星は見えないのかと言うと、そんなことはない。この星の放射は、ほんの一部だが可視光域にもある。強度は可視光の部分で赤から青に移るにつれてがくっと下がる――赤い光の方が青い光よりずっと多い。この星は私たちの眼には赤く見えるだろう。温度が三万Kの星を見てみよう。念のために言うと、大学の授業に出ている学生の年齢分布について考えたのと同じようなことを光について問うている。この星の山はどこにあるかと言うと、紫外線のところにある。他のどんな種類の光よりもUVを多く出している。私たちは紫外線を見ることはできないが、この星は見えるだろうか。もちろん見える。可視光の部分で届くエネルギーも多く、平方メートルあたりの可視光部分のエネルギーは、太陽が出しているものより多い。しかし太陽と違って、その色の混じり方は均等ではなく、青の方が多い。色を集めれば、青になるだろう。青い熱い星は、実は最も熱い星となる。宇宙物理学者は輝く温度で最も低いのは赤であり、最も熱い輝きは青だということを知っている。恋愛小説が宇宙物理学的に正しいことを言っていたら、「まっかに燃える恋」とは言わず、「まっさおに燃える恋」と書くことになる。

三万Kの恒星の山はUVにある。さらに熱い星を選んでも、その色はやはり青になるだろう。色が青いとは、眼の青の受容体が緑や赤の受容体よりも多くの放射を受けているということにすぎない。三万Kの星は青く、五八〇〇Kの星は白く、一〇〇〇Kの星は赤い。

人体はどうなるだろう。温度はどのくらいだろう。とくに熱がなければ三七度程度、つまり約三一〇Kとなる。人が発しているもののスペクトルは赤外線に山がある。人はふつう、どのくらいの量の可視光を出しているだろう。自分の目で他の人を見ることができるのは、人が可視光を反射しているからだ。しかし部屋の灯りをすべて消せば、すべてが黒くなる。誰も見えない。光が消えれば、三一〇Kに対応する曲線は、可視光では放射を事実上まったく出していないことに気づくだろう。しかし温度三一〇Kであっても、赤外線は出している。赤外線カメラ、あるいは赤外線の暗視ゴーグルを取り出せば、強く赤外線を放射している人が見える。次章では、そうした図に基づいて宇宙全体をまとめてみよう。

第5章　星はどのようにエネルギーを放射するか（II）

ニール・ドグラース・タイソン

宇宙の他の部分にご案内しよう。第4章では、恒星からの熱放射を表す曲線を見た。図5－1はそれと似ているが、ちょっと追加した図だ。縦軸の座標は強度（単位面積あたり、単位波長幅あたり）で、横軸座標は波長——右へ行くほど大きくなる。「可視光」と呼ばれる波長の区間は、先と同様、虹色の棒で表されている。

この図は五八〇〇Kの太陽、一万五〇〇〇Kの熱い星、三〇〇〇Kの冷たい星、三一〇Kの人間を示している。人間の熱放射の頂点は波長が約〇・〇〇一㎝のところにある。そのずっと下の右側に、先ほどはなかったもの、二・七Kの温度に相当する熱放射があり、これは宇宙全体の温度だ。これが有名な背景放射で、空のあらゆる方向からやって来る。これの頂点はマイクロ波の部分にあるので、これは宇宙マイクロ波背景（CMB）と呼ばれる。それが発見されたのは一九六〇年代半ば、ニュージャージー州のベル研究所でのことだった。アーノ・ペンジアスとロバート・ウィルソンが電波望遠鏡を使っていた——二人はそれを「マイクロ波ホーンアンテナ」と呼んでいた。それを空に向けると、どちらに向けようと、このマイクロ波の信号が入って来る。宇宙のあらゆるところから来て、温度にすると三Kほどの放射に相当する（現代ではさらに正確になって、二・七二五K）。そしてそれが、ビッグバンの置き土産の熱放射だった。このことについては第15章でさらに詳しく述べる。

先と同様、このグラフの調べ方はいろいろある。それぞれの曲線の山はどこか。山はあちこちにある。毎秒放射される総エネルギーはどれだけか。描く曲線の下の面積を足し合わせて、全部で毎秒どれだけのエネルギーが放射されているかを求める必要がある。まず、いくつかの用語を定義しておかなければならない。

「黒体」は入射する放射をすべて吸収する物体のこと。しかじかの温度にある黒体は、黒体放射と呼ばれるものを放出し、これは今掲げたような曲線を描く。「黒体」という言葉は間違っているように見えるが、そうでもない。こうした星は黒くはないことをわれわれは認めている。青く見えるものもあれば、白く見えるものもあるし、赤く輝くものもある。それでもすべて、図に描いたようなものは、黒体と言える。黒体はきわめて単純で、それに当たるエネルギーは何でもすべて呑み込む。何を与えるかはどうでもよい。それは無関係で、何でも食べてしまう。ガンマ線を与えてもいいし、電波でもい い。黒いものはそれに当たるエネルギーをすべて吸収する。だから夏には黒い服はあまり着ないのだ。すべて吸収したうえで、黒体はこうした曲線のように放射をする。ただそれだけだ。曲線の形と位置は黒体の温度だけに左右される。

何かを熱してその温度を上げることができる。新たな温度は何度?と問うだけでよい。それから曲線に戻り、新しい温度が収まるところを見る。その曲線を表す見事な式がある。それは分布関数で、先にもお目にかかったマックス・プランクの名を取ってプランク関数と呼ばれる。プランクはこうした曲線を表す式を最初に明らかにした人物だった。等号の右側には、特定の波長λのところの単位波長幅あたりで出て来る単位時間、単位面積のエネルギーがあり、この量を強度($I\lambda$)と呼ぶ。これは黒体の温度Tのみによって決まる。

$$I_\lambda(T) = (2hc^2/\lambda^5)/(e^{hc/\lambda kT} - 1)$$

この画期的な式を構成する各部分を理解しておこう。まずλは波長で、そこには何の秘密もない。定数eは自然対数の底で、科学計算ができる電卓ならそのためのボタンがあり、たいていe^x(eのx乗)という記号がついている。eの値は2.71828…で、これはπの値のように、小数が永遠に続く。それはただの数だ。文字cは光速で、これは先にも見た。文字kはボルツマン定数。Tは温度で、hはプランク定数(第4章で紹介した)。物体に温度Tを与えれば、この式で未知なのは波長λだけだ。λを非常に小さい値から非常に大きい値まで動かすと、この曲線を正確にたどる強度I_λの値が波長の関数として得られる。マックス・プランクはこの式を一九〇〇年に導入し、それが物理学に革命を起こした。

プランクはこの新しい定数とともに、量子をもたらし、それによってマックス・プランクは量子力学の第一の親となった。$2hc^2/\lambda^5$という、かっこに入った最初の項にそのhが出て来る。波長が長くなると、出て来るエネルギーはどうなるだろう。それは小さくなる。$1/\lambda^5$の項は、λが大きくなるにつれて小さくなる。大きなλについては$hc/\lambda kT$の項は小さくなる。数学者はe^xはxが小さくなると$1+x$に近くなることを教えてくれる。そこで、λが大きいと、$hc/\lambda kT$は小さくなり、$e^{hc/\lambda kT}$はおよそ$1+hc/\lambda kT$になり、そこから1を引くと、$(e^{hc/\lambda kT}-1)$は、$hc/\lambda kT$に等しくなる。つまり、λを大きくした極限では、式全体は$I_\lambda(T)=(2hc^2/\lambda^5)/(hc/\lambda kT)=2ckT/\lambda^4$となる。この関係はプランク以前から知られていて、考案したレイリー卿とサー・ジェームズ・ジーンズの名をとって、レイリー＝ジーンズの法則と呼ばれる。λが大きくなるほど強度I_λは小さくなる。$1/\lambda^4$が明瞭にそうなるのと同じことだ。波長をどんどん小さくするとどうなるか。λ^4が小さくなると、$1/\lambda^4$は大きくなり、式の値は爆発的に膨れあがる（実験結果とは合わなくなる）。これはかつて「紫外発散」と呼ばれた。何かが間違っていた。ヴィルヘルム・ヴィーンは、波長が短いときに指数関数の部分が小さくなるようにして短波長でデータに合う法則を求めたが、長波長ではデータに合わなかった。こうした黒体放射曲線については、マックス・プランクが短波長側でも長波長側でも、その間でもよく合う式を見つける一九〇〇年になるまで本当にはわかっていなかった。プランクの式にはエネルギーを量子化するhが入っていて、したがってエネルギーはとびとびの塊の形でのみ得られる。エネルギーがとびとびの塊で得られるのなら、波長が小さくなると、プランクの式の指数部分は$1/\lambda^5$の項をへこませてつぶす。λが小さくなると$hc/\lambda kT$は大きくなり、eの$(hc/\lambda kT)$乗は実に大きくなる。それは-1を圧倒して、-1の項は無視してもよくなり、分母の$e^{hc/\lambda kT}$とともに、答えは小さくなる。これは式の二つの部分、$1/\lambda^5$の項と$1/e^{hc/\lambda kT}$の項の競争となる。λがゼロに近づくと、$1/e^{hc/\lambda kT}$は、$1/\lambda^5$が膨らむよりも早くゼロに近づき、グラフ上の点をゼロに近づける。指数関数の部分がなければ、波長がゼロに近づくにつれて式は爆発的に無限大へと増大し、実験からは物質はそういうふうにふるまわないこともわかっている。熱放射を理解するために量子は必要だったし、この式はそうした曲線がどう動くかを捉えている。

　この式が決着をつけた。それで曲線の頂点がわかる。アイザック・ニュートンは、最大値のところで曲線の勾配がゼロになる、関数の頂点がどこになるかを求められるようにする数学の方法を考えた。そのニュートンの微分法を使って関数の導関数を得ると、頂点の位置を求めることができる。そうすると、非常に単純な答えが得られ、$\lambda_{最大}=C/T$となる。Cは新しい定数で、これは最初の式にあった定数から求められる。Tをケルビンで表すと、$C=2.989$ mmになる。頂点は

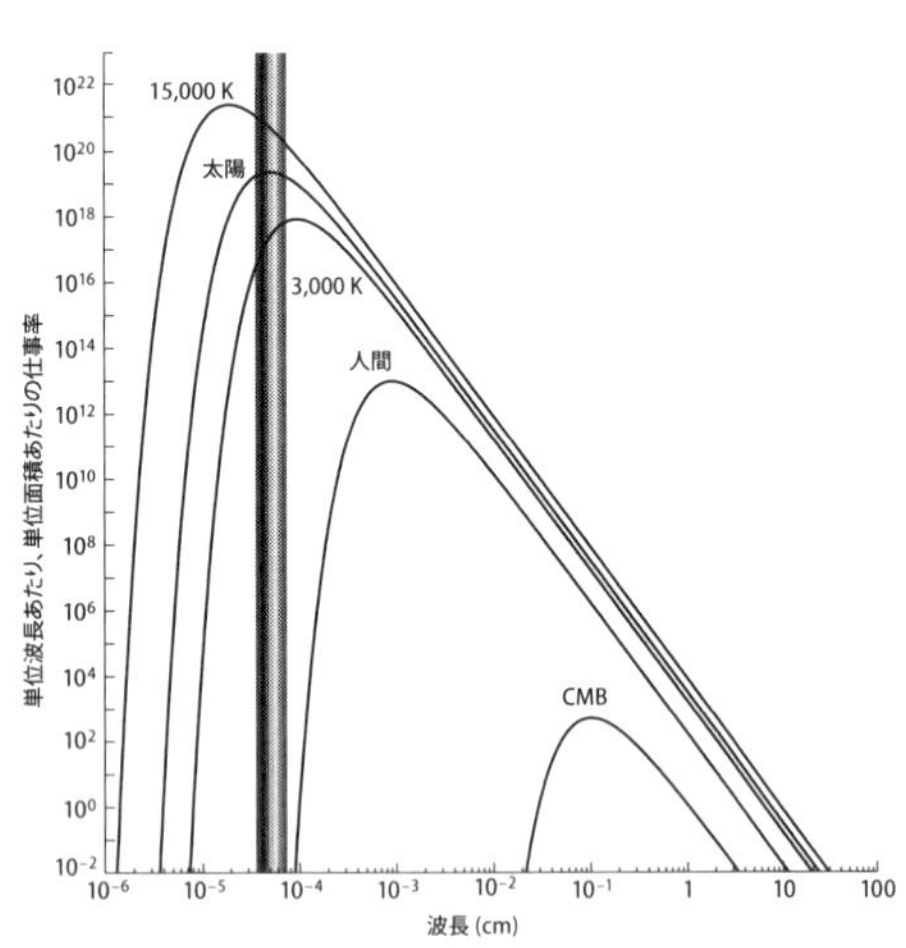

図 5-1　宇宙の熱放射。いろいろな温度の黒体放射。波長の関数として。縦軸には記された温度の物体の単位表面積あたりで放射される、単位波長幅あたりの単位時間あたりエネルギー（仕事率）。単位は任意〔相対比のみを表すということ〕。曲線は表面温度で 1 万 5000 K（青白い星に見える）、5800 K（白く見える太陽）、3000 K（赤く見える）の星に対応する。縦線が密集しているのは可視光部分。また人間（310 K）と、第 15 章で詳しく見る宇宙マイクロ波背景（CMB, 2.7K）も示した。写真提供—— Michael A. Strauss.

どこだろう。CMBのように温度$T = 2.7$ Kなら、λの最大値は一ミリメートルを少し超えたところにある。図5-1のCMBの曲線を確かめるとそれが確かめられる。人間の温度はその一〇〇倍くらいだ。人体から出る放射の頂点は約〇・〇〇一センチメートルの赤外線のところにある（同じく図5-1）。

これは美しい。温度が上がると、曲線が最大値になる波長はどんどん小さくなる。それはこの方程式$\lambda_{最大} = C/T$のふるまい方を見るだけでわかる。この式は、分母のTによって、波長が半分になれば二倍ほど熱いところが最大になると言っている（ヴィルヘルム・ヴィーンがそれを明らかにしたので、それは「ヴィーンの法則」と呼ばれる）。

そうした曲線の一つの下にできる、単位時間あたり、単位面積あたりに得られる全エネルギーはどうやって得られるか。それぞれの波長すべてによる寄与分を足し合わせたい。特定の曲線の下にできる全面積だ。ここでも解析を使い、積分して面積を求めることができる——これもアイザック・ニュートンのおかげだ。プランクの関数を全波長にわたって積分すると、これまた美しい式が得られる。

一秒あたり、単位面積あたりに放射されるエネルギー$= \sigma T^4$で、$\sigma = 2\pi^5 k^4/(15c^2 h^3) = 5.67 \times 10^{-8}$ W/m^{2}となる。温度Tはケルビンで表される。この法則は「シュテファン＝ボルツマンの法則」と呼ばれる。ヨーゼフ・シュテファンとルートヴィヒ・ボルツマンは一九世紀物理学の両巨頭とも言うべき人物だった。残念なことに、ボルツマンは六二歳のときに自殺してしまう。それでもこの法則は得られた。プランクの関数を積分すると、定数σ（シグマ）の値が得られる。これは深い話だ。シュテファンとボルツマンは、プランクがあの式を導く前にこの法則を明らかにしたのだ。シュテファンはそれを実験的に発見したが、ボルツマンは熱力学的論証によって導いた。

毎秒、単位面積あたりに放射される総エネルギー＝σT^4として、温度を二倍にしたら、エネルギーが放射される速さは2^4＝16倍に増える。温度を三倍にするとどうなるだろう。3^4＝81となる。温度が四倍になれば、4^4＝256倍だ。この傾向は図5-1にも表れている。この図は、温度が高くなると、この曲線がどれだけの速さで大きくなるかを示している。

この式が機能する理由を思い出す一法として、何らかの熱放射を箱に入れることを考えよう。そうして箱をゆっくり、寸法が半分になるまで押しつぶす。箱の中にある光子の数は一定だが、体積は八分の一になるので、立方センチあたりの光子の数は八倍になる。しかし箱を潰すと、光子の波長も半分になる。これは箱の中の熱放射の熱さを二倍にする。最大値の波長が半分になるからだ。光子のエネルギーも二倍になり、箱の中のエネルギーは二倍になる。一つ一つの光子のエネルギー増加は、箱を中の放射圧にさからって押しつぶすことでつぎ込んだエネルギーに由来する。それはつまり、エネルギー密度は元のエネルギーの8×2＝16倍になるということで、16は2^4のことだ。したがって、熱放射のエネルギー密度は温度の四乗、つまりT^4に比例する。

いくつか追加の項を定義しよう。星が単位時間あたりに放出するエネルギー総量を光度という。光度は電球と同じくワット（W）で表す。一〇〇Wの電球は一〇〇Wの光度がある。太陽の光度は3.8×10^{26}W。ものすごく強力な電球だ。

クイズを一つ。太陽の光度が、別の表面温度二〇〇〇Kの星と同じだとすると、太陽はどれほど熱いだろう。この例については、温度は六〇〇〇Kに丸めよう。もう一つの星は二〇〇〇Kしかないので、それが放出する単位面積、単位時間あたりのエネルギーが太陽ほどということはありえないが、太陽の光度はこの星と同じと断言する――どうしてそんなことがありうるのか。もう一方の星の二〇〇〇Kの一平方インチの区画をとり、太陽の六〇〇〇K――三倍熱い――の一平方インチの区画をとる。太陽の一平方インチの区画から放出される単位時間あたりのエネルギーは、もう一方の星の一平方インチの区画から出て来るエネルギーよりどれだけ多いかというと、八一倍となる。このもう一つの星の一秒あたりに放出するエネルギー総量が太陽と同じということがどうしてありうるのか。この二つの星が結局等しいことになるためには温度以外に違うところが他になければならない。もう一つの温度が低い方の星は、放射する表面積が太陽よりもずっと大きくならざるをえない。もちろん、太陽の八一倍の表面積がなければならない。この星は赤色巨星で、表面積が八一倍あって、表面の単位面積の区画ごとの不足を埋め合わせているにちがいない。今度は先の式を使おう。球の表面積はいくらか。これは球の半径をrとして、$4\pi r^2$だ。この公式は中学か高校で習ったかもしれない。次の話が美しい。光度が単位時間あたりに放出されるエネルギーで、単位時間、単位面積あたりに出るエネルギーがσT^4に等しいなら、太陽の光度を表す式が得られる。

$$L_{太陽} = \sigma T_{太陽}{}^4 \times (4\pi r_{太陽}{}^2)$$

もう一つの星についても同様の式が得られる。このもう一つの星の光度をアスタリスクをつけてL^*で表そう。この星の光度は$L_\star = \sigma T_\star{}^4 \times (4\pi r^{*2})$となる。これでそれぞれの星の式ができた。さらに、私は$L_{太陽}$が$L_\star$に等しいことも言った。この例を立てるに際しては、太陽の表面積を実際に知っている必要がないことも断言した。この問題は比について述べているからだ。宇宙に関するとてつもない見通しを、比を考えるだけで得ることができる。

二つの式を割り算すると、$L_{太陽}/L_\star = \sigma T_{太陽}{}^4 \times (4\pi r_{太陽}{}^2)/\sigma T_\star{}^4 \times (4\pi r_\star{}^2)$となる。次に何をするかというと、右辺の分子と分母に共通の項を相殺する。まず、定数σが相殺できる。私はその値がいくらかも気にしない。二つの対象を比べてどちらの星にもその定数が出てくるなら、それを相殺できるからだ。$4\pi r^2$の4も、またπも消去できる。左辺については、“$L_{太陽}/L_\star$はいくらだろう。これは、二つの星の光度は等しいと言っているのだから、1となる。つまり次のようなもっと簡単な式が残る。$1 = T_{太陽}{}^4 r_{太陽}{}^2/T_\star{}^4 r_\star{}^2$。太陽の温度は六〇〇〇Kで、もう一方の星の温度は二〇〇〇K。6000^4割る2000^4は3^4、つまり81となる。これで$1 = 81r_{太陽}{}^2/r_\star{}^2$となる。式の両辺に$r_\star{}^2$をかけてみよう。$r_\star{}^2 = 81r_{太陽}{}^2$となる。平方根をとると、$r_\star = 9r_{太陽}$が得られる。太陽と光度が同じで低温の方の星の半径は、太陽の九倍ということになった。それが答えだ。面積で考えているなら、面積は半径の二乗に比例するから、この星の表面積は太陽の八一倍となる。これはとても有益な式だ。

別の例を出してもよかった。最初に温度が太陽と同じだが、光度は八一倍という星を考えてもよかったのだ。どちらの星も毎秒流出する単位面積あたりのエネルギーの量は同じで、もう一つの星は太陽の表面積の八一倍なければならず、半径は太陽の九倍でなければならない。式には同じ項があるが、異なる変数を式の異なる部分に移した。それがここで行なったことだ。

第2章では、一日でいちばん暑いのは正午ではなく、地面が太陽光を吸収するので、その少し後になるという話をした。その太陽光が地面の温度を少しずつ上げ、それから地面が赤外線を空気中に放射する。地面は黒体のようにふるまっている——太陽からのエネルギーを吸収し、プランク関数の定めに従ってそのエネルギーを放射して返す。地面の温度はだいたい三〇〇K（つまり地温が二七度として、それに二七三Kを足すと、ちょうど三〇〇Kになる）。

こんなことも問える。体の光度はどれだけか。体温をケルビンで測れば三一〇Kくらいで、これを四乗してσをかけると、人が単位面積あたり、毎秒どれだけのエネルギーを放出しているかがわかる。それを人の皮膚総面積（成人の平均でおよそ一・七五m^2）をかければ、光度——ワット数——がわかる。それは可視光では出ていない。ほとんどが赤外線だが、ワット数はわかる。答えを求めてみよう。温度をKで表すとすると、シュテファン＝ボルツマン定数σは、5.67×10^{-8} W/m^2で、これを$(310)^4$にかける。310^4の値は9.24×10^9で、それに5.67×10^{-8}をかけると、523 W/m^2となる。さらに体の面積一・七五平方メートルをかけると、九一六Wとなる。相当なものだ。ただし、部屋の温度が三〇〇Kだとしたら、同じ式によって、皮膚は八〇三Wのエネルギーを吸収していることになる。人体が体温を保つためのエネルギーは一〇〇W程度ということになる。それは食物を食べて代謝することで得られる。体温を周囲より高い温度に保つ恒温動物は、変温動物よりもたくさん食べる必要があるということに相当する。部屋にエアコンを設置するときには、考えるべき問題が主として二つある。部屋の大きさと、部屋には他にどんなエネルギーが放出されているかということだ。これは、部屋で使っている照明が何Wで、何人の人がいるかといったことがある。一人一人が電球と同じくワット数があり、エアコンが室温を保つには、それを処理しなければならないからだ。適温を保つためにエアコンのパワーをどれだけにすればよいか求めるには、部屋に集まる人数（ワット数）を考慮しなければならない。

もう一つ概念を持ち込もう。明るさ（ブライトネス）という。星を観測する場合、星の「明るさ」は望遠鏡の単位受光面積あたり毎秒受け取るエネルギーの量だ。明るさは星がどれだけ明るく見えるかを表す。これは星の光度と距離によって決まる。明るさについて直感的に考えてみよう。物体は見る人にとってどれだけ明るく見えるだろう。特定の明るさで光る物体を見ているとしたら、そこから遠ざかれば明るさが下がるというのは筋が通るはずだ。ところが光度は物体が毎秒放出するエネルギー、つまり放出される量だ。これは距離とは無関係に決まっている。一〇〇Wの電球には、それがどこにあろうと一〇〇Wの光度がある。しかし明るさは見ている対象と見る人の距離に左右される。

明るさは単純なので私は気に入っている。それでは計算。私は作ったことはないが、ある仕掛の図を描く。お望みなら特許をとってくれてもいい。それはバター銃（ガン）という。棒状のバターを詰めて使う。先端にノズルがあって、バターはそこから噴霧される（図5-2）。

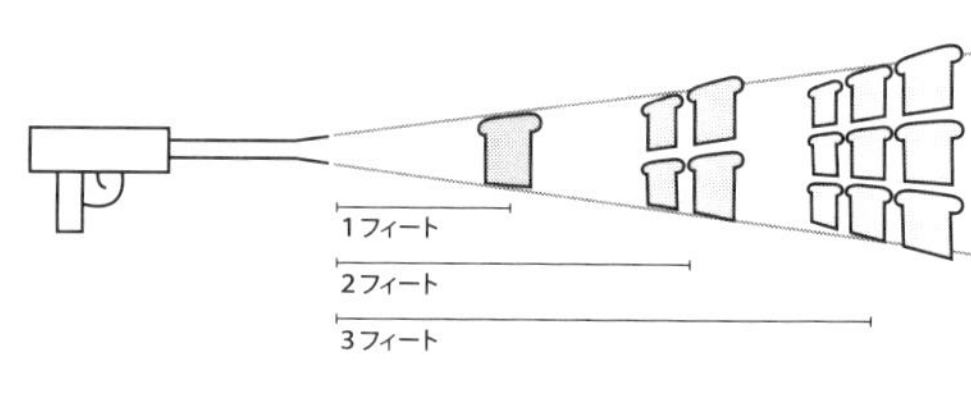

図5-2　バターガン。1フィート先のパン1枚にバターを噴霧できる。2フィート先ならパン4枚、3フィート先なら9枚となる。J. Richard Gott 提供。

パンを一枚、バターガンから一フィートのところに置こう。私はこのバターガンを調節して、一フィートの距離でちょうど一枚のパンの面にバターを塗れるようにする。パンの端までバターを塗りたい人にはうってつけだ。今度は、実業家なら誰でもそう思うように少し節約したいとしよう。同じ量のバターでバターを塗るパンの量を増やしたい。それでも均等に端まで塗りたい。先のパンは一フィート先に置いた。今度は二フィート先にしてみよう。噴霧するバターは広がる。距離が二倍になると、バターガンがカバーする面積は、パンが縦に二枚、横に二枚並ぶ範囲になる。つまりスプレーは二×二枚の範囲を覆い、四枚のパンにバターを塗ることになる。距離を二倍にすると、塗れるパンは四枚になる。距離が三倍になれば、三×三で九枚のパンに塗れると考えてよい。一枚、四枚、九枚。三フィート先のパンに塗られるバターの量は、一フィート先の一枚のパンに塗られるバターと比べると、九分の一しかない。バターは塗られているが、量は九分の一だけ。これはバターガンを買ってくれた人には気の毒だが、ここでの話の結論には役立つ。このバターガンには、ある深遠な自然法則が表れていると断言しよう。これがバターではなく、光だったら、その強度はこのバターの減り方と同じ率で下がる。要するに、光線はバターと同じように広がって進むのだ。電球からの光の強度は、二フィート先では一フィート先の四分の一になる。三フィート先なら九分の一、四フィート先なら一六分の一、五フィート先なら二五分の一で、以下同様となる。距離の二乗分の一だ。これを逆二乗という。これで重要な物理学の法則を手にしたことになる。距離とともに光の強度がどれだけ下がるかを教えてくれる、逆二乗の法則だ。重力もそのようにふるまう。ニュートンの方程式は $G\,m_a\,m_b/r^2$ だった。分母にある距離 r の二乗は、それが逆二乗の関係にあることを示している。重力はバターガンのようにふるまうからだ。重力とバターガンの動作は似ている。

あらゆる方向に光を放出している太陽のような光源を考えよう（図5-3）。さらに太陽を、半径 r が地球の公転軌道の半径（一AU）に等しい大きな球が取り囲んでいるとしよう。

太陽はあらゆる方向に光を放っていて、私はその太陽光の一部と交差している。私は太陽を中心とする、私がいるところの距離を半径とする球を通り抜ける光のごく一部を受け取っている。この大きな球の面積はいくらか。これは球の半径を r として、$4\pi r^2$ だ。太陽が出すすべての光のうち、検出装置に当たる分は、その検出装置の面積を巨大な球の面積（$4\pi r^2$）で割った割合に相当する。二倍の距離に遠ざかっても、検出装置の大きさは同じままだが、球の半径が二倍になる（二AU）。太陽光が通り抜ける面積は四倍になる。検出する光子の数は、一AUの距離にいたときの四分の一になる。明るさは検出装置に降り注ぐ平方メートルあたりのワット数で与えられる。私が太陽から半径rのところで観測する明るさを計算するには、まず太陽の光度（W）から始めて、それを球の面積、$4\pi r^2$ で割ることになる。これで太陽から私のところに届くエネルギーのW／m²が得られる。検出装置（たとえば望遠鏡）の面積をかけると、その装置に当たる毎秒のエネルギーがわかる。太陽の光度を L とすると、私から見た太陽の明るさ（B）は、r を太陽から私までの距離として、$B = L/4\pi r^2$ となる。私の距離が増えれば、分母（$4\pi r^2$）が大きくなるので、明るさは減る。海王星は太陽からの距離が地球の三〇倍なので、そこから見える太陽の明るさは地球から見たときの九〇〇分の一しかない。

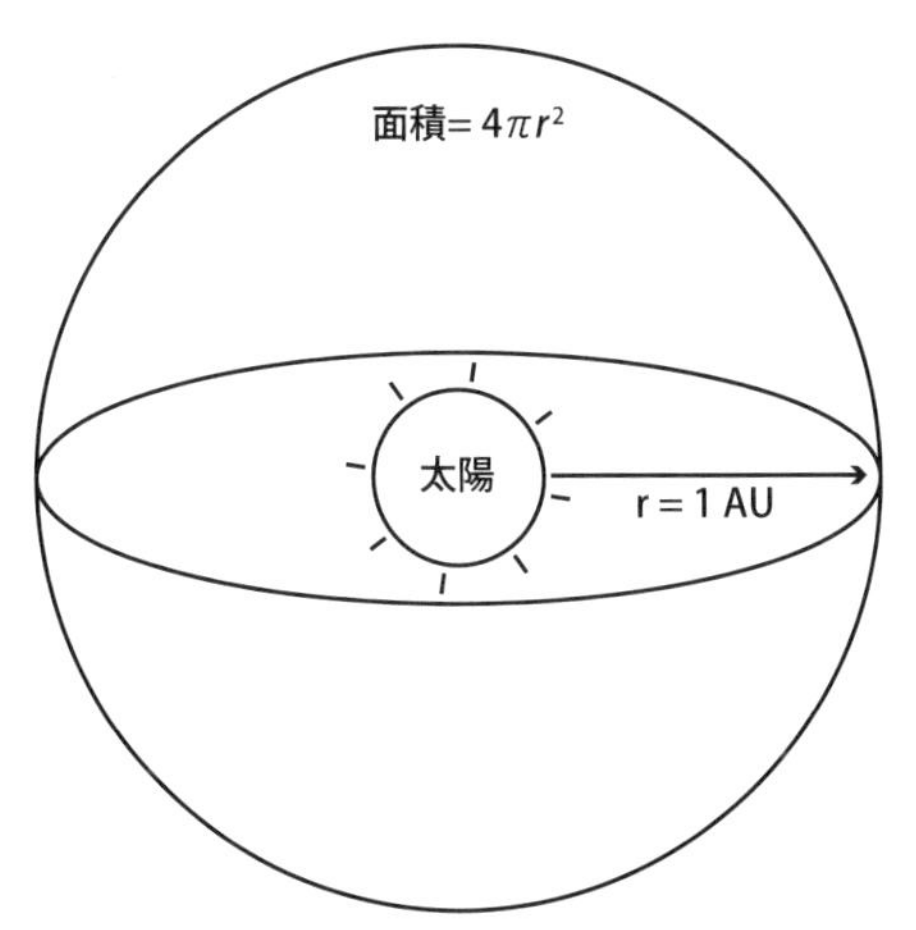

図5-3　太陽は球形。太陽の光線は半径 r の球を通過するとき $4\pi r^2$ の面積にわたって広がる。J. Richard Gott 提供。

夜空に見える二つの星の明るさは同じだが、一方はもう一方の一万倍の光度があることもわかっているとしよう。この二つの星について何が言えるだろう。光度が高い方の星は遠いにちがいないということだ。何倍遠いかというと、一〇〇倍となる。その一〇〇をどう求めたかというと、一〇〇は一万の平方根ということだ。

これで一九世紀末から二〇世紀初頭の最先端宇宙物理学をいくらか知ったことになる。とくにボルツマンとプランクは、ここまでの章で得た理解に達したことによって、科学史上のヒーローとなったのだ。

第6章　星のスペクトル

ニール・ドグラース・タイソン

星の内部ではいったい何が起きているのだろう。恒星はスイッチを入れれば表面から光を出すただのライトではない。その奥の中心部では熱核反応が進行していて、エネルギーを放出している。そのエネルギーが徐々に星の表面まで進み、そこで解放されると、そこから飛び出して、地球の私たちのところなど、宇宙のどこにでも達する。この大量の光子がどう物質をくぐり抜けるかについて分析しておくべきだろう。それはすんなりと進むわけではない。

私たちはまず、光子が何と戦って太陽から出るかを知らなければならない。太陽や大半の恒星は、大部分が宇宙で最も多い元素である水素でできている。宇宙にある原子核全体のうち九〇パーセントが水素で、八パーセントがヘリウム、残りの二パーセントを周期表にある他の元素が占めている。すべての水素とヘリウムの大半、それにごく微量のリチウムは、ビッグバンにまでさかのぼる。残りの元素は後に恒星の中でできる。もしあなたが地球の生命は特別な存在だという説を信じているなら、ある重要な事実に立ち向かわなければならない。宇宙にある元素トップファイブ——水素、ヘリウム、酸素、炭素、窒素——を挙げると、これは人体を構成する成分とよく似ているという事実だ。人体にある分子ナンバーワンは何かというと、水で、人の体の八〇パーセントは水、H_2Oだ。H_2Oを分解すると、人体で最も多い元素、水素が得られる。次のヘリウムはボンベから吸い込んで一時的にミッキーマウス声になっているときでもなければ、人体にはなく、しかしヘリウムは化学的に不活性だ。周期表の右端にあり、原子のいちばん外側の電子殻が埋まっていて——他の原子と電子を共有する余地がなく——したがってヘリウムは他の何とも結合しない。ヘリウムが手に入ったとしても、それででききることは何もない。

人体の中にその次にたくさんあるのは酸素で、やはり水の分子、H_2Oにあるからだ。酸素の次は炭素で、私たちの化学的な基礎をなす。その次は窒素。何とも結合しないヘリウムを除くと、地球上の私たちの体と宇宙で最も豊富な元素とは一対一で対応している。私たちが何かの稀な元素、たとえばビスマスの同位体でできていたら、この地球には特別なことが起きているという論拠になるかもしれない。しかし私たちの体は宇宙にありふれた元素でできているとなると、私たちは化学的に特別なところがない。それはつまらないことかもしれないが、他方では、私たちが確かに星のかけらだということを認識すれば、なるほどとも思うし、力にもなる。次からの何章かで取り上げるように、酸素、炭素、窒素は恒星で、ビッグバンがあってから何十億年かの間にできたものだ。私たちはこの宇宙に生まれ、この宇宙の中で暮らし、自分の中に宇宙がある。

ガス雲――宇宙にある水素、ヘリウム、その他の混合物――を考え、そこで何が起きているか見てみよう。原子の中心には陽子と中性子でできた原子核があり、それを取り巻く電子がある。ニールス・ボーアが一〇〇年ほど前に唱えたような単純で古典量子論的原子を想像するのは、見事な間違いではあるが、建設的な見立にはなる。そこには基底状態、つまり電子にとれる最もきつくまとまった軌道がある。これをエネルギー基底準位1と呼ぼう。次にありうる軌道は励起した状態で、これをエネルギー準位2としよう。話を簡単にするために、二つの準位だけの原子を描く（図6–1）。原子には原子核と電子雲がある。私たちは電子が原子核のまわりの「軌道に」あると言うが、電子雲は、ニュートンや重力や惑星で知られる古典的な意味での軌道ではない。実は「軌道（オービット）」という言葉よりも、それを元にした新しい言葉がある。「オービタル」という。それをオービタルと呼ぶのは軌道のように見えるからだが、いろいろな形をとれる。実際にはそれは電子が見つかりやすい場所で決まる「確率の雲」、電子雲だ。球形をしているものもあれば、細長いものもある。電子雲には何通りもあり、エネルギー準位に高低がある。それを抽象化して、私たちが実際にはオービタル、つまり原子核の周囲に電子が占めるところのことを言っていても、簡単にエネルギー準位と言う。

原子核は中心にあるドットだ。エネルギー準位 $n=1$ は、原子核に最も近い球形のオービタルにある電子に相当する。エネルギー準位 $n=2$ は、原子から遠ざかった球形のオービタルで、エネルギー準位 $n=2$ の場合、原子核との結びつきが緩くなった電子に相当する。電子と陽子は引き合うので、電子を原子から引き離して遠いオービタルに移すには、エネルギーを要する。エネルギー準位2は準位1よりエネルギーが高い。

電子が基底状態にあるとすると、エネルギー準位は1で、この電子は準位1と2の間のどこにもとどまれない。そこには居場所がない。それが量子の世界だ。ものごとは連続的に変化しない。電子が次の準位に跳び上がるためには、エネルギーを与えなければならない。電子は何らかの形でエネルギーを吸収しなければならず、当面、エネルギー源として考えやすいのは光子だ。光子が入ってくるが、それはどんな光子でもよいわけではない。二つの準位の差に等しいエネルギーを持つ光子だけ。電子がその光子を見れば、それを取り込んでエネルギー準位2へ跳び上がる。光子のエネルギーがそれよりわずかに上回るか下回るかすれば、ただ通り過ぎるだけで使われない。さて、原子は人間と違って興奮状態にとどまろうという気はない——エネルギー準位2にある電子は十分な時間が経てば、自然発生的に低い方のエネルギー準位1へ落ちる（図6-1の青い矢印で示す）。

一万分の一秒あれば十分という場合もある。電子は原子中で励起した状態にはあまり長くはとどまらない。そこで、下の準位に戻ったとき、何が起きなければならないか。光子を吐き出さなければならない——新しい、最初に入って来たのと同じエネルギーの光子だ。図6-1に示すとおり、跳び上がるのは光子を吸収することであり、元に戻れば光子を放出することになる。この光子のエネルギーEは、アインシュタインの有名な方程式によって、プランク定数をh、光子の振動数をνとして、$h\nu$に等しい。放出される光子のエネルギーは、二つのエネルギー準位のエネルギー差ΔEに等しい（Δはギリシア文字デルタの大文字で、一般に量の差や変化を表す記号として用いられる）。これは$\Delta E = h\nu$という式となり、これによって電子が準位2から準位1に落ちたときに放出される光子の振動数を計算できる。

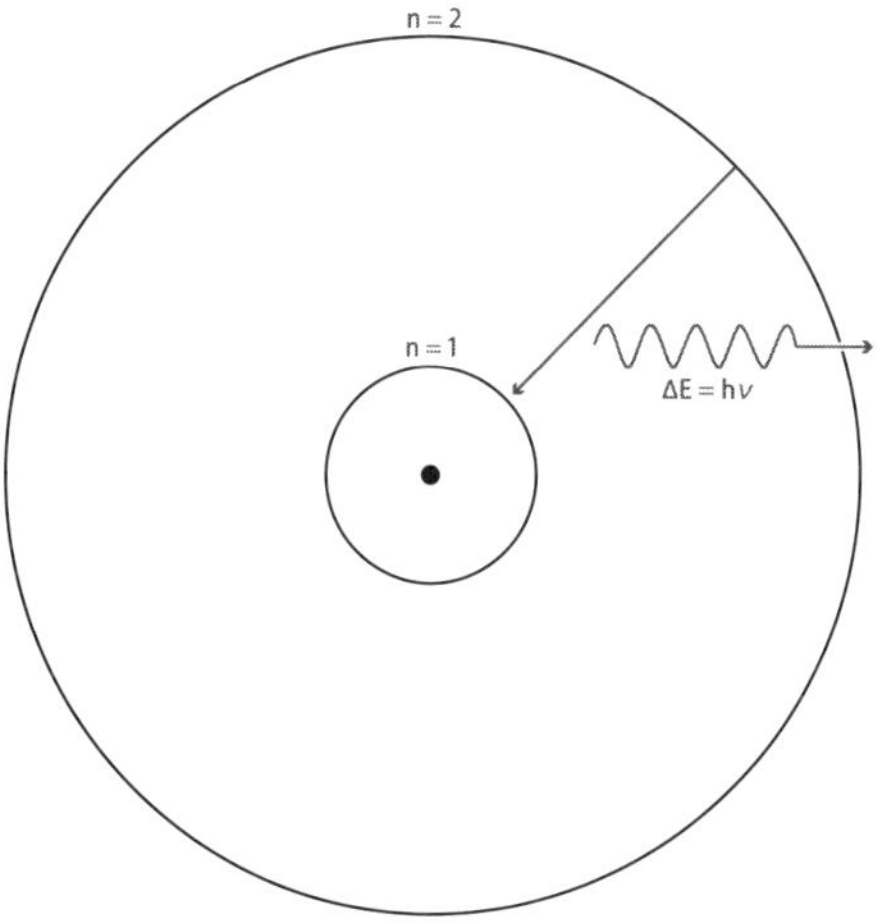

図6-1　原子のエネルギー準位。エネルギー準位がn = 1とn = 2の単純な原子。電子が遠い方のエネルギー準位2にあり、低い方の準位1に飛び降りると、$\Delta E = h\nu$の光子を放出する。ただし、$\Delta E = E2 - E1$は準位2と準位1の間のエネルギーの差を表す。電子がエネルギー準位1にあると、$\Delta E = h\nu$の光子を吸収してエネルギー準位2に飛び戻ることができる。図解はMichael A. Straussによる。

夜光塗料を塗ったフリスビーで遊んだことはあるだろうか。それを闇で光らせるには、まず、しばらく光にさらしておかなければならない。電球の前に立てかけておこう。どうなるか。フリスビー中の原子や分子にある電子は、光子を吸収して高いエネルギー準位に上がる（フリスビーをなすような大きい原子には、エネルギー準位がたくさんある）。デザイナーは、励起した電子が雪崩を打って元に戻るまでに少し時間がかかり、戻るときには可視光を放出する素材を選ぶ。しかし永遠に戻り続けるわけではない。電子がすべて元の状態に戻ればもう光らない。夜光塗料のフリスビーや、子どもの頃に着ていた闇で光る骸骨の衣装も原理は同じだ。

一個の電子が吸収するエネルギーは光子に由来することもあるが、他のエネルギー源もありうる。電子は別の原子がぶつかることで跳ね飛ばされることがあり、そのときに高いエネルギー準位に送られることがありうる。この場合、運動エネルギーがエネルギー源となる。それは水素ガスの雲の中でどのように動作するのだろう。まず、この水素の温度が何度かを問わなければならない。ケルヴィンで表した温度は、雲にある分子あるいは原子の平均運動エネルギーに比例する。雲の塊としての動きはこの測定には関与しない。運動エネルギーはもちろん運動のエネルギーで、温度が高くなると、粒子のあちらこちらへの動きが速くなる。私が基底状態にある電子だとして、ひどく蹴られたとすると、その蹴りのエネルギーはいくらかと問うことができる。その蹴り、つまりエネルギーが準位２のエネルギーに届かなければ、私はそこにとどまる。しかし、その蹴りがちょうど準位２に達するエネルギーだったら、そのエネルギーをもらって吸収し、準位２に跳び上がる。

温度によっては、原子の集団全体を維持しつつ、その一部の電子は高い準位にあるということがありうる。電子が下の準位に落ちるたびにまた蹴り上げるように条件を設定することで平衡を保つこともできる。すべてのボールを空中に留めるジャグラーのようなものだ。そしてすべては温度の関数となる。温度が低いと電子の大部分はエネルギー準位１にとどまり、ごくわずかの電子がエネルギー準位２にある。温度が上がると、エネルギー準位２に上げられる電子が増える。

これをすべてまとめよう。星間ガス雲が一万Ｋの星に照らされているとする。原子にはたいてい、複雑きわまりないエネルギー準位がたくさんある。それが自然の秩序だが、それに比べれば、水素のエネルギー準位は単純だ。そうしたことがすべて混じり合って、一万Ｋの星から出て来る純粋な熱スペクトルを混乱させる。そこでどんな混乱が生じるかを見てみよう。

まず、すべてそろった水素原子を見てもらおう。同心円的なオービタルに対応するエネルギー準位は無数にあり、外へ外へと広がる。$n=1$（基底準位——いちばん内側のオービタル）、$n=2$（最初に励起する準位）、$n=3, n=4, n=5, n=6, \ldots, n=\infty$となる。エネルギー準位を図にするとはしご（ラダー）のようになり、そこで私たちはそれを「はしご図（ラダーダイヤグラム）」と呼ぶ。原子核にきつく拘束されている低い方のエネルギー準位の方が図では低い方にある（図6-2）。

水素については、最初に励起される状態$n=2$ははしご全体の四分の三あたりにあり、さらに$n=3, n=4, n=5$のように続く。いちばん上のエネルギーはゼロになる。高いnの電子は非常に大きいオービタルを占め、陽子の拘束は弱い。原子では、電子の持つエネルギーは電子ボルト、eVで表す。これは電位差が一ボルトあるところを電子を動かすのに必要なエネルギーに相当する。九ボルトの電池で使う懐中電灯があるとしよう。電子のそれぞれが懐中電灯の導線を進むときに、9 eVのエネルギーを光と熱の形で生み出す。この懐中電灯の導線を毎秒6.24×10^{18}個の電子を通し、毎秒$9 \times (6.24 \times 10^{18})$ eV（9W）の光と熱のエネルギーを発生するということもありうる。つまり1 eVはごく小さな量のエネルギーで、電子の遷移に対応するわずかな量のエネルギーについて語るときにはまさしく都合の好い単位だ。たとえば、図では−13.6 eVが準位1のエネルギーとなっている。これは負のエネルギーとして表される。準位$n=1$の電子を原子から引き離すには、

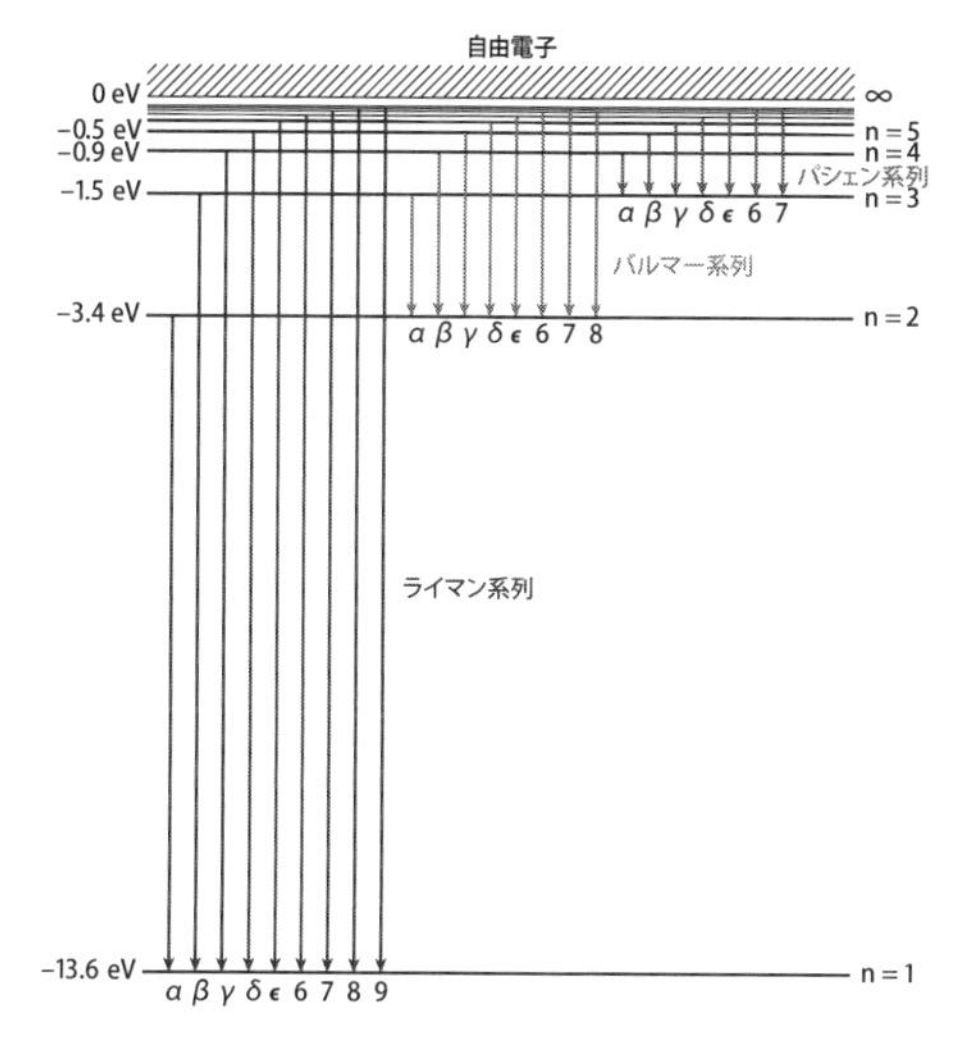

図6-2　水素のエネルギー準位図。横方向の線は水素原子中の電子にありうるいろいろなエネルギー準位を示す。単位は電子ボルト（eV）。矢印は電子があるエネルギー準位から別の準位に移ってエネルギーの差に相当するエネルギーの光子を出す遷移を示す。遷移はエネルギー準位1へのもの（ライマン系列という、スペクトルの紫外線の部分にある光子をもたらす）、準位2へのもの（バルマー系列という、可視光の光子をもたらす）、準位3へのもの（パシェン系列、近赤外線）について示されている。図は下の準位に落ちて光子を出す電子を示す。赤の矢印で示すように、n = 3の準位にある電子がn = 2の準位に落ちると、1.9 eVのエネルギーを持つ、Hα（バルマー系列）の光子を出すことになる。図解はMichael A. Straussによる。

13.6eVのエネルギーを加える必要があるということだ。13.6 eVは、基底状態$n=1$の「拘束エネルギー」であると言われる。基底状態にある電子が13.6eVより大きなエネルギーをもった光子を見るとどうなるだろう。その光子を吸収できるだろうか。大きなエネルギーの光子がやってくる——電子はそれでどうなるか。電子がこの光子を吸収すると、$n=\infty$よりも上まで飛び上がれる。$n=\infty$より上とはどういうことか。それは自由ということになる。電子がゼロより上のエネルギーに飛び上がると、電子は原子を離れて陽子だけが残る。そうなることは原子の「イオン化」と言われる——電子をはぎ取られたということだ（原子は差し引きの電荷を得て、イオンになる）。飛び出した電子はゼロを超えるエネルギーを持つ。そのゼロを上回る「余分な」エネルギーは原子を脱出するときの電子の運動エネルギーとなる。お察しのとおり、原子は別の原子と衝突してもイオン化することができる。

　このエネルギー準位の知識があれば、一万Kの星から光がどのように出てくるかがわかる。一万Kの温度では、水素原子のうち、小さくても無視できない割合が最初に励起された状態$n=2$にある。だからこの星を選んだのだ。一万Kは、ここで述べようとする状況を最大にする。星の奥深くでは、この熱的放射スペクトル、美しいプランク曲線がある。それは星の外側の層から出ようとしている。一万Kのなめらかなスペクトルは、外層にある、最初の励起状態にある電子を持った水素原子に当たる。その電子は飢えている。その熱スペクトルでは、個々の光子はどれだけのエネルギーを持っているかと問うことができる。そうした光子のうちの多くの光子のエネルギーは、スペクトルの可視光の部分にあり、一万Kの水素ガスは、電子が$n=2$の準位にある飢えた水素原子を持っていて、それはしかるべき光子を吸収して、さらに高いエネルギー準位へと跳ね上げられる。

　しかしすべての光子が吸収されるわけではない——波長が電子を何らかの高いエネルギー準位に放り上げられるだけの波長の光子のみだ。たとえば、準位$n=2$にある電子（−3.4 eVのエネルギー）は$n=3$（−1.5 eVのエネルギー）に飛び移れるだけの光子を吸収することがありうる。二つの準位の差は1.9 eVで、その電子が跳び上がるにはそれだけの量を得なければならない。この電子は1.9 eVのエネルギーをもった光子を吸収することになる。この光子はHアルファ、つまりHα光子と呼ばれる。この光子は6563Å（オングストローム）、あるいは656.3 nm（ナノメートル）の波長で、色はブルゴーニュ産のワインレッドに相当する。その光子が選り出され、電子を準位2から3に跳ね上げ、この光子はスペクトルから消える。こうなる電子が多いと、プランク・スペクトルの波長六五六三オングストロームのところに凹みができ、「Hアルファ（Hα）吸収線」と呼ばれる。波長四八六一Åの光子は電子を準位2から準位4へ上げることができる。これはスペクトルにまた別の、「Hベータ（Hβ）吸収線」と呼ばれる凹みをもたらす。吸収線はもっとある。4340Åの「Hガンマ（Hγ）」、4102Åの「Hデルタ（Hδ）」等々で、この光子が選り出されると、電子は$n=2$から$n=5$や$n=6$等々の準位へ送られる。連続したスペクトルが、「吸収スペクトル」と呼ばれるものになり、光子が食べられてなくなった部分が、スペクトルの中の吸収線と呼ばれる細い線の深い谷になる。その集団全体がバルマー系列、Hα、Hβ、Hγ、Hδ、Hε、後はH6、H7、H8などと続く系列になる（誰もε以降のギリシア文字はおぼえられない）。こうした線の間隔は、ラダー図上のエネルギー差に対応する。図6-3は、実際の一万Kの星のスペクトルを示している。右上のはめ込み図は短波長の部分を拡大したものだ。

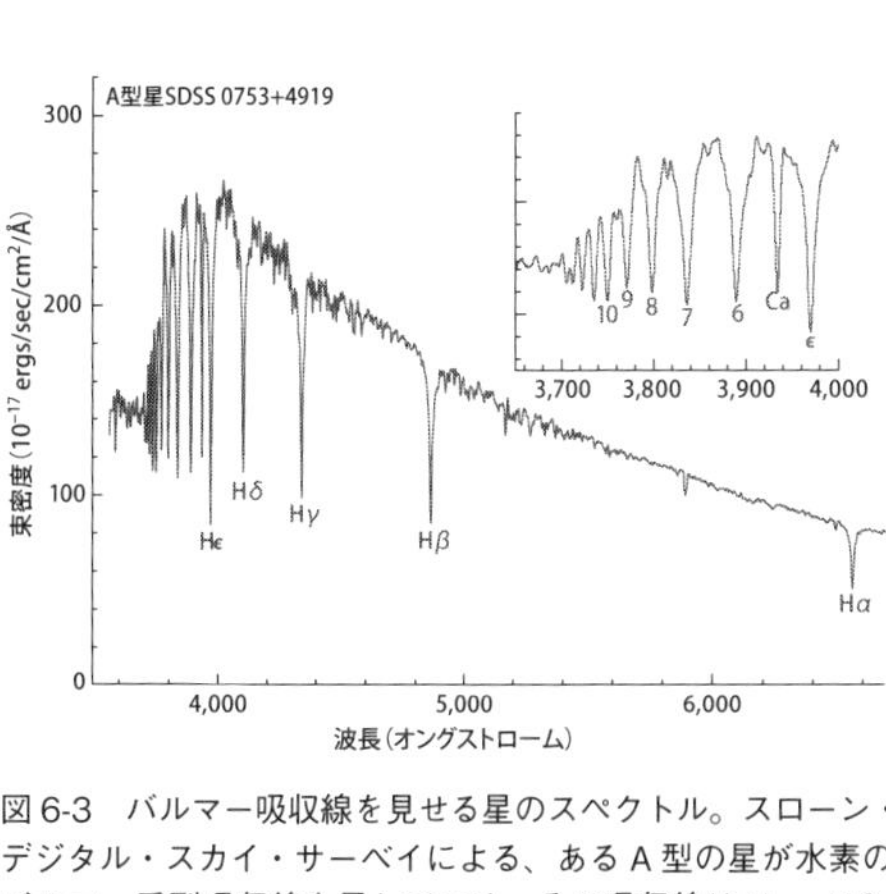

図6-3　バルマー吸収線を見せる星のスペクトル。スローン・デジタル・スカイ・サーベイによる、あるA型の星が水素のバルマー系列吸収線を示している。その吸収線はHα、Hβ、Hγなどと呼ばれる。短波長側には線が密集していて、はめ込み図がそこを拡大して、H10までの線を特定している（慣習として、Hεより先はギリシア文字ではなく数字を使う）。「Ca」という印のついた、イオン化したカルシウムによる線も1本ある。画像―― Sloan Digital Sky Survey and Michael A. Strauss.

表面温度がもっと高い、たとえば一万五〇〇〇Kの星を見ると、話はがらりと変わる。電子が蹴り上げられるエネルギーが大きいので、水素原子から飛び出してしまい、電子と陽子が別々に動き回っている。原子はイオンになっている。イオン化した水素はもうとびとびのエネルギー準位はなく、バルマー光子を吸収することもない。そのため、バルマー系列は一万Kの星では強く見えるが、それより熱い星ではさほどではなくなる。

これまでのところ、水素原子がどうなるかだけを取り上げてきた。カルシウム、炭素、酸素などを入れると、また考えなければならないことが出てくる。私が気に入っているたとえを使おう――一本の木だ。恒星のいちばん外側の層を木と考えることができる。木に向かって（星の内側から）何がやってくるかご存じだろうか。ミックスナッツ（いろいろな振動数の光子）だ。星の内側にミックスナッツ砲があって、それがミックスナッツを木に撃ち込み、木にはリスが何匹かいる。このリスはどんぐり（Hα光子）が好きで、これはどんぐり系のリスということにする。このリスはミックスナッツがやってくるのを見ているが、自分の好きなナッツだけを取る。この場合はどんぐり。反対側（星の外側）では、ミックスナッツからどんぐりが減った分（Hα光子が減った熱放射）が出て来る。さて、別の動物を入れてみよう。マカダミアナッツが好きなシマリスとしてみよう。反対側ではどうなるか。どんぐりとマカダミアナッツが減ったミックスナッツになる。木の中にいる齧歯類が、それぞれ異なるナッツを食べるとすると、そのすべてについて、それぞれが食べるものがわかっていれば、反対側で足りないものに基づいて、その木に何がいるかを推定できる。

　これはまさしく宇宙物理学者が取り組む問題だ。星の内部へは行けないので（行きたいとも思わないだろう。何せ熱いのだ）、遠くから分析し、光を観測して、連続した熱放射スペクトルから選り出されているものを見る。そのスペクトルを見て、水素の吸収線に合致するかなどと考える。ほとんどはそうだが、他にも元素がある。実験室でカルシウムなど他の元素を調べ、実験室の設定でどの振動数が吸収されるかを見る。それから各元素について、それが星のスペクトルのパターンに合うかどうかを確かめる。それぞれの元素が独特の指紋を残すからだ。先のエネルギー準位、ラダー図は、元素や分子について固有のものになる（たとえば図6-3は、水素の吸収線に加え、Caと表記したカルシウムによる吸収線を示している）。

　一般的なことを考えるために、星ではなく、星間空間にあるガス雲を考えよう。近くの明るい星からの連続したスペクトルのエネルギーを受ける水素の雲だ。星からの光が雲に入り、反対側に出るので、欠けた線のある吸収スペクトルがある。そのエネルギーについて何とか説明をつけなければならない。その波長の光が吸収され、電子がもっと高いエネルギー準位に上がっているということだ。この電子は元に戻り、そのときに光子を出す。つまりこれは電子と光子のあいだのかりそめの情事なのだ。電子が元のエネルギー準位に戻ると、電子が吸収した当の光子のような光子がランダムな方向に送り出される。まるでリスとシマリスが消化不良を起こしてそれぞれが食べたナッツをランダムな方向に吐き出しているようなものだ。ガス雲が平衡状態にあって、準位二にある電子の数は平均すると時間が経っても変化しないとすると、食べられるナッツと吐き出されるナッツの数は等しい。見ている方がミックスナッツ砲の射線にいれば（星が視線の方向にあれば）、ミックスナッツ砲からこちらへ向かってくるミックスナッツ線からどんぐりとマカダミアナッツが減った分が見えることになる。しかしランダムな位置に立って木を見ていて、ミックスナッツ砲の射線上になければ（星が視線の方向になければ)、砲からのナッツは見えず、木(ガス雲)が見えるだけで、どんぐりとマカダミアナッツが木から飛びだしているのが見える。これは以前に吸収された波長のところで明るい輝線となる。見えるどんぐりとマカダミアナッツから、リスとシマリスがいることが推理できる。それと同じように、ガス雲から流出しているのが見える輝線によって、ガス雲が含む元素の一部を特定できる。図6-4のばら星雲は、この星雲が赤いことを示している。ガスは六五三六Åの波長の水素α(Hα)の輝線で光を出している。つまりこの雲は水素を含んでいる。天文学者は、バラ星雲のような輝線星雲の見事な写真を、Hαの波長だけを通すフィルターを使って撮ることができる。そうすると、地球大気の他の部分からの光——光汚染——がほとんど遮断される。バラ星雲の中央にある若くて明るい青い星(図でも見られる)からの光は水素原子を準位三まで上げて、$n=2$に戻るとき、Hαの光子をあらゆる方向に放出し、ネオンサインがオレンジに輝くのと同じように、星雲をHαの赤い光で輝かせる。

図6-4　ばら星雲。星が形成されつつあるガス雲。水素からの、とくに言えばn=3からn=2への遷移(Hα)によって放出される光で赤く輝く。写真—— Robert J. Vanderbei.

　これまで水素について、「バルマー系列」と呼ばれるHα、Hβ、Hγ、Hδなどの一族を論じてきた。この遷移系列が発見されたのは一八八五年で、それを明らかにしたヨハン・ヤーコプ・バルマーの名がついている。エネルギー準位図で矢印の向きはどちらでもよい。出るのも入るのも同じ光子だ。光子は吸収される(準位が上がる)か放出される(準位が下がる)かで、バルマー系列のすべての遷移は最初に励起される状態$n=2$を基礎として持ち、関連する光子はスペクトルの可視光の部分にある(電子の準位が下がるときの光子の放出を示す図6-2)。それがバルマー系列が最初に発見された理由で、バルマー光子は可視光領域にあるからだった。しかし参考になるありふれた系列が他に二つある。その一つ「パッシェン系列」は、基準が$n=3$の状態にある。これはエネルギーの規模では短いジャンプなので、関係する光子は可視光よりエネルギーが低い(図6-2)。そのためパッシェン系列はすべて赤外線に収まる。赤外光を測定する信頼できる検出装置ができれば、パッシェン系列が浮かび上がる。この系列はいくらもあることは知っておくべきだが、ここでは三つだけにする。パッシェン、バルマーとあと一つ、「ライマン系列」だ（先と同様、ギリシア文字を添えて、ライマン・アルファ、ライマン・ベータなどと呼ばれる）。基底状態 $n = 1$ が基準となり、その遷移はすべて紫外線になる。ライマン系列の最も低いエネルギー遷移はバルマー系列の最も高いエネルギー遷移よりも大きなエネルギーがある（やはり図6-2）。

これは、その遷移がスペクトルに見られれば、バルマー系列が他の系列と区別され、ライマン系列も区別され、パッシェン系列も区別されて、簡単に分離できて理解できるということだ。それが成り立たない原子を描くこともできる。ライマン、バルマー、パッシェン各系列のエネルギー跳躍が似たようなもので、この三つの系統がスペクトルで重なっているという原子を仕立てることができる――この世には変わった原子もいくつかある。こうした線について考えて、それを未発見の元素を表すものと解読する方法を考えるとき、この可能性を考慮しなければならない。

何千年もの間、私たちは星の明るさ、空での位置を測定し、場合によっては色を記録できるだけだった。それが古典的な天文学だった。スペクトルを得られるようになったとき、現代天文学となった。スペクトルによって化学的組成が理解できるようになったからだ。そのスペクトルの正確な読み取りは、量子力学に由来する。このことの重要性を頭に刻み込んでもらいたい。量子力学が発達するまでは、スペクトルについては何も理解されていなかった。プランクは一九〇〇年にプランク定数を導入し、一九一三年にはボーアが、量子力学に基づいて、電子がオービタルにある水素原子モデルを立て、それがバルマー系列を説明した。現代宇宙物理学が本当に始まったのは、その後の一九二〇年代になってからのことだった。これがどれほど新しいことか考えていただきたい。今生きている人々の中でも最高齢クラスの人々は、宇宙物理学が始まった頃に生まれたということになる。何千年もの間、私たちは星については基本的に手がかりがなかったが、一人の人間の一生の間にそれについてよくわかるようになったのだ。私は一九〇〇年に書かれた天文学の本を持っていて、それが語っているのは、「ここにしかじかの星座がある」、「あそこにきれいな星がある」、「この辺には多数の星が集中している」、「こちらは星が少ない」といったことだけだった。月の満ち欠けにまるまる一章が充てられ、またある章全体で蝕が取り上げられる――語れるのはそれだけだったのだ。ところが一九二〇年代より後に書かれた教科書は、太陽の化学的組成、核エネルギー源、宇宙の行く末などを取り上げている。一九二六年、エドウィン・ハッブルが宇宙は誰もが思っていたより大きいことを発見した。銀河は私たちのいる天の川の星よりもはるかに遠いところにあることを明らかにしたからだ。ハッブルは一九二九年には宇宙が膨張していることも発見した。こうした理解の飛躍が、今生きている人々の一生の間に起きた。ものすごいことだ。私はよく、次の何十年かにどれほどの革命が待ち受けているかと思う。子孫に語れるようなどんな宇宙的な発見を目撃するだろう。

こうした歴史の教訓によって、フランスの哲学者オーギュスト・コントがしたような間抜けな予測をしないですむかもしれない。コントは一八二四年に出た著書『実証哲学』で、星についてこう断言している。「私たちはその内部構成について知ることは決してできないし、いくつかの星に関しては、熱がその大気にどう吸収されるかも理解しようがない」。

第7章 星の誕生と死（I）

ニール・ドグラース・タイソン

ヘンリー・ノリス・ラッセルと、アイナー・ヘルツシュプルングという二人の天文学者がそれぞれ別々に、既知の星をすべて取り上げ、それを明るさと色でグラフに表すことにした（図7-1）。当然のことだが、このグラフは、ヘルツシュプルング＝ラッセル（ＨＲ）図と呼ばれる。星の色は、スペクトルがわかれば数値化できる。今では、当時と同様、色は温度の尺度（プランク関数によって）であることがわかっている。ＨＲ図の縦軸は明るさを示し、横軸は色、つまり温度を表し、左側ほど熱い（青い）星、右側ほどそれほど熱くない（赤い）星が来る。

ヘンリー・ノリス・ラッセルはプリンストン大学宇宙物理学科の教授を務めていて、多くの点でアメリカ人初の宇宙物理学者だった。その初期の図は左へ行くほど温度が高くなっていたので、今日でもその伝統が続いている。ラッセルは何千何万という星のデータを手にしていた。多くはハーバード大学天文台で、取得されたデータでそうした星のスペクトルを分類するという、たいていの男性がつまらないと考えていた仕事は、女性によって担われていた。計算をする人が「コンピューター」と呼ばれていた頃の話だ。人がコンピューターだったのだ。大きな部屋が一つあった――コンピューターの女性でいっぱいの。当時、二〇世紀の初め頃、教授でも何でも、男性が願うような職には女性は就けなかった。しかしこのコンピューター室には、頭も良くやる気もある女性がいて、そういう人々が、スペクトルの分析で、宇宙の重要な特色を引き出した――それについては今後のいくつかの章でも取り上げる。ヘンリエッタ・リーヴィットもその一人だった。セシリア・ペインもハーバードで一〇年にわたり、ハーロー・シャプリーの助手としてスペクトルの作業をし、その後、教授に任じられた。ペインは太陽がほとんど水素でできていることを発見した人物でもある。天文学には、その特異な歴史のせいで、女性が早くから貢献するという魅惑の系譜がある。

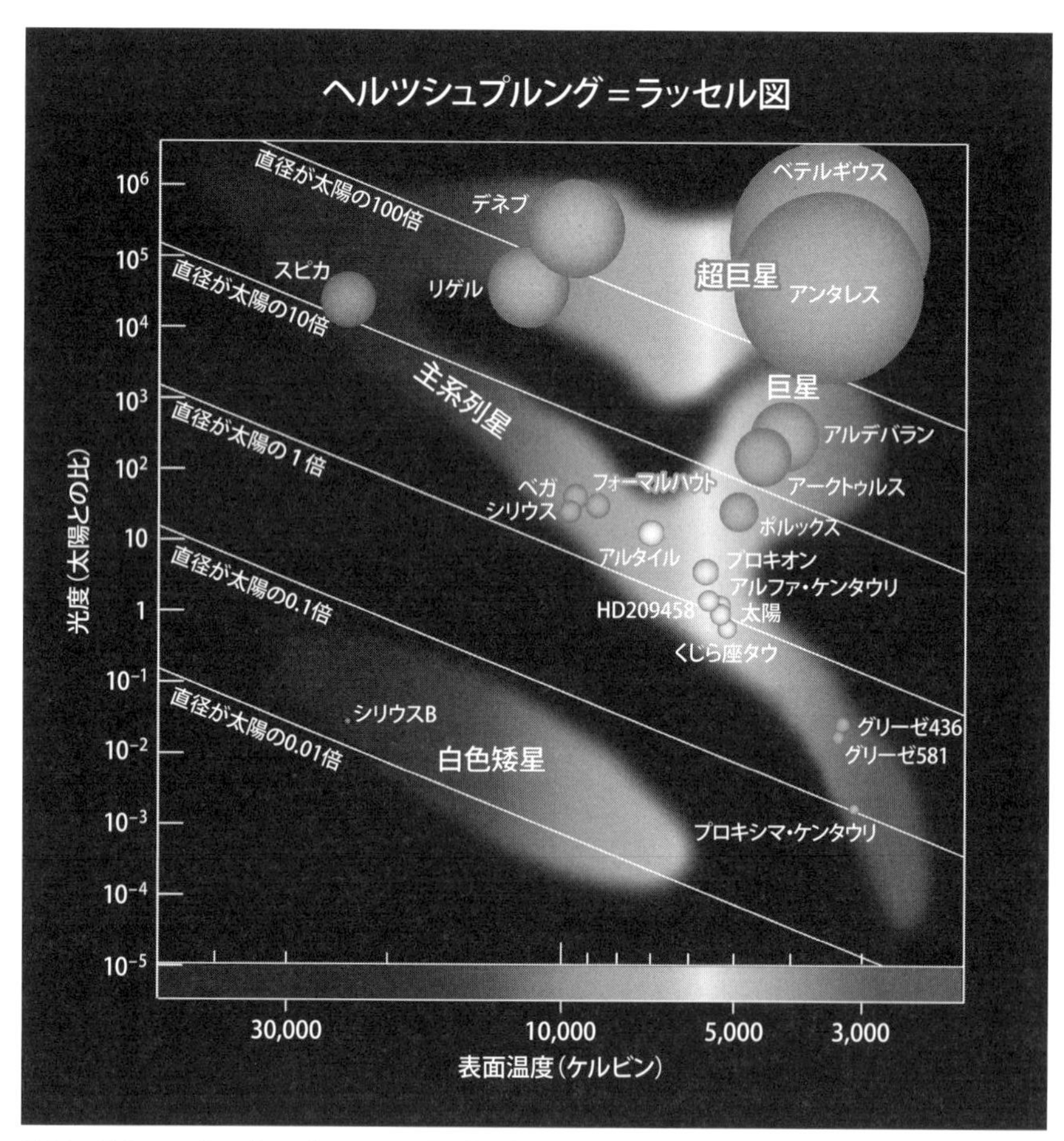

図 7-1　星のヘルツシュプルング＝ラッセル図。星の表面温度に応じた星の明るさがグラフに描かれている。慣習により、表面温度は右へ行くほど低いことに注意。ここに示されているように、表面温度が低い星は赤く、高い星は青い。雲のようになったところが星がふつうに見つかる領域を示す。特定の名がついた斜線に沿った星は、半径が等しい。図版—— J. Richard Gott, Robert J. Vanderbei（*Sizing Up the Universe*, National Geographic, 2011）を元に手を加えた。［色の記述に関しては口絵の図を参照のこと——以下同様］

ヘルツシュプルングとラッセルは、カタログに光度と温度がある星をこの図に埋めていった。二人が発見したのは星が図のどこにでもあるわけではないことだった。星がまったくないところ——図のあちこちにある空白の場所——もあるが、右から中央にかけて目立つ星の列が斜めに浮かび上がった。二人はこれを、できるだけ簡単な名をつけようという私のいる分野のならいで、主系列と呼んだ。

カタログの星のうち九〇パーセントがここに収まった。右側上に少し集中しているところがある。ここの星は温度は比較的低いが、それでもきわめて明るい。温度が低いとき色はどうなるかと言うと、赤くなる。温度の低い赤いものの光度がきわめて高いというのはどうしてだろう。それは巨大な星にちがいない。実際、ここにある星は大きな赤い天体だ。これは赤色巨星と呼ばれる。プランク関数をふまえれば、それは赤くて大きくなければならないことがわかる。私はそういう推理の威力を生きがいにしている。さらに右上に行くと、赤色超巨星がある。今や天文学の新しい領域に進み、ちょっと多機能ベルトにはさんで持ち歩けるような物理学があるだけで、状況全体を分析することができる。実際、シュテファン＝ボルツマンの法則と星の半径 r を使い、（$L = 4\pi r^2 \sigma T^4$）とすると、図中に半径一定の斜めの線を引くことができる。直径が太陽の〇・〇一倍の線、〇・一倍の線、一倍の線、一〇倍の線、一〇〇倍の線というように。すでに星がどれほど大きいかはわかっている。太陽はもちろん直径が太陽の一倍の線上にある。赤色超巨星は直径が太陽の一〇〇倍の線上にある。主系列の下には別の星の群れがある。こちらは熱いがきわめて熱いわけではない。こういう星は白くなる。また光度がきわめて低いので、小さいにちがいない。こうした星を白色矮星（white dwarfs）と呼ぶ。イギリスにいる人々（『指輪物語』のJ・R・R・トールキンのような）なら、むしろドウォーヴズ（dwarves）と呼びたくなるかもしれない。しかしアメリカでは、dwarf の複数形は dwarfs だ。天文学者の趣味が独特なわけではない。ディズニーの一九三七年の映画、『白雪姫と七人のこびと』は Seven Dwarfs であって Seven Dwarves ではない。

HR図が発表された当時は、星を区画に分けはしたが、どうしてそのようにまとまるかはわからなかった。もしかすると、星は高い光度で生まれ、時間とともにだんだん暗くなり、暗い、低い温度の天体になるのかもしれない。ひょっとすると、星は年をとると主系列を下へ向かう（同時に冷え、光度を失う）のかもしれない。もっともな推測だが、その種の推測は太陽の年齢は一兆年ほどという推定を生んだ。これは太陽の年齢よりもはるかに大きい。何十年かの間、この問題に答えるべく、データに基づいた推測を行なってきた――そうして実際にどういうことになっているのかを明らかにした。その見通しは、種類の異なる天体をいくつか見ることによって得られた（図7-2、図7-3）。

この二つの画像は集中している星々、正式には星団と呼ばれるものを示している。数百の星という星団もあれば、数十万というものもある。星の数が数百程度（図7-2のプレアデス星団など）の場合には、「散開星団」と呼ばれる。数十万となると、M13（図7-3）のような、球のような、つまり球（グローブ）の形になり、これを「球状星団（グロビュラー）」と呼ぶ。

球状星団には数十万の星がある場合もあるが、散開星団はせいぜい一〇〇〇個まで。そうした天体を夜空で眺めると、見ているのがどちらの星団かはすぐにわかる。中間というのがないので、文句なしだ。星の数が少ないか、やたらとあるか、どちらかしかない。一つの星団の星は同じ時期に生まれている――一つのガス雲からいっせいにできたのだ。

プレアデス星団は若く、幼稚園のクラスを見ているようなもので、写真を占めるのは、若く、明るい、青い星だ。しかしこの星団にある星のHR図は、主系列星だけで、赤色巨星はない。主系列星のてっぺんにある青い星は明るくて目立つが、主系列の低い方にはちゃんと赤い星もある。プレアデスは星の集団は、生まれてまもない星がどのように見えるかを示している。そこから、主系列上の光度も温度も高い状態で生まれる星もあれば、光度も温度も低い状態で始まる星もあることがわかる――ただそういうふうに生まれているのだ。

M13のような球状星団は、主系列から上側の端を除き、主系列ではない赤色巨星を加えたものとなる。M13の写真は五〇回目の同窓会のようなものだ――どの星も古い。画像の大部分を占めるのは、最も明るい赤色巨星だ。M13の主系列はやはり光度が低く、温度も低い天体だが、青い方の星はどこへ行ったのだろう。この場から立ち去ったのだろうか。何があったのだろう。おそらく、それがどこへ「行った」か察しはつくのではないか。それは赤色巨星になったのだ。主系列の上の方の部分は、明るい青い星が赤色巨星になることによって脱落していく。

中年の場合も見つかった。上の方の主系列の部分だけが欠けて、赤色巨星になっているのはちらほらという例だ。

いろいろな種類の星の質量を求めるには、巧妙でなければならなかった。連星がお互いを追うように回るときのスペクトル線についてドップラー偏移を測定し、ニュートンの重力の法則をあてはめた。そうすることで、主系列星は質量の順に並んでいることもわかった。左上の大質量の明るい青い星から、右下の質量の小さい、光度の低い、赤い星へと進んで

図 7-2　散開星団、プレアデス。これは若い星団（おそらくできてから 1 億年未満）。写真——Robert J. Vanderbei.

図 7-3　球状星団 M13。写真—— J. Richard Gott, Robert J. Vanderbei（*Sizing Up the Universe*, National Geographic, 2011）による。

いる。質量の小さい星は低い光度、低い温度で生まれるが、大質量の星は高い光度、高い温度で生まれる。

主系列の上の方にある大質量の青い星は、寿命はたぶん一〇〇〇万年ほどだろう。これは実は長い時間ではない。主系列の中央あたりには、寿命がその一〇〇〇倍の一〇〇億年ほどという、太陽のような星がある。主系列を下の方へたどった先の光度の低い赤い星は、何兆年か生きるはずだ。主系列には星の九〇パーセントがある。なぜか。星は寿命のうち九〇パーセントを主系列に収まる光度と温度で過ごすことがわかっている。それをこう考えよう。誰でも洗面所で毎日歯を磨くだろう。あるいはみんなそうしていることに私は自信を抱いている。しかし一日の中のランダムな時刻に写真をとると、歯を磨いているときの写真が撮れるとは言えない。毎日歯を磨くのに一定の時間を使っているとしても、それほど多くはないはずだ。HR図のまばらな領域については、実際には星が光度や温度を変えるときに、そこを「通過する」が、さっと通ってそこではあまり長い時間を過ごさないのだということがわかってきた。星が歯を磨いているところを撮影されるのはめったにないということだ。

星の奥の中心部はどうなっているのだろう。温度が上がれば、粒子の動きが速くなることは先に見た。宇宙の原子核のうち九〇パーセントは水素で、それは星に見られる割合と同じだった。九〇パーセントが水素というガスの塊を取り上げよう――まだ星にはなっていない。それを押しつぶして星にしよう。お察しのとおり、その中心が星で最も熱いところになる。何かを圧縮すると、それは熱くなる。星の中心の熱さは（後で見るように）、中心を熱くしておく核融合炉になれるほどだ。それに比べると表面の熱さはそれに遠く及ばない。星の中心は熱く、すべての電子が原子から完全に引き離され、原子核がむき出しになっている。

水素原子核には陽子が一個ある。別の陽子が近づいても、二つの陽子は互いに反発する。陽子は正に帯電していて、正電荷どうし、負電荷どうしは $1/r^2$ の力で反発し合う。近づくほど、強く反発する。しかし温度を上げてみよう。温度が高いということは、平均運動エネルギーが大きいということで、陽子からすると速度が増すということだ。速度が増すと、陽子どうしの反発力が上回って押し返すまでの間に互いに接近できることになる。約一〇〇〇万Kという、二つの光子が、第1章で見た、強い核力というまた別の力で両者が引き寄せられ、一つにまとまるところまで接近できるほどになる、魔法の温度があることがわかっている。一〇〇年前には知られていなかった、この核を引き寄せる力は、陽子の静電気による自然な反発に打ち勝つほど強くなければならない。「強い核力」以外のどんな呼び方があるだろう。これが「熱核融合」と呼ばれるようになったことを可能にする（強い核力はもっと質量の大きい原子核もまとめている。ヘリウム原子核には二つの陽子と二つの中性子がある。二つの陽子は静電力によって反発し、強い核力がその二つを核にまとめている。炭素原子核［陽子が六個と中性子が六個］や酸素原子核［陽子が八個と中性子が八個］も同様）。

二つの陽子が一〇〇〇万Kで一緒になるときに生じる反応はなかなかおもしろい。得られるのはつながった一個の陽子と一個の中性子――一方の陽子が自然発生的に中性子に変わる――で、それと同時に、正に帯電した電子、つまり陽電子が射出される。これは反物質という変わったものだ。陽電子は電子と同じ重さだが、電子に遭遇すると、両者は消滅し、それぞれの質量をすべて二つの光子によって運ばれるエネルギーに変換する。これはまさしくアインシュタインの質量とエネルギーの式、$E=mc^2$に従っている。これについては第18章でリチャード・ゴットが解説してくれる。また電子ニュートリノという、電気的に中性（電荷ゼロ）で、宇宙にある他のものとの相互作用が弱すぎて、太陽さえもすぐに通り抜けて外へ出てしまう粒子も放出される。この過程で電荷は保存されていることに注目しよう。最初は二つの正電荷（陽子がそれぞれ一つずつ持っている）で、最後も二つの正電荷だ（陽電子一個の電荷が一つと、残った陽子の電荷が一つ）。この反応はエネルギーを生む。下の粒子の質量の和は、最後にできる粒子の質量の和より少ないからだ。質量が失われ、これが$E=mc^2$でエネルギーに変換される。陽子と中性子による核は何だろう。それには陽子が一個あるので、やはり水素だが、少し重い水素になっている。これは「重水素」と呼ばれることも多いが、独自にデューテリウムという名もついている。

さて、いくらかのデューテリウムが得られた。デューテリムにまた陽子が一個加わると、ppn原子核（二個の陽子(プロトン)と一個の中性子(ニュートロン)）ができ、さらにエネルギーが生じる。何ができただろう。原子核には二個の陽子があり、陽子が二個のときにはその原子核はヘリウムと呼ばれる。ヘリウムという言葉はヘリオス――古代ギリシアの太陽神――に由来する。太陽にちなんで名づけられた元素があるのだ。それは、この元素が地球で発見されるより前に、太陽で、分光分析によって発見されたからだ。このppn原子核は通常のヘリウムよりも軽く、ヘリウム3と呼ばれる。原子核粒子が三個（陽子が二つと中性子が一つ）。次にこのヘリウム3原子核が二個衝突すると、「ppn＋ppn＝ppnn＋p＋p＋エネルギー」ということになる。できたppnnは一人前の元気なヘリウム4となる（風船などに入れられる通常のヘリウム）。

これは太陽の中心の一五〇〇万Kで生じる。そこでは毎秒四〇〇万トンの物質がエネルギーに変換されている。主系列にある星は水素をヘリウムに変換していることが理解されるようになった。その後、中心部にある水素が枯渇すると全体がゆるみ、星の外側が広がり、赤色巨星になる。今から五〇億年ほど経つと、私たちの太陽は赤色巨星になり、気体の外殻部分を放出して、白色矮星に落ち着くことになる。太陽より質量の大きい星は赤色巨星となってから、さらに超巨星となる。これは超新星爆発によって、その中心部は中性子星になったりブラックホールになったりすることがある。このことについては第8章であらためて述べる。

当面は、先のHR図に戻ろう。主系列、赤色巨星、白色矮星があり、温度は左にあるものほど高く、光度は上へ行くほど高い。恒星には、スペクトル分類を表す文字を与えられる。実はアルファベット順だった量子以前の分類体系の名残のものもあるが、この方式は今でも使われていて、O、B、A、F、G、K、M、L、T、Yとなる。それぞれの文字が恒星の表面温度の区分を表す。太陽はG型星だ。それぞれのおよその表面温度は次のとおり。

O (>33,000 K, 青),
B (10,000–33,000 K, 白っぽい青),
A (7,500–10,000 K, 白から白っぽい青),
F (6,000–7,500 K, 白),
G (5,200–6,000 K, 白),
K (3,700–5,200 K, 橙),
M (2,000–3,700 K, 赤),

これはすべて図7−1に含まれる。図をさらに右に延ばせば、さらにL（1300–2000K, 赤）、T（700–1300 K, 赤）、Y（<700 K, 赤）という区分がある。図の下の温度目盛を見ると、こちらの区分がどこに行くかがわかる。スピカはB型、シリウスはA型、プロキオンはF型、グリーゼ581はM型。それぞれの星は温度を表すチャート上に横位置と（左ほど熱く、右ほど

温度が低い)、光度を示す縦位置(下から上に増していく)の両方を持っている。太陽はもちろん、定義上、太陽光度がちょうど一で、縦軸目盛のその光度のところに注目すれば見つかる。これは対数目盛で、巨大な光度の幅を図に取ることができて、目盛を一つ上がるごとに光度は一〇倍になる。

図7-1の上端には、太陽光度の一〇〇万倍の星がある。いちばん下にあるのは太陽光度の一〇万分の一の星。宇宙にある主系列星の中での光度の範囲は実にとてつもない。後で主系列星の最上段の星が質量では太陽の六〇倍ほどでしかないことを計算する。一〇〇万倍の重さというわけではないのだ。最下段では、質量は太陽のたかだか一〇分の一ほどまでだが、見ての通りで、太陽と比べるとずっと暗い。つまり質量の幅は大きいが、明るさに見られる範囲の広さには遠く及ばない。実は、主系列星の光度が質量でどう決まるかを記述する公式の関係式を出すことができるが、それは一次式ではない。光度は質量の三・五乗に比例する。それはつまり、二つの恒星の質量の差がわずかでも、明るさは大いに違うということだ。

以下にクールな計算を。まず $E=mc^2$ から始める。これは誰もが学校で聞いたことがある式としてはトップクラスに入る。この方程式のことは、その意味を知る前から知っているだろう。ひょっとすると三年生ぐらいで習い、アインシュタインがそれと関係することも知る。あのアルバート・アインシュタインの一九〇五年の論文による。この方程式が言っているのは、先にも述べたように、しかじかの量の質量は、この関係式でエネルギーに転換できるということで、c は巨大な数となる光速であり、それが二乗されるので、ものすごく大きな数になる。核爆弾の威力は、この方程式書かれていることによって得られる。後の第18章でゴットが、アインシュタインの特殊相対性理論にあるこの方程式の由来について語る。

星に一定量の質量と一定量の明るさがあるなら、その星の寿命はどれくらいあるのだろう。もちろん、同じ問いをガソリン自動車について問うこともできる。満タンにしたときの燃料タンクの容量もわかるし、燃費もわかって、キロやリットルで表される。こうした事実から、ガス欠になるまでにどこまで走れるか、予想もできる。星の光度は単位時間に放出されるエネルギーのことだ。星の寿命 ℓ に光度 L をかければ、一生の間に放出する総エネルギー量 ℓL が得られる。星の光度、つまり星が燃料を消費する速さがわかり、そこに水素燃料がどれだけあるかもわかる。すると主系列星の寿命はどうなるか。つまりどれだけの期間、主系列にとどまるかということだ。水素燃料の核融合で星から得られる総エネルギーは、質量Mに比例する。$E=mc^2$を思い出そう。放出される総エネルギーはMに比例し、ℓLにも比例するので、MはℓLに比例する。それはℓがM/Lに比例するということだ。先に言ったようにLが$M^{3.5}$に比例するのなら、ℓは$M/M^{3.5}$、つまり$1/M^{2.5}$に比例する。恒星の質量が大きくなるほど、それが主系列にいる寿命は短くなる。

　そのことの意味を考えてみよう。星の寿命が$1/M^{2.5}$に比例するのなら、太陽質量の四倍の星があれば、その寿命は太陽の$1/4^{2.5}$になるということだ。さて、$1/4^{2.5}$は一を「四の二乗に四の平方根をかけた値」で割ったもの。四の平方根は二で、四の二乗は一六。つまり、この四太陽質量の星の寿命は太陽の三二分の一ということになる。太陽の主系列寿命はおよそ一〇〇億年。したがって四太陽質量の星の主系列寿命は一〇〇億年の三二分の一で、約三億年ということになる。これは短い。

　もう一つ例を挙げて、$1/40^{2.5}$としてみよう。これはおよそ一万分の一となり、四〇太陽質量の恒星があれば、それはわずか一〇〇万年の寿命しかないということだ。何十億年というのに比べたらごくわずかだ。逆方向に見てみよう。太陽の一〇分の一の質量の星を考える。「一〇分の一分の一」は一〇で、一〇を二・五乗すると約三〇〇となる。つまりこの星は太陽の三〇〇倍の寿命があることになる。一〇〇億の三〇〇倍は？　三万億、つまり三兆年ということになる。今の宇宙の年齢よりもはるかに長い——この星は燃費が非常に良いということになる。一〇太陽質量の星の寿命は太陽の三〇〇分の一で、一〇分の一太陽質量の星は太陽の三〇〇倍生きる。

　水素は主系列星の内部で核融合してヘリウムになる。赤色巨星期になると、中心部ではまた別のことが行なわれる。さらに融合が生じて、炭素や酸素など、周期表で鉄（陽子二六個と中性子三〇個）までの他の元素ができる。星は寿命の九〇パーセントを主系列で過ごし、それから赤色巨星のときにこうした追加の元素を機械的に作る。この最後の期間は急速に進み、星の寿命の一〇パーセントしか占めない。軽い元素（周期表の二六番にある鉄より軽いということ）を融合してもっと大きい元素にすると、必ずその質量は減り、核融合反応は$E=mc^2$に沿って進んでエネルギーを放出する。この融合過程はエネルギーを放出するので発熱反応と呼ばれる。しかしやはりエネルギーを放出する他の核処理があることもわかっている。ウラン（原子番号92）を取り上げ、その原子核を小さい原子核に分けると、これも発熱反応をする。第二次大戦中にそれが行なわれた――広島の原子爆弾にはウランが使われ、長崎の原子爆弾はプルトニウム（原子番号94）を使っていた。こうした元素のそれぞれは原子核が巨大で、不安定な同位体（陽子数は同じだが中性子数が異なる原子核）もある。それを分割すると軽い元素ができて、エネルギーが放出される。これも発熱反応で、「核分裂」と呼ばれる。冷戦に向かう当時の世界の核兵器の大半は、核分裂爆弾で構成されていたが、今日では核兵器のほとんどは水素原子をヘリウムに融合する爆弾による。両者の相対的な破壊力をわかりやすくすることに、核融合爆弾は引き金として核分裂爆弾を使う。この融合型兵器がどれほど破壊的かということだ。それがどれほど効率的に質量をエネルギーに変換するかはわかっていて、恒星はまさしくそれを行なっている。太陽は一個の大きな熱核融合爆弾だ。ただし、その恐るべきエネルギーは、中心部でさらに中心に向かって押す質量に含まれている。核融合発電所は控えめなものでもまだできていない。アメリカ、フランスなど各国の原子力発電所は制御された核分裂発電所だ。

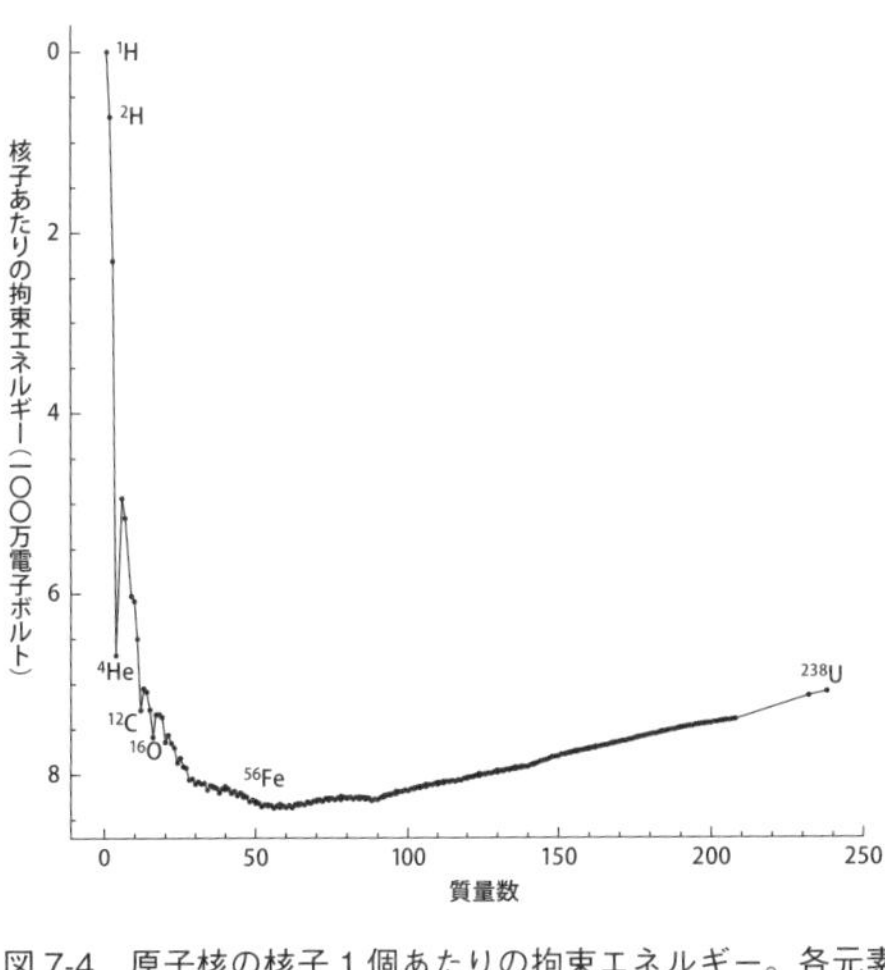

図7-4　原子核の核子1個あたりの拘束エネルギー。各元素の安定同位体のみを示す。拘束エネルギーは核子（陽子か中性子）1個あたり百万電子ボルト単位で表す。この図は自由陽子からこの核を生み出すときに放出される核子1個あたりのエネルギーを示している。核子1個あたりの拘束エネルギーが大きいほど（図の下の方にあるほど）、原子核の中の核子あたりの質量は小さくなる（アインシュタインの $E = mc^2$ による）。図―― Michael A. Strauss. なお、http://www.nndc.bnl.gov/amdc/nubase/nubtab03.asc; G. Audia, O. Bersillon, J. Blachot, and A. H. Wapstra, *Nuclear Physics* A 729 (2003): 3-128 のデータを用いた。

ただ原子を分割して永遠にエネルギーが得られ続けるわけではない。融合し続けていれば永遠にエネルギーが得られるわけでもない。図7-4がその理由を説明している。横軸は1の水素から始まって、原子の質量数、つまり自然に存在する各元素が含む核子（陽子と中性子）の個数を示す。水素原子核には陽子が一個。図は右へ238のウランまで進む。その原子核には九二個の陽子と一四六個の中性子がある。ウランのように、いろいろな同位体を持つものもある。ウラン235は陽子九二個と中性子一四三個のウランで、放射性で、分裂しやすい（広島に投下された原子爆弾で用いられた同位体）。他のすべての元素は図の水素とウランの間にある。縦軸には拘束エネルギー——核子一個あたりの拘束エネルギー——をとってある。拘束エネルギーが大きいほど、元素は図の下の方にある。

拘束エネルギーを理解するために、N極とS極で合わさった二つの磁石というのを考えよう。この状況では、二つの磁石を引き離したければエネルギーをつぎ込む必要がある。拘束エネルギーは、二つの磁石をくっつけたままにしているエネルギーのことだ。図7-4では図のてっぺんに水素がある——拘束エネルギー0だ。ヘリウムに融合する水素は斜面を降りてエネルギーを放出する。ヘリウムは水素と比べると拘束エネルギーが大きい——水素に比べて谷の下の方にあるようなものだ。大きさに注意しよう。こうした拘束エネルギーは大きい（核子一つあたり百万電子ボルト単位で表される）。第6章で電子ボルト（eV）を導入した。ヘリウムを水素に分けるにはエネルギー（七〇〇万電子ボルトで核子が四つなので二八〇〇万電子ボルト）を加えなければならない。この曲線は中央で最低点に達してくぼみをなす。右端のウランはこの中央の最低点よりは上にある。あなたが元素なら、この底に収まるまで、発熱核分裂か、発熱融合に与ることができる。陽子二六個、中性子三〇個（核子五六個）の鉄が、この最低点を占めている。鉄を融合しようとすると、これは吸熱反応となり、エネルギーを吸収する。鉄を分裂させようとしても、やはり吸熱反応となる。つまるところは鉄だ。鉄に達すると、それ以上放出されるエネルギーはない。

星はエネルギーを放出するのが仕事だ。星が活動を続け、元素をこの線に沿って融合し、それでエネルギーが出ているなら、元気な星ということになる。外へ出て来るエネルギーは星の中心を熱く保ち、そのガスの熱の圧力は、星がそれ自体の重みでつぶれないよう支えている。太陽の一〇倍の質量がある主系列星があるとしよう。ほとんどは水素とヘリウムで、中心部は水素をヘリウムに転換している。これが第一場。第二場になると、中心部はすべてヘリウムになっているが、その周囲にはまだ水素とヘリウムがある。中心部での融合が停止し、この中心はもう星を維持できない。そこで星はどうするか。星の中心部はつぶれ、圧力が増し、温度が上昇して、ヘリウムが融合できるほどの熱さになる。ヘリウム原子核を合体させる（ppnn＋ppnn）には、水素原子核を合体させる（p＋p）よりも高い温度を必要とする。ヘリウム原子核（ppnn）には二つの陽子がある——反発し合う正電荷の数が二倍になる——からだ。第二場を続けると、ヘリウムの融合が始まり（一億K）、星は安定する。その非常に熱い核の中心でヘリウムは炭素になる。中心部の外では、外層で殻状に水素融合が生じる。そのうち、中心には炭素の球ができ、中心は炭素を融合できるほど熱くはないので、融合が停止する。中心部がさらにつぶれ、温度がまた上がると、炭素の融合が始まる。これが第三場となる。ヘリウム球の中心部にある炭素球の中心部で炭素が融合して酸素となり、星の外側にはまだ水素とヘリウムがある。最も熱いのは中心なので、そこから外側へ一枚一枚重なる元素のたまねぎができることになる。それぞれの反応でエネルギーが解放される。いずれ中心には鉄ができ、他のもっと軽い元素がその外側に一枚一枚重なって取り巻いている。そこに銀河の将来の化学的養分が収まっている。

しかしそうした元素はまだ星の内部に閉じ込められていて、私たちがそうした元素でできているということは、閉じ込められた元素が何らかの形で星から外に出なければならない。私たちはもう、鉄がどんづまりなので、中心部に鉄がたまれば核融合は停止し、星はつぶれることを知っている。鉄を融合しようとすれば、それによって星の外のエネルギーが吸い込まれ、星のつぶれ方はさらに速くなるだろう。星はエネルギーを解放する商売をしているのであって、吸収するのではない。中心部のつぶれ方がますます速くなると、星は爆縮して、中心には小さな、超高密度の中性子星が残り、それができることで外層部全体と中心部の外側を吹き飛ばせるだけの運動エネルギーを生み、星は数週間の間、太陽の何億倍もの明るさで輝く。この星の内容物は銀河に放出されて星間物質と呼ばれるものになる。重い元素のある化学的に内容豊富な雲で、このガス雲は、水素とヘリウムだけの雲よりも興味深いものになる。

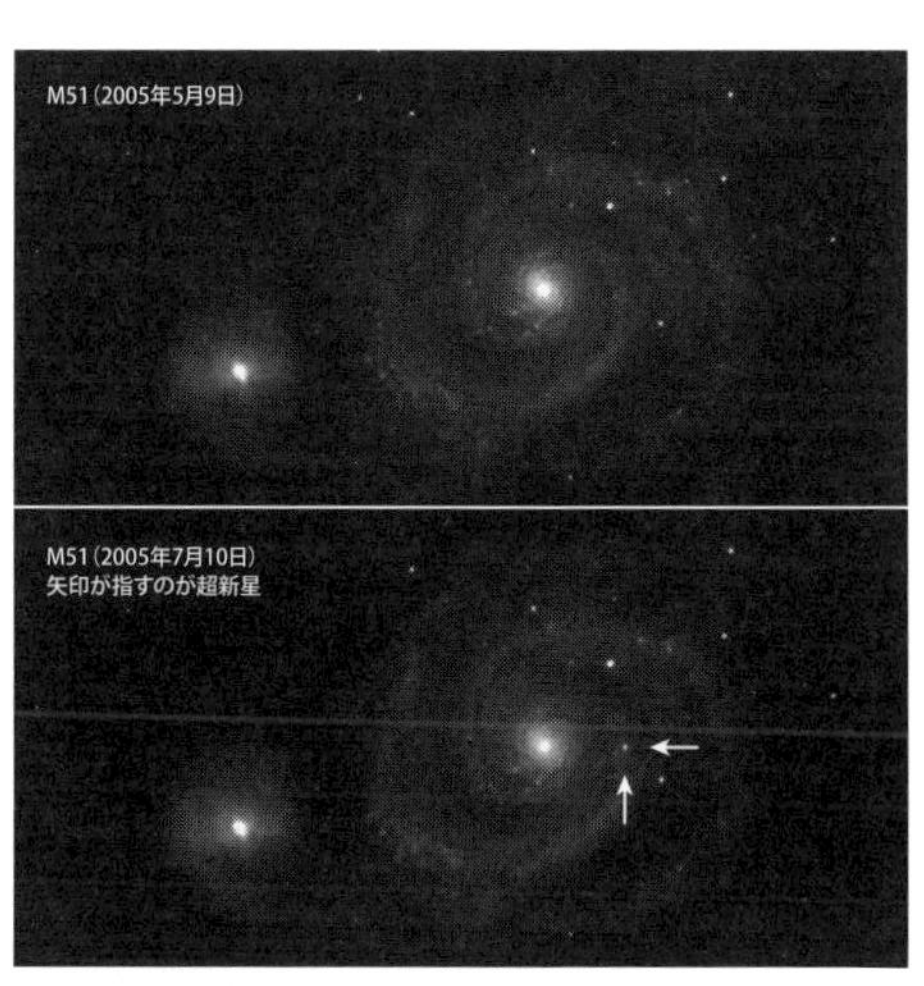

図7-5　渦巻銀河M51と超新星。
写真提供―― J. Richard Gott, Robert J. Vanderbei（*Sizing Up the Universe*, National Geographic, 2011）

図7-5に示すのは美しい渦巻銀河M51で、一〇〇〇億個の恒星があり、整然と収まっていた（上図）ところで星が爆発した（下図）。第12章で見るように、私たちはこのM51に似た渦巻銀河に暮らしている。爆発前（上）にはこの銀河と、前景に天の川銀河内の、距離がM51銀河よりもはるかに近い（したがってはるかに暗い）星がいくつか見えている。そうした爆発が起きると、銀河の

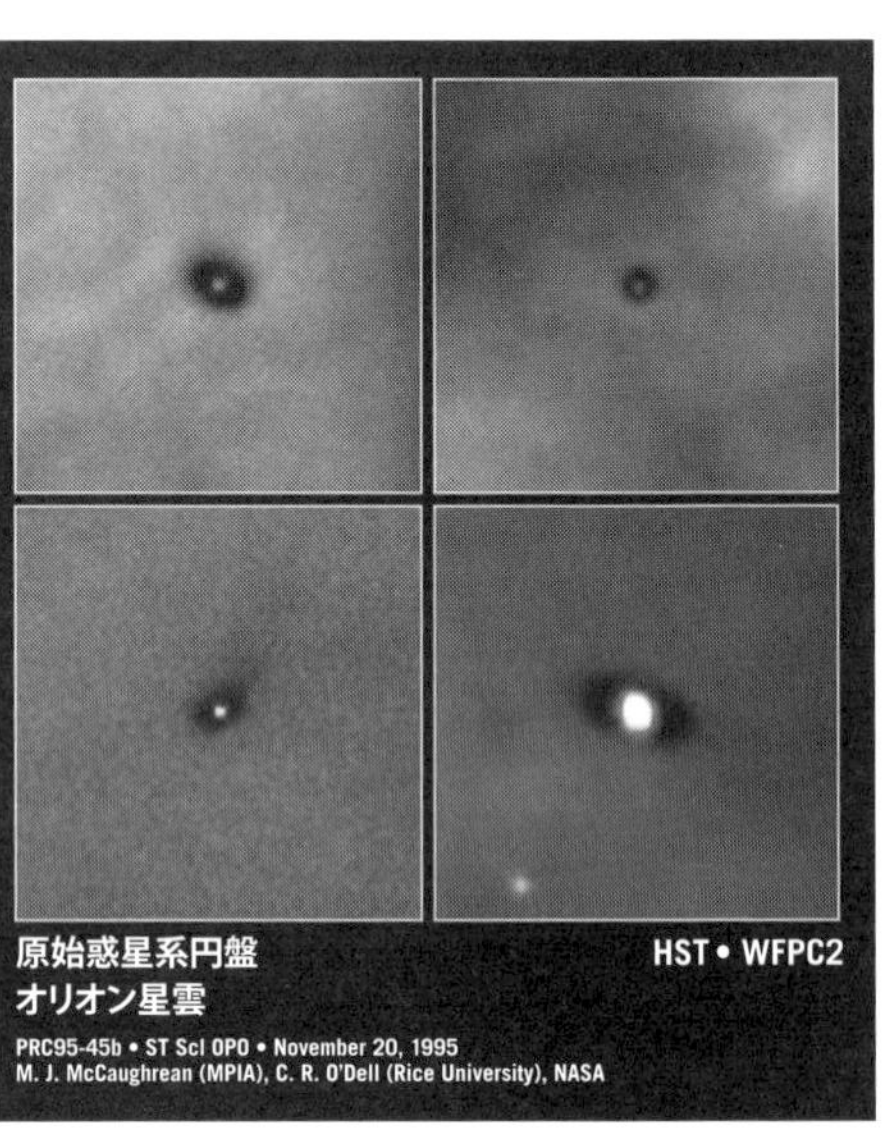

原始惑星系円盤
オリオン星雲
HST • WFPC2
PRC95-45b • ST ScI OPO • November 20, 1995
M. J. McCaughrean (MPIA), C. R. O'Dell (Rice University), NASA

図7-6　オリオン星雲に新しくできた星をとりまく原始惑星系円盤。ハッブル宇宙望遠鏡撮影。写真 ―― M. J. McCaughrean (MPIA), C. R. O'Dell (Rice University), NASA.

中に新しい星が見える（下）。以前は見えなかった星だが、このときは、M51銀河内で図抜けて最も明るい。これは単独の星だ。誰かがその星を公転する惑星にいたら、焼けてしまう。ごく単純に、文字どおりに。このようなものは超新星（スーパーノバ）と呼ばれる。「ノバ」とはラテン語で「新しい」という意味なので、これは空に現れた新しい星ということだ。後で超新星には、星の断末魔が見えているという話になる。すべての星がそうなるわけではない。比較的質量の大きい星だけが超新星になり、外側の部分を吹き飛ばして、中心に小さな、とてつもなく密度の高い中性子星を残す。もっと質量が大きい星も存在する。それも爆発する。しかしそうした星が崩壊すると、中心付近の重力の増大が空間を歪め、丸まって、宇宙の他の部分から切り離されてしまう。たぶん察しがついているだろうが、これがブラックホールになる。外層が吹き飛ばされ、超新星爆発が引き起こされる一方で、中心にブラックホールができることがある。

スティーヴン・ホーキングはブラックホールを研究している。その奇妙なふるまいについて大発見もした。そのことについては、第20章でリチャード・ゴットがもっと詳しい話をしてくれる。テレビアニメ『シンプソンズ』はスティーヴン・ホーキングに、今生きている中では最も頭がいいという評価を与えているが、私たちもたいてい同意している。

さて星の誕生について話そう。オリオン星雲は、前の世代の星の核でできた重い方の元素が多いガス雲で、新たな星の苗床だ。

星雲の中央には明るい、生まれたばかりのO型とB型の大質量の恒星がある。こうしたO型やB型の星は強い紫外線も放射している。この熱いUV放射には、中心付近の水素をイオン化する（電子をはぎとる）だけのエネルギーがある。ガスは集まって星を形成しようとするが、中心の大質量の星からの強烈な光によって妨げられている。その間、この重い元素で強化されたガスの一部はただのガスの小さな塊にとどまらない興味深い物体を作るようになる。酸素、珪素、鉄などの固い物質の球も作れるのだ――地球型惑星のようなものだ。生まれつつある恒星の中には、それをくるむガスから惑星系も形成しているものがある。これは物質の回転する円盤から新たな太陽系ができているところだ（図7-6）。オリオン星雲では、今なおそれが起きている。星の苗床の中には、何千、何万という太陽系を産んでいるところもある。私たちがいる天の川銀河は三〇〇〇億個の星があり、その多くはそれぞれの惑星に囲まれている可能性が高い。

この構図の中では私たちはどれほど重要だろう。私たちはきわめて小さい――宇宙規模では取るに足りない。人間を偉大なものだと見たがる一部の人々にはがっかりする啓示かもしれない。問題は歴史だ。私たちは宇宙全体の中心にあって、宇宙は私たちのまわりを回っているとか、私たちは特殊な成分でできているとか、私たちはこの世の初めから存在するといった私たちが宇宙の中で特別だという論旨を立てても、そのたびに正反対だということがわかってしまう。実は、私たちは天の川銀河の片隅を占めているだけで、その天の川銀河も宇宙の中では片隅を占めているにすぎない。宇宙物理学者葉そういう現実とともに生きている。

ハッブル超深部宇宙
ハッブル宇宙望遠鏡・掃天観測用超高性能カメラ
NASA, ESA, S. Beckwith (STScI) and the HUDF Team
Color representation by Wherry, Blanton, Hogg (NYU), Lupton (Princeton)

図7-7　ハッブル超深宇宙。このハッブル宇宙望遠鏡で撮影した長露光時間の写真には約1万の銀河が写っている。しかしそれが撮影した範囲は全天の1300万分の1ほどしかない。したがって、この望遠鏡で見える範囲には、全天で約1300億の銀河あることになる。写真―― NASA/ESA/S. Beckwith (STScI) and The HUDF Team. 彩色―― Nic Wherry, David W. Hogg, Michael Blanton (New York University), Robert Lupton (Princeton).

自分がさらに小さく思えることを言うと、図7-7はハッブル宇宙望遠鏡が撮った画像だが、そこにある小さな斑はすべてそれぞれが一つの銀河全体で、はるかかなたにあるものなので、この画像のわずかな部分しか占めないように写っている。この小さな斑の一つ一つが一〇〇〇億以上の星を宿している。これもまた宇宙のほんの一郭にすぎない。この画像はハッブル超深部宇宙（ウルトラ・ディープ・フィールド）と呼ばれ、これまで得られた中で最も遠くの宇宙の画像だ。そこには約一万の銀河が写っている。この写真全体で満月が空の中に占める面積の六五分の一の部分を捉えている。全天のうちのおよそ一三〇〇万分の一だ。空のこの部分は特別なところではないので、全天で私たちに見える銀河の数は、この画像に見える数の一三〇〇万倍ということになる。つまり、ハッブル宇宙望遠鏡で見える範囲内にある銀河が一三〇〇億ある。

カール・セーガンは『惑星へ』という著書で、私たちが知っている全員、私たちが歴史上で読んだことのある人々全員が、地球に、つまり宇宙の中の小さな青白い点（ペール・ブルー・ドット）に住んでいたと記した——私はよくそのことを考える。そんなことを考えるのは、あなたの精神が「ちっぽけに感じる」と言い、心が「ちっぽけに感じる」と言うからだ。しかしあなたには力があり、あなたはこの本が展開されるにつれて力を強化し続け、小さいとは思わず、大きいと思うことになるだろう。なぜか。あなたは物理学の法則、宇宙が動く仕組みで目を啓かれているからだ。要するに、宇宙物理学を理解することが人を大胆にし、力を与えて、夜空を見上げてこう言わせるのだ。「いや自分は小さいとは思わない、大きいと思う。人間の脳、一キロ半もない灰色の物質が、こうしたことを明らかにしたのだから。それでも、さらにまだ謎が待ち受けている」と。

第8章　星の誕生と死（II）

マイケル・A・ストラウス

この章では、星の正体をもう少し詳しく見て、前章までの内容の仕上げにしよう。どういう天体が恒星と言えるのだろう。天文学者は恒星を、中心部で核融合を行なう、自己重力天体と定義する。自己重力とは、重力によってまとまっているということだ。地球も重力でまとまっている。実際、地球ほどの質量のある天体については、重力の強さは岩の内部強度よりもずっと大きい。地球の形が恒星の場合と同じく球形であることを見ればそのことがわかる。重力はあらゆる方向にあるすべてを同等に引き寄せる。重力でまとまっている天体のしるしは球形になる傾向だ。小惑星のようにもっと小さい天体だと、重力はそれほど大きくないので、そこにある岩石のひっぱり強度によってまとまる。つまり、不規則な瓦礫のような塊で、ごつごつとして、細長く伸びていることも多い（図8-1）。

しかし太陽ほど質量のある大きな天体については、重力が他の力に比べて大きすぎて、質量を球形に――最も稠密な形――に圧縮する。ところが大きな自己重力天体が急速に自転していると、球形にはならない。自転によって少しだけ偏平になる。アイザックニュートンもそのことを理解していた。木星はかなり自転が速く、その結果、わずかに楕円形になっていて、赤道半径は極半径よりも約七パーセント大きい。つぶれた自転する天体の最も劇的な例は渦巻銀河で、これについては第13章で取り上げる。

恒星のガスが重力でまとめられているなら、そのガスが一点につぶれてしまわないのはなぜか。それはガスの内圧による。ガスのあらゆる部分が重力で内側に引き寄せられ、圧力が外側に押し、二つの力がつりあっている。

これは風船にたとえることができる。こちらは重力ではなく、風船のゴムの張力によってまとめられているのだが。風船は輪ゴムのように縮もうとしているが、恒星と同じように、風船の中の空気が縮むのを防いでいる。空気の圧力と張力

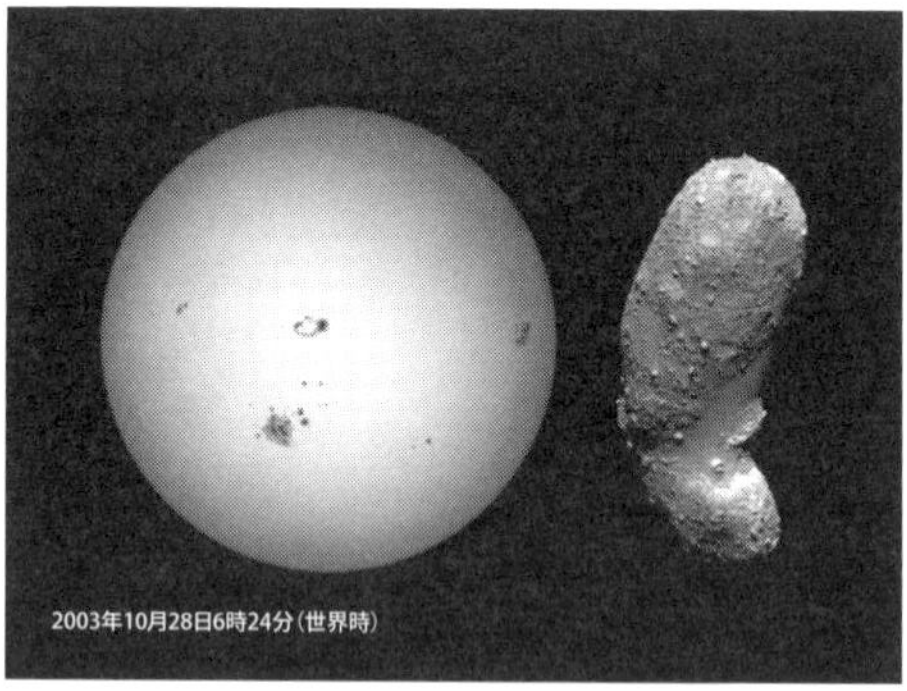

図8-1　太陽（左）と小惑星25143、イトカワ（右）。縮尺どおりではなく、両者の形の違いを示す。太陽は直径が140万キロで、それ自身の重力で引き寄せられて球形になる。大きな黒点にも注目のこと。小惑星の方は直径わずか500 mほどで、その自己重力では球形にはまとまらない。これは時間とともに集積してきた物質のゆるい集合体と考えられている。太陽の画像は、太陽観測が専門の宇宙船、太陽・太陽大気観測衛星（SOHO）によって撮影された。小惑星の画像は日本宇宙航空研究開発機構（JAXA）が打ち上げた「はやぶさ」による撮影。写真——太陽＝NASA, http://sohowww.nascom.nasa.gov/gallery/images/large/mdi20031028_prev.jpg による；小惑星イトカワ＝JAXA, http://apod.nasa.gov/apod/ap051228.html による。

がつりあい、風船は球形を維持する。

恒星内部のガス圧は、奥へ行くほど増し、外側へ行くほど下がる。外へ行くほど下がるガス圧というのは地球上でもよく知られている。海水面での大気圧は平方センチあたり一キログラムほど。これは地球表面のどの一平方センチメートルについてもその上にあって大気圏のてっぺんまで延びる空気の柱の重さに当たる。地球の大気圏を上がって行くと、下にある大気の方が増えてきて、大気柱の上にあって押さえてくる部分の重さは減る。したがって、気圧は高度とともに下がる。

恒星にあるガスの圧力は、温度と密度を反映する。どちらも中心に行くほど劇的に大きくなる。

そこで中心に向かってみよう。中心部を直接観察することはできないが、その特性は、恒星の構造を表す方程式から推測できる。この式には圧力と重力の作用が入っている。この式は、太陽が平衡状態にあること、重力と圧力が星全体でつりあっていることを組み込んでいる。こうした計算により、すでに述べたように、太陽の中心の温度は一五〇〇万Kになる。この計算は、中心での密度は立方センチあたり一六〇グラム、つまり水の密度の一六〇倍ほどになることを明らかにする。比較のために言うと、地球で最も密度の高い自然にある元素はオスミウムで、立方センチあたり二二・六グラム（鉛の二倍ほど）だ。温度がとてつもなく高いので、太陽中心部のガスはイオン化している。つまり、原子から電子がはぎ取られ、原子核と電子が高速で飛び回っている——これはプラズマと呼ばれる。この高速で動く粒子の圧力が重力に抵抗し、太陽をつぶれないようにして、つりあいを保っている。

すでに見たように、しかじかの温度の物質の基本的特性は、光子を放出するということだ。これは一五〇〇万Kの太陽の中心にもあてはまる。この温度の物体の黒体放射スペクトルは、X線の波長で最大になる。これは太陽がX線で輝いているということを意味するだろうか。そうではない。太陽の中心から出て来るX線の光子を考えてみよう。中心から邪魔されずに進むことができるだろうか。病院へ行ってX線写真を撮ってもらうとき、体のうちの照射したくない部分は鉛を含んだブランケットで覆ってX線を遮る。つまり何ミリかの厚さの鉛は、密度は立方センチあたりわずか一一・三四グラムほどだが、それに当たるX線を吸収する。X線を吸収するために必要なのはそれだけなら、太陽の中心から来るX線はあまり遠くまで行けないことが想像できるだろう。実際、太陽中心部のX線はほんの何ミリメートルか進むと吸収されてしまう。

それでも、吸収された光子のエネルギーはどこかへ行かなければならない。それは吸収した物質を温める。そうしてそれが黒体放射を出す――X線がまた放射されることになる。つまり、小さな光子が吸収され、再放出されるのを何度も繰り返す。すべてをたどると、太陽の中心で放出されたエネルギーが表面まで伝わるのにかかる時間は約一七万年となる。中心から表面までの距離はわずか二・三光秒なので、光子が妨げられずに進めば、太陽の中心から表面まで進むのにかかる時間は二・三秒ということになる。ところが光子は進路を妨げられてまっすぐ進めないので、ランダムな、酔っ払いの歩きのようになり、中心から外へゆっくりとさまよう間に吸収され再放出される。

中心で最初にできた光子は一五〇〇万Kで放出されるX線の光子だった。表面に達するときにもやはりX線だろうか。そうではない。エネルギーが再放出されるたびに、星のその位置での温度にふさわしい光子の形をとる。エネルギーが中心から表面へ進むとき、温度は下がり、個々の光子は本来の形を失う。エネルギーはもっとエネルギーが少ない光子に分散され、温度が低くなる。それで中心部ではX線が発生しても、表面でX線が見えるわけではない。X線は徐々に、太陽の表面から出てこちらで見えるのと同類の可視光の光子に衰える。

太陽の中心に、それを熱くして圧力で押し上げる核融合炉がなかったら、表面からエネルギーを放射して失うとともに、太陽は重力の影響で徐々に収縮しはじめる。この重力によって星の外套が中心に向かって落ちて収縮するとエネルギーが生成される。チョークが落下するとスピードを増し、床まで落ちる間に運動エネルギーを増やすのと同じことだ。その収縮による重力エネルギーだけでも、太陽は二〇〇〇万年ほどは今の明るさで輝きを保てるほどある。実際アインシュタインよりも前のフォン・ヘルムホルツは（一八五六年）、この重力によって徐々に収縮することが太陽が輝くエネルギー源だという説を立てた。当時はこの説はもっともに見えていた。核融合は未知だったし、それが発見されるのはさらに八二年後のことだった。この仕組みだったら、太陽は現在の明るさで輝いているのはせいぜい二〇〇〇万年ということになる。ところが放射性同位体による年代決定から（たとえば特定の岩石にあるウランがどれだけ崩壊して鉛丹なっているかを調べる）、地球はできてから数十億年ということがわかっている。さらに、化石は地球表面の温度がその何十億年のうち相当の期間、少なくとも近似的に一定を保ってきた。つまり、太陽が現在と同程度に輝いている期間は二〇〇〇万年よりもずっと長いということで、太陽が放出するエネルギーは重力による収縮によるものだとする説は成り立たない。

$E=mc^2$ の意味を理解すれば、答えはすべて出た。太陽は中心で核燃料を燃やし、エネルギーを供給している。核エネルギー生産は、太陽によって放出される輝きとつりあい、内圧を維持する。つまり太陽は安定しており収縮はしてはいない。核融合のエネルギー放出は効率的なので、太陽は過去四六億年の間、着実に輝き続けていて、地球に生命が進化できるほどの長期的安定をもたらしている。太陽は今、主系列の寿命の半分あたりにいる。

ところで、太陽の半径、質量、光度などは、どうやって測るのだろう。太陽の半径を測るには、一連の段階を踏む。地球の半径は、ギリシアの数学者で地理学者のエラトステネスの時代、紀元前二四〇年頃からわかっている。エジプトのシエネという町では、毎年夏至の日、太陽が頭の真上を通る。エラトステネスはそのことを知っていた。それと同じ時刻、シエネの真北にあるアレクサンドリアでは、太陽は真上から七・二度傾いていることを測定した。アリストテレスは、地球はどんな方向を向いていても、月蝕の際には月に必ず丸い影を落とすと論じていてた。必ず丸い影を落とす物体と言えば球で、エラトステネスはこの大地が球形でなければならないことを知っていた。また、二つの都市で同時に測定したときの太陽高度の七・二度のずれは、地球の表面が曲がっていることによるのであり、二つの都市は緯度で七・二度、地球一周三六〇度の約五〇分の一だけ離れているということになるのも理解していた。人を雇ってアレクサンドリアとシエネ間の距離を測らせ、それを五〇倍すれば、地球一周の長さがわかる――約四万キロメートルだ。それを 2π で割れば半径が得られる。やり方さえわかれば計算は簡単だ。

地球表面で遠く離れた天文台から見ると、火星は他の恒星に対してわずかでも視線の方向が異なって見える。地球の半径がわかり、視差を測れば、火星までの距離が測定できる。ジョヴァンニ・カッシニが初めてそれを行なった。ケプラーの業績によって、私たちは惑星の軌道を比率をそろえて描くことができる――太陽系の縮尺モデルができるということだ。地球と火星の距離が得られれば、惑星軌道をすべて導くことができる。地球の軌道半径もわかり、これを天文単位（AU）とする。こうして一六七二年のカッシニは、地球から太陽までの距離を一億四〇〇〇万キロメートルと求めた――真の値一億五〇〇〇万キロメートルからそれほど離れていない。

地球から見た太陽の角度で表した大きさ（直径約〇・五度）がわかっていて、太陽までの距離もわかっているので、太陽の半径を求めることができる。これは、太陽の視半径を度で表したもの（四分の一度）を三六〇度で割り、それに太陽までの距離の2π倍をかけたものに等しい。太陽の半径は約七〇万キロメートルで、地球の約一〇九倍の大きさだ。太陽の光度もわかりやすい。地球から見た明るさは測ることができ、距離rもわかっているので、逆二乗の法則から、その光度も求められる――およそ4×10^{26} Wとなる。

太陽の質量を求めることもできる。ニュートンの法則により、地球と太陽の質量比は計算できる。地球が地球半径の距離で（つまり地表で）生む加速度はわかっている。$GM_{地球}/r_{地球}{}^2 = 9.8$ m/sec/secで、これはリンゴが落ちるのを見れば求められる。太陽が一AUの距離で生む加速度もわかっている。$GM_{太陽}/(1\ \mathrm{AU})^2 = 0.006$ m/sec/secで、これも第3章ですでに計算している。二つの加速度の比をとろう。$0.006\ (\mathrm{m/sec/sec})/9.8\ (\mathrm{m/sec/sec}) = 0.0006 = [GM_{太陽}/(1\ \mathrm{AU})^2]/[GM_{地球}/r_{地球}{}^2] = (M_{太陽}/M_{地球})(r_{地球}/1\ \mathrm{AU})^2$となる。地球の半径や一AUに既知の値を入れて解くと、太陽の質量は地球のおよそ三三万倍ということになる。係数Gは比からは消えるので、これは知らなくても、地球と太陽の質量比を求められる。

しかし地球の重さは何kgあるのだろう。地球表面での重力加速度を表す式、$9.8\ \mathrm{m/sec/sec} = GM_{地球}/r_{地球}{}^2$を使って地球の質量を求めることができる。ただしニュートンの重力定数Gの値は知らなくてはならない。ヘンリー・キャヴェンディッシュ――宇宙で最も豊富にある元素、水素を発見した人物――は、巧妙な実験を行なって、Gの値を求めた。ねじれ振り子を使い、地球が試験用の球に及ぼす力と、近くにある一五九キログラムの鉛の球が及ぼす力との比を測定したのだ。地球は試験用の球を下へ引き、近くの重い鉛球は横へ引くので、両者が及ぼす力を、振り子に生じる鉛直からのずれの角度を測定することで比べることができた。近くの鉛球までの距離と地球の中心までの距離がわかれば、ニュートンの法則を使って、地球質量と鉛球の質量の比を求めることができる。これによって一七九八年、キャヴェンディッシュはニュートンの重力定数の値を求め、地球の質量も求めることができた。それに三三万をかければ、太陽の質量が得られる。それは2×10^{30} kgだった。これはすごい。

ここでは太陽に注目しているが、他の星がどういうものかも理解したい。太陽を回る地球の軌道を使い、ニュートンの法則を使って太陽の質量を求めたのと同じように、互いを追って回る二つ一組の恒星（連星）の観測結果を使って両者の質量を知ることができる。

主系列で質量が最小のもの（M型星）は太陽の約一二分の一の質量がある。それよりさらに質量が小さい星はどうなるか。重力が小さくなるので、中心部の温度や圧力も低くなる。重力でまとまった、中心で水素の核融合が起こるほど熱くはならないガスの塊があるとどうなるだろう。そのような星は褐色矮星と呼ばれる（実際には茶色ではなく赤く光り、主として赤外部で光っている。天文学の命名法にも時として少々見当違いの場合がある）。こうした星は存在するが、なかなか見つからない。重力で圧縮されることによる熱で鈍く輝き（ヘルムホルツが太陽について想像していたのと同じ）、内部にこれという核融合炉はなく、光度が低い。温度も低い。表面温度は六〇〇Kから二〇〇〇Kにわたり、したがってその放射はほとんどが可視光ではなく、赤外線だ。それに比べると、家庭用のオーブンでも五〇〇Kになる（あまり知られていない事実だが、華氏五七四度は摂氏でも五七四度となる——二つの温度目盛が交差するところだ）。

私たちの最も強力な望遠鏡は可視光に感度が高く、赤外線で空を調べる望遠鏡を建造するようになったのは、ほんのここ数十年のことにすぎない（ありとあらゆる技術的理由で建造は予想よりも少々難しかったのだ）。天文学者が褐色矮星のような天体を見つけることができるようになったのは、赤外光に感度のある強力な望遠鏡の登場があればこそのことだ。

星のO、B、A、F、G、K、M区分は約一〇〇年前からあるが、一九九九年以後は、褐色矮星が発見されたので、L型とT型の二つの区分が加わった。さらに最近になって、広視野赤外線探査衛星と呼ばれる赤外線衛星が、さらに温度の低い、Y型に分類される星を発見した。これは表面温度が四〇〇K、つまり水の沸点のやや上という低さだ。質量が太陽の八〇分の一から一二分の一（つまり木星質量の一三倍から八〇倍）の褐色矮星は中心にある微量の重水素をかすかに燃やしている。つまり、わずかでも中心部で核融合が生じているので、それは恒星と呼ばれる。さらに質量の小さい、木星質量の一三倍未満の星は、中心部での核融合はまったくない。そのような天体は惑星と呼ばれる。

第7章よりも詳しく恒星の死を考えてみよう。主系列の後期になっても、太陽は徐々に光度を増し、地球の海は、今から一〇億年ほど後には沸騰して干上がっているだろう。地球上で私たちが知っているような生命はもう生きられない。今からだいたい五〇億年後、太陽の中心部の水素が（すべてヘリウムに変換されて）なくなると、太陽の核融合炉は停止し、星を重力に対抗してまとめていた圧力もなくなる。重力が勝ち、星はつぶれ始める。しかし中心部で放出されたエネルギーが星の表面にたどりつくまでには二〇万年ほどかかることを思い出そう。エネルギーが星の外側を流れてそこを維持しているときでも、星の内部はつぶれ始める。星の外側の部分に太陽中心部のエネルギー源がなくなったことが伝わるまでに二〇万年かかる。

中心部（今や純粋なヘリウム）のすぐ外側の水素殻を考えよう。中心部の外側には、まだ大量の水素があるが、その領域はこれまで温度も密度も低すぎたため、核融合には加わっていなかった。しかしこの水素殻が収縮すると、温度も密度も上昇する。すぐにその殻の密度と温度は水素が核融合を起こしてヘリウムに変わるほどになる。これで核融合炉を動かす新しい燃料が得られる。一枚の殻で水素を燃やすのだ。

突然、星は命拾いをする。水素を燃やす殻でのエネルギー放出の速さはものすごい——星がまだ主系列にあったときの中心部での速さよりもずっと速い。さらに、水素を燃やす殻の体積は、中心部よりもずっと大きい。したがって、少なくとも短期間、星の光度は大きく高まるが、その放射が外に届くには時間がかかり、増えた圧力は重力との綱引きに勝ち始める。結果として、星の内側は収縮しつつ、外側の部分は広がる（そうして少し冷える）。太陽は第7章で述べた赤色巨星になる。水素を燃やす殻の外側では、その外側の部分がとてつもない半径、約一AU（つまり今の太陽の二〇〇倍）にまで拡大する。今から約八〇億年後、赤色巨星期の太陽との潮汐力で、地球はらせんを描いて太陽の外套部に落ち込み、燃え尽きるだろう。

星の水素殻が核融合を起こしている間、ヘリウムによる中心部には内部のエネルギー源がなく、重力は圧縮を続けるので、加熱される。星の中心部の温度が約一億Kに達すると、ヘリウム原子核が融合を始め、炭素と酸素の原子核ができる。そのヘリウム核融合期は、太陽の場合、約二〇億年続くが、いずれ中心部のヘリウムは使い果たされ、中心部は再びつぶれ始める。

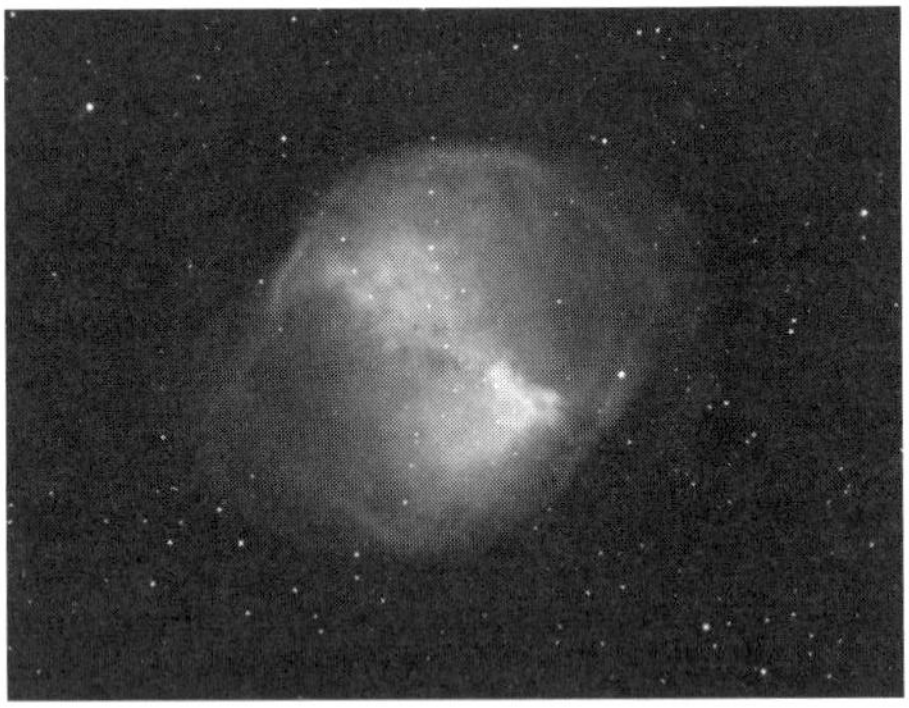

図8-2　亜鈴状星雲。赤色巨星がその外側の層を放出したもので、星の熱い高密度の中心部が露出している。中心部は白色矮星で、中央にそれが見える。外側は惑星状星雲として、白色矮星が放出する紫外線による蛍光を発している。写真提供── J. Richard Gott, Robert J. Vanderbei（Sizing Up the Universe, National Geographic, 2011）

太陽なみの質量の構成については、星の一生は終わりに近づいている。星の外側の部分は中心部から遠く離れていて、感じる重力も弱い。ほんの少しのエネルギーが加われば、恒星の外側の部分は外に向かい、ガスの外套部が広がるとともに、ゆっくりと拡大して、取り残された熱く密度の高い炭素・酸素の中心部を明らかにする。このように放出されたガスは中心部の星の紫外線で励起され、蛍光を発し、図8−2の写真にある亜鈴（ダンベル）状星雲のような星雲をなす。こうした天体は、紛らわしいことに「惑星状星雲」と呼ばれる。最初にこうした天体を望遠鏡で覗いた天文学者が、それが惑星のように見えると思ったためで、その後もその名が残っているのだ。天文学者には、天体の名称が時代遅れで間違っているとなっても、その名称を残したがる、ノスタルジックな傾向がある。

この拡張した星の一部だった外套部の物質は、ゆっくりと外側へ広がっている。星はときどき外側の層を複雑な形で吹き飛ばし、そのまわりに何層にも重なる惑星状星雲を生み出す。各層は星のいろいろな深さのところに由来していて、それぞれの層に多く含まれる元素も異なる。元の星の自転はこうした層を、亜鈴状星雲の場合のように、自転軸に沿う方向に偏って放出することがありうる（図8−2）。

今や露出した輝く恒星の中心部は、星雲の中心に見えている。それは小さく（地球ほどの大きさ）、白に見えるほど熱い。私たちはそれを白色矮星と呼んでいる。白色矮星には内部のエネルギー源がなく、何十億年かかけてゆっくりと冷える。白色矮星は核融合はしていないが、やはり恒星と呼ばれている（確かにこの分類はまったく筋が通っていない）。

白色矮星が重力でつぶれてしまわないよう支えているのは何だろう。物理学者のヴォルフガング・パウリの名がついた、パウリの排他原理という法則がある。この法則は二つの電子が同じ量子状態を占めることはできないとしていて、原子の構造を理解するための鍵になっている。たくさんの電子がある原子では、低いエネルギー準位が埋まっているときは高いエネルギー準位に収まらざるをえない。白色矮星では、パウリの排他原理によって電子があまり近くになるよう詰め込まれないということで、それによって白色矮星が重力に抵抗して維持される圧力が生じる。私たちの太陽は白色矮星として一生を終えることになる。

第7章で述べたように、質量が太陽の八倍を超える恒星はもっと劇的な反応の系列をたどる。中心部の炭素と酸素の質量が小さければ、星が静かに白色矮星になる間、おとなしくそこに収まっているはずだが、その質量が十分なら、熱くなって融合し、ネオン、珪素など、周期表の鉄に至るまでの元素になる。

こうした質量の大きい恒星の外側の層は、ただの赤色巨星よりも顕著に大きくなる。これは赤色超(スーパー)巨星となり、半径は数AUに及ぶ。

夜空には、裸眼で見ても明らかに赤い明るい恒星がいくつかある。主系列星にある赤い恒星は光度が低いので、裸眼で見えるものはない。逆に赤色巨星は巨大で、光度も巨大なので、遠くにあってもよく見える。夜空にある明るい赤い星は赤色巨星（うしかい座のアークトゥルスやおうし座のアルデバランなど）か、赤色超巨星（オリオン座のベテルギウス）か、いずれかだ。

科学者は「超(スーパー)」という接頭辞をやたらと使う。ほとんど何にでも頭にそれをつける。私たちはそれまで知られていたのよりも大きいものや、見栄えがするものが発見されたりできたりするからだ。超新星しかり、超大質量ブラックホールしかり、結局完成することがなかった粒子加速器、超伝導超大型衝突加速器（SSC）しかり。夜空で最も有名な赤色超巨星はベテルギウス（英語読みではビートルジュース）だ。太陽の約一〇〇〇倍の半径で、質量は太陽の少なくとも一〇倍はある。中心部ではヘリウムが融合して炭素と酸素、さらにもっと重い元素になりつつある。中心部の外側には、薄い、基本的には純粋なヘリウムの殻があるが、これは融合するほど熱くも高密度でもなく、そのためある程度穏やかに収まっている。その外には水素が融合してヘリウムになっている殻があり、さらにその外側には、この恒星の体積の大部分を占める、水素とヘリウムの巨大に広がった外套部がある。

この主系列以後の星の進展の筋書きが詳細に明らかになったのは、星の中心部で起きている原子核物理学の詳細が理解されるようになり、初期の計算機を使って恒星構造の適切な方程式を解くことができるようになった、一九四〇年代の終わりから一九五〇年代のことだった。この研究の多くは、プリンストン大学で、マーティン・シュワルツシルト教授が先頭に立って行なわれた。タイソンも、ゴットも、私も、晩年のシュワルツシルト教授と直接話をする機会があったが、ものすごい人だった。

図 8-3　左から右へ、ライマン・スピッツァー、マーティン・シュワルツシルト、リチャード・ゴット。1990 年代。写真は J. Richard Gott 所蔵のもの。

図8-3に写っているのがシュワルツシルト先生と、ライマン・スピッァー、リチャード・ゴットだ。ヘンリー・ノリス・ラッセル（HR図に名を残している）がプリンストン大学天文台教授の職を一九四七年に退職するとき、二人の若い天文学者、マーティン・シュワルツシルトとライマン・スピッツァーという、ともにまだ三〇代初めの二人の若い天文学者を引き入れた。スピッツァーは学科長になり、星間物質（星の間にあるガスや塵）の現代的理解の大半を考え出す仕事をし、エネルギー源として核融合を利用するための研究を行なうプリンストン・プラズマ物理学研究所を創立した。スピッツァーはハッブル宇宙望遠鏡の父として広く名を残すことになるだろう。この望遠鏡の当初の構想を考え、天文学会と米国議会にそれを建造すべきだということを何十年もかけて説得する仕事をした人物だ。スピッツァーとシュワルツシルトはその後の四八年間、プリンストン宇宙物理学科の中核を担った。一九九七年、二人がわずか一一日の間に相次いで亡くなったのは、私たち誰にとっても衝撃だった。

一九五〇年代、シュワルツシルトとその学生たちは、私がここで述べている話の細部をすべて解き明かした。シュワルツシルトは星の成長についての筋書き全体を理解した初期の人々の一人だった。先生の父、カール・シュワルツシルトはブラックホール研究で枢要な役割を演じ、その名は第20章で再び登場する。

星の話を続けると、白色矮星は電子の圧力でつぶれるのを防いでいる。しかし星の中心部の質量が太陽の一・四倍を超えると、この圧力では重力に抵抗するのに十分ではなくなる。重力で圧縮されて、電子と陽子は押し集められ、中性子をなす（その過程で電子ニュートリノを放出する）。これによって中性子星が残る――実際にはほとんど中性子だけからなる巨大な原子核だ。パウリの排他原理は電子について成り立つように、中性子についても成り立ち、今度はこれが重力に抵抗して星を支えている。しかし中性子は電子よりもはるかに質量があるので、中性子星が平衡するサイズ（約二五キロメートル）は白色矮星よりもはるかに小さい。太陽質量を超える物質がマンハッタン島なみの体積に押し込まれること（あるいは第1章に出てきた指ぬきに一億頭の象）を想像しよう。中性子星物質は、知られている中で最も密度の高い物質だ。中性子星の中心の密度は約 10^{15} g/cm^3 もある。

大質量の星の中心部が太陽質量の二倍あたりを超えると、中性子星になろうとしても不安定になり、さらにつぶれる。中性子の圧力をもってしても重力に抗して星を支えられなくなり、ブラックホールができる。中心部がつぶれて中性子星になろうとブラックホールになろうと、内側に落下する物質はとてつもなく圧縮され、さらなる原子核反応を引き起こす（中心部の外にある物質はまだ鉄より軽い元素を作っていることを忘れないように）。突然放出されるエネルギーは、中心部の上にある星の外層部全体を放出できるほどで、超新星爆発を起こす。主系列にあるときの当初の質量が太陽の八倍あたりを超える星は、超新星爆発を起こして恒星としての生涯を終え、その過程で中性子星かブラックホールか、いずれかになる。大質量の爆発する星はタイプII超新星と呼ばれ、一方には別のタイプの星の爆発もある。三つの星が互いを追いかけるように回り、そのうちの二つが白色矮星だとしよう。三者間の重力の相互作用は二つの白色矮星どうしを衝突させる。衝突による熱はそこにある核燃料を爆発させ、超新星を生む。また、二重星に赤色巨星があると、質量は白色矮星に送り込まれ、太陽質量の一・四倍という限界を超え、さらにつぶれることになり、その後超新星爆発が起きる。そのような爆発はタイプIa超新星と呼ばれ、大質量のつぶれる星の爆発とは区別する。このことについては、それが宇宙の膨張が加速していることを測定するのに役立つ重要な道具となったということで、第23章であらためて簡単に述べる。

いずれにせよ、超新星爆発では、ガスがあらゆる方向に飛んで外側に広がる。惑星状星雲の外側の部分がふわふわと広がるような穏やかな過程ではない。むしろ、きわめて激しい爆発になる。星の大部分がこの爆発で破壊され、星をなしていた物質は光速の一〇パーセントにもなろうかという速さで送り出される。星の中心部で生み出された重元素は星間物質の中に送り返され、次世代の構成や惑星に収まることになる。

一〇五四年、中国の天文学者が、西洋ではおうし座と呼ばれる星座の中に新星があることに気づいた。古代中国人は夜

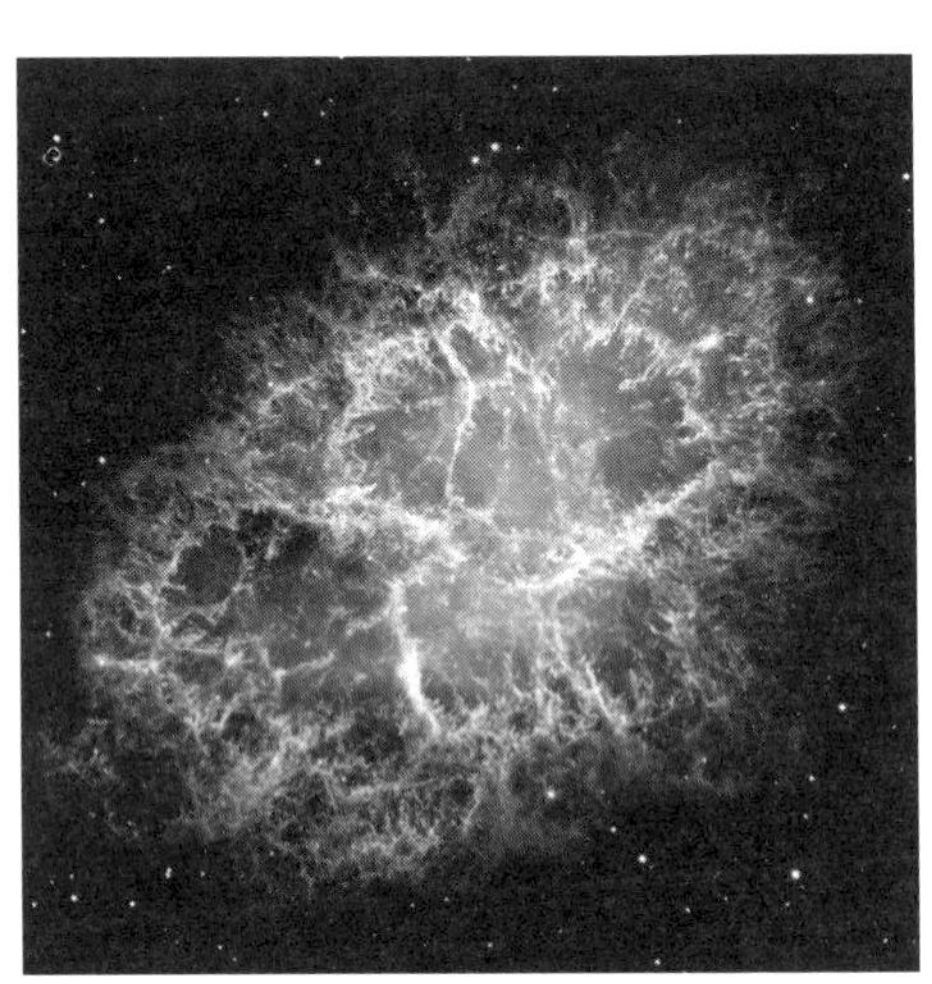

図8-4　かに星雲。これは超新星爆発（地球では1054年に見られた）の広がりつつある残骸。写真―― Hubble Space Telescope, NASA

空を丁寧に観測し、そこに未来の出来事の兆しを探していたので、この「客星」に格別の関心を抱いた。何週間も目に見え、最初は日中にも見えるほど明るかったのだ。興味深いことに、この星はヨーロッパでも何週間かずっと夜空で最も明るい天体だったのに、こちらの文書にはそれを見たとする記録がない。ヨーロッパではずっと曇っていたのかもしれないし、ヨーロッパでの文字の記録は失われてしまったのかもしれないし、空がどうなっているかということへの関心は中国の天文学者の方がずっと高かったということかもしれない。

おうし座のかに星雲の画像は（図8-4）、何十年かの間隔で撮影されたものを見ると、それが広がっているところを明瞭に見せている。観測されている拡大速度と今の大きさを元に、その拡大がいつ始まったかを計算できる。その答えは約一〇〇〇年前で、だいたい中国の天文学者が「客星」を観測した時期となる。こうして、中国の記録で空のちょうど同じ領域に描かれているかに星雲は、確かにそのとき発見された超新星の残骸ということになる。さらに何十万年かたつと、このガスはもっと拡散して基本的には見えなくなり、内容豊富なガスは星間物質と混じり合っているだろう。

かに星雲の中心には、急速に自転する中性子星が発見された。一秒に三〇回転という速さだ。星がつぶれても、角運動量は保存されるので、アイススケートの選手が腕をたたむときのように、回転速度が増す。磁場は圧縮されるのでやはり強烈になる。かに星雲の中の中性子星表面の磁場は、地球表面の磁場の約10^{12}倍ある。中性子星は回転するので、磁北極と磁南極も振り回され、中性子星は電磁波を灯台のように二本のビームとして放出する。その灯台のビームが地球を横切るたびに、電波の放射パルスが見られる。そういうわけで、この中性子星は「電波パルサー」と呼ばれる。最初の電波パルサーが発見されたのは、一九六七年、大学院生のジョスリン・ベルによる。そのパルサーの回転周期は一・三三秒だった。

ベルの博士論文を指導したアントニー・ヒューイッシュはこの発見でノーベル物理学賞を受賞した。私はジョスリン・ベルが共同受賞しなかったのはひどい話だと思う。

かに星雲のパルサーは、電波からガンマ線まで、電磁スペクトル全体にわたる波長の電磁放射を出している。パルサーが（灯台の二本のビームが交互にこちらを通過して）可視光で毎秒六〇回明滅するのが見られることもあるが、天文学者がそのことに気づいたのは電波パルサーが発見された後のことだった。かに星雲の中心にあるのはただの暗い星にしか見えない。かに星雲は約六五〇〇光年離れていて、それはつまり、実際に爆発があったのは紀元前五四四五年頃で、その光がこちらに届くには紀元後一〇五四年までかかったということだ。

逆二乗法則を思い出そう。最も近い星系は、四光年離れたアルファ・ケンタウリだ。かに星雲はそれよりずっと遠くにあるが、超新星は夜空のどの星よりもずっと明るかったので、日中でも容易に見ることができた。その最大光度は太陽の二五億倍ほどあった。

超新星はめったにない。天の川銀河で知られている中で最後に超新星が爆発したのは約四〇〇年前、ガリレオが初めて望遠鏡を空に向ける前のことだった。だから一九八七年、大マゼラン星雲という、天の川銀河の小さな衛星銀河に超新星が見つかったときは、天文学者の間では大騒ぎになった。これは現代史で爆発した超新星の中では最も近かった。一五万光年離れているというのに、裸眼でも見えるほど明るかった。私は幸運にも、博士論文研究のためにチリへ出かけてそこの望遠鏡を使うことができた。大マゼラン雲に現れたこの「新」星を（こんなに簡単に）見たときは実にぞくぞくした。

第9章　冥王星が惑星ではない理由

ニール・ドグラース・タイソン

今回は、冥王星が惑星の地位を失って、太陽系の外縁部にある氷の球に格下げされた話をする。それはアメリカ自然史博物館ローズ地球・宇宙センターでの私の役割についての話でもある。

ローズセンターを設立するとき、私は宇宙のきれいな写真を展示するだけではない施設を創立したいと思った――写真ならインターネットでも見られる。そこでガラスの立方体の中に直径二六・五メートルの球を入れ、構造物と展示物が組み合わさり、そこに入ると自分が宇宙の一部になったような――宇宙を歩いているような――感じを抱けるような空間を作った。その球が全体だ。たいていのプラネタリウムはドームになっていて、中にプラネタリウムの投影機があり、それを囲むようにして観客席があり、宇宙の画像を映写する。プラネタリウムはたいていそういうふうに設計されている。きれいな写真は美しいが、私たちは、宇宙の仕組みについてもう少し何かを学ぶべき時期ではないかと思ったので、宇宙の最も根底にある概念を組み立て、それを展示物にした。

建築家のジム・ポルシェクとその事務所の人々や、美術担当のラルフ・アップルボームらの一団（ワシントンDCのホロコースト博物館を手がけたのが有名だろう）と協力して、私たちは作業を進めた。宇宙は球体が好きだ。恒星でも惑星でも原子でも、物理学の法則が図ったように物を丸くすることを認識すれば、宇宙の仕組みについて、相当の見通しが得られる。物が球形ではない場合はたいてい、当の物体が高速で自転しているなど、球にならないようにする理由がある。丸い建築構造から始めれば、それを展示物の一つの要素として機能させることができ、宇宙にあるいろいろな物の大きさが比較できるようになる。上半分としてヘイデン・プラネタリウムの宇宙劇場が収容されるドームを使って、全体が一つの球をなすようにすると、球の下半分に新しい展示スペースも得られた。それがビッグバン劇場になり、そこでは入場者が宇宙の始まりのシミュレーションを見下ろして観賞できる。

　直径二六・五メートルの球のまわりには遊歩道を建設して、「宇宙のスケール」を想像するよう誘った。まず、このプラネタリウムの球が、観測可能な宇宙全体だと想像してみよう。手すりには、その球に対する比率で大きさを表す模型が一つ載っている。さしわたしが一〇センチメートルほどで、天の川銀河を含め、何万という銀河を含む超銀河団の範囲を表す。その宇宙は私たちがいて、住所になるような名前もついている一帯、つまり「おとめ座超銀河団」よりもはるかに大きいことがわかる。それから何歩か進むと、私たちは入場者にスケールを変えるよう求める。プラネタリウムの球が——二六・五メートルのままで——おとめ座超銀河団を表すものと考えるのだ。手すりには、今度はさしわたしが六〇センチメートルほどの模型が見える。これには天の川銀河、アンドロメダ銀河、いくつかの衛星銀河が含まれる——私たちがいる局所銀河群(ローカルグループ)を表す。次に、プラネタリウムの球は局所銀河群の範囲になり、手すりには六〇センチメートルほどの大きさの天の川銀河の、巨大な目玉焼きのような模型がある——平らで、中央が膨らんでいる。さらに何歩か進むと、その天の川銀河がプラネタリウムの球になり、手すりには、一〇万ほどの斑点がついた、直径が五センチメートルほどのアクリルの球がある。斑点は天の川銀河にある球状星団を表す。さらに進むと、プラネタリウムの球がその球状星団を表すようになり、手すりには直径一五センチメートルほどの球があり、太陽系を取り巻く彗星が集まる球の範囲を示している。オールトの雲だ。

　太陽系の内側に降り注ぐオールトの雲の無数の彗星が、地球に衝突する可能性中では最も危険な部類の天体となる。それぞれの彗星が、太陽系の外側から中に入ってくるときに膨大な量の運動エネルギーを詰め込み、太陽に近づくにつれてスピードを増す。オールトの雲の彗星が最後に太陽系の内側を訪れたのは、おそらく四万年以上前で、こうした彗星については、まったく記録が残されていない。入ってくる彗星の一つが地球に向かってきても、それについてどうこうする時間はあまりない。ふつうの小惑星が回っているときは、たいてい、その軌道の一〇〇周くらいは前もって予測できる。その小惑星の軌道を地球の軌道とともに図にして、一〇〇周後に地球とぶつかるかどうかを判定できる。進路をそらすための宇宙船を準備する時間は一〇〇年くらいあるだろう。ところが、彗星が海王星の軌道の外から入ってきて、まっすぐ地球に向かっている場合、事前に危険を察知することはほとんどできない。[*1]

遊歩道の次の「宇宙のスケール」の段では、大きな球が太陽を表し、その近くにある惑星の、大きな球の太陽と比べた大きさを正確に表した模型がついている。これが続いて、どんどんスケールが小さくなって、最後には原子の中心に達する。プラネタリウムの球が水素原子になったとき、その原子核の大きさのドットが示される——直径が〇・二ミリメートルほどで、原子の体積のほとんどはからっぽの空間だということを明らかにしている。

プラネタリウムの球は宇宙にあるものの相対的な大きさを次々と如実に見せてくれる。

今日では、ローズセンターは夜になると華麗な場所になる（図9-1）。左側に見えるのが、大きな球が太陽のときには惑星の大きさを比べるなど、大きな球と比べるために立つ遊歩道だ。写真には土星（環がある）と木星が並んで見える。もちろん天王星と海王星もある。水星、金星、地球、火星については小さすぎてこの写真では見えない。野球ボールからブドウの粒ぐらいの惑星の模型は、天井からひもで吊すのではなく、遊歩道の手すりの下に展示されている。そこで冥王星（プルート）をめぐるトラブルの話が始まる。この手すりの水星、金星、地球、火星と並べて冥王星の縮尺模型を入れることはしなかった。それにはもっともな理由もあった。

図9-1　夜間のローズ地球・宇宙センター。夜になると直径26.5 mの球は青い照明に包まれ、ガラスの立方体の中に見える。太陽を表す大きな球のそばに、縮尺に従って展示される木星と土星の模型がぶらさがっているのが見える。展示のここの部分に冥王星がなかったことで論議が巻き起こった。写真—— Alfredo Gracombe

私たちは自分たちで始めたわけではない論争の焦点となった。この展示を始めて一年後に訪れたある記者が、惑星の縮尺模型の展示に冥王星がないことに気づき、それを大きく取り上げることにした。それについて記事が書かれて『ニューヨーク・タイムズ』の一面に載り、地獄の蓋が開いた。私たちがしたことと、その背景には以下のような理由があった。

冥王星の物語はニューイングランドの田舎暮らしの紳士、パーシバル・ローウェルから始まる。ローウェルは天文学が好きで、裕福だったので、個人的に天文台を建て、お察しの通り、「ローウェル天文台」と呼んだ。それはアリゾナ州の標高二二〇〇メートルのところにあった。それは今でも、「火星が丘（マーズ・ヒル）」と呼ばれる地点にある。ローウェルは火星の熱狂的なファンだった。火星を愛するあまり、そこに生命が宿っていてほしいと願い、それをテーマにした本を三冊書いた。火星に生命が存在する可能性についての本を書いたのは大したものだが、望遠鏡を覗いたローウェルによれば、またそのローウェルだけが、火星に生命がある証拠を目撃したと唱えた。季節ごとに変化する植物や水路が見え、水路が交差するところにはオアシスがあると見たのだ。ローウェル自身からすると、火星人は水を引いていたのだ。目にした水路は、火星の両極と植物がある地帯とをつないでいたからだ。火星には極冠がある。ローウェルはそれを融けつつある氷で、その水を必要なところに引いているのだと想像した。この巨大な公共事業なしには、火星人の暮らしは水不足になり、滅亡の危機に瀕するだろうと。人間はきわめて想像力に長けている。だからこそ私たちは仮説を確かめるための科学的方法を持っているのだ。火星が地球に大接近した一八七七年、ジョヴァンニ・スキアパレリは、火星に線、あるいは川筋（チャネル）を見て、これをカナリと呼んだ。これは英語に翻訳するときに間違って「運河（キャナル）」にされやすい単語だ。川筋であれば惑星の地形に自然にできる。運河となると知的文明のなせるわざだ。両者は別のものを意味する。しかし遅すぎた。ローウェルはその概念を採用し、詳細な運河網の図を描いた。その後、他の人々が望遠鏡で見ても運河は見えず、作為のない形を目がつないで線にする錯覚によるものかもしれないと認識されるようになった。現代の写真には、運河網はまったく写っていない。「植物」地帯も玄武岩型の岩石による黒っぽい領域だということになった。それが火星の赤い、季節によって風に飛ばされる塵で覆われたり覆われなかったりする砂漠との対比で緑に見えたのだ。

　パーシヴァル・ローウェルは、火星に対する関心に加え、惑星X探しも始めた。二〇世紀が始まった段階では、八つの惑星が知られていた。水星、金星、地球、火星、木星、土星、天王星、海王星だ。結局のところ、ニュートンの法則が太陽系の惑星運動をどれも見事に記述した。ただし、海王星は別だった。たぶん、未知のまだ発見されていない重力源――未発見の惑星――があって海王星の進路に影響しているのだろう。ローウェルはそのような惑星があると確信して、それを惑星Xと呼んだ。それを探すためにクライド・トンボーが雇われ、黄道付近、つまり既知の惑星が太陽を公転している面がある一帯の探査が始められた。トンボーは、数日か数週間をおいて撮影した空の同じ領域の写真で少しだけ動いている天体がないか探した。動いていれば、それが太陽を公転する遠くの惑星であることを示すことになる。トンボーは点滅比較器と呼ばれる器具を用いた――天文学史では重要な器具だが、今ならこの比較はコンピュータで行なう。一枚の写真が器具の一方の側に載せられる。別の写真が反対側に置かれる。これには二つのレンズによって一枚のスライドを映す映写装置がついていて、二枚の画像に急速に交代する光を当てて観察する。それぞれに光が当てられると、観察する人の脳が二枚の画像を一枚に重ねるが、位置がずれている天体は、画像ごとに行ったり来たりして見える。動く物は目立ちやすく、この方法によって、クライド・トンボーは一九三〇年、冥王星を発見した。

冥王星(プルート)と命名したのは、学校でローマ神話を勉強したばかりの一一歳の少女、ベニシア・バーニーだった。惑星はローマの神々の名をつけられていた。プルートは地下世界の神だった。冥王星を表す公式の記号はPとLを組み合わせたもので、たまたまパーシヴァル・ローウェルのイニシャルでもある。半世紀近く経って、冥王星の衛星が発見された。最初の写真による証拠が得られたのは一九七八年で、写真上のインクのしみのような、冥王星に衝突しているような、小さな点にすぎなかった。数年後、冥王星系を見る角度がいくつか好都合になり、冥王星と衛星が地球からの視線上で互いの正面を横切るように見えるときに画像で暗くなることによって、蝕や惑星面通過が検出された。ハッブル宇宙望遠鏡で高解像度の画像が得られて、冥王星の衛星を直接捉えた画像が得られるようになった――この衛星はステュクス川を渡って死者の魂を地下の冥界(ハデス)へ運ぶ渡し船の船頭の名にちなんでカロンと名づけられた。冥王星には衛星がある――それは結構なこと。惑星クラブに入りたければ、上々の話だ。問題ないと私たちは思った。

しかし問題があった。まず、冥王星が発見されたとき、天文学者は海王星の軌道を乱す、見つかっていない惑星Xが見つかったと思った。軌道を乱すには、惑星Xは、海王星や天王星と比べて無視できないほど大質量でなければならない。ところが冥王星についてのデータがさらに得られ、測定の質が上がるにつれて、明らかになるその大きさや質量はますます小さくなっていった。年を経れば経るほど、冥王星の大きさの推定値は小さくなった。カロンが発見された後になってやっと、それに及ぼす重力による引力によって、冥王星の質量が正確に測定された。結果はどうだったかというと、冥王星の質量は、地球のわずか五〇〇分の一。海王星の軌道をそれとわかるほど乱すのに必要なものと比べるとごく小さい。天文学者は海王星の動きを説明するために冥王星に訴えることはできなくなった。では海王星の動きを乱していたのは何か。他に惑星Xがあるのか。そこで人々は調べ続けた。一九九二年まで探し続け、そこでマイルズ・スタンディッシュという、別のマイルズ・スタンディッシュ(メイフラワー号でアメリカに初めて植民した一団の一人)から二〇代めの子孫が、海王星の軌道がぐらついていることを示す歴史上のデータを分析した。現代のマイルズ・スタンディッシュはカリフォルニ

図9-2　縮尺をそろえた地球型／岩石型惑星（比較のために月も表示した）。ここでは金星の雲に覆われた大気圏を省略しているので、マゼラン探査船によるレーダー画像によって明らかになった表面の地形が見えている。写真―― J. Richard Gott, Robert J. Vanderbei（*Sizing Up the Universe*, National Geographic, 2011）による。

アリゾナ州パサデナにあるジェット推進研究所の宇宙物理学者だ。ボイジャー探査機が一九八〇年代にフライバイしたときに得られた、精度が上がった木星、土星、天王星、海王星の質量推定値を用い、一八九五年から一九〇五年にかけて収集された海軍天文台の疑わしいデータ集合は除外した上で、海王星の軌道はニュートンの法則から予測される軌道とぴったり一致すると判定した。それまで知られていた天体によって及ぼされるもの以外に謎の重力を必要とすることはない。惑星Xの目はなくなり、あっさり葬られた。

では冥王星をどうするか。冥王星はそれまでは最小の惑星だった。太陽系には、冥王星より大きい衛星が、地球の月も含めて七つある。冥王星の軌道は楕円度が高いため、軌道が別の惑星の軌道と交差する唯一の惑星となっている。冥王星は大部分が氷でできている――体積では五五パーセントが氷だ。太陽系にある氷のような天体を表す言葉はある。「氷球（アイスボール）」と呼んでもよかったのだろうが、それが氷でできていることがわかる前に名づけられてしまい、彗星と呼ばれている。当時の人々は宇宙にある天体を詩的に記述する傾向があった。そうしたものを「空にあるけばだった天体」と表したのだ。流れるような長い髪をして走れば、髪は自然に後ろの方に流れる。そうしたものが「髪」と呼ばれるようになり、それを表すギリシア語から「コメット」となる。彗星（コメット）。それが太陽を回る氷でできた物体を表すためにすでに得られているもう一つの言葉だ。冥王星には彗星と共通の特色が多い。しかし独特のものでもある。たいていの彗星のような、太陽に向かって飛んで来て再び遠くへ帰るということはしなかった。氷でできた彗星が太陽に近づくと彗星は蒸気を噴き出し、長い尾ができる。冥王星はそれほど太陽に近づくことはないので、尾ができたりはしない。典型的ではない特色があっても、冥王星を惑星の定義の中に含めておくことに不都合はなかった。

ところがローズセンターでは、展示物をできるだけ将来の眼鏡にもかなうようにしたかった。惑星探査の趨勢というのが私たちには大いに気になった。冥王星は、水星、金星、地球、火星と比べた場合、この四つの間での違いよりもずっと大きく異なる。水星、金星、地球、火星はどれも小型の岩石惑星だ（図9-2）。これは一族をなす。

水星は太陽に最も近い惑星で、大きな鉄の核があり、大気はごく微量、表面はクレーターだらけだ。金星は雲に覆われている。図9-2では、覆っている雲を外して、表面の地形を見せるようにした。壮大な山脈があり、わずかながらクレーターがある。金星には二酸化炭素（CO_2）の厚い大気がある。とてつもない温室効果があり、表面温度は耐えがたいほど高い。火星は地球や金星よりも小さいが、水星よりは大きい。薄いCO_2の大気が残っているが、温室効果はほとんどない。太陽からの距離が大きいこととあいまって、火星は地球よりもずっと寒い。火星表面の気圧は地球表面の約一〇〇分の一ほどしかない。写真の黒っぽいところは、砂に覆われていない、黒っぽい色の玄武岩の領域で、赤いところが火星を「赤い惑星」にしており、こちらは砂だらけの砂漠だ。火星には、アメリカ合衆国の西岸から東岸にまたがるほどの大きく長い地溝帯がある。そこには高さ二万メートルを超える、オリンポス山がある。火星には両極に極冠があり、ほとんどは水の氷で、ドライアイス（凍ったCO_2）がまぶされている。火星は地球以外では最も生命が居住しやすい惑星だ。

図9-3　縮尺をそろえた巨大ガス惑星（比較のために地球と太陽を並べた）。
写真 —— J. Richard Gott, Robert J. Vanderbei（{Sizing Up the Universe}, National Geographic, 2011）による。

他には何があるだろう。木星、土星、天王星、海王星がある。こちらは大型でありガス惑星だ（図9-3）。こちらは別の一族をなしている。こちらでも、互いに共通なところの方が冥王星と共通のところより多い。

木星は火星の外側を公転していて、ほとんどが水素とヘリウムでできている。大気圏の外層にはメタンとアンモニアの雲がある。木星の縞模様は雲の帯で、写真で目につく大赤斑は、三〇〇年以上前から吹き荒れている嵐だ。土星は木星によく似ているが、壮大な環の集合が取り巻いている。この環は土星を公転する氷の粒からなる。天王星と海王星は少し小さい。天王星には細い環がある（木星にもあるが、この写真では木星の環は写っていない）。一九八九年、ボイジャー二号が海王星にも大黒斑という嵐があることを発見した。外側へ吹き出す風は風速六七〇メートルにも及ぶ。五年後のハッブル宇宙望遠鏡の観測では、大黒斑は消えていた。

	地球型／岩石惑星				巨大ガス惑星			
	水星	金星	地球	火星	木星	土星	天王星	海王星
半長径（AU）	0.39	0.72	1.00	1.52	5.20	9.55	19.2	30.1
公転周期（年）	0.24	0.62	1.00	1.88	11.9	29.5	84.0	165
直径／地球直径	0.38	0.95	1.00	0.53	11.4	9.0	3.96	3.86
質量／地球質量	0.055	0.82	1.00	0.11	318	95.2	14.5	17.1
主要元素	Fe, Si, O	(Fe, Si, O)?	Fe, Si, O, Mg	Fe, Ni, S, Si, O	H, He	H, He	H, He, CH_4	H, He, CH_4
大気組成	微量のO, Si, H, He	濃いCO_2, N_2	O_2,N_2	薄いCO_2	H_2, He	H_2, He	H_2, He, CH_4	H_2, He, CH_4
温度（℃）	−170〜430	440〜460	−89〜57	−140〜35	−160	−190	−220	−222

表 9-1　太陽系の惑星
註記――温度（華氏）は岩石惑星では表面のもの（観測されている範囲全体）、巨大ガス惑星については大気圏の上限近くのもの。

地球型惑星は太陽系の内側を構成する。ここは太陽によって温められるので、水素やヘリウムのような元素は熱せられ、惑星の重力を振り切れるほどの高温になる。巨大ガス惑星は太陽系の外側を構成する。こちらは冷たく、水素やヘリウムを保持できて、質量が非常に大きくなる。地球型惑星と巨大ガス惑星は二つの種族をなす。特性については表9-1を参照のこと。

冥王星はいずれにも収まらない。この何十年か、天文学者は心の中では冥王星はどちらにも入らないことを知っていたが、それでも大目に見て、惑星の仲間にとどめてきた。一九七〇年代末（冥王星の大きさや質量がやっと定まった時期）と一九八〇年代の教科書を見ると、冥王星は彗星、小惑星、他の太陽系の「残骸（デブリ）」と一緒にまとめられるようになっている。こうしたことが、冥王星の一人前の惑星としての身分を奪う最初の火種になった。

冥王星の公転軌道にもいくつか問題がある。まず、すでに述べたように、それは海王星の軌道と交差している。惑星にあるまじきふるまいだ。言い訳はできない。次に、その軌道は、他の惑星の軌道面に対して無視できないほど傾いている。これも困ったことだ。冥王星には、他の惑星にはない軌道の特徴がいくつかあるのだ。そうして一九九二年、先の点滅比較画像の一枚で、太陽系外縁部に、時間とともに位置がずれる別の天体が発見された。これも氷が主の天体で、海王星の外で太陽を公転している。それ以来、天文学者はこうした天体を一〇〇〇個以上発見している。その軌道はどんなものだろう。すべて冥王星の外側にあり、多くは冥王星の軌道に似た傾斜角や離心率を持つ（離心率は楕円軌道がどれほど偏平かを表す尺度）。こうした新たに発見された氷が主の天体は、太陽系の中でまったく新しい区画をなしている。ヘーラルト・カイパーが予測したとおり、小さな、氷でできた天体なので、その区画をカイパーベルトと呼ぶ。冥王星の軌道は、他の氷が主の天体と同様、カイパーベルトの内側の端に達する。冥王星の存在は今や筋が通る。それには同類がいるのだ。本拠地もある。冥王星はカイパーベルト天体ということになる。

冥王星がカイパーベルト天体に知られている中で最大ということは、ある種族の天体で人が見つけることになる最初のものは、最大で最も明るいということで、筋が通ることではないか？最初に発見された小惑星（アステロイド）のケレスはやはり知られている中では最大の小惑星だ。冥王星＝惑星支持者は最初、冥王星は大きすぎてカイパーベルト天体ではありえないと唱えた。しかしそれはカイパーベルト天体とともにそのあたりにあり、同じ材料でできていて、公転軌道の特徴も似ている。カイパーベルトを覗き込み、各天体の太陽からの平均距離と離心率の関係をグラフにすると、カイパーベルト天体が集中するところは、海王星と三対二の共振周期になっている。海王星が公転軌道を三周するごとに、カイパーベルト天体は冥王星と同じく二周するということだ。このパターンを共有するカイパーベルト天体は、「冥王星族」と呼ばれる。この一族の星は、カイパーベルト内の一族以外の天体と比べても、冥王星の方によく似ている。

そこでローズセンターの方でも私たちはただ冥王星をカイパーベルトの展示と一緒にまとめた。それが惑星ではないとも言わなかった。私たちの設計にとっては、呼称よりも物理的特徴の方が重要だった。

それでそのようにした——一年経って、二〇〇一年一月二一日の『ニューヨーク・タイムズ』に、科学ジャーナリストのケネス・チャンによる「冥王星は惑星ではないのか。ニューヨークだけ？」という運命の記事が載るまでは。

アトランタのパメラ・カーティスはローズセンターの惑星の展示を見て困惑して眉をひそめた。惑星が足りないように見えた。何年か前に息子が学校で暗記した覚え方を思い出そうとしつつ、一つ一つ指さして数えていった。「水、金、地、火、木、土、天、海、冥」〔原文は“My Very Educated Mother Just Served Us Nine Pizzas＝「うちのとても教養のあるお母さんがみんなに九枚のピザを出してくれたところ」で、各単語の頭文字が、英語での各惑星の名称の頭文字に一致している〕。水星、金星、地球、火星、木星、土星、天王星、海王星。「最後まで行かないと何が足りないかわからなかった。冥王星がないのよ。お母さんは九枚出してくれたところなんだけど、その九枚のものがないのよ」とカーティスさんは言った。アメリカ自然史博物館は、そっと、しかも主要な科学団体の中ではどうやら独自に、冥王星を惑星の列から外した。この博物館のヘイデン・プラネタリウム部長ニール・ドグラース・タイソン博士は「そのことについては、私たちは争おうとはしていません。実際、そのことを明記するには注意を払う必要があります」と言った。

私は外交的になろうとした。私たちは「惑星は八つだけ」とも「冥王星を太陽系から追い出した」とも「冥王星はニューヨークに迎え入れるほど大きくはない」とも言っていない。そんなことはしていない。ただ情報の整理のしかたが違っていただけだ――私たちのしたことはそれだけのことだった。しかし『ニューヨーク・タイムズ』の方は、それを全国的な事件にしようとしていた。

記事はこう続いた。「それでもこのやり方は驚きだ。同館は一方的に冥王星を降格させて、海王星の外のカイパーベルトと呼ばれる一帯を公転する三〇〇以上の氷の天体の一つに配置し直したらしいからだ」。

冥王星はそこにいる他の氷の天体とともに回っている。そこが冥王星の居場所なのだ。私たちがこのことを知ったのは一九九〇年代、冥王星に似た多くの氷の天体が数多く発見され、太陽系がどのように構成されているかに関して新しい情報や、さらなる見通しが得られた頃だった。

記事は私の同業であるマサチューセッツ工科大学のリチャード・ビンゼル教授――二人ともそこの大学院の同窓――の言葉を引用する。冥王星の研究に研究歴の一部を向けていた本人は驚いていた。記事ではビンゼルはこう言っていた。「冥王星を降格させるのはやりすぎで、天文学者の主流の考え方からは外れています」。それからアメリカ天文学会のマーク・サイクス博士は『ニューヨーク・タイムズ』に電話して、自分がニューヨークに出向いてタイソンと議論すると言い、『タイムズ』側を招待した。同紙も応じた。そこで同紙は別の記者と別のカメラマンを派遣して、私の研究室で行なわれたサイクスと私の個人的な議論を取材し、二〇〇一年二月一三日の第二弾の記事で議論はそのまま引用された。その会合のとき、私たちはカメラマンがついて来る中、あのスケールをたどる、巨大ガス惑星がぶら下がった遊歩道を進み、サイクス博士は私に手を延ばし、冗談で私の首をつかんだ。写真のキャプションには「マーク・サイクス博士、ヘイデン・プラネタリウムでの冥王星の展示でその扱いについて説明するようタイソン博士に迫る」とあった。

それはインターネット、ワイアード・ニュース、boston.com に広がった。「センター、冥王星が惑星であることを疑う」。大騒ぎになった。そして私は三か月間、メディアからの問い合わせを捌くのにかかりきりで、他のことはまったく片づかなかった。ネットのチャットルームにあった書き込みのいくつかを見てみよう。

「冥王星は根っからのアメリカの惑星、アメリカ人が発見したのだから」とはＮＡＳＡの科学者の発言。同じチャットルームには、「そういうロマンチックな考えは科学に出番はない。客観的な真理を明らかにしようとするのをやめてはいけない。ナショナリズムもない」といった書き込みもあった。こんな私たちの味方もいた。「正直言えば、旧式な分類方式にしがみついている占星術師（アストロロジャー）に味方するような学者社会にはがっかりしている」。天文学者（アストロノマー）を怒らせたければ、占星術師（アストロロジャー）と呼んでやればいい。それは喧嘩を売る言葉だ。

次の人物は味方にはなりきれなかった。「個人的見解では、冥王星は二重国籍を持つのがよいのではないか」。これは国際天文学連合惑星命名委員会委員長の発言だった——誰かを怒らせようとする気はなかった。もっと言われれば、「私は二重国籍には賛同できない。世間での認識の問題がややこしくなりすぎる」。これは他ならぬデーヴィッド・レヴィの見解。彗星探し（コメットハンター）の守り神だ。自分の名がついた彗星が二〇以上ある。一九九四年に木星に衝突した有名な彗星の発見にも名を連ね、この彗星はシューメイカー＝レヴィ9彗星と呼ばれる。デーヴィッド・レヴィは、世間を混乱させるようなことをしたらまずいことになると心配していた。私は、自分たちの研究には混乱を招くようなことはたくさんあるが、世間の混乱を避けるためだけで科学の形を変えるようなことはすべきではない考えていた。こんなことを言う人もいた。「まず、宇宙物理学者のタイソンがそのような危険な水域にあえて足をつっこんだことが驚きだ。私は惑星地質学者なので、マゼラン星雲を今の天の川銀河の衛星銀河という地位から降格させて、ただの星団にする資格があるのかと思う……その意味ではタイソンはばかなことをしたと思う」。この発言はＮＡＳＡの別の人物による。

こんな書き込みもあった。「ガリレオの時代にも同じような人がいて、『自分は子どもの頃から地球は宇宙の中心にあると教わっている。どうしてそれを変えるのか。今のままの方がいい』と言っていたのは想像に難くない」。

科学者として、知識の変わりやすさは受け入れなければならない。問題そのものを好きになれるようにしよう。冥王星の惑星カロンの直径は冥王星の半分以上ある。冥王星は衛星のある惑星ではなく、二重惑星だと論じることも容易にできるだろう。実際、両者合わせた質量中心は冥王星の内部にはなく、カロンと冥王星の間の宇宙空間にあるのだ。対照的に、地球と月を合わせた質量中心は地球の内側、地殻の奥へ一〇〇〇キロメートル以上入ったところにある。地球が止まっていて、月が地球のまわりを回っているのではない。地球も月も、両者合わせた質量中心のまわりを回っている。地球の動きは小さく、月は大きな軌道上にあるというだけのことだ。冥王星は球形を維持するだけの質量がある。カロンも球形を維持できる大きさがある。冥王星を惑星に入れるなら、カロンもその資格はあるし、他の小型でも球になれるだけの大きさがある天体にも資格がある。

ウォルト・ディズニー・アニメの犬のキャラクター、プルートが最初に描かれたのは一九三〇年、クライド・トンボーがくだんの天体を発見したのと同じ年だった。アメリカ人の精神性では、両者は同い年ということになっている。ディズニーと言えばアメリカ文化の主要部分だ。水星（マーキュリー）が降格されたとしても、誰も気にしなかっただろう。ところが天文学者はプルートの方を降格させた。プルートとは何の名だろう。プルートはミッキーマウスに出てくる犬の名前で、アメリカ人にとっては重大な存在だ。それはアメリカの文化なのだ。ところで、なぜプルートがミッキーの飼い犬で、ミッキーがプルートの飼いネズミではないのはなぜだろう。考えたことありますか？　その後私は、ディズニーのキャラクターについて、服を着ていれば、服を着ていない動物の飼い主になれることを知った。グーフィは犬だが、服を着ているのでしゃべれるし、誰かに飼われているわけではない。ミッキーマウスもズボンをはいている。プルートは首輪以外はつけておらず、しゃべらず、したがって、ネズミに飼われていてもおかしくない。それがディズニーの世界だ。

論旨を補足させてもらうと、私はたくさんの本を持っていて、そのうち一部は何世紀も前の本で、宇宙の中での私たちの位置に関する思想の進展をたどることができる。一つは一八〇二年の本。一八〇一年に何があったかというと、太陽系の火星と木星の間の大きな隙間について考えた人々が、そこには惑星があってしかるべきだと思った。間隔がありすぎて、惑星がないなんてことはありえないのだ。一八〇一年、イタリアの天文学者、ジュゼッペ・ピアッツィが少し苦労はしたが、その隙間に惑星を見つけた。それはローマの収穫の女神の名をとって、Ceres（ケレス）と名づけられた。実は、「シリアル

(cereal)」も語源はケレスだ。新しい惑星が発見されたので、みなが沸き立った。この惑星について聞いたことがあるだろうか。ないだろう。当時の本の一冊には惑星の軌道が描いてある。水星、金星、地球、火星、ケレス、木星、土星、ハーシェルの惑星（まだ天王星とは名づけられていなかった）。ちゃんとケレスが載っている。

一七八一年、ウィリアム・ハーシェルが後に天王星と呼ばれるようになる天体を発見したとき、それにどんな名をつけるかでもめた。古代以来、新しい惑星を発見するなど初めてのことだったからだ（マイケル・レモニックはハーシェルについての本で、コペルニクスは新しい惑星――地球――を発見した功績があると言えるだろうと言っている。確かに地球が惑星であることを示したのだから）。立派なイギリス国民として、ハーシェルは新惑星に国王キング・ジョージ三世の名をつけようとした。そこでハーシェルはその天体を「ゲオルギウム・シドゥス」（ジョージの星）と呼んだ。アメリカ合衆国独立宣言がつきつけられたジョージ国王と同じ人物だ。ジョージ国王はハーシェルを称え、ウィンザー宮殿で国王の賓客のために、ハーシェルの望遠鏡を使って観星会を催してくれれば、二〇〇ポンドの年金を与えようと言った。そのときの惑星一覧にあったのは、水星、金星、地球、火星、木星、土星、ジョージだった。

幸い、もっと明晰な頭の持ち主が勝って、この惑星の名前として、ジョージよりもふさわしいローマ神話の神の名を探した。ヨハン・ボーデが「ウラノス」を提案した。ギリシアの空の神、「ウラノス」により、この名が定着した。ドイツの化学者、マルティン・クラプロートは、この名に大喜びして、自分が新しく発見した元素に、この惑星の名にちなんで「ウラニウム」という名をつけた。通例では、惑星にはローマ神話の神の名がつけられていたが、衛星にはローマ神に対応するギリシアの神の伝説に出てくるギリシア神話の登場人物の名がつけられた。木星（ジュピター）の場合、その大きさの上位四つの衛星は、イオ、エウロパ、ガニメデ、カリストとなっている。ギリシアの伝説では、これはジュピターに相当するギリシア神、ゼウスの話に登場する人物だ。この方式によって、衛星の名はローマとギリシア、両方の神話に敬意を払うことになる。ところが、天王星（ウラノス）では国王はがっかりしたものの、イギリス人には慰めになったことに、その衛星には、慣例を破ってイギリス文学の架空の人物名がつけられた。ほとんどはシェイクスピア作品のものだ。その一つ、ミランダは、私が娘の名として選んだ。ただし、当時は天王星の衛星の名として以外は知らなかった。妻に「この『ミランダ』という名がいいと思うんだけど」と言うと、妻は、「シェイクスピアの『テンペスト』の主人公ね」と言った。私は「ああそう、そうだねえ

「……僕もそう思ってたんだ」と言った。

ケレスの話に戻ろう。先の本の三〇年後に出た別の本を見てみる。『天文学の理論要諦』——上級者向けの教科書で、数学だらけだ。そこには既知の惑星が一〇個挙がっている。水星、金星、火星、ヴェスタ、ジュノー、ケレス、パラス、木星、土星、天王星で、それぞれが記号で表されている（金星は♀、地球は⊕、火星は♂など）。海王星はまだ発見されていない。新しい惑星が四つ出ている。すべて新しい記号を必要とし、全部で惑星は一〇となった。何が問題なのだろう。「惑星」という言葉は正式には定義されていなかった。この言葉に紛れのない定義があった最後の時期は古代ギリシア時代——「惑星（プラネット）」とは、ギリシア語で「さまようもの」を表す言葉だ。夜空を見上げ、ある天体が背景にある恒星に対して動いていれば、それが惑星となる。背景の恒星の空に対して動いている天体は何か。水星、金星、火星、木星、土星——そしてさらに二つ、月と太陽がある。宇宙の七つの惑星。これは紛れのない定義だ。しかしコペルニクスは太陽を中心に置き、地球は太陽を回るように描いた——この太陽はまだ惑星だろうか。地球はどうか。地球は惑星なのか？　そこで惑星は、太陽のまわりを回る天体ということになった。彗星（コメット）も太陽のまわりを回るが、もやもやっとして、尻尾（「髪（コマ）」）があるので、惑星とは呼ばれなかった。しかしその判断は恣意的だ。火星と木星の間に彗星のようではない天体——ヴェスタ、ユノ、ケレス、パラス——が見つかったときは、それも惑星と呼ばれた。数年経つと、この四つと同じようなものがさらに七〇ほど見つかっていた。見つかったものは何だったか、ご存じだろうか。この部類のものは、太陽系の他のものと共通なことよりも、お互いの間で共通することが多く、同じ一帯のところで公転していた。新しい惑星をいくつも見つけたわけではなく、太陽系の中に、新種の天体が占める新たな一郭が発見されていたのだ。今日では、ウィリアム・ハーシェルが考えた名で、「小惑星（アステロイド）」と呼ばれる。ハーシェルは、この一群の天体が、他の疑いなく惑星であるものの小さな親戚で、新区分の天体を成すと論じた。最初「惑星」と呼ばれていたものが、後で新たな名を与えられて分類し直され、さらに重要なことに、太陽系の構造について新たなことがわかる。私たちの知識の土台が広がり、理解が進んだ。すべては『天文学理論の要諦』が出版されて一〇年ほどでのことだった。加えて、新たなシンボルを作る方法はなくなったと見てよいだろう。

冥王星は直径が地球の約五分の一で、他のカイパーベルト天体と同じように小さい（図9-4）。太陽系にある、直径二五四キロメートルより大きい他の天体（太陽と惑星以外）の（地球と比べた）大きさの図を示している。そこには地球の月や、他の惑星の大型衛星もある。木星の最大の衛星（ガリレオが望遠鏡を初めて空に向けたときに発見された）もある。木星最大の衛星ガニメデは、水星よりやや大きいが、質量はその半分もない。イオとエウロパは他の衛星に重力で揺さぶられていて、木星の潮汐力のせいでもまれ、温められている。イオは活発な火山で覆われている。エウロパには厚さ一〇キロメートルの氷の殻の下に、深さ八〇キロメートルの水がある。エウロパには地球の海にあるより大量の水がある。土星の小さな衛星エンケラドゥスも同様の理由で、南の氷冠の下に海があり、壮大な間欠泉がある。土星最大の衛星、ティタンにはメタンの湖と、ほとんど窒素の大気がある。ティタンにはメタンの雨が降り、凍ったメタンの川底がある。黒っぽいところは凍ったメタン・エタン領域で、白い領域は凍った水の領域だ。海王星最大の氷でできた衛星トリトンには、壮大な間欠泉がある（たぶん窒素の噴出）。トリトンは海王星を他とは逆向きに公転しており、カイパーベルト天体が捕捉されたものかもしれない。二〇一〇年段階で知られていた最大級の小惑星と最大級のカイパーベルト天体もまとめた。最大の小惑星は、最初に見つかったケレスだ。ヴェスタがその次で、これは鉄が豊富にあり、表面は大昔に他の小惑星と衝突して吹き飛ばされたのかもしれない。小惑星はすべて岩石天体で、カイパーベルト天体は氷の天体だ。冥王星とカロンは二〇一〇年にそう見えると思われていた形で描かれている。これは互いを隠すときの明るさの変動をグラフにしたものから導かれた。エリスはやはり二〇一〇年段階で考えられていたとおりに冥王星よりわずかに大きく描かれているが、二〇一五年には精度が向上した測定で、エリス（直径二三二六±一二キロメートル）は、冥王星（直径二三七四±八キロメートル）よりわずかに小さいことがわかった。カイパーベルト天体はすべて地球の月よりも小さい。

冥王星の科学について背景をいくらか見ていただいたところで冥王星が惑星でなくなった話に戻ろう。次に何が起きたか。一般社会からの投書がどっと舞い込んできた。「冥王星を惑星にとどめるなら、博物館はその模型を作る費用がかかります。新しい展示物を買わなければならないと文句を言われるかもしれませんが、大したことではありません。費用は三ドルです」。これは中学一年生からの投書だった。「冥王星のどこがまずいのでしょう。他と違うからですか？　それが冥王星は惑星だと考えない理由ですか？　もしそうなら、それは人種差別です」。人種差別とは。

また別のテーマ。「去年は先生が生徒に太陽系には九つの惑星がありますと教えていたのに、今度は八つありますと教えることになります。生徒、つまり幼い生徒は混乱するでしょうし、私はずっと『水金地火木土天海冥』と言っておぼえ

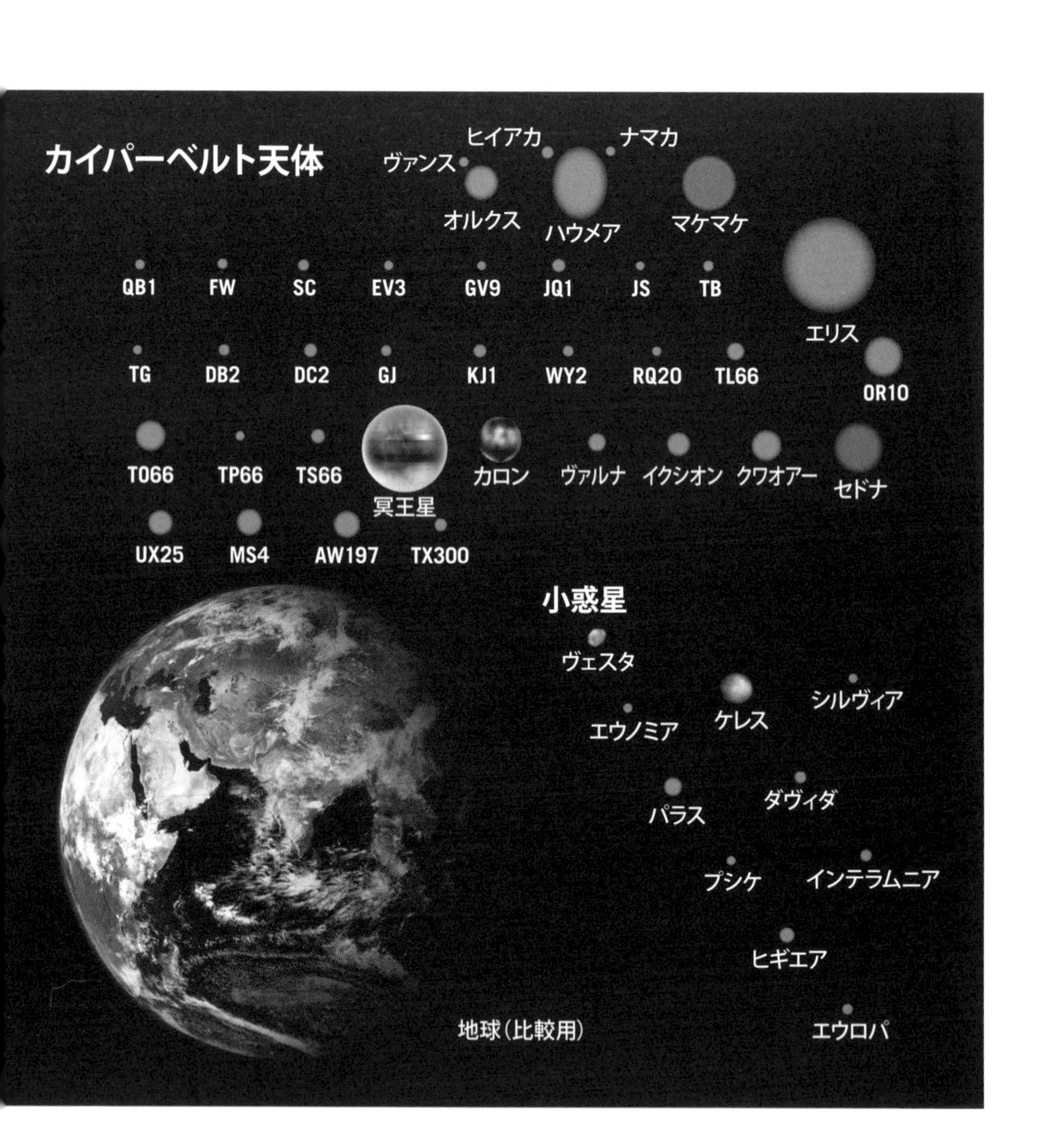

カイパーベルト天体
ヴァンス
ヒイアカ
ナマカ
オルクス
ハウメア
マケマケ
QB1
FW
SC
EV3
GV9
JQ1
JS
TB
エリス
TG
DB2
DC2
GJ
KJ1
WY2
RQ20
TL66
OR10
TO66
TP66
TS66
冥王星
カロン
ヴァルナ
イクシオン
クワオアー
セドナ
UX25
MS4
AW197
TX300
小惑星
ヴェスタ
エウノミア
ケレス
シルヴィア
パラス
ダヴィダ
プシケ
インテラムニア
ヒギエア
エウロパ
地球（比較用）

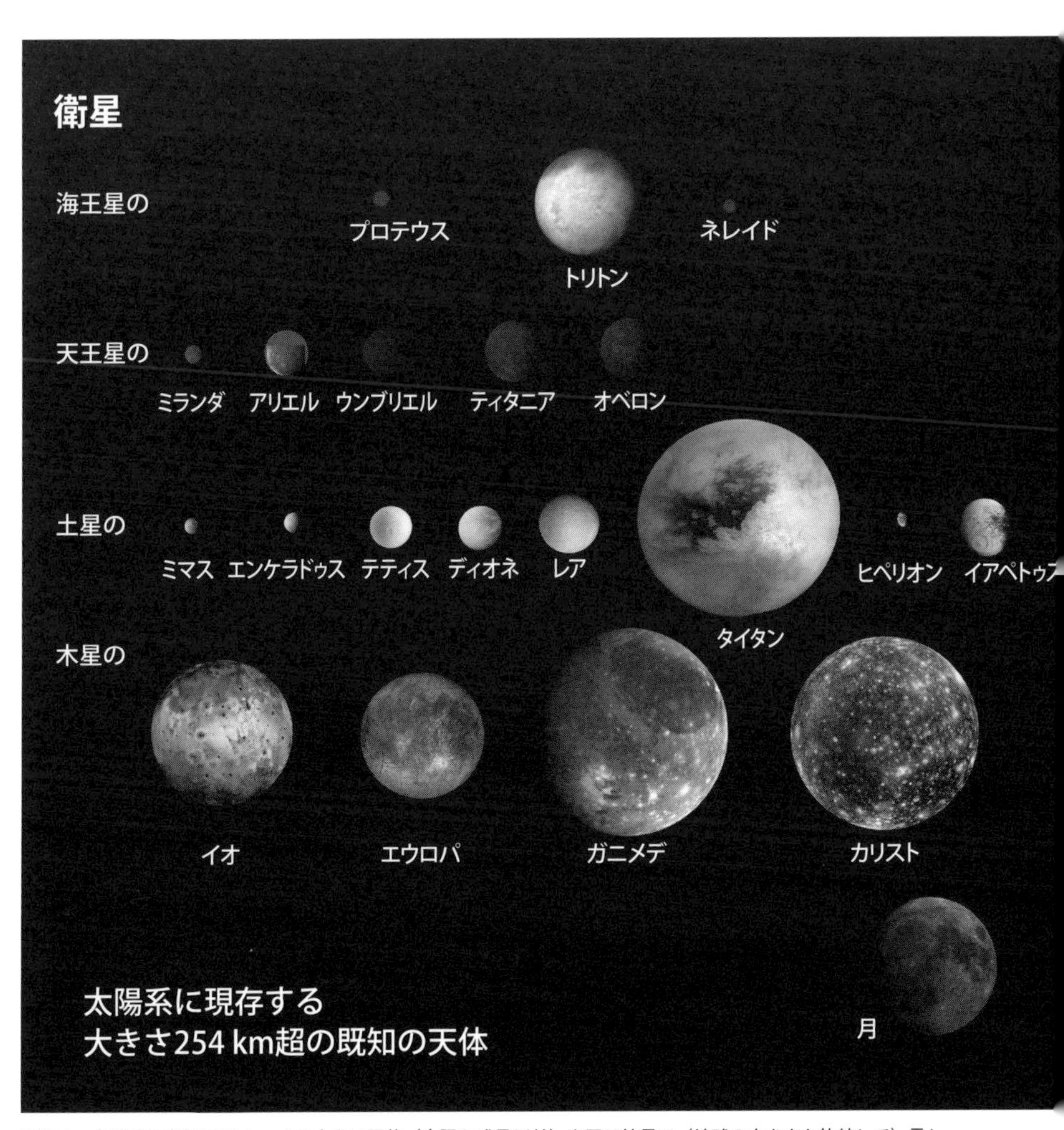

図 9-4　太陽系の直径 254 km より大きい天体（太陽と惑星以外）を同じ縮尺で（地球の大きさと比較して）示したもの。写真—— J. Richard Gott, Robert J. Vanderbei (*Sizing Up the Universe*, National Geographic, 2011）による。

てきました。それは大いに使えたし、多くの子どもがそうやって惑星をおぼえています。これからはどう教わるのでしょう。私は子どもですが、どうなるかはわかります」。

ローズセンターでは、惑星を数えたりはしない。「太陽から四番目の惑星は何ですか」といった試験問題には科学はまったくない。ローズセンターでは、冥王星が惑星ではないとは言わなかった。「惑星」という単語を強調することさえしていない。私たちが言っているのはこういうことだ。太陽系には種族があり、その一つ——地球型惑星（水星、金星、火星）には、その構成員を他と区別する共通の特性がある。小惑星も種族の一つ——小型の岩石天体——をなす。巨大ガス惑星も一つ。カイパーベルト天体も一つで、そのうち最も内側を回っているのが冥王星であり、これに属するどの天体も似たような性質がある。これも一族をなしている。そして太陽をすっかり囲んでいる氷の天体の雲がある。彗星が集まるオールトの雲だ。太陽を公転する天体を五つの種族に分けた。私たちはそれを教育的パラダイムとする。肝心なのは、対象が共通に有する性質は何かと問うことだ。小学校三年生は、巨大ガス惑星が大きくて密度は小さいことを知ることができる——「密度」という言葉を知るきっかけにもなる。巨大ガス惑星は大きくてガスの塊、つまりビーチボールのようなものだ。土星に至っては水の密度よりも低い。土星のかけらを取ってきて風呂に入れたら浮くということだ。私は子どもの頃、ゴムのアヒルより、土星の玩具がほしかった——その方がかっこいい（クール）と思ったのだ。

私が思うに、冥王星は自分が属するカイパーベルトにある今の方がうれしいだろう。それを赤っぽい惑星と見るのは、その根本的な性質を見落としていることになる。もし冥王星を地球が今あるところに移したとしたら、彗星のように膨らむだろうが、惑星はきっとそんなふるまいはしない。

冥王星が小さいことばかり言って冥王星の気分を害す前に、私たちも謙虚になれるようなことを一言。地球が冥王星より大きい比率以上に木星は地球より大きい（図9-3と図9-4を比較のこと）。それは木星に暮らす人々（あるいはどんな種類であれ生物）にアンケートを取れば——何らかの木星人のところへ言って、「太陽系にはいくつ惑星がありますか」と尋ねたら——どんな答えをくれるだろう。きっと「四」だ。「それ以外の惑星はどうなるんだい、地球とかは……」と思うだろうが、木星人は、「それは岩の塊だから。かけらでしょ？　太陽系のはぐれ者じゃないですか」とでも言うだろう。つまり、冥王星を惑星から除外する私の論拠、私たちの論拠は、とくに星の大きさに基づくものではない。むしろ物理的特性や軌道の特性に基づいている。

二〇〇五年のこと。カリフォルニア工科大学のマイク・ブラウンらのチームは、エリスというカイパーベルト天体を発見した。これは直径が冥王星とほとんど同じで、質量は二七パーセント大きい（図9-4）。エリスには小さな衛星、ディスノミアがあり、それが軌道で示す数値から、エリスの質量が正確に推定でき、冥王星より大きいことが明らかになった。これにより話が頭に戻った。冥王星が惑星なら、もちろんエリスも惑星でないといけない。冥王星を降格させるか、エリスを昇格させるかいずれかだ。国際天文学連合（IAU）という、そのような定義を決定する公式の団体は、二〇〇六年の総会で特別会議を催し、冥王星やエリスなど他のカイパーベルト天体を惑星として認めるかという投票をした。結果はどうだったかというと、冥王星はそれまでの惑星から準惑星に格下げになった。この一件は世界中でニュースになった。教科書執筆者はメモをとった。天体が惑星であるには、(1)太陽を公転し、(2)静水力学的平衡の（球に近い）形をとらせる重力が得られるだけの質量があり、(3)その軌道付近にあるかけらを一掃するものでなければならない。冥王星は第三の基準を満たせないしケレスもそうだ——どちらもそれ自身の質量なみの質量になる他の天体を伴っている。マイク・ブラウンをはじめ、大半の天文学者は、「近隣を一掃する」ことを、惑星が軌道のその一帯で優勢でなければいけないということと解釈している。木星は何と言っても、五〇〇〇ものトロヤ型小惑星を引き連れている。これは木星軌道の木星の前後、角度にして六〇度のところに密集しているが、この小惑星群はまとめても木星本体の質量と比べると微々たる質量にしかならない。IAUは木星を降格させようとはしなかった。IAUは、太陽系には八つの惑星があると認めた。水星、金星、地球、火星、木星、土星、天王星、海王星だ。「水金地火木土天海」だ。冥王星、エリス、ケレスは最初の二つの基準は満たすが、「準惑星」という名を使える小型の惑星だった。つまりローズセンターは冥王星を降格させる点では六年先んじていたのだ。私は『冥王星ファイル——アメリカ人の大好きな惑星の盛衰』（二〇〇九）という本を書いた。マイク・ブラウンは自身のエリス発見について魅惑の本を書き（二〇一〇）、『冥王星を殺したのは私です』と題した。私たち

図 9-5　宇宙船ニュー・ホライズンが 2015 年の通過の際に撮影した冥王星とカロン。写真—— NASA

は今や冥王星を公転するカロンより小さい衛星を四つ発見している。エリスには衛星が一つあり、カイパーベルト天体のハウメア（今やこれもIAUによって準惑星とされている）には二つある。二〇〇六年、NASAは冥王星に向けてニュー・ホライズン宇宙船を打ち上げた。クライド・トンボーの遺灰の一部が載せられた。この宇宙船は二〇一五年に冥王星とカロンのそばを通過し、両者の美しい写真を撮影した。いずれも図9-5に掲げてある。冥王星にはハート形の氷の領域が見える。これは暫定的に「トンボー地域」と名づけられた。カロンの極は、非公式に『指輪物語』の黒の国にちなんで「モルドール」と名づけられた。それで冥王星には不都合はない。

第10章　銀河での生命探し

ニール・ドグラース・タイソン

私たちは自身が生命なので、宇宙にいる生命にも格別の関心を抱く。私たちが宇宙を見まわして、どこかの特定の星の周囲にその星を公転する惑星があるか、その惑星に生命がありうるかと問うなら、その問いは、私たちが知っているような生命――地球にいる生命――に基づいて考えてみるとわかりやすい。生物はみな共通に、ひとそろいのタンパク質を持っているらしい。第一に、私たちが知っている生命は水を必要とする。次に、生命はエネルギーを消費する。化学的な言い方をすれば、生物は代謝を行なう。そして第三に、生命にはそれ自身を再生する手段がある。ここでは第一の点に集中する。それなら宇宙物理学の方法と道具によって扱える可能性があるからだ。液体の水を求めて宇宙を探ればよい。

三匹の熊（ゴルディロックス）の物語以来、私たちは、生命に関係するところでは、熱すぎることもあれば、冷たすぎることもあり、ちょうどよいこともあることを知っている（し、同意している）。太陽を見てみよう。そこには一定の光度があり、太陽にもっと近ければ、物はもっと熱くなり、遠ければ冷たくなることはわかっている。生命に液体の水が必要だとして、水が太陽にあまりに近いところにあれば、水は蒸発してしまう。遠すぎれば、凍ってしまう。つまり、惑星が液体の水を維持できる軌道の範囲――領域（ゾーン）――が存在するということだ。太陽に近ければ水は蒸気になり、遠ければ氷になる。その中間で液体の水が得られる。そこでこの領域に名前をつけた。「居住可能領域（ハビタブルゾーン）」という。この概念は、それが一九六〇年代に生まれて以来、半世紀以上、私たちの主流のパラダイムになっている。星が違えば、その明るさによって、ハビタブルゾーンの大きさが異なり、考えなければならないことが出てくる。宇宙物理学者のフランク・ドレイクは、この概念を少し先まで進めて、ドレイクの方程式と呼ばれるものを立てた。それはニュートンの法則によって立てられるような方程式というよりは、宇宙に知的生命がどのくらいいるかについて私たちがどれほど知らないかを要約する方法になっている。

ドレイクの方程式をお見せする前に、私たちが生命について知っているすべてのことに基づいて、生命は惑星を必要とするとだけ言っておこう。恒星を公転する惑星が必要となる。まず恒星があって、それから惑星となり、それから生命は地球でゆっくり進化したことを思い出せば、知的生命が生まれるまでに何十億年もの進化が必要ということになる。そのため、恒星は長寿でなくてはならない。すべての恒星が長生きするわけではない。寿命が一〇億年という星もあるし、一億年という星さえある。質量が最大級の恒星は、一〇〇〇万年、あるいはもっと短い間に死んでしまう――地球で起きていることが何かの手がかりになるなら、そうした星を回る惑星には知的生命がいる望みはあまりない。私たちは長寿の恒星と惑星を必要とするが、どんな惑星でもいいというわけではなく、その恒星のハビタブルゾーンにある恒星が必要となる。

ここまでで、探すのは長寿の恒星、そのハビタブルゾーンにあって、生命がいる惑星だということがわかったが、生命ならば何でもいいというわけではない――知的生命のいる惑星がほしい。地球の歴史の大半の間、「藍藻類(シアノバクテリア)」と呼ばれる有力な微生物がそのときの地球大気を大混乱に陥れた。今日の人々は、人間が環境を汚染して、オゾンホールを生み出し、温室効果ガスを増やすと嘆いているが、三〇億年前の地球大気にシアノバクテリアが及ぼした影響と比べれば、人間の影響などかすんでしまう。その頃、地球には大気中に大量の二酸化炭素があったが、それで問題はなかった。そこへシアノバクテリアが登場し、二酸化炭素を食べ、酸素を吐き出し、大気の化学組成とバランスを完全に変えてしまった。地球には豊富な酸素が残り、二酸化炭素はほとんど残らなかった。実は、酸素は当時いた多くの嫌気性生物にとっては毒だった。二酸化炭素は温室効果ガスなので、それが少なくなると温室効果も減り、地球は劇的に冷え始めた。当時に環境保護運動があったとしたら、それはこんな抗議をしていたかもしれない。「酸素生産をやめろ！ これは地球に悪い」と――それは現状を変えるからだ。地球は冷え込み、何度かは完全に凍結した。その間も太陽は一〇億年以上にわたる成長で、徐々に、着実に明るくなり、地球の全球凍結期(スノーボール・アース)は終わった。結局は、大気中の酸素が人類を含めた様々な動物の発生を可能にした。すべての変化がすべての生物にとって悪いわけではない。

私たちは次の小惑星が私たちを滅ぼすことを心配している。言っておくが、いずれそうなる。いつかはわからないが、いずれはそうなるし、地球はひどい日を迎えるだろう。その前に地球に大規模な衝突があった六五〇〇万年前を考えよう。

恐竜を滅ぼしたとされる衝突だ。その頃は、私たちの先祖となる齧歯類程度の大きさの哺乳類がいて、茂みの中をかさこそ走り回っていて、基本的には恐竜などの恐ろしい捕食動物の餌となりながら、かろうじて生き延びていた。ティラノサウルスのような恐竜が大衝突の余波で滅び、哺乳類が進化してもっとたいそうなものになる道が開けた。この出来事は、私たちには生命を与え、獰猛な恐竜からは奪いながら、最終的には私たちが今持っている文化や社会を育む一連の出来事を起動した。つまり私は地球の変化について、もっと全体論的な見方を取ろうとしている。

　この筋書きの意味するところは、生命がいそうな惑星上の存在と会話したければ、それが生きているだけでは十分ではない。その生命は知的でなければならない。実は、それ以上のことが必要となる。アイザック・ニュートンは知能が高かったが、銀河のあちらとこちらにいたのでは、ニュートンと会話することはできないだろう。ニュートンの時代に足りなかったのは、信号を広大な宇宙を越えて送受信する何らかの技術だった。私たちが探している知的生命は、私たちが見ている時期に技術的に熟練していなければならない。つまり、それが一〇〇〇光年離れたところにいるなら、そこからの信号が今の地球に届くには、ちょうど一〇〇〇年前に宇宙に向かって発信されていなければならない。今度は技術にはそれ自身を解除するための種子が含まれていると想像しよう。技術が無知で無責任な人間の手に渡ると、自然災害よりも効率的に自滅できると考えるのだ。力の濫用で自身が滅亡するまでの期間はどれだけあるか。一〇〇年しかないかもしれない。銀河を見渡していて、惑星が恒星を公転する五〇億年の歴史の中の一〇〇年の断片の間に別の惑星が見られたら、幸運ということになるにちがいない。宇宙に通信相手を見つける確率は実に低くなる。

　フランク・ドレイクは、こうした論拠をすべて考慮に入れて、ドレイクの方程式に書き込んだ。これによってＳＥＴＩ、つまり「地球外知的生命探査」と呼ばれるものの出発点ができる。ドレイクは、この銀河にある、私たちが今から聴き取ることができる通信可能な文明の数、Ncを推定しようとした。そこに達するために、方程式の中に一連の分数を導入した。各項は現代宇宙物理学に基づくそれぞれ別個の推定を表す。

$$Nc = Ns \times f_{HP} \times f_L \times f_i \times f_c \times (L_c / \text{銀河の年齢})$$

ただし、

N_c = 今の時点で銀河系で私たちに観察できる通信を行なっている文明の数。
N_s = 銀河にある恒星の数、約三〇〇〇億
f_{Hp} = ハビタブルゾーンに惑星がある適切な恒星の割合、約〇・〇〇六
f_L = 生命が育つ惑星の比率、わかっていないが、一に近いかもしれない
f_i = 生命が知的生命に発達する比率、わかっていないが、確率は小さい
f_c = 星間距離を超えて通信する技術を発達させる知的生命がいる比率、わからないが、たぶん一に近い
L_c = 通信する文明の平均寿命、わからないが、銀河の年齢に比べると小さいかもしれない
　銀河の年齢、約一〇〇億年

天の川銀河にある星の数、約三〇〇〇億から始めよう。銀河にあるすべての星が適格というわけではないので、長生きで（知的生命が育つだけの長さ）、ハビタブルゾーンにある惑星がある恒星の割合をかけなければならない。これによって、知的生命探しの対象になれそうな使える星の総数は少なくなる。この本が出る段階では、一五万以上の恒星を調べる壮大な作業を経て、三〇〇〇以上の太陽系外惑星の存在が確認されている。これは大革命となった。

恒星には惑星があるのがふつうで、複数の惑星がある恒星も多い。惑星のある恒星のうち、ハビタブルゾーンにある快適な惑星を見つけたい。太陽系外惑星は、それが恒星に及ぼす重力による引力によって発見できる。恒星の視線方向への揺れを引き起こし、それが観測できるからだ。惑星が及ぼす引力が大きくなる近いところにある惑星は、星の視線方向の揺れの速度が大きくなり、検出しやすい。つまり、恒星に近い惑星は比較的見つかりやすいが、そのような惑星は熱すぎて液体の水がない――ドレイクの方程式用に求めるようなものではない。系外惑星調査で最大のものが、ＮＡＳＡのケプラー衛星によって行なわれている（もちろんあのヨハネス・ケプラーの名による）。これは、こちらから見た恒星の正面を惑星が通過するときに、恒星の明るさがわずかに下がるのを測定することで惑星を見つける。もっと一般的には、これは

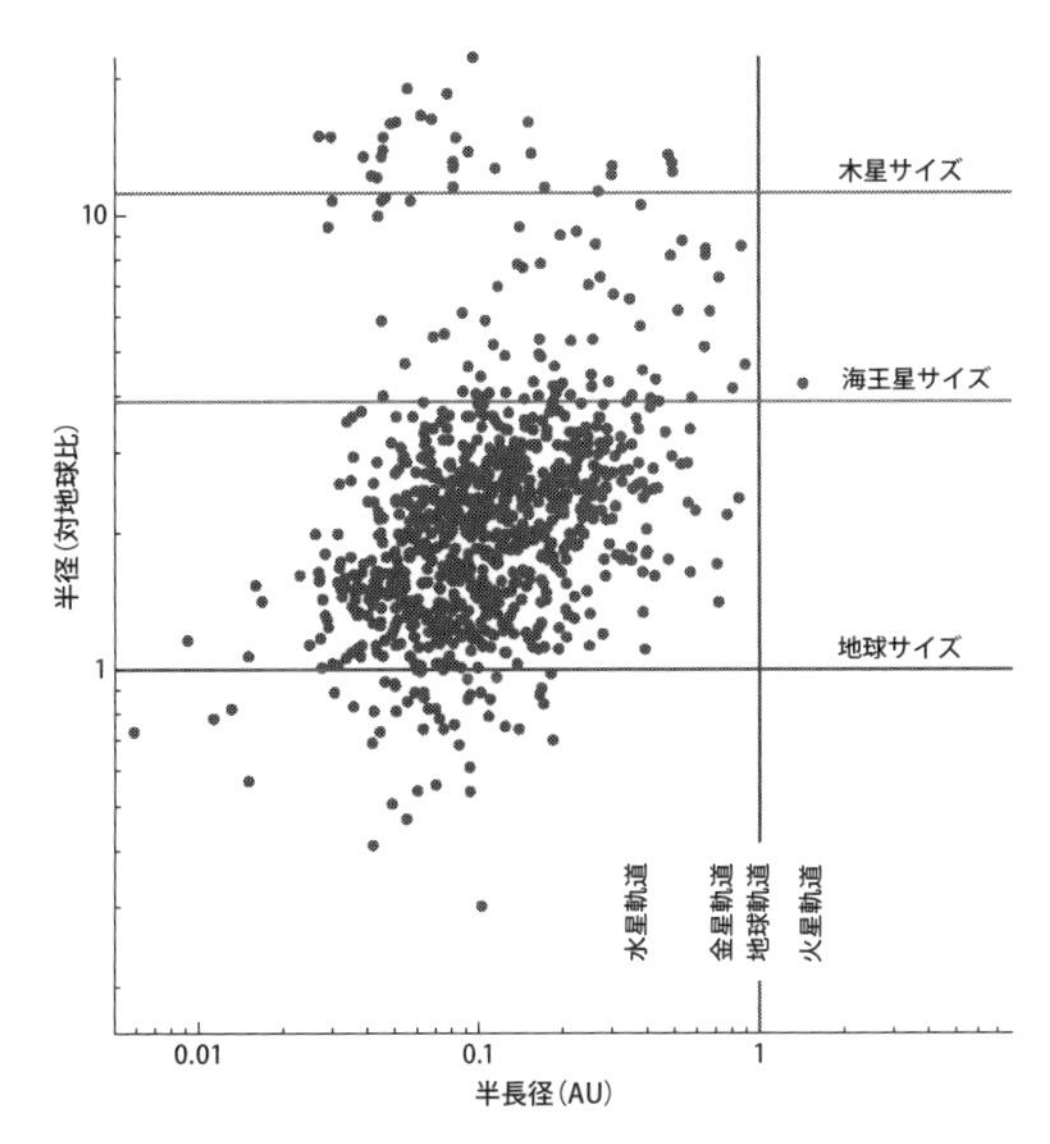

図 10-1　ケプラー衛星によって見つかり、惑星半径と恒星からの距離が測定された系外惑星。2106 年 2 月段階。確認された 1100 以上の系外惑星がドットで示されている。縦軸での位置は惑星の半径（地球半径を単位とする）、横軸での位置は恒星からの距離（天文単位 AU）。こうした系外惑星は、恒星の正面を通過して、その恒星の明るさをわずかに下げるときに発見された。青の照準線はこの図に地球を置いたとしたときの位置を示す。図版—— Michael A. Strauss, NASA

恒星面通過（トランジット）と呼ばれる。木星の直径は太陽の一〇パーセントほど。断面積（πr^2）は太陽の一パーセントほどになる。つまり、木星サイズの惑星が太陽型の恒星の正面を通過するとき、恒星の明るさを一時的に一パーセント減らす。地球サイズの惑星は半径が太陽の一パーセントほどで、太陽型の恒星の明るさを〇・〇一パーセントほどしか下げない。ケプラー衛星は、その主なミッションは地球型の惑星を探すことだったので、原理的に恒星の明るさにこのような減衰があることを検出できる感度で設計されていたとはいえ、それは限界に近い性能だ。多くのケプラーによる検出結果は木星あるいは海王星なみの惑星だったが（私たちが知っているような生命には適さない）、もっと小さい、地球なみの大きさの惑星も数多く見つかっている。図10−1は、確認されているケプラー惑星をドットにして示している。ドットの縦軸座標は地球半径に対する惑星の半径であり、横軸座標は惑星の軌道半径をＡＵでとっている。ケプラー惑星のほとんどは、太陽型の恒星を公

図10-2　地球と比べたケプラー62e。右にケプラー62e、左に地球。ケプラー62eは想像図だが、相対的な大きさはこの通り。軌道はハビタブルゾーンにあるらしく、水の海があるかもしれない。写真―― PHL@UPRArecibo

転する。青の照準線は、地球がこの図の上にあったら置かれるところを示す。私たちが探すのは、図のそのあたりにある系外惑星だ。

トランジットは惑星が星に近いときの方が起こりやすい。つまり、これまでに発見されたケプラー惑星の大半は、熱すぎて生命を維持できない。惑星が十分離れていて、居住可能な温度にあるなら、トランジットが観察できるには、その軌道の真横から見えるようになっていなければならないし、公転周期が長ければトランジットの回数は少なくなって、見つかる可能性が下がる。これまでのところ、ケプラー衛星が発見して確認された地球の直径なみから二倍程度の系外惑星を一〇個ほどにすぎない。それは地球が太陽から受け取るものの四分の一から四倍の範囲に収まる放射に照らされている。こうした惑星はトランジット法を使ったのではもっと見つけにくいので、この数字は低い。

有望な候補の一つはケプラー62eだ（図10-2に絵にしたものがある）。これはK星（ケプラー62と名づけられた）を公転する五つの惑星の一つで、地球からは一二〇〇光年ほどのところにある。恒星の表面温度は四九〇〇Kで、惑星ケプラー62eの半径は地球半径の一・六一倍あり、恒星から受け取る平方メートルあたりの放射量は、地球が太陽から受け取る量の二〇パーセント増し程度でしかない。これはハビタブルゾーンにあるはずだ。岩石惑星かもしれないし、表面を海が覆う氷の惑星かもしれない。この複数の惑星がある星系は、太陽系より二五億年ほど古い。

ハビタブルゾーンに適切な惑星がある恒星の割合（f_{HP}）はどれほどあるだろうか。太陽のようなG型星は天の川銀河の星のうち八パーセント近くを占めている。太陽はその一つなので、この型の星が生命にとって問題ないことはわかっている。太陽よりはるかに明るい星では燃料を早く使い果たしてしまい、惑星に複雑で知的な生命が進化するのに必要な時間が与えられない。地球では何十億年も必要だった。G型よりも暗いK型とM型は太陽よりも長生きで、この条件を見事に満たす。

しかし主系列のM型星は光度が低すぎて、惑星がハビタブルゾーンにあるためには、暖かさを維持するためにM型星の近くになければならず、そうすると潮汐力でロックされて、いつも一方の面だけが恒星に向いているようになる。潮汐力は近いほど強い。この潮汐力は惑星をわずかに楕円体形に延ばし、その回転は遅くなり、最後には楕円体の形が固定され、親恒星の方向を向く（月もそうして潮汐力でロックされていて、同じ作用で必ず一方の面が地球を向いている）。惑星はおそらくそれでかまわないが、その表面に生命がいればかまうことになる。惑星の、つねにM型星を向いた面は熱くなりすぎ、反対側は冷たすぎるからだ。地球のような大気は、冷たい方の側では凍ってしまう。熱い側の大気が冷たい方に流れ込み、それがまた凍る。歯止めはきかない。いずれ大気がすべて冷たい側で凍ってしまい、生命の可能性はなくなる。この惑星で生命に望みがあるとしたら、空気を循環させる非常に厚い大気圏があり、両側の極端な温度差を小さくすることだろう。そのような大気圏となると、地表での圧力も非常に高い。また、M型星は、太陽のような恒星よりも巨大フレアの回数がはるかに多く、これも生命にとっては命取りになりかねない。そうしたことがあっても生命がありえなくなるわけではないが、進化は難しくなる。

こうした理由から、G型星とK型星が最善の候補で、これは天の川銀河の全恒星のうち二〇パーセントという相当の割合を占めている。

そのような恒星があったとして、そのハビタルゾーンに惑星が見つかる可能性はどのくらいあるだろう。

ここで一つ、宇宙についての美しい計算をお見せするが、たぶん、美しいかどうかは自分で判断すべきだろう。私としては、この計算に必要なツールがすべてあれば、どれほどのことができるかを明らかにしたいだけだ。太陽には太陽の光度があり、地球にも地球の光度がある。温度があり、その温度によって放射、この場合は主として赤外線を出している——ふつう、熱放射と呼ばれるものだ。地球の温度というものがあるので、プランク曲線のその温度に対応するスペクトル分布の放射が出ている。地球の全光度は単位面積当たりで放出されるエネルギーに地球の面積をかけたものとなる。まず地球の表面積、$4\pi r_E^2$ をとり、これを地球の単位面積あたりのエネルギー放出量、σT_E^4（熱放射のシュテファン＝ボルツマン法則による）をかける。したがって、地球の光度 $L_E = 4\pi r_E{}^2\sigma T_E{}^4$ となる。同じことは太陽についてもできて、$L_S = 4\pi r_S{}^2\sigma T_S{}^4$ となる。太陽による光度のうちどれだけが実際に地球に届いているかを考えよう。地球の温度は変動するが、平均からの変動の範囲は小さい。平衡状態では、地球が太陽から受け取るエネルギーは地表から放出されるエネルギーとつりあっているはずだ。これは正しいにちがいない。そうでないと地球は時間とともに急速に熱くなるか冷たくなるかのいずれかで、観察されている平均温度が維持されることはないだろう。こうした方程式は前にも見ているが、ここでは新しい目標がある——地球の平衡温度を計算することだ。

太陽光度 L_S は、すべてが地球に当たっているのではない。太陽からあらゆる方向に出ていくエネルギー全体ではなく、地球に向かうエネルギーだけを考えよう。太陽からのエネルギーのこの部分は、いずれ地球の公転軌道に等しい半径（一AU）の球面と交差する。地球が受け止めるのは全球面に対してどれだけの比率かを求める必要がある。地球にとって意味がある部分——地球が遮る部分——は地球の断面積分に等しい。

したがって、太陽の放射のうち、地球に当たる分の割合は、地球がなす円形の断面積 $\pi r_E{}^2$ を、太陽の放射が通過する半径一AUの巨大な球の面積 $4\pi(1\ \mathrm{AU})^2$ で割ったものとなる。その割合は、$\pi r_E{}^2/4\pi(1\ \mathrm{AU})^2$ で、太陽の全光度のうち地球に当たる分は、$L_S\pi r_E{}^2/4\pi(1\ \mathrm{AU})^2$ となり、太陽光度の式を使えば、$4\pi r_S{}^2\sigma T_S{}^4\ \pi r_E{}^2/4\pi(1\ \mathrm{AU})^2$ となる。平衡状態にあるとき、これは地球が発する光度、$4\pi r_E{}^2\sigma T_E{}^4$ と等しい。その等式を書けば、$4\pi r_S{}^2 T_S{}^4\ \pi r_E{}^2/4\pi(1\ \mathrm{AU})^2 = 4\pi r_E{}^2\sigma T_E{}^4$ となる。左辺には $4\pi/4\pi$ があるので、これは約せる。等式の両辺にある $\pi r_E{}^2$ も約せて、もう一つ、両辺の σ も約せるので、式は $r_S{}^2\ T_S{}^4/(1\ \mathrm{AU})^2 = 4T_E{}^4$ となる。

これで地球の平衡温度 T_E を計算できる。まず、等式を $T_E{}^4 = r_S{}^2\ T_S{}^4/4(1\ \mathrm{AU})^2$ と書こう。これを整理して、両辺の四乗根をとると、次のようになる。

$$T_E = T_S\sqrt{[r_S/(2\ \mathrm{AU})]}$$

これが等式にとれる最も簡単な形だ。しかしそれこそが求めている地球の温度を求める式となる。式に値を代入しよう。

太陽の半径は六九万六〇〇〇キロメートルで、二AU＝三億キロメートルだった。太陽の半径六九万六〇〇〇キロメートルを三億で割ると、答えは、0.00232となる。この平方根は、0.048。太陽の表面温度は五七七八Kで、これに0.048をかければ何が得られるだろう。それは地球の平衡温度二七八Kとなる。二七三Kが水が凍る温度、〇度であることはわかっている。したがって、地球の気温に対する推定値は五度となる。地球の平均温度は実際にそのあたりにある。しかしちょっと待てよ。ここには入れていなかったものがある。私は地球が黒体であるかのように扱ったが、地球は受け取るエネルギーをすべて吸収するわけではない――白い雲があるし、よく反射する氷の極冠もある。実は、地球は太陽から当たるエネルギーの内四〇パーセントを宇宙に反射しているのだ。それほどの量が吸収されず、その分、地球の温度は上がらない。この分を先の式に入れると、地球の平衡温度はもっと下がる。計算すれば、地球の平衡温度は氷点下になる。その通りなのだ――太陽からこの距離にある地球の宇宙空間での自然な平衡温度は、水の氷点を下回る。先の論拠からすると、地球には液体の水はなく、生命もないことになる。しかしもちろん、ここにはちゃんと液体の水があり、豊かな生命もある。つまり他の何かが温度を上げていることになる。温室効果ガスではないかと察しがついただろう。地表で放射される赤外線はそのまま宇宙空間へ抜けるのではない。大気に吸収され、第2章で述べたように、大気は温められる。捕捉された赤外線の分で地表温度は上がる。こうして地球大気による温室効果は地球の表面温度を上げる。地球に対する温室ガス効果は、地球の反射率をほぼ相殺することがわかっていて、そのため先の計算結果は十分だった。

先の見事な等式、$T_E = T_S \sqrt{r_S/(2\ \mathrm{AU})}$から、特定の星について、特定の惑星の温度は（特定の反射率と特定の温室効果ガスも含めて）、恒星からの距離の平方根分の一に比例することになる。この式によって、特定の恒星について、ハビタブルゾーンの内縁と外縁が計算できる。この限界をr_{min}とr_{max}と呼ぼう。恒星からの距離がr_{min}の惑星のハビタブルゾーンの内側の端では、水が表面で沸騰寸前になっている。地球なみの大気圧があれば、水は一〇〇度、つまり三七三Kで沸騰し、ハビタブルゾーンの内側の端では惑星の表面温度は三七三Kとなる。水は〇度、つまり二七三Kで凍る。ハビタブルゾーンの外側の端でそうなる。つまり、ハビタブルゾーンの内側の端にある惑星は、同じ惑星がハビタブルゾーンの外側の端にあるときより、熱さは二七三分の三七三倍となる。比r_{max}/r_{min}は(373/273)の平方、つまり一・八七となる。すると、特定の惑星について、ハビタブルゾーンの外側の端は、内側の端より八七パーセント大きいだけということだ。この幅は狭い。

観測選択効果を補正すると、ケプラーのデータは、太陽型（G型とK型）の恒星のうち、およそ一〇パーセントが地球サイズ（地球と同じから二倍までの半径）で、恒星からの放射の流束が地球が受け取るものの四分の一から四倍という惑星となることを教えてくれる。つまり、太陽に似た星なら、そのうち一〇パーセントほどには、地球サイズの惑星が、恒星から〇・五〜二AUの範囲内にあるということだ。これは太陽放射が距離の平方に反比例して弱くなることによる。二AUのところにある惑星が受け取る太陽の光は、地球が受け取る量の四分の一であり、〇・五AUの惑星が受け取る量は地球の四倍となる。ケプラーのデータは、地球サイズの惑星の親恒星からの隔たりが距離の対数に正比例して分布することをうかがわせている。それはどういうことだろう。〇・五AUと二AUの間にある惑星のうち、半分は〇・五AUから一AUの間にあり、残り半分は一AUから二AUの間にあるということだ。〇・五AUと一AUの隔たりは二倍。一AUと二AUの隔たりも二倍。同じ比率の幅の間隔に、同じ数の惑星が収まる。太陽型恒星から〇・五AUの距離にある惑星は、反射率が高く温室効果が低ければ居住可能となるだろう。しかし地球がそのあたりにあれば、海水は沸騰してしまうことになる。同様に、地球が二AUあたりにあったら、地球のどこにあっても水は凍るだろう。しかし反射率が低く、温室効果が高い惑星がそこにあれば、生命を維持できるほど温かい範囲にとどまれるかもしれない。しかじかの惑星の、しかじかの反射率と温室効果についての r_{max}/r_{min} 比は狭く、一・八七だ。一方、$1.87^{2.2} \approx 4$ となる。つまり、一・八七を二・二個かけると、だいたい四、つまり太陽型恒星についての〇・五AUから二AUの範囲全体を示す数になる。一・八七倍ずつの範囲それぞれに同じ数の惑星が収まるということは、つまり、〇・五AUと二AUの間のどこかにある地球サイズの惑星なら、特定の反射率と温室効果の下で居住可能であるために必要な $r_{max}/r_{min} = 1.87$ にたまたまいる可能性は二・二分の一（約四五パーセント）あるということだ。

銀河系にある恒星の二〇パーセントが適していて——G型かK型——そのような太陽型の星のうち一〇パーセントほどに太陽の光が地球の四分の一から四の間にある地球サイズの惑星があり、そのうち四五パーセントほどが、居住可能（しかじかの反射率と温室効果があって、地表に液体の水がある）であるために必要な半径の範囲にあるなら、比率 $f_{HP} = 0.2 \times 0.1 \times 0.45 = 0.009$ となる。

この問題は面倒だが、そこからわかることもある。算数と宇宙物理学を使って、恒星の周囲の、私たちが知っているような生命がいそうなところを選り出した。

しかし惑星が候補となるには、他の基準も満たさなければならない。そこにはまずまずの大気がなければならない。惑星が月くらい小さいと、その重力では弱すぎて、温度が二七八K程度の大気の分子が宇宙に逃げてしまい、惑星は大気圏を失うことになる。月にほとんど大気がないのもそのためだ。しかしすでに地球の半径からその二倍までくらいの惑星を考えているので、大気は維持されるはずだ。惑星軌道があまり細長くてもいけない。軌道が離心率eの楕円なら、恒星からの最大距離r_{max}から最小距離r_{min}の比、$r_{max}/r_{min} = (1+e)/(1-e)$となる。同じことだが、$e = ([r_{max}/r_{min}]-1)/([r_{max}/r_{min}]+1)$だ。すると、惑星の軌道が完全な円なら、$e$はゼロとなり、細長くなるにつれて、$e$は一に近づく（これは多くの彗星にも成り立つ）。何の話か見えてきたかもしれない。惑星の軌道は$r_{max}/r_{min} > 1.87$になるようなものであってはならないということだ。でないと海が沸騰してしまうか、全面的に凍ってしまうかになる。すると惑星が貴重な液体の水が沸騰したり凍結したりせずにハビタブルゾーンにあるためには、軌道の離心率は$e < 0.3$でなければならない。地球外生命に遭遇したら、「お国の惑星はきっと離心率は〇・三未満ですね」と言ってよい。相手はきっと感心するだろう。

地球軌道の離心率は、わずか〇・〇〇一七しかない。これは偶然ではない——あまりぶれの大きくない穏やかな気候をもたらしている。あるいはもう少し正確に言うと、私たちが離心率の低い軌道の惑星で進化したのは偶然ではないということだ。生命探しには幸いなことに、ケプラー衛星が発見した地球型惑星はたいてい、離心率は低かった。そうした星系は惑星が複数ある場合が多く、惑星間の相互作用で長年の間に軌道は円に近くなるということらしい。惑星は互いに離れた軌道に落ち着く。惑星が複数ある星系では、隣接する惑星では平均して公転軌道が少なくとも二対一になるように並んでいることが多い。ケプラーの第三法則（$p^2 = a^3$）を使うと、これは隣り合う惑星どうしを比べると、軌道は平均して少なくとも$2^{(2/3)}$、つまり一・六倍ずつ大きくなることを意味する。この倍数は、特定の惑星に対するハビタブルゾーンの幅、r_{max}/r_{min}の一・八七に近い。運が良ければ、それより近い軌道に惑星が二個存在しうる。または高反射率で温室ガス効果が低い惑星が内側に、低反射率で温室効果が高い惑星が外側にあることも考えられるが、平均すれば、星系一つ当たり、居住可能な惑星はせいぜい一つと見ておくことにしよう。

かつては連星系には惑星はないと思われていた。銀河系にある恒星のうち、半分以上は連星系なので、そうなると候補の比率は半分に削減しなければならなくなる。しかしケプラー衛星は連星系にも惑星を見つけている。両方が太陽型の星で、それが互いの共通重心を、〇・一AUの距離で公転していて、惑星が$\sqrt{2}$ AU = 1.41 AU離れているなら居住可能性に問題はない。地球と同じ程度の明るさが得られることになる。空に二つの恒星が見えるだろう（『スター・ウォーズⅣ』での惑星タトゥイーンのように）。その二つの星は緊密な対をなすので、惑星の力学を乱すことはない。しかし一AU離れた太陽型恒星だと、安定した惑星軌道を維持する居住可能な場所を見つけるのは難しくなる。どちらの恒星の重力の支配下にあるかが次々と入れ替わるからだ。しかし二つの太陽型の恒星が、一〇AUより大きい距離を置いて公転するとなると、一方の星に対して一AUのところで公転し、もう一つの恒星も一〇AUの距離で見るということがあるので、また好都合になる。遠くに離れているので、もう一つの星は惑星の軌道を不安定にせず、惑星はあまり熱くもならない。もちろん、恒星が一つでも、質量が大きい星系にはいたくない。知性が進化する時期に達する前に赤色巨星になり、死んでしまうだろうからだ。

この三つの追加因子――大気、離心率、連星系のトラブル――は恒星にハビタブルゾーンの惑星がある確率を下げるが、合わせても、f_{HP}を半分までは下げないだろう。そこで、f_{HP}は〇・〇〇九から少し下げて、f_{HP}～〇・〇〇六程度にするだけにしよう。

フランク・ドレイクが一九六〇年代に最初にあの式を書いたときには、他の恒星を公転する惑星はまだ見つかっていなかった。つまり、f_{HP}は誰かの当てずっぽうにすぎなかった。しかし今では推測の精度を高めるデータがある。方程式はそういうふうになると考えられている。データを得て、因子を見つける気にさせてくれる。

f_{HP}が〇・〇〇六という結果はいい線を行っていると思われる。これで何ができるかを考えてみよう。最も近い恒星は四光年離れたところにある。これを一〇倍にして四〇光年にしてみよう。半径四〇光年の球の体積は四光年の球の一〇〇〇倍になるので、その球の中には、一〇〇〇個ほどの恒星が見つかるだろう。f_{HP}が〇・〇〇六なら、この半径内に、平均して少なくとも六つの居住可能な惑星があると予想される。太陽から四〇光年以内に、他の恒星を回る惑星が見つかることが予想できるのだ。これからすると、第一シーズンの『スター・トレック』は、テレビ信号と同じく光速で外へ進んで行って、おそらくすでに、表面に液体の水がある惑星をよぎっていることになる。

一九七〇年代には、英国惑星間協会が、ダイダロス計画という星間宇宙船の可能性に関する研究を行なった。高さ一九〇メートル、二段階の宇宙船で、核融合を動力として、五万トンの重水素とヘリウム3を使うことが構想された。これは月へ宇宙飛行士を送り込むのに使われたサターンV型ロケットの高さで二倍、重さで一六倍だった。この巨大な核融合式ロケットは光速の一二パーセントに達することができるとされた。二基の五メートル光学望遠鏡や二基の二〇メートル電波望遠鏡など、五〇〇トンの学術研究用の荷物を積むことになっていた。この宇宙船では、四〇光年進むのに三三三年かかることになる。今わかっていることからすると、この宇宙船なら、三三三年以内に居住可能な惑星に達することができる。フライバイによる遠隔計測結果はさらに四〇年後に地球に届き、合計三七三年でそこからの知らせが届くだろう。

あるいはもっとよいのは、同じ大きさのロケットを物質・反物質で使うことだ。そんなことをするのは技術的には高いハードルになるが——物質と反物質をエンジンで一緒にするまで安全に隔離しておくのが難しいが——燃料の質量が一〇〇パーセント、アインシュタインの方程式 $E=mc^2$ によってエネルギーに変換されることになる。これは重水素・ヘリウム3を融合してヘリウム4と水素にして、燃料の質量のうちわずか〇・五パーセントがエネルギーに変換されるだけの方式よりも、はるかに効率的だ。物質・反物質燃料が使えれば、同じ大きさのロケットでも、一〇人の宇宙飛行士を乗せて、四〇光年先の居住可能の惑星に着陸できるだろう。加速度は一G（毎秒、秒速九・八メートルの加速で、地表で私たちが受けている重力加速度）で始め、物質・反物質燃料を四・九三年間使い続ける。これは地球上にいるときと同じように船室で歩けるので、宇宙飛行士にとっては快適になる。この宇宙船は光速の九八パーセントの速度に達するだろう。それから光速の九八パーセントの速さで四三・六五年巡航し、最終的にロケットを反転させて一Gの加速度で四・九三年間減速する。宇宙飛行士は速度を落として打ち上げから四二・五年後に恒星に到着する。アインシュタインが発見した相対性理論の効果で（これについて第17章と第18章でゴットがもっと詳しく語ってくれる）、これほど光速に近い速さで移動すると、宇宙飛行士はこの間に一一・一年しか年を取らない。地球では四二・五年経っているのだが。物質・反物質技術を開発するのにあと二〇〇年ほどかかったとしても（核融合ロケットが打ち上げられてから）、物質・反物質燃料の宇宙船は、先行した核融合ロケットよりも先に目標に達する。

この計算が成り立つには、まず居住可能な惑星を見つけていなければならない。四〇光年は一二パーセクに相当する。

四〇光年先の星から一ＡＵの距離にある惑星は、地球の空では恒星から角度で一二分の一度離れていることになる。直径二・四メートルあるハッブル宇宙飛行望遠鏡は、すでに角度で〇・一秒の解像度がある。直径一二メートルの宇宙望遠鏡があれば、角度にして五〇分の一秒の解像度が得られるだろう。散乱する星の光による影響を最小限にするための特殊な掩蔽ディスクで恒星を隠した明るい画像を使うと、原理的には恒星から一二分の一秒しか離れていない惑星も捉えられる。現在建造中で二〇一八年に打ち上げ予定のジェームズ・ウェッブ宇宙望遠鏡は、直径六・五メートルの分割式の鏡面を備えている。その後の次世代宇宙望遠鏡は、四〇光年離れたハビタブルゾーンにある地球型惑星を見つけて撮影できるかもしれない。それは緑色をしているかもしれない――植物があるかもしれない。青かもしれない――大きな海があるのかもしれない。スペクトルを撮影できて、そこの大気に酸素――一種のバイオマーカーで、光合成など、生命の存在を明かせるかもしれない化学反応の副産物――があるかどうか判定できるかもしれない。

銀河の中にある恒星の数（三〇〇〇億）と f_{HP}（〇・〇〇六）をかけて、そこで計算を止めれば、良さそうに見える数字、つまりハビタブルゾーンにある惑星の数が得られる。それは一八億ほどだ。これは膨大な数だが、そのすべてが勘定に入るわけではない。ハビタブルゾーンにあるもののうち、ともかく生命がいるものの比率 f_L を求めようとしている。しかしただの生命ではなく知的生命となると、生命のある惑星のうちどれだけの割合 f_i が知的生命を持つようになるのだろう。この部分についてはまた後で述べる。

今は何をするかというと、これまでに、知的生命がいそうなハビタブルゾーンで公転する惑星のある長寿の恒星の割合と、そのうち恒星間の距離を越えて通信できる技術を発達させるものの割合 f_c を得ている。

ドレイクの方程式にある最後の比率は、私たちが今観測しているその時期に通信を行なっている文明の割合だった。つまり、銀河の年齢のうち、そうした存在が「オン」になっている期間の割合となる。天の川銀河全体をランダムに見るなら、生まれたばかりの惑星にも当たれば、中年のものも、古いものもあるだろう。銀河の一生の間のランダムな時期に通信期にある惑星を捉える可能性は、電波送信文明の平均寿命割る銀河の年齢に等しい。これも分数になる。最後の分数だ。この分数をすべてかけて、元の星の数をかければ、N_c、つまり銀河系にある、向こうからの呼びかけを――今――地球で受け取れる文明の数に達する。

そしてそこにドレイクの方程式の根源と本質がある。この分数のうちいくつか値はよくわかっている。たとえば、どのくらいの割合の星が長寿であるかは、HR図の主系列星についての理解からわかっている。そうして見回すと、多くの惑星が見つかっている。これまではよさそうだ。こうした惑星のうち、地球サイズでハビタブルゾーンにあるものの割合はいくらか。ケプラー衛星を元に、統計学を用いて先ほどそれを推定したところだ。見事にことが運んでいる。

ハビタブルゾーン論法には穴があることも発見されている。木星の衛星、エウロパには一〇キロメートルもの厚い氷床で覆われた深さ八〇キロメートルの海がある。すでに述べたように、エウロパの衛星全体に広がる海には地球の海全体よりも多くの水がある。それでもエウロパは太陽のハビタブルゾーンのはるか外側にある。それがどうして温かくなったのだろう。この衛星は他の三つの大型衛星とともに木星を公転している。他の衛星がニュートンの法則に従ってこの軌道を乱し、木星との距離を少し短くしたり少し長くしたりする。エウロパが木星に近づくと、木星の重力による潮汐力によって、この衛星は、少し細長い形に引き延ばされる。エウロパが遠ざかると、少し緩んで球に近くなる。こうしてエウロパは絶えずこねられることで熱ができ、氷を融かして液体の海を維持している。氷の層に穴を開けて下の海に達し、氷上の穴釣りをするには、誰かが資金を出してエウロパに探査機を送らなければならない（これはプルトニウムで熱した小さな探査機を使うとできるかもしれない。行く手の氷を融かしながら進める）。それが何かを捉えたかどうかを確かめる。そこに何らかの生命が見つかったら、それは「エウロパ人」、つまりヨーロッパ人と呼ばざるをえないだろう。土星の衛星エンケラドゥスにも氷の層の下の海がある。つまり恒星の熱で温められる惑星の数を数えるだけで比率 f_{HP} を推定すると、エウロパのような、ハビタブルゾーンのはるか外にあっても潮汐力で温められて液体の水を維持する衛星の分を入れるために、何らかの形で推定値を上げなければならない。ハビタブルゾーンの意味についての考え方を広げなければならない。

そのハビタブルゾーンのうち生命がいる比率はどれだけか。f_L はいくらか。それについての唯一の尺度——他にないデータ——は地球から得られる。生物学者は地球の生物多様性を誇る。しかし私は、エイリアンが見つかったら、そのエイリアンは地球上の生命とは、地球上の生命どうしの違いよりもずっとひどく離れているのではないかと思っている。

そもそもこの地球ではどのくらい多様だろう。並べてみよう——動物園みたいに。ここには小さな細菌、あちらにはもっと小さなウイルス、クラゲ、イセエビ、ホッキョクグマ……。別の例もある。あなたは地球へ行ったことがないとしよう。誰かが地球へ行ってからあなたのところへ来て、興奮して言う。「変わった生き物を見たよ。そいつは餌を赤外線で探知して捉えるんだ。腕も脚もないんだが、獲物を捕まえる恐ろしい捕食動物なんだ。それだけじゃない。自分の頭の五倍もある生き物を食えるんだ」。あなたはすぐに「嘘はよせ」と言う。私が描写したものは何かというと、ヘビだ。ヘビには腕も脚もなしでヘビとしてちゃんと暮らしている――口を大きく開けて、自分の頭よりも大きい物を食べる。

他にどんな生き物がいるだろう。楢の木とか、人間とか。私が言いたいのはこの多様性も同じ惑星を共有していて、それはみな、好むと好まざるとにかかわらず、共通のDNAを持っている。地球上の生物はすべてDNAの何パーセントかは他の生物と共通のものだ。私たちはみな、化学的にも生物学的にもつながっている。

地球は今では約四六億歳になった。初期の太陽系では、形成期のなごりの破片が惑星表面をずたずたにしていた。大きな岩や氷の球がまだ降り注ぎ、巨大な量のエネルギーを注ぎ込んでいたからだ。運動エネルギーが熱エネルギーに変換され、岩石惑星の表面を融かして液体にし、それによって生物がいてもすべて殺してしまう。それが約六億年続いた。地球の生命時計を起動したいときは、四六億年前から始めたのでは正しくない。当時はまだ地球表面は生命にはきわめて不向きだったからだ。生命がどれほど早くできたかを見たければ、そこから始めるのではなく、約四〇億年前から始めることだ。地球の表面が十分に冷えて、液体の水が維持できて、複雑な分子ができるようになった頃だ。そこからストップウォッチをスタートさせよう。

かつてはスポーツ競技で時間を計測するためのストップウォッチには頭にボタンがついていて、それを押すと動き始め、針と呼ばれるものが盤面を回り、またボタンを押すと、時計(ウォッチ)は止まる(ストップ)――だからストップウォッチと呼ばれる。日曜の夜にCBS系列の長寿報道番組の「60 minutes(シクスティ・ミニッツ)」を見ると、この博物館ものの機械時計がまだ使われていて、それで番組が始まり、終わる。音楽以外のオープニングテーマを使うテレビ番組はこれだけだ。ストップウォッチの針の動きだけが放映される。

ストップウォッチを四〇億年前にスタートさせよう。それから二億年後、地球に最初の生命が残した跡ができる。三八億年前のシアノバクテリアが残した跡があるのだ。長寿の恒星の周囲にできる、ハビタブルゾーンにある惑星の一部は生命がいそうに見える。そのチャンスがあれば、この地球では使える時間のほんの何パーセントかで最初の生命ができたのだ。この生命誕生の過程がどのように起きたのか、正確にはわかっていない――それは今なお生物学研究の最先端にある――が、一流の人々がその研究をしていることは請け合える。わかっているのは、四〇億年のうちの二億年ほどしかかからなかったということだ。生命ができるのが長く困難なことだったら、一〇億年とか、何十億年とかかかってもおかしくない。しかしそうではなかった。かかったのがわずか二億年ということで、ドレイクの方程式のf_Lはきわめて高く、たぶん一に近いことに自信が持てる。

もちろん、ここでの話は「私たちが知っているような生命（Life As We Know It）」に限っている。この言い方は省略して「LAWKI」で通っている方面もある。私たちは、この問題についての考え方が他にあるか、自信をもって言うことはできない。私が知らないような生命について書くことはできるだろう。しかしそうなると可能性を書き尽くすには何巻もの本になるかもしれない。七本脚のもの、眼が三つのもの、口が二つのもの、プルトニウムでできたもの等々。あちらでの生命は私たちが知っているようなものではないかもしれないが、適切な問いの立て方はわからない。それは哲学的な問題ではなく、実務的な問題だ。私たちが知っているような生命の一例はある。つまり私たちだ。それは一つの例だが、それが存在することの証明にはなる。何かが存在することを証明しようとしていて、その一例が、自撮りのカメラの画面を見つめているのだ。証拠はそこにある。そこからスタートして、進んでみよう。私たちは自分が宇宙でごくありふれた種類の原子でできていることも知っている。

『スター・トレック』には、エンタープライズ号の乗組員が炭素ではなく珪素を元にした生物と遭遇する回があった。地球の私たちは炭素型の生命だが、珪素も宇宙ではありふれた元素だ。このときの『スター・トレック』では、珪素型生物は基本的には生きた岩が低く積み重なったもので、動くときにはよちよち歩きのようなことをする。これは創造性のある物語上の飛躍だった。『スター・トレック』の製作者側は、乗組員が銀河で遭遇する生物の種類の制約を広くしようとしていた。珪素は周期表で炭素のすぐ下にある。化学の時間に、縦一列に並んでいる元素はすべて原子の外殻にある電子の軌道構造が似ているという話を聞いたことがあるかもしれない。そして軌道構造が似ているなら、他の元素との結合のしかたも似ているかもしれない。炭素型の生命が存在することはすでにわかっているのなら、珪素型の生命を想像していいではないか。原理的にはそれを止めるものはない。しかし実際には、宇宙に炭素は珪素の一〇倍も豊富にある。また、珪素分子は強固に結合するものなので、生命という実験化学の世界にはかかわろうとしない。二酸化炭素は気体だが、二酸化珪素は固体（砂）だ。星間空間には、H–C≡C–C≡C–C≡C–C≡N のような炭素が長くつながった鎖型の分子（三重結合と単結合が交代で繰り返される）も発見されている。アセトン $(CH_3)^2CO$、ベンゼン C_6H_6、酢酸 CH_3COOH など、炭素による分子は恒星間空間のあちこちを漂っている。ガス雲はこうした分子を作っている。ラブジョイ彗星はアルコールのガスを噴出していることがわかっている。珪素はそうした複雑な分子は作らず、化学的には炭素ほどおもしろみはない。そこで、何らかの化学に基づいて生命を考えたいなら、炭素こそがその元素となる。その点に疑いはない。どんな形の生命が銀河に分布していようと、宇宙には炭素が豊富だということと、その結合特性だけでも、化学は似ていることには賭けてもよい。外見は違っているかもしれないが。

地球は太陽系にできた生命の一例なので、f_L が〇・五という推定は納得できる。〇と一の中程で、確実というわけでもない――五分五分だ。その次はというと、長寿の恒星の周囲のハビタブルゾーンにある惑星で生命だけでなく知的生命がいるものの比率だ。これはあまり有望には見えない。

地球上で知性を測定するためにどんな方式を工夫しようと、人類はその最上段に来るものだろう。大きな脳が重要らしく、私たちの脳は大きい。しかしゾウやクジラの脳はさらに大きい。すると、ただ大きければいいのではないかもしれない。比率かもしれない。人の脳の重さの体重に占める割合だ。たぶん、それが知性を本当に決めるものだ。人間は動物界にいる動物のいずれと比べても、体に対する脳の比率は最大になる。私たちはそう定義するので、私たちはその最上段に来る。しかしたぶん、私たちの傲慢が、他の考え方をできなくしているのだろう。私たちには知能があると断定し、知能を、生物種にある、代数を行なう能力と定義しよう。私たちにあるとされる知能をそのように定義したら、地球では唯一の知能がある種ということになる。イルカは水中で代数はしない。その行動がどれほど複雑で思慮深そうに見えるかは関係ない。イルカは代数をしない。世界史上、人間以外の生物種で代数をしたものはない。私たちには知能がある。この問答のために、それをこう定義して、私たちと会話ができる生物を探しているとする。英語は使わず、宇宙的と思われる何らかの言語を使う。これは科学の言語、つまり数学という言語だろう。

知能が生物種の生存にとって重要なら、その特色は化石の中にもっと頻繁に姿を見せていたのではないかと思わないだろうか。実際には現れていない。それがあるからといって、実は生存にとって重要にはならないからだ。次の地球的破局の後、ゴキブリはおそらくまだいるだろうし、ネズミもいるだろうが、ヒトはおそらく絶滅しているということはご存じだろう。そのときまでに私たちの脳は多くのいいことをしてくれているだろう。

さて、私たちの知能はこうした運命を変えるチャンスをもたらすかもしれない。恐竜の運命も変えられたかもしれない。『ニューヨーカー』誌にフランク・コタムが描いたある漫画では、二頭ののし歩く恐竜が出会う。そして一方が相手に、「僕が言いたいのは、そろそろ小惑星をそらせるための技術を開発すべきときだということなんだ」と言う。ご存じのとおり、その間に小惑星が地球に向かっていて、二頭両方とも消してしまう――永遠に。ひょっとすると私たちは自分の知能を使って自分たちの生物種の自然な寿命を延ばすことはできるかもしれない。宇宙に出たり、小惑星を衝突する前にそらしたりして――NASAにそのための予算をつける気があるならば。しかし脅威はそれだけではない。予見されない突発的な病気の脅威もある。アメリカのニレの木がどうなったかを見てみよう。ニューイングランド地方のニレの木はほとんどがニレキクイムシという昆虫が運ぶ菌類によって絶滅した。その種のことが私たちに対して起こったらと想像してみよう。新型の感染力の強いインフルエンザウイルスがあれば、私たちを滅ぼすのに十分かもしれない。

知能は生存の保証にはならない。しかし視覚は確かに重要に見える。視覚器官はいろいろな動物の種のそれぞれで、自然淘汰で進化している。人間の眼はハエの眼と構造的な共通点はないし、ハエの眼には、ホタテ貝の眼と構造的に共通するところはない。眼の元になる原始の遺伝子が一つだけあるように見えるが進化の経路はいろいろで様々な眼が登場している。視覚は生存にとって非常に重要であるにちがいない。移動能力、あちこち動き回る手段を持つことはどうだろう。カエデの木には走るための脚はないが、小さな翼のついた種をつけて、風で遠くまで広がる助けにする。移動能力が重要に見えるのは、ありとあらゆる形でそうなるようになっているからだ。ヘビは這うし、イセエビは歩くし、クラゲは水を噴出するし、細菌は鞭毛を使う。多くの昆虫、たいていの鳥が空を飛ぶ。ヒトは歩き、走り、泳ぎ、車や列車や船や飛行機や宇宙船に乗り、私たちは実際に動き回る。しかし私たちはやはり、地球上に生きている中では唯一の代数をする生物で、それは知能が系統樹の必然的な結果であることにあまり自信を与えてはくれない。進化生物学者はスティーヴン・ジェイ・グールドも同様の見方を表明している。このすべてのことが、比率 f_i は小さそうだということをうかがわせている。そのことを表すために、$f_i < 0.1$としておこう。それよりずっと小さくてもよいことを認めつつ。これは私の同業者のうちの、ＳＥＴＩ協会で研究している人々も含む一部の意見とは違っている。そちら側の人々は、この比率f_iが相当高いことを求める――そうでなければ、それを探す理由もなくなる。もちろん、細菌相手に語りかけようというのではない。

知能がひとたび進化してしまえば、技術は不可避になるのかもしれない。私はf_cをおよそ一とさえ仮定したいところだ。人間は代数ができて、興味深い脳があり、生活を便利にしたいと思っていて、休暇もほしい、テレビドラマも見たい。そうした動機から、文明を生み出すほどの知的生命の比率は高くなっていい。何と言っても、私たちが知っている代数ができる唯一の生物は、恒星間通信ができるほどの技術を開発するまでになっているではないか。しかし、テクノロジーは自らの解体の種子を含んでいるとすれば（たとえばどんどん巧妙になる殺し方や惑星破壊の方法の開発によって）、その技術があって通信する文化の持続期間は銀河の年齢のごくわずかな比率になるかもしれない。ゴットはコペルニクス原理（電波を発信する文明の市民の中での自分の位置は特別である可能性は低い）に基づいてある論証を行なっている。これは本書の最終章で論じられて、無線を発信する文明の平均寿命は一万二〇〇〇年もない可能性が高いことを示す。銀河の年齢でそれを割れば、その比率はごく小さい。

要点は、ドレイクの方程式にできる限りの数字を入れれば、最後には通信を行なう文明の数を推測できる。この方程式の各項を分析する教科書がいくつか書かれている。そうして私たちは生命探しに関する私たちの考えを整えている。

ドレイクの方程式は映画『コンタクト』にカメオ出演している。カール・セーガンと妻のアン・ドルイヤンによる小説に基づく一九九七年の映画だ（私は最近、『コスモス』というテレビ番組の新装版で、ドルイヤンや、セーガンによる一九八〇年のオリジナル版の共著者で同僚のスティーヴン・ソーターとともに進行役を務めた）。『コンタクト』は賢明にもエイリアンの姿を描くのは避けている。どんな姿かわからないからだ。どんな姿をしているだろう。私たちにはわからない。一九五〇年代のＢ級映画ではいつも、俳優が着ぐるみを着てエイリアンを演じていて、よその惑星から来たエイリアンはすべて、頭と二本の腕、二本の脚があって、二足歩行していた。一九八二年の映画『ＥＴ』では、地球外生命（エクストラテレストリアル）は、かわいらしい、おかしな姿の生物だが、それでも眼は二つ、鼻の穴も二つ、歯も腕も首も脚も膝も指もある。ＥＴはクラゲよりも人間の方に似せられている。ハリウッドの想像力はそれほど貧弱ということだ。すでに述べたように、新しい形の生命を考えるとしたら、地球にいるどんな生物とも、地球にいるどんな二種類の差と比べても大きく違っているものにするのがよい。一九七九年の宇宙スリラー映画『エイリアン』は少し違う生物を登場させた。少し創造性のある装いを見せていたが、それでも頭と歯があった。

『コンタクト』に戻ろう。私が初めて映画の世界初上映（ワールド・プレミア）に立ち会ったのは『コンタクト』だった。招待状が私に届いたのは、私がカール・セーガンとアン・ドルイヤンの何年も前からの友人だったからだ。恥ずかしいことが二度あった。単純に私があまりハリウッドには出入りしていないせいだったが。カメラマンが並ぶレッドカーペットを歩き、劇場に入ってしまうと、そこは映画のポスターや趣向をこらした装飾で飾られていた。もちろん、ポップコーンとソーダも並んでいた。そこで私はポップコーンの器に手を延ばし、カウンターの向こうの男に「いくら?」と尋ねると、相手は「五〇ドルです」と答え、一瞬私は呆然とした。つかのま死にそうになったところで、相手は「もちろんただですよ」と言った。五秒ほど理性的に分析して、私は思った。「もちろんただだよ、ただに決まってる」。ワールド・プレミアでポップコーンの料金をとるわけがない。私はすぐに謝って、東部の出で、こちらには不案内なものでと白状した。上映の後、パーティがあって、そこでは各テーブルに小型の望遠鏡など、古風な天文学の器具が置いてあった。私はこれはしゃれた趣向だと思い、このテーブルの飾りをどこで手に入れたのだろうと思った。どこかのアマチュア天文学グループがそういう望遠鏡などを貸し出したにちがいないと。これほどのものを所有しているのなら、とても活動的な天文学グループにちがいないから、どこか知っておかないといけない。そこで主催者のところへ行って、「この望遠鏡はどこで手に入れられたのですか」と尋ねた。相手は私を見て、きっと密かに「この馬鹿が」と思ったにちがいない、聞こえる声ではこう言った。「小道具部屋から持ってきたんですよ」。その夜のおバカな東部人の質問第二弾だった。なるほど、小道具部屋なら何でもある。望遠鏡も。当然だ。

映画には、主演のジョディ・フォスターが、相手役のマシュー・マコノヒーと星空の下に座り、星や惑星を指さしているシーンがあった。そして少し距離を縮めると、ジョディ・フォスターがドレイクの方程式の簡略版を暗唱しはじめる。天の川銀河の四〇〇〇億の星から始めた。まあまあの値だ。私は三〇〇〇億と言ったが、私たちがしようとしていることに比べれば誤差のうちで、大したことではない。さらに続ける——ついでながら、ジョディ・フォスターの役は宇宙に知的生命を探す科学者だ——「四〇〇〇億の星があるの。私たちのいる銀河だけでも。そのうち一〇〇万分の一に惑星があって、一〇〇万分の一に生命があって、そのうち一〇〇万分の一に知的生命がいるとしても、あそこには何百万もの文明があることになるわ」。

四〇〇〇億の一〇〇万分の一は四〇万だ。この一〇〇万分の一は？　〇・四になる。さらにその一〇〇万分の一は？つまり、ジョディ・フォスターには申し訳ないが、銀河には何百万どころか、〇・〇〇〇〇〇〇四個の文明しか残らない。これはワールド・プレミアで、どこに誰が座っているかわかったものではない。前方の席には他ならぬフランク・ドレイクがいたのだ。私はこの数字の間違いにかっかしているが、ドレイクは全然動じなかったらしい。ロマンに浸っていたのかもしれない。ジョディ・フォスターのこの台詞の後、二人はキスをして、次のシーンではベッドにいる。つまりドレイクの方程式を口にしたことが、きわめてギークな恋のはじまりだったというわけだ。それを否定することはできない。しかし私の反応とドレイクの反応の違いは、私がときどきこの種のことに過剰反応することの予兆だったのかもしれない。どうやらジョディ・フォスターもこの間違いについて言われたことがあるらしいが、もう手遅れだ。あの台詞はいっしょうけんめい覚え、リズムとロマンスを維持しつつ、どう口にするかを研究していたので、困惑したという。しかし誰のせいなのだろう。ジョディ・フォスターは台詞を忠実に読んでいた。脚本家のせいにするだろうか。そうかもしれない。脚本の校閲係は？　それもありうる。カール・セーガンだろうか。でも本人は一年前に亡くなっていた。もちろんセーガンではない。誰かが間違ったのだ。[*1]

私は全体にこの映画はすばらしいと思う。知的に宗教と科学の境目に立ち（マコノヒーの役は宗教学者）、こうしたことについていろいろな感じ方をする多くの人々がいることを認識している。また妄想にとらわれた人々を含めた様々な大衆文化が知的エイリアンの発見にどう反応するかも正確に捉えている。一般に妄想派は私たちが何か発見しないときにさえ反応する。私には宇宙に関する最新理論を送ってくれる人々からの投書がある。「夜に月を見ていたら、ビールの味が本来よりもよくなる」と書いた葉書ももらった。何と答えればいいだろう。

ちょっと遊んでみて、そうした人々の不確かなところを認識して、これまで論じてきた数字をドレイクの方程式に入れて本章を計算をしめくくろう。

$N_c = N_s \times f_{HP} \times f_L \times f_i \times f_c \times (L_c/\text{銀河の年齢})$.

$N_c = 3000\text{億} \times (0.006) \times (0.5) \times (<0.1) \times 1 \times (<12{,}000\text{年}/100\text{億年})$.

$N_c < 108$.

問題の各項の最新の推定値によれば、今電波で銀河通信ができる文明は、一〇〇ほど見つかると予想してもいいかもしれない。私たちの最大の電波望遠鏡が何らかの形のそういう存在——地球外知性——を探知できるかもしれない。銀河全体の中で。つまりチャンスはある。まだ探し始めたばかりなのだ。

おまけに、地球から二五億光年以内には五〇〇〇万ほどの銀河ある。先の数に五〇〇〇万をかければ、銀河外の電波放送をする文明の数は、五〇億くらいになるだろう。この塊の中にある銀河すべては、私たちが見ている段階でできて何十億年も経っている——そこで知的生命が育つとすれば、その時間はたっぷりある。こうした銀河外文明で最も遠いもの（二五億光年）は、私たちの銀河の中で見つかるかもしれない中で最も遠い物（六万二六〇〇光年）の約四万倍ということになる。逆二乗法則からすると、典型的な銀河外文明の電波の明るさは、銀河内文明の一六億分の一しかないことになる。地球外文明を考えるとき、たいていは天の川銀河の中だけを探すことにするのはそういう理由による。

銀河外文明探しは思っているほど見込みのないことではない。知的文明なら、信号を全天に発射することもできるし、同じだけのエネルギーを集中して、小さい区域を狙って送ることもできる。全エネルギーを空の一〇分の一に向けて発射することによって、自分たちの存在を一〇倍明るく見えるようにすることができるだろう。空の五〇〇〇万分の一だけに集中すれば、明るさは五〇〇〇万倍になって見える。宇宙全体の観測者のほとんどはその信号が見えないとしても、ビームが絞られた範囲内にいるわずかな文明は遠くからでも見えるだろう。実際、フランク・ドレイク自身がこの方針を使って、一九七四年、アレシボの直径三〇〇メートルの電波望遠鏡を、球状星団M13に向けて細く絞った電波信号を送るために使うことにした（信号が到着する頃にM13がいるところに向けて送ったのではないことがわかった。この星団の天の川銀河を回る動きで、信号が届く頃にはビームから外れたところにいることになるらしい。そこで信号は球状星団を外してしまうが、そういう細かいところはここでの話には重要ではない）。各文明ごとにいろいろなパターンのビームを使っていて、あるところはあらゆる方向に出し、あるところでは細いビームを出していると、見かけの明るさの非常に大まかな分布が導けて、これはジップの法則と呼ばれている。信号の光度が最高のものは、N番目に高いもののN倍ほどになるという。これは五〇〇〇万の銀河があれば、見かけの明るさが最も高い文明は、天の川銀河で見かけが最も明るい電波源の約五〇〇〇万倍明るいということになる。五〇〇〇万倍もチャンスがあれば、運良く誰かの明るい細いビームに収まっているかもしれない。つまり、最も明るい銀河外文明なら、見かけの明るさは天の川銀河に見える最も明るいものの三二分の一（＝一六億分の五〇〇〇万）倍ということになる。この推論に基づけば、銀河外文明探しも行なわれてしかるべきだろう。

最後に、ドレイク方程式に伴う但書をいくつか。ハビタブルゾーンは私たちが求めたよりも狭いかもしれない。地球が今より遠ければ、惑星は寒くなり、両極の氷山が大きくなる。すると地球表面の反射率が上がり、太陽からのエネルギー流の吸収が少なくなり、さらに寒くなる。歯止めのきかない氷河期に突入するかもしれない。地球を太陽に近いところに置いたとすると、氷が溶け、反射率は下がるので、地球はさらに熱くなる。沼沢地に取り込まれるメタンが増え、さらに温室効果が増すだろう。

太陽は何十億年かの間の成長でだんだん熱くなる。それを埋め合わせるには、温室効果は小さくなって、あるいは反射率が大きくなって、文明が成り立つ温度範囲を保つ必要がある。星が何十億年かかけて明るさを増すなら、ハビタブルゾーンは外側へ移動し、知的生命が育つには、そのハビタブルゾーンに長い間とどまる必要がある。先にも述べたように、私たちは、生命が知的生命に進化するだけの時間を得るには、連続して何十億年もの間居住可能でなければならないと考えている。

興味深いことに、生命そのものもこのつりあいに影響しうる。星が主系列のM型星で、一〇〇億年の間あまり成長しないなら、惑星は最初は単純な生命にとって居住可能だが、その星が二酸化炭素による大気を酸素豊富な大気に変えるときには、温室効果は下がって、永久の氷河時代に送り込むかもしれない。これもM型星が知的生命を形成するのには理想的でない理由の一つだ。

生命は他の形でハビタブルゾーンに影響しうる。大気中の二酸化炭素は貝殻などの炭酸カルシウムの形で捕捉され、その動物が死ぬと堆積岩（石灰岩）になってたまり、それによって温室効果ガスが減ることもありうる。火山活動は二酸化炭素を大気中に送り込んで、温室効果を増やしうる。もちろん、人類のような生命が、太古の生物からできた石油や石炭のような長い間埋まっていた化石燃料を掘り出して燃やせば、大気中に送り込まれる二酸化炭素は増える。それぞれの惑星についてのハビタブルゾーンを推定するのは、その惑星の地質、気象、さらには生物にも左右されることになる。

第2部　銀河

第11章　星間物質

マイケル・A・ストラウス

今度は個々の星や惑星から手を広げ、天の川銀河に恒星がどう収まり、恒星どうしがどう作用しあうか、さらには星間物質（インターステラー・ミーディアム）と呼ばれるものについて見ていこう。これまでは、恒星間空間について基本的に何もないところであるかのように話してきたが、本章では、恒星間の膨大な体積の空間には、実は大量の物質がある——ただ希薄に広がっている——ことを納得してもらいたい。星間（インターステラー）とは、もちろん星と星の間ということで、ミーディアムは「中身（スタッフ）」という意味。つまり星間物質とは、星と星の間にある中身という意味だ。

当の星間物質を見てみよう。これは美しい天文学画像をいくつも生んでいる。

図11-1は天の川銀河のいろいろな画像を集めてできた合成画像だ。これは全天を表していて、巧妙な方法で平面に投影してある。天の川と呼ばれる光の帯は、夜空をアーチのように横切るもののように思えるが、実際には天球をぐるりと一周して、「銀河赤道」と呼ばれるものを描いている。私たちのいる天の川銀河は星が集まった円盤で、私たちはこの円盤の中にいるので、それを見ようとすると、空を巡る光の帯が見えることになる。天の川の最も明るい部分（この写真の中央にある銀河中心の方向）は、北半球の中緯度地方からははっきりとは見えない。南半球へ行くことがあれば、都市の灯りから離れたところの晴れた月のない夜に、空を見上げるとよい。とくに三月から七月にかけて、天の川の南天での眺めはとてつもなく、北半球の人々に見ることができるものよりはるかに明るい。

私たちは円盤の中心から外周に向かって半分ほどのところにいるので、写真は天の川を真横から見たときのような外見を示している。すぐに気づくことの一つは、天の川がなめらかではなく、ところどころに暗い染み、あるいは斑があるらしいということだ。これを望遠鏡で見ると、天の川のぼんやりとした光が実は無数の星の光が重なったものによることが

図11-1　天の川を見せる全天のパノラマ。天の川の中の遠くの星が、図の中央を横切る横向きの直線として表される銀河赤道に沿って、空を一周する光の帯をなす。天の川銀河の中心はこの図の中心にある。天の川沿いにある暗い筋や斑にも注目しよう。塵がその向こうの星を隠しているところだ。写真—— J. Richard Gott, Robert J. Vanderbei によるものを元に手を加えた（*Sizing Up the Universe*, National Geographic, 2011）Main Sequence Software のデータに基づく。

わかる（ガリレオが見て取ったことが知られる）が、星が見当たらない領域（暗い筋）がある。一〇〇年前、天文学者はこの筋をどのように説明できるかを論じていた。考えられた一つの可能性は、星の分布がもともと斑状で、暗い領域はたまたま星が非常に少ない領域だということだった。逆に（結局こちらが正解だったが）、星の分布にむらはないが、何かに遮られて見えずらくしているということだった。その何かが、実は星間物質だった。

星間物質の現れ方の一つは、きわめて不透明になることによる。それは希薄な物質だが、占める体積は巨大だ。地球の大気は、非常に希薄な靄や少量の煙でも遠くの物体を見えなくすることができる。星間物質には、煙にあるような極微の塵の粒子がある。実は、「塵」というのはそうした粒子を指すために天文学者が使う専門用語だが、もしかすると「煙」の方が言葉としては良いかもしれない。この物質はきわめて希薄に広がっているが、長大な距離にわたって広がっているので、その作用は背後の星の光を吸収してしまえるほどになる。方向によっては、塵の作用が蓄積されて、背後の星の光がまったく見えなくなるほど顕著になる。塵によって、たとえば天の川の中心は可視光ではまったく見えない。

この塵は、長波長の光より短波長の光をよく遮ることがわかった。長い方の赤外線の波長では、可視光よりも吸収の程度がはるかに低く、妨げのない銀河の眺めを得ることができる。図11-2は銀河の中心のクローズアップで、二ミクロン全天探査（2MASSと略される。この探査はU Mass、つまりマサチューセッツ大学の天文学者が中心になって行なわれたので、ふさわしい略語だ）。名前からうかがえるように、2MASSは約二ミクロン（2×10^{-6}m）の赤外線波長を用いる。これは可視光（〇・四〜〇・七ミクロン）よりもかなり長い。写真の光は個々の星からのものであることが見てとれる。やはり塵の作用は明らかだが、可視光で見たときほど極端ではない。天体からの青い光を選択的に抑えることによって、赤く見えるようになっている。つまり、塵ごしに恒星を見るときには、通常の色と比べると「赤っぽく」見える。左上の、塵の向こうから覗く小さな明るい赤い塊が他ならぬ銀河中心で、太陽の四〇〇万倍の質量というブラックホールを宿す密な星の集団だ。

図11-3は「石炭袋星雲（コールサック）」と呼ばれる暗い領域を示している。その向こうの星を完全に隠す巨大な塵の雲で、空に裸眼でも見えるほどの空白の区域を残している。オーストラリアのアボリジニの天文家は、四万年前からコールサック星雲のことを知っていた。それは天の川に、エミューの頭というアボリジニの伝承では有名な暗い模様を描いている。

つまり、星間物質はなめらかであるどころか、とくに濃密な塊や雲をたくさん含んでいる。塵以外にも、水素、酸素な

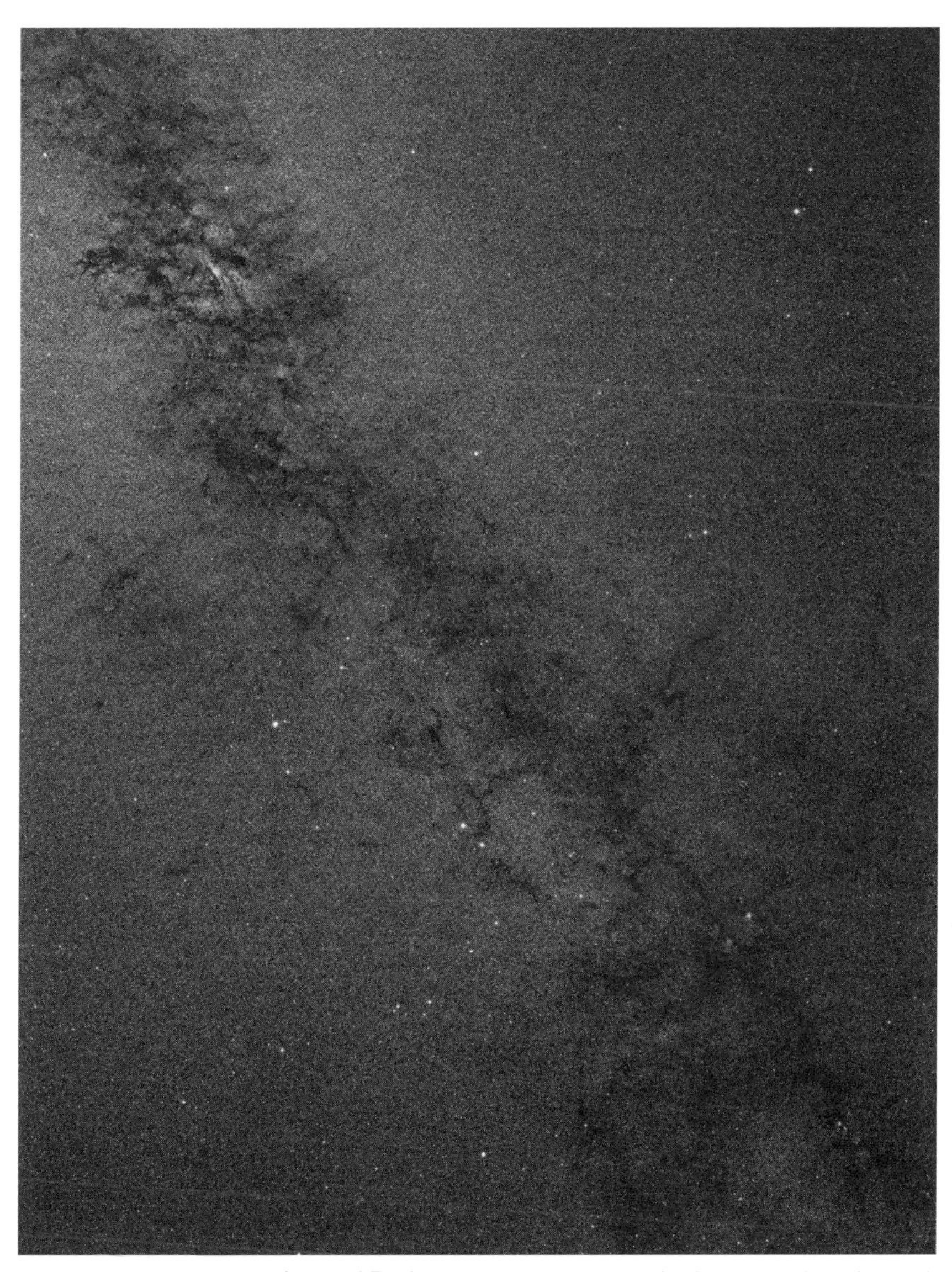

図 11-2　銀河の中心。天の川の塵は、長波長の光より短波長の光をよく隠し、塵の背後の星に目立って赤っぽい色調を与える。この画像には約 1000 万の恒星があり、さしわたしは約 4000 光年にわたる。天の川の中心の正確な位置は、左上の最も濃密な赤い地点。写真—— Two Micron All Sky Survey（NASA と NSF の研究資金に基づき University of Massachusetts および the Infrared Processing and Analysis Center/California Institute of Technology が行なった合同研究）で得られたアトラス画像。

図11-3 コールサック星雲。天の川のある領域が前景にある濃密な塵の雲に完全に隠されているところ。写真——Vic Winter and Jen Winter

どの元素からなるガスを含んでいる。空に見えるいろいろなぼやけた、あるいは雲のような天体のことを（点のような「星」に対して）「星雲（ネビュラ）」と呼ぶ。中期英語で雲や靄を表す「ネビュール」が元で、この言葉はラテン語でもやや霧を表すネブラに由来する。このガス雲がすることは、恒星の姿を隠すだけではない。図11-4はオリオン星雲を見せている。これは肉眼でも見える。オリオン座の、オリオンのベルトをなす三つ星から下がる剣の下の方にある。双眼鏡でさえ、目立ってぼやけて見え、星のようにくっきりとはしていない。いくつかの熱い恒星から発せられる紫外線が、星間物質のガスを励起する。星雲にある熱く明るい若い星からの光子がガスにある原子を高いエネルギー準位に励起する。第4章で見たように、電子が低い準位に落ちるとき、原子は特定の波長の光子を放出し、見えているような色鮮やかでぼんやりした塊を生む。この蛍光はネオンサインの中で起きているのと同じ過程で、実はネオンも星間物質にある元素の一つだ。

オリオン星雲は「輝線星雲」の例で、これはそのスペクトルが、原子のいろいろな電子の遷移に対応する輝線が支配的であることを言っている。星雲にある特定の元素を、その輝線の波長によって特定できる。画像の赤っぽい色は、電子が水素原子のエネルギー準位$n=3$から$n=2$に落ちるときに出る光子によるもの（第6章で述べた、バルマー線の一つ、Hα）。わずかな緑の部分は酸素により、他の光も様々な元素が生み出している。暗い領域は、ガスに混じって斑状に分布する塵による。

図11-5の天体は三裂星雲と呼ばれる。塵の筋で三つの部分に分かれるからだ。この塵の筋は、これがなければ星雲がなめらかに見える放射を隠

図 11-4　オリオン星雲。この星が形成されている領域の鮮かな色は、隠れている若く明るい星々によって照らされる蛍光を出すガスによる。塵が糸状に広がっているところも見える。写真—— NASA, ESA, T. Megeath (University of Toronto), and M. Robberto (STScI)

図11-5　三裂星雲。赤い光は水素α（Hα）輝線で輝く蛍光を発するガスで、青い光はほとんどが豊富な塵で反射される星の光。写真―― Adam Block, Mt. Lemmon SkyCenter, University of Arizona

している。前と同様、奥にある熱い星がガスを輝かせていて、赤い放射はHαによる。右手に広がる青い光は青い星からの光が塵で反射されたもので、塵が鏡のような作用をしている。私たちはこの部分を反射星雲と呼ぶ。塵を通り抜ける青い光は吸収され、そのため塵ごしに見える星は左側に寄った色に見えることを思い出そう。その青い光もどこかへ行かなければならない。吸収されるか他の方向に反射されるかだ。つまり反射星雲は青くなる傾向がある。

プレアデスは若い星の星団で、肉眼でも簡単に見ることができる。大型の望遠鏡で撮影した写真（図7-2）は、この星団の星々が塵を照らし、その結果青い反射星雲になっているところを見せる。それぞれの青い星は青いぼやけた斑に囲まれている。

星間物質は第8章で触れたとおり、恒星ができる原材料だ。星間物質は天の川銀河全体に拡散しているが、輝線星雲や暗黒星雲の場合のように、比較的濃い領域もある――そこは恒星形成の機が熟した領域だ。重力が雲にある塵やガスの小さな塊どうしを引き寄せる。それが収縮するとき熱くなり、落下しながら重力による位置エネルギーを運動エネルギーに換え、その後熱く濃くなり、熱核反応が起こるほどになると、恒星が誕生する。三裂星雲の中心部には大質量の熱い青い星が密集している。その恒星は太く短い一生を歩み、若いうちに死ぬ。こうした星は最近できたにちがいない。

それはとてつもない規模で起こる。オリオン星雲には、形成途上の星が約七〇〇個観測されていて、その多くは周囲に、今後惑星になるかもしれないガスと塵の円盤がある。オリオン星雲や三裂星雲の場合のように、恒星は一つずつばらばらではなく大集団で形成される傾向がある。時間とともに、若い星の放射や恒星風が周囲の塵を蒸発させたり吹き飛ばしたりして、徐々に星の姿を見せる。若い星は、表面から放出される熱いガスによる風を送り出していることも多い。太陽が出している太陽風のようなものだが、それよりも強い。こうした風は周囲のガスや塵に痕を遺し、風紋のような外見の星雲ができることもある。

恒星の生まれる様子の全貌はまだあまり理解されておらず、天文学でも重要な未解決問題の一つとなっている。星間物質の密度が高い領域すべてが収縮して恒星を形成するわけではない。天の川の銀河の中に恒星形成が進んでいるところとそうでないところがある理由については、整った構図はまだ得られていない。この領域で初めの頃にできた星からの風が、その周囲の塵やガスを吹き飛ばす傾向があり、それが新たに星ができるのを妨げていることはわかっている。太陽のような恒星は近隣の星に対してランダムな方向に秒速二〇キロメートルほどで動いている。太陽ができて四六億年の間に、生まれた星のゆりかご（育星場）から遠く離れている（実際天文学者はそういう言葉を使う）。つまり、どの星がどの星ときょうだい――一緒に生まれたもの――かを特定することはできない。何億年もの間に、恒星の集団は散逸して天の川に広がり、天の川の円盤にある古い星のほとんどは、単独か（太陽のように）、連星か、いくつかの星による集団かのいずれかになる。

これで星ができてからなくなるまでのおおまかな流れを描くことができた。恒星は星間物質からできる。質量が最小の恒星はもともと蓄えられた水素をまだ燃やしている。こうした星は倹約して、一兆年以上もそれを続ける。太陽に近いか少し大きい質量の恒星は赤色巨星になり、いずれその材料の一部を惑星状星雲の形で星間物質に戻す。中心部が太陽質量の二倍より大きい恒星（主系列星としての全質量が太陽の8倍以上）は超新星となり派手な爆発をして、生み出していた重い元素を星間物質に送り込む。こうした重い元素が次世代の恒星に組み込まれることがある。この過程によって、星間物質は水素やヘリウムより重い元素の比率がだんだん多くなる。私たちのいる世界の大半はこうした重い方の元素でできている。たとえば地球はほとんど鉄、酸素、珪素、マグネシウムで構成されている。私たちの体はほとんどが水素、炭素、酸素、窒素で、他の重い元素も少量ある。鉄に至るまでの重い元素は、死ぬ前の星の中心部での核融合で生産される。自然に存在するウランに至るまでの残りの元素は、赤色超巨星の中心部や、超新星爆発を起こそうとしている恒星の外套部や、緊密な連星系での二つの中性子星の衝突で、重い元素が中性子と合体するときにできる。こうした過程の詳細はまだよくわかっておらず、今の研究領域となっている。

天の川は生きた生態系のようなもので、星が生きたり死んだりしている。各世代の恒星は星間物質の材料を提供し、それが次世代に取り込まれる。重い元素は惑星――生命が存在しうるところ――ができる原料となる。私たちの体にある素材のほとんどと、身のまわりにあるすべてが恒星での熱核反応で生み出されていることを知ると、厳かな気持ちにもなるし、畏敬の念も抱く。

私は先ほど鉄より重い元素を生み出す一つの方法は、緊密な軌道にある二つの中性子星の衝突だと述べた。そのような緊密な中性子星の連星系が存在することはわかっている。ラッセル・ハルスとジョー・テイラーは、太陽質量の一・四倍の中性子星二つが七・七五時間でお互いを追いかけるように公転しているのを発見した。軌道の直径は約三光秒、太陽の直径よりも少し小さいほどだ。二つの中性子星は重力波の放射により徐々にらせんを描いて近づいている。アインシュタインの一般相対性理論から予想される結果だ。実は、テイラーとハルスの測定結果は一般相対性理論の予測と見事に一致しており、二人はこの発見によって一九九三年のノーベル物理学賞を受賞した。二つの中性子星は互いに向かってゆっくりと死のらせんを描き続け、最後には、今から三億年ほど後に衝突して合体する。カリフォルニア大学サンタ・クルーズ校のエンリコ・ラミレス゠ルイスは、そのような衝突の一つで木星なみの質量の金が飛び出すのではないかと推定する。考えてもみよう。私の結婚指輪にある金の原子が、何十億年か前の中性子星の衝突でできたのかもしれないのだ。

第12章　私たちの天の川

マイケル・A・ストラウス

肉眼で見られる星の大部分は地球から数十、数百、数千光年程度のところにある。望遠鏡によってもっと遠くの天体が見えて正体がわかるようになるまでは、宇宙の全体はそこまでだった。天文学の歴史は、ただただ宇宙がどれほど大きいかについての理解が進むことだった。

コペルニクスの時代には、この宇宙は太陽系とそれを囲む遠くの星で、それについてはほとんどわかっていなかった。ガリレオ・ガリレイは空に初めて望遠鏡を向けて、天の川が何千という（実際には何億もの）星でできているところを見た。天文学者はすぐに、宇宙の概念をそれまで認識されていたよりもはるかに広げなければならないことを理解した。

一七八五年、ウィリアム・ハーシェル（天王星も発見した）がいろいろな方向に望遠鏡を向けて見える星を数え、天の川銀河の地図を作った。ハーシェルは、どの方向でも、見える星の数がその方向の天の川の広がりを反映していると推理した。その観察から、天の川銀河は扁平なレンズ形で私たちは中心近くにいるという結論を出した。一九二二年、オランダの天文学者ヤコブス・カプタインが天の川をさらに徹底的に調査した。曇り空で有名なオランダが傑出した天文学者を多く輩出しているのは驚くべきことだ。ハーシェルと同様、カプタインは方向ごとに星の数を数えた。今度はいろいろな方向で撮影したはるかに感度が高くなった天文写真を使った。

もちろんこの仕事は難しい。明るさB、距離d、星の光度Lの間に成り立つ逆二乗の法則$B = L/(4\pi d^2)$を思い出そう。明るい星が見えても、それが遠くにある明るい星なのか、もっと近くにあるそれほど明るくない星なのか、最初からわかっているわけではない。カプタインはヘルツシュプルンクとラッセルより前に自分で多くのことを調べ、主系列星の色が光度の推定に使えることを明らかにした（第7章）。カプタインはできるかぎりのことをして、注意深い測定を何年も行なった後、知られていた宇宙について、ハーシェルの宇宙によく似た宇宙モデルに達した。それは直径四万光年のレンズ形で、太陽は中心からほんの二〇〇〇光年ほどずれたところにあるとしていた。

コペルニクス以前には、人々は地球が宇宙の中心と考えていた。コペルニクス以後、太陽が既知の宇宙の中心になった。その後の何世紀かで、天文学者は太陽が夜空に見える恒星と同じ星の一つだということを理解するようになったが、カプタインはまだ太陽を星の分布の中心あたりに置いていた。しかしカプタインがその研究を行なっていた頃には、科学者は星間物質が星の見かけの明るさに影響することを理解するようになっていた（第11章）。その塵による遮光作用をきちんと計算に入れられなければ、星の分布の理解を歪めるかもしれない。塵が空の一郭にある星を暗くするところでは、見える星の数が少なくなる。塵の密度が高くて星がまったく見えなければ、間違って星の分布に穴があると思うかもしれない。塵が天の川にどれくらい広がっているのかを天文学者が理解するようになると、カプタインの宇宙図は見当違いであることがわかってきた。

ハーバード大学のハーロー・シャプリー教授は別の進め方を取った。天の川銀河には約一五〇の球状星団が散らばっていた。それぞれ一〇〇万ほどの星が集まっている。図7-3のM13の写真に見られるように、球状星団は美しい天体だ。一九一八年、シャプリーは球状星団までの距離を推定して、三次元での分布図を描くことができた。この星団も天の川を構成するものだとすれば、カプタインが地図にしようとしていた星の分布の中心に重なって――つまり太陽を中心に、だいたい対称的に――分布していると推測できるかもしれない。実際には、シャプリーが見つけたことによって、私たちの宇宙観が変わった。球状星団の分布の中心は（現代の値を使うと）太陽から二万五〇〇〇光年ほど離れていた。太陽は明らかに中心を外れていた。シャプリーの球状星団は、太陽が既知の宇宙（つまりシャプリーによれば天の川）の中央にあるのではなく、むしろ外側にあり、天の川がカプタインが認識したより何倍か大きく広がっていることを示した。カプタインは塵によってひどく見当違いをしていたのだ。結局、天の川はほとんどが中央の円盤、つまり銀河面に集中していて、球状星団はほとんどが円盤の上下に分布していることがわかった。球状星団は銀河面から外れていたので、シャプリーの分析に対する塵の影響はカプタインの分析よりもはるかに小さかった。シャプリーは結果として新しいコペルニクスとなり、太陽が天の川の中心ではない、つまり私たちに観測できる宇宙の中心ではないことを明らかにした。

シャプリーがおよそ一〇〇年前に理解していた既知の宇宙の広がりはその程度だった。たぶん直径が一〇万光年ほどの、扁平な構造（天の川）で、中心は太陽から二万五〇〇〇光年ほど離れたところにある。この規模はとてつもない。一光年が約一〇兆キロなので、一〇万光年は理解を超えるほど大きい。しかし一九二〇年代の大発見は、第13章で論じるように、見える範囲の宇宙が、巨大な天の川銀河さえ超えて、まだ何桁も大きいことを明らかにした。

天の川がどれくらい大きいか見えるようにしてみよう。最も近い恒星は約四光年、つまり4×10^{13}キロ離れている。これを太陽の直径一四〇万キロで割ってみよう。これで太陽を隙間なく並べるとすると最も近い恒星まで達するために何個並べなければならないかがわかる。約三〇〇〇万個だ。三〇〇〇万個の太陽を並べるというのだから、確かにものすごい距離らしい。太陽はというと、地球の直径の約一〇〇倍ある。つまり、最も近い恒星までの距離は、地球の直径の三〇億倍あるということだ。

恒星はこの膨大な距離に比べると、ごく小さなかけらにすぎない。『スター・トレック』では、毎回、エンタープライズ号と乗組員は「M型惑星」を通り過ぎている。作家たちは恒星どうしを隔てる巨大な距離を忘れているらしい。たぶん、あれほどワープ航法に頼らないといけないのはそのためだ（デルタ宇宙域にいてもエイリアンがいつも完璧なアメリカ英語を話すことについてはとやかくは言わない）。

四光年という距離は、天の川銀河にある星の間隔としてはありふれている。今では、天の川銀河は非常に扁平な構造で、円盤状で、直径は約一〇万光年あるが、厚みは一〇〇〇光年程度しかないことがわかっている。人間の物差しでは一〇〇〇光年といえばとてつもない距離だが、天の川の全体に比べると、実はごく小さい。天の川銀河にある塵や星間物質の大半はその円盤にある。天の川の広がる範囲は、典型的な星の間隔の二万五〇〇〇倍、つまり地球の直径の七五兆倍だ。

銀河中心の方向にはいて座がある。星間物質の塵は天の川の円盤に集中していて、天の川の中心はその塵が取り巻き、私たちからは見えにくい。天の川の写真では、銀河円盤の星がほとんど見えない領域があって、その向こうの星を隠すとくに濃密な塵の区画があることを示している。太陽はこの円盤にあるが、天の川円盤の外側の方向を見ると、塵による遮光は少なく、銀河の外の宇宙も明瞭に見える。

地球と太陽は天の川銀河の中央の平面近くにある。天の川にある恒星はだいたいがこの平坦な円盤に集中しているので、

図 12-1　セロ・トロロ上空の天の川。チリのアンデス山中にある汎米天文台から見た夜空。写真中央の大きなドームは口径 4 m のヴィクトル・ブランコ望遠鏡を収容ししている。天の川の中心が写真の右端付近に見えている。左手に見えるのは、天の川銀河に随行する、およそ 15 万光年のところにある大小のマゼラン雲。写真—— Roger Smith, AURA, NOAO, NSF.

天球を一周して広がる帯のような区域に星が最も集中しているように見える。一度に見えるのは円全体のうち、地平線の上にある部分だけだ。残りは地面の下にあり、他ならぬ地球によって見えない。北半球では、中心とは逆の方向にある部分がよく見える。地球や太陽は中心から遠く離れたところにあるので、その方向にある星は比較的少なく、比較的まばらに見える。ところが南半球からは、天の川の中心方向をまともに見ることができ、その眺めは、塵による遮光の影響があっても、北半球よりもずっと壮大になる。チリでは、五月の晴れた月のない夜、都市の明かりから遠いところでは、息を呑むほどの光景が見られる。私の大切な思い出の中には、チリのセロ・トロロ天文台で、後に結婚する女性と並んで空を見上げて過ごしたときのことがある。天の川が頭上の空に見事に広がっていた。

赤外線で見れば、さらに素晴らしい天の川の姿が見られる。塵は赤い光より青い方の光の方を隠し、赤外線はさらに影響が少ないことは先に見た（第11章）。図12-2は2MASS望遠鏡で作成された全天の赤外線マップだ（図11-2の銀河中心のとてつもない画像をもたらしたのと同じ探査）。銀河の薄い円盤が画像の中で目立っていて、ここでは中央に膨らんだ部分（バルジ）が見えている。

この赤外線による空の図は、可視光で撮影された図11-1に似ている。画像中央の横方向に走る「赤道」が銀河面で、天球を一周する円となる天の川の円盤は、この図では横方向の直線のように見えている。図12-2は赤外線でのデータに基づいているが、天の川の塵はやはり一定の遮光作用があり、円盤に見られる斑は塵によるものだ。最後に、天の川の中央にあるバルジに注目しよう。わずかに膨らんだ外見は、それが当初信じられていたような球形ではなく、ジャガイモのよ

図 12-2　赤外線で見た天の川。2 ミクロン波長全天探査（2MASS）によって測定された全天にわたる星の分布。2 ミクロンは塵による遮光が小さい波長。天の川銀河の銀画面が図の中央を横切って、銀河の赤道沿いに真横に延びている。大小のマゼラン雲が下方に見える。写真—— Two Micron All Sky Survey（NASA と NSF の研究資金に基づく University of Massachusetts および the Infrared Processing and Analysis Center/California Institute of Technology が行なった合同研究）の一環として得られたアトラス画像によるモザイク。

うな形をしていることの手がかりとなっている。天の川銀河の衛星銀河、大マゼラン雲と小マゼラン雲が、銀河平面の下側右手に見えている。

ハーロー・シャプリーは、天の川銀河の三次元構造を理解するには、銀河面（塵の遮光作用が強烈なところ）から離れた方向を見る必要があることに気づいた。天の川の球状星団は銀画面に集中してはいないので、全天にわたって見ることができる。シャプリーはその分布の三次元マップを作ろうとした。そのためには距離を測定する必要があった。その方法は原理的には単純で、明るさ（B）と光度（L）の逆二乗法則、$B = L/(4\pi d^2)$ を使うことだった。つまり、球状星団にあるいずれかの星の明るさを測定し（これは易しい）、その星の絶対光度がわかれば（ここが難しい）、その距離 d がわかる。天の川の銀河面から離れた球状星団を見ようとするので、塵の影響の補正は比較的小さいだろう。

個々の星の光度はどうすればわかるのだろう。主系列星は恒星の色とその光度の関係を示している（図7-1）。観測の感度が球状星団にある主系列星を特定できるほどあるとすれば、主系列星の色によってその光度を推定できる。これを見かけの明るさの測定結果と逆二乗法則を組み合わせれば、球状星団までの距離がわかる。

世の中がそれほど単純だったらいいのだが。球状星団の中で目安にしやすいのは、もちろんいちばん明るい星だ。星団にあるすべての星は、地球からだいたい同じ距離にあるので、見える中で最も明るい星は、その星団で絶対光度がいちばん明るい星でもある。しかしそれは主系列星ではなく、赤色巨星で、色が一定でも絶対光度の幅は大きい（色が一定でも大きさはひどくばらついているため）。現代の望遠鏡は、球状星団にあるもっと暗い主系列星を観測できるほどの感度があるが、シャプリーが研究していた一九一八年当時には、使える望遠鏡などの観測機器の能力を超えていた。そこでシャプリーはこと座ＲＲ型変光星と呼ばれる種類の星を使った。太陽の五〇倍ほどの明るさで、周期的に明るさが変動する星だ。

変光星は光度（したがって観測される明るさ）が一定でない。こと座ＲＲ型変光星は、一日にも満たない周期で明るさが二倍の範囲で変動する。それは半径が規則的に増減して脈動している。これは球状星団にはふつうに見られる変光星だ。

恒星では、それをまとめる重力と、内部の熱による外側へ押す圧力とがつりあっていることはわかっている。ところが、赤色巨星になった後、一部の星は青側に進み、ＨＲ図を急速に横断する。このとき、この星は中心部でヘリウムが核融合し、外側のある殻で水素が核融合する段階を通り、星のつりあいが、内部で解放されるエネルギーが星の外へ出る道筋に影響される。それによって内圧が振動し、それに応じて大きさが変化し、星の光度（と明るさ）も変化する。

天文学者は自分たちが調べる天体に単純な名前をつけるものだが（「赤色巨星（レッドジャイアント）」とか「白色矮星（ホワイトドウォーフ）」とか）、変光星は例外となっている。一九世紀に天文学者が最初に変光星を目録に載せるようになった頃は、その星に、それがある星座のラテン語形をつけていた。最初の変光星はこと座、Lyraで見つかったので、R Lyraeと呼ばれた。ＡからＱの文字はすでに他の種類の星に取られていたからだ。こと座に第二の変光星が見つかったとき、当然S Lyrae、T Lyraeなどと呼ばれたが、そのときには、それでは文字が足りなくなることがわかっていたので、Z Lyraeの後は、RR Lyrae（これが同様の変光星全体を表す名になる）、RS Lyraeを経て、ZZ Lyraeまでの名がつけられた。それでも名前は足りず、AA Lyraeに戻り、AB Lyraeなどと続き、QZ Lyraeでアルファベットを使い果たす（ある理由から「J」の文字は飛ばされた）。これにより三三四通りの組合せができるが、変光星はそれよりもふつうに存在する。こと座に次に変光星が見つかれば、これはV335 Lyraeと呼ばれる。本稿を書いている段階では、V826 Lyraeに達している。知られている変光星のタイプは多く、それを表す用語は実にややこしくなる。AM Canum Venaticrum（りょうけん座AM星）とか、FU Orionis（オリオン座FU星）とか、BL Lacertae（とかげ座BL星）とか（この星は後に、実は変動する銀河中心をもつ変わったタイプの銀河だということがわかった）、ZZ Ceti（くじら座ZZ星）というように。それぞれの種類は最初に発見された例によって名づけられている。ケフェウス型変光星は、第13章で遠くの銀河を調べるときの要になる部分となるが、これは一八世紀に発見された原型となるケフェウス座デルタ星の名を取って名づけられた。

シャプリーは、こと座RR変光星を球状星団までの距離を測定する標準燭光として使い、すべてのこと座RR型変光星の光度は（変光する部分を平均してならすと）だいたい同じになるということを利用した。球状星団にある、こと座RR星の明るさ（平均）を測定し、光度がわかると、その星までの距離、ひいてはそれがある球状星団までの距離が推定できる。得られる球状星団の三次元マップを使い、その分布の中心を求めることができ、太陽は天の川の中心から大きくはずれたところにあることがわかった。

標準燭光方式を適用して天の川銀河面（星が最も多く見られるところ）の星の分布の地図を作るのは、塵の影響でこれよりずっと難しい。何十年にもわたる作業によって、今では天の川銀河全体的構造について、まずまず完成した構図が得られている。恒星のほとんどは、直径約一〇万光年の非常に扁平な円盤にある。明瞭に定まった外縁はないが、外側に進むにつれて、星の密度は着実に下がる。この円盤の中央には、密度の高い、ジャガイモ形の星の分布がある。長さは約二万光年で、天の川銀河の「バルジ」と呼ばれる。円盤内にある星は、バルジから放射状に延びるいくつかの「渦状腕」に沿って並んでいる。肉眼で見える星の大半は、太陽から数千光年以内の、太陽が収まっているのと同じ渦状腕にある。

天の川は「渦巻銀河」だが、この風車（かざぐるま）のような構造が空に見えることはない。私たちがその円盤の中にいて、風車が見えるようになるのは、個々の星までの距離が測定され、銀河系の構造を三次元で見ることが可能になってからだからだ。地球から数十万光年離れた、天の川を真正面に見ることができる見晴らしのよいところから見ることができたら、図12-3の想像図のように見えるだろう。太陽は一つの渦状腕の半分ほど外側に行ったところ、中心の真下（図の6時の方向）にある。私たちのいる銀河は「棒渦巻銀河」という。バルジに棒状の形があるからだ。渦状腕は棒の端から延びている。

私が結婚して間もない頃、妻は私に、大学時代のおたくっぽいTシャツを着るのはもうやめてと強硬に言った。私がい

図12-3　天の川を上から見たところ。シミュレーション図。
写真―― NASA Chandra Satellite

ちばん惜しかったと思っているTシャツは、渦状腕などがある銀河の写真がついていて、中心から半分ほど外側のところを矢印が指していて、「おまえはここにいる」とプリントしてあったTシャツだ。

天の川の星がすべて渦状腕とバルジにあるわけではない。私たちはすでに、球状星団は円盤面の上下に広がる、ほぼ球形の分布をしていることは見た。加えて、散らばる星が、円盤にある星よりもはるかにまばらに、やはり球状に、天の川の中心から約五万光年ほど先まで分布する。これは「銀河ハロー」と呼ばれる。私たちは、このハローにある恒星がきわめてなめらかに分布していて、天の川の中心から外に向かって密度が徐々に下がると思っていたが、暗い星の分布を示すマップが正確になるにつれて、このハローは全然なめらかではないことがわかってきた。でこぼこがあり、流れのようなところがあって、天の川銀河に落下して潮汐力でばらばらになった小型の衛星銀河の残骸だと信じられている。

バルジにある星や、とくにハローにある星は、何十億年か前にできた比較的古い星が多い。つまり、熱い主系列星のO型やB型は、寿命がわずか数百万年なので、そこにはない。天の川銀河のハローでは、もう何十億年も新たな星の形成は起きていない。若い熱い星は円盤の渦状腕の部分にのみにあって、そこでは今も星が形成されている。

円盤の渦巻、つまり風車構造は、構造全体が回転していることを示唆している。実際、まさしくそうなっている。中心の軸のまわりに回転している円盤全体、とりわけ太陽は、秒速二二〇キロメートルほどの速さでだいたい円形の軌道を描いて動いている。太陽の重力が地球を一年に一周の公転軌道にとどめているように、天の川銀河の（少なくとも太陽の軌道があるところまでを半径とする部分の）重力が、太陽とその周囲の惑星を引き寄せて、銀河中心を回る軌道に乗せている。秒速二二〇キロメートルという速さと軌道の半径――二万五〇〇〇光年――からすると、太陽は二億五〇〇〇万年に一回、天の川を回ることが計算できる。つまり太陽はできてから約四六億年（地球年）の間に一八回転ほどしていることになる。

天の川が太陽に及ぼす重力を計算するために、天の川の質量を、太陽から二万五〇〇〇光年離れた天の川の中心に集中しているものとしてよい。地球の重力は、その質量がすべて地下六四〇〇キロメートルの中心に集中しているかのように作用するのと同じことだ。関係する質量は、銀河の中心から太陽の軌道までの範囲にある質量。その外側にある質量による引力——それぞれがそれぞれの方向に引いている——は、ほぼ相殺される。

以上から計算のあたりがつく。第3章で見たニュートンの運動の法則と万有引力の法則から、太陽の質量 $M_{太陽}$、地球が太陽を公転する軌道上での速度 $v_{地球}$、地球の太陽を回る軌道の半径 $r_{地球}$ の関係は、

$$GM_{太陽}/r_{地球}{}^2 = v_{地球}{}^2/r_{地球}$$

だった。G はニュートンの万有引力定数。両辺に $r_{地球}{}^2$ をかけると、次のようになる。

$$GM_{太陽} = v_{地球}{}^2 r_{地球}$$

天の川の質量 $M_{天の川}$、太陽の速度 $v_{太陽}$、天の川の中心を回る太陽軌道半径 $R_{太陽}$ の関係式も同様にして次のように書ける。

$$GM_{天の川} = v_{太陽}{}^2 R_{太陽}$$

後の式を前の式で割ると、G が消去され、$M_{天の川}/M_{太陽} = (v_{太陽}/v_{地球})^2 (R_{太陽}/r_{地球})$ となる。

速度比は、$v_{太陽}/v_{地球} = (220\ \mathrm{km/sec})/(30\ \mathrm{km/sec})$ で、約七となる。距離の比は、$R_{太陽}/r_{地球} = 25{,}000$光年/1 AU。一光年は約六万AUなので、この比は $25{,}000 \times 60{,}000 = 1.5 \times 10^9$ となる。つまり、

$M_{天の川}/M_{太陽} = 72 \times 1.5 \times 10^9 \sim 10^{11}$

天の川の質量（太陽軌道の内側にある分）は、太陽質量の約一〇〇〇億倍あることになる。天の川は恒星でできているので、その質量は太陽とだいたい同じ質量という粗い近似をして、天の川には一〇〇〇億個の恒星があると言ってよい。実際には、天の川の典型的な星の質量は太陽質量よりわずかに小さく、太陽より外側にある星は勘定に入れていないので、もっと正確には、天の川にはおよそ三〇〇〇億の星があると言う方がいいだろう。カール・セーガンは古典となったテレビ番組『コスモス』のとき、よく通る声で「何百億、何千億（ビリオンズ・アンド・ビリオンズ）」とたびたび言っていた。セーガンは誇張していたわけではなく、天の川には実際何千億――およそ三〇〇〇億――もの星がある。この数字は先にドレイクの方程式で使った。

円盤にある星は、だいたい円軌道を描いている。星は円形コースを走る車のようなものだ。内側のレーンを走る車は外側のレーンの車を追い越す。できている渦巻模様は、星が周回するときに生じる交通渋滞のせいだ。高速道路を走っていて、交通渋滞に近づくと、車は平均よりも遅く走っており、こちらも減速することになる。その後、渋滞を抜けると、今度は周囲の車が加速するのに合わせて加速する。渋滞は車のパターンにできる疎密波に相当する。車の密度が高いのは渋滞しているところだ――ただし、個々の車は渋滞を抜けようと常に動いていて、そこから脱出する。同様にして、銀河にある渦巻の疎密波は重力による星の渋滞に相当し、そこでの星の重力はさらに他の星を引き寄せる。さらに、星が密集するにつれて、星間ガスが余分の重力で引き寄せられて集まり、ガス雲が重力で収縮して新しい星ができる。つまり、渦状腕は星が活発に形成されている領域なのだ。新しくできた星のうち、大質量の明るい青い星は、渦状腕の渋滞を抜けるのにかかる時間よりも寿命が短い。それで銀河にある渦状腕は、新しく生まれた、大質量の青い星で明るく照らされている。星がらせん状の経路をたどるわけではない――渦状腕が明るく輝くのは、この銀河中心を周回する星による交通渋滞によって引き起こされる恒星形成のせいだ。

先に推定した太陽一〇〇〇億個分の質量は、天の川の太陽より内側にある部分に相当する。天の川のうち太陽軌道より外側のいろいろな部分からの重力は、正反対の方向に引く。銀河の太陽側にあって太陽軌道のすぐ外にある物質は外側へ引くが、太陽より外側で、銀河中心の反対側にある質量は内側へ引く。この相反する力は実質的に相殺され、太陽に対する正味の影響はない。太陽軌道の内側にある物質は、地球の質量の場合と同様、中心にあるかのようにふるまう。つまり、天の川の中心からいろいろな距離にある星それぞれの軌道での速度を測ることができたら、天の川の質量分布状況を、銀河中心からの距離の関数として図にすることができる。

何が見つかると予想されるだろう。太陽は天の川の縁までのおよそ半ばあたりにあり、星の密度は、太陽よりも外へ行くと、がくっと落ちる。星の数は天の川銀河の質量の大半が太陽軌道の内側に集中しているらしい。そこで先に使った方程式をあてはめると、

$$GM_{(<R)} = v^2R$$

$M_{(<R)}$は半径Rの内側にある質量。太陽軌道の外側にあまり質量がなければ、$M_{(<R)}$は一定になり、太陽軌道の外側では、v^2Rがおおよそ一定で、v^2は$1/R$に比例すると予想する太陽軌道の外側の軌道速度vは$1/\sqrt{R}$に比例して増減する。このふるまいは太陽系で見られる。外側の惑星は太陽の引力が弱く、内側の惑星よりも軌道での動きが遅い。太陽軌道の外側では中心からの距離とともに星の軌道速度も遅くなると予想される。

天の川でその測定を行なうのは難しく、一九八〇年代半ばになってやっと、天文学者は星やガスの軌道速度を、銀河中心からのいろいろな距離について求めるようになった。驚いたことに、わかったのは軌道速度が天の川の外側では下がらず、測定を行なった範囲で同じままだった。

私たちの理屈のどこが間違っていたのだろう。天の川の中心から太陽より遠い方を見ると星明かりは少なく、したがってその距離にある質量の寄与も少ないだろうと推定した。その推定を疑問視する必要がある。私たちは太陽の軌道を使って、その内側の天の川銀河の質量を推定した。同様にして、天の川銀河のさらに外側を回る星の速さを使って、その大きな軌道の内側にある質量を測定できる。先の$GM_{(<R)} = v^2R$の式を使うと、速度vが一定にとどまるなら、半径Rの内側にある質量は、Rに比例して増えることになる。外側へ行くほど、その質量が多くなるということだ。太陽軌道の外側では

天の川の質量の無視できない成分が、星の形では見えていないことになる。それを私たちは「暗黒物質（ダークマター）」と呼んでいる。その存在は、星の軌道に対する重力による影響のみによって推定された。

天の川にはどれだけのダークマターがあるだろう。その答えは天の川がどこまで広がっているかによって違ってくる。星はたいてい、中心から四万光年あたりから先はほとんどなくなるが、その稀な星やそのさらに外側にあるガス雲の軌道速度は、やはり太陽と同じ、秒速二二〇キロメートルほどだ。現代の最高の推定値からは、天の川銀河の星と星間物質は、銀河全体の質量のうち、ほんのわずかな部分、一〇パーセント分にしかならないことがわかる。天の川の質量の大半、太陽のおよそ一兆倍は、中心からたぶん二五万光年まで広がるダークマターの形をとっている。天の川銀河とそれと連動しているアンドロメダ銀河の軌道を、やはりニュートンの万有引力の法則を用いて計算することによっても同じ質量が推定される。この二つの銀河は、かつては宇宙全体の膨張の一環で遠ざかっていたが、今や互いに向かって毎秒一〇〇キロメートルほどの速さで落下していて、四〇億年後には衝突する定めにある。

カリフォルニア工科大学の天文学者フリッツ・ツヴィッキーは、一九三三年に初めてダークマターを発見した。公式 $GM = v^2 R$ を精密にしたものを使って、かみのけ座銀河団の全質量を測定していたときのことだ。銀河団の半径と、個々の銀河が銀河団全体の重力場で動く速度を用いていた。ツヴィッキーの結論は、この銀河団の質量は、個々の銀河を構成する私たちに見える星やガスの合計よりもはるかに大きいということだった。その余分の部分を、自身の母語だったドイツ語で「dunkle Materie（ドゥンクレ・マテリー）」、つまり「ダークマター」と呼んだ。第15章で述べるように、このダークマターが通常の原子でできておらず、まだ確認されていない素粒子でできていることはほぼ確実だ。

天の川銀河における光を発しない物質として他にも考えられる非常に興味深いものは、銀河中心にもある。天の川中心の赤外線による観測は、それを遮る塵を貫通することができる。銀河の中心にある恒星は、短半径が一〇〇〇AU（六〇分の一光年）、周期が二〇年ほどというケプラー楕円軌道を回っている。その星のすべてが公転している天体は見えないが、やはりニュートンの法則から、質量を求めることはできる。何と太陽の四〇〇万倍もある。それは非常に小さく（確かにそれを公転する星の軌道よりは小さい）、したがって密度がきわめて高く、見えないものだ。結局それはブラックホールだった。ブラックホールは宇宙で最も魅惑的な天体で、本書でも第16章と第20章で取り上げる。かくて、私たちは天の川銀河の調査から、未知の素粒子が銀河系の外縁に集まっているとか、中心には巨大なブラックホールが潜んでいるといった、物理学の最先端にまで到達したことになる。

第13章　銀河による宇宙

マイケル・A・ストラウス

一世紀前、ハーロー・シャプリーが天の川の大きさやその中での地球の位置を求めようとしていた頃、天文学者はだいたい、その天の川銀河そのものが宇宙の範囲だと理解していた。実は、シャプリーが天の川の大きさは数万光年であることを明らかにしたとき、本人は、この巨大な数字から、自分が確かに宇宙全体を捉えたのだと確信していた。それでも何人もの天文学者が、ずっと前から望遠鏡で見られる星雲に関心を抱いていた。星は望遠鏡を通しても光の天のように見えるのに、星雲は広がっていて、ぼやけた外見をしていることが多かった。本書でもいろいろな星雲にお目にかかった。赤色巨星が外層を投げ出した結果である惑星星雲、恒星形成が活発で、熱くて若い星の光によって周囲のガスが蛍光を発するオリオン星雲のようなもの、さらには塵の雲で背後の星の光を遮っている暗黒星雲というように。しかし他にも星雲の区分があって、その形から渦巻星雲と呼ばれた。それに属するものは、私たちが今理解している天の川によく似ている。天の川もぼやけた外見をしている。しかし、天の川円盤の渦巻構造は、一〇〇年ほど前まではもちろん知られていなかった。円盤そのものにいると、その三次元構造はよくわからず、それが空に見える天体の位置区分に似ていることは探知しにくい。天文学的画像について奥行き知覚はないことを思い出そう。特定の星雲を見て、それがある距離、たとえば数百光年の距離にある小さなものか、何百万光年も先にある実は巨大な構造物なのかは、そのままわかるものではない。図13-1には典型的な渦巻星雲M101を示した。これは真上から見る形になっている。渦状腕――風車（ピンホイール）のような――がはっきりと見えるので、天文学者は風車銀河と呼ぶ。

渦巻星雲の物理的性質、距離、大きさは、二〇世紀初頭の天文学者につきつけられた最重要課題だった。ドイツの哲学者イマヌエル・カントは、一七五五年にはすでに、渦巻星雲は他の「島宇宙」、つまり既知の宇宙である天の川全体なみの大きさの天体だと推測していた。シャプリーによる天の川銀河の大きさ決定と、渦巻星雲の見かけの大きさが小さいところからすると、カントの推測が正しければ、この星雲はとてつもなく遠い、何百万光年、何千万光年も離れたところにあるとせざるをえなくなる。

シャプリー自身はそういう考え方はまったく成り立たないと見ていて、一九二〇年、カリフォルニア州リック天文台の天文学者ヒーバー・カーティスとの渦巻星雲の正体に関する公開論争に参入した。カーティスは、渦巻星雲は天の川銀河のような銀河とする仮説は正しいと確信していたが、シャプリーはそう考えたときの渦巻星雲の距離はあまりにも大きすぎて信じがたいと言った。科学にはよくあることだが、こうした論争に決着をつけるのは、新たな、精度の上がったデータの到来であって、このときの論争にはそれが得られなかった。

この問題にきっぱりと片をつける観測を行なった天文学者が、カリフォルニア州のウィルソン山天文台にいたエドウィン・ハッブルだった。ハッブルは変光星を使って（第12章で取り上げた手法）、空で最も明るい渦巻星雲、アンドロメダ星雲までの距離を求めた（図13-2）。

図 13-1　M101、風車銀河。写真―― NASA/HST

アンドロメダ星雲は、理想的な条件下（晴れた月のない夜で街の灯りから離れている）では肉眼でも見え、実際、古代の人々にも知られていた。

ウィルソン山天文台はロサンゼルス盆地を見下ろすサンガブリエル山にあり、主鏡の直径が二・五メートルという、当時世界最大の望遠鏡を擁していた。ハッブルがこの望遠鏡でアンドロメダ星雲の写真を撮ったとき、そのぼんやり広がる光は個々の星に分解された。その三〇〇年前、ガリレオが初歩的な望遠鏡を天の川に向けたときに見えたのと同じことだった。この観測結果からして、ハッブルにアンドロメダはきわめて遠いことを物語っていたが、その実際の距離を求めるには、さらに調べなければならなかった。アンドロメダ星雲の観測を繰り返すと、周期的に明暗を繰り返す星がいくつ

図13-2　スローン・デジタル・スカイ・サーベイによるアンドロメダ銀河。アンドロメダ銀河はほとんど真横から見た渦巻で、二つの小さな楕円伴銀河（下のM32、上のNGC205）を伴っている。

か特定でき、ハッブルはそれがケフェウス型変光星であることを理解した。ケフェウス型変光星はこと座RR型変光星よりも明るく、数日から数か月の脈動周期がある。一九一二年には、ハーヴァードに勤務していたヘンリエッタ・リーヴィット（第7章）が、ケフェウス型の変光周期とその絶対光度との関係を見つけた（図13-3）。ハッブルはその周期を測定することができ、リーヴィットの関係式を使って光度を推定し、見かけの明るさを測定することによって、距離がわかった。結論は唖然とするものだった。アンドロメダ星雲は、ほぼ一〇〇万光年というとてつもなく遠いところにあった。この距離は既知の天の川銀河の範囲を大きく超える。

アンドロメダ星雲の画像は、その外縁まで見ると、空での視直径（角度）が二度あることを示していた。円周の長さは直径に2π（6余り）をかけた値になる。すると、一〇〇万光年弱の半径の巨大な円の周の長さは六〇〇万光年ほどになる。二度というのは一周三六〇度のうちの一八〇分の一を占めるので、そこからハッブルはアンドロメダ銀河の直径は六〇〇万光年／一八〇で、約三万光年なければならないと推理できた。ハッブルはこうして次の説得力ある二点を推測できた。(1)アンドロメダ星雲は天の川銀河とほぼ同じほどの大きさがある。(2)アンドロメダは天の川の端よりもずっと向こうにある。

さらに、空には他にも渦巻星雲がたくさんあり、それはアンドロメダよりも視直径が小さく、暗い。それがアンドロメダ星雲と同じようなものなら、さらに遠いところにあるとせざるをえない。このことは私たち

図13-3　ケフェウス変光星の周期と光度の関係を発見したヘンリエッタ・リーヴィットは、近くの銀河までの距離を測定する鍵となった。写真——American Institute of Physics, Emilio Segrè Visual Archives

が宇宙を理解する歴史の転機となった。ハッブルは、アンドロメダ星雲や、その延長で他の渦巻星雲が、天の川銀河なみの大きさで、地球からはとてつもなく遠いところにあることを示した。渦巻銀河は天の川銀河と同程度の大きさの「島宇宙」だというカントの仮説は正しかったことが示された。既知の宇宙の外周は劇的に外に広がった。

二〇年後、天文学者は空にあるケフェウス型変光星は一種類ではないことに気づいた。すべてを整理すると、ハッブルが実はアンドロメダ星雲までの距離を大幅に過小評価していたことがわかった。現代の推定では、距離は二五〇万光年とされる。さらに、望遠鏡にデジタルカメラ（フィルムではなく）を取り付けて撮影する現代の写真からは、アンドロメダの外側の暗い部分は視角で三度も広がっていることがわかった。これほど大きな値から、アンドロメダ銀河（実際、今では星雲ではなく銀河と呼ばれている）の直径は約一三万光年となり、天の川銀河よりもいくぶん大きい。それでもハッブルの推定はいい線を行っていたし、アンドロメダが天の川と同様の別の銀河だとした結論は正しかった。おおまかな推定でも、シャプリー＝カーティス論争によって立てられた大きな問題に答えることはできる。シャプリーが間違っていて、カーティスが正しかった。

アンドロメダ銀河は最も近い大型の銀河というにすぎない。ハッブルがウィルソン山天文台の望遠鏡で撮影した画像は、空は銀河で満ちあふれていることを示していた。アンドロメダ銀河は確かに渦巻だったが、渦状腕ははっきりせず、たどりにくかった。私たちはこの銀河を真横に近い方向から見ているせいでもある。しかし他の銀河にはもっと見事な、整った渦状腕を持っているものがある。

先に示した風車銀河を取り上げよう（図13-1）。私たちはこの銀河を真上から見ていて、渦状腕がはっきり見える。この星雲は、中央のバルジ（天の川銀河のバルジよりはやや小さい）や、中心から外へ延びる三本の渦状腕など、天の川と基本的な様子は同じだ。風車の渦状腕は青く、そこには相当数の熱くて若い、大質量の星があることを示している。これは天の

図 13-4　ソンブレロ銀河。ソンブレロ銀河はほとんど真横から見た巨大なバルジのある渦巻銀河。写真——NASA and the Hubble Heritage Team（AURA/STScI）Hubble Space Telescope, ACS STScI-03-28

川と同様に、星の形成が渦状腕で進行中であることを教えている。また、渦状腕沿いに細く暗い「脈」もいくつか見える。これは塵の雲で、銀河の円盤と腕の部分に閉じ込められている。これも天の川の場合と同様だ。中央のバルジは黄色っぽく、ここにある腕にある星よりも平均して温度が低いことを意味する。腕に見られる熱く若い星はバルジにはない。これは天の川とアンドロメダを含むたいていの渦巻銀河に見られる一般的な傾向で、若い星や活発な恒星形成は円盤と腕に見られ、古い方の星はバルジにある。

風車銀河の全体像には多くの光の点が散らばっている。これは風車銀河を構成する星ではない。この距離（二〇〇〇万光年）では、個々の星はこれよりもずっと暗くなるだろう。この星は私たちのいる天の川銀河の、数千光年ほどの距離にある星が、視線の方向に姿を見せたものだ。車の窓に落ちる雨粒のようなものだ。このことはあらためて、私たちは空を二次元に投影されているように見るというこことに気づかせてくれる。奥行きの知覚はない。どれが近くてどれが遠いかはわからない。実際、この図の縁にある暗い天体のいくつかは、星ではなく、それ自体が遠くの背景にある銀河で、その距離は何百万光年どころか、何億光年もある。風車銀河が空で占める視角は〇・五度ほどで、二〇〇〇万年光年の距離では、その直径は約一七万光年ほど、つまり天の川銀河の二倍近くある。

図13-4の銀河はソンブレロ銀河と呼ばれ、巨大なバルジ（天の川のバルジよりはるかに大きい）があり、それがほとんど全体を占めてい

て、つば広の帽子の頂部を思わせる。銀河は円盤をほとんど真横から見る方向にあり、明らかにそれが薄いことを示しているが、渦状構造は見えない。この銀河の真横から見た姿によって、塵の作用が目に見える。円盤面の中にあって、円盤に（天の川に見られるのとちょうど同じような）美しい暗い小路（レーン）をもたらしている（つばの「縁」）。

すべての銀河に円盤があるわけではない――バルジだけ、つまり古い星が主で、ガスや塵はほとんどないものもある。ハッブルはこうした銀河を「楕円銀河」と呼んだ。

図13-5　ペルセウス銀河団の中心部。スローン・デジタル・スカイ・サーベイによる。写真――Sloan Digital Sky Survey and Robert Lupton

図13-5はペルセウス座銀河団を示していて、そこには一〇〇万光年ほどの範囲の中に数百の楕円銀河が集まっている。実はこの画像にある銀河のほとんどは楕円銀河だ。さらに、前景には多くの星が見える。ペルセウス座銀河団は天の川銀河にある密集する星の向こうにあるからだ。

明るい銀河はたいて楕円銀河か渦巻銀河だが、中にはどちらにも収まらないものもあり、そういうものは不規則な形をしているので、ただ「不規則銀河」と呼ぶ。天の川銀河を約一六万光年の距離で公転する小型の伴銀河大マゼラン雲（直径一万四〇〇〇光年）がこの部類に入る。前章の図12-1では、画像の左端、天文台のドームのすぐ隣に見える。実は、これは近くにあるので、肉眼でも容易に見られる。

天の川銀河とアンドロメダ銀河の距離――二五〇万光年――は両銀河の大きさの二五倍ほどだ。銀河はその直径よりも相当に大きな距離で隔てられているということは、宇宙の体積のほとんどは銀河間空間――銀河と銀河の間の空間――ということになる。しかし第12章では、太陽から直近の星までの距離は太陽の直径の約三〇〇〇万倍ということを見た。ところが隣の大きな銀河までの距離は、天の川銀河二五個分しかない。個々の星の大きさを理解していても、星どうしの距離はなかなか想像しがたい。しかし銀河の大きさになることができれば、銀河間の距離はそれほど大きくない。銀河どうしのその大きさに比べた距離はかなり近いことからすると、銀河どうしはしばしば衝突すると聞いても驚かれないだろう。

おたまじゃくし銀河（図13-6）は、地球から四億光年ほどのところにあり、大小の渦巻銀河が衝突した結果だ。小さい方はひどくねじれて、左上にある大きい方の腕の中にあるように見える。両者の重力による相互作用が大きい方の腕のうちの一つを、長さ約三〇万光年、熱く青い星が散らばる長い尾のように引いている。大きい方の銀河の中心は非常に塵が多く、暗い塵の線で見ることができる。今のところ、天の川銀河とアンドロメダは、互いの引力の影響でそれぞれの方へ落下しつつある。両者が今から約四〇億年後に衝突するときは、重力による潮汐力が星々が列になったものを、おたまじゃくし銀河に見られるように引き出す。

天文学者は四〇年前から、そのような銀河の合体のときに起きることについて論じてきた。数億年で落ち着いたら、合わせて楕円銀河になるのだろうか。このことは、そもそも銀河がどのようにしてできたかという基本的な問いに行き着く。楕円銀河にある星は渦巻銀河にある星よりも古い傾向があり、楕円銀河の方が宇宙の歴史では早くできたらしい。渦巻銀河のバルジは楕円銀河と似たような特徴をしていて、どちらもそれができた経緯は似ていることをうかがわせる。すでに形成された楕円銀河に後に落ちてくるガスは、星ができる前に冷えてしまうかもしれない。冷えるとガスはエネルギーを失うが、角運動量は失わないので、薄い回転盤を作らせることになりうる。この過程が楕円形のバルジのある渦巻銀河を作るのかもしれない。この過程の詳細はまだあまりわかっておらず、熱い論議の的だ。

おたまじゃくし銀河の画像の話はまだある。子細に見ると、画像にはもっと小さな銀河がたくさん散らばっているのがわかるだろう。これは一人前の大きさの銀河で、ずっと遠くにある（そのため暗く、小さく見える）。中には数十億光年も離れているものがある。その光は地球まで届くのに

図13-6　ハッブル宇宙望遠鏡のおたまじゃくし銀河。これは実際には合体した二つの銀河で、長い尻尾を伸ばしているところ。多くの暗い、もっと遠くにある銀河が見える。写真 —— ACS Science and Engineering Team, NASA

何十億年を要している。私たちはこうした銀河の今日の姿を見ているのではなく、宇宙がもっと若かった頃の姿を見ている。望遠鏡はタイムマシンで、遠い過去を見せてくれていて、銀河が宇宙的時間を経て進展する過程を調べられるようにしている。もちろん、私たちが見ることができるのはどんな銀河であれその一生のほんの一時期だけだが、遠くの銀河の性質を、近くにあるものと比べることによって、銀河の集団が何十億年かの間にどう変化したかを問うことができる。そして銀河がいつできたか、渦巻になるものがあったり楕円になるものがあったりするのはなぜか、といった問いに取り組むようになる。

ハッブル望遠鏡の長時間露出によって、空の角度にして数分の範囲の領域に、何千もの暗い、遠くの銀河が写っている(図7-7)。そのように、観測できる宇宙には一〇〇〇億の桁の銀河がある。かろうじて識別できる光のドットのそれぞれがまるごとの、天の川なみの大きさの銀河で、そこにも一〇〇〇億を超える恒星がある。10^{11}個の銀河のそれぞれに10^{11}個の星で、観測可能な宇宙には10^{22}個ほどの星がある。実に途方もない数だ。「観測可能な宇宙」とはどういうことだろう。こうした銀河のすべてはどのようにしてできたのだろう。こうした問いに答えるには、宇宙そのものがどのような進展を経ているかを理解する必要がある。次に向かうのはそのような話だ。

第14章　宇宙の膨張

マイケル・A・ストラウス

天文学には、空にある物体の性質について知るための基本的戦略が二つある。一つはその写真を撮影し、大きさと明るさを測ることで、もう一つはスペクトルを測定することだ。星のスペクトルでその表面温度と元素構成を推定できることはすでに見た。それとHR図でわかることから、星の大きさ、質量、一生のうちのどこまで進んでいるかを特定することができている。

銀河のスペクトルはその物理的性質について何を教えてくれるだろう。天文学者が銀河のスペクトルを測定するようになったのは、約一〇〇年前の一九一五年頃だった。銀河は暗く、当時の望遠鏡は今のものより小さく、機器の感度も低かった。つまり銀河のスペクトルを測定するには長時間の露出が必要だった。しかしそうして得られた最初のスペクトルは、恒星（とくにG型星やK型星）に見られるのと同じ吸収線を見せていて、すぐに銀河は恒星でできていることがわかった。エドウィン・ハッブルは、一〇年後に（第13章で述べたように）アンドロメダ星雲の詳細な写真画像で個々の星を見分けたとき、同じ結論に達した。銀河のスペクトルは星々のスペクトルを調べるのに慣れた天文学者にはほっとするほど見慣れたものだった。しかしすぐに、大きな違いも見つかった。カルシウム、マグネシウム、ナトリウムの吸収線の波長が、恒星に見られるものとは少し違っていた。たいていの場合、銀河のスペクトル線は一貫して赤の方へずれているようだった。この現象は「赤方偏移（レッドシフト）」と呼ばれる。

赤方偏移の仕組みは、道路脇に立って、バイクが通り過ぎるのに耳を傾けるだけでわかる。バイクがこちらに向かってくるときは、高音の悲鳴のような音が聞こえる。それが目の前を通過して遠ざかり始めると、エンジン音の音程は明らかに下がる。全体としては「ニイイイイャウォオオ〜」というような感じになる。

バイクから聞こえる音は空気中の圧力波で、これには（光のように）一定の波長と周波数がある。周波数が高ければ（波長が短ければ）、聞こえる音程は高くなる。バイクが近づいてくるときは、次々と出てくる波の山どうしが近づき、隣り合う波の山の間隔、つまり波長が短くなるので音程が高くなる。逆に、バイクが遠ざかるときに届く音の波は、バイクの動きで間隔が延びるので、音程は低くなる。この作用を一八四二年に最初に記述したのは、オーストリアのクリスチャン・ドップラーで、音波だけでなく光の波にもあてはまる。遠くの星や銀河は、スペクトルの特徴的な波長の規則正しいずれとしてそれぞれの特徴を示すことになる。つまり銀河の赤方偏移はドップラー効果によるもので、銀河が私たちから遠ざかっていると解釈される。ある速さで運動する物体から出る波の波長の比率による変化は、物体の速さを音速（音波の場合なら）、あるいは光速（物体からの光を測定しているなら）で割った値に等しい。地球の空気中の音速は時速約一二〇〇キロメートルで、高速のバイクなら、余裕でこの一〇分の一くらいの速さになる。バイクが通過するときの（音速の一〇分の一で近づくバイクから、音速の一〇分の一で遠ざかるバイクに変わる際の）対応する音程の違いは、約二〇パーセントになり、「ド」とその下の「ラ」の違いほどの音程の差に相当し、はっきりわかる。

光の波長は色に関係し、物体が遠ざかっていれば光は長波長の方へずれるので、赤い方へずれることになる。この効果が知覚できるのは（少なくとも肉眼では）光速の何分の一という速さになってからだろう。バイクは光速に比べるとずっと遅いので、バイクが遠ざかるときにその色が青から赤に変わったことはわからない。恒星や銀河が目の前を猛烈な速さで通過するのを見ることはありえないが、そこには明瞭なスペクトルの特色があり、その波長は、地上の実験室で測定して正確にわかっている。特定の星や銀河についても同じ特徴の波長が測定できる。地球で見られるこうした元素の波長と星や銀河のものに見られる波長との差はドップラー偏移と解釈できて、その星や銀河が私たちに対してどれだけの速さで進んでいるかを教えてくれる。

一九一五年の段階では、ローウェル天文台（後に冥王星が発見されたところ）に勤めていたヴェスト・スライファーが、一五個の銀河のドップラー偏移を測定していた。アンドロメダと、他に二つの銀河が青方偏移しており、私たちに向かって近づいていることを示していたが、残りは赤方偏移していた。つまり私たちから遠ざかりつつあったのだ。赤方偏移 z は、$(\lambda_{観測値} - \lambda_{実験室})/\lambda_{実験室}$ という量で定義される。$\lambda_{実験室}$ は地球上の実験室で測定した元素の吸収線あるいは輝線の波長で、

$\lambda_{観測値}$は、銀河のスペクトルに見られる同じ元素の線について観測された波長を表す。近くの銀河の赤方偏移 z と後退速度 v の関係は、$z \approx v/c$ という式で表される。つまり、後退速度が光速の一パーセントとなる銀河は、赤方偏移 $z = 0.01$ となり、スペクトル線のすべての波長が一パーセントだけ長くなる。天文学の世界では、今や二〇〇万以上の銀河のスペクトルが測定されていて、アンドロメダなどほんのわずかな例外を除き、すべて赤方偏移を示している。そこで、基本的に宇宙にあるすべての銀河が天の川銀河から遠ざかっているという結論になる。昔、ばかな漫画を見たことがある。マッドサイエンティストが望遠鏡を覗いて腕を中に振り上げ、「銀河が逃げていく。われわれのことが嫌いだからだ」と言っていた。これは正しい説明ではないが、私たちがすべての銀河の運動の中心という、特別な位置にいるかのように見えるということは注目すべきだろう。実際のところどうなのだろう。決め手になる測定結果を出したのはまたしてもハッブルで、一九二〇年代の終わりから一九三〇年代の初めのことで、それがこうした赤方偏移の現代的理解に導くことになった。

ハッブルは、アンドロメダ星雲までの距離をケフェウス型変光星を使って測定した後、他の銀河についても作業を続け、いろいろな推定値を使って銀河までの距離を求めた。遠くの銀河になるほどそれは難しくなる。銀河が遠いほど、個々の星が区別しにくくなる。ハッブルの測定は、現代の水準からすれば精度は低かったが、一九二〇年代の末には、スペクトルが――したがって赤方偏移と推定速度が――測定されていたいくつかの銀河について、距離のおおよその測定値を得ていた。そうして簡単なグラフを描き、銀河までの距離と速さを対比した。そこにはある傾向が見られた。遠い銀河ほど高速だったのだ。実際ハッブルは、相当の測定誤差はあるものの、速度 v と距離 d は比例しているという結論を導けた。

$$v = H_0 d$$

この速さと距離の比例関係は今では「ハッブルの法則」と呼ばれ、比例定数 H_0 はハッブルをたたえて「ハッブル定数」と呼ばれる。ハッブル定数は実際、一定の時点では宇宙全体にわたり定数だが、後で見るように、宇宙的な時間で見ると変化している。数値 H_0 は現在のハッブル定数の値を指している。

後から見れば、データの質が悪かったことを考えると（アンドロメダ銀河の距離のハッブルによる測定値も実際の値はその二・

五倍もあったことを思い出そう)、ハッブルが赤方偏移と距離の比例関係を推測できたのは特筆すべきことだ。望遠鏡も測定技術も一九二九年以来、ずっと向上している。ハッブル宇宙望遠鏡の中心となる仕事の一つは、いろいろな手法はあるが、ハッブルが行なったのと同じケフェウス型変光星の測定結果を用いて、遠くの銀河を正確に測定するように構想されている。この測定結果はハッブルが正しく、銀河の赤方偏移と距離は確かに比例していることを明らかにした。当時の技術に可能なぎりぎりのところにあった乏しいデータから、それでも画期的な発見が行なわれることは、しばしばある。ハッブルの最初のグラフは、速さが秒速一〇〇〇キロメートルほど、つまり現代の対応する距離で言えば約五〇〇〇万光年までの銀河を含むだけだった。一九三一年までには、ハッブルと共同研究者のミルトン・ヒューメイソンは、グラフを後退速度二万キロメートルの銀河まで含むように拡張した。これが実に主張を動かぬものにした。

天の川銀河が宇宙の中で特殊な位置、つまり他の銀河がすべて遠ざかるような位置を占めるなどということが本当に正しいのだろうか。そのような認識は、ときにコペルニクス原理と呼ばれるここまでにも何度か登場した原理、つまり地球は宇宙の中の特別な位置にはないという原理に反するのではないだろうか。プトレマイオスなどの古代人は地球を宇宙の中心に置いたが、コペルニクスは地球が太陽を回ることを明らかにした。その後私たちは太陽がありふれた主系列星で、カプタインは最初、太陽が天の川銀河の中心近くという特別な位置にあると思ったが、シャプリーによる正確さを増した観測によって、太陽は中心から外縁へ半分ほど行ったところにあることが明らかになった。赤方偏移の測定結果は、一見すると、天の川銀河を他の銀河に対して特別な位置——拡大の中心——に置くように見える。しかし実際にはそうではない。

一直線上に等間隔で並ぶ四つの銀河を考えよう。銀河1は左側にあって、その隣、一億光年のところに天の川があり、銀河3がさらに一億光年、銀河4がさらに一億光年(つまり、銀河1から三億光年)離れたところにある。ハッブルの法則は、銀河1から見ると、天の川銀河は、秒速約二〇〇〇キロメートルの速さで後退することを言う(図14-1の最初の矢印群)。銀河3(銀河1からは天の川の二倍の距離)は、銀河1から秒速四〇〇〇キロメートル——天の川の二倍——、三倍の距離にある銀河4は秒速約六〇〇〇キロメートルで後退している。天の川からはどう見えるだろう。これは第二の矢印群で示される。私たちは銀河1からは秒速二〇〇〇キロメートルで遠ざかっているが、私たちはこちらの座標系に対する運動を測定

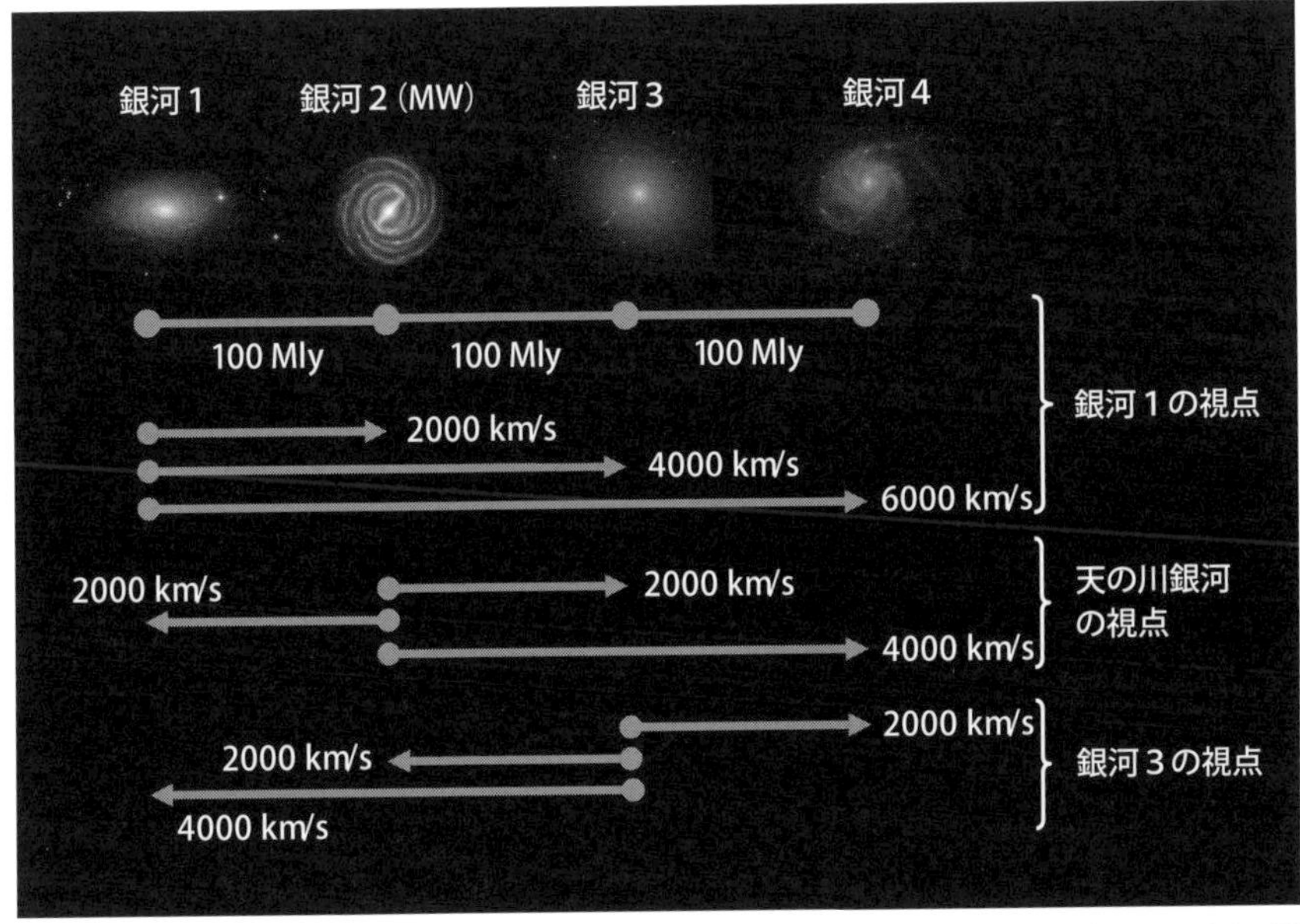

図 14-1　膨張するように並んだ銀河。どの銀河も膨張する宇宙の中心にはないことを表す。上段に四つの銀河が並んでいる。第二の銀河（MW）が天の川銀河を表す。四つはそれぞれ 1 億光年（100 Mly ＝百万光年単位）ずつ離れている。ハッブルの法則により、線が延びるのに沿って互いに離れていく。最初の 3 本の矢印は、銀河 1 から見た相対速度を示す。運動は相対的なので、天の川銀河にいる天文学者は自分が静止して他の三つの銀河が距離に比例する速度で遠ざかっていると見る（次の 3 本）。同じことは銀河 3 から見ても言える。すべての観測者がそれぞれに、自分が静止していて、すべての銀河が自分からハッブルの法則に沿う速度で遠ざかると見る。写真―― Michael Strauss（NASA による図式的な再構成画像）；その他の銀河画像―― Sloan Digital Sky Survey and Robert Lupton

するので、銀河1は私たちから左へ秒速二〇〇〇キロメートルで遠ざかっている。私たちは銀河3が反対の右方向へ秒速二〇〇〇キロメートルで遠ざかるのを見る。二つの銀河はこちらから等距離にあり、同じ速さで遠ざかっている。銀河4はこちらから相対速度秒速四〇〇〇キロメートルで後退している。これは銀河3の二倍の距離なので、速さも二倍になる。私たちはすべての銀河が遠ざかるのを見る。また遠い銀河ほど後退も速い――私たちの観測結果もハッブルの法則に合う。

今度は銀河3にある惑星にいるエイリアンの視点に立ってみよう。ドップラー効果に関与するのは相対速度だけだ。このエイリアンの視点からは、天の川は一億光年のところにあり、（左方向へ）秒速二〇〇〇キロメートルで遠ざかっている。銀河4は逆方向に一億光年離れたところにあり、（反対側に）秒速二〇〇〇キロメートルの相対速度で遠ざかっている。銀河1は相対速度秒速四〇〇〇キロメートルで遠ざかっている。

このエイリアンはすべての銀河が自分から遠ざかっているのを見て、自分は運動の中心にいると結論する。このエイリアンは、自分が静止していて他の銀河は自分から遠ざかっているものと思っている。天の川銀河にる私たちが自分は静止していて他のすべての銀河が自分から遠ざかると結論するようなものだ。私たちとエイリアンはどちらも速さは距離に比例すると見ているし、天の川も銀河3も特別な位置にはいない。

ハッブルの法則は、実は二つのことを言っている。まず、任意の二つの銀河間の距離は増えつつある。すべての銀河は互いに遠ざかりつつある。ハッブルは宇宙が膨張していることを発見した。もう一つは、膨張の中心に一つだけいるような銀河はないこと。どの銀河にいようと、私たちは他のすべての銀河が遠ざかっていると見ることになる。銀河は、延びるゴムバンドにくっついたビーズのようなもので、すべてのビーズが互いに遠ざかっている。この膨張には中心がないと言い切るには、実はもう一つの前提が欠かせない。銀河の分布には縁がないという確信だ。第22章で、アインシュタインの一般相対性理論の宇宙論への応用を取り上げるとき、ゴットがあらためてこの話を細かくしてくれる。

天の川は直径が一〇万光年ほどだが、観測可能な宇宙にある、それぞれに一〇〇〇億（10^{11}）の桁の恒星を含む銀河一〇〇〇億ほどの一つにすぎない。最も近い大型銀河であるアンドロメダ銀河は、天の川から二五〇万光年の距離にある。大半の銀河はこれよりさらにずっと遠く、多くは十億光年単位の距離に及ぶ。

エドウィン・ハッブルは銀河が互いに、両者間の距離に比例する速さで遠ざかっていることを発見した。この速さは遠い銀河については光の数分の一にもなることがある。そこから宇宙は全体として膨張しているという結論が導ける。これはまさに二〇世紀科学の大発見で、DNAの分子構造やそれが遺伝の符号を伝えるうえでの役割の発見、あるいはアインシュタインによる相対性理論の展開にも肩を並べる。

ハッブルの法則は銀河までの距離を測定する簡便な方法をもたらす。銀河の赤方偏移と距離の比例関係があれば、銀河の赤方偏移を測定すれば（スペクトルを測定できれば簡単に得られる）、ただちに距離の推定値が得られる（そうでないとなかなか測定できない）。両者を結びつける比例定数H_0がわかっていればこれはうまくいく。その比例定数の値を求めるには、まずサンプルとなるいくつかの銀河について、それとは別の形で距離を正確に測っておかなければならない。

先に見たように、天体までの距離を測定するのは、その天体を理解する上で欠かすことはできない。距離がわかれば天体について、明るさや大きさなど、多くの重要な量を求めることができる。そのため、天文学の話の大部分は、科学者が距離を測るために編み出してきた種々の巧妙な物差しが中心になっている。天文単位（AU、地球と太陽の距離）の物理的単位（つまりメートル）で表した大きさは、一八世紀から一九世紀にかけて、天文学の重要課題の一つで、最終的に金星が太陽面を通過するのと、火星が遠くの星のそばを通過するのを、地球の離れた位置から見て観測することによってきちんと解決した（第2章）。この視差の効果によって、金星と火星までの距離、ひいてはAUが、三角法によって求められる。AUは太陽系全体の距離の物差しとなり、また地球が太陽を公転することによる視差を用いて付近の構成までの距離を求められるようにする。遠すぎて——数百光年以上[*1]——測定可能な視差が見えない星については、星の絶対光度と空で観測される明るさとを結びつける逆二乗法則を用いる。光度がわかっている天体の見かけが暗いほど、その星は遠くにある。

このことの難しい部分は、当の天体の明るさを知るところにある。ケフェウス型変光星については話したし、それは標準燭光の一例となる。つまり真の明るさが決まっていて、逆二乗法則によって距離の推定ができる。優れた標準燭光は次のようなものでなければならない。

1. 遠くからでも見えるだけの明るさがあること。
2. 容易に特定できて他の天体と区別できること。
3. 地球の近くに似たような例があって、その距離の基準にできること（視差などの方法によって）。

ケフェウス型変光星は最初の二つの基準を満たす。非常に明るく、変光することで、星が密集している中でも特定できる。しかし、視差が正確に測定できるほど近くにあるケフェウス型変光星はほとんどないので、その真の光度については議論が残る。実際、ハッブルがアンドロメダ銀河までの距離を過小評価する元になったのは、ヘンリエッタ・リーヴィットが、他の人々による近在のケフェウス型変光星の誤認によって、その距離合わせを間違えたことだった。最も近いケフェウス型変光星は北極星ポラリスで、距離は約四〇〇光年ある。

すでに主系列星には温度と光度の間に比例関係があることは見た。つまり、星の温度を測定できれば（たとえばスペクトルから)、その光度について優れた推定ができる。そしてその見かけの明るさを用いて距離を測定できる。この標準燭光は近くの恒星を視差によって測定することで距離合わせがされていて、それをもっと遠くの星――視差が小さくて測定できない星――について用いることができる。距離が遠くなると明るい星だけが見えるが、そうした非常に明るい星は稀な存在でもあり、したがって、そのうち視差を測定できるほど近い星はほとんどない。

この主系列星を使って標準燭光を定義するという基本的な方式は、一度に一つの星ではなく、ある星の一群全体について行なうことができる。たとえば、球状星団にある星はすべて実質的に同じ距離のところにある。したがって、今、球状星団にある主系列星を、近くの(距離合わせをした)主系列星と比較すれば、星団までの距離が直接求められる。そうすると、球状星団にある、視差を測定するのに使える近くの例がない、比較的稀な星までの距離を求められる。

恒星と同様、銀河も明るさは非常に幅広い。渦巻銀河には、主系列星とおおよそ似たことがあるらしい。つまり、銀河が自転する速さ(ドップラー効果によってスペクトルから測定できる)と明るさの間に相関がある。この自転速度=光度の関係について、近くの渦巻銀河で距離合わせができる。そうしてもっと遠くの渦巻銀河の自転速度を測定した結果を用いて、その絶対光度を推定することができ、したがって(さらにその明るさを測定してあれば)、距離を求めることができる。

この一連の手順は「宇宙の距離梯子」と呼ばれる。この梯子が当てにならないように思われても無理はない。距離が大きくなるにつれて不確定性は増大する。こうして、銀河の赤方偏移距離とを結びつけるとハッブル定数H_0の決定は、大いに議論の余地がある。

ハッブルの法則、$v=H_0d$からすると、ハッブル定数H_0は、私たちから遠ざかる速さv(たいていkm/secで表される)を、距離d(メガパーセク、Mpcs、つまり一〇〇万パーセク)で割った単位になる。ハッブルによるハッブル定数の推定は、約500km/sec/Mpcだった(他の人々が行なったケフェウス型変光星の距離合わせが間違っていたせいで、アンドロメダ銀河までの距離を過小評価していたため、大きすぎた)。ハッブルは一九五三年に亡くなった。サンディエゴ近くのパロマー山に直径二〇〇インチ(五メートル)の望遠鏡が完成した直後のことだった。元助手のアラン・サンデージが銀河の距離を求める研究を引き継いだ。

その後二〇年以上にわたり、サンデージらのグループはパロマー二〇〇インチ望遠鏡など世界各地の望遠鏡を使って、銀河についての理解をとてつもなく前進させた。一九七〇年代初めには、銀河までの距離、ひいてはハッブル定数を決めることにかけては、サンデージの重要なライバルは本当に一人しかいなかった。ジェラール・ド・ヴォークルールというテキサス大学の天文学者だった。一九七〇年代には、サンデージのチームとヴォークルールのチームがそれぞれ、自分たちの「ハッブル定数への道」を記した論文を次々と書いていた。サンデージの答えは約50(km/sec)/Mpc（ハッブルの当初の推定の一〇分の一）だったのに対し、ド・ヴォークルールの推定は約100(km/sec)/Mpcだった。両者は宇宙の距離梯子の詳細や各段について、いちいち違っていた。ハッブル定数の値は宇宙の物差しになるものだったので、天文学界にいた誰もが結果を気にかけていた。銀河の赤方偏移はスペクトルで簡単に測定できる。ハッブル定数がわかれば、その赤方偏移を距離に移し替えられる。

一九八〇年代の初め、さらに若い世代の天文学者が新たな標準燭光を導入し、観測技法も改良して、この争いに飛び込んだ。ハッブル宇宙望遠鏡にはこの問題に取り組むようにも設計されていた。大気の干渉がなく、圧倒的な解像度によって、三〇〇〇万〜四〇〇〇万光年先にある銀河のケフェウス型変光星を特定して特性を正確に測定できる。ウェンディ・フリードマン（パサデナのカーネギー天文台の台長を長年務めていて、そこにはサンデージも勤務していた）は、ハッブル宇宙望遠鏡で徹底的な観測活動を行なった。このチームは二〇〇一年に結果を発表し、$H_0 = 72 \pm 8$(km/sec)/Mpcという、サンデージとド・ヴォークルールの結果のほぼまん中の値を得た。おもしろいことに、二〇〇一年には、リチャード・ゴットらのチームが、当時までに発表されていた論文にあるハッブル定数の測定結果（様々な方法が用いられていた）をすべてまとめて中央値、つまり大きさ順に並べたまん中をとって、この値を見積もったところ、67(km/sec)/Mpcとなった。中央値というのは、単純に平均をとるよりも、異常値の影響が小さく、驚くほど優れた指標になることが多い。さらに一〇年以上経った現在の最善の値——プランク観測衛星による宇宙背景放射（ＣＭＢ）の測定結果を用いた——は、67 ± 1(km/sec)/Mpcとなっている。第23章で見るように、この値はスローン・デジタル・スカイサーベイのチームが超新星、銀河団、ＣＭＢの結果を組み合わせて得た67.3 ± 1.1(km/sec)/Mpcによっても追認されている。

この分野の巨人の一人アラン・サンデージは、二〇一〇年に八四歳で亡くなった。二〇〇七年に発表されたこのテーマでの最後の論文では、ハッブル定数はおそらく53〜70(km/sec)/Mpcの範囲にあるだろうと言っている。今日測定されている高い値を認める気になっていたのだ。
ハッブル定数の値が絞られたので、あらためてハッブルの法則から派生するあれこれや宇宙の膨張を調べることができる。

宇宙を巨大なブドウパンがレンジで膨らむ様子になぞらえて想像してみよう。銀河がレーズンで、生地は間の空間だ。パンが膨らむ（生地が膨張する）と、それぞれのレーズンが他のそれぞれのレーズンから離れて行き、どのレーズンから見ても、他のレーズンは自分から遠ざかるように見える。つまり、各レーズン（銀河）は、自分がブドウパン（宇宙）の中心にあるという結論を（間違って）導きかねない。さらに、第一のレーズンの二倍のところにあるレーズンは、遠ざかる速さも二倍になる。間にあって膨張する生地の量（かさ）が二倍あるからだ。ブドウパン宇宙はハッブルの法則に従っている。

このたとえは完璧ではない。このブドウパンにははっきりとした中心があり、外殻があるので、位置を特定できるが、実際の宇宙は無限に広がっているように見え（測定できるかぎり）、中心の特定が可能になる端がない。宇宙の幾何学、つまり形状という問題は、第22章で再び取り上げる。

ハッブルの法則は、銀河一般が互いに遠ざかっていて、宇宙が膨張しているという結論を導く。これは個々の銀河が膨張していて、個々の星が互いに遠ざかっているということを意味するのだろうか。太陽系も膨張しているのか？　太陽は？　私たちの体は？　減量しようとしている人々は、確かにそうだと言うかもしれないが、実際には、ハッブルの法則での宇宙の膨張は、銀河間の距離の規模のみで成り立つ。銀河はレーズンのように、それ自体は膨張せず、膨張しているのはレーズンを隔てる間の空間なのだ。銀河やそれぞれの星や惑星、さらには私たちなど、重力などの力でまとめられている物体は膨張しない。実際、天の川銀河もアンドロメダ銀河も重力でお互いを拘束しているので、遠ざかるどころか相手に向かって落下している。アンドロメダ銀河は赤方偏移とは逆の青方偏移を示す数少ない銀河の一つなのだ。

天の川銀河とアンドロメダ銀河はおよそ四〇億年後（私たちの太陽が中心部の水素を使い果たして赤色巨星になる前）には衝突することはすでに述べた。しかしそれぞれの銀河の個々の星の間の距離は星のサイズに比べて広大で、両銀河は星どうしがぶつかることもほとんどなく、相手をすり抜けることになるだろう。ハリウッドが『衝突する銀河』という破局物のヒット作を作ることはありそうにない――実際には作るかもしれないが。映画がドラマチックな効果を狙って科学的事実を歪めるというのは今に始まったことではない。

宇宙が今膨張していて、銀河間の空間が大きくなっているなら、過去には銀河どうしはもっと近かったことになる。距離dのところにある銀河を考えてみよう。それがハッブルの法則で与えられる速さ$H_0 d$で遠ざかっている。荒っぽい仮定だが、この速さが一定だとすれば、銀河が距離dを進むのにどれだけ時間がかかるだろう。同様に、相手の銀河が私たちの銀河に重なっていたのはどのくらい前のことか。ある都市が五〇〇マイル離れたところにあり、そこから誰かが車に乗って時速五〇マイルでやって来るとすると、この距離を進むのに必要な時間は、距離÷速さ、つまり五〇〇マイル÷毎時五〇マイルで、一〇時間ということになる。私たちが知りたいのは、相手の銀河がどのくらい前にこちらと重なっていたかということだ。これまでの時間の長さtは、銀河が進んだ距離dを速さv（これはハッブルの法則により$H_0 d$に等しい）で割ったものに等しい。

$$t = d/v = d/(H_0 d) = 1/H_0.$$

これは単純な結果に見えるし、実際そうだ。しかしそれでわかることもいくつかある。時間tは相手の銀河までの距離dとは無関係に決まることに注目しよう。つまり、どの銀河を見ても、それが重なっていた時期までの時間tは同じになる。銀河は過去のある一つの時点ですべて一緒だったかのように見える。この考えを先へ進める前に、これはやはり私たちが膨張の中心にいるということではない点を忘れないように。他のどの銀河を中心にしても同じ論証を進めることができて、同じ結果が得られるだろう。宇宙にはすべての物質が一か所に密集していた時点があったという結論が導かれる。すべての「レーズン」はぎっしりとまとまっていたのだ。しかもそれがいつかもわかる。$1/H_0$前のときだ。これもまた人々がハッブル定数の値を気にする理由となる。それは宇宙の年齢を教えてくれるからだ。

計算してみよう。プランク衛星での観測チームによる今の最善のハッブル定数は67(km/sec)/Mpcと推定されているので、$1/H_0$は(1/67)sec・Mpc/kmとなる。メガパーセクは3.086×10^{19} kmに等しいので、Mpc/kmをこの数で置き換え、それを六七で割ると、$1/H_0$は4.6×10^{17}秒となる。秒を年に変換すると、すべての銀河が重なり合っていた時期は、およ

図14-2 「すさまじいうちゅうだいばくはつ」漫画『カルヴィンとホッブス』
写真 —— CALVIN AND HOBBES © 1992 Watterson. UNIVERSAL UCLICKの許可を得て掲載。All rights reserved.

そ一四六億年前だった。

この時点が、フレッド・ホイルが一九四〇年代末に考えた言葉で、「ビッグバン」と呼ばれる。ホイルは生涯、ビッグバン・モデルには反対していて、それは間違っていると確信したまま亡くなったが、この用語は定着した。一九九四年、カール・セーガン、科学ジャーナリストのティモシー・フェリス、キャスターのヒュー・ダウンズは、カルヴィン（漫画の登場人物、図14-2）の言うように、これほど重要な、私たちの現代宇宙論理解の中心にある概念には、「大きなどか～ん（ビッグバン）」よりも刺激的な名であっていいと思った。三人は国際的コンクールを催し、人々に別の名を提案するよう求めた。一万三〇〇〇件以上の案が集まり、その中を探しまわり、完全にのびてしまった上で、代替案を検討した結果、結局「ビッグバン」でいいという判断になった。

ハッブルの法則は、約一四六億年前の特定の時点には、宇宙全体が一か所に密集していて、それ以来ずっと膨張しているという結論をもたらした。それぞれの銀河の速さが一定であることを前提しているので、ビッグバンからの時間の計算は粗いが、もっと精密な計算に基づく現代の値はそれに近く、約一三八億年となっている。この宇宙の年齢（今話をしていることの本当の対象）の推定は意味をなすだろうか。私たちは太陽系の年齢を、ほとんどは月や隕石の岩石にある放射能の測定から求めていて、それは約四六億年となる。これは宇宙が膨張してきた年代にすっぽり収まるほど小さいとはいえ、まあ同程度だ。太陽と太陽系にはそれ以前の超新星でできた重い元素が豊富にあるので、太陽が最初期にできた星だとは考えられない。ここでは、球状星団のHR図にある主系列星の分岐の位置を使ってその年齢を求める方法についても述べた。最古の球状星団は一二〇億年から一三〇億年前のものだ。

宇宙（あるいは宇宙で最古の物体）の年齢を推定するのに、三つの相異なる、完全に独立した方法があって、それが整合するというのは実にすごいことだ。この推定が三倍以内で合致するというのは立派なものだ。宇宙をどうまとめるかについての私たちの基本的な考え方にとっては大勝利と言える。三つともだいたい同じ（で、私たちが宇宙で知っている最古のものの年齢がビッグバン以来の時間より少ない）ということは、私たちの基本的な物理学の考え方が間違っていないという自信になる。

今度は宇宙がかつてどのようなものだったかを想像してみよう。宇宙が膨張しているので、その密度は時間とともに下がっている。一定量の質量が、時間が経つほど大きな体積を占めることになるということだ。つまり、時間が前になるほど密度は高かった。星の場合と同様、物の密度を上げるほど、それは熱くなる傾向があり、したがって過去には宇宙は今よりもずっと熱かった（第15章では、宇宙の温度とはどういう意味かについて話すが、それは明瞭に定まった概念だということがわかる）。実際、ごく単純に延長線上をたどると、約一三八億年前、観測できる宇宙がすべて無限に熱く、無限に密度が高かったときがあるらしく、そこから今まで、ずっと膨張して冷えていることになる。一三八億年前より先にさかのぼることはできない——それはこの宇宙の誕生の私たちの定義なのだ。ビッグバンとともに膨張が始まり、今日の宇宙でもハッブルの法則の形で観測されている。

そういうわけで、ビッグバンのときには、宇宙は密度が無限大で、熱さも無限大だったらしい。それはまた無限に小さかったのだろうか。そこで話はややこしくなる。英語で小さい（スモール）という単語をふつうに使うときの意味では、実は無限に小さくはなかった。今日の宇宙の大きさが無限だとしてみよう。「ちょっと待て」と抗議されるかもしれない。「この本を通して、観測される宇宙は有限で、半径は数百億光年だと言ってきたじゃないか」と。確かに。全体としての宇宙と、私たちが今見ることができる観測可能な宇宙を区別しよう。有限なのはこの観測可能な宇宙の方だ。宇宙は膨張していて、したがって密度は下がっているが、今日の大きさが無限大なら、過去に向かって収縮させてもやはり無限大の大きさが残り、ビッグバンまでさかのぼってもそれは言える。すると最初は無限に広い、無限に密度の高い、無限に熱い宇宙だったということになる。中心はなく、外側の端もなく、外に立って全体としての宇宙を見ることもできない。

言葉の意味を操っているだけに思われるかもしれないが、それが初期の宇宙についての現代的理解の最も簡単な考え方だ。ここで私たちがしているのは、アインシュタインの一般相対性理論のしかるべき方程式を解くときにわかる結果を言葉にするということで、それについてはこれから後の章で見ていく。ビッグバンはときどき間違って描写されるような、ごく小さく高密度のものが爆発して空っぽの空間に広がるという事態ではなかった。爆弾のようなものではない。宇宙には端がないので、それが広がっていく空っぽの空間が「外に」あるわけではない。膨張するのは「空間そのもの」なのだ。

宇宙に外側の縁というものがないのなら、ビッグバンの前に何があったかと問うことはできるだろうか。残念ながら、私たちが得ている方程式からは、そういうことは問えない。もちろんそれはもっともな疑問だが、一般相対性理論には出せる答えがない。一般相対性理論の方程式は、ビッグバンの時点では密度が無限になると予測する。科学では、方程式が無限大という結果を出すときには、その理論が不完全だということがわかる。方程式が記述する以上の物理が進行しているということだ。

つまり、一般相対性理論の方程式はビッグバンの瞬間には成り立たない。そのため私たちは、この方程式をビッグバンより前の時間には拡張できない。「ビッグバン以前には何があったか」という問いは、宇宙論学者がいつも聞かれることで、残念ながら、それは無意味な問いだと言って応じられることが多い。そんなことを問う方がおかしいというわけだ。問うことがおかしいのではない。方程式がビッグバンの時点では成り立たなくなることは、この理論の問題点を示しているのだ。問いの方ではない。この疑問には、宇宙の全体としての形状について考え、ビッグバンそのものを何が起動したかと考える第22章と第23章で戻ってくる。

いずれにせよ、これがわからないので、宇宙論学者は時間がビッグバンのときに始まると考える。それは私たちの創造神話だが、すでに見たように、これは宇宙を直接に観測したり物理学を理解したりすることから引き出されている。宇宙は無限に広がっているらしいが、年齢は有限だ。年齢が有限ということは、光の速さが有限なので、私たちが観測できる宇宙の部分は有限でしかないということになる。たとえば、ビッグバンから一三八億年後に天の川銀河にいるという現在の私たちの状況を考えてみよう。無限の宇宙が私たちを取り囲んでいるが、それをすべて見ることはできない。光は有限の速さで進むからだ。私たちに見える最も遠くにある物質からの光は私たちに向かって一三八億年にわたって進んできて、その物質と私たちの間の膨張し続ける空間の一三八億光年を踏破したにすぎない。しかし私たちは、それを過去の物として見ている――それがかつてあったところだ。今はどこにあるだろう。その間に宇宙は膨張しているので、その物質を（今や銀河になっている）、今頃は私たちから四五〇億光年の距離のところまで持って行っている。これが現時点で観測できる宇宙の境界を表す。その銀河の向こうにも、他の、もっと遠くの銀河があるが、その光子を私たちはまだ受け取っていない。この先のいくつかの章で見るように、その銀河と私たちの間の空間の膨張が速く、そこからの光が届くほどの時間がまだ経っていないということだ。つまり、私たちの観測可能な宇宙の形の測定結果と私たちの宇宙論モデルを信じるとすれば、観測可能な宇宙の端の向こうに、さらに宇宙があって、実際には無限に広がっている。これは科学で最も大がかりな未来への延長と考えてもいいだろう。今のところ半径「わずか」四五〇億光年の有限の観測可能な宇宙の中で観測を行ない、それを延長して無限の宇宙にするのだ。

第15章　初期の宇宙

マイケル・A・ストラウス

ビッグバン直後の初期の宇宙は非常に高温で、密度も高かったが、しだいにそれは膨張し、冷えていった。得られている方程式によって、初期の宇宙に予想される物質の状態を詳細に計算できるようになる。極端な高温や高密度の下での物質の特性を計算するというのは、物理学者にとっては実りの多い領域だ。さらに、初期宇宙での核反応は、今日の宇宙で見られる元素の化学的比率に痕跡を残している。ビッグバン物理学で予測される軽元素の量は実際の観測結果と見事に一致していて、ビッグバンがあったばかりの時期に何があったかについては、私たちは十分に自信を抱いている。どういうことか見てみよう。まず、ビッグバンから約一秒後の話から。宇宙はとてつもなく熱い、約10^{10}K（一〇〇億ケルビン）で、人間の基準からすると密度もとんでもなく高く、水の密度の約四五万倍あった。銀河、恒星、惑星はまだ存在していなかった。実は熱すぎて、原子や分子、さらには原子核さえできなかったのだ。この時点で宇宙の通常の材料は、電子、陽電子、陽子、中性子、ニュートリノ、それからもちろん大量の黒体放射（つまり光子）だった。そして、ダークマターが今考えられているように未発見の素粒子でできているなら、その粒子はこの時期の宇宙にも大量に存在していたと予想される。

しかし二分半後には、宇宙は「わずか」一〇億ケルビンにまで下がり、このときには光子の黒体スペクトルの頂点はガンマ線の領域にあった。一〇億ケルビンになると、中性子と陽子がくっつきあう核融合反応ができるようになる。先に太陽の中の高温高密度で陽子が融合してヘリウム原子核になるのを見た（第7章）。太陽のような恒星の中心では、水素の一〇パーセントをヘリウムに変えるのに何十億年とかかる。初期の宇宙で起きる核反応は、陽子だけでなく自由な中性子があるので、ずっと早く進む。陽子と陽子の衝突は、同じ正電荷どうしで反発力があるので高いエネルギーを必要とし、実際の衝突は少なくなる。中性子は電気的に中性（したがって光子によって退けられない）で、中性子・陽子衝突の方が起きる頻度は高い。融合はヘリウムができる途上で中性子を陽子に加えることで起こる。これによって、太陽での融合過程の遅い段階（陽子どうしの衝突）をスキップすることができる。

陽子と中性子はお互いに入れ替わり可能だ。中性子プラス陽電子が合体して、陽子プラス反電子ニュートリノになり、またその逆になることがある。中性子プラス電子ニュートリノが合体して陽子プラス電子になり、その逆になることもある。中性子が崩壊し、電子と反電子ニュートリノを出して陽子になることもある。一〇〇億ケルビン（宇宙ができて一秒後の温度）では、以上の過程がちょうどつりあっている。中性子は陽子よりわずかに質量が大きく、ということはそれを作るのに必要なエネルギーが少し多く、したがってビッグバンから一秒後には、中性子は陽子よりわずかに少ない。しかし宇宙が膨張を続けて一〇億ケルビンまで冷える頃には、この均衡は変化して、中性子は軽い陽子に変わり、それぞれの中性子につき七つの陽子ができる。一〇億ケルビンの温度では、陽子と中性子の質量差をなすための熱エネルギー（$E=mc^2$）が少なく、中性子は陽子と比べて少なくなる。この時点で、宇宙は中性子と陽子が衝突してデュートロン（重水素、つまりデューテリウム原子核）になっても、すぐにまた別の粒子と衝突してばらばらにならなくてすむほど冷えている。デューロンはさらに原子核反応に与って、中性子をもう1個加え、陽子をもう一個加えて、ヘリウム原子核（中性子二個と陽子二個）となる。原子核燃焼がほんの数分続くと、基本的にすべての中性子がヘリウム原子核に組み込まれていて、その頃には宇宙はそうした核反応が止まる程度に冷え、希薄になっている。

結果としてどれだけヘリウム原子核ができるか計算してみよう。ヘリウム原子核には中性子が二つずつある。陽子七個について中性子一個という比率からすると、中性子二個は陽子一四個と対になる。そのうち二個の陽子がヘリウム原子核に取り込まれ、一二個の陽子が残る。これで、一二個の陽子（つまり水素原子核）あたり一個のヘリウム原子核ができることが予想される。この最初の数分が経過すると、宇宙は冷たく希薄になりすぎて、それ以上の核反応は生じない。そこでビッグバンのときに相当数のヘリウム原子核ができ、それとともにごく微量の残ったデューテロン（デューテリウム原子核）、リチウム、ベリリウム各原子核ができ（ベリリウム原子核はリチウムに崩壊する）、それ以上の重い元素はない。

この基本的な計算は、最初ジョージ・ガモフとそこの学生だったラルフ・アルファーによって、一九四〇年代に行なわれた。二人は共著者にハンス・ベーテの名を加えたいという誘惑に勝てず、この結果については有名な「アルファ・ベーテ・ガモフ」（「α－β－γ」）論文で述べられた。一二個の水素原子核につき一個のヘリウム原子核は、セシリア・ペイン＝ガポシキンの研究にまでさかのぼる、恒星は約九〇パーセントの水素と八パーセントのヘリウムでできているという結果（第6章）と見事に一致している。こうして、ビッグバンから数分後の宇宙の状況についての予想は、水素とヘリウムが宇宙で豊富な元素トップツーである理由、それが今見られる比率で存在する理由の基本的な説明となる。これはビッグバン・モデルの驚くべき成果で、宇宙の膨張をビッグバンからわずか数分後の温度が一〇億ケルビン超だったときにまで逆算することの強力な根拠となっている。

　ガモフとアルファーはもともと、すべての元素がビッグバンに由来することを説明しようとしていたが、計算結果は、原子核反応は最も軽い元素だけで進行することを示した。重い元素（私たちの体にある炭素、窒素、酸素や、地球の大部分を占めるニッケル、鉄、珪素など）ができるのは、後に星の中心部で起きる原子核反応によっていたことは第7章と第8章でも述べた。ガモフのライバルだったフレッド・ホイルは、これとは正反対のことを明らかにしたいと思っていた。ホイルの説は、重い元素も軽い元素も、宇宙史の最初に熱く密度の高い時期を持ち出さなくても、星の中心部の原子核反応で水素からできるということで、ホイルはそのことを研究者人生の大部分はその試みに向けられた。ホイルは恒星での重い元素形成の現代的理解の大部分を考えた。しかし恒星で作られるヘリウムの量は、観測される量を説明するには足りない。

　今日の宇宙にいくらかでもデューテリウムがあることが、ビッグバン起源を示している。デューテリウム（陽子一個と中性子一個）は壊れやすく、星の中心部では、融合してヘリウムになることでなくなり、そこで新たにできることはない。恒星はそれを作ることはできない。でき方として唯一知られているのがビッグバンで、ビッグバンから数分でできるデューテリウム量の計算（通常の水素原子核四万個につきデューテリウム一個）は、観測されている値と見事に一致している。ビッグバン後の原子核燃焼は、宇宙が十分に薄まると突然止まり、ヘリウムへの融合が「未完了」のデューテリウムがわずかに残る。初期の宇宙では変化があまりに急なことによる、燃焼の非平衡的なところが、今日もごくわずかな量のデューテリウムが残っていることの鍵となる。ガモフはそのことに気づいた。ガモフにとって、宇宙で観測されるデューテリウムはビッグバンを指し示す動かぬ証拠だった。

　宇宙が膨張すると空間が伸び、宇宙を伝わる光子の波長も伸びる。これがすでに取り上げた赤方偏移に他ならない。空間が膨張し、遠くの銀河を観測すると、銀河が遠ざかっているから、そこからの光子が赤方偏移していると見ることになる。私たちはそれをドップラー偏移の結果だと解釈できる。しかしそのことは、単純に空間そのものが伸び、私たちと遠くの銀河の間の距離が伸びて、その銀河からこちらへとやってくる光子の波長が伸びると解釈することもできる。太いゴムバンドに波の形を描いてそのバンドを伸ばすと、できる波長は伸びることになる。しかしどちらの赤方偏移の解釈も同等で、赤方偏移を空間の膨張のせいで遠ざかる物体からのドップラー効果によるものと見ることもできるし、空間そのものが伸びるせいで波長が長くなることと解釈することもできる。初期宇宙からの光子は黒体（プランク）スペクトルを維持しているが、その波長は空間の膨張のせいで伸びているので、光子の温度は下がっている。ガモフと学生のアルファーとハーマンは、宇宙がビッグバンとともに始まり、それから時間とともに膨張を続けて冷えることを考えた。

アインシュタインは一九一七年頃に宇宙全体について考え、宇宙論原理なるものを仮定した。大きなスケールで見れば、宇宙はいつ、どこから見ても、だいたい同じに見えるということだ。十分に退いて、十分に広い範囲を見れば、宇宙にある物質はなめらかに分布しているはずだ。私たちはアインシュタインの仮説の一面――宇宙の膨張はどの銀河から見ても同じに見える――をすでに見ていて、そこから宇宙には中心がないことを推測した。同様に、無限の平面には「中心」と呼べるような一点はなく、球の曲がった面にも「中心」と呼べるような点はない。球面上のすべての点は同等だ。

もちろん、今日の宇宙を見回せば、とてもなめらかには見えない。私たちの太陽系の質量は、惑星と太陽に集中している。恒星はその大きさに比べると広大な距離で隔てられている。恒星は銀河に集まり、銀河は数百万光年の距離で隔てられながら、銀河団にまとまる。アインシュタインの宇宙原理が言っているのは、私たちがさらに退いて、何十万もの銀河のスケールで見れば、ほとんど一様な宇宙が見えるということだ。ハッブルの観測結果は、いろいろな方向の暗い銀河の数が同じであることを示した。つまり、宇宙は最大の規模で見た場合、確かに空間的に一様に見える。

フレッド・ホイルはこれをさらに一歩進め、宇宙は空間的に一様で、どこを見てもだいたい同じであるだけでなく、時間的にも一様だと説いた。過去に戻ったとしても、宇宙は今と同じように見えるはずだとホイルは考えた。物理学の法則は時間とともに変わるわけではないとすれば、なぜ宇宙が変わると言えよう。この考え方を文字通りに取れば、宇宙にはビッグバンのような始まりはありえない。宇宙は永遠の昔から存在してきたのだ。ホイルはこの考え方を「完全宇宙原理」と呼んだ。銀河どうしの距離が宇宙の膨張のせいで時間とともに増していることをふまえ、ホイルは銀河間の空間に新しい物質が生まれていると仮定しなければならなかった――たぶんとんでもない考え方だが、無限大の密度と温度の瞬間から宇宙全体ができて、時間の始まりを画すという考えほど突拍子もないわけではないとホイルは考えた。

どちらの構図が正しいのか。ビッグバン・モデルの予測をさらに調べてそれを観測されていることと比較すると、予測と観測データの一致という形でのビッグバン理論に有利な経験的証拠は実に強力だ。

ビッグバン・モデルの最初の予測は、宇宙が膨張することで、実際に観察されている通りだ。このモデルは、宇宙の年齢――一三八億年――も予測する。宇宙にある最古の星がそれよりわずかに若いことと一致する。これはビッグバン・モデルの紛れもない成功だ。私たちが一兆年という年齢の星を見つけていたら、ビッグバン・モデルが正しいことはありえないという結論を余儀なくされていた。実際、過去にはそのような危機もあった。ハッブルの最初の定数の推定値、H_0＝500(km/sec)/Mpcでは、ビッグバン以後の時間（$1/H_0$）がわずか二〇億年しかないことになっていたからだ。一九三〇年代には、岩石の放射性年代測定から、地球はそれよりも古いことが明らかになっていた。この年齢は、ビッグバン・モデルとは合わない。地球が宇宙よりも古いなどということはありえない。この不整合は、ホイルのモデルに有利な論拠となった。ホイルの方では宇宙は無限に古く、ずっと膨張しているので、いつでも銀河間空間に新しい銀河ができている。このずれが解決されたのは一九五〇年代から六〇年代にかけて、銀河までの距離の測定結果がはるかに向上して、ハッブル定数の値を大幅に下げ、（$1/H_0$）と最古の星の年齢とが整合するようになったことによる。

私たちはビッグバンから宇宙にあるすべてのヘリウム原子核一個について水素原子核が一二個あり、デューテリウム原子核一個について水素原子核が四万個のあるはずだということを予測し、その通りのことが観測される。必ずしもそうなる必要はなかった。実際、分光分析の科学が十分に成熟し、セシリア・ペイン＝ガポシュキンらが太陽はほとんどが水素だということを判定するまでは、宇宙にある元素の相対比のことはほとんど知られていなかった。

ビッグバンから数分後の元素の量を見積もってみよう。基本的に、自由な中性子はヘリウム原子核に統合されている。宇宙が冷えて密度が下がりすぎて、それ以上の反応が生じなくなり、原子核の燃焼は停止する。こうしてできるヘリウム原子核と、微量のデューテリウムとリチウム各原子核に加え、陽子、電子、ニュートリノ、光子もある――それまで存在していた陽電子は電子と対消滅して、さらに光子を作り、後には陽子すべての電荷とちょうどつりあうだけの電子が残る。それは非常に熱く、先に見たとおり、熱いものは光子を出すので、光子も豊富にある。宇宙が冷えて密度を下げ続ける間、約三八万年間、その構成は変化しない。

ここまでの宇宙は（恒星の内部と同様）プラズマでできている。つまり原子核と電子が結びついておらず、別々に動いている。電子が束の間陽子に捕捉されて水素原子を形成するとしても、それにはすぐに、あたりにたくさんある高エネルギーの光子の一つがぶつかり、電子を陽子からはじき出す。さらに、光子は自由電子（原子に拘束されていない電子）と強く相互作用するので、光子は長い距離を進まないうちに別の電子と衝突し、別の方向に跳ね返る（専門用語では「散乱」と言う）。つまり、このときの宇宙は不透明で、あまり遠くまで見通せない濃い霧のようなところだった。これは恒星内部で見られることに似ている。恒星内部も不透明で、中心部で生成された光子の形のエネルギーは、数十万年という長い時間をかけて外へ拡散し、表面に届く。

ビッグバンから三八万年後、温度が三〇〇〇Kまで下がると、話は大きく変わる。このとき、光子のエネルギーは水素をイオン化するほどではなくなり、電子と陽子は対になり、中性の原子になる。中性の水素は、自由電子ほどには光子を散乱せず、宇宙は突然透明になる。霧が晴れるのだ。これで光子はまっすぐな軌跡をたどれるようになる。

すると私たちは、今日の宇宙でそうした光子を見ることができるはずだということになる。宇宙が透明になったビッグバンから三八万年後以来、私たちのところまでまで遮られずにやって来る光子が見える。宇宙に端がないのなら、私たちは宇宙のあらゆる方向からこうした光子を受け取ることになるはずだ。つまり、私たちがどの方向を見ても、しかるべき距離のところにビッグバンから三八万年後に発した光子がちょうど今、私たちに届くことになるような物質がある。

こうした光子は温度三〇〇〇Kでガスによって放出され、その温度に合う黒体スペクトルになっているはずだ。そのような黒体のエネルギーが最大の波長は約一ミクロン（10^{-6} m = 1/1000 mm）となる。ところが、宇宙は膨張しているという、これまた重要な面を考慮に入れなければならない。三〇〇〇Kの黒体放射は赤方偏移を受ける。宇宙は三八万歳のときから一三八億歳の今までに、約一〇〇〇倍に膨張している。放射の波長も空間が膨張した分だけ伸びている。つまり熱放射のエネルギーが最大になる波長は今では一ミクロンではなく、一ミリメートルとなる。頂点の波長が一〇〇〇倍になるなら、その分、温度は下がっている。それは空のあらゆる方向から約三Ｋの温度の熱放射がやってくるのが見られるはずだということを意味する。放射は宇宙がわずか三八万歳、今の年齢の〇・〇〇三パーセントにすぎなかったときのものだ。一九四八年、アルファーと、やはりガモフの学生だったロバート・ハーマンが、今日の宇宙はこのビッグバンの余波となる熱放射で満たされていることを予測し、今日までにその温度は約五Ｋまで下がっているはずだと計算した――実際の値に近い。

しかし一九六〇年代には、ハーマンとアルファーの予測はほとんど忘れられていて、プリンストン大学物理学科のボブ・ディッケ、ジム・ピーブルス、デーヴ・ウィルキンソン、ピーター・ロールは、同じような推論を進め、同じ予測に達した。このチームはさらに一歩進めて、波長一ミリメートルでエネルギーが最大になる黒体放射を、ディッケが開発していた電波望遠鏡とセンサーで検出した（それは「マイクロ波」、つまり電子レンジ（マイクロウェーブ・オーブン）でできるような短波長の電波を探すということだった）。チームは、ビッグバン説が正しいとすれば理論上あるにちがいない初期宇宙からの黒体放射が検出できるかどうかを確かめるために、プリンストン大学構内にある建物の屋根にマイクロ波望遠鏡を建造し始めた。

ところが結局、チームは先を越された。一九六四年、宇宙時代の始まりの頃、ベル研究所は、長距離通信用に衛星を使う可能性を考えるようになっていた。ベル研の二人の科学者、アーノ・ペンジアスとロバート・ウィルソンは、マイクロ波を使って衛星と通信できるか調べ、そのような波長で空から届く電波がどういうものか明らかにしようとしていた。使ったのは、ニュージャージー州ホームデルのベル研究所構内の大型電波望遠鏡だった。二人が驚いたことに、望遠鏡を向けた空のあらゆる方向からマイクロ波放射が来ていることがわかった。プリンストンの面々はこのことを聞いて、ペンジアスとウィルソンが宇宙マイクロ波背景（ＣＭＢ）放射という自分たちが予測していたものを発見したことを認めた。一同の二本の論文――予測を立てたプリンストンの論文と、発見を記したペンジアスとウィルソンによる論文――は、一九六五年五月の『アストロフィジカル・ジャーナル』に並んで掲載された。

この結果により、ビッグバン・モデルに基づく別の根本的な予測が観測によって確かめられた。ＣＭＢは三八万歳の宇宙全体で発せられ、空のあらゆる方向から、同じ強さで観測されるはずだ。それがまさしく観測されている。実際、この観測によって、ビッグバンは至るところで、明瞭な中心もなく生じたことがわかるし、ビッグバンの熱放射の余波があらゆる方向から等しく届いている。一九六七年、ペンジアスとウィルソンは、全天にわたって放射の強さのばらつきは数パーセントだと発表した。技術が向上すると、測定結果はさらによくなった。後で見るように、放射は実際、10^5分の1という驚くべき精度で一様なのだ。

一九四八年のアルファーとハーマンの元の論文は、CMB黒体スペクトルの温度を約五Kと予想していた。ペンジアスとウィルソンは最初の論文で温度は三・五Kと見ていた（後にさらに正確な測定で二・七二五Kにまで精密になった）。これはアルファーとハーマンの元の推定に驚くほど近い。CMBの発見は天文学界に、ビッグバン・モデルが正しいことを納得させた。たとえば、フレッド・ホイルが唱えた定常宇宙モデルでは、CMBを無理なく説明できないが、ビッグバン・モデルからすると不可避的に直接予測されることだ。科学はそのように進む。このように次々と確かめられる過程で、科学者は自分たちの考えに対する信頼性を高めた。ペンジアスとウィルソンは一九七八年、この発見によってノーベル物理学賞を受賞した。

ピーブルズとウィルキンソンの方は、一九六五年にはまだ科学者として出発したばかりだった。CMBの発見によって、生涯を宇宙論、つまり全体としての宇宙の研究にかけることにした。ジム・ピーブルズはこの分野でも重要な理論家の一人となった。デーヴ・ウィルキンソンはCMBについて、さらに精巧な測定結果を得た。最初は地球上の電波望遠鏡を使い、その後は衛星を打ち上げ、宇宙からデータを得た（ウィルキンソンは私の学問上の祖父に当たることを言っておくべきだろう。私の博士論文の指導教授マーク・デーヴィスは、一九七四年、ウィルキンソンの下で博士論文を完成させた）。

ウィルキンソンが最初に取り組みたかった問いはこうだった。CMBのスペクトルは本当に黒体スペクトルか。ウィルキンソンはNASAの宇宙背景探査（COBE（コービー））衛星の科学部門を率いた一人で、この衛星はCMBスペクトルを高い正確さで測定するよう設計されていた。それは見事な成果を挙げた。COBE衛星が測定したCMBスペクトルは、（わずかな）誤差範囲内で黒体の式にぴったり合っていた。この実験は、自然の黒体について最も正確な測定と言われたことがある（図15–1）。

ウィルキンソンが取り組んだ次の大問題は、CMBはどれほど一様かということだった――つまり、すべての方向で同じ強度か（あるいは同じことだが、同じ温度か）。宇宙論原理という、宇宙は大きく見たらなめらかだと仮定する原理からは、

ＣＭＢはきわめて一様になることが予想される。ペンジアスとウィルソンの最初の測定結果は、それがどれほどなめらかかについては粗い（数パーセントの）限界しか求められなかったが、一九七〇年代になると、ウィルキンソンらは、ＣＭＢの温度は正確にはあらゆる方向で正確に同じなのではなく、空全体でなめらかに変動し、空の端から端までの間で約〇・〇六Ｋの差があることを発見した。この変動を引き起こしたものはすぐに明らかになった。宇宙全体の膨張による銀河の相対運動に加えて、銀河はお互いに働く重力による引力のおかげで、個々に動くことができる。加えて、太陽は銀河中心を公転している。この運動が合わさって、太陽には、ＣＭＢをもたらす宇宙にある物質の塊に対して秒速約三〇〇キロメートルの速さが与えられる。これはＣＭＢに一〇〇〇分の一ほどのドップラー偏移を起こす（300 km/sec は光速の一〇〇〇分の一だから）。ＣＭＢは私たちが運動する方向にわずかに青方偏移を起こし、逆方向にはわずかに赤方偏移して、その間でなめらかに変化する――観測されるとおりだ。

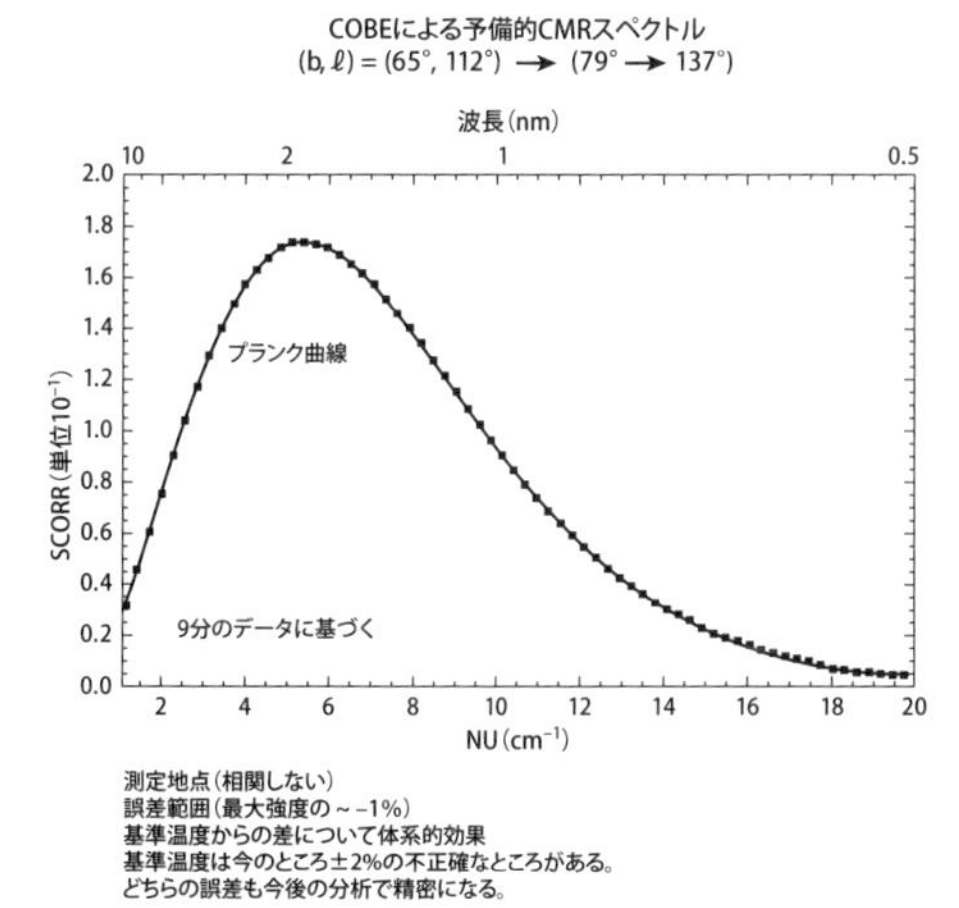

図 15-1　COBE による予備的な宇宙マイクロ波背景（CMB）スペクトル。デーヴィッド・ウィルキンソンが、この COBE 衛星による CMB のスペクトルを、1990 年のプリンストン大学での講演で明らかにすると、聴衆は拍手喝采した。熱放射に対する理論的なプランク黒体曲線との一致は見事だ（図では、プランク黒体曲線［実線］は、対数ではない実数直線でグラフになっていて、各データは誤差限界を示す小さな四角を伴っている。第 4 章と第 5 章で示したプランク黒体スペクトルは、対数尺で表されていて、見え方が少し違う。写真 ―― J. Richard Gott 所蔵のものに加筆。

　ここで一旦停止して、私たちは静止していると知覚していても実は動いているところを振り返っておくべきだろう。私たちは静止していると知覚しているのだが。地球は軸を中心に自転している。北米の緯度では、これは秒速約二七〇メートルに相当する。地球は太陽のまわりを秒速三〇キロメートルで公転している。太陽は天の川銀河の中心を秒速二二〇キロメートルで公転し、天の川銀河とアンドロメダ銀河は互いに向かって秒速一〇〇キロメートルほどで落下している。最後に、両銀河はともに、観測可能な宇宙の物質すべてに対して平均秒速約六〇〇キロメートル近くの速さで動いている。いろいろな方向へのいろいろな運動すべてを合算すると、太陽はＣＭＢに対して秒速三〇〇キロメートルで動いていることがわかる。以上のことをすべて思い浮かべるとくらくらしてしまうが、これはガリレオが定め、アインシュタインの相対性理論で仕上げられた、相対運動が重要だということの例証だ。精密な天文学的測定がなければ、私たちはただ、自分は静止していると認識するだけだ。

私たちがＣＭＢに対して運動していることにより生じるこのドップラー偏移は、ＣＭＢに一〇〇〇分の一の一様性からのなめらかなずれをもたらし、それが今、きわめて正確に観測されている。そこでこの影響を取り除こう。ウィルキンソンが問いたかった次の問題は、ＣＭＢに、内在的で、私たちの運動の結果ではない波があるかということだった。私たちのビッグバン理解が正しいなら、答えはイエスとならざるをえない。実際、初期の宇宙が、完璧な一様性からまったくずれずに正確になめらかだったことはありえない。完璧に一様な宇宙は一様に膨張して、どんな構造物もできない。銀河も恒星も惑星もなく、空を見上げてそれがどういうことかと考える人間もいない。私たちが一様性からのずれがあって、構造のある宇宙――つまり私たちがいる宇宙――に暮らしているという事実は、初期の宇宙が、したがってＣＭＢが完璧になめらかではありえなかったことを示している。

宇宙の構造はどう形成されたのだろう。物質の密度が周辺の領域よりわずかに高い初期の宇宙のある領域を考えよう。その領域に対応する質量もわずかに大きく、したがって重力による引力もその周囲にある物質よりも高い。ランダムな水素原子、あるいはダークマターの粒子はその領域に向かって引き寄せられ、それによって周辺の領域に代わってその密度が増える。物質はこの領域に落ち込み、その領域の質量を増し、重力の綱引きで、さらに余分の物質をそこに引き込む結果にもなる。時間が進むにつれて、この過程は物質の密度の微妙なゆらぎをもたらす――原理的に今日周囲に見る構造物に成長できるほどになる。ジム・ピーブルズはこの「重力による不安定」の過程を見事に簡潔に記述し、よく「重力は吸い込む」と言っている。

今日の宇宙に観測される構造物の量をふまえ、重力の法則をふまえると、初期宇宙のゆらぎ（ひいてはＣＭＢに観測されるでこぼこ）はどの程度あるだろう。これはやっかいな計算だ。重力によって物質が集まろうとする一方で宇宙が膨張するという事実によって、話はややこしくなる。ダークマターと、通常の原子の双方の、物質のすべての成分を理解しなければならない。先に、宇宙はまだ全面的にイオン化している間（ビッグバンから三八万年後まで）、光子は宇宙にある自由電子で絶えず散乱していることを述べた。そうした光子による圧力が、通常の物質（電子と陽子）の分布にあるゆらぎが重力で大きくなるのを防いでいた。それが話のすべてだったら、ゆらぎは宇宙が中性になったときからのみ重力を通じて大きくなれただろうし、CMBの非一様性は今観測されているより大きくならざるをえないだろう。

しかし、ジム・ピーブルズが一九八〇年代に認識したように、ダークマターがそのずれを説明できる。ダークマターは見えない（ダーク）。つまり、それは光子と相互作用しないということで、したがってダークマターのゆらぎは、光子の圧力には損なわれない重力の下で成長しうる。宇宙が中性になってから、通常の物質は、すでにしばらく前から成長していたダークマターの塊に落ち込むことができる。すると、ダークマターがあれば、当初のCMBのゆらぎが、通常の物質だけがある場合に必要となるゆらぎよりも小さくてもよくなる。一九八〇年代までには、CMBにあるゆらぎの限界は、ダークマターに訴えないモデルは排除されるほど厳格にわかっていた。

つまり、銀河の自転から推定するダークマターは、CMBを理解するためにも必要とされる。ダークマターは何でできているのだろう。ヘリウムとくにデューテリウムの量を、初期宇宙に生じる過程からの予測と詳細に比べると、通常の物質（つまり陽子、中性子、電子でできているもの）の平均密度は、立方センチあたり4×10^{-31}グラムにすぎない。四立方メートルあたり一個の陽子に等しい。銀河の中の恒星間や、銀河どうしの間の真に広大な（ほとんどは空っぽの）広がりが思い出される。しかし銀河の運動の測定や、CMBのゆらぎ（これから述べる）は、今日の宇宙の物質密度は、その約六倍あることを教えている。違いはダークマターだが、ダークマターが通常の陽子、中性子、電子ではできていないという結論になる。私たちは、ダークマターを、まだ見つかってないタイプの見たことのない素粒子でできているものと想定している。陽子、中性子、電子と同様、初期宇宙の極端な熱と圧力の中で形成されたものと考えられる。こうした素粒子はいったい何か。それについてはいくつかの推測がある。超対称性理論は、私たちが観測する各粒子には、質量のある超対称の対になる相手があることを予測する。光子（フォトン）にはフォティーノ、電子（エレクトロン）にはsエレクトロン、重力子（グラヴィトン）にはグラヴィティーノというように。大型ハドロン衝突型加速器（LHC）では、こうした粒子探しが続いている。その一つでも見つかれば、超対称性理論の証拠となるだろう。一九八二年、ジム・ピーブルズはダークマターが、陽子よりも質量が相当に大きい、弱い相互作用をする質量のある粒子（ウィークリー・インタラクティブ・マッシブ・パーティクルズ）（天文学者は頭文字をつないでWIMPs（ウィンプス）と呼んでいる）でできていると唱えた。既知の粒子の超対称の対になる相手で最も軽いものなら、ちょうど帳尻が合うだろう。ジョージ・ブルーメンソール、ハインツ・ページェルス、ジョエル・プリマックは、一九八二年、グラヴィティーノが候補だと唱えた。この理論では重いものほど不安定になるので、最も軽いものでなければならない。重いと崩壊してもっと軽いものになるので、残らないのだ。

ダークマターはアクシオンと呼ばれる素粒子でできているかもしれないという推測もある。スイスとフランスの国境にあって世界最強の粒子物理学実験装置であるLHCは、ダークマター候補のいずれかの存在を確認することにかけては最大の期待の的かもしれない。しかし天の川銀河の質量がほとんどダークマターなら、ダークマター粒子は私たちの周囲のどこにでもあることになる。ダークマター粒子は今もあなたの体を通り抜けているはずだ。ところが、それは見えない、つまり通常の物質とはほとんど相互作用をしない（重力以外では）ということだ。しかしダークマターを超対称で考えようとアクシオンで考えようと、ごくまれに、ダークマター粒子が原子核と相互作用して、観測されることが期待できる反応を引き起こすかもしれない。そのような反応を探す実験が進行している。これは難しい仕掛けだ。そのような実験の一つは一〇〇キログラムの液体キセノンを使い、ダークマター粒子がキセノン原子核の一つで散乱された場合に予想される閃光を探している。こうした実験装置は深い鉱山に設置され、通常の物質との紛らわしい相互作用を最小限にしている。どの実験でもまだダークマターだと納得できる証拠は見つかっていないが、その特性についての実験限界は、素粒子物理学モデルが予想する範囲にようやく近づいてきている。ダークマター粒子探しは私たちを素粒子物理学の最先端に連れて行くということだ。

ダークマターが存在するとしたら、CMBはなめらかで、ゆらぎは一〇万分の一のレベルになることが予測される。COBE衛星に搭載された装置は必要な感度があるように設計されていた。一九九二年、私はプリンストン大学の天文学グループに対してデーヴ・ウィルキンソンが行なう、衛星の測定結果について述べる発表会に参加したのを覚えている。そこになければならない（熱いビッグバンでの構造の成長についての理解によれば）CMBのゆらぎは、この衛星によってやっと検出され、一〇万分の一、ピーブルスらが予測したのとちょうど同じくらいのレベルだった。

当時、ウィルキンソンはすでに、こうしたゆらぎ（専門用語では非等方性という）をもっと高い精度で測定できる装置を備えた次世代の衛星を考えていた。ウィルキンソンは、マイクロ波非等方性探査機（MAP）を作るべく、COBE衛星の古

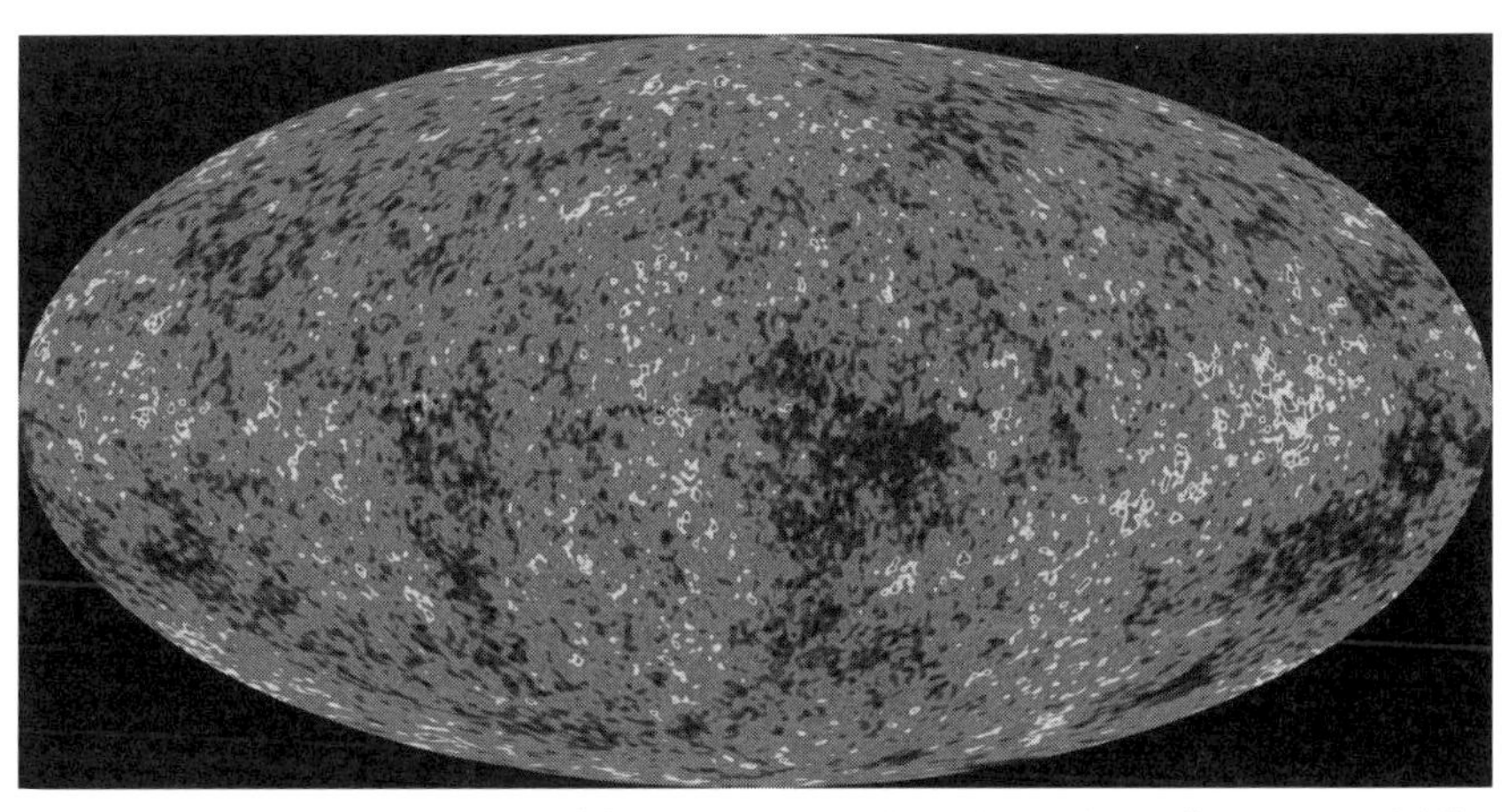

図 15-2　WMAP 衛星による宇宙マイクロ波背景の分布図。2010 年の 9 年分のデータに基づく。これは空全体の図で、図 11-1 や図 12-2 と同じ投影法による。天の川銀河そのものによるマイクロ波放射も、地球の宇宙マイクロ波背景に対する固有運動によるドップラー偏移も差し引きされている。赤いところは平均温度よりわずかに高いことを表し、青いところはわずかに低いところを表し、緑は中間の温度を表す。写真—— NASA, WMAP 衛星。

参の多くを含むチームを集めた。MAPは二〇〇一年に打ち上げられ、九年にわたって空の分布図を作った。

残念ながら、ウィルキンソンはこの間ずっとガンに患っていた。二〇〇二年九月に亡くなる直前、衛星からの最初の結果を見ることはできた。二〇〇三年二月、チームは初年度のデータによる結果を発表した。NASAはこの衛星をウィルキンソンの名に変えることにした。以後、ウィルキンソン・マイクロ波非等方性探査機、つまりWMAPと呼ばれる。

図15-2は、WMAP衛星が九年分のデータを集めて見つけた、マイクロ波背景温度のゆらぎ分布図だ（二〇一〇年）。楕円形は空の全球を表している。銀河の北極が上で、南極が下、天の川銀河面をたどる銀河赤道は、図の中央を横に走る線となる。天の川銀河の星間物質からの放射も、CMBに対する運動による一〇〇〇分の一のずれも差し引かれている。

これは本当に宇宙の赤ん坊の写真、つまり、それが今の年齢の何万分の一だったときを直接に見たものだ。こうした光子は宇宙の一三八億年という年齢のうち、三八万年しか進んでいない。この分布図上の対照は、赤と青が濃いほどそれぞれ±〇・〇〇一パーセントの数倍程度のゆらぎに対応するように増幅してある。〇・〇〇一パーセント（つまり一〇万分の一）が典型的な値だ。

図15-3は、こうしたゆらぎの測定されている強度を角度の関数として表している（下の目盛に注目）。この測定結果は、欧州宇宙機

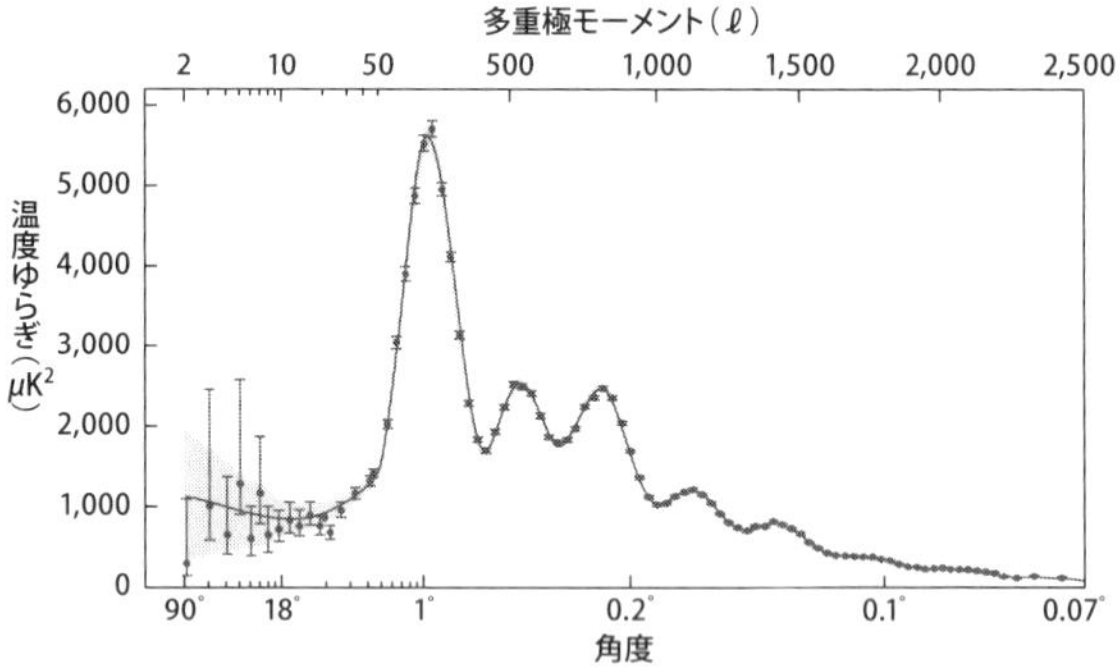

図 15-3　宇宙背景放射ゆらぎの強さを、角度の関数として並べたもの（赤いドット）と、理論値（緑の曲線）とを比べたもの。Planck Stellite Team 2013 より。縦軸は宇宙背景放射の温度に表れるばらつきの強さ（パワー）で、度で表したゆらぎをとる幅の関数で表している。縦軸の単位はマイクロケルビンの２乗で、一様な温度、2.7325K からのずれを、10 万分のいくつという単位で表している。曲線の振動は、再結合の時期まで宇宙を伝わっていた音波のせい。データ点を通実線による曲線は、ビッグバン・モデルを前提として予想される曲線で、ダークマター、ダークエネルギー、インフレーション（これについては第 23 章で）の影響を含む。基本的に観測とは完璧に一致していて、ビッグバン・モデルが正しいことの見事な確認となっている。以前の NASA の WMAP 衛星によるデータも、同じ結論に至った。ESA および Planck Collaboration 提供。

関が打ち上げた後継のプランクと呼ばれる衛星や、地上の様々な望遠鏡による。

角度幅一度のところに頂点があり、WMAP画像に見られる「でこぼこ」の典型的な大きさに対応している。グラフはたとえば、一八度幅のある区画から別の区画に、一度幅の区画から別の区画への変動より小さい変動があることを教えてくれる。エラーバーが見えないところでは、観測誤差は赤いドットの大きさよりも小さい。

点を通るなめらかな緑の曲線は、ビッグバン理論に基づく理論的計算の結果で、ダークマター、ダークエネルギー、インフレーション（これについては第23章でもっと取り上げる）の影響を含んでいる。角度幅が大きいと、緑線の幅が広がって、予測される結果に理論的に予想される散らばりが含まれる。両者の合致は驚くべきもので、観測結果は緑の理論的曲線に、観測誤差の範囲内で収まる。ビッグバン・モデルは別の成功もなしとげた。それはCMBに見られるきわめて微妙なゆらぎの詳細なありようを予測する。

再結合の後、物質はどんどん密度が高くなる塊に集まり始め、最初の恒星や銀河を作る。しかしCMBに見られる構造の角度からすると、直径一〇万光年程度の銀河よりも大きな規模で宇宙には相当の構造があるはずだということが予言される。つまり、銀河は空間の中でランダムに分布していないはずで、もっと大きな構造にまとまっているはずだ。こうした構造をマップするために、ハッブルの法則に戻ろう。天体の像を見るときには、対象を空の二次元のドームに描いたように見ていることを忘れないように。奥行き感はまったくなく、近くの銀河とずっと遠くにある銀河の区別は必ずしもつかない。しかしハッブルの法則は、第三の次元を探る方法をもたらす。それぞれの銀河の赤方偏移を測定することによって、その距離を求め、銀河が空間にどのように分布しているかを見る。

何万という銀河の赤方偏移の測定は、一九七〇年代の終わりに熱心に始まり、銀河分布を三次元でマップできるようになった。天文学者はすぐに、銀河は空間にランダムに分布しているのではなく、何千という銀河を含む銀河団（直径三〇〇万光年に達する）と、ほとんど銀河がない空っぽの領域（三億光年に及ぶ空虚）があるのを見た。実は、初期のマップから、人々は宇宙原理を疑問視するようになった。このマップには構造があって、宇宙が一定のスケールで見た場合になめらかと言えるのか、それとも、いくらスケールを大きくして調べても、さらに大きな構造が見えてくるのかと思うようになったのだ。スローン・デジタル・スカイサーベイでの継続的調査は、この問題についても取り上げる意図で行なわれている。この調査は空のマップ作成に充てられた望遠鏡で、今や二〇〇万を超える銀河の赤方偏移を測定している。図15−4はこうした銀河のごく一部のマップで、地球の赤道面から四度分の断片を示しているが、すべてのデータを一枚のグラフにすると、図示される点の密度は、画面がまっくろになって、構造は見えなくなってしまうだろう。

図に載っている五万個以上の各点が、一〇〇〇億個の恒星からなる一つの銀河を表している。しばし眺めて、この数のとほうもなさを味わっておくべきだろう。

円グラフの二つの扇形のような部分が見られる。図の中心に天の川銀河がある。左右の空白の領域は調査が行なわれていない部分で、天の川銀河の塵に隠されていて、遠くの銀河を拾い出しにくい部分に当たる。

図の半径は八六〇メガパーセク、つまり三〇億光年近くに及ぶ。この図では銀河団さえ小さく見える。銀河の

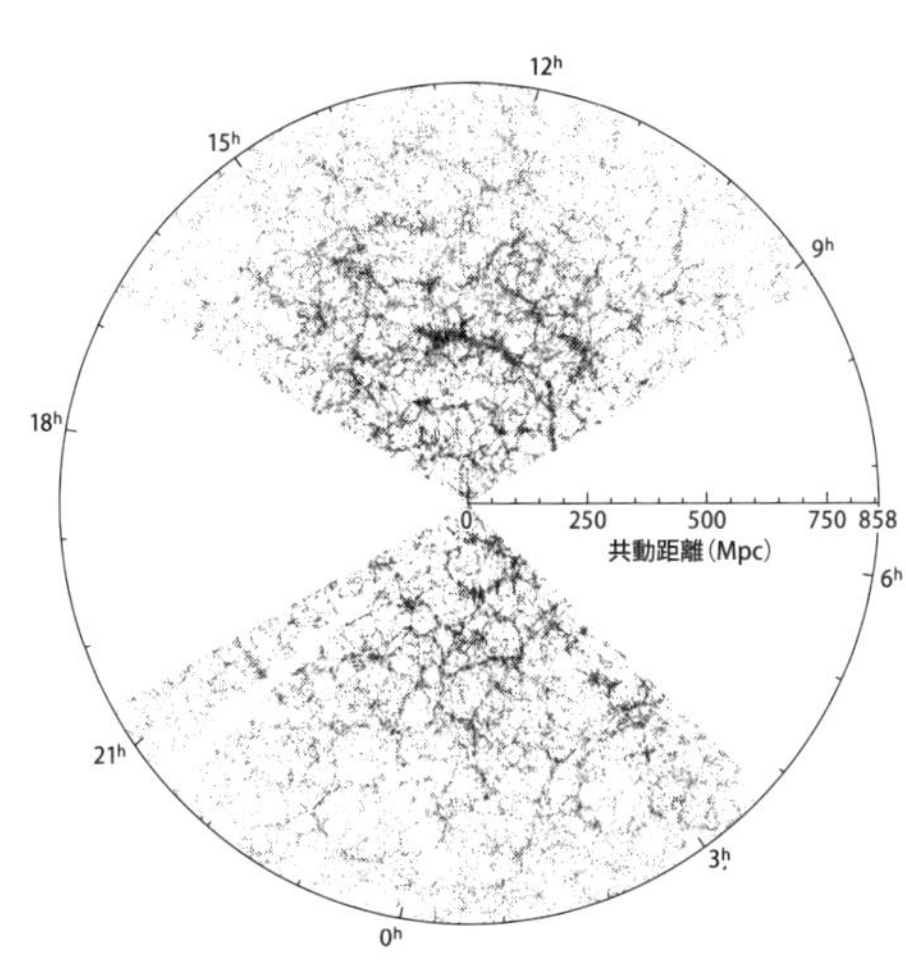

図15-4　スローン・デジタル・スカイ・サーベイによる地球赤道面での銀河分布。天の川銀河が中心にある。各点が一つの銀河を表す。二つの扇形が調査領域の銀河を示す。二つの空白域は、この調査の対象とならなかったところ。図の半径は約28億光年。

J. Richard Gott, M. Jurić, et al. 2005, *Astrophysical Journal* 624: 463–484.

大半は糸状の構造に沿っているように見える。何億光年にも伸びる、銀河の列だ。とくに目立つ糸は、スローン万里の長城と呼ばれ、図の中心、やや上に見える。これは長さが一三億七〇〇〇万光年ある。しかし、どちらのスライスにも全体にわたって伸びる構造はなく、アインシュタインの宇宙原理は維持されている。

図では銀河の密度が図の外側の方で大きく下がっていることがわかる。これは宇宙原理が間違っていることの証拠とは言えない。この領域の銀河は遠くて暗いことを表しているにすぎないからだ。遠くの銀河では、スローン・デジタル・スカイサーベイがスペクトルを測定してこの図に載せることができるほど明るいものは、ごく一部しかない。

この図とWMAPによるCMBの図とを比べると、重力不安定の作用の下でも、一〇万分の一レベルのゆらぎが、今の銀河の分布に見られる、ものすごく構造化された宇宙に進展しうることは明らかではない。重力による不安定の方程式（ニュートンの万有引力の法則に基づいていて、宇宙の膨張による細かいところを加えられている）は近似的に解くことができて、数字はおおよそ正しいことはわかるが、計算をきちんとして、宇宙のあらゆる物質の他の部分に対する重力による引力を理解するには、大型のコンピュータが必要となる。ある計算は、CMBのマップから測定されるレベルの微妙なゆらぎを伴う物質分布から始まる。そして重力と、宇宙の膨張を作用させ、コンピュータ上で一三八億年分の構造を進展させる。こうしたコンピュータ・シミュレーションが予測する銀河の分布は、銀河マップに見られるのと同種の構造で、銀河団があり、空虚があり、糸状構造があって、その大きさや対比も観測結果と合致している。

もちろん私たちは、コンピュータ・シミュレーションで現在の宇宙の正確な構造を描き出せるとは期待していない。得られるのは統計学的な特徴が同じものにすぎない。私たちがCMBに見ている宇宙は非常に遠く離れたところだということを思い出そう。私たちに近いところで銀河になろうとしている物質を見ているのではない。しかしCMBをもたらす材料の一般的な特性は、ゆらぎを含めて、統計学的には私たちの周囲の銀河を生む物質に似ている。全体としては、ビッグバン・モデルに基づく大規模なコンピュータ・シミュレーションは、観測結果に見られる糸状の蜘蛛の巣に似た構造を生み出すことに見事に成功している。

これはビッグバン・モデルの最終的な勝利となる。私たちはモデルから予測されることを調べ、それを観測結果と考えられるあらゆる形で比較してきた。この宇宙が生まれたのは一三八億年前と推定して、それが最古の星々の年代と一致する（それより少し古いという意味で）。私たちは、水素とヘリウムの各原子核はビッグバンから数分で、一二対一の比率ででき たという結論を導き、これは観測されていることと一致し、またできるデューテリウムの量も予想できて、これもまた観測結果と一致している。CMBの存在や、スペクトル、温度、なめらかさなど、その様々な特性が予測され、これがそのとおりに観測されている。たぶん最も目を引くこととして、CMBは完全になめらかではなく、複雑な曲線を描く角度によって決まる変動幅を伴う、一〇万分の一程度のゆらぎを示すはずだと予測されることだろう。WMAPやプランクといった衛星による測定結果は、この予測も確認した。さらに、こうしたゆらぎが重力不安定の下でどのように成長するかのコンピュータ・モデルは、今日の宇宙が高度に構造化されていて、銀河は数億光年の長さにわたる糸状に並ぶことを予測し、スローン・デジタル・スカイサーベイが明らかにしたマップに見られるとおりだ。ビッグバン・モデルは「単なる説」の域をはるかに超えている。これは膨大な経験的、定量的証拠に支持され、課した試験すべてに優秀な成績で合格しているのだ。

第16章　クェーサーと超大質量ブラックホール

マイケル・A・ストラウス

一九五〇年代、電波天文学、つまり天体が発する波長が一センチメートルあたりより長い電磁放射を調べる研究は、まだ草創期だった。当時の電波望遠鏡が空の最初の地図を作成していた。電波望遠鏡の解像度が電波源の位置を正確に特定できるほどではなかったため、どの天体が電波源なのかを特定するのは難しかった。つまり、どの電波源についても、位置を特定できるのは角度で一度程度の精度までで、その範囲には恒星や銀河が何千とあり、そのどれが当の電波を出しているのかはまったく明らかではなかった。

当時の最高の空の電波地図は、イギリスの電波望遠鏡を使って作成された。調査を行なったケンブリッジ大学の天文学者がその地図で見つかった電波源のカタログをいくつか発表した。これからの話は、ケンブリッジ第三カタログの第二七三項、略して3C273と呼ばれるものから始まる。空での月の通り道は、ときどき3C273と重なり、この電波源が月に隠れる時刻を正確に測定することによって、この電波源の位置を、それまでよりはるかに高い精度で特定することができた。それから空のこの領域の画像を可視光で撮影し、電波の発生源となっているものを探した。驚いたことに、3C273は、星に見えるものに合致した。肉眼では見えないほど暗いが、当時世界最大の可視光用の望遠鏡、パロマー天文台の二〇〇インチ望遠鏡なら容易に調べられるだけの明るさはあった。マーテン・シュミットという、パサデナにあるカリフォルニア工科大学（カルテク）の若手教授は、その星がどういうものかを理解するにはそのスペクトルを測定する必要があることを承知していた。シュミットは一九六三年、二〇〇インチ望遠鏡でスペクトル・データを採取したが、初めてデータを見たときには、自分が見ているものの意味を解することができなかった。

一連の非常に幅のある輝線が見られたが、その波長はそれまでに見られていたどの原子にも対応しなかった。シュミッ

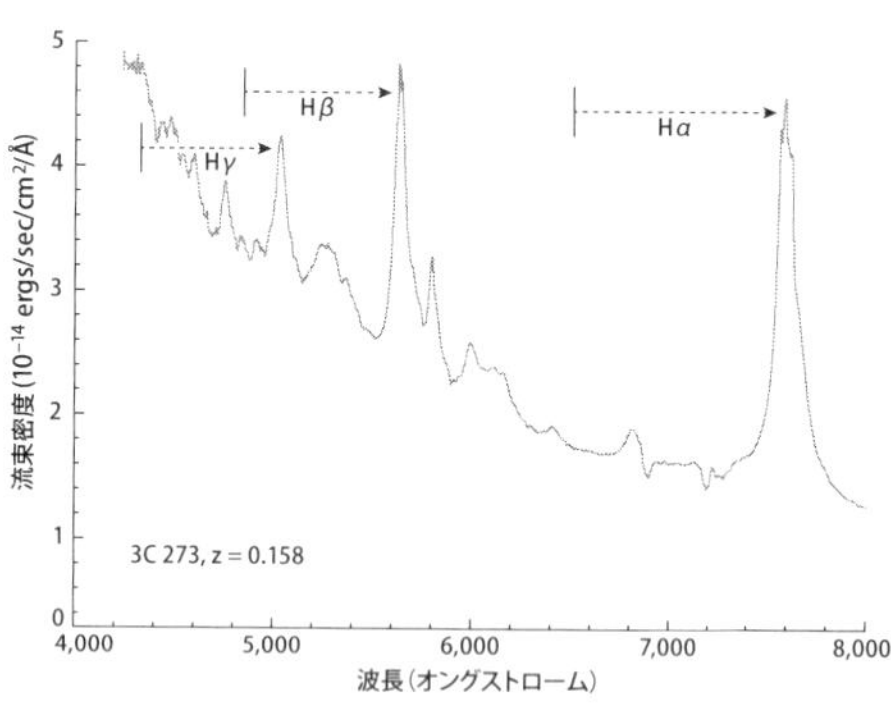

図 16-1　クェーサー 3C 273 のスペクトル。示されている最も強い輝線は、記されているとおり、水素のバルマー線。それぞれについて、輝線の静止時の波長から観測された波長へと矢印が引かれている——それぞれ約 15.8%、赤方にずれている。スペクトルに出ている他の輝線は酸素、ヘリウム、鉄などの元素のもの。図版—— Michael A. Strauss, チリ、ラ・シヤのニューテクノロジー望遠鏡で得られたデータ、M. Türler et al 2006, Astronomy and Astrophysics 451: L1–L4 より、http://isdc.unige.ch/3c273/#emmi, http://casswww.ucsd.edu/archive/public/ tutorial/images/3C273z.gif

トは最初、実に異例の白色矮星ではないかと思ったが、その後、あるとき、「ああそうか」と思った。この輝線はおなじみ水素のバルマー線で、星の研究からよく知られていた規則的なパターンをなしている。ところがその線はおなじみの波長ではなく、すべてがそろって驚きの一六パーセントという赤方偏移をしていたのだ。つまり、このスペクトルに見られる輝線の波長は、地球上の実験室で観測されるバルマー遷移よりも一六パーセント長いということだ。

これが宇宙の膨張による赤方偏移というのはありうるだろうか。この大きさの赤方偏移は（現代のハッブル定数の値を使うと）約二〇億光年の距離に相当する。当時知られていた銀河のうちいくつかが同様の赤方偏移を見せていたが、それはとても暗く、望遠鏡で測定できる限界にあった。ところが3C273はそうした暗くてぼやけた銀河と比べると数百倍明るかった。さらに、それは星のように見えた。つまり光の点で、銀河のような幅があるものではなかった。残った解釈は二つ。(1)この天体は二〇億光年よりもずっと近く、天の川銀河内にあって、赤方偏移は宇宙の膨張とは無関係なのかもしれない。(2)この天体はとてつもなく明るい。3C273が本当に二〇億光年の距離にあったら、それが観測されているとおりの明るさになるには、逆二乗法則からすると、10^{11}個の恒星がある一つの銀河全体の何百倍という明るさがなければならないことになる。

マーテン・シュミットは共同研究者のジェシー・グリーンスタインに、この発見のことを話した。グリーンスタインは別の電波源、3C48のスペクトルを測定したことがあり、すぐにこれは同様の天体で、赤方偏移はさらに大きい〇・三七（三七パーセント）であることを認識した。シュミットはそのような天体がまだあって発見されていおらず、それを急いで探した方がいいと考えた。シュミットらによって、この電波発生源となる、さらに赤方偏移の大きい星のような天体が見つかり、そうなると名前をつける必要があった。最初の用語は「準恒星状電波源（クェイサイ・ステラー・レイディオ・ソース）」という言葉が用いられたが、これは言いにくいので、すぐに略されて「クェーサー」となった。クェーサーの第一陣はすべて電波を発射することで見つかったが、アラン・サンデージ（ハッブル定数の測定で知られる）は、対応する電波の放出がない、高い赤方偏移を示す同様の恒星状天体を発見した。確かに、クェーサーの大多数は、スペクトルの電波部分では暗い。

第12章に登場したフリッツ・ツヴィッキーは、カルテクのシュミットやグリーンスタインの同僚で、二〇世紀天文学でも有数の頭が良くて常識外れの人物だった（図16−2）。時代にはるかに先駆けた発見を次々と行ない、科学界がそれに追いつくには何十年とかかるほどだった。ツヴィッキーが一九三三年、銀河団の動きからダークマターが存在することを推定した最初の人物となったことはすでに見た。この考え方が天文学界で支持されるようになったのは一九七〇年代になってからだった。モートン・ロバーツとヴェラ・ルービンらが銀河の外側の回転を測定するようになり、エレミア・P・オストライカー、ジム・ピーブルス、エイモス・ヤヒルが、銀河が安定しているからには大量のダークマターが存在すると推定した。ツヴィッキーと共同研究者のウォルター・バーデは一九三四年、超新星爆発（スーパーノバ）で中性子星ができるという仮説を立てた（正しかった）が、これがパルサーの発見で確認されたのは、三〇年も経ってからのことだった。実は、「スーパーノバ」という言葉を作ったのもツヴィッキーとバーデだった。ツヴィッキーは観測で確認されるより何十年か前に、アインシュタインの一般相対性理論から導かれる光が曲がる効果によって、遠くの銀河が重力レンズのような作用をして、その向こうのさらに遠くの銀河を拡大することを正しく予想した。またクェーサーを最初に発見したのは自分だとも主張した。

図16-2　銀河カタログの前でポーズをとるフリッツ・ツヴィッキー。写真――Archives Caltech 提供。

ツヴィッキーは自分の頭の良さを知っていて、他の人が間違っていると思ったときには、それを隠さずに明らかにした。パロマーの二〇〇インチ望遠鏡の使用を断られ、やはりパロマーの一八インチという小型望遠鏡で研究し、それを使って超新星を発見し（生涯で一〇〇個以上見つけた）、銀河カタログを編纂した。その中で、自分が調べた銀河の中に、きわめてコン

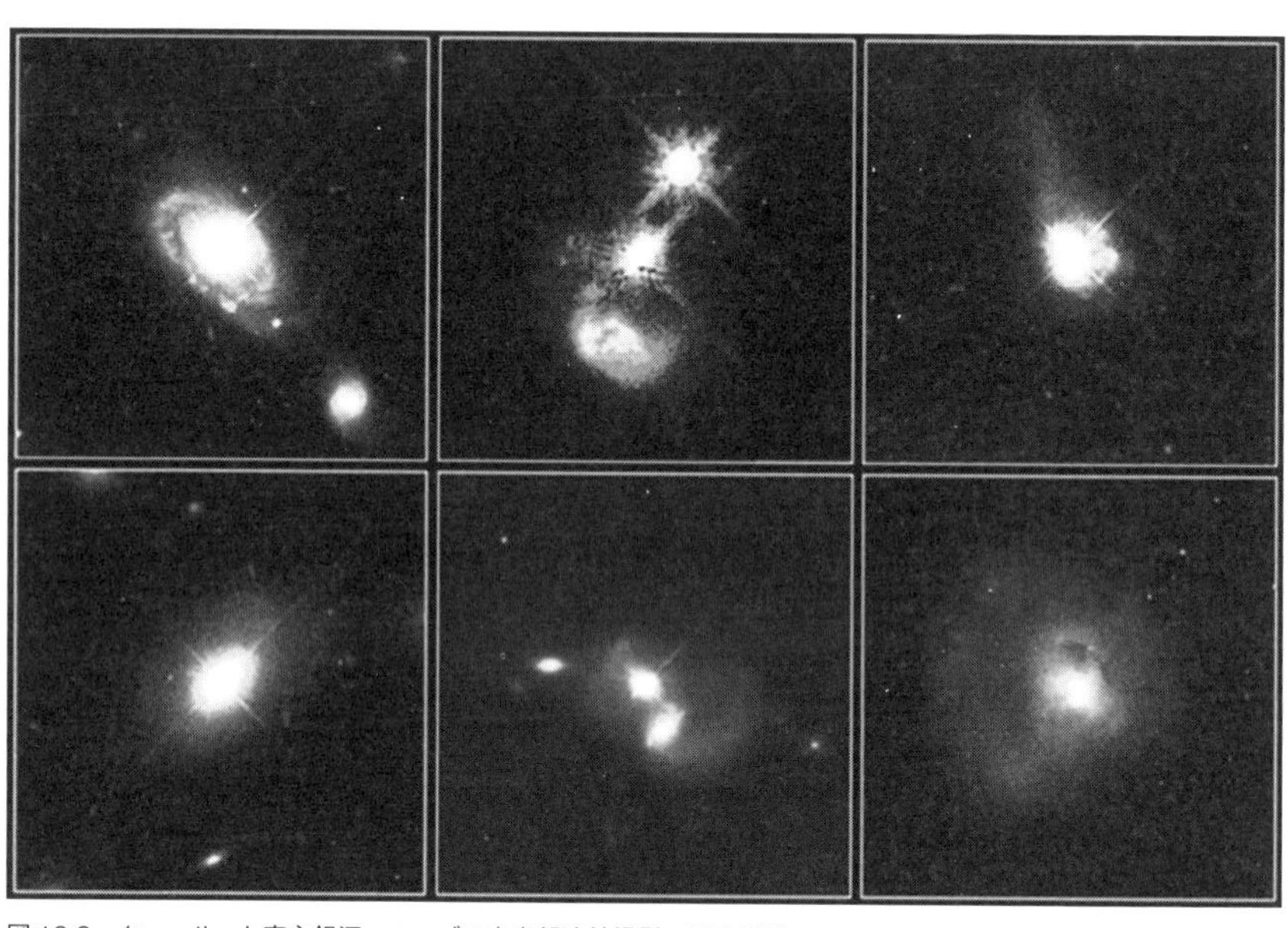

図 16-3　クェーサーと宿主銀河。ハッブル宇宙望遠鏡撮影。写真提供── J. Bahcall and M. Disney, NASA

パクトで星のように見えるものがあることに気づいた。しかし二〇〇インチ望遠鏡で観測することは許されなかったので、こうした銀河のスペクトルを測定して物理的な性質を決定することができなかった。ツヴィッキーが目をとめたコンパクトな銀河の一部は結局、シュミットとサンデージがその後に発見したのと同種のクェーサーだということになり、ツヴィッキーは──ある程度は正当に──その発見の功績が自分にあることが認められるべきだと主張した。

カルテク構内の天文学棟の半地下室の研究室を大学院生に使わせていて、カルテクの院生には人気だった。ツヴィッキーは一九七四年に亡くなった。私の共同研究者のジム・ガンは一九六〇年代のカルテクの大学院生だったし、リチャード・ゴットは一九七三年から七四年にかけてポスドクとしてカルテクにいて、どちらもツヴィッキーのことを懐かしく思い出す。

ツヴィッキーが見抜いたことは、の基本的に正しかった。コンパクト銀河の一部には、ものすごく明るい、銀河の中心から出る光の、形を識別できない点光源（クェーサー）があって、それが周囲の暗い銀河より明るく、銀河そのものがほとんど星のような点光源に見えるようになる。

この現象は、ハッブル宇宙望遠鏡で撮影したクェーサーの画像で明瞭に見られる。その鮮明な画像では、クェーサーからの光と、その周囲に暗く広がる銀河の光が見分けられる。こうした画像は私の妻のソフィア・キラコスが、共同研究者のジョン・バーコールやドン・シュナイダーとともに撮影したもので、それを喜んでこの本で紹介する（図16-3）。各画像の中心には非常に明るい光の点がある。それがクェーサーだ。その周囲に銀河（一枚では衝突しつつあるように見える二つの銀河）があって、渦状の腕が見える。こうした画像はクェーサーの距離の論争に決着をつけた。クェーサーは確かにその赤方偏移からわかる距離にあり（天の川銀河内部の変わった恒星ではなく）、したがってものすごく明るいということだ。

クェーサー現象とは何かを理解するために、3C273のスペクトルに戻ろう。この場合、輝線は広い、つまりある範囲の波長に広がっているが、第6章で見たように、原子の状態遷移は特定の、精密に決まるエネルギー、つまりは波長に対応している。私たちはこれをドップラー偏移の表れとして理解する。クェーサーの中ではガスがいろいろな速さで動いているということだ。クェーサー全体は光速の一六パーセントで私たちから遠ざかっているが、全体の運動に対して、クェーサー内には私たちに向かって動くものもあれば（輝線のうち平均よりも青方偏移している部分）、遠ざかっているもの（さらに赤方偏移している部分）もある。このことにより輝線が広がる、あるいは幅ができる。この輝線は質量中心を周回するガスによると考えてみよう。円形の軌道上のどこにもガスがあり、それぞれの地点で、視線に対する運動成分が異なり、したがってドップラー偏移も異なる。輝線の幅にドップラー偏移の範囲が表れている。

この点をさらに一歩進めることができる。輝線の幅はガスが動く速さを教えてくれる。クェーサーについては一般に秒速六〇〇〇キロメートルほど。これほどの速さでガスを動かしているものがある。この動きは重力によるという仮説を立ててよう——中心にある何らかの物体のまわりをガスが公転しているということで、その中心の物体の正体を知りたい。

この公転軌道の半径はどれだけあるか。それが求められれば、ニュートンの法則と速さについて知られていることを用いて、中心にある物体の質量がどれほどでなければならないかが計算できる。すでにクェーサーが星と同じく点のように見えることは述べた。したがってそれは望遠鏡の解像度では識別できないほど小さいということだ。真の大きさの手がかりが得られたのは、クェーサーが変光することがわかったことによる。その明るさは一か月ほどの周期で大きく変動するのだ。

クェーサーからの光が直径一光年ほどの領域からやってくるとしてみよう。クェーサーの正面の側から私たちに届く光

(私たちに見える)は、背後から来る光よりも一年早く到着する。構造全体の光度が瞬時に二倍になったとしても、私たちが探知する明るさは一年にわたって徐々に明るくなる。まず正面の側の光が届き、それからいずれ反対側の光が届く。つまり、クェーサーの明るさが一か月で変化するという事実は、その大きさが一光月を大きく上回ることはありえないことを教えている。この大きさは驚くほど小さい。天の川銀河にある星どうしの間隔は数光年あるが、クェーサーの直径一光月分(あるいはもっと小さい)の体積のところが、ふつうの銀河数百個分のエネルギーを出しているのだ。

これでクェーサーで動いているガスの速さと、それを重力で動かしている何だかわからないものまでのおおよその距離がわかった。第12章で、太陽の公転から天の川銀河の質量を求めるときに行なった、質量は速さの二乗×半径に比例するというのと同じ計算を実行することができる。これをクェーサーについて行なうと、太陽質量の 2×10^8 倍という質量が得られる。

まとめると、クェーサーは銀河の中心に見つかり、直径は一光月以下、光度は銀河全体の数百倍、質量は太陽の数億倍ということになる。小さな体積に巨大な質量となると、これはブラックホールか? しかしブラックホールならブ、ラ、ッ、ク、な——光はそこから出て来られない——はずだが、クェーサーは宇宙でも第一級の光度がある。加えて、ブラックホールのでき方として唯一知られているのは、大質量の星をつぶすことだけだ。知られている星の質量がどんなに大きくても、太陽の一〇〇倍といったところで、それでは太陽の二億倍の質量のブラックホールはできない。どうなっているのだろう。

実はブラックホールの質量は大きくなりうる。ブラックホールに向かってガスが落下することを考えてみよう。それがまっすぐ落ちているなら、ただブラックホールに呑み込まれて痕跡もなく消え、ブラックホールの質量が少し増えるが、それ以外の影響は何もない。しかしガスはブラックホールに対して少し横向きに動く、つまり角運動量があるのがふつうだ。この角運動量のおかげで、ガスはまっすぐ落ちては行かず、ブラックホールを周回することになる。天の川銀河を周回する恒星から類推して、このブラックホールのまわりにあるガスが回転する平らな円盤状になっていると考えよう。ブラックホールの重力は強く、ブラックホールにごく近いガスはものすごい速さで動いていて、光速の何分の一という程度にまでなる。ブラックホールに近いほどガスは高速になり、少し外側にあるガスとこすれ合う。この摩擦でガスは大きく加熱され、何億度という温度になる。これまで何度も見てきたとおり、熱いものは放射としてエネルギーを出す。

つまり、ブラックホールそのものは見えなくても、その周囲にあるガスは、ブラックホールに落ちていくまでの間、ものすごく明るくなることがある。クェーサーは超大質量ブラックホールで、周囲にガス質の円盤があり、それが収まっている銀河より明るく輝くほどに灼熱しているということだ。実は、おそらく大質量の星が超新星となって消滅することで生まれる、比較的小さなブラックホールが成長できるのは、この過程の間に落ち込む物質があればこそだ。そうした物質が落ち込むときに、円盤状の物質がクェーサーとして輝き、ブラックホールに次々と質量を追加する。クェーサーは重力のエネルギーを、ガスがブラックホールによる重力の井戸の深いところへ、らせんを描いて落下するときの運動エネルギーに換えて輝く。最後にガスがブラックホールに入ると、ブラックホールに質量が加わる。この降着過程が何億年もにわたって進むと、太陽質量の何億倍、何十億という質量のブラックホールになりうる。

ブラックホール付近の円盤による膨大なエネルギーによって、高エネルギーの粒子も放出される。こうした粒子は円盤そのものにブロックされ、強力な磁場の作用も受けて、円盤に垂直な物質のジェットとして噴出せざるをえなくなる。そのような細いジェットの姿は、図16-4のハッブル宇宙望遠鏡による3C273の写真の五時のあたりに見られる（クェーサー本体から出ている鋭い、直線上の棘は、望遠鏡の光の加減による二次的なもの）。

図16-4　クェーサー3C 273とジェット。
写真——Hubble Space Telescope, NASA

そのようなジェットは、物質が落下していく先にあるのが正真正銘のブラックホールであることを示している。楕円銀河M87には、太陽の三〇億倍の大きさの、近辺では最大級の大質量ブラックホールがある。それは長さ約五〇〇〇光年のジェットも出している。

ブラックホールは宇宙の掃除機（バキューム・クリーナー）のように、あたりにあるものをすべて吸い込んでしまうというイメージが流布している。しかし何かの魔法で太陽が明日、（今と同じ質量の）ブラックホールになったとしてみよう。もしそんなことになったら恐ろしいニュースだ。太陽からの光が届かなくなれば、地球は凍りついてしまうのだから。しかし地球の軌道は変わらない。地球の公転軌道での角運動量で四六億年前からの公転は続く。同様に、天の川銀河の中心にあるブラックホールを回る恒星も、すぐにブラックホールに呑み込まれてしまうわけではない。このブラックホールは遠い昔、太陽四〇〇万個分という現在の大きさになる途上では、クェーサー段階を経ているだろう。現在の質量は、それを公転するそれぞれの恒星の軌道をたどることによって測定できる。しかし落下して円盤をなすような物質はないので、今は落ち着いていて、クェーサーのように輝いてはいない。

クェーサーは近辺の宇宙では珍しい。実際、3C273は二〇億光年離れているが、これでも明るいクェーサーとしては地球に最も近い部類に入る。クェーサーは宇宙が始まった頃にはもっとあたりまえにあったのだ。クェーサーのほとんどは高い赤方偏移を示し、したがって遠くにある。こうした遠くのクェーサーの光は何十億年もかかって私たちのところまで届く。つまり、宇宙が今よりもずっと若かったときの姿を見ているのだ。宇宙にあるクェーサーの数が時間とともに異なるという事実は、変化する宇宙を示す直接の証拠となり、不変宇宙を支持するホイルの完全な宇宙原理（第15章）には反する。

私たちが初期の宇宙に見るクェーサーの数を考えれば、現在の宇宙では超大質量ブラックホールがどこにでも見られることが予想される。何と言っても、ブラックホールは大きくなる一方で、一度発生したら消えることはない（第20章ではブラックホールが量子的な作用によっていずれ蒸発するということを見るが、超大質量ブラックホールについては、この作用の進行は実に遅く、ここで論じている数十億年程度については無視してよい）。今日の近隣の銀河では、こうしたブラックホールがクェーサーのように輝いているところを見られないという事実が、クェーサーは今はそこに落下するガスがなく、落ち着いているのだということを教えている。私たちがいる天の川銀河の中心付近の恒星の動きから、そこにあることが推定される超大質量ブラックホールも、その一例に他ならない。

他の銀河の中心にブラックホールを探すのはなかなか難しい。ブラックホールが降着円盤からのガスを補給されていなければ、クェーサーのような光の放出はなく、私たちには見えない。しかし、銀河中心付近の星のドップラー偏移を使って、巨大な重力を及ぼす物体が存在することが推定できる。近くの銀河についてなら推定は易しい。

今では一〇〇個ほどの銀河についてブラックホールの存在が念入りに探されている。実質的に検出できる感度があるどの場合にも、中心には超大質量ブラックホールがある証拠が見つかっている。私たちにわかる範囲では、無視できないバルジをもつ大型銀河（つまり楕円銀河と大半の渦巻銀河）の事実上すべてがブラックホールを宿している。天の川銀河のブラックホールは太陽質量のわずか四〇〇万倍で、比較的小さい。近隣の銀河で最大の超大質量ブラックホールは太陽質量の数十億倍ある（M87について見た）。さらに、楕円銀河（あるいは渦巻銀河のバルジ）が大きくなるほど、ブラックホールも大きくなる。この種のブラックホールの大きさは、ふつう、それがあるバルジの質量の約五〇〇分の一となる。

クェーサーはとてつもなく明るく、銀河本体よりもはるかに明るい。つまり遠くの同じ距離の銀河よりも、クェーサーの方がずっと明るくて見つけやすい。この宇宙で見ることのできるクェーサーの中でいちばん遠いのはどれだろう。あらためて、光の速さは有限なので、私たちが見るそのような遠くのクェーサーの光は、宇宙が今よりもずっと若かった頃に向こうを出た。天文学では遠い物体を見るとき、過去を見ていることになる。望遠鏡はタイムマシンなのだ。

第15章では、空の画像を撮って、二〇〇万もの銀河について赤方偏移を測定した、スローン・デジタル・スカイサーベイ（SDSS）について述べた。この観測事業は、四〇万以上のクェーサーについてもスペクトルを得ている。このサンプルから、クェーサーはビッグバンから二〇億年から三〇億年の時期のものが最も多いことがわかっている。この時期は、今日の大型銀河に見つかる超大質量ブラックホールが、銀河のバルクの大部分を得たと考えられる時期だ。ビッグバンから二〇億年後、今から約一二〇億年前といえば、赤方偏移3に相当する。つまり、クェーサーのスペクトル線は、宇宙の膨張がなかったとした場合に見られる波長の四倍（赤方偏移分＋1）の波長があるように見える。この場合、赤方偏移は細かい現象どころか、大きな影響がある。

エドウィン・ハッブルは赤方偏移と銀河までの距離の比例関係を見いだした。赤方偏移が非常に大きくなると、この関係は少々複雑になる。赤方偏移3のクェーサーは、今、地球から約二〇〇億光年のところにある。宇宙の年齢が一三八億光年しかないのにどうしてこんなことになるのだろう。光がクェーサーを出てから今に至るまでの時間に、宇宙は四倍（あらためて赤方偏移＋1）に膨張していて、クェーサーをさらに遠ざけており、この二〇〇億光年という距離は、今そのクェーサーがあるところに相当する（これを共動距離という）。

図16-5は、私が共同研究者とともにスローン・デジタル・スカイ・サーベイ（SDSS）で見つけた最も遠くのクェーサーのスペクトルを示している。九〇〇〇オングストローム（〇・九ミクロン）のところにある非常に強い輝線は、水素の第二エネルギー準位から基底状態へ遷移したことに対応する――ライマンα線だ。輝線の青側（つまり短波長側）では、ス

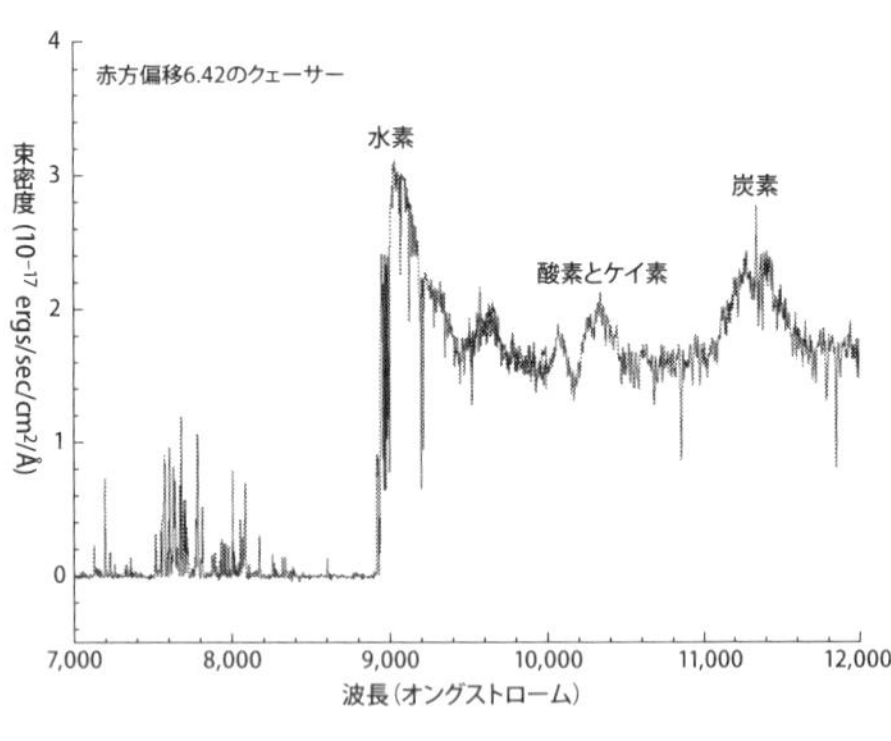

図 16-5　クェーサー SDSS J1148+5251 のスペクトル。赤方偏移は 6.42。このクェーサーはマイケル・ストラウス、ファン・シャオフイらによって 2001 年に発見された。発見当時から 2011 年までは赤方偏移最大のクェーサーだった。私たちが見ているクェーサーからの光は、宇宙ができてまだ 9 億年もたっていないときに出た。このクェーサーで最強の山（輝線）は水素原子（n = 2 から n = 1 への遷移、図 6-2 参照）が放出したもので、これは静止時の波長 1216 オングストロームから 9000 オングストロームへと大きく赤方偏移している。9000 オングストローム以下でスペクトルが急激に下がっているのは、クェーサーと私たちの間にある水素ガスによる吸収のせい。図提供 —— 画像は R. L. White et al. 2003, Astrophysical Journal 126: 1 および A. J. Barth et al. 2003, Astrophysical Journal Ltters 594: L95 にあるデータを用いて Michael A. Strauss が作成。

ペクトルがゼロに下がっている。これはクェーサーと私たちの間にある空間に分布する水素ガスによる吸収のせいだということがわかっている。スペクトルは近赤外線波長での放出を示していて、それより短い波長では事実上何もない。この天体はものすごく赤く見えることになる。

つまり最大赤方偏移のクェーサーを探す作業は単純で、SDSS画像で最も赤い天体を探せばよい。これは言うほど易しくはない。SDSSにはおよそ五億の天体画像があり、いずれの天体についても見かけの赤さが、処理の際にまれにある異常によるものではないことを確かめなければならない。こんな難しさもある。恒星を調べた結果、星の温度が低いほど赤く見えることはわかっている。一九九八年、SDSSの最初の画像が明らかになったとき、私は学生のファン・シャオフイとともに、データからできるだけ赤い天体をいくつか選んで天体のスペクトルを調べ、それがクェーサーであることを確認し、赤方偏移を測定する作業を始めた。使ったのはアパッチポイント望遠鏡だった（ニューメキシコ州サンスポットの、SDSSの望遠鏡があるのと同じ天文台）。この望遠鏡はインターネットを通じて遠隔操作できる。飛行機でアメリカの端から端まで行かなくても、自宅で早めの夕食をすませて研究室へ行き、そこで三〇〇〇キロメートル離れた望遠鏡を動かすための命令を送って観測を行なうことができる。

私たちがそうしてごく赤い天体のスペクトル測定を始めると、すぐに有望な天体が見つかったが、予想していた方向とは違っていた。赤方偏移が大きいクェーサーのデータに紛れて、知られている中で最も低温の（したがって低質量の）、天の川銀河にある星に行き当たっていたのだ。実はこうした天体は第8章で述べた亜恒星天体で、質量が小さすぎて、中心部で水素を融合することができない。こうした星の表面温度は一〇〇〇K以下で、私たちがこの天体を見つけた頃は、そのスペクトルはほとんど知られていなかった。朝の三時にスペクトルを測定して理解しようと苦労しながら、こんなクールな星について書かれた数少ない論文を探しまわったのをおぼえている。一晩の観測で、ほんの三〇光年のところにある既知の亜恒星天体の中でも光度が最小のものと、観測可能な宇宙の外れ近くにあるとてつもなく明るいクェーサーの両方についてスペクトルを測定していた。これは天文観測画像だけでは奥行知覚は得られないという事実の極端な例だ。ごく近くの（天文学的な意味で）天体も、並外れて遠い天体も、データの中では暗い赤い点に見えるので、両者を区別するには詳細なスペクトルが必要となる。

私たちは、画像の異常を取り除く技術が向上する中、さらに赤い天体に迫り、そのときどきのクェーサー赤方偏移最高記録（調査を始めたときは四・九だった）を何度も更新した。そうなったときには必ず、共同研究者のジム・ガン（スローン観測担当の研究者でクェーサー研究の先駆者でもある）に電話した。ぐっすり眠っているところを起こして（たいてい午前三時頃なのだ）、「ジム、また記録を破ったぞ」ジムは答えた。「よくやった。いつもそういう知らせで目をさましたいもんだ」。そうしてジムはまた眠る。

図16-5の私たちが見つけた最も遠い天体のスペクトルに現れる水素のライマンαの線は、何もなければ、波長一二一六Åのところに出る。それが近赤外領域の九〇〇〇Åまで赤方変移しているのだ。赤方偏移は（9000−1215)/1216、つまり六・四二で、今では二八〇億光年の距離にあることになる。私たちが二〇〇一年にこれを見つけたときには、知られている中では赤方偏移最大のクェーサーだった。たぶんもっと印象的なのは、距離よりも、私たちがこの天体から得られる光がその天体を出たのが約一三〇億年前、宇宙ができてわずか八億五〇〇〇万年ほど後だったということだ。CMB放射が生まれたての宇宙のものとすれば、私たちが探っているのはよちよち歩きの子ども時代ということになる。

それがまた別の宇宙の謎をもたらす。先にも記したように、クェーサーのスペクトルを使うと、それを輝かせているブラックホールの質量が推定できる。最遠クラスのクェーサーに一般的な値は太陽質量の約四〇億倍で、現代の宇宙で知られているブラックホールとしても最大級の質量だ。しかしCMBのなめらかさからすると、ごく初期の宇宙はほとんど完璧に一様だったということになるのを思い出そう。構造がほとんど何もないところから、わずか八億五〇〇〇万年で、考えられる中で最大の密度をもつ超大質量ブラックホールができなければならない。そのようなブラックホールができるには、宇宙は第一世代の恒星を形成し、それを超新星として爆発させ、恒星なみの質量のブラックホールを残さなければならない。こうしたブラックホールは、物質をものすごい速さで降着させ、それほどの大質量を獲得しなければならない。理論モデルは、理想的な条件の下ならかろうじて可能だということを示していて、そのような赤方偏移が大きいクェーサーはまれな存在になるはずだ。実際そのとおりで、私たちはさらに一〇年調べたが、赤方偏移が最大のクェーサーは数十個程度しか見つかっていない。

遠いクェーサー探しは続いている。二〇一一年には、七・〇八という赤方偏移のクェーサーが発見されて、私たちの記録は見事に破られた。こちらの観測では、スローンの観測よりも長波長（赤外領域のさらに奥に入る）に感度のある観測装置を用いていた。私たちが現在見ている光がこのクェーサーを出たときから宇宙は八・〇八倍に広がっている。ハッブル宇宙望遠鏡、ハワイのすばる望遠鏡など、他の望遠鏡を使ってさらに大きな赤方偏移の銀河を見つけるチームもある。赤方偏移の記録が破られ続けるとしたら、銀河形成やブラックホール成長のモデルがそうした発見や将来の発見を説明できるかどうかはまだわからない。今後の展開は興味深いことになるはずだ。

天文学のすばらしいところは、空を見る方法が更新されるたびに、根本から新しい、予想外の発見があることだ。本章や第15章で目立つ発見を取り上げたＳＤＳＳは、その好例となっている。私は今、ＳＤＳＳの後継となる、現時点ではチリのアンデス山脈のある山頂に建設中の、大型全天観測（シノプティック・サーベイ）望遠鏡の計画に従事している。それはスローン望遠鏡よりもはるかに集光力があり、一〇年という寿命の間に、暗い銀河やクェーサーの特性を調べ、ダークマターによる重力レンズ効果で銀河の形が歪む程度からダークマターの分布図を描き、超新星をはじめ、何十万という一時的な現象も発見する予定になっている。この望遠鏡は全天の四分の一についての動画も作る。一〇年で八六〇フレームの動画だ。それには毎日新たに得られる三〇テラバイトのデータを処理しなければならない。この観測では、何十万個ものカイパーベルト天体を発見し、地球に接近する小惑星も特定するはずだ。しかしいちばんわくわくする発見は、まだ想像さえしたことのない、元国防長官ドナルド・ラムズフェルドの有名な言葉で言う、「知らないことも知らないこと（アンノウン・アンノウンズ）」になるだろう。

第3部　アインシュタインと宇宙

第17章　アインシュタインの相対性理論への道

J・リチャード・ゴット

アインシュタインの名は天才と同義語だ。「おい、アインシュタイン、こっちへ来いよ」（「おい、天才、こっちへ来いよ」）などと言うし、「あいつはアインシュタインじゃないから」と言えば、「あいつは天才じゃないから」という意味だ。アインシュタインは天才だということで知られている。ニュートンも天才だった。しかし世界中には、また世界史全体には、他にも天才がいた。英文学で傑出している人と言えば、シェイクスピアで、その芝居と詩によって、使っていたことが明らかな語彙が史上最大の人物と言われることも多い。シェイクスピア作品の語彙では、三万一五三四語が区別できる。ブラッドリー・エフロンとロナルド・システィッドによる統計学的分析では、実際には六万六〇〇〇語以上を知っていたにちがいないと言われている。シェイクスピアは大学進学適性試験の言語（バーバル）部門ではニュートンに勝つ。しかしニュートンは数学部門ではシェイクスピアに勝つだろうと思う。ニュートンはアインシュタインに勝るとされることも多い。重力と光学分野での業績だけでなく、微積分法の考案という、数学での重要な貢献もあるからだ。しかしニュートンは幸運でもあった。そうした問題を人々が話していた時期のヨーロッパという、ちょうどよい時代の、ちょうどよい場所に生まれたからだ。ニュートンの恩師でケンブリッジ大学の教授、アイザック・バローは樽などの物体の体積を計算することに関心があった——このテーマは積分が取り扱うことになる。明らかに、微積分を発見する機が熟していた。実際、哲学者にして数学者のゴットフリート・ヴィルヘルム・ライプニッツはヨーロッパ大陸で独自に微積分法を考案している。世界地図を見れば、ニュートンとライプニッツがほぼ同じ時期にほんの数百キロ離れたところで暮らしていたことがわかるだろう。それは単純な偶然の一致ではない。ヨーロッパは当時、そうしたことについて侃々諤々だったのだ。

一七世紀後期の世界はある大発見の準備をしていた。ケプラーはすでに、ティコ・ブラーエが遺した惑星の位置に関する六〇〇枚もの観測結果の計算をしていて、それを数学的解析にかけられるような三つの惑星運動の法則にまとめていた。第3章でマイケル・ストラウスが述べているように、ニュートンはケプラーの第三法則を使って重力の逆二乗則を導いた。同様に、二〇世紀には、水素原子のバルマー系列スペクトル線の波長に関する実験データが、水素原子のエネルギー準位を記述する式の手がかりとなっていて、ニールス・ボーアやエルヴィン・シュレーディンガーによる原子の量子的理解への道を均していた。

『タイム』誌はアインシュタインを二〇世紀最大の影響を遺した人物――「パーソン・オヴ・ザ・センチュリー」――に選んだ。グーテンベルク、エリザベス1世女王、ジェファーソン、エジソンは、『タイム』にそれぞれの属した世紀で最も重要な人物に選ばれている。シェイクスピアは惜しくも選に漏れた。『タイム』は「一七世紀代表」にニュートンを選んだからだ。

ケンブリッジ大学のトリニティ・カレッジにはニュートンの立派な実物大の石像がある。ウィリアム・ワーズワースはその石像についての詩を書き、こう言っている。

見知らぬ思考の海を一人で永遠に旅する者の大理石の指標

石像にはこんなラテン語の銘が刻まれている「*Newton Qui genus humanum ingenio superavit*」。ある訳ではこうなっている。「天才にかけては人類を超えるニュートン」。ニュートンは世界で最も頭が良いと思っているニール・ドグラース・タイソンのような人々にとっては、そこには――大理石に――そのことを示す確かな証言があるということだろう。アインシュタインの方は、ワシントンDCのベトナム・メモリアルの近く、全米科学アカデミーの正面に実物大以上の像がある。座った姿だが、それでも三・六メートルの高さがある。子どもはその像の膝に乗って遊ぶ。

それはともあれ、アインシュタインとニュートンを比べてみよう。私はニュートンが史上最大の科学者だという説に異論を唱えようというのではない。ニュートンを正当に扱いたいだけだ。ただ私はアインシュタインはその称号を争える人物――ニュートン・リーグに参加する人物――であることを論じようとしている。

ニュートンの最も有名な式と言えば

$$F = ma$$

アインシュタインの最も有名な式は、

$$E = mc^2$$

この二つの式のどちらが有名だろう。ニュートンの式は、第3章で解説したことだが、質量が大きい物体ほど加速しにくいことを述べている。力学にとっては重要だが、実にシンプルだ。ピアノはハーモニカより動かしにくい。アインシュタインの式の方は、わずかな質量でも、膨大な量のエネルギーに変換できることを述べている。原子爆弾の原理となる事実だ。太陽が輝いている仕組みについても教えている。あなたには、どちらの式が重要に思えるだろう。

ニュートンの業績には、$F = GmM/r^2$ という、質量が m と M という二つの粒子間の重力を表す有名な式もある。これもきわめて重要な式だ。アインシュタイン方には、$E = h\nu$ という式もあり、光はその光の振動数 ν にプランク定数をかけたものに等しいエネルギーの、光子というエネルギー粒子であるとしている。ニュートンは光を粒子でできているという考えた実績があるが、アインシュタインはそれを証明したと言えるかもしれない。光には波としての性質だけでなく、粒子としての性質もある。この概念は、量子力学にとっては根幹にかかわる重みがある。

二人とも自分で発明したものがある。ニュートンは反射望遠鏡を発明した。今では大型の望遠鏡はすべて反射望遠鏡になっていて、ハッブル宇宙望遠鏡も、ケック天文台の望遠鏡も反射望遠鏡だ。アインシュタインはレーザーの原理を考案した。CDやDVDを再生するときには必ず、アインシュタインの考案を利用している。どちらも国の仕事にかかわったことがある。ニュートンは造幣局長官になった。今日でも使われている、硬貨のへりにぎざぎざをつけることを考案したのがニュートンだった。これによって銀貨の縁を少しだけ削ってくすねるのを防いだ。ぎざぎざを削るとそこが削り取られていることがすぐにわかる。二五セント硬貨を財布から取り出すときには必ずニュートンが残した跡を見ることができる。アインシュタインが国際関係で演じた決定的な役割はよく知られている。フランクリン・D・ルーズヴェルト大統領に重大な書簡を送り、それによって、第二次世界大戦を終わらせたマンハッタン計画と原子爆弾が生まれたという話だ。アインシュタインがしたことは、今でもその影響の後始末をしているほど重大なことだった。

アインシュタインは、いろいろなエピソードが好んで語られるような有名人で、そのことがまたアインシュタイン伝説を強める。そのような話の一つ（たぶん実話ではない）。アインシュタインがプリンストン高等研究所で一人の人物に話しかけられた。相手はいきなり自分の上着のポケットに手をつっ込んで、メモ帳を取り出すと、何事かを書き付けた。アインシュタインが「それは何ですか」と尋ねると、相手は答えた。「これは私のメモ帳です。どこにでも持ち歩いて、いいことを思いついたら、それを忘れないようにここに書いておくんです」。アインシュタインは、「そんなメモ帳が要ると思ったことはありませんね。私は三つしか思いつきませんでしたから」と応じた。ではその三つとは何で、アインシュタインはそれにどうやってたどり着いたか。

一つは特殊相対性理論で、そこから$E=mc^2$が導かれた。さらに光電効果の$E=h\nu$の式で、これによってアインシュタインは一九二一年のノーベル物理学賞を受賞した。もう一つは一般相対性理論、つまり重力を説明する時空の湾曲の理論だ。アインシュタインはその方程式を仕上げた後、光が太陽付近の曲がった時空を通るときに曲がることを予想し、しかもどれほど曲がるかも予想した。日蝕のときに太陽の近くに見える星は、そばに太陽がないときに撮った写真での位置とは少しずれたところに見えるはずだ。アインシュタインが予測したずれの大きさ（太陽の縁近くにある星について角度で一・七五秒）は、ニュートンが自説に従って光速で進む光の粒子について計算できたであろう値の二倍だった。アーサー・エディントンがイギリスの調査隊を率いてこの大きさを測定した。アインシュタインの予想が正しいことがわかり、ニュートンの予想は間違っていた。今日の私たちが正しいと思っているのはアインシュタインの理論でニュートンの理論ではない。ほんのちょっとでも、そのことを評価しよう。

二〇世紀の終わり、私はスポーツの世界でのいくつかの二〇世紀最大の瞬間についての番組を見た。一九三六年のベルリン・オリンピック一〇〇メートル競技で優勝したジェシー・オーエン、ベルモント・ステークスで三一馬身差をつけて優勝し、競馬三冠を達成したセクレタリアート、ザイールでジョージ・フォアマンをノックアウトしてヘビー級世界チャンピオンのタイトルを奪回したモハメド・アリ。二〇世紀科学の最大のプレーは何だろう。ニュートンとアインシュタインがバスケットボールのコートにいるとしてみよう。

ボールを持っているのはニュートンで、ドリブルでボールを運んでいる。そのボールはただのボールではない。万有引力の法則というボールで、ニュートンが最も誇るものだ。アインシュタインがやってきて、ボールを奪い、シュートすると、しゅたっ！と決まる。これが科学の世界での二〇世紀最大のプレーだ。

私が言いたいのは、アインシュタインがどうやってその偉大なアイデアを得たかということだ。アインシュタインは学校でも優秀だった。理科の成績は良かった。アインシュタインは学校の成績が悪かったという話を聞いたことがあるかもしれないが、それは忘れた方がいい。初めて科学に触れたのは四歳のときで、父が方位磁石を見せてくれたときだった。アインシュタインはそのとりこになり、科学の世界に進むことにした。一二歳のときには独学で微積分を勉強した。優秀な奴だったのだ。一六歳のとき、当時の物理学で最も刺激的な理論――マクスウェルの電磁気学――について考え始めた。マクスウェルは電気と磁気についての別々の法則をひとまとめにしていた。

電荷は正か負かいずれかをとれる。異なる電荷どうしは引き合い、同じ電荷どうしは反発し合う。どちらも逆二乗の力で。二つの正電荷は反発しあい、二つの負電荷は反発し合うが、正電荷と負電荷は引き寄せ合う。これはクーロンの法則で、これで静電気が生じる。電荷は電場を生み、周囲の空間を満たし、あなたが電荷だったら、電場が作用してあなたを加速する。電場は例の逆二乗法則の電気力を生む。それによって冬には服の繊維がくっつき合う。しかし電荷が動くと磁場もでき、あなたが運動する電荷だったら、磁場はあなたにも作用する。電荷が動いていなければ、磁場はゼロだが、動いていると磁場ができ、電荷に対する磁力ができる。以上のことはさらにいくつかの物理法則に述べられていた。アンペールの法則は、運動する電荷（導線中の電流）が磁場を生み出し、任意の一点での磁場と電場がわかっていれば、その位置で運動する電荷に作用する電気と磁気の力が計算できることを述べる。ファラデーの法則は、変化する磁場がどんな電場を生むかを記述する。さらに「磁荷」というものはないことも知られていた。つまり、N極だけ（あるいはS極だけ）を別々にして、そこから磁場が広がるような事態は見られないということだ。電荷の保存則は、電荷の総数（正電荷から負電荷を引いた合計）は一定であることを定める。たとえば、ある領域に一〇個の正電荷と九個の負電荷があれば、電荷の総数はプラス一となる。正電荷と負電荷が一個ずつ合わさって電気を消すことができ、後には九個の正電荷と八個の負電荷が残るが、電荷の総数はやはりプラス一だ。

マクスウェルは電磁気について知られていた法則を見渡して、それが電荷の保存則に整合しないことを示し、それを正すために、新たな作用を加える必要があることを示した。変化する電場が磁場を生むということだ。そうして得られた作用をすべてまとめて一組の方程式にした。これをマクスウェルの方程式という（物理学科の学生がTシャツにプリントしているのを見ることもあるだろう）。

マクスウェルの方程式には、電気の力と時期の力の強さの比に関係する定数 c が含まれていた。速さ v で運動する電荷の群れがあったら、それが生み出す磁力と電気力の比は、c をある速さとして、v^2/c^2 程度になった。そこでマクスウェルは、実験室で、定数 c がいくらになるかを求めるために、磁力と電気力を比較する実験を行ない、非常に大きな値を得た。定数 c の値は310,740 km/secと推定された。マクスウェルは、自身の立てた方程式にきわめて興味深い解も見つけた。それは真空中を速さ c で伝わる電磁波だった。

電場と磁場はこの波の進行方向に直交していた。波は正弦波で、電場と磁場は、この正弦波が通過するのに伴ってその場で振動した。つまり、電場と磁場がともに変化していたのだ。変化する電場が磁場を生み、変化する磁場が電場を生み、それぞれが、真空中を速さ $c=310{,}740$ km/secで進む波とともに次々と相手を引き起こす。

そうか！　マクスウェルはその速さが何か知っていた――それは光の速さだったのだ。光は電磁波であるにちがいない。それは科学の世界でも重大な瞬間の一つだった。マクスウェルはどうして光の速さを知っていたのだろう。それは天文学者が――ここではとくに天文学者のことを話したい――光の速さを測定していたからだ。一六七六年、デンマークの天文学者、オーレ・レーマーが、木星の衛星イオが木星によって隠される間隔が、地球が木星に近づいているときには短くなり、地球が木星から遠ざかるときには長くなることに気づいた。木星を回る衛星を見るのは巨大な時計の文字盤を見るようなものだった。地球が木星に近づくときは、時計が進むように見えるが、木星から遠ざかるときには時計は遅れるように見える。レーマーは、このことを、光の速さが有限であることによるとした。地球が木星に近づくときは、木星までの距離が短くなり、蝕と蝕の間に地球までの距離が短くなり、後の方の蝕になったときの光の到着が早まる。この作用は、隣り合う蝕のときの光が混み合うことでドップラー効果のようになる。レーマーは、光が地球の公転軌道の直径の半分を進むのに約一一分かかることを導いた。実際には約八分なので、レーマーの結果はまずまず正確だった。地球が木星に最も近いときには、木星の時計は八分ほど進んでいて、最も遠いときには八分ほど遅れる。第8章で述べたように、一六七二年、ジョヴァンニ・カッシーニは火星の視差を測定し、それによって地球の公転軌道半径を導くことができた。クリスティアーン・ホイヘンスは、レーマーのデータを使い、地球のおおよその公転軌道半径をふまえて、光速を推定し、秒速二二万キロメートルという値を得た（実際の値、秒速二九万九七九二キロメートルに対して二七パーセント低いだけだ）。

一七二八年、ジェームズ・ブラッドリーという天文学者が、別の方法を使って光速を測定した。ある星が真上にあるとしてみよう。その光は雨のように真下に降り注ぐことになる。車を運転していれば、ウィンドウに当たる雨は、車が動いているので、斜めに当たることになる。地球は公転軌道上を秒速約三〇キロメートルで進んでいる。車に乗って移動しているようなものだ。望遠鏡を真上に向けると、光は下にある接眼レンズに届くのではなく、望遠鏡の側面に当たることになる――望遠鏡が動いているからだ。星を見るには、望遠鏡を少し傾けて、地球という運動している乗り物に乗って見ている雨の傾きに合わせなければならない。どれほど修正すればいいのだろう。角度にして二〇秒ほどになる。同じ星を半年後に観測すると、それは反対側に二〇秒ずれることになる。ブラッドリーは、この結果を測定することができて、それを光行差と呼んだ。この傾きの勾配は、$v_{地球}/v_{光}$で、ブラッドリーはこの値を一万分の一と求めた。こうしてブラッドリーは、光の速さを、地球が公転軌道を進む秒速三〇キロメートルの約一万倍であることを導いた。一八六五年、マクスウェルは自分が示した電磁波は、からっぽの空間を約三一万〇七四〇キロメートルで進むはずだと予想した。予測にありうる誤差（電気力や磁力を測定することにある誤差による）と天文学的観測の誤差の範囲内で、二つの数は一致していた。光は電磁波だったのだ。マクスウェルは電磁波の波長が可視光の波長よりもずっと短かったり長かったりしてよいことを認識した。私たちは、紫外線、X線、ガンマ線のような、波長が短い電磁波のことを知っている。一八六八年、ハインリヒ・ヘルツは、電波を部屋のあちらとこちらで送受信することによって、電磁波の存在を明らかにした。マクスウェルは、アインシュタインの時代の最も刺激的な科学理論で、アインシュタインもそれに大いに刺激を受けた。

一八九六年、一七歳のアインシュタインは次のような思考実験をした。町の時計台の時計から光の速さで飛び出すところを想像する。この時計が正午を指しているところを示す光は自分とともに進んでいるので、振り返って時計を見ると、正午に見えるだろう。光速で移動したら、時間は止まるのだろうか。アインシュタインは自分の横を光線が進むのを見ているところを想像した。畑の畝のような、静止した電場と磁場の波が見えるだろう。それは自分に対しては動いていない。波と同じ速さで進んでいる自分にとっては、波は停まって見えるだろう。しかしそのような空っぽの空間での定常波のような電場と磁場の配置は、マクスウェルの場の方程式では許されていなかった。想像の宇宙線の窓の外に見えたものは、ありえないようだ。アインシュタインはそこには逆説があると見た——何かが間違っているにちがいない。その間違いを正すのに九年がかかったが。

そのためにアインシュタインがしたことは非常に独創的だった。一九〇五年、アインシュタインは二つの公準を採用することにした。

1. 運動は相対的である。物理法則による結果は、一様運動（一定速度で方向転換のない一定方向への運動）するすべての観測者には同じに見えなければならない。
2. 真空中の光の速さは一定である。真空中の光速 c は一様運動するすべての観測者が測定するものと同じになるはずだ。

この二つの公準が、アインシュタインの特殊相対性理論の土台となっている。「相対性」と呼ばれるのは、「運動は相対的」だからで（第一の公準）、「特殊」と言われるのは、運動が一様と限定されているからだ。第一の公準を自分で確かめたことがあるだろう。時速八〇〇キロメートルで（方向を変えずにまっすぐ）飛ぶジェット機に乗って、つまらない映画が見えるように窓のシェードを下ろしたことはあるだろうか。地面の上にじっと座っているようになる。運動する飛行機の中で、自分は静止しているように思える。今、私たちは太陽のまわりを秒速三〇キロメートルで公転しているが、それでも自分は静止しているように思える。第一の公準は相対性原理だ。大事なのは相対運動だけで、静止の絶対的基準は決められない。ニュートンの万有引力の法則はこの公準に従っている。二つの粒子の加速度（速度変化）は、両者の距離により、速度では決まらない。つまり太陽系は、太陽が静止していて惑星がそれを公転しているとしても、何もかもが秒速一〇万キロメートルで動いていても、同じように動くだろう。ニュートンにとってはどちらが本当かは問題ではなかった。太陽系で重力に関係するどんな実験をしても、太陽系全体が動いているのかどうかはわからない。実際には太陽は動いていて、重心に対して秒速約二二〇キロメートルで銀河系の中心を回っている。ニュートンの理論は第一公準に従うが、アインシュタインは、マクスウェルの方程式もこの公準に従うはずだと考えた。物理学の法則はすべてこの公準に従うはずだ。

第二公準は変わっている。これは光線が私を通過するなら、私はその速さを秒速三〇万キロメートルと測定するしかない。でも、別の人が私のいるところを秒速一〇万キロメートルで通過して、私が測定したのと同じ光線を見たときには、その速さを秒速二〇万キロメートルだと測定するのではないかと思われるかもしれないが、そうであってはならない。私が測定したのと同じく秒速三〇万キロメートルで進んでいると見るほかはないのだ。これはおかしい。

常識的にはまったく筋が通らない。速度は足し算できるはずだ。実は、これの唯一の意味の通し方は、向こうの時計の進み方が私の時計とは違うとし、向こうの距離の測定も私の測定と違うとすることだ。見事なことに、アインシュタインがしたことは、この二つの公準を信じ、常識の方を捨ててしまうことだった。これがチェスだったら、「天才的な一手」と呼ぶ（「!!」と表記する）ことだろう。一七手後に詰みにならざるをえないような手だ。アインシュタインはこの二つの公準が真であると仮定し、思考実験に基づいてその公準から導かれる定理を証明し、何が得られるかを見ることになる。それから定理が観測結果と照合され、正しいということになり、それが公準が正しいことの証拠となる。これは驚くべきことだった。そのようなことはかつて誰もしたことがなかった。アインシュタインの公準は反証可能だった。[*1] アインシュタインの定理が観測によって反証される答えを出したら、この理論は間違いということになる。定理が観測結果と合致すれば、公準そのものを証明したわけではないが、確かに、それを支持する証拠にはなるだろう。

なぜアインシュタインは第二公準を信じたのだろう。それは、実験室で測定できる磁力と電気力の比に関するマクスウェルの方程式で、光速が定数だったからだ。マクスウェルは、光の波が空間を秒速約三〇万キロメートルで伝わることを計算した。光線が自分の横を他の速さで（たとえば秒速二〇万キロで）通過するのを見るとしたら、自分は秒速一〇万キロメートルで動いていること——自分が運動していること——が導けるのだ。それは第一公準に違反する。一八八七年、アルバート・マイケルソンとエドワード・モーリーは有名な実験を行ない、実験室で鏡に光線を跳ね返らせて、太陽を公転する地球の速さを測定しようとした。実際に二人が測定していたのは、地球の速度に対して平行に進む光線と垂直に進む光線についての、実験室に相対的な光速の違いだった。二人は地球が公転する速さ、秒速三〇キロメートルを検出できるだけの精度を実現した。驚くことに、二人が地球の速度について得た結果はゼロだった。つまり地球は静止していて、あらゆる方向の光線が実験室に対して同じ速さで進んでいるように見えた。しかし地球が動いていることはわかっている——光行差も見える。この結果には非常に困惑するが、二人が得た結果は、まさしくアインシュタインの第二公準から予想されることだ。光速を測定すれば、地球が動いていようといまいと、必ず同じ値になり、従って、第二公準を信じるなら、マイケルソンとモーリーが得た結果はゼロだということが予測されただろう。

そこでアインシュタインは自分の二つの公準を信じ、それに基づいて定理を証明することになる。こんな結果もある。光速よりも速く進むロケットは作れない。なぜか。部屋の壁に向かってレーザービームを照射するとしよう。レーザービームは壁に当たる。私は静止していると考えてもよい。しかし光よりも速く進むロケットを建造して、ロケット上で同じ実験をしたとすると、結果は違う。宇宙船の中央に座って、レーザービームを船の前面に向けても、それはそこに達することはないだろう。どんな競技者でも、あなたより速いランナーが、あなたより前でスタートしたら、それに追いつくことはできないとあなたに言うだろう。レーザーからの光線はロケットの前端に届くことはない。前端の方が速いし（光速より速い）、光より前方でスタートしているからだ。明らかに、この実験を宇宙船で行なえば、レーザービームはロケットの先端に届くことはないし、ロケットに乗ったあなたは自分が動いている（実は光速より速く）ことがわかるだろう。しかしそれは第一公準から許されていない。方向を変えることなく一定の速さで進んでいるので、自分が動いていることは証明できない。あなたが得られる結果は、私が自室で得る結果と同じでなければならない。そこから、あなたは光速を超えて進む宇宙船を作ることはできないとするほかない。奇妙な結果だが、先の二つの公準を信じるなら、この結果も信じなければならない。光速より遅ければ、レーザー光線はいずれロケットの前端を捉える。時間はかかるかもしれないが、たとえば時計がゆっくり動いていたら、問題ないかもしれない。光速よりも遅ければ大丈夫。しかし光速を超えるロケットは建造できない。このことは粒子加速器で確かめられている。電子や陽子のような粒子をどんどん加速して、光速に近づけることはできるが、そこに達したことはない。

こんな結果もある。「光時計」という、光線が二つの、たとえば天井側と床側の鏡の間で垂直に跳ね返る機構を考えよう。一回跳ね返るごとに、時計がかちっと進む。光は毎秒三〇万キロメートル、一ナノ秒に約一フィートの速さで進む。一ナノ秒とは一〇億分の一秒のこと。二枚の鏡を上下にちょうど三フィート離すと、時計は三ナノ秒ごとにかちっと進む（図17−1）。

これは非常に速く時を刻む。柱時計と同じだが、ただ刻み方がはるかに速い。光線は二枚の鏡の間で上下に跳ね返り、三ナノ秒ごとに鏡に当たる。これは私の光時計だ。今度は左から右へ、光速の八〇パーセントで私を通過する宇宙飛行士を想像しよう。飛行士は私と同じような時計を持っている（図17−1）。飛行士が進む速さは光速未満なので、そのような配置は可能だ。飛行士は、そちらの視点からすると、光時計の光線はただ上下に進んでいて、平常通りに時を刻み、自分にとっては三ナノ秒で一刻みとみる。しかし私が宇宙船の窓から覗くと、そちらの光時計は光速の八〇パーセントで動いているので、光線は斜めの経路を進んでいるように見える。光線は下から出発するが、それが三フィート進んだときには、上側の鏡は左から右へ四フィート進んでいる。光線は斜めに五フィート進む。辺が三対四対五の——縦三フィート、横四フィート、斜辺五フィートの——直角三角形となる。これは三平方の定理 $3^2+4^2=5^2$ を満たす。私に対しては左下から右上へ斜めに五フィートだが、宇宙飛行士は右へ四フィート動いている。飛行士は私に対して光速の五分の四、つまり八〇パーセントで動いているのだ。光線を観測すれば、一ナノ秒一フィートで進んでいなければならないので（第二公準）、左下から右上へ斜めに五フィート進むのに五ナノ秒かかると言わざるをえない。さらに斜めに下りて来て、最初から左へ四フィートのところまで進むのに五ナノ秒かかると見ざるをえない。要するに私は、飛行士の時計が一回かちりと進むのは五ナノ秒ごとであって、三ナノ秒に一回ではないと言うことになる。向こうの時計はゆっくり進む（私の時計の進み方の五分の三）。

さて、ここから先がおもしろいところだ。私から見ると飛行士の心臓の鼓動もゆっくりになっているのだ（やはり私の五分の三）。でないと、飛行士は自分の光時計が鼓動に対して刻み方がゆっくりになり、自分が運動していることを導けるこ

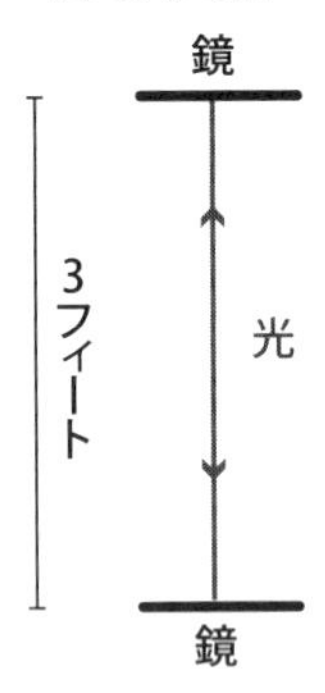

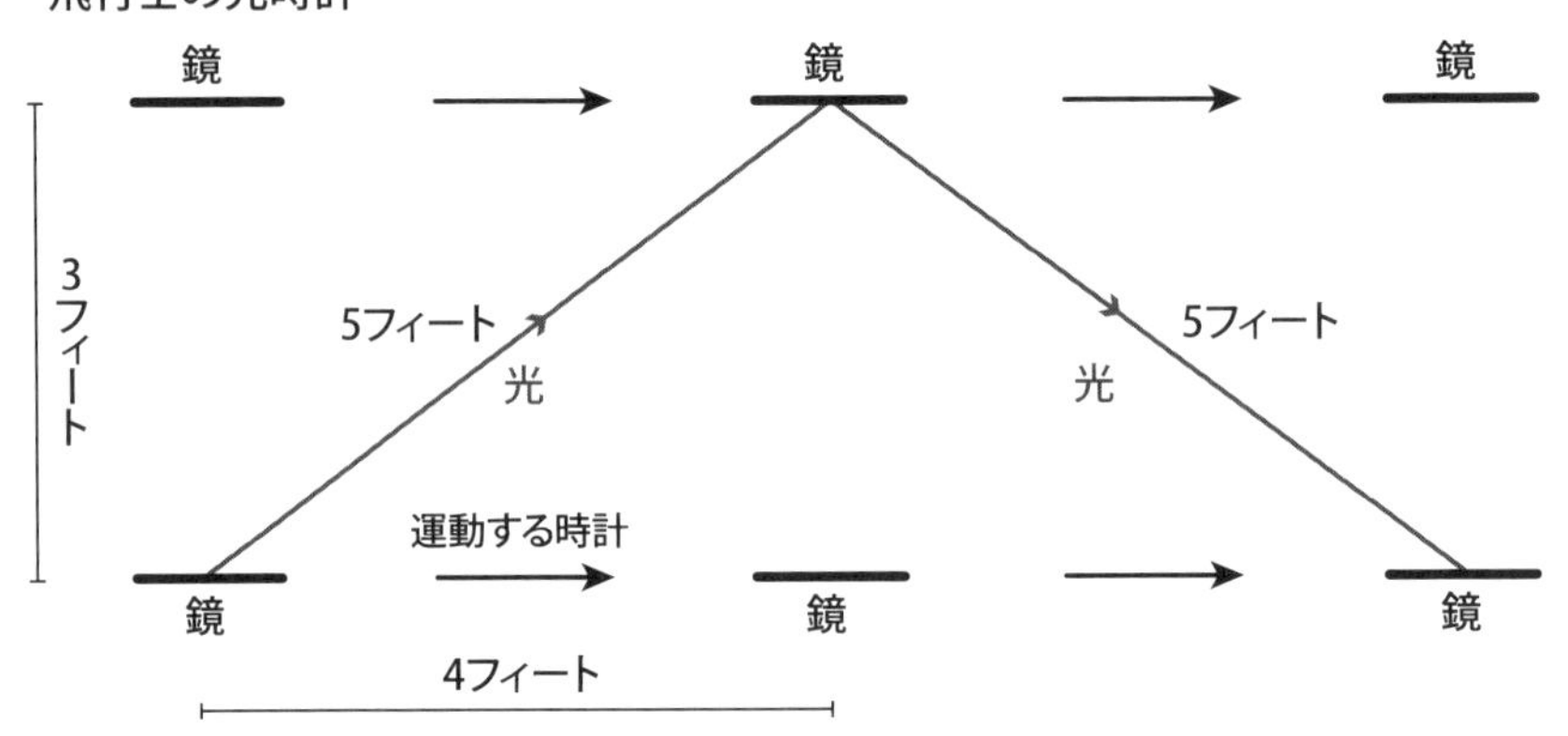

図 17-1　光時計。私の光時計は 3 ナノ秒ごとにかちりと進む。同様の光時計を、私に対して光速の 80%で進む宇宙飛行士が持って行く。光は 1 ナノ秒 1 フィートの一定速度で進む。長い斜線上を進む飛行士の時計で光を見ると、飛行士の時計は 5 ナノ秒ごとに 1 回刻むだけになる。
図版―― J. Richard Gott（*Time Travel in Einstein's Universe*, Houghton Mifflin, 2001）を元にした。

とになる。これは第一の公準で許されていない。飛行士がどんな時計を携行していようと、その刻み方は遅く、五分の三になる。でないと自分が運動していることがわかってしまう。飛行士が崩壊中の「ミューオン」（電子より重い不安定な粒子）を持っていれば、その崩壊もゆっくりにならざるをえない。年を取るのも遅くなるし、夕飯を食べるのも遅くなるし、は…な…す…の…も…お…そ…く…なる。宇宙船上のすべての過程が遅くなるのだ。

　どれだけ遅くなるかは飛行士の速度による。地上の私が一〇歳年を取ると、第二の光時計を使った同様の計算からすると、飛行士は$10 \times \sqrt{[1-(v^2/c^2)]}$年分、年を取る。私たちがふだん遭遇するような、光速に比べて低い速度なら、この加齢係数は結局ほぼ一になる。v/cが一に比べて小さければ、(v^2/c^2)はもっと小さくなる。一からごく小さい数を引いてもほぼ一に等しく、一の平方根は一だ――こうしたことから、この係数は現実の宇宙飛行士の加齢をそれとわかるほど変えるわけではない。つまり、飛行士も一〇歳年を取り、私には向こうとこちらの違いはわからない。そういうわけで、私たちはふつう、運動する時計の進み方が遅くなることには気づかない。しかし、光速に近い速さで――たとえば光速の九九・九九五パーセントで――進んでいるとすると、$v/c = 0.9995$となり、係数はわずか〇・〇一になる。電卓を使えば確かめられるだろう。私が一〇歳年を取っても、飛行士は一〇分の一年しか年を取らない。光速に迫る速度では、宇宙船上では時間が大きく遅れて見えることになりうる。

　私たちがこの式を信用するのは、実験でそれが確かめられているからだ。物理学者は飛行機に精密な原子時計を乗せ、東回りに世界一周をした。こうすると飛行機の速さに地球の自転速度が加わる。そうしてこの原子時計が滑走路に残した原子時計に比べて遅れることを観察した（およそ五九ナノ秒）――アインシュタインが予想したとおりだった。ミューオンは実験室では半減期二・二マイクロ秒で崩壊する――そこにあるミューオンの半分が二・二マイクロ秒後には崩壊しているということだ。しかし地球に向かって亜光速で進む（宇宙線などの）ミューオンは、崩壊がもっと遅くなり、これもアインシュタインの式に合致している。私たちがこの式が正しいと信用するのは、何度も検査して確かめてあるからだ。この宇宙はおもしろいもので、意外な動き方をしているが、私たちはどうやらそういう宇宙に暮らしているようだ。アインシュタインの二つの公準は正しいと思われる。次章では、この公準から$E = mc^2$という結論も導かれ、それが原子爆弾で確かめられたことを見る。そうしたことは実におそるべき結果の一部だ。おそるべき結果はおそるべき公準による。こうした定理をさらに調べるほど、公準は正しそうだと信用できるようになる。

第18章　特殊相対性理論から導かれること

J・リチャード・ゴット

アインシュタインの特殊相対性理論は、私たちの時間と空間の考え方に革命を起こした。それからすると、時間は第四の次元、つまり空間の三次元に加えられる次元とみなせるということになった。興味深いことに、アインシュタインの特殊相対性論を用いて、この時間と空間の幾何学的な姿を明らかにしたのは、アインシュタインが教わった教師のヘルマン・ミンコフスキーで、この成果は一九〇七年に発表された。アインシュタインは直ちにこの見方を採用した。私たちは四次元宇宙に暮らしている。それはどういうことだろう。私たちは地球の表面は二次元だと言う。地球表面の位置を特定するには二つの座標、つまり緯度と経度が必要となる。自分のいるところの緯度と経度がわかれば、地球表面上での位置がわかる。しかし宇宙は四次元なので、自分がどこにいるかを知るには四つの座標が必要ということになる。私があなたにパーティに来てほしければ、行き先の地球表面上の緯度と経度を伝えなければならない。高度も教えなければならない。パーティが一二階で行なわれるのに、四階に行きたくはないだろう。また私はあなたに、何時に来ればいいかも教えなければならない。時刻を間違えると、階を間違えるのと同じく確実にパーティに出られない。ニューヨークの五番街と三四番街の交差点にあるビルの五四階での新年のカウントダウンパーティなど、どんな催しでも、位置を指定するために四つの座標を必要とする。地球表面での位置を表す二つの座標と高さ、さらには催しの時刻だ。四つの座標が必要なので、私たちは四次元宇宙で暮らしていることがわかる。

この考え方を使って時空図を描くことができる。何かの本で、太陽のまわりを回る地球の絵を見たことはあるだろう。太陽は中心にある大きな白い丸で、地球の軌道はそれを取り巻く破線の円で描かれる（地球の楕円軌道はほとんど円なので）。地球は円周上の正午の位置の、一月一日の位置を表す地点の小さな青いドットとして示すことができる。太陽を回る地球を示したければ、地球が円周状を反時計回り方向に進む一連の画像にすることができるだろう。二月一日頃には円周上の一一時の位置、三月一日頃には一〇時の位置などにある。それぞれの画像を映画の一コマのようにして並べると、これを動画にすることができる。再生されると地球が太陽を回るのが見られるだろう。

今度はその動画を一コマ一コマに切り分け、それを垂直に積み重ねてみよう。それぞれのコマがある瞬間を表し、山の高いところにあるものほど遅い時刻を表すとする。こうすると、地球が太陽を公転する様子の時空図ができる。時間はこの積み重ねた山の縦の次元で、未来は上の方にあり、過去は下の方にある。二つの水平方向は空間の二次元を表す（地球が太陽を回る二次元の絵で見られるとおり）。太陽は動いていない――いつも中心にある。したがって太陽の画像は山を垂直に上がって延びる白い棒をなす。しかしそれぞれのコマでは、地球は太陽のまわりを反時計回りに進み、新たな位置に移動していて、積み重なった山の地球は青いらせんが白い棒のまわりに巻き付いているように見える。青いらせんの半径は八光分――地球の公転半径となる。らせんは垂直方向に進んで、太陽を一年に一巻きする。垂直の白い棒に巻き付く青いらせんが時空図となる。この図に水星、金星、火星を、やはり太陽を表す垂直の棒のまわりに巻き付くらせんとして表して加えることができる。この図は三次元的で、図を見やすくするために、空間の一次元を省いている。この図が四次元だったらこう見えるという形に描くことはできないだろう――私たちに見えるのは三次元だけだからだ。ここでは立体視用の対を用いて図を3Dで示している（図18-1）。これをわずかに異なる視点から見た三次元モデルの二枚の写真として見ることもできるし、指示（図4-2付近の本文にある）に従って両眼を使うと、見事な三次元画像として見ることもできる。

垂直の白い棒は太陽の世界線――時間と空間を通る経路――と呼ばれる。白いのは、第4章で見たように、太陽は黄色ではなく白いからだ。青いらせんは地球の世界線――地球の時空を通る経路を表す。青いらせんが太陽の垂直な世界線の前に出たり後ろに回ったりする様子に注目しよう。太陽にきつく巻き付いているオレンジのらせんは水星の世界線で、これは八八日で太陽を一周する。灰色のらせんは金星で、赤いらせんは火星を表す。惑星が外側にあるほどらせんの巻き付き方はゆるくなる。四次元的に考えれば、地球のことを球と考えてはならず、長いスパゲティが太陽にらせん状に巻き付いていると考えることになる。地球には時間的な広がりもあるのだ。

あなたにも世界線がある。それはあなたが生まれたときに始まり、うねりながら人生での出来事すべて通り、死ぬとき

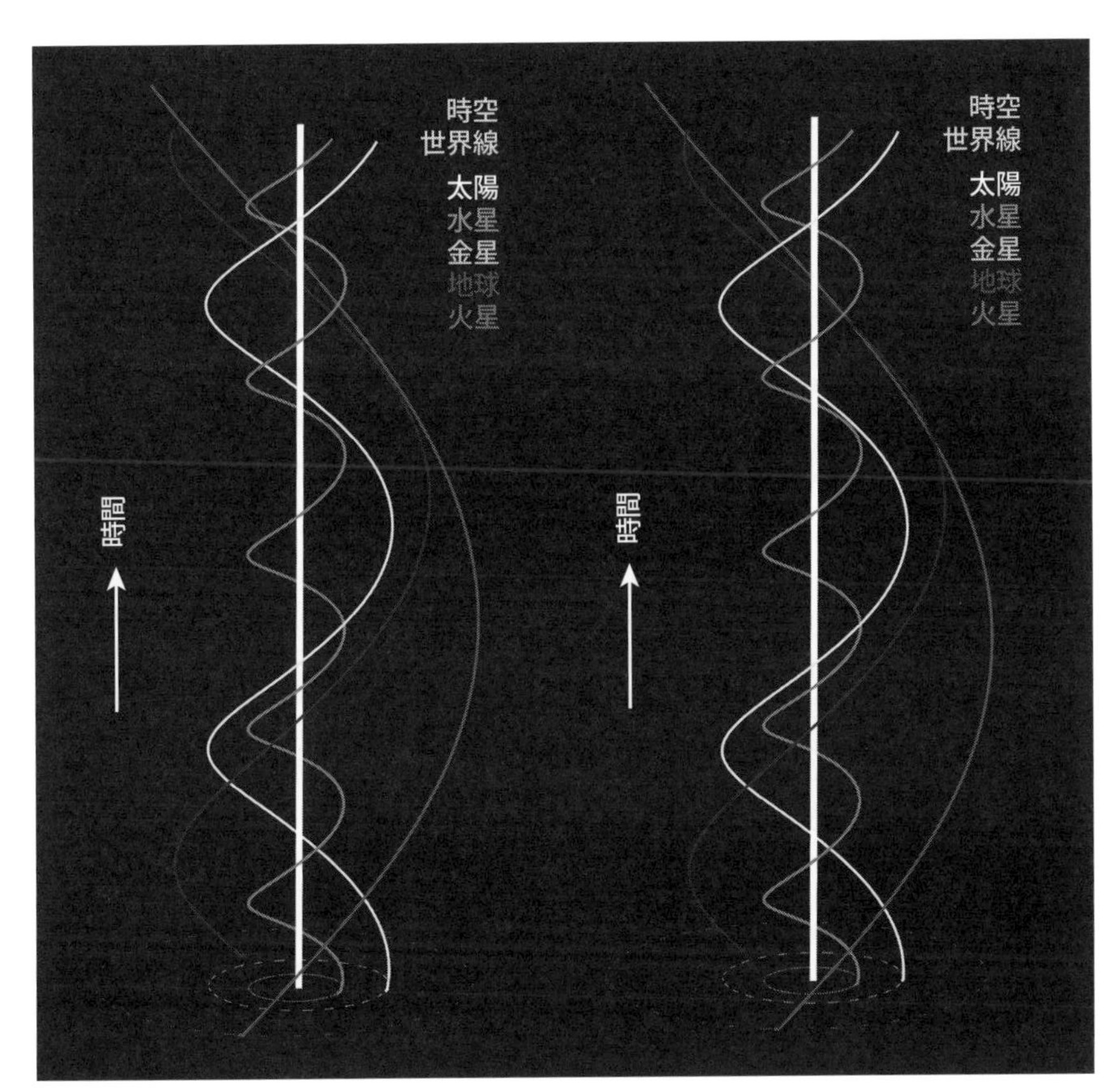

図 18-1　太陽系の内側にある惑星の時空図。時間は上下方向で、空間の 2 次元が水平方向に描かれている。これは 3 次元の図で、両眼視による立体画像の対にしてある。図 4-2 を見るための指示に従うこと。太陽の世界線は中央の垂直の白い線。地球は反時計回りに公転し、最初は太陽の手前を回り、それから後ろへ回る（図の上側で）。水星、金星、地球、火星はこの順で公転周期が大きくなり、したがって、らせんの巻き付き方が緩くなる。写真提供、Robert J. Vanderbei and J. Richard Gott.

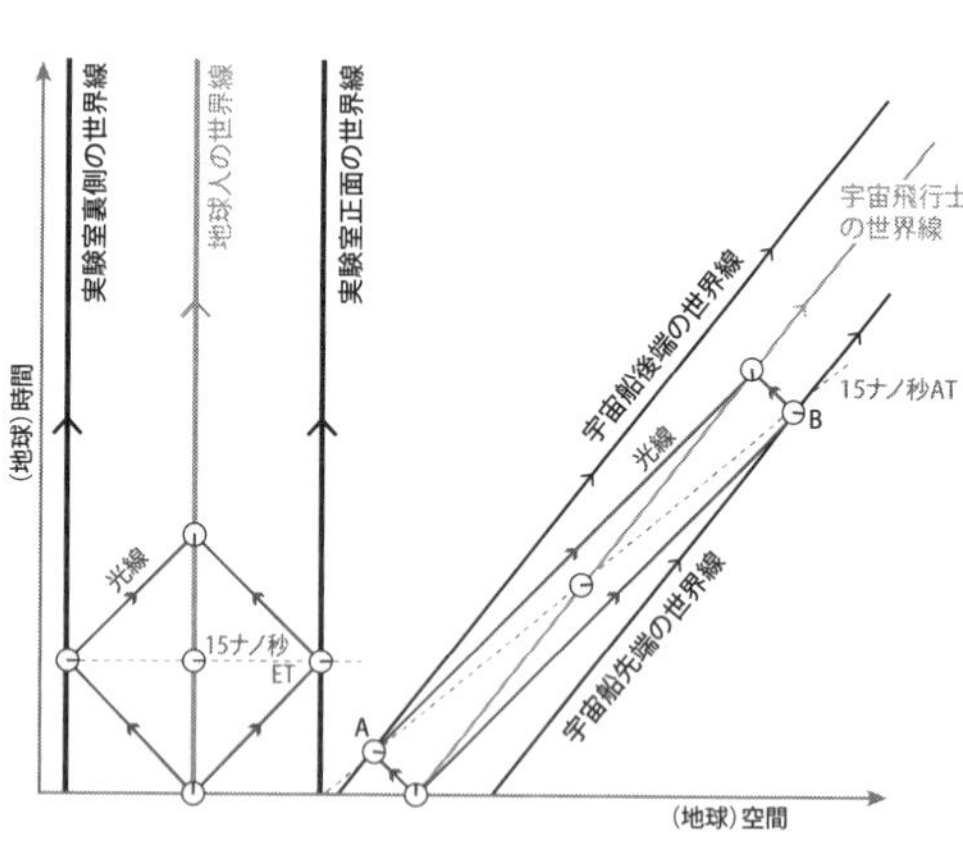

図 18-2　私の実験室と宇宙飛行士が乗るロケットの時空図。図版 ―― J. Richard Gott（Time Travel in Einstein' s Universe, Houghton Mifflin, 2001）を元にした。

に終わる。その世界線は前後約一フィート、左右の幅約二フィート、上下に約六フィートで、運がよければ八〇年くらい続く。こうしたものが、動かない固定された四次元時空彫刻で世界線が絡み合う時空図だ。

アインシュタインが同時性の概念について提案した思考実験の一部について、時空図を描くことができる。私が実験室の中央に座っているとしよう。実験室は幅が三〇フィートある。私は地球人だ。私の実験室は地球に対して静止していて、私は実験室の中央で動かない。時空図では、横方向の座標は空間を表し、縦方向の座標は時間を表す。私は時間では進んでいるが空間では（左から右、あるいは右から左に）動いていないので、私の世界線は垂直上向きに進む。私の実験室の正面は動いていない。こちらの世界線も垂直で、実験室の裏側も同じだ。実験室の裏側、私（地球人）、実験室の正面は、平行に走る三本の縦方向の線となる。未来は上の方にあり、過去は下の方にある。実験室の正面は右側の上下の線、実験室の裏側は左手の上下の線。縦横の長さを表すには、フィートとナノ秒を用いる。光は真空中を一ナノ秒に一フィート進む。図では（図18-2）、光線は垂線に対して四五度傾いた斜線になる。

時刻 $t=0$ のとき（地球時間ET、私の世界線上にあり、針が上下を向いている小さな時計で示される）、私は二本のレーザー光線を左右に発射し、それが私の実験室のそれぞれ正面と裏側の鏡に当たる。この二つの光線の世界線は、四五度の斜めの線になる。この光線は実験室の正面と裏側に、時刻一五ナノ秒（ET）という同時刻に達する（どちらも同じ一五フィートを進む）二つの小さな六〇ナノ秒計の時計があり、それぞれ一五ナノ秒（ET）が、二本の光線が実験室の正面と裏側の壁に交わるところに示される。地球人の（私の）世界線も、一五ナノ秒を指す小さな時計を持っている。横方向の破線は一五ナノ秒を示す三つの小さな時計を結びつける。その横線は私から見た同時の出来事をつなぐ。レーザー光線が実験室正面と裏側にある鏡で跳ね返ると、私の方に戻って来る。光線は両方とも同時に、つまり出発してから三〇ナノ秒後に戻って来る。

レーザー光線が私のところに戻るとき、私の時計は三〇ナノ秒を指す。光速で進むレーザー光線は、行きに一五ナノ秒、帰りに一五ナノ秒進んで、全部で三〇フィートの距離を三〇ナノ秒で進む。ここまではわかりやすい。

しかし、そこでアインシュタインの論証に従って、宇宙船に乗って光速の八〇パーセントで（左から右へ）飛ぶ宇宙飛行士を考えよう。飛行士の世界線は傾いていなければならない。右へ四フィート進むごとに、上へ五ナノ秒進む。光速の五分の四（八〇パーセント）で進んでいるということだ。宇宙船の先端は後端と同じ速さで進み、世界線の傾きも同じ。宇宙船の後端の世界線、飛行士の世界線、宇宙船の先端の世界線は平行になっている。それぞれ互いに対しては動いていない。宇宙船の中央に座っている飛行士が、私が実験室でしたのと同じように、宇宙船の先端に向けてレーザー光線を発射する。私はその宇宙船の長さを一八フィートと測定する。これについては後でさらに述べる。飛行士が左へ送る光線はロケットの後端から九フィート（一八フィートの半分）離れたところを出て、後端に当たる。私はこの実験を中線の窓越しに見ている。私は宇宙船の後端が五ナノ秒で四フィート進み、レーザー光線は五ナノ秒で五フィート進むのを見る。さて、四フィート足す五フィートは九フィートで、飛行士のレーザー光線は、元の九フィートの距離を短くして、宇宙船の後端に当たるのに五ナノ秒かかることになる。宇宙飛行士のレーザー光線は、私から見ると、地球時間（ET）で五ナノ秒後に宇宙船の後端に当たる。左へ進むレーザー光線と右へ進む宇宙船は互いに近づいて、私の視点から見ると早く当たる。

宇宙飛行士が右へ送るレーザー光線は、先へ進む先端に追いつかなければならず、したがって、私からすれば、先端に追いついて当たるまでの時間は長くなる。レーザー光線は四五ナノ秒で四五フィート進むが（ET、アインシュタインの第二公準によって、光は常に毎秒一フィートずつ進む）、ロケットの先端は三六フィート（つまり四五フィートの五分の四）進むだけだ。四五ナノ秒後には、光線は四五フィート進むが、宇宙船は三六フィート、つまり九フィート少ない距離を進み、宇宙船の先端は九フィート先から出発していた。つまり、飛行士のレーザー光線は、四五ナノ秒後（ET）に宇宙船の先端に当たる。これはつまり、私は宇宙船の後端へ向けられたレーザー光線が後端に当たった後に、もう一方のレーザー光線が先端に当たるのを見るということだ。私の視点からすれば、レーザー光線が宇宙船の先端と後端に当たるという事象は同時ではない。

宇宙飛行士の方からはどう見えるだろう。宇宙飛行士は一定方向に一定の速さで進んでいる。アインシュタインの第一公準によって、飛行士は自分が静止していると思ってかまわない。飛行士は自分が静止していると考える。飛行士はロケットの中央に座る。そこも飛行士に対して静止している。そして宇宙船の先端と後端に向けてレーザー光線を送る。飛行士は宇宙船の中央に座っていて、宇宙船は動いていないので、光速で進む二つのレーザー光線は、先端と後端どちらに達するのにもかかる時間は等しくなる。飛行士の視点からは、一方のレーザー光線が宇宙船の後端に当たり、もう一方が宇宙船の先端に当たるという二つの事象を同時の事象と見るしかない。私（地球人）はこの二つが同時の事象とは思わない。私はレーザー光線がまず後端に当たり、それから先端に当たるという継起を見る。私と宇宙飛行士は、どの事象が同時に起こるかについて見解が一致しない。これは常識に反するが、相対性理論の公準から直接導かれることだ。

おもしろいことに、アインシュタインがこの思考実験を行なったときには、前後に鏡のある宇宙船の飛行士は使わず、列車に乗った人物を考え、車両の前後に鏡があった。一九〇五年当時の最も速い乗り物と言えば列車——時速約二〇〇キロメートル——だった。

私の時空の切り分け方は飛行士と異なる。四次元時空をひと山の食パンのように考えよう。私は食パンを薄切りにする。食パンを立てると一枚一枚は横になる。こうした横向きの一枚一枚は、地球時間（ET）の個々の瞬間を示し、パンの一枚一枚には私にとって同時の事象が収まっている。宇宙飛行士のパンの時空は異なる。飛行士をジャック（フランス人）と呼ぼう。ジャックは時空のパンを、フランスパンのように斜めに切る。その斜めに切ったパンは宇宙飛行士時間（AT）の瞬間を表す。ジャックと私は、同時の事象について、つまりどの事象が同じ一枚にあるかについては一致しない。私たちのパンの切り方は違うが、同じパンの山を見ている。アインシュタインによれば、実在の事物は観測者からは独立している。つまり別々の存在としての空間と時間は実在ではない。私からすると、現在は真横に切った食パンの一枚だが、ジャックからすると、現在は斜めに切ったフランスパンの一枚だと言われる。飛行士は私に対して運動しているので、どれが現在かについては一致しない。したがって私たちはどの事象が過去と未来にあるかについて不一致だが、時空の食パンの山についてては一致しうる。そのパンは四次元の時空全体で、こちらが実在する。

そこで私から見たジャックの宇宙船に戻ろう。ジャックのレーザー光線が宇宙船の先端の鏡で跳ね返った後、私からすると、五ナノ秒で飛行士のところへ戻る。私は光線と飛行士が互いに近づくのを見る。光線は五ナノ秒で五フィート戻るだけだが、その間に宇宙船は前方に四フィート進み、その分、九フィートだった距離が近づく。私からすると、先端に向けて発射したレーザー光線は$45+5=50$ナノ秒で往復する。後端の鏡に当たったレーザー光線は宇宙飛行士に追いつくのに四五ナノ秒かかる。往復するのにかかる時間は私からすれば地球時間（ET）で$5+45=50$ナノ秒となる。私はどちらのレーザー光線も、宇宙飛行士のところに同時に戻るのを見る。ジャックも両方が同時に戻るのを見るしかない。両方とも同じ時刻に同じ場所に戻るのだ。

私は飛行士がレーザー光線を発射したときと戻ってきたときの間に五〇ナノ秒が経過するのを見る。私は飛行士が光速の八〇パーセント（$v/c=0.8$）で動くのを見るので、その時計は私の時計の六〇パーセント（$\sqrt{[1-(v^2/c^2)]}$）で時を刻んでいるのが見える。私が五〇ナノ秒経過するのを見るなら、飛行士は三〇ナノ秒だけ年を取るとしか見えない。飛行士が自分で発射したレーザービームが戻って来るのを見るとき、その事象は宇宙飛行士時間（AT）で三〇ナノ秒で起きるとするしかない。光が戻って来たとき、自分は三〇ナノ秒年を取っているからだ。レーザー光線は宇宙船の前後にAT 15ナノ秒で同時に当たったとするしかない。「AT 15 ns」とラベルのついた斜めに切ったフランスパンに注目しよう。これは宇宙飛行士によれば同時の事象を結びつける。宇宙飛行士は自分は静止していると思い、状況はまさしく私が地球上の実験室で見ているのと同じように見える。宇宙飛行士によれば、レーザー光線は三〇ナノ秒で往復し、自分がいる宇宙船の長さは三〇フィートと導かざるをえない。

宇宙飛行士の二本のレーザー光線が宇宙船の前後に当たる事象は私が空間で五〇フィート、時間で四〇ナノ秒離れていると見る事象だ。光速（一ナノ秒で一フィート）を使って空間での距離を時間での距離と比べると、私はこの二つの離れた事象が時間での距離より空間での距離の方が離れていると見る。私が時間でより空間での方が離れていると見る二つの事象は、「空間的分離」と呼ばれるものを持っている。猛烈な速さで（それでも光速未満で）進んでいればその二つの事象を同時と見る宇宙飛行士は必ずいる。その飛行士は、その事象を空間では離れているが時間では離れていないと見る。アインシュタインは、二人の観測者が合意できるのは、二つの事象の空間での距離の平方からその二つの事象の時間での距離の平方を引いたものであることを示した。この量をds^2としよう。光速が一となる単位（つまり一フィート＝一ナノ秒）を用いれば、私は二つの事象の空間での距離は五〇で、二つの事象の時間での距離は四〇と見るので、ds^2は$50^2-40^2=2500-1600$

＝900となる。しかし宇宙飛行士のジャックは、二つの事象の差は0と見て、両者の空間的な距離は三〇と見る（ジャックは宇宙船の長さを三〇フィートと見たことを思い出そう）。しかしds^2を計算すると、$30^2-0^2=900$で、私と同じだ。私たちは距離も時間も不一致かもしれないが、意外なことに、それでも重要な点で一致する。

今度は飛行士が光の信号を送ることと、それが宇宙船の後部に達することとの間隔をを考えよう。この二つの事象の私が空間で測定する間隔は五フィートで、この二つの事象の間で私が測定する時間は五ナノ秒だ。そこで私はds^2＝(空間の間隔)^2－(時間の間隔)^{2}を$5^2-5^2=0$と計算する。飛行士は二つの事象の空間での間隔を一五フィート、時間での差を一五ナノ秒と測定するので、$ds^2=15^2-15^2=0$と計算して、私と同じになる。光線で結びついた事象（ヌル距離と呼ばれる）は、どんな観測者から見ても、必ず$ds^2=0$となる。アインシュタインの第二の公準は、すべての観測者が、光はこの単位（一ナノ秒で一フィート）では一という一定の速さで進むと見ることを言う。したがって、空間での分離は時間での分離と等しく、ds^2は0にならざるをえない。実は、ds^2の式に出てくる時間差につくマイナス符号は、第二公準が必ず守られるようにする意図でつけられている。

三平方の定理は、デカルト座標系の（x, y）を持つ平面では、二点がdxとdyで隔てられていたら、その（空間的分離）^{2}＝dx^2+dy^2となることを教えてくれる。直角三角形の斜辺の平方は残りの各辺の平方の和に等しい。デカルト座標がx, y, zの三次元空間では、三平方の定理が一般化され（空間的分離）$^2=dx^2+dy^2+dz^2$となる。これは高校数学の立体幾何学だ。しかしアインシュタインはds^2＝（空間的分離）^{2}－（時間的分離）^{2}としている。代入すると、$ds^2=dx^2+dy^2+dz^2$－（時間的分離）^{2}となる。しかし時間的分離はまさしくdtだ。そこでそれを代入すると、$ds^2=dx^2+dy^2+dz^2-dt^2$となる。つまり、それは時間tの次元と空間の三次元（xまたはyまたはz）のいずれでも一つの次元の差ということで、dt^2の前にマイナスがつく。違いはすべてこの小さなマイナス符号にある。そのマイナス符号が、私たちが知っている時間をふつうの空間の次元とは違うものにする――ただただ光速を一定にするためだ。

ふう〜。計算が続いたが、それで私たちは、時間と空間の三次元との違いという重要な地点に達する。

先に、私は飛行士が乗る宇宙船の長さを一八フィートと測定すると言ったことを思い出そう。つまり私はこの宇宙船は飛行士が思っている（三〇フィート）よりも短いと言っている。私は宇宙船の長さが、飛行士が考える長さの$\sqrt{[1-(v^2/c^2)]}$

しかないと考える。私たちの時計は一致せず、物差しも一致しない――ここでも光の速さが必ず一（一ナノ秒で一フィート）となるのを見る。この宇宙船の世界線の〔前後の〕幅について、どうして私たちの見解は違いうるのか。それは世界線の「スライス」のしかたが異なることによって生じる。私はその幅を、地球時間（ET）の特定の瞬間に測定していて、飛行士も飛行士時間（AT）の特定の瞬間に幅を測定する。私は宇宙船の世界線を真横に切った食パンを考えていて、飛行士はフランスパンのように斜めに切ったものを考えている。別のたとえを使うと、私は木の幹を真横に切って、この幹の幅は六インチと言っているようなものだ。他の誰かがそれを斜めに切ると、幅は一〇インチと見るかもしれないが、幹そのものは同じだ。私たちの切り方が違うのだ。飛行士と私は宇宙船の世界線の切り方が違うにすぎない。

それがなぜ重要なのだろう。極端な場合を考えよう。飛行士が地球にいる私を光速の九九・九九九五パーセントで通過する。例の係数、$\sqrt{1-(v^2/c^2)}$ は一〇〇分の一になる。私は飛行士が五〇〇光年先の星、ベテルギウスに向かって飛んで行くのを見る。私から見れば、向こうに着くまで約五〇〇年かかる。要するに、飛行士はほぼ光速で飛んでいて、ベテルギウスは五〇〇光年先にある――つまりそこまで行くには約五〇〇年（ET）かかるということだ。私は飛行士がこの旅行で $500 \times 1/100$ 年、つまり五年しか年を取らないことを観測する。飛行士はものすごい速さで進むので、私はその時計が非常に遅く進むのを見る。飛行士がすることはすべて私には遅く見える――朝食を終えるのに一〇〇時間もかかる。ベテルギウスに着いても実際に五歳しか年を取っていない。

旅行は飛行士にはどう見えるだろう。飛行士は自分が静止していて、地球とベテルギウスが光速の九九・九九九五パーセントで飛んでいると考える。まず地球が通過し、それから五年後、ベテルギウスが通過する。地球とベテルギウスは、平行な世界線上で、基本的に互いに対して静止している。地球＋ベテルギウスの系は、飛行士から見れば、地球が先端、ベテルギウスが後端の長い宇宙船のようなものだ。このロケットはほぼ光速で飛行士を通過し、通過するのに五年かかるので、地球＋ベテルギウスの宇宙船の長さは五光年と推理しなければならない。つまり地球とベテルギウスの距離は五光年しかないと推理せざるをえない。こうして飛行士は、地球とベテルギウスの距離は私が見る距離の一〇〇分の一と判断することになる。飛行士は私の見る長さが圧縮されていて、私が見る長さの一〇〇分の一と見る。飛行士が見る圧縮係数、$\sqrt{1-(v^2/c^2)}$ は、私が飛行士はゆっくり年を取ると見る係数に他ならない。これはきっと特殊相対性理論でも有数の顕著な帰結だろう。対称性は美しく、論理は鉄壁だ。

観測者が異なれば、同時性の考え方も異なることによって、逆説が解決できる。私が設定した光速の八〇パーセントで飛ぶ宇宙飛行士ジャックが、今度は棒高跳びの選手で、長さ三〇フィートのポールを持っていて、進行方向に向けているとしよう。私はそのポールが私を通過するとき、長さ一八フィートしかないと見ることになる。私は奥行き三〇フィートの納屋を持っているとしよう。正面の扉が開いていて、裏の扉は閉じている。ジャックは開いた正面の扉から入ってくる。納屋の中央にいるとき、私は正面の扉を閉じることができ、ジャックが持っている一八フィートのポールは長さ三〇フィートの納屋の中にすっぽり収まる。それから裏の扉を開けて、ジャックを裏口から外に出す。しかしジャックから見るとどうなるか。ジャックは自分が三〇フィートのポールを持って静止していると考えなければならない。納屋の方が自分に向かって光速の八〇パーセントで進んで来ると見る。納屋の奥行きは一八フィートしかないように見える。納屋の中央にいるとき、持っている三〇フィートのポールは奥行き一八フィートの納屋の正面、裏口両方から突き出ていると見ざるをえない。どちらの扉も同時に閉じてポールを納屋に収めることはできない。これは逆説に見えるが、答えは次のようになる。私はポールの前後で両方のドアを同時に閉じる――私にとっては同時だ。しかしその事象はジャックにとっては同時ではない。ジャックの時空の切り方は私と違っていて、斜めに切る。ジャックは納屋の二つの扉を私が異なる時刻に閉じると見る。ジャックからすると、まず一方が閉じて、それからもう一方が閉じる。ジャックは両方の扉が同時に閉じているると見ることはないので、自分が納屋を通過するとき、両方の扉が開いていて、ポールの両端が突き出ていると見ることができる。

アインシュタインはこうした思考実験をすべて、自分で最後まで正しく行なうことができた。それまで誰も、アインシュタインがしたような、公準に基づいた思考実験をしようとは思わなかった。それはアインシュタインの成果でも独創的な例の一つだった。

今度は別のパラドックスに見える話をしよう。有名な双子のパラドックスだ。このパラドックスでは、双子の一方――アーサと呼ぼう――は、地球にとどまるが、もう一人――アストラ――は四光年先のアルファ・ケンタウリまで、光速の八〇パーセントで旅行し、それから光速の八〇パーセントで戻って来る。アーサはアストラが光速の五分の四で進むと見るので、アストラがアルファ・ケンタウリまで行くのに五年、戻ってくるのに五年と見る。アストラが戻ったとき、アーサは一〇歳年を取っている。アーサはアストラが光速の八〇パーセントで進むと見るので、例の式、$\sqrt{[1-(v^2/c^2)]}$によって、アーサはアストラは自分より年を取るのが遅く、自分の六〇パーセントと見ざるをえない。アストラが戻ってきたときには、アーサはアストラが六歳年を取っていると予想する。ここまでは良い。しかしアストラの方はどう見るだろう。運動は相対的なので、アストラはアーサが光速の八〇パーセントで自分から遠ざかり、また戻って来ると見てもよいし、アーサが戻ってきたときアーサは自分より若いと予想してもよい。そうはならないのは、アストラが旅をしているとき加速していることによる。アルファ・ケンタウリではブレーキを踏んで停止し、それから戻り始めることになる。アストラの体はすべて宇宙船のフロントガラスに押しつけられるだろう。アストラは速度を変えている。向きを反転しているのだ。アストラは観測者が方向を変えずに同じ方向に一様運動をしているという第一公準の要請に従わない（図18−3）。

アストラの往路では、地球から離れていて、アストラ時間（AT）はフランスパンを切るときのように斜めに傾いている。アルファ・ケンタウリに到着する頃、その時計は三年（AT）を指していて、アストラがそれだけ年を取ったことを教えている。しかし「３ＡＴ」という同時の事象の線は傾いていて、出発してから一・八年後に地球と交わる。アストラはアルファ・ケンタウリに到着するときには、自分が出発してから一・八年後の地球と同時だと思う。アストラは自分は三歳年を取ったけれどアーサは一・八年しか年をとっていないと思う。一・八年とは、三年の六〇パーセントのことだ。したがって、アストラはアーサの年の取り方が遅いと見る。アストラは自分が静止してアーサの方が光速の八〇パーセントで後退していると思うからだ。この時点では、アストラはアーサの方が若いと思う。しかしまだ先がある。今度はアストラが減速し、停止し、進路を逆転する。アストラの世界線はここで曲がる。速度を変えるので、その同時性の概念もがらりと変わる。アルファ・ケンタウリを出る時、その時計は「３ＡＴ」を指しているが、今度は、逆方向に進むので、同時の事象の印「３ＡＴ」は反対方向に折れ、出発してから八・二年後の地球と交わる。帰り始めたとたん、アストラは自分がアルファ・ケンタウリを出発するのはアーサが出発時から八・二歳年をとったときと同時と思うことになる。帰路では、アストラはその間にアーサがまた一・八歳年を取る間に、自分つまりアストラは三歳年を取ると見る。結局アーサは出発時から8.2＋1.8＝10歳年を取り、アストラは3＋3＝6歳年を取る。こうしてアストラはアーサと、再会したときにはア

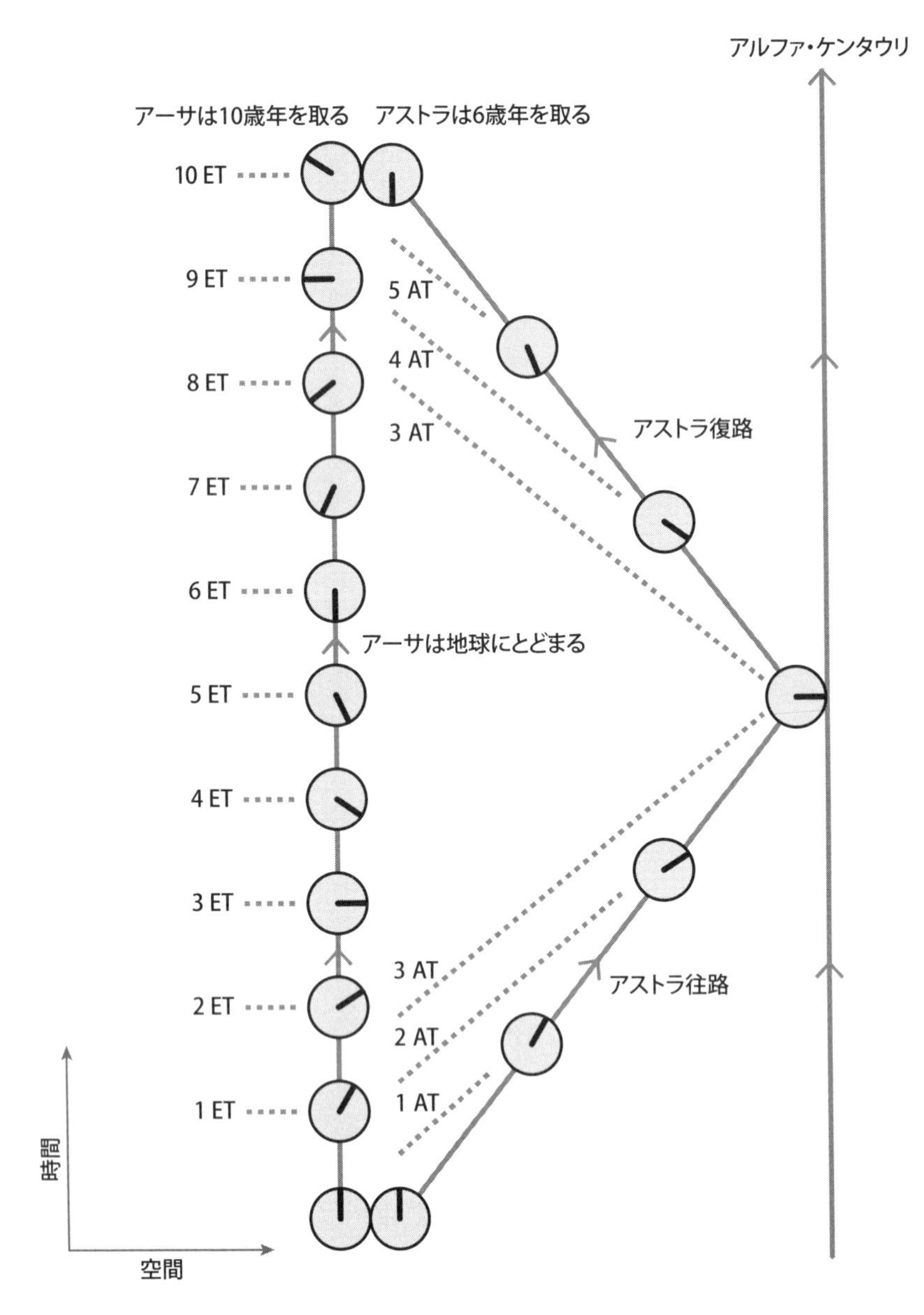

図 18-3　アーサとアストラの双子のパラドックス時空図。アーサは地球にとどまる。その世界線はまっすぐ。アストラはアルファ・ケンタウリへ言って戻る――その世界線は曲がっている。アストラはアーサよりも年を取らない。時計はそれぞれが測定する時間を年単位で示す。破線はアーサ時間（ET）とアストラ時間（AT）を示す。J. Richard Gott 提供。

ストラがアーサより若いということに同意せざるをえない。アーサはまっすぐな世界線を進んだのに対し、アストラの世界線は曲がっている。これが双子のパラドックスへの答えとなる。ここでは同時性の考え方が非常に重要だ。

双子のパラドックスにより、未来を訪れることができる。一〇〇〇年後の地球に行きたければ、宇宙船に乗って、光速の九九・九九九五パーセントの速さで、五〇〇光年離れたベテルギウスまで飛んで行けばよい。時計の進み方は地球の一〇〇分の一になる。ベテルギウスに着くまでに地球時間で五〇〇年かかる。しかし宇宙船では五歳しか年を取らない。光速の九九・九九九五パーセントで戻ってくると、帰路でさらに五歳年を取る。しかし帰ったときには地球は一〇〇〇年後になっている。未来への時間旅行をしたことになる。このような旅行は現在のNASAの予算よりもはるかに費用がかかるだろうし、そのような宇宙船を建造する技術はまだ存在していないが、物理学の法則の下で可能であることはわかる。粒子加速器に陽子を送り込むときは、それよりも速くなるので、その程度の速さがありうることもわかっている。問題は予算と技術だけだ――NASAさん、御一考を。

進路変更地点での急激な加速で死んでしまうのではないかと心配されるかもしれない。しかし地球上で経験していて慣れ親しんだ1Gの加速をするだけで、この旅行を段取りできることがわかっている。宇宙船は加速しているので、足は床に押しつけられることになる。重力で床に足が押しつけられるのと同じことだ。これで所要時間は少し長くなるだろうが、この方が快適だろう。ベテルギウスに向かって宇宙船時間で六年と三週間加速すれば、最大速度は光速の九九・九九九二パーセントになる。その時点でベテルギウスまでの距離の半分を進んでいる。そこから六年と三週間、1Gで減速すれば、宇宙船はベテルギウスで停止する。再び地球に向かって六年と三週間加速し、最後に六年と三週間減速すれば、地球で停止することになる。この間、全部で二四年と一二週間年をとるが、帰還したときには地球では一〇〇〇年経っているだろう。時間を少し余計にかける（一〇年ではなく二四年余り）だけで、快適に行なえる。マルコ・ポーロが中国へ行ってヨーロッパに戻った有名な旅行は二四年かかった。マルコ・ポーロが自身の旅にかけたのと同じ時間をかけるだけで、未来を訪れることができる。今から一ミレニアム後の地球を訪れることができるのだ。

ロシアの宇宙飛行士ゲナジー・パダルカは、これまでに誰よりも未来まで行った時間旅行者だ。ロシアの宇宙ステーションミールと国際宇宙ステーション（ISS）へ行き、そこで高速で地球を八七九日間周回することによって、地球上にいたとした場合より四四分の一秒、年を取らずにいられた（この計算にも、高度が高いことによる一般相対性理論効果がわずかながら含まれる）。パダルカが帰還したときには、地球は自分が思っているよりも四四分の一秒未来のものだった。四四分の一秒未来へ時間旅行していたのだ。きっとあなたは笑っているだろう。それでも、大がかりな旅行ではないとはいえ、未来への旅行なのだ。私は以前、全国公共ラジオ（NPR）のインタビューを受けて、空間を行き来する移動は易しいのに、時間を行き来する移動はこれほど難しいのはなぜかと尋ねられたことがある。本当は私たちは空間でもそれほど遠くへは行っていないんですよ、と私は答えた。アインシュタインは、空間での距離と時間での距離とを並べるとき、光速を用いなければならないことを示した。たとえば、天文学者はアルファ・ケンタウリが四光年先にあると言うことができる。この星からの光が私たちのところへ届くまで四年かかるからだ。宇宙飛行士が到達した最も遠いところは月で、これは地球からわずか一・三光秒先でしかない。人類が空間で行ったことのあるのは一・三光秒先までで、時間旅行で行ったのは四四分の一秒先の未来まで。両者はそれほど違わない。

おもしろいことに、私たちは今や、実際に一卵性双生児の宇宙飛行士を使って双子のパラドックスを解説できる。マーク・ケリーは地球周回低軌道で五四日過ごし、一卵性双生児のスコット／ケリーは低軌道で五一九日過ごした。スコットの方が低軌道で高速で移動した時間が長いので、双子のマークより八七分の一秒だけ若い。

私は、宇宙飛行士を水星に送り込み、そこで三〇年過ごさせて地球へ帰したら、飛行士は地球にとどまったとしたら達する年齢より約二二秒若いという計算を示したことがある。水星の時計は地球の時計よりも進み方が遅い。太陽を公転する速さが地球より速いせいでもあり、水星は太陽の重力場の深いところにあるからでもある（一般相対性理論の効果）。[*1]

一九〇五年、アインシュタインは未来への時間旅行は可能だということを示した。これはH・G・ウェルズが一八九五年に小説『タイムマシン』で時間旅行のアイデアを唱えてからちょうど一〇年後だった。ニュートンの物理学の法則では、それは忘れてもよい――誰もが時間について意見が一致し、誰もが「今」とは何かについて合意し、未来への時間旅行はありえない。しかしアインシュタインは、観測者が必ずしも「今」起きていることについて同意しないことを示した。時間は伸び縮みする――移動する時計の方が進み方は遅い。アインシュタインは宇宙についてまったく新しい姿を見せた。三次元の空間と一次元の時間による宇宙だ。

そこでこれから、アインシュタインの有名な方程式 $E=mc^2$ を導いてみよう。実験室があって、中で粒子がゆっくりと左から右へ進む。速度は v だが、c よりははるかに小さい（つまり $v \ll c$）。ニュートンの法則は成り立つし、粒子の質量が m なら、ニュートンによれば、右向きの運動量 $P=mv$ を持つ。この粒子が二つの光子を発射する。それぞれエネルギーは $E=h\nu_0$ で、向きは正反対、つまり一方は左へ、もう一方は右へ行く。光子のエネルギーについては有名なアインシュタインの方程式を使っている。h はプランク定数で、ν_0（ギリシア文字ニュー）は粒子が測定した光子の振動数を表す。粒子はエネルギー $\Delta E=2h\nu_0$ を失う。光子二つによって持ち去られるエネルギーの分だ。アインシュタインは光子がエネルギーだけでなく運動量も持ち去ることを示した。光子の運動量は、エネルギーを光速で割ったものに等しい。粒子は二つの光子が当量の運動量を正反対の方向に持ち去るのを見るので、粒子が見る二つの光子によって持ち去る全運動量はゼロになる。粒子はそれが静止していると「思う」（第一公準によって）。そして二つの等しい光子を正反対の方向に発射する。対称性によって、静止した粒子が二つの同じ振動数の光子を正反対の方向に発射しても、粒子は静止したままになる。二つの光子から粒子に及ぼされる反発力が相殺されるからだ。粒子の世界線はまっすぐのまま。つまり速度の変化はない（図18-4）。

今度は二つの光子に何が起きるかを考えよう。右へ行く光子はいずれ実験室の右側の壁にぶつかる。壁に当たると壁はわずかに右に押される。アインシュタインは、光子がエネルギーを光速で割った値に等しい運動量を持っていること示した。これは放射圧の作用で、壁は光子の運動量を吸収し、これが壁を右に押す。右側の壁に観測者がいれば、光子が右へ進んで右の壁に当たるのを見る。粒子は壁に近づいているので、振動数は発射されたときの振動数より高い。これは今までの章にも出てきたドップラー効果の例だ。対照的に、実験室の左側の壁にいる観測者は左へ進む光が左の壁に当たるとき、粒子は観測者から遠ざかっているので赤方偏移して、発射されたときよりも振動数が低くなっているのを見る。高い振動数（青側）の光子は低い振動数（赤側）の光子よりも運動量が大きい。それで右の壁は、左の壁が受ける（左方向への）衝撃よりも強い衝撃を受ける（右方向へ）。二つの打撃は相殺されず、実験室は全体として右向きの打撃を受ける。実験室はある程度の運動量を受け取っている。ニュートンが想定したように、運動量は保存されなければならないので（そうでないと非物理的な浮遊装置がいろいろできてしまう）、この増えた分の運動量はどこかから来たものとならざるをえない。出どこ

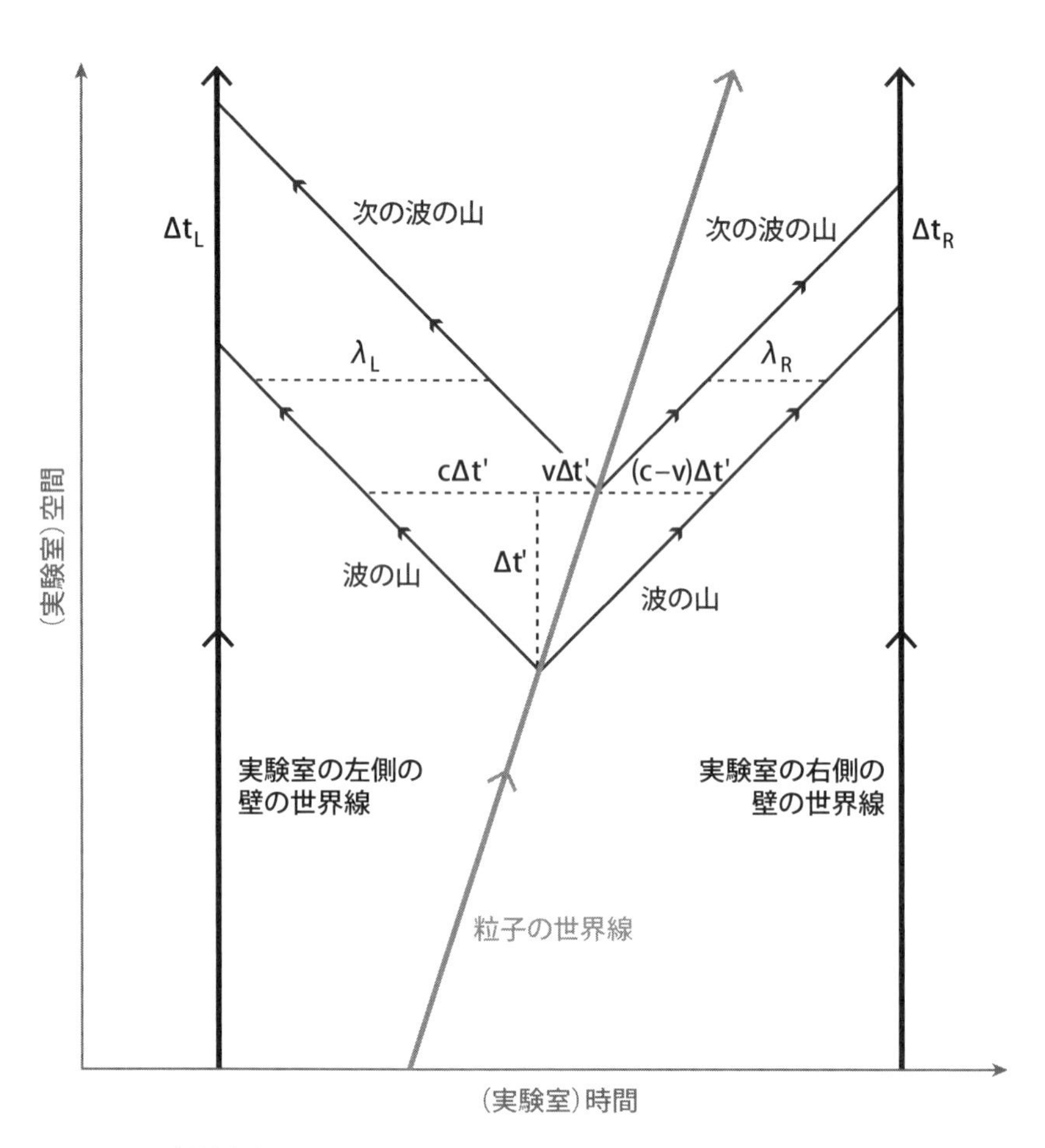

図 18-4　$E = mc^2$ 思考実験の時空図。実験室の静止した壁は垂直な世界線を描く。粒子は左から右へ速さ v で進み、その世界線は斜めになる。それは左へ光子を出し（その波の山は 45° の角度で左上へ向かう）、同等の光子を右へ出す（その波の山は 45° の角度で右上へ向かう）。粒子が二組の波の山を発射する間に実験室で経過する時間 $\Delta t'$ を上下の破線で示す。その時間で最初の左向きの波の山は $c\Delta t'$ 左へ進み、その間に粒子は図に示したように $v\Delta t'$ 右へ進む。左へ進む光子の波長（波の山と山の間の距離）は、$\lambda L = (c+v)\Delta t'$ となる。右向きの光子の波長は短くなり、ドップラー偏移で $\lambda R = (c-v)\Delta t'$ となる。J. Richard Gott 提供。

ろとして考えられるのは、他ならぬ粒子だけだ。

ここで粒子の速度は $v << c$ なので、粒子の運動量はニュートンの式 mv で与えられる。実験室は運動量を得て、粒子は運動量を失わなければならない。しかし粒子の世界線は曲がっていない——まっすぐのままだ（図18-4の時空図を参照）。その速度は変化しない。粒子の運動量 mv が減り、速さ v が変わらないなら、質量 m が減ったにちがいない。それはエネルギーをいくらか譲り（二つの光子の形で）、その分質量を減らす。質量のいくらかがエネルギーに変わったのだ。一本、それまで。これは特筆すべき大胆な結論だ。渡されたエネルギーの量と失われた質量にはどんな関係があるのだろう。これに必要なのは、二つの光子のドップラー効果を計算することだけだ。実験室の壁が受け取る右向きの運動量の総量は、$2h\nu_0$ (v/c^2) となる。計算は付録1に記す。二つの光子の形で粒子が放出するエネルギーは、$\Delta E = 2h\nu_0$ なので、壁が受け取る右向き運動量の総量は、$\Delta E(v/c^2)$ だ。係数 v/c^2 は、ドップラー偏移による v/c と、光子が持つ運動量とエネルギーの比を表す係数 $1/c$ による。壁が受け取る正味の右向き運動量 $\Delta E(v/c^2)$ の方は、粒子が失う運動量 $(\Delta m)v$ に等しくなければならない。それで $\Delta E(v/c^2) = (\Delta m)v$ となる。等式の両辺を v で割る（粒子の速さが相殺される）と、$\Delta E/c^2 = \Delta m$ となる。そこで両辺に c^2 をかける。すると $\Delta E = \Delta mc^2$ となる。Δ記号を外すと、結果は $E = mc^2$ となる。

この思考実験では、粒子は二個の光子を発射することによっていくらかエネルギーを失い、質量もいくらか失う。質量を失う粒子はエネルギーを放出する。放出されたエネルギーは、$E = mc^2$ という式によって失うエネルギーに対応する。これは単純だが強力だ。c^2 が式に出てくるのは、ドップラー偏移と運動量の計算には光がかかわっていて、c はその速さだからだ。

ご存じのとおり、c は非常に大きな数で（通常の単位では秒速三〇万キロメートル）、わずかな質量でも巨大なエネルギーに変換される。ニュートンの法則は私たちに、トラック一台分の運動エネルギーは、質量を m とし、v を速度として、$1/2\ mv^2$ であることを教える。$v << c$ であるかぎり、これは正しい。時速一六〇キロメートルで走るトラックは、秒速〇・〇四五キロメートル（光速の〇・〇〇〇〇〇〇一五倍しかない）。時速一六〇キロメートルのトラックが二台正面衝突すると、運動エネルギー——$2\times(1/2\ mv^2)$——が大爆発となって放出される。トラックの破片はあたりじゅうに飛び散る。しかし今度は、物質でできているトラックが反物質でできたトラックと衝突するとしてみよう。この二台のトラックは対消滅し、

全質量をエネルギーに変換する——極端な場合だ。それは爆発を起こして$2\times(mc^2)$分のエネルギーを放出する。これは通常のトラックのmv^2よりもはるかに大きい。どれほど大きいかというと、$2/(0.0000015)^2=89$兆倍だ。物質・反物質爆発は、時速一六〇キロメートルで走るふつうのトラック二台の衝突の八九兆倍のエネルギーになる。通常の物質には厖大な量のエネルギーが閉じ込められている。

それこそが原子爆弾に込められた秘密だ。ウランやプルトニウムの原子は分裂して崩壊による産物ができるが、その重さは元の原子よりもわずかに少なく、その分の巨大なエネルギーを放出する。太陽では、四つの水素原子核が融合して質量がその合計よりわずかに少ないヘリウム原子核になってエネルギーを放出する。太陽は四六億年間、それを原動力にしてきた。化学者は各種元素について正確な質量を測定してきて、それが各種元素の核子一つあたりの質量のわずかな違いを示す。その結果、軽い元素を融合するか重い元素が分裂するかによってどれだけの核エネルギーが生成されるかを計算できる。鉄は核子あたりの質量が最低で、そこから引き出せる核エネルギーはないことは第7章で解説した。

アインシュタインは他の物理学者とともに、この方程式からすると、原子核の分裂による原子爆弾ができるということになるのを認識して、一九三九年八月二日、フランクリン・D・ルーズベルト大統領に重大な手紙を書き、ヒトラーよりも先に原子爆弾を作るよう促した。そうしてマンハッタン・プロジェクトが生まれ、アメリカ人物理学者とヨーロッパからの亡命物理学者が実際に使える原子爆弾を開発した。後にアメリカ人が知ったように、ドイツはアインシュタインが心配したように確かに原爆開発計画を持っていたが、実効性がなく、成功しなかった。アメリカの原子爆弾がニューメキシコ州で実験される頃にはドイツはすでに降伏していた。しかし結局、二発の原子爆弾が日本に投下された。日本はその後まもなく降伏し、第二次世界大戦が終わった。破壊力はとてつもなかった。約二〇万人が、爆弾と、放射線被曝などの余波で死亡した。マンハッタン・プロジェクトを指揮したロバート・オッペンハイマーは後に、最初の原子爆弾の実験では、『バガバッド・ギーター』の一節、「今や我は死神、世界の破壊者となった」を思い出したと語った。爆弾投下の決断の全責任はトルーマン大統領にあった。トルーマンは原爆の使用が第二次世界大戦をできるだけ早く終わらせるのに必要だと思った。それでもトルーマンは「原子爆弾の悲劇的な意味を認識している」と言った。数年後、トルーマン個人の書斎には、原子爆弾に関する本があり、『ハムレット』のホレイショーによる最後の言葉にアンダーラインが引いてあった。

「何も知らない世間に対して私に話させてください。あなたがたもお聞きなさい。現世の血にまみれた不自然な行ない、偶然の判断、気まぐれな殺人、狡猾で強いられた原因によってもたらされた死、あげくに企んだ本人の頭上にふりかかった目的のことを」。戦後、アインシュタインは核兵器廃絶の大義に身を投じた。

光速に近い速さで進むことは当時はまったく実用的ではなかったが、アインシュタインはその原理によって、歴史の流れを変えることになる原理を発見した。アインシュタインは、奇蹟の年一九〇五年の成果によって、マリー・キュリーやマックス・プランクに並ぶ一流の科学者の仲間入りをしたが、その最大の成果はこのときまだ現れていなかった。

第19章 アインシュタインの一般相対性理論

J・リチャード・ゴット

アインシュタインの科学に関する最大の業績は一般相対性理論、つまり重力を説明する湾曲した時空の理論で、これがニュートンの重力理論に取って代わった。

アインシュタインは次のような問題を考えていた。重いボールと軽いボールを同時に落とす——両者は落下して同時に床に当たる。ガリレオはそのことを知っていた。ニュートン、ボールと地球の間の重力は $F = G\, m_{ボール} M_{地球}/r_{地球}^2$ となると言うだろう。また $F = m_{ボール}\, a_{ボール}$ とも言う。つまりボールの加速度 $a_{ボール}$ は、ボールにかかる力を質量で割ったものということになる。方程式をまとめると、$a_{ボール} = GM_{地球}/r_{地球}^2$ となる。ボールの質量は消去される。ボールの加速度はその質量とは無関係で、つまり重いボールも軽いボールも同じ速さで落下するということだ。ニュートンなら、重いボールの方がそれを地球に引き寄せる力が大きいと言うだろう。しかし $F = ma$ なので、重い方は加速しにくく、それが力が大きくなる分を打ち消して、結果、両方のボールの加速度はまったく同じになるという。これはまったくの巡り合わせで、私たちが重力の式で用いる質量（重力質量）と、$F = ma$ の式で用いる質量（慣性質量）は等しいと言っていることになる。

アインシュタインはこの問題について別の考え方をした。重力がない星間空間で加速する宇宙船にいたらどうなるだろう（第10章でタイソンが取り上げた、加速する物質・反物質力恒星間宇宙船のように）。二つのボールを落とせば、無重量状態で並んで浮かぶ。そこで宇宙船がロケットを噴射して上へ加速するので、船室の床も上に加速し、そこで漂っている二つのボールに当たる。自動的に、二つのボールは同時に床に当たることになる。ボールはその場に浮いているだけだが、床の方が上がって来てそれに当たっているのだ。単純明快。すると、二つのボールが同時に当たるのは単なる巡り合わせではない。あらためて地球上で二つのボールを落とすところを想像しよう。今回は、両者がその場にただ浮いているだけで、床が上がってくると想像してみる。加速する宇宙船上では、地球にいるときと同じように見えることはすでに知られていた。しかしアインシュタインは、加速する宇宙船で実験した結果が重力のように見えるなら、そのことは重力だとみなすしかないと言い、これを等価性原理と呼んだ。一九〇七年に浮かんだこのアイデアを、アインシュタインは最も幸福なアイデアと呼んだ。二つの異なる現象がまったく同じに見えるなら、両者は同じ現象とするしかない。実に大胆な考え方だ。

アインシュタインはこの推論を以前にも使ったことがあった。磁石のそばを通る電荷は磁場によって加速されたが、磁石がそばを通る静止した電荷も同じ加速度を受ける。後者の場合に生じる加速度は、マクスウェルの方程式によれば、変化する磁場によって生成される電場に影響される。アインシュタインは、二つの現象は同一でなければならず、重要なのは相対運動だけだと推論した。これは別々の存在とされる電場と磁場の概念が、一つの電磁場という概念に置き換えられる必要があるということだった。アインシュタインは同様にして、空間と時間を分ける私たちの考え方を、四次元時空という考え方に置き換えるべきだと見た。科学の飛躍は、誰かが二つの物事は実は同じだと気づいたときに起きることが多い。ニュートンは、リンゴを落下させる力と月を軌道に留める力は同じだということを認識した。アリストテレスは重力がリンゴを地球に向かって落下させることは知っていたが、月を軌道に留めるのは、それとは別の、天に特有のことだと思いなしていた。ニュートンは二つの現象が同じことだということに気づいたのだ。

アインシュタインは等価原理という自分のアイデアを大いに信頼していた。重いボールと軽いボールを落とせば、両者はただ一緒に自由落下で浮かんでいて、地球の表面が上向きに加速して同時に球に衝突する。唯一の難点は、それでは筋が通らないように見えることだった。アインシュタインの地表は大きくなるわけでもないのに、どうやってどこででも上向きに加速できるのだろう。地球が風船のように膨らんでいるなら、落とす球に向かって進むことができるが、地球は大きくなるわけではないので、この考え方は明らかに筋が通らない。これは、時空が曲がっていて、ユークリッド幾何学の法則が成り立たないとした場合にのみ筋が通るのではないか。

湾曲について解説してみよう。図19-1には地球儀が出ている。その表面は曲がっていて、ユークリッドの平面幾何学の法則はこの面には成り立たない。ユークリッドは、平面上ではすべての三角形の内角の和は一八〇度だと言う。地球上で最も直線的な線――二点間の最短距離の線――を引くとしたら、それは大円となる。「大円」は球上の、中心が球の中心に一致する円だ。地球の赤道は大円だし、子午線も大円になる。ニューヨークから北極までの最短距離は、ニューヨークから北極を結ぶ経線をたどる。地球上では北極と、赤道上で経度が九〇度離れた二点とを結ぶ三角形を描ける。すると、三つの角が九〇度となり、合計二七〇度という三角形が描ける（大円で構成される）。

北極から南へ進むとすれば、赤道上の最初の点に達したら九〇度方向転換して赤道上を西へ進む。そうして赤道上の第二の点に達したらまた九〇度方向転換し、北へ向かって北極に戻る。北極に着くと、北極点で交わる三角形の二つの辺は、経度が九〇度離れた二本の子午線なので、やはり九〇度の角度をなすことがわかる。三角形を一周すると、三つの直角があった。ユークリッドの平面幾何学ではありえないことだ。球の表面は曲がっていて、平らなユークリッド平面のようにはふるまわない。

図19-1　球面上で三つの直角をもつ三角形。写真提供―― J. Richard Gott

地球上に北極点を中心に円を描くことを想像してみよう。表面上で測定される円の半径は、北極から赤道までの距離（つまり地球一周の四分の一）に等しいとする。その円の円周（北極点を中心とする）は赤道になる。赤道の長さは地球の周の長さに等しく、したがって描いた円の半径は円周の四分の一の長さにならなければならない。したがってこの場合、円周は半径の四倍、つまりユークリッド幾何学で予想される、半径の2π倍よりも小さい。ここでも球の曲がった表面は、ユークリッドの平面幾何学の法則には従わないことがわかる。

アインシュタインは回転するレコード盤について考えた。そのレコード盤に蟻が一匹いれば、蟻はしっかりつかまっていないと放り出されるだろう。蟻をレコード盤上にとどめるには（しっかりつかまることによって）向心力の加速度を生む必要があり、そのとき蟻は外側へひっぱる「重力」を感じることになる。遊園地の乗り物にはこの作用が得られるものがある。回転するブリキの缶の中にいる類のもので、円筒形の壁に押しつけられる重力のような加速度を感じる

図 19-2　地球儀上の大円ルートでニューヨークと東京を結ぶ。
写真提供―― J. Richard Gott

ことになる。立ったまま両足を床から上げることさえできる。いずれの場合も、回転するレコード盤も回転する乗り物も、加速度のある円運動が加速する宇宙船と同じく、重力をまねる。私たちはレコード盤は平らだと思う。しかしアインシュタインは、レコード盤の外側の縁は速く動いていて、そこに置かれた物差しは、レコードの回転する縁にいる観測者が測ると、中心にいて静止している人が測った場合とは異なる長さになるだろうと言う。回転するレコード上の観測者によって測られたレコードの円周は、ユークリッドの平面幾何学から予想される値である半径の2π倍ではないはずだ。回転するレコード盤の幾何学が非ユークリッド幾何学（湾曲がある）になるのは、まさにそれが回転しているからで、重力が模倣されているとアインシュタインは推理した。そのような重力もどきが重力なら（それがアインシュタインの等価性原理）、時空の湾曲そのものが重力を生み出せることになる。

私がニューヨークにいて、東京に行きたければ、ありうる最短経路である大円ルートをとるのがよい。私は地球儀上でこの両都市間に糸をぴんと張ることができる。大円ルートはアラスカ州北部を通る（図19-2）。地球儀を手に入れて自分でやってみるとよい。これは飛行機がとるルートだ。これは両都市間でありうる最もまっすぐな経路でもある。小さな玩具のトラックを使って、地球儀上で両都市間を走らせて実証することもできる。玩具のトラックの車輪はまっすぐ進むようにできている。それが東京までの正しい方向に向かっていれば、大円ルートをまっすぐ進み、北アラスカを通って目的地にたどり着くはずだ。このありうる最もまっすぐな経路のことを「測地線」と呼ぶ。赤道上でトラックを西に進め、まっすぐ前に動かせば、赤道を一周できる。任意の方向へ進めても、まっすぐ動かして、ハンドルを切るようなことをしなければ、測地線をたどることになる。平らなメルカトル図法の地球地図を見れば、ニューヨークと東京を結ぶ測地線の大円ルートは曲がって見える。両都市とも北緯四〇度あたりにあるので、メルカトル図法なら、緯線に沿って東京まで行くのが最短のように見えるかもしれないが、その経路は実は地球儀上では遠回りになる。その経路はまっすぐでもない。緯線の円は地球儀上では小さな円で、その円周は赤道の円周より小さく、その中心（地球内部の）は地球の中心より北側にある。これは大円ではない。合衆国とカナダの国境を西へ（五大湖を越えて）進むとそのような小さな円の一部となる。その国境沿いにトラックを東に進めると、その経路にとどまるには、ハンドルをわずかに左に切っておかなければならないだろう。地球の平らな地図上では、その地図が採用している座標系によって、まっすぐな測地線が曲がって見えることになる。

バスケットボールを放り投げてバスケットに入れれば、ボールは弧を描いて上昇し、それから落ちてきて、バスケットに入る。それは曲がった経路――放物線――をたどるように見える。その経路は何メートルか曲がっているように見えることもある。それはニューヨークから東京までの測地線ルートがメルカトル図法の地図では曲がっているのと似ている。アインシュタイは、バスケットボールのような自由落下する物体は、曲がった時空の測地線に沿って、つまりたどることができる可能なかぎりまっすぐの軌道に沿って進むと考えた（電磁気力など、他の力によって作用を受けないかぎり）。粒子に対する命令は単純「まっすぐ前へ進め」だけ――だった。粒子はニュートンが言っていたような、いろいろな質量からのありとあらゆる方向からの力を足し合わせるのではなかった。ただまっすぐ前に飛んで行くだけだ。時空が曲がっていて、その湾曲が重力を生むのだった。図18-1の、太陽の世界線が上下の棒で、地球の世界線がらせん状にくねっている時空図を思い出そう。それは実はかなり細長いらせんだ。半径は八光分で、地球一周分の縦は一光年ある。アインシュタインの考えでは、太陽の質量がその周囲の時空をわずかに曲げるので、地球のらせん形の世界線は、実際にはその曲がった時空を通るありうる中で最もまっすぐな軌道をたどっている。東京までまっすぐ進むトラックのように。地球の世界線は図18-1の座標系では曲がっているように見えるかもしれないが、実際には、曲がった時空の中ではありうる最もまっすぐの測地線だ。その湾曲がどう見えるかがわかっていれば、地球が太陽のまわりでたどる測地線経路を計算できる。

アインシュタインはそのように重力を説明しようとした。ニュートンなら、二つの質量を星間空間に静止させれば、両者は重力で引力を及ぼすので、互いに向かって加速し、いずれぶつかると言うところだろう。ニュートンは、これは両者が離れたところで互いに力を及ぼし合うからで、その力が両者を引き寄せ合うと言う。アインシュタインは二つの質量がそれぞれの周囲の時空を曲げると言う。その曲がった形では、二つの粒子はただたどれる中で最もまっすぐな軌道を進み、

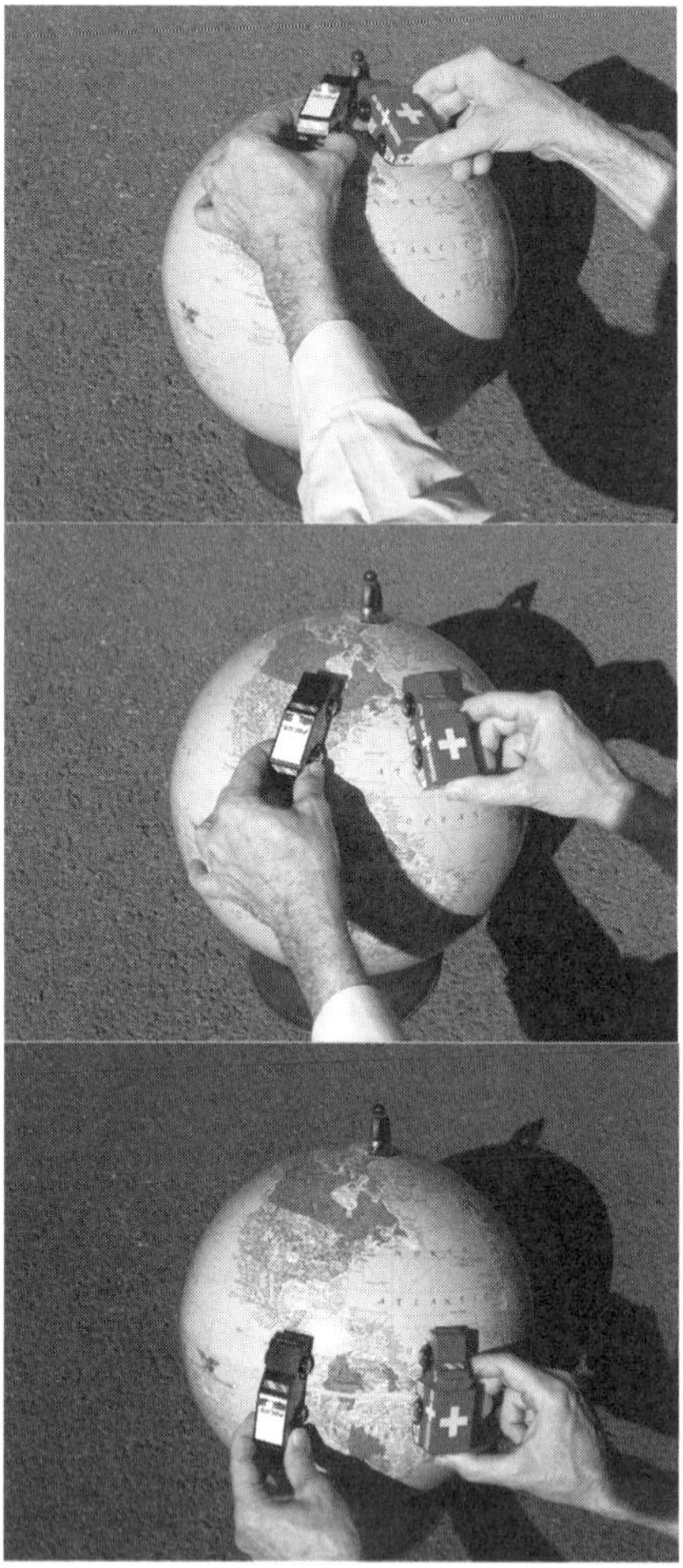

それが両者を近づける。

赤道上に一定の距離を置いた二台のトラックがあるとしよう。どちらも北を向いている（図19-3下）。両者は最初平行な軌道にあって、近づきも遠ざかりもしないが、地球の表面は曲がっているので、その平行な軌道にはとどまらない。二台のトラックがともにまっすぐ、隣り合う子午線（測地線軌道になる）を北へ進む。二台は最初平行に進み、どちらも北へ向かうが、北へ別々の子午線上をまっすぐ進み続けていると、お互いに向かっていることがわかる。その後、両者は北極でぶつかる。

アインシュタインは、粒子の質量は地球の湾曲のような時空の湾曲をもたらすと言っている。「北」という方向は、未来に向かう時間の方向を表す。トラックが進む経線は、二つの粒子の世界線を表す。この二つの粒子のできるかぎりまっすぐな世界線は、時空の湾曲のせいで互いに引き寄せられる。二台のトラックを平らな机の上の平行な経路で動かし始めると、ずっと互いに平行に進み続け、両者の測地線は同じ距離を隔てたままになる。重力による引力は、アインシュタイン

図19-3　トラックは真北へ進み、地球儀の湾曲によってお互いに引き寄せられ、北極でぶつかる。写真提供——J. Richard Gott

の理論では時空の湾曲によってもたらされる。

質量とエネルギーは時空を曲げる——しかしどれほど曲げるのか。アインシュタインはこの考えを仕上げ始めた。友人の数学者に「リーマン曲率テンソルについて勉強しなければならないだろうか」と尋ねると、友人は「どうもそうみたいだね」と言った。ベルンハルト・リーマンは多次元の曲率の理論を考え出していた。リーマンはカール・フリードリヒ・ガウスの指導の下で、博士論文に相当するものにとりかかった。ガウスは地球表面のような二次元の面の曲率（ガウス曲率）の理論を考え出していた大数学者だった。ガウスはリーマンに論文のテーマとして三つの案を出すように言った。リーマンのテーマの三つめが高次元での曲率だった。ガウスは「それをやりなさい」と言った。リーマンはそれを研究し、その論文は力作となった。リーマンは多次元の曲率を理解するには、今ではリーマン曲率テンソル、$R^{\alpha}{}_{\beta\gamma\delta}$と呼ばれているものが必要だということを示した。四次元では、これは二五六もの成分がある数学の怪物だった。[*1] 幸い、こうした成分の多くは同じで、実質的にその数を二〇個の独立した成分にまで縮減する——それでもまだ多いが。この数学の産物をアインシュタインはマスターしなければならなかった。アインシュタインは、マクスウェルの電場と磁場を表す場の方程式になぞらえられるような重力場を表す場の方程式を立てたかった。エネルギーと質量は時空をどう曲げるのか。どんな幾何学がありうるか。自分の理論でこうした問題に答えを出したかったが、低速で、湾曲が少ない場合には、ニュートンの理論とも近似的に合致しなければならなかった。ニュートンの理論はそうした条件下ではうまく機能していたからだ。

アインシュタインはこの問題を一九〇七年から一九一五年まで考えた。それには非常に難易度の高い数学が必要だった。間違った手がかりもあった。しかしアインシュタインはあきらめなかった。とうとう一九一五年、正しい場の方程式に達した。それは次のようなものだ（ニュートンの万有引力の定数Gと光速cが一となるように調節した単位で）。見るだけでも見ておこう。$R_{\mu\nu} - 1/2\, g_{\mu\nu}R = 8\pi T_{\mu\nu}$方程式の右辺は時空のある位置での「中身」（質量、放射など）を表し、左辺はその位置での時空の曲がり方を表す。[*2] 宇宙の中身が時空に曲がり方を教えている。アインシュタインはニュートンの謎の「遠隔作用」を取り除いていた。宇宙のある位置で中身（物質、放射）が、その位置で時空を定まった形に曲げる。粒子や惑星もその場での進み方を得る——それは曲がった時空でまっすぐ前へ進んでいるにすぎない。この方程式を導くのは非常に厳しい道のりだった。最初、アインシュタインは正しい式を$R_{\mu\nu} = 8\pi T_{\mu\nu}$だと考えた。項が一つ足りない。おもしろいことに、この方程式は空っぽの空間については正しかった。空っぽの空間には中身がないので、$T_{\mu\nu}=0$となると、アインシュタインは推論していた。アインシュタインはそうして、空っぽの空間については$R_{\mu\nu}=0$であることも導いた。しかし空っぽの空間について$R_{\mu\nu}=0$なら、R（これは$R_{\mu\nu}$の成分から計算される）もゼロになり、追加の項は空っぽの空間についてはやはりゼロになるので、$1/2\,g_{\mu\nu}R$がついた一九一五年の正しい場の方程式も満たされる。アインシュタインは最初間違った場の方程式を得ていたが、幸い、空っぽの空間については正しかった。一週間後、局所的なエネルギー保存を確保するためには追加の$-1/2\,g_{\mu\nu}R$を加える必要があることを考えついた。局所的なエネルギー保存は、部屋の中の総エネルギー量が増えるには、何かがドアから入ってくるしかないことを求める。これは適切な方程式には欠かせない性質だ。マクスウェルが自分の方程式に電荷の保存をもたらす項を加えなければならないと思ったのと同じことだ。マクスウェルの場合には、その追加の項が直ちに、光は電磁波だという有名な帰結につながった。

アインシュタインは自身の場の方程式を使い、いくらかの計算を行なって、太陽の周囲の空っぽの空間に予想される曲率を計算した。すると惑星のらせん形の世界線を表す測地線が計算できた。そこで、一般的には、曲がった時空での惑星はケプラーが予想したような単純な楕円軌道をたどらず、「近日点移動」する（つまり楕円がゆっくりと回転する）ことを見てとった。同じ楕円を何度も回るのではなく、各惑星がたどる楕円がゆっくりと回転するのだ。太陽から離れているほとんどの惑星にとってはこの効果はわずかだが、太陽にいちばん近く、曲率も最大の水星にとっては、この効果は測定できるほどのものだった。アインシュタインはその楕円軌道が一世紀に角度で四三秒近日点移動する、あるいは回転することを計算した。ご名算！　それは水星の軌道にあった説明のつかない近日点移動に等しかった。天文学者が測定していて、アインシュタインもそれは知っており、ニュートンには説明できなかったことだった。

アインシュタインはこの計算ができたとき、興奮して動悸が起きたと言っている。その方程式は自然が見せていた正しい答え──一世紀に角度にして四三秒──を得た。その計算を行なったのは、一九一五年一一月一八日だった。そのときは、正しくない場の方程式$R_{\mu\nu}=8\pi T_{\mu\nu}$を使っていたが、幸い、太陽の周囲の空っぽの空間という特殊な場合には、それは文句なく合っていた。

同じ日、アインシュタインは太陽付近を通過する光線の曲がり方を計算した。つまり、太陽の周囲の曲がった空っぽの時空で光がたどる測地線経路を計算した。それで得られた答えは、遠くの星から地球に届く光が太陽の縁付近を通ると、その光は角度にして一・七五秒ずれるということだった。これは、光が秒速三〇万キロメートルで飛ぶ質量のある小さな弾丸でできているとしたら、ニュートンが計算したであろう量の二倍あった。ニュートンの場合には、ずれの角度は〇・八七五秒と計算していただろう。しかし光は質量のある粒子ではできていないかもしれない。つまりニュートンの理論では光はまったくずれないこともありえた。しかしアインシュタインの方には選択肢はなかった。光は測地線をたどるしかなく、角度にして一・七五秒ずれるしかないのだ。このずれは観測可能だった。太陽の縁付近にある星をどうすれば観測できるだろう。月が太陽表面からの明るい光をちょうど遮断する日蝕を待たなければならない。日蝕のときの星の位置を写真乾板に写して測定し、半年後に地球が太陽の反対側にあって、太陽が星から遠く離れているときにもう一度測定し、二つの写真を比べて位置の差を調べる。アインシュタインの方程式によれば太陽の縁付近では、星の位置は一・七五秒ずれているはずだ。アインシュタインはこれを、日蝕のときに行なえるテストとして提案した。

実はその点でアインシュタインはラッキーだった。先の、場の方程式を得るより前に、等価原理の加速する宇宙船論法を用いた定性的な論証を行なっていた。加速する宇宙船では恒星間空間で真横から入る光線は曲がって見えることになる。真横の光線は、宇宙船が上に向かって加速しているときには、いずれ床に当たることになる。そこから類推すれば、光は重力で曲がるはずだとアインシュタインは論じた。この論証は時間での湾曲を正しく説明したが、完全な場の方程式が必要とする空間での曲がり方はそうでなく、アインシュタインは正解の半分しか得ていなかった。得られたのはニュートンなら計算したであろう〇・八七五秒だった。アインシュタインはこのことを発表し、一九一四年の日蝕を観測することを提案した。しかし第一次世界大戦が勃発し、観測隊が観測を行なうことはなかった。それがアインシュタインにはラッキーなことだった。一九一五年には、曲がった時空について正解の一・七五秒を得ていて、これはニュートンの予測とは異なっている。一・七五秒のずれが観測されれば、アインシュタインが正しく、ニュートンは間違っていることになる。〇・八七五秒のずれが観測されれば、ニュートンの勝ちでアインシュタインの負けになる。ずれが発見されなかったら、アインシュタインは間違っていることになるが、ニュートンはまだ正しいかもしれない。質量は質量を引き寄せるが、光は引き寄せないと言ってもいいからだ。この場合には、ニュートンはまだ持ちこたえている。決定試験とはそういうものだ。アインシュタインによる水星軌道の近日点移動の計算は事後予想だった。すでに知られている実験事実だが、ニュートンによっては説明できなかったことを説明したということだ。しかし光の曲がり方についてはアインシュタインは予想をした――水星の場合よりもさらに大向こうをうならせる。

一九一九年五月二九日の日蝕を観測するために、イギリスの観測隊が二チーム編成された。一つはブラジルのソブラルで観測を行ない、もう一つはアフリカの沖にあるプリンシペ島で観測した。一九一九年一一月六日、アーサー・エディントンが、ロンドンで行なわれた王立協会と英国天文学会合同の学会で結果を報告した。ソブラルでは一・八七±〇・三〇秒のずれが観測されたが、プリンシペ島では一・六一±〇・三〇秒だった。両方ともアインシュタインの値一・七五秒から は、±〇・三〇秒の観測誤差の範囲内にあるが、いずれにしてもニュートンとは合わない。電子を発見したノーベル賞受賞者のJ・J・トムソンがこの学会を主宰していて、「これはニュートンの時代以来重力理論との関連で得られた最大の成果であり、この結果は人間の思考の最大級の成果だ」と発言した。

翌日、アインシュタインは『ロンドン・タイムズ』紙に、「科学における革命」という見出しの下に登場した。二日後には『ニューヨーク・タイムズ』紙に出た。アインシュタインが当時の大科学者の一人から、誰でも知っている世界的に有名な人物になったのはこの時期だった。このとき、アインシュタインはアイザック・ニュートンの仲間入りをした。

エディントンが報告した光が曲がるという結果はまもなくこれとは別に、一九二二年のオーストラリアで観測された日蝕のとき、W・W・キャンベルとR・トランプラーによって、精度を高めて確認された。二人は一・八二±〇・二〇秒のずれを見つけた。やはりアインシュタインの一・七五秒という予測と整合する。

アインシュタインはこの理論を明らかにするために一九〇七年から一九一五年まで苦闘している間に感じていたことについてこう話している。「しかし暗闇の中で感じはするが表現できない真理を求めて不安な気持ちで探っていた年月、明確に理解できるまでの強烈な欲求や、次々と入れ替わる自信と疑念は、それを体験した人々にのみ理解できる」[*3]。

第20章　ブラックホール

J・リチャード・ゴット

本章では、宇宙で最も謎に包まれた物体、ブラックホールの話をしよう。アインシュタインによる一般相対性理論の方程式について得られた厳密解の一つはブラックホールに相当するものだった。アインシュタイン方程式の厳密解の一つは、各点で局所的に方程式を満たすような各点の曲率をもつ形の時空となる。とくに点質量の周囲の空っぽの空間の形を表す解に関心が向けられる。これは空っぽの空間で成り立つので、真空場の方程式に対する解と呼ばれる。これはまさしくアインシュタインが、太陽付近の空っぽの空間での水星の軌道や曲がる光について計算していたときに解こうとしていた方程式だ。しかしその解は見つけにくかった。解が表す形状がどのようなものか何もわからないからで、アインシュタインは近似解を求めにかかった。その近似解では、時空は特殊相対性理論の場合と同じくおおよそ平らだが、わずかな摂動（平坦からのずれ）がある。その小さな摂動を表す方程式の方が解きやすかった。それは出発点となる平らな形状を持つということ、それを出発点として持つと、小さな修正を表す方程式は解きやすいことがわかっていたからだ。太陽を公転する天体の速度は光速に比べると小さいので、太陽のまわりの形状の曲がり方はほんのわずかしかない。つまり、アインシュタインの近似解はけっこう正確で、水星軌道や太陽付近での光の曲がり方についての値もそうだった。たぶん、アインシュタインは、方程式を厳密に解くのは難しいと思ったのだろう。ともあれアインシュタインは近似解で満足した。

アインシュタインの点質量のまわりの空っぽの空間を表す場の方程式に厳密界を見つけた最初の人物は、ドイツの天文学者、カール・シュワルツシルトだった。見つかったのがブラックホール、つまり一点に質量源があって、他は空っぽの空間に対応する解だった。アインシュタインは、一般相対性理論に関する成果を発表したとき、それを理解できるのは世界で一〇人余りしかいないだろうと推定した。カール・シュワルツシルトはその一人となった。一九〇〇年、シュワルツシルトは空間が湾曲している可能性について論文を書いていた。これは特殊相対性理論よりも前のことだ。シュワルツシルトは空間が球面のように正に湾曲したり、西部劇に登場する馬の鞍がとる面のように負に湾曲したりすることがあるのではないかと推測し、現に得られている天文学的観測結果を前提にして、その曲率半径がどれだけの大きさになるかを知ろうと思った。もともと曲がった空間について考える気満々だったのだ。アインシュタインの論文が発表されると、シュワルツシルトはすぐに受け入れた。論文を理解し、やはり重要なことに、リーマン曲率テンソルを含む難しい計算をこなすことができた。それを使って新しく独創的なことをするのに必要な道具はすべて手にしていた。シュワルツシルトにこの問題が解けたのは、この複雑な方程式を解く際の巧妙な座標系を考えついたからだった。それはこの問題が球対称的で、時間的に不変であるという事実を利用していた。アインシュタインによる一点の周囲にある空っぽの空間つまり、真空場の方程式に対する厳密解は、結果的にブラックホールの外に対応していた。

シュワルツシルトは第一次大戦で兵役に就き、稀な皮膚病にかかり、結局それが命取りになった。一九一六年に病気で帰国し、そのときアインシュタインの論文のことを知って、解を求めた。その解をアインシュタインに送るとき、戦争のさなかに「先生のアイデアの庭でしばし過ごせて」うれしかったと書いた。シュワルツシルトはその数か月後に亡くなる。

真空場の方程式に対するこの厳密解を求めるのは、パッチワークの服を作るようなものだ。時空の各点で、端切れを縫い合わせる。端切れの局所的な曲率の項はいろいろだが、それを足し合わせるとゼロになる。方程式はその端切れを縫い合わせるための規則を教えている。ひたすら縫い続けて小さな端切れを足し合わせるだけだ。しかし最後には、どの点でも規則を満たす全体としての解――パッチワークの服のような――に達するにちがいない。これは実に難しい。カール・シュワルツシルトは点質量の周囲にできる曲がった空間についてこれをこなした最初の人物だった。

カール・シュワルツシルトの息子、マーティン・シュワルツシルトは、プリンストン大学でのわれわれの長年の同僚だった(図8–3)。重要な貢献をいくつも行なった天文学者でもある。中でも、太陽のような恒星がいずれ赤色巨星になることを明らかにしており、そういうふうにして確かに父の足跡を追ってきた。マーティンは、自分が四歳のときに亡くなった父のことを実際にはよく知らない。興味深いことに、カールは第一次世界大戦をドイツ側一員として戦ったが、息子のマーティンは、ヒトラーが権力を握ったときにドイツを脱出し、第二次世界大戦ではアメリカの側に属してドイツと戦った。

ブラックホールを理解するために、まずニュートンの万有引力に戻ろう。ボールを取って、空中に放り上げるとどうなるだろう。上昇し、それから落ちてくる。「昇るものは必ず落ちる」という諺さえある。この諺の唯一の難点は、それが間違っていることだ。空気抵抗を無視すると、十分に速いボールを投げて、地球の引力からの脱出速度、時速約四万キロになれば、それは地球の重力場をふりきって帰ってくることはない。アポロ宇宙飛行士は、月へ行くために、これに近い速さで進まなければならなかった。ニュートンの理論には脱出速度（エスケープ）を表す式、$v_{es}^2 = 2GM/r$ がある。G はニュートンの重力定数、M は地球の質量、r は地球の半径を表す。さて、巨大なスクラップ圧縮機があって、地球を小さく縮め、ぎゅっとつぶして小さな半径に丸めた紙のようにしたと考えてみよう。脱出速度はどうなるかというと、地球の質量は同じだが、半径が小さくなり、表面からの脱出速度が大きくなる。地球を十分な小ささに圧縮すれば、脱出速度はいずれ光の速さ c に等しくなる。それはどのくらい小さいのだろう。$v_{es}^2 = c^2 = 2GM/r$ で、これを r について解くと、$r = 2GM/c^2$ が得られる。これはカール・シュワルツシルトを称えてシュワルツシルト半径と呼ばれている。地球の質量については、シュワルツシルト半径は八・八八ミリメートルとなる。これは大きめのビー玉程度の大きさだ。地球をこの半径以下に押しつぶせば、脱出速度は光より速くなり、当の光を含め、何も脱出できなくなる。アインシュタインは光より速く進めるものはないことを示した――地球をシュワルツシルト半径以下につぶすと、そこへ行ったものはそこからは戻って来られない。それはブラックホールになる。それを「ブラックホール」と呼ぶのは、中に入った光が出て来られないからだ。質量はさらに小さく収縮し続ける。重力のものを引き寄せる力はさらに強くなり、脱出速度をさらに大きくする。シュワルツシルト半径の内側では、重力が他のすべての力を上回り、質量は一点、つまり中心の曲率が無限大の特異点（シンギュラリティ）に収縮する。一般相対性理論によれば、この点の大きさはゼロだが、量子効果があって、結局はこれを少しにじませて、たぶん、「プランク長さ」と呼ばれる 1.6×10^{-33} センチメートルくらい（この長さが何に由来するかについては第24章で見る）に広げるだろう。これは原子核よりもはるかに小さい。実質的に大きさゼロの中心に点質量が残り、そのまわりに空っぽの曲がった時空がある。

シュワルツシルト半径の内側を探検しようと入っていったら、戻ってこられるだろうか。それはできない。そのためには光より速く進まなければならず、アインシュタインはそれが不可能であることを示している。

ブラックホールのシュワルツシルト半径は質量に比例する。質量が大きいほど、シュワルツシルト半径は大きくなる。実際には地球をシュワルツシルト半径よりも小さくつぶすのは難しい。しかし大質量の恒星が核燃料を使い果たすと、その中心部はシュワルツシルト半径の内側にまで落ち込む危険がある。太陽が衰えた場合には、赤色巨星になり、外套部を放棄し、地球程度の大きさの白色矮星が残る。死にかけている星の中心部が太陽質量の一・四倍超、二倍未満の場合には、白色矮星は崩壊して、半径が一二キロメートル程度の中性子星をなす。中性子星はシュワルツシルト半径の二〜三倍ほどしかなく、危険領域に近づいている。太陽質量の二倍超の中性子星を作るとしても、それは不安定で崩壊し、シュワルツシルト半径の内側までつぶれ、重力がすべてを引き継ぎ、ブラックホールが形成される。太陽質量の一〇倍のブラックホール、たとえば超巨大質量の恒星が一生を終えてつぶれるときにできるようなものは、シュワルツシルト半径が三〇キロメートルほどになる。天の川銀河の中心にあるような太陽質量の四〇〇万倍という超大質量ブラックホールは、一二〇〇万キロメートル（一天文単位の一〇分の一弱）というシュワルツシルト半径になる。見つかっている中で最大級のブラックホールの一つは巨大楕円銀河M87の中心にある。それは三〇億太陽質量で、半径は九〇億キロメートルとなる。これは海王星の公転軌道までとした太陽系全体の半径の二倍ある。

　太陽質量の三〇億倍あるシュワルツシルト・ブラックホールの内側を巡っているところを想像してみよう。教授と大学院生がいるとする。教授はブラックホール内部がどうなっているか知りたいと思い、大学院生を調査に派遣する。教授はブラックホールの外に留まり、ロケットを噴射して、一定の、たとえばシュワルツシルト半径の一・二五倍という半径を維持する。教授は、一定の軌道にあって落ちないように噴射するロケットによる加速度を感じる。教授がブラックホールの外に留まるかぎり、悪いことは起きない。しかしブラックホールを調べるために、勇敢な大学院生はただ自由落下して内側に入る。うわあああ！　大学院生が自由落下していく間、電波信号を教授のところへ送り出し、事態がどうなっているかを知らせる。その通信の最初の部分は「事態」となっている。電波は光速で進む。

　大学院生がさらに落下し、電波信号が届く。教授は通信文の最初の部分「事態」を受け取る。その間も大学院生はさらに落下し、第二の部分、「の」を送る。この語はシュワルツシルト半径のすぐ外から送られる。これは光速で外側へ進むが、這い上がって教授のところに届くには時間がかかる。教授は静止して落下しないようにするためにはロケットを噴射しなければならず、実際には地平から離れるように加速しているので、「の」の信号が教授に追いつくには時間がかかるのだ。
その間に院生はシュワルツシルト半径を超えてしまう。めでたしめでたしかというと、そんなことはない。大学院生は再び教授のところに戻れるだろうか。残念ながらそうはならない。この帰還不能地点を通過するときにも、それを知らせる標識のようなものはとくに何もない。院生の身には、この時点ではとくに変わったことは起きず、本人はまずいことが起きたことを知らない。すべてが通常通りに見えるのだ。もしかすると今、あなたは巨大なブラックホールのシュワルツシルト半径の内側へ渡っているかもしれないが、これを読んでいる部屋ではそれを知るよしもないだろう。局所的には、時空のごく小さな部分はほぼ平らで、したがって局所的な測定からは全体的な解がどのようになるかについての手がかりはない。院生がシュワルツシルト半径を通過するそのとき、通信文の第三の語句「進行は」を送る。第二の単語「の」はまだ教授のところに向かう途上で、これまでのところ、教授が受け取っているのは「事態」だけだ。今や院生はシュワルツシルト半径の内側に落下している。「進行は」の信号は光速で外に向かい続ける。しかしそれは下りエスカレーターを駆け上ろうとするようなもので、いっこうに前に進めない。シュワルツシルト半径では、脱出速度が光速になる。電波は光速で外へ向かうが、シュワルツシルト半径のところにとどまり、前には進めない。信号「の」は外へ向かって進み続ける。

院生がさらにシュワルツシルト半径のさらに内部へ落下し続けると、何かが起こり始める。院生は足を下にして落ちているとする。足は頭より中心に近い。重力は半径の逆二乗の力なので、中心にある質量は、頭より足の方を強く引いていて、中間は中間の力で引く。頭と足はこの「潮汐力」によって引き離されている。拷問台でひっぱられているようなものだ。さらに、院生の左肩が中心に向かって引き寄せられ、右肩も中心に向かって引き寄せられる。ブラックホールの中心に向かう二本の線が近づくにつれて、両方の肩から足にかけて楔（くさび）のようにすぼめられる。こちらは体をはさむ拷問器具の中でつぶされるようなものだ。そこで通信文の最後の一句を送る。「ひどい」。つまり「事態の進行はひどい」となる。

中心に近づくにつれて、かかる力はますます強くなる。横からはつぶされ、頭からつま先までは引き延ばされる——一本のスパゲティのようになる。これは「スパゲティ化」と呼ばれる。それはこのような事態の進み方を表すために、天文学者が実際に使っている専門用語だ。いずれ院生の体は引きちぎられ、つぶされて中心に重なる。中心点の質量は太陽の三〇億培プラス少々ということになる。シュワルツシルト半径は少しだけ外側に移動する。信号「の」はまだ教授に向かって進む途上だ。信号「進行は」はまだシュワルツシルト半径のところにある。信号「ひどい」は光速で外に向かうが、下りエスカレーターを駆け上ろうとする子どものようになる。子どもに走れる速さより、エスカレーターの下る速さの方が上になっている。子どもは駆け上がっても、下に引きずり下ろされる。信号「ひどい」は外に向かっているにもかかわらず、中心の方に吸い込まれ、中心でつぶれ、特異点に積み重なる。

長い時間をかけて信号「の」を教授がやっと受信する。教授は「じ……た……い……の……お」を受け取った。残った信号、「進行はひどい」を受け取ることはない。「進行」はシュワルツシルト半径にはりついたままだし、「ひどい」は中心にある特異点に院生とともに吸い込まれてしまっている。「ひどい」はシュワルツシルト半径内で起きる事象の知らせだ。その信号が教授のところに届くことはないし、半径の内側で起きていることが見えることもない。教授からはシュワルツシルト半径の内側で起きる事象はまったく見えない。そのためこの半径は「事象の地平」と呼ばれる。教授に見ることができる事象をすべて含む領域の境界のことだ。教授は事象の地平の向こうはまったく見ることができない。同じように、地球から見ても事象の地平の向こうは見えない。地平は見える範囲の限界を画している。ブラックホールの事象の地平の外側にいるどんな観測者も、事象の地平内部で起きる事象はまったく見えない。

教授が院生の身に何が起きたかと知りたければ、ブラックホール上空に浮かせていたエンジンを切って、自身も自由落下すればよい。地平を通過するとき、まだそこに引っかかっている「の」信号を受信するだろう。「エスカレーター」を下りていると、「の」信号が光速で通過するのを見ることになる。光は必ず秒速三〇万キロメートルで通過するのだ。しかしそんなことをしたら、教授はブラックホールの中心に落ちて、自分も死んでしまう。

太陽質量の三〇億倍のブラックホールにとって、院生は中心に衝突して死亡するまで、院生の時計で五・五時間落下したことになる。院生にとって幸いなことに、スパゲティ化の過程は、潮汐力がひどくなって、その体を完全に引き裂くまで、その旅の最後の〇・〇九秒にしかならない。つまり、少なくとも即死することにはなる。

ブラックホールの外側の曲がった形がどうなるかを知ってもいいかもしれない。私は一度マクニール／レーラー・ニューズアワーの出演依頼を受けたことがある。ちょうどハッブル宇宙望遠鏡を使う天文学者が、M87銀河に巨大なブラックホールが存在することを発見した頃で、キップ・ソーンと私に視聴者への解説をさせたかったからだ。私はささやかなモデル実験を準備した。ブラックホールの中心を通る平面を切れば、その平面はバスケットのコートのような平らな二次元の面になると予想するかもしれない。シュワルツシルト半径がフリースローラインの円のようになる。特異点はその中心にある一点となる。しかしそう考えるのは間違っている。このブラックホールを通る二次元の平面は実際には曲がっている。上に向けたラッパのような形をしている（図20-1）。ここでは第三の次元は二次元の漏斗形の面の曲がり方を見せてくれるだけのものになっている。第三の次元はここでは実在しない。漏斗の上と下の空間は無視すること。実在するのは漏斗の形だけだ。遠くでは、ラッパの口のところが平らに広がり、平らなバスケットのコートのように見えてくる。ブラックホールから遠く離れれば、湾曲は弱くなる。広げたラッパの口の傾斜はブラックホールに近づくにつれて、そこへ向かって急激に急勾配になる。勾配はシュワルツシルト半径のところでは垂直になる。シュワルツシルト半径は

図 20-1　ブラックホール漏斗。ブラックホールのまわりの形はバスケット・コートのような平らなものではなく、漏斗のように曲がっている。漏斗はシュヴァルツシルト半径のところで垂直になる。図では赤い帯で印がつけられていて、シュヴァルツシルト半径の２π倍の円周を示している。宇宙飛行士はまっすぐ落ちることもできる。シュワルツシルト半径（赤い帯）を通過すると、もう帰還はできない。漏斗を立てている台は無視すること。また漏斗の内側と外側も無視。それは形を実際に見せているだけだ。写真提供―― J. Richard Gott

ラッパの口の最も細くなるところの周となる。だからそれはブラックホールと呼ばれる——実際、穴(ホール)なのだ。実は、カール・シュワルツシルトが考案した座標系では、rという座標は「円周半径」と呼ばれる。$2\pi r$がその点での円周になるからだ。この円周は漏斗の面の内側にある。漏斗をだんだん小さくなる円が重なったものと考えることができる。円は底(円周がシュワルツシルト半径の2π倍になるところ)で最小になる。シュワルツシルト半径は漏斗の底にできる穴の半径のことだ(図20-1の底のフランジ面を無視すること——それはただ漏斗形のモデルを支えているだけのものだ)。

私のテレビでの実演のために、私はラッパ形の漏斗を使い、それを、鐘形の縁を上に、いちばん円周が小さい方を下にして置いた(図20-1)。天文学者がM87に探知していたのは、ブラックホールの周囲を高速で回るガスだった。私はこれを、ビー玉を横から漏斗に投げ入れ、それが回転しながら、らせんを描いてゆっくり下って行って、底の穴を通って消えることで表した。ガスも同様にブラックホールの周囲を回っている。ガスが回転して内側へ行くほど高速になり、ガスどうしがこすれ合って摩擦を生む。この摩擦がガスを熱し、光を出す。この光が見えるのは、それが事象の地平の外側で放射されるからだ。一方、エネルギーが放出されるということは、ガスはエネルギーを失うということで、そのためらせんを描いてブラックホールへ落ちて行く。これがクェーサーの動力源だった。ガスはらせんを描いて超大質量ブラックホールに引き込まれる。私たちは熱いガスが事象の地平に向かってらせんを描いて内側へ進む間はそれが見えるが、事象の地平を通過してしまうともう見えない。私の実演はそうしたことをすべて見せた。私はこれは良くできていると思い、ニュース映像の撮影に臨む態勢が整った。そこで私は当時七歳の娘に実演して見せてみたが、娘は宇宙飛行士を落とせばいいのにと言った。そうして自分の部屋に戻って、小さな高さ二〜三センチメートルの宇宙服を着てアメリカの国旗を手にしたアポロ宇宙飛行士の人形を持って来た——娘がそんなものを持っているなんて知らなかった。ビー玉のようにブラックホールに向かってらせんを描いて落ちるなら、ブラックホールに向かってゆっくり落下する間、ぐるぐる回る。そうでなければ、先の大学院生のように、ただまっすぐ落ちるだけだ。漏斗の上の縁にこの宇宙飛行士を置き、まっすぐ滑り込ませた——底の穴に消える。完璧だ。ブラックホール・ホテルはチェックインはできるがチェックアウトができない。まっすぐ落下する宇宙飛行士の経路は、漏斗をまっすぐ下る、曲がった放射状の線(測地線)だ。宇宙飛行士を落とすと、模型のこの線に沿ってまっすぐ落ちて行く。見事な図解になった。テレビの撮影班が撮影に来ると、たいてい時間をかけて、何度も撮影するのだが、それを全国ニュース用に短い動画に編集するのが通例だ。らせんを描いて周回するビー玉を使った手の込んだ私の実演を撮影した後、結局どれが放映されたと思われるだろう。もちろんまっすぐ落下する宇宙飛行士だけだった。さて、これでブラックホールの外の形がどう見えるかがわかった。底に穴のある漏斗のように見える。

カール・シュワルツシルトが一九一六年に見つけたシュワルツシルト解は、この漏斗の形を見せていた。しかしシュワルツシルトの座標系がいかに巧妙でも、シュワルツシルト半径のところで成り立たなくなる。その解はシュワルツシルト半径の外側の形を見せていたが、内側でどうなるかは見せなかった。北半球だけを見せるが、赤道以南は何もわからない世界地図ができたようなものだった。存在するのは外側の解だけだと考えられた。やっと一九六〇年代の半ばになって、プリンストンでの私の同僚で応用数学科のマーティン・クラスカルと、サウスウェールズ大学のジョージ・ゼケレスがそれぞれ独自に、この座標をブラックホール解の内側もすべて覆えるように拡張する方法を見つけた。私たちはこの解の時空図を見ることができる。これはクラスカル図と呼ばれる（図20―2）。

この二次元の図は、空間の一次元を横軸に、時間を縦軸に示している――未来は図の上に向かう。この図には、光線が四五度の角度でまっすぐ進むという特徴がある。光の速さは一定で、四五度という一定の傾斜がそのことを表している。教授と不運な大学院生の話に戻ってこの座標を解説しよう。まず教授の世界線を黒で引く（図）。まっすぐでないのは、教授がブラックホールからシュワルツシルト半径の一・二五倍のところに留まるためにロケットを噴射して加速しているからだ。教授はブラックホールの外側にとどまる。世界線は上に向かう中央の点で垂直になり、右へ曲がる。平らな時空では、これは中央の点で静止して、右へ加速して速さを増す粒子を表す世界線となるだろう。教授の世界線全体は双曲線となる。それは上にのけぞるように曲がり、遠い未来には光速に近づき、上方へ約四五度になる。等価原理では、平らな時空で加速する観測者は重力場に静止している観測者（教授）のようなものだったことを思い出そう。教授の世界線は、クラスカル図では双曲線状に曲がっている。

二本の四五度の線が交わるX字形に交差する中心にある点から右へ延びる横線は漏斗の底の穴から放射状に延びる光線の一つを切り取って、一瞬で撮影したものを表す（漏斗の別の次元、円周方向は図からは外されている）。

大学院生の世界線（GS）は緑で示されている。院生は最初、つまり図の下の方では、教授と並行して進む。そこでは両

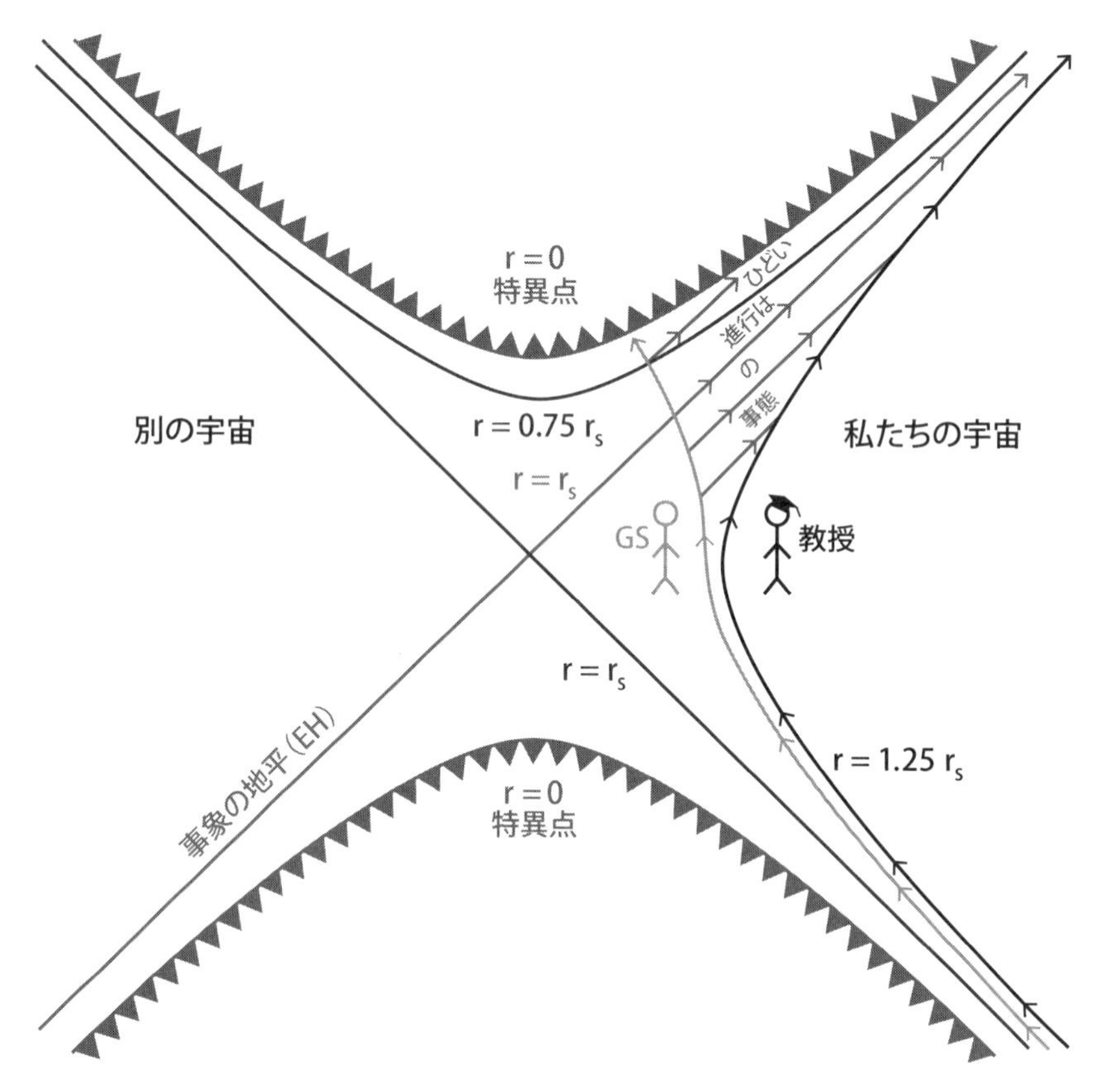

図 20-2　クラスカル図。シュワルツシルト（非回転）ブラックホールの内外両方の形状を示す時空図。未来はてっぺん側にある。図は永遠に存続する 1 点の周囲にできる空っぽの時空を表す。私たちのいる宇宙は右側。教授と院生（GS）の世界線が示されている。教授はブラックホールの外、シュワルツシルト半径の 1.25 倍（1.25 r_S）のところに安全に留まっている。院生はブラックホールに落下して、r = 0 のところにある特異点に衝突する。事象の地平(EH)が半径がシュワルツシルト半径に等しいところ（r = r_S）の線に沿っている。J. Richard Gott 提供。

者の世界線が並んでいる。その後、教授の世界線が垂直になる中央の点で院生は教授から離れる。院生は自由落下している。その世界線はブラックホールの中に入るが、教授の世界線は右へ逸れていく。事象の地平（「EH」で表され、$r=r_S$、つまりシュワルツシルト半径に等しい）は、教授の未来の世界線に対する漸近線となる四五度に傾いた線となる。その漸近線は教授の世界線に接することはない。四五度に傾いているのは、「進行は」信号のついている光線（この場合は電波）はそれに沿って進めるからだ。大学院生の世界線は、「進行は」信号の光子を発したちょうどそのとき、斜めの事象の地平の線と交差する。教授はこの信号を受け取ることはない。教授の世界線は、図の上のrがシュワルツシルト半径の一・二五倍に等しいところにある点の集合を描く。光の（電波の）「事態」と「の」の信号は大学院生が事象の地平と交差する前に発射された、四五度に傾いた二本の線となる。この二つの信号は、教授の世界線と交差する。教授はこの信号は受け取る。また「の」信号が教授に届くのにそんなに長くかかる理由もわかる。

シュワルツシルト半径の〇・七五倍のところの点はどこにあるだろう。それは斜めの事象の地平線の上に浮かぶスマイルのように見える双曲線をなす。右端では、上の斜めの事象の地平線EHに近づくが接することはない。$r=0$にある特異点も、双曲線の形をしたスマイルで、シュワルツシルト半径の〇・七五倍のところの双曲線上にある。院生の世界線はこの横向きのスマイルの線にぶつかる。このスマイルの上に歯を描いた。ここにあるのは院生を食べる顎だからだ。特異点は左端の垂線になると予想されたかもしれないが、時空は曲がっていて、それは未来の側に存在するまでねじれてしまっている。実際、院生が事象の地平を渡ってしまうと、この双曲線が院生の未来に立ちふさがる。誰もが次の火曜日が避けられないのと同じく、院生はこの双曲線を避けられない。どれほどロケットを噴射しても、光速より速くは進めず、上へは四五度以上の角度で進まざるをえない。院生が事象の地平を渡ってしまうと、特異点を表す双曲線が浮かび上がり、プラスマイナス四五度以上に広がって、院生の世界線はそれにぶつかる。見通しは暗い。同様に、院生が事象の地平を渡ってから右へ送り出した光信号「ひどい」も、$r=0$のところで歯の並んだ顎のような特異点にぶつかる。

クラスカル図を完成して、まったくの点質量による解を得ることができる。これは無限の過去に始まって、無限の未来まで続く、それ以外は空っぽの宇宙にある点質量を表す。斜めの事象の地平線EHは別の、逆方向へ進んで図の中心で巨大なXをなす斜めの線と交わる。このXは時空を四つの領域に分ける。ブラックホールの外の、教授が生きているところは、

Xの右側で、それが私たちの宇宙だ。Xの上にはブラックホールの内部、特異点が上の未来で浮かび上がるところがある。Xの下には、$r=0$とされる当初の特異点があり、下の過去のへの字に結んだ口のように見えている。左には私たちの宇宙のような別の宇宙がある。それは中央にできるワームホールで私たちの宇宙とつながっている。この中央の時空を通る水平面でスライスを作るとしたら、時間のある一点でのスライスが得られる。それは二つの漏斗が最も狭いところで合わさったような形をしている。漏斗は右端の大きな周から始まり、ブラックホールから遠く離れていることを表す大きな半径の周から始まる。左の方へ行くと、漏斗は狭くなりXの中心の事象の地平のところで$2\pi r_{\text{シュワルツシルト}}$の周になる。そこからまた、Xの左側の別の宇宙をなす大きな半径に広がる。二つの漏斗が底でつながってワームホールをなす。ブラックホールの反対側で、漏斗は平坦に広がってバスケットのコートのようになり、無限に広がる。ビルの二階にバスケットのコートがあり、曲がった漏斗が下向きにコートの中央のブラックホールまで曲がっているところを想像しよう(ゴルフのグリーンにあるホールのように)。この漏斗はまた穴を出て広がり、バスケットのコートを含む階の下の階の平らな天井をなす。バスケットのコートは私たちの大きな宇宙を表し、下の階の天井は、私たちの宇宙と、コートの面を下の天井につなぐ小さな穴でつながる別の大きな宇宙を表す。二つの大きな宇宙は、図を横切る横線で表される瞬間でのワームホールによってつながっている。しかしこのワームホールを使って一方の宇宙から別の宇宙へ移動することはできない。それはXの腕が斜め四五度に傾いているからだ。Xの右側(私たちの宇宙)の領域から渡ってXの左側の領域(別の宇宙)に入るには、垂直に対して四五度以上傾いた傾斜のある世界線ができなければならない。それは光より速く進まなければならないということを意味し、それは不可能だ。しかし上側(未来)の象限にあるブラックホール内にいる別の宇宙からの地球外生命に会うことは、原理的にはありうる。握手さえできるだろう。相手に、「何かお困り?」と尋ね、それから両者とも未来のスマイル特異点に衝突して死ぬということになっても。有限の時間でその特異点に衝突することになる。

下にある過去の特異点は、私たちの宇宙の始まりのビッグバンの特異点のようなものだ。解のこの部分はホワイトホールと呼ばれる。これは時間を逆転したブラックホールで、ブラックホールの動画を逆回転しているように見える。下のホワイトホールの特異点で粒子が作られ、その世界線は私たちの宇宙に出て来るようにすることができる。粒子がブラックホールに落ちても、ホワイトホールから出て来ることができる。

今遭遇しそうなブラックホールは永遠の昔からあったのではない。現実にありそうな例では、ブラックホールは星の崩壊でできるだろう。クラスカルの時空図では、崩壊する星の表面が大学院生のちょうど足下に、つまり教授と一緒にいるときの大学院生の足のすぐ下、落ちて行くときの足のすぐ下にあると想像するとよい。これは、その星の表面が長い間シュワルツシルト半径の一・二五倍を維持していて、それから大学院生が自由落下するときにその足下で内側へ自由落下するという状況を表す。星の表面の世界線は、大学院生の世界線に平行ですぐ左にあるということだ。落下する大学院生の下には星の内部、表面の下があり、そこでは物質密度がゼロより大きく空っぽではないので、クラスカル図の真空解は成立しない。大学院生の左側の世界線の部分は無視しよう——ワームホールも、他の宇宙も、いちばん下のホワイトホール特異点もない。星がつぶれてブラックホールができるときには、こうしたものはできない。しかし大学院生の世界線の右側の部分は真空の領域で、それは起きていることを正確に描いている。院生は自分の世界線が特異点と$r=0$で衝突するときにつぶれる。星の内部で（エアコンの効いた小さな部屋で）暮らしていたら、星の体積がゼロに収縮したときには自分もつぶれ、密度が無限大に発散する。未来には曲率の特異点もあなたの世界線を待ち受けている。星の大きさがゼロにつぶれるとき、あなたは$r=0$に衝突する。

ここでちょっとアドバイス。シュワルツシルト半径の外側に留まること。そうすれば大丈夫。安んじてブラックホールの事象の地平の外側を周回していられる。太陽がつぶれてブラックホールになっても、地球は今の外側の軌道にとどまるだろう。空の黒い円盤のように見えるブラックホールを見ることができる。その円盤は、重力レンズ効果で歪んだ背後の星に取り囲まれていることだろう（図20-3）。

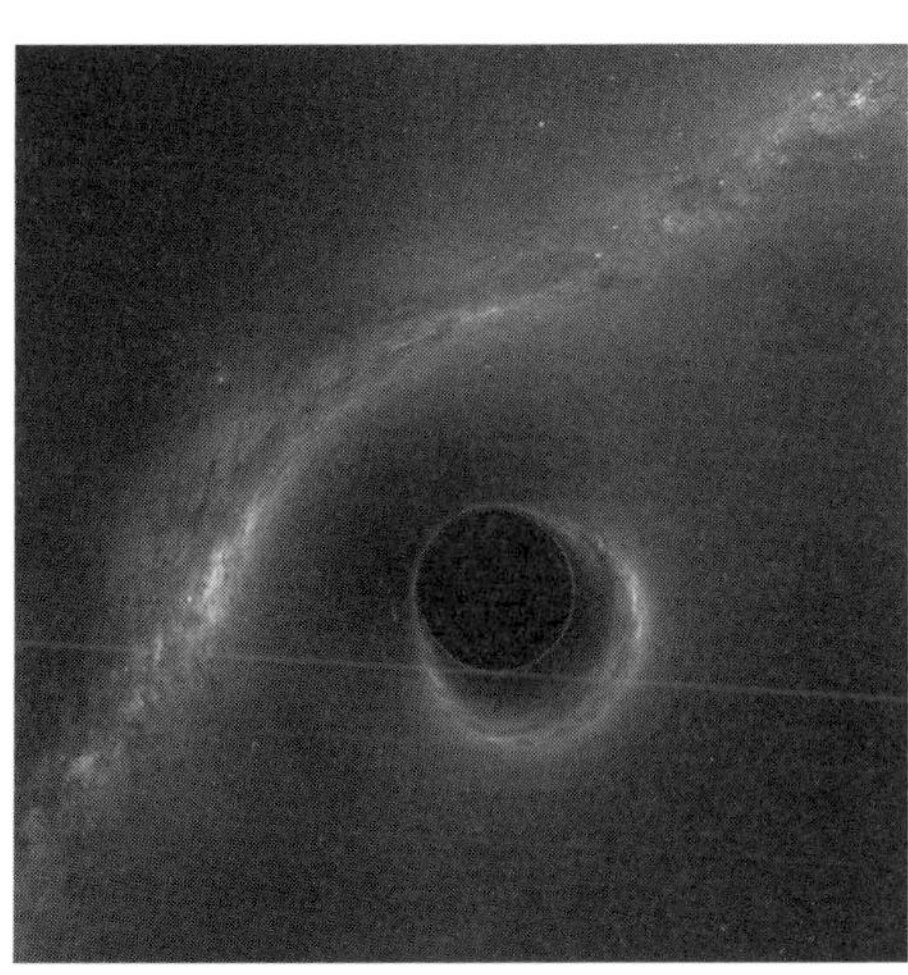

図20-3　シュワルツシルト・ブラックホールの見え方のシミュレーション。空の黒い円盤が、重力レンズで歪んだ背景の星の像に囲まれている。銀河平面の像が二つ見える。そこからの光がこちらの眼に届く途中でブラックホールの両側で曲がるからだ。写真—— Andrew Hamilton（背景の銀河系の画像は Axel Mellinger のものを加工）

一九六三年、ロイ・カーはアインシュタインの場の方程式の、回転する（角運動量がある）ブラックホールに相当する厳密解を発見した。事象の地平の内側にはもっと複雑な形があり、それについては第21章で取り上げる。しかしその事象の地平は、シュワルツシルトのブラックホールと同様、帰還不能地点を画する。カーの解は二〇一五年九月一四日、見事に実証された。レーザー干渉重力波観測所（LIGO）の天文学者が、太陽質量の二九倍のブラックホールと三六倍のブラックホールが衝突して、太陽質量の六二倍の回転するカー・ブラックホールの形成を目撃したのだ。二つは緊密な連星をしていて、重力放射を出すせいでエネルギーを失いながら、内側へらせんを描いて近づいていた。この時空の形状に生じる重力波を調べることによって、天文学者は関係するブラックホールの質量を導くことができた。二つのブラックホールには、互いの共通重心を公転することによる角運動量があり、中心で回転するブラックホールができるのは意外ではなかった。形成されて落ち着く最終的なブラックホールの猛烈な振動は、摂動が減衰することから予想される振動と正確に合致した。天文学者は、カーのブラックホールがその質量のブラックホールに許容される最大角運動量の約六七パーセントを持っていたことも判定できた。重力波の放出を含む衝突全体は、アインシュタインの方程式を解いて時空の形を計算するスーパーコンピュータ上でシミュレーションできた。コンピュータ・シミュレーションと観測された重力波が合致しているということは、アインシュタインの方程式が、時空が高度に湾曲しているときにさえ成り立つことを示す——非常に重要な結果だ。

一九七四年、スティーヴン・ホーキングは驚いたことに、またよく知られているように、ブラックホールは実は熱放射をしていることを発見した。ブラックホールからエネルギーは抜け出すことがありうるし、実際抜け出している。この発見はどのようにしてもたらされたのだろう。プリンストンの大学院生、ヤコブ・ベッケンシュタインが、博士論文の指導教授、ジョン・アーチボルド・ホイーラーと話をしていた。ホイーラーは「ブラックホール」という名称を作った本人だった。そしてそれは良い名称だ。ブラックホールは確かに穴だし、確かに黒い——まったく光を発しない。タイソンが言っているように、天文学者は簡単な名を好む——「これは黒いし穴なんだから、『ブラックホール』と呼べばいい」と。ホイーラーはブラックホール研究の創始者で、一九六〇年代に一般相対性理論への関心を復活させた。人々にこの分野で研究することに関心を抱かせ、チャールズ・W・マイスナーやキップ・ソーンとともに、私が大学院生の頃に勉強した重要な教科書も書いた。クラスカルは、その時空図を発見したとき、それをホイーラーに送って意見を求め、自分は休暇に出かけた。ホイーラーは論文を読み、重要だと思ったので、自分でそれを仕上げ、すぐに『フィジカル・レビュー』という学術誌に、クラスカルの名だけで投稿した。クラスカルが休暇から戻ると、自分の論文がすでに学術誌に送られていることを知った。

ホイーラーは学生のベッケンシュタインを話しに来るよう招き、熱いお茶を出して、それに冷たい水を混ぜた。ホイーラーは言った。「ちょっと悪いことをした。宇宙のエントロピー（無秩序）を増やしてしまったんだ。取り返しはつかない。混ぜる前のお茶と水に戻すことはできないからだ」。ベッケンシュタインは、宇宙のエントロピーがつねに増えてることを知っていた。花瓶を割ると宇宙の無秩序が増える。かけらが飛び跳ねて勝手に集まって花瓶に戻るというのはあまり見ない。実際、割れるところの動画を逆向きに再生した動画を見れば、ふだんはそんなことはまずないから、おかしいと思うだろう。そのようなことが起きる可能性はあるものの、それはとてつもなく小さい。統計学的には、宇宙の無秩序が時間とともに増えることが予想される——この原理は熱力学の第二法則と呼ばれる。人は秩序が好きで、美しい花瓶を割ってしまうのは恥ずかしいことだ。この論理をたどると、お茶と水を混ぜるようなエントロピーを増大させる行為は犯罪的なことと考えられる。ホイーラーはさらに、「しかし私はこの犯罪の証拠を隠すことができる。ぬるいお茶と水の混合物をブラックホールに放り込めばよい。それはブラックホールの質量を増す。元の質量にお茶と水を足した質量となるが、お茶と水を別々に投げ込んだのと同じ量だ。私が最初にお茶と水を混ぜていなかった元の場合と同じで、これは、熱力学の第二法則に反するように見える。これについて考えてみなさい」。

ベッケンシュタインはホイーラーのアイデアを本格的に取り上げて、それについて考えた。その結果となった論文が私にはとりわけて輝かしいものに映った。ベッケンシュタインは、ホーキングが、質量密度がどこでも負にならなければという、妥当に思える条件では、宇宙の事象の地平すべての面積を集めた総和は必ず時間とともに増大するという定理を証明していたことに気づいた。質量がブラックホールに加わると、ブラックホールの質量は増え、シュワルツシルト半径が増える。事象の地平の表面積、つまり$4\pi r_{\text{シュワルツシルト}}^2$も増える。ＬＩＧＯが発見した事例のように、二つのブラックホールが衝突すると、総面積が元の二つのブラックホールの面積の和より大きい事象の地平ができる。たとえばＬＩＧＯの例の場合、計算からは、最後に回転する六二太陽質量のカー・ブラックホールの事象の地平の面積は、元のそれぞれ二九太陽質量と三六太陽質量があったブラックホールにできる事象の地平の面積を合わせた和の少なくとも一・五倍になるという。ベッケンシュタインにとって、この事象の地平の面積の総和が時間とともに増えるという現象は、エントロピーと同じことのように響いた。エントロピーも時間とともに必ず増える。

　ベッケンシュタインは思考実験をした。ひもにつけた粒子をできるだけそっと（ほとんど逆向きすれすれに）シュワルツシルト・ブラックホールに下ろして行き、ブラックホールの面積がどれだけ増えるかを計算した。そして、これは一ビットの情報、つまり粒子が存在するかどうかに関する情報の喪失に対応することに気づいた。思考実験での情報の喪失はエントロピーの特定の増大に等しいので、失われる情報のビット数と、ブラックホールにできる地平の面積の増加との関係を計算できた。わかったのは、一ビットの情報喪失は、面積のわずかな増大に対応することだった――$(1.6 \times 10^{-33}\,\mathrm{cm})^2 = hG/2\pi c^3$（おなじみプランク定数$h$、万有引力定数$G$、光速$c$が出ている）の水準だった。この$1.6 \times 10^{-33}$ cmというプランク長さと呼ばれる距離については第24章で再びお目にかかる。これは時空の形状が、量子力学でのハイゼンベルクの不確定性原理によって不確定になる規模だ。ホイーラーが水と混ぜたぬるいお茶のカップをブラックホールに落としたら、その地平の面積とエントロピーを増やした。宇宙のエントロピーはなおしかるべく上昇する。ブラックホールには、混ぜたカップが落ちると増えるエントロピーがあるからだ。ブラックホールには大きくても有限のエントロピーがあるというのがベッケンシュタインの結論だった。

　おもしろいことに、ベッケンシュタインの研究は直径一五センチメートルのハードディスクに蓄えられる情報量の限界も定めている――10^{68}ビット＝1.16×10^{58}ギガバイトだ。その直径の中にそれ以上の情報を詰め込もうとすると、その質量が大きくなってブラックホールができてしまう（その推論の詳細は、付録2を参照のこと）。ベッケンシュタインの論証は、観測可能な宇宙の有限の半径の中に詰め込むことのできる情報のビット数についての限界も定め、したがって、私たちのいる宇宙なみの大きさの異なる見える範囲の宇宙の数についての限界も定める――すなわち、$10^{\wedge}(10^{124})$という、第1章でタイソンが示した大きな数だ。このように、ベッケンシュタインの論文には多くの使い道がある。

　しかしホーキングは私とは違い、ベッケンシュタインの論文は間違っていると考えた。ブラックホールに有限量のエネルギーを加えてそれが有限量のエントロピーを増やすとすると、単純な熱力学的な論拠で、そこには有限の温度があるということになった。ホーキングはそれは正しくないにちがいないと考えた。有限の温度があるなら光を発するはずだが、ブラックホールは光らない。ブラックホールはブラックで、温度はゼロになる。

ロジャー・ペンローズは回転するブラックホールという特殊な場合には、粒子がブラックホールの事象の地平のすぐ外で二つの粒子に崩壊することがありえて、一方の粒子が事象の地平の内側に回転方向と逆向きに落ちて行き、ブラックホールの角運動量を下げ、第二の粒子は当初の粒子が有していた総エネルギーよりも多くのエネルギーで外側へ飛んで行くことがありうることを示した。回転するブラックホールでは、ホールの質量の一部が回転エネルギーになっていて、最後にはブラックホールの回転は遅くなるので、全質量はそれまでよりは小さくなる。ブラックホールの回転エネルギーを引き出せれば、第二の粒子の高い脱出エネルギーを補給するエネルギーになる。この過程で、回転するブラックホールの事象の地平の面積が少し増える。デメトリオス・クリストドゥルーというやはりホイーラーの学生がこの問題を考えて、回転するブラックホールから引き出せるエネルギーの量の限界を定めた。ソ連では、ヤーコフ・ゼルドヴィッチがこのアイデアを電磁波に適用した。ゼルドヴィッチは、電磁波が回転するブラックホールの近くに入って来て増幅され、ペンローズの脱出する粒子のようにエネルギーを得るという直観的な見通しを提示した。これは励起される放射、アインシュタインが発見したレーザー効果のように見えた。その論理では、回転するブラックホールでは自発的放射もあって、電磁波を放出することによって、少しずつ回転エネルギーを失うことになる。アレクセイ・スタロビンスキーは、回転するカー・ブラックホールについて、波として表れるこうした効果を計算した。

ホーキングは学生のドン・ページに再計算してもらい[*1]、このアイデアをもっと確固とした土台に載せようとした。ホーキングは量子力学を曲がった時空に適用しにかかり、回転しないブラックホールが本当に熱放射を発するかどうかを明らかにするために、曲がったシュワルツシルト時空での粒子どうしの生成と消滅を計算した。驚いたことに、粒子ができることがわかった――ブラックホールは熱放射を発していたのだ。ブラックホールには有限の温度があったことになる。

ホーキングは、空っぽの空間の真空で、粒子対ができたり、戻ってきて一緒になり、また消えるという事実を用いた。これは「仮想粒子対」と呼ばれる。それはいつも現れ出たり消えたりしている。量子力学でのハイゼンベルクの不確定性原理は、十分に小さい時間の幅の間では、系のエネルギーは有意に不確定になることを言う。つまり、電子と陽電子対を生むのに必要なエネルギーは（両方必要。電荷全体が保存されなければならないから）、ごく短期間なら真空から「借りる」ことができる。つまり、電子と陽電子の接近した対が真空からひょっこり生まれ、ごく短い時間の後（3×10^{-22}秒の水準）、また一緒になって対消滅することができる。しかしブラックホールの場合、電子が事象の地平のわずかに内側にでき、陽電子は事象の地平のわずかに外側にできることもありうる。事象の地平の内側でできた電子は外に出て陽電子と再び合体することはできない。電子はブラックホールの中に落ちて行き、陽電子は脱出する。事象の地平の内側にできた電子は重力ポテンシャルエネルギーを持っていて、これは負であり、その静止エネルギー$E=mc^2$よりも大きい。つまり、その総エネルギーはゼロより小さく、落下するときには、ブラックホールからいくらかエネルギーを奪い、したがって、質量も奪う。これは陽電子を放出した質量とエネルギーの埋め合わせとなる。わずかに負のエネルギー密度となったブラックホールの周囲には量子真空状態がある（今では「ハートル＝ホーキング真空」と呼ばれている）。これはホーキングの面積増大定理が基づいていた正のエネルギーの前提に反している。この場合、事象の地平の面積は、陽電子が脱出するときにわずかに減る。それとは逆に、陽電子が落下して電子が脱出することもありうる。同じ効果は光子の対を一方の光子が事象の地平の内側、もう一つがすぐ外側というふうに生むこともありうる。ホーキングは、ブラックホールが熱放射（ホーキング放射と呼ばれる）を発することを見てとった。これによってブラックホールは小さくなり、最終的には蒸発する。この熱放射には固有の波長（λ_{max}）がある。ブラックホールにできるシュワルツシルト半径の約二・五倍だ。一〇太陽質量のブラックホールなら、これは波長七五キロメートルの電波——弱すぎて検出できない——を出すということだ。この熱放射は6×10^{-9}Kという極低温に相当する（陽電子と電子の対はほとんどない）。スティーヴン・ホーキングがノーベル賞をまだもらっていないのはこのためだ。放射が今にも検出できるほど強ければ、ホーキングはもうストックホルムに行っているはずだ。この放射が存在することを疑う人はいないと私は思う。しかし放射はきわめて弱いことが予想されている。恒星の質量あるいはそれ以上の質量のブラックホールは実際には宇宙背景放射（CMB）から吸収する放射の方が、出している分よりも多い。遠い将来にマイクロ波背景が赤方偏移して冷たくなって初めて、蒸発の過程が進むことになる。

ブラックホールが蒸発するには非常に長い時間がかかる。M87銀河にあるブラックホールのような、3×10^9太陽質量のブラックホールは今、約2×10^{-17} Kの温度の熱放射を発しているはずだ——ほとんどは光子と重力子の形で。ドン・ページの計算によれば、3×10^{9}太陽質量のブラックホールは蒸発するのに3×10^{95}年かかる。今はまだCMBから降ってくる放射の方が、ブラックホールが出す熱放射より多い。質量の喪失が実際に始まるのは、CMB温度が2×10^{-17} Kよりも下がってからで、そうなるのは今から七〇〇〇億年ほど後になる。最終的には蒸発によって、10^{-33} cmほどの大きさにまで小さくなり、超高エネルギーのガンマ線で輝いて消える。ブラックホールができたときに失われた情報は、それが蒸発するときに放出されるホーキング放射によってリークされて回復されるが、かき混ぜられている（無秩序になっている）と考えられている。

この蒸発がブラックホールの内部にどう作用するかの詳細は、まだ熱い議論の対象だ。物理学者の中には、事象の地平の外側で放出されるホーキング粒子（あるいは反粒子）と対になる事象の地平のすぐ内側の反粒子（あるいは粒子）は火の壁（ファイアーウォール）、つまり熱い光子の壁を事象の地平の内側に作って、落ちてくる宇宙飛行士はそこで死んでしまうと信じる人々もいる。この効果はブラックホールが質量の半分以上を失ってはじめて重要になる。これも遠い未来になってやっと起きることだ。詳細はブラックホールの周囲にできる量子真空状態による。

ジェームズ・ハートルとホーキングは、事象の地平で破裂しない、入って行く宇宙飛行士がそこを通って内部に入るときに燃えてしまわないような量子真空も見つけている。粒子と反粒子（陽電子と電子）が真空から生まれるとき、その粒子の量子状態はもつれている。二つの粒子は正反対の角運動量とスピンを持っている。特定の方向について一方のスピンを測定すれば、即座にもう一方の同じ方向についてのスピンは正反対であることがわかる。これは粒子が遠く離れていても言える。アインシュタインはこの効果に悩み、「気味の悪い遠隔作用」と呼んだ。この点はアインシュタインが量子力学で悩んだことの一つだった。フアン・マルダセナとレナード・サスキンドというこの分野の先頭に立つ二人は最近の論文で、放出される粒子とその事象の地平の内側にできた相方の間の量子もつれが、落下する宇宙飛行士の温度をハートルとホーキングが意図したように低く保てると論じた。二人は粒子と反粒子が極微のワームホールでつながっていると論じた。要するに両者は、通常の空間では遠く隔てられていても、ワームホールで触れ合っているというのだ。ワームホールは食堂のテーブルに開いた、蟻が上面から裏面へ移動することができる穴のようなもので、穴の両方の開口部は、テーブルの大きな面をたどれば大きく隔たっている。蟻がそのように上のワームホールの開口部から下側の開口部へ行くとすれば、長い距離を這わなければならない。テーブルの上面を端まで進み、それから縁を回って下側の面へ行き、そうしてテーブルの底面を進んで下側の開口部まで行かなければならない。この旅する蟻は上の開口部と下の開口部は遠く隔てられていると言うだろうが、ワームホールをくぐり抜ける蟻は、両者はごく近いところにあることに気づく。これがアインシュタインの「気味の悪い遠隔作用」を解決できるかもしれない。粒子と反粒子はワームホールごしに、つねに近いところにある。興味深いことに、ホイーラーはすでに、ワームホールの開口部で収束する電気力線は（テーブルの下側の開口部で）電子のように見えるが、それが上側の面から出てきて広がると陽電子のように見えるという見解を述べていた。つまり、ホイーラーは、粒子と反粒子は、二つの宇宙をつなぐクラスカル図でお目にかかったような、ブラックホールでできるワームホール（この場合はアインシュタイン＝ローゼン・ブリッジと呼ばれる）でつながっているかもしれないと論じた。アインシュタインの気味の悪い遠隔作用についての論文は、ネーザン・ローゼンとボリス・ポドルスキーが共著者だった。つまり、マルダセナとサスキンドは、アインシュタイン、ローゼン、ポドルフスキーの気味の悪い遠隔作用のパラドックスは、極微のアインシュタイン＝ローゼン橋を使って解決できると論じたのだ。驚くことに、アインシュタインとローゼンは（それに他の誰もが）関連を見逃していた。この構図が正しければ、ホーキングが前から想定していたように、大学院生は事象の地平を通って内側へ行っても大丈夫そうに見える。この例はホーキングの仕事が照らし出した深いつながりの一部を指し示す。

私はホーキングがカルテクに来て、ブラックホールが蒸発するという発見について話してくれたときの興奮をよく覚えている。世界でも有数のブラックホールの専門家であるキップ・ソーンがホーキングを紹介した。聴衆には、ノーベル賞を受賞したマレー・ゲル＝マンがいた。ソーンは私たちにこの研究には革命的な重みがあると請け合った。それには私も賛成する――それはアインシュタインの当時以来最大の一般相対性理論の帰結なのだ。あなたがスティーヴン・ホーキングの名を聞いたことがあるなら、ホーキングが世界的に有名になったのはそういういきさつだったというわけだ。こうした興奮する様々な出来事が二〇一四年の映画『博士と彼女のセオリー』に描かれている。主演のエディ・レッドメインは、ホーキングの説得力のある正確な演技でオスカーを獲得した。

第21章　宇宙ひも、ワームホール、時間旅行

J・リチャード・ゴット

私は一般相対性理論を用いた時間旅行の研究をしているので、近所の子どもたちは私の家のガレージにタイムマシンがあるのだと思っている。カリフォルニア州で行なわれたある宇宙論の学会に出たときは、たまたま水色（ターコイズ）のブレザーを着ていた。仲間の一人で当時ハーバード大学天文学科にいたロバート・カーシュナーが私のところにやって来て、「リッチ、このジャケットは未来で買って持って帰ったにちがいないな。だって、こんな色まだ誰も発明してないぞ」と言った。それ以来、このジャケットは「未来の上着」と呼ばれていて、時間旅行について話すときは必ずそれを着ている。

時間旅行の話をするときはいつも、まずこの水色のブレザーを着て、茶色の鞄を持って入場するところから始まる。私はその鞄を戸棚に隠すと、急いで出て行く。Tシャツに着替えて戻って来ると、聴衆に、別の会合があってそこへ行かなければならないので、代役を用意しましたと言って、私はまた部屋を出る。私はあらためて水色のジャケットを着て登場し、聴衆にそれが「未来の上着」であることを伝える。さっきは別の会合があって話ができなかったが、私はタイムマシンを持っているので、向こうの会合が終わった後、すぐに未来へ行って、未来の上着を買って、元の自分がする予定の講演をしに戻って来ることができたのだと言う。

そのとき、私は時間旅行に関する講演用のメモを忘れてきたことに気づく。どうしよう。タイムマシンを持っているのだから、翌日（講演の後）へ行ってメモを手に入れて、メモを入れた鞄を前もって講義室のどこかに入れておけるように戻ってくればいいのだと気づく。見回したところ、メモも鞄も見当たらない。ということは、私はどこかに隠したにちがいない。隠せそうなところはあるか？　戸棚かもしれない。戸棚を開けると鞄があり、それを開けると、確かに時間旅行用のメモが入っている。

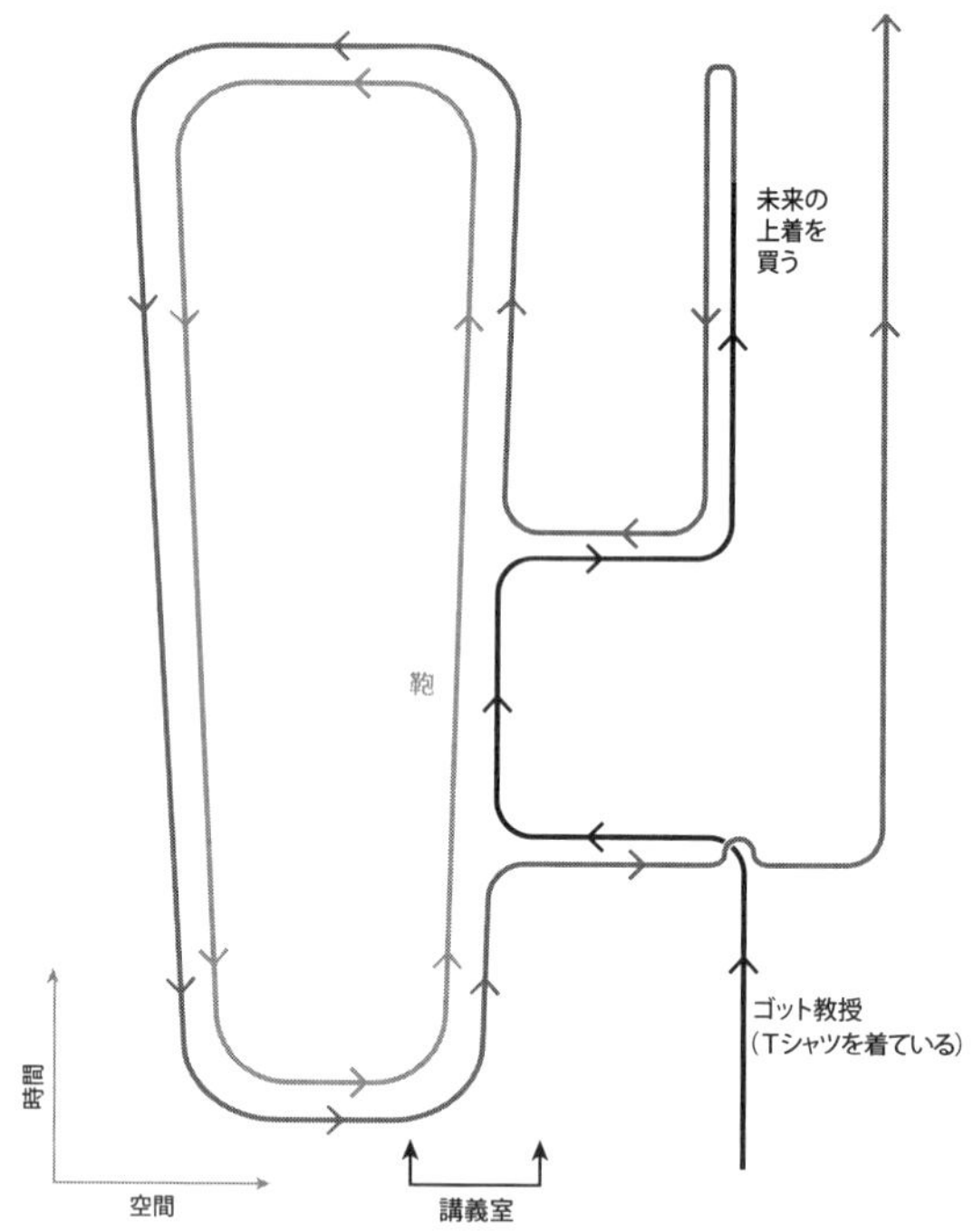

図 21-1　ゴット教授の時間旅行講演の時空図。J. Richard Gott 提供。

さて、時空図を使ってこの世界線をたどってみよう。横方向に空間、縦方向は上が未来とする時間が示されている。私が講演をする講義室は中央の縦の帯で表される。私の世界線は図21-1のようになる。

時空図では、私は部屋の外にいて、白いTシャツを着ている。つかのま、部屋に入って、別の会議があるので話はできないと言う。部屋を出て、会議に行き、未来へ進んで「未来の上着」を買う。今度は私の世界線は明るい青色になる。私は戻って来てまた部屋に入り、今度は話をする。話が終わると、講演の直前に戻って、時間旅行メモを部屋に残しておく。後で私は部屋に入ってすぐに出て行き、その後、少し若い私が部屋に入る。そうして私はその後の人生を未来に向かって続ける。私の世界線は複雑だ。

しかし鞄の世界線はどうなるだろう。私は戸棚で見つけた後、それを手にしている。私が単純にそれを持っていれば、ずっと私とともにあって、時間をぐるっと回って前の部屋に届け、私が戸棚で見つけるまでそこにある。鞄の世界線は円形のループになる（オレンジ色）。鞄の世界線は奇妙だ。それには始まりも終わりもない。私の世界線は私が生まれたときに始まり、私が死ぬときに終わるが、鞄の世界線は閉じた環をなしている。鞄は私たちが「魔物（ジン）粒子」と呼ぶものだ。この用語はどこからともなく現れる魔物あるいは妖精（ジニー）の名を取っている。

鞄は私の視野から離れることはない。鞄は鞄工場を通ることはない。過去への時間旅行の研究をする物理学者は、量子効果を考えるときにはジン粒子を相手にしなければならない。私が講演の後、その鞄を持ち歩いているときに疵をつけるとするとどうなるだろう。イゴール・ノヴィコフは、ジン粒子が被るそのような損耗や疵は、それを戻すまでのある時点で元の状態に修復しなければならないと言ったことがある――私の鞄も例外ではない。これはエントロピーの法則には反しない。鞄は孤立系ではなく、鞄は外からのエネルギーを使って修復される。

情報もジンになりうる。私が一九一五年に戻ってアインシュタインに一般相対性理論の正しい場の方程式を教えるとしてみよう。アインシュタインはそれを書き上げて発表する。その情報はどこから来たのか。私はアインシュタインの論文を読んでそれを知り、アインシュタインはそれを私に教わる――世界線が循環する。

ジン粒子は物理学の法則の下でもありうる――確率が低いだけだ――が、ジン粒子の質量が大きく複雑になるほど、それができる可能性は低くなる。私が講義室の床でペーパークリップを見つけ、それを鞄の代わりに持って行き、また前もってそのクリップを私が見つけたところに置いたとしても、同じ話になりうるだろう。そのときクリップはジンで、それは鞄ほど複雑でもなく、質量も小さい。さらに単純なことを考えれば、電子を見つけてそれを持って行き、時間どおりに戻って来てそれを講義室に置くこともできるだろう。鞄ほど大きく複雑なものを見つけることはありそうにないし、私が講義で必要とするメモが入っているものとなるときわめて幸運ということになる。そのような複雑なジンはありうるが、起こる可能性はきわめて低い。

過去への時間旅行は、過去に戻る世界線が得られるときに起きる。通常の事態は、図18–1の太陽の世界線のまわりを地球などの惑星のらせんを描く世界線で表される。光速より速く進むものはなく、世界線は未来に向かって進む。図21–2は過去への時間旅行をするときの状況を示す。時間旅行者の世界線は時間を後戻りして、自分の過去にある事象のところへ行く。

時間旅行者は過去にある下から始まり、上に向かって未来の自分の世界線に遭遇し、その自分は「ハイ！　わたしはあなたの未来の自分だよ。挨拶をしに過去に戻って来たんだ」と言う。自分は「ほんとに？」と答え、さらに進んで過去に逆戻りする。今度は過去の自分に会って、「ハイ！　わたしはあなたの未来の自分だよ。挨拶をしに過去に戻って来たんだ」と言う。若い頃の自分は「ほんとに？」と答える。時間旅行者はこの場面を二度経験する。一度は若いときに、二度めは

ハイ！　わたしはあなたの未来の自分だよ。挨拶をしに過去に戻って来たんだ。
ほんとに？
時間旅行者の世界線
時間
空間
空間

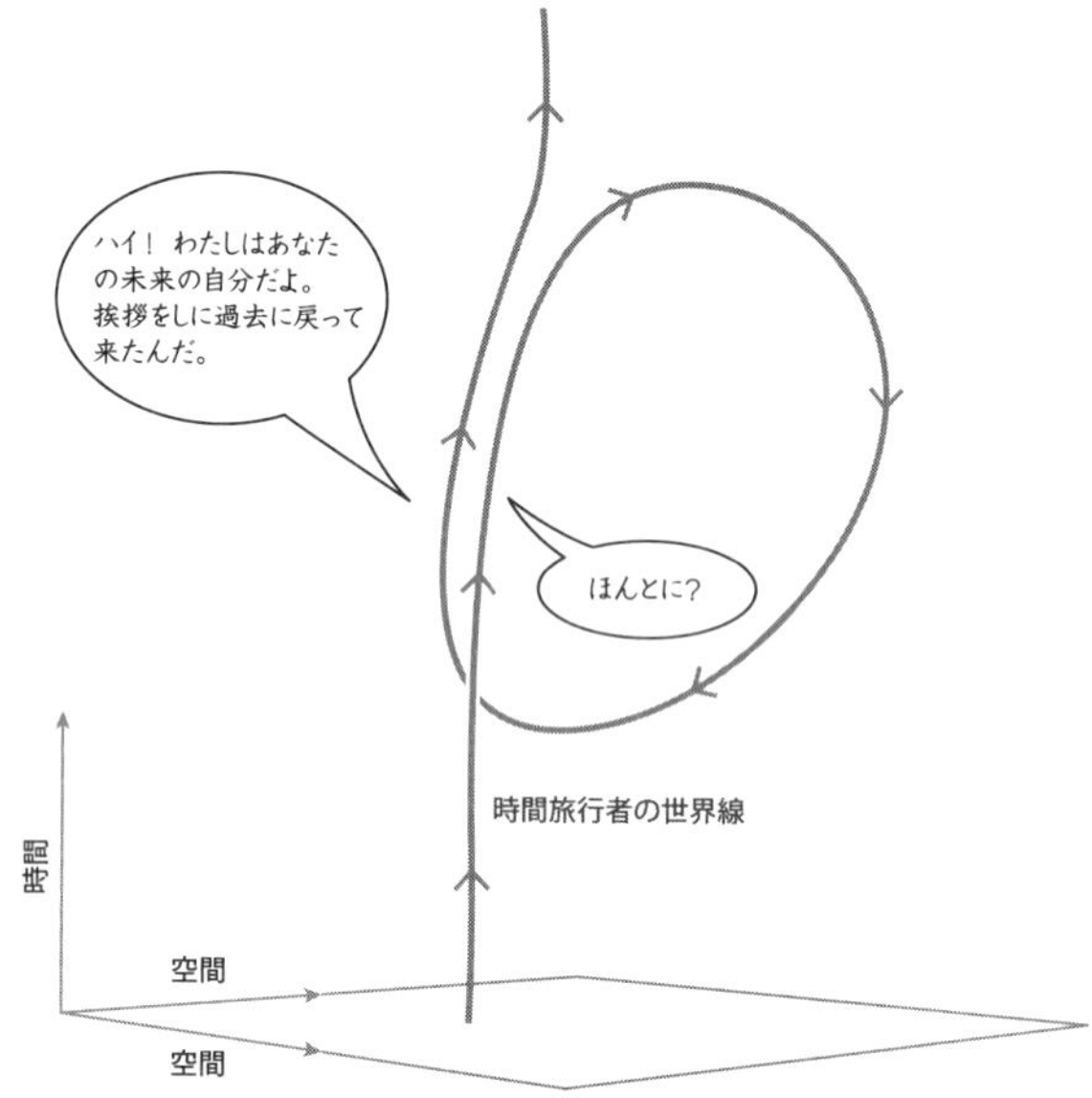

図 21-2　時間旅行者の世界線の時空図。

年をとってからだが、この場面そのものは一度しか起きていない。これを一つの四次元像に世界線がついているものと考えることができる。それは変化しない。図はそのように見える。その経験がどういうものか知りたければ、世界線をたどり、別の世界線が近づいてくるのを見るとよい。

　これは有名な祖母のパラドックス、つまり時間をさかのぼって、偶然、自分の母を産む前の祖母を死なせてしまったらどうなるかというパラドックスを解決する一つの方法だ。その場合、祖母は私の母を産まないので、私の母が私を産むこともなく、私は存在しないことになる。したがって、私が時間をさかのぼって祖母を死なせることもなくなり、祖母は無事で、母を産み、母が私を産むことになる。これは逆説だ。祖母のパラドックスに対する保守的な答え方は、時間旅行者は過去を変えることはできないとすることだった。時間旅行者も過去の一部をなしている。時間をさかのぼって若い頃の祖母とお茶をするかもしれないが、殺すことはできない。自分の母を産んだその母なのだから。答えはつじつまが合っていなければならない。キップ・ソーン、イゴール・ノヴィコフらのチームは、ビリヤードのボールの衝突を用いた、時間旅行にかかわる一群の思考実験を構成して、パラドックスのない、つじつまが合う答えを見つけることが必ずできるように見えることを示した。

　歴史を変える心配をする必要はない。どんなに頑張っても何も変えられないのだ。タイタニック号に戻って船長に氷山のことを警告しても、船長は他の警告を無視したのと同じく、その警告を無視するだろう。船は沈むに決まっている。その出来事を変えられないことがわかるだろう。映画『ビルとテッドの大冒険』での時間旅行は、この「つじつまが合う」

という原理に基づいている。

祖母のパラドックスへには、エヴェレットによる量子力学の多世界解釈という別解もある。物理学者はこれに反対するが、まずはそれがどういうものか検討してみよう。多世界説では、多くの並行世界が操車場のレールのように共存できる。私たちが経験するのはその中の一つの歴史――一本の線路をたどるようなものだ。出来事は、通過する駅のように見える。第二次世界大戦があって、月に着陸した人がいて……というふうに。しかし並行世界はたくさんある。第二次世界大戦が起こらなかった世界もある。これはリチャード・ファインマンの多重履歴による量子力学の扱い方に基づいている。ファインマンは、将来のどんな実験についても結果の確率を計算するには、それがたどりうるあらゆる履歴を考えなければならないことを見てとった。この多世界モデルについては、量子力学での計算のしかたについての奇妙な規則の一つにすぎないと思う人々もいるが、支持する人々は、その履歴はすべて実在し、相互作用すると考える。デーヴィッド・ドイッチュは、時間旅行者は過去へ行って若い頃の祖母を殺せると論じたことがある。それによって、歴史は新たな分岐を生み出すことになる。その分岐した歴史には時間旅行者と死んだ祖母がいる。時間旅行者が生まれ、祖母が死ななかった経路は、別の経路としてやはり存在する。時間旅行者は、新たな経路に切り替わる前の経路での歴史の一部をまだおぼえている。どちらの経路も存在する。

祖母のパラドックスには二つの、それぞれにパラドックスを解決する方法ができた。一つは保守的で、つじつまの合う単一の四次元の像がある。もう一つは量子力学の過激な多世界説だ。どちらも成り立つ。

ぐるっと回って過去に戻る時間旅行者の世界線の図に戻ると、そこにはまずい点が一つあるのに気づくことができる。光はこの図では四五度の勾配で移動する。時間旅行者が図の上でぐるっと回って過去へ戻り始めるときには、ある時点でその世界線の時間軸に対する傾きが四五度より大きくならざるをえなくなる。それはつまり、あるところで時間旅行者は光速を超えなければならないということだ。てっぺんを通り過ぎるときには、実は無限の速さになっている。光より速く進めるとしたら、時間をさかのぼれるという考え方は、A・H・R・ブラーの五行戯詩(リメリック)に表れている。

若い娘のブライトが、

光より速く旅をした
その日出かけた
相対論流に
帰って来たのはその前夜

困ったことに、アインシュタインは特殊相対性理論で光より速いロケットを作ることはできないことを示している。光速より遅くしか進めないなら、世界線の傾きが時間軸から四五度以上になることはなく、ぐるっと回って過去に戻ることはできない。しかしアインシュタインの一般相対性理論は、曲がった時空を考え、近道をすることで光線に勝つことができる。ワームホールを通るか（後でまた見る）、宇宙ひもを回るかして。光線の先回りができるなら、先のブライトのように時間をさかのぼることができる。

一枚の紙で、空間の次元を一本の横線で表し、時間の次元を縦線で表すとしてみよう（図21-3）。そうしてあなたの世界線を紙の上の緑の縦線で表す。あなたはぐうたらで、ただ家にいるだけ、だからあなたの世界線は紙の下から上へまっすぐ走っている。しかし曲がった時空だと規則が変わる。紙の上端と下端を合わせてテープで止め、横向きの円筒状にしてみよう。するとあなたの世界線は過去に戻ってくる。

あなたは未来に向かって進んでいるのだが、過去に戻って来る。同じことはマゼランの船団にも起こった。一行はずっと西へ西へと進んだのだが、地球の曲がった面を通って曲がり、ヨーロッパに戻ってきた。これは大地が平らな面なら起こりえないことだろう。同様に、時間旅行者はつねに未来に向かって進んでいるのだが、時空が十分に曲がっていると、ぐるっと回って自分自身の過去にあった出来事に戻って来ることができる。

これを可能にする一般相対性理論の解はいろいろある。それを論じる前に、宇宙ひも（コズミック・ストリング）について解説しておきたい。一九八五年、私はアインシュタインの場の方程式に、宇宙ひもの周囲の形を表す厳密解を見つけた。タフツ大学のアレックス・ヴィレンキンは近似解を見つけていて、私が厳密解を見つけた。モンタナ州立大学のウィリアム・ヒスコックも独自に同じ厳密解を見つけていたので、私たちはその発見者の栄誉を分け合った。この解は私たちに、宇宙ひもの周囲の形状がどうなるかを教えている。

しかし宇宙ひもとは何だろう。それは細い（原子核よりも細い）、張力がかかった高エネルギー、高密度の量子真空エネルギーの糸で、ビッグバンの後に残ったものかもしれない。そのようなひもは素粒子物理学の多くの理論で予想されている。まだ見つかってはいないが、私たちは確かにそれを探している。

物理学者は真空（空っぽの——粒子も光子もない——空間）は、空間に広がる場の存在からエネルギーを得ることができることを学んでいる。この概念は、たとえば、最近発見されたヒッグス場とそれに対応するヒッグス粒子にも関係している。大型ハドロン衝突型加速器（LHC）でヒッグス粒子が発見された後、その存在を理論的に予想したフランソワ・アングレールとピーター・ヒッグスは二〇一三年のノーベル物理学賞を受賞した。第23章で論じるように、ごく初期の宇宙の真空エネルギーはきわめて高かったと信じられている。その真空エネルギーが通常の粒子に崩壊するとき、その一部が高い

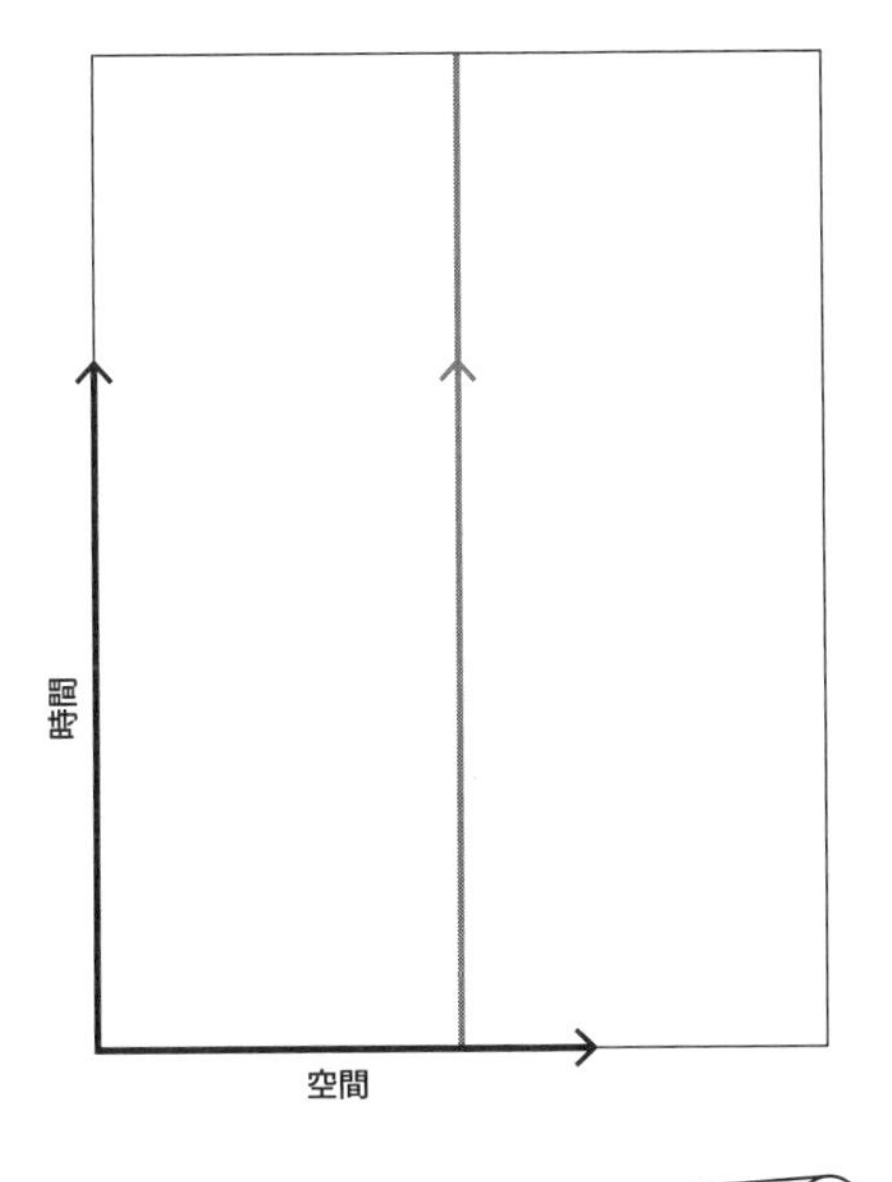

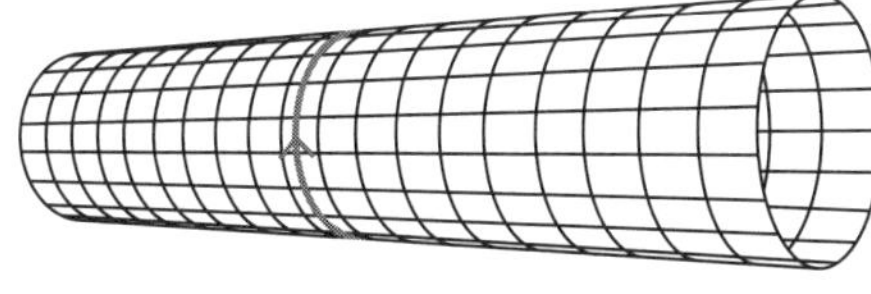

図 21-3　曲がった時空によって世界線は過去の方に巻き戻ってくる。図版—— J. Richard Gott によるもの（*Time Travel in Einstein's Universe*, Houghton Mifflin, 2001）を元にした。

真空エネルギーの細い糸——宇宙ひも——にひっかかったままになることがありうる。それは雪原の雪が融けて、雪だるまが残っているようなものだ。同様に、宇宙ひもは初期の宇宙の名残の真空エネルギーでできている。

宇宙ひもには端がない。宇宙の大きさが無限大なら、その長さが無限大か、閉じたループになっているか、いずれかだ。(無限に長い)スパゲティと、スパゲティによる〇を思い浮かべよう。私たちは無限大の長さのひもも、ループも両方あると予想している。宇宙ひものネットワークにある質量の大半は無限に長い方に含まれる。

宇宙ひものまわりにできる空間の形については、ひもに垂直な平面の断面がどんなふうに見えるかと問う必要がある。一枚の紙の中央に、ひもが通るドットがあるというようなものを予想されるかもしれない。しかし、宇宙ひもの質量が非常に大きい——一センチメートルあたり一〇〇〇兆(10^{15})トンほど——と予想されているので、その周囲の空間を相当に曲げている。中央にドットのある紙というよりは、一切れ分足りないピザのように見える(図21-4)。

一枚のピザから始めて、単純に一切れを取り除く。それは食べることにして、それこから取り去ってしまう。それはなくなる。ピザの残りについて、欠けた部分があったところの両脇の縁を慎重につかむ。それを引き寄せて合わせると、ピザの中央部が尖って円錐形をなす。これがひもの周囲の形の断面となる。それは円錐のような形だ。ひもそのものはピザの中心を通っている。円錐形は、その周がピザの半径×2πではないことを明らかにする。欠けた部分があるからだ——周はピザが全部そろっていたとした場合より少なくなる。それは平面について成り立つユークリッド幾何学には従わないことがわかるだろう。

欠けた部分の角度はひもの単位長さあたりの質量に比例するし、初期の宇宙で現実的に生み出されるかもしれない宇宙ひも(素粒子物理学の大統一理論は、それが弱い核力、強い核力、電磁気力が分かれ始める時期にできたと予想する)については、この角度は実は非常に小さい——角度にして〇・五秒以下だろう。これはごく小さな値だが、それでも検出はできる。

図21-4では、中心にひもがあり、欠けた部分の両端がテープで貼り合わされているところが見える。私が地球にいて、ストリングの向こうにあるクェーサーを見るとしよう。光はひものどちらかの側を通る二本の直線(光の経路1と2)を通って私のところに届く。欠けた部分の両側をテープで貼り合わせて紙が円錐状になるようにすると、二つの光の経路はひものそれぞれの側で曲がる。その経路は重力レンズ効果で曲がっている。第19章で見た、太陽の側を通過する光を曲げ

るのと同じ作用だ。それでもその軌跡はあたうかぎりまっすぐだ。図ではそれを定規で引いた。紙のピザをテープで留めて円錐にすると、例の小さなトラックのハンドルをまっすぐに保って、経路1か経路2を通ってクェーサーから地球までまっすぐ進めることができる。どちらの経路も測地線だ。二本の光線はどちらもクェーサーから地球までの直線経路上を進むことができるので、宇宙ひもの両側に二つのクェーサー像が見えることになる。空にある宇宙ひもの両側に、ダブルのスーツのボタンのように並んで見える対になったクェーサー像を探すことによって宇宙ひもを探すことができる。私たちはまだ宇宙ひものレンズ効果は見つけていないが、今でもまだそれを探している。

この図の顕著な特色の一つは、二本の光の経路の長さが異なっている場合があるところだ。たとえば図21-4では、経路2は経路1よりわずかに短い。つまり私が宇宙船に乗ってクェーサーから地球まで経路2で光速の九九・九九九九九九九九九九パーセントの速さで飛べば、経路1を通る光に勝てる。そちらの光はもっと長い距離を進まなければならないからだ。私は近道をすることによって光に勝てるのだ。

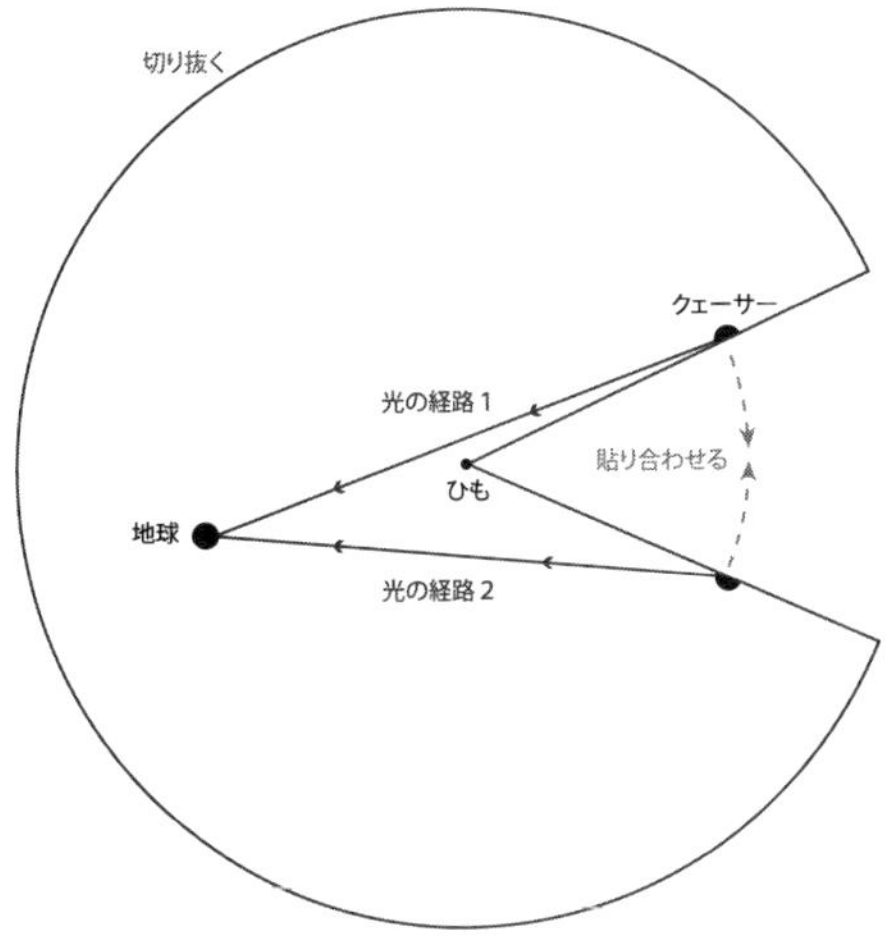

図21-4　宇宙ひもの周囲の形。
図版 —— J. Richard Gott によるもの（*Time Travel in Einstein's Universe*, Houghton Mifflin, 2001）を元にした。

私たちはまだ宇宙ひもを見たことはないが、実はこの種の重力レンズ現象は、私たちとクェーサーの間にある銀河で見たことはある。遠くのクェーサー、QSO 0957＋561の二つの像が、空でレンズのように作用する銀河の両脇に見える。この銀河によってできる時空の歪みが、宇宙ひもについて起きるのと同じように光を曲げる。この場合、背景のクェーサーは明るさが変わる。エド・ターナー、トミスワウ・クンディチ、ウェス・コリーらの、私も参加した天文学者チームは、両方の画像に同じクェーサーの噴出を測定できて、二つの画像の間に四一七日の差があると判定できた。これは光が八九億年かけて届いたことからすると、わずかな屈折だ。自分が超光速で進めるかどうかを知りたければ、この場合は、確かにできるということになる。一方の光線は空っぽの空間を通る公正なレースでもう一方の光線に四一七日差で勝ったが、それは近道をしたからだった。

このように、クェーサーの二重の画像を探すのは、宇宙ひもを探す一つの方法となる。これまでのところ、どの事例も銀河レンズによって説明できるように見えるが、宇宙ひものレンズを通したクェーサーは稀と予想されるので、これも意外なことではない。私たちは探し続ける。

宇宙ひもは張力がかかっていて、ふつうは光速の半分程度の速さでくねっている。光線が宇宙ひもの両側を通過することで互いに向かって曲がるのと同様、互いに対して静止している二隻の宇宙船も、宇宙ひもが両者の間を急速に通過したら、互いに引き寄せられることがある。二隻の宇宙船は両者間をひもが通ると、互いに対して速度を得る。そこで一方の宇宙船を地球とし、もう一つの宇宙船をCMBとする。ひもが通過するとき、その向こうの遠くにあるCMBにわずかなドップラー偏移が生じる。ひもがCMBと私たちの間を左から右へ通り抜ければ、CMBはひもの一方の（左）側の方が反対側よりもわずかに熱くなる。私たちはこの効果も探している。振動する輪ゴムのような振動するひもの環は重力波を生み出すことができ、これも将来的には宇宙に打ち上げたLIGO型の装置で探せるだろう。つまり私たちは宇宙ひも探しで有望な方法をいくつか持っているということだ。

一本の宇宙ひもが示す近道効果はどうすれば利用できるだろう。一九九一年、私はアインシュタインの一般相対性理論での場の方程式に、二本の運動する宇宙ひもについての厳密解を見つけた。この解では、二本の平行な宇宙ひもが、夜間に通過する二隻の帆船のマストのように互いを通過する。ひも1は垂直で、左から右へ移動し、ひも2はやはり垂直で右から左へ移動する。二本の宇宙ひもの周囲の形状はどんなふうに見えるだろう。

驚くことではないが、今度はピザから二切れがなくなっている。二本の宇宙ひもに垂直な横断面は、二片の欠けたところがある一枚の紙のように見え、それを合わせると、小さな紙の船のようになる（図21-5）。平らに広げると、二切れ欠けたところがあり、一方はひも1に始まって、紙面の上の方へ伸びていて、もう一方はひも2に始まり、紙面の下の方に伸びている（二本のひもは、紙面に垂直でこちらに向かって伸びている）。今度は近道が二つある。図の惑星Aを出発するなら、二本の宇宙ひもの間を通る経路2とされる直線経路上を進むことができる。しかし惑星Bまで早く行ける、ひも1を回る、もっと短い直線経路1もある。同様に直線経路3という近道も、惑星Bから惑星Aに戻るときは、経路2で戻るより早い。

惑星Aから惑星Bへ光速の九九・九九九九九九パーセントで進めば、経路2を通ってまっすぐ惑星Bへ向かう光に勝てる。経路1が経路2よりも短いのは、「ピザの一切れ」が欠けているからだ。これは惑星Aを光が経路2上で出発した後であなたが惑星Aを出ても、惑星Bには光線が届くよりも先に着けることを意味する。惑星Aを出発して惑星Bに到着するのは、経路2上の空間のような分離を持つ二つの事象で、両者は時間での年数よりも多い空間での光年数で隔てられている。あなたは光線の先回りをし、したがって結果的に光速より速く進んだことになる。近道を通ったからだ。それは左へ急速に進む観測者――コスモと呼ぼう――の中には、その二つの事象を同時と判断することになる場合があるということだ。コスモはその速さ（光速よりは遅い）のせいで、フランスパンのように時空を斜めに切り、あなたが惑星Aを出た

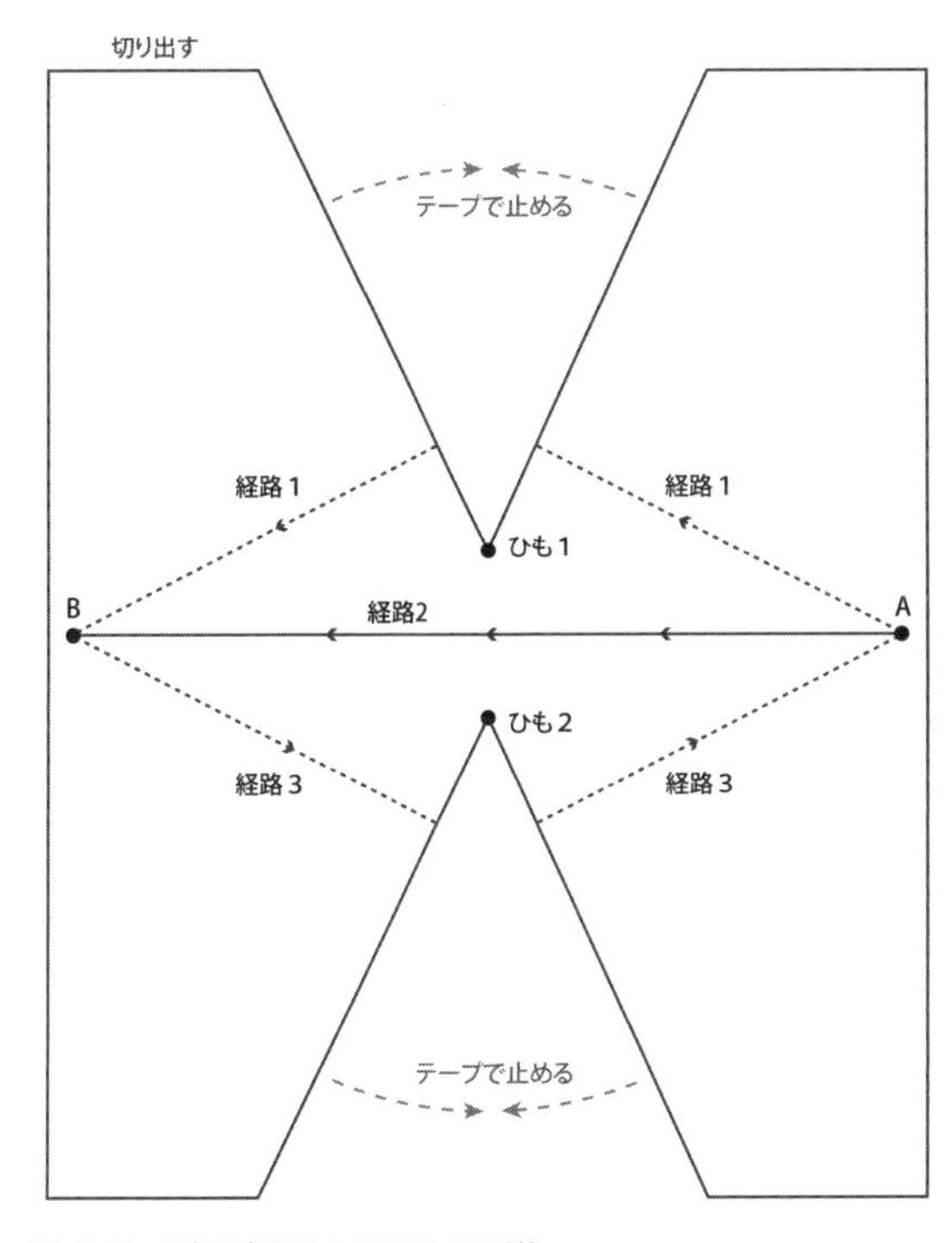

図21-5　2本の宇宙ひもの周囲での形状。
図版 ―― J. Richard Gott によるもの（*Time Travel in Einstein's Universe*, Houghton Mifflin, 2001）を元にした。

のは惑星Bに着いたのと同時だと判断する。

今度は解の上半分を急速に右へ進もう。ひも1とそれとともにいるコスモの側を通る。今度はひも1は静止しておらず、右へ急速に動いていて、運動は相対的なので、コスモはもう左へは動いておらず、中央に留まっている。コスモはあなたがAをコスモ時間で午前〇時に出るのを見て、コスモ時間で午前〇時に惑星Bに着くのを見る。こんな手品が一度できれば、二度目もできる。解の下半分を急速に左へ動かしてそれとともにひも2も同じ速さで（しかし光速未満で）左へ動かそう。あなたは惑星Bを出て、近道経路3を通り、経路2を通って惑星Aに向かう光線に勝てる。あなたが惑星Bを出発し、惑星Aに戻ってくるのは、時間の年数よりも多い光年数で隔てられている。解の下半分が十分な速さで（それでも光速未満で）動いていれば、ひも2はコスモから見て光速近くで動いていて、コスモはあなたが惑星Bから出発するのと惑星Aに到着するのを同時と見るだろう。つまりコスモは、あなたが惑星Bをコスモ時間で午前〇時に出るのを見れば、コスモ時間の午前〇時に惑星Aに帰還するのを見る。しかしあなたはそもそも惑星Aをコスモ時間で午前〇時に出発した。あなたが惑星Aから出てAに戻ってくるのは同じ時刻、同地点ということになる。自分が出かけるのを見て自分自身と握手できる。時間旅行をして自分自身の過去の出来事に戻ってきたのだ。それは本物の過去への時間旅行だ。

それはあなたにはこういうふうに見える。あなたは惑星Aの発着場に着く。以前の自分自身が到着して、「ハイ、わたし、ストリングを一回りしたのよ」と言う。あなたは「ほんとに？」と答える。そしてあなたは宇宙船で出発し、ひも1を回り、経路1を通って惑星Bに到着する。あなたは直ちに惑星Bを出発してストリング2を回り、自分自身に会うのに間に合うように惑星Aに戻って来る。あなたは「ハイ、わたし、ストリングを一回りしたのよ」と言い、以前の自分が「ほんとに？」と答えるのを聞く。

過去の自分に会うのはエネルギー保存に反するだろうか。要するに、もともとはあなたは一人なのだが、今や二人いて出会っているのだ。実は反していない。一般相対性理論にあるのは局所的なエネルギー保存だけだからだ。つまり、部屋の中にある質量エネルギーが出て行くには、何かが部屋に入ってくるしかないということだ。時間旅行者としては、あなたは部屋に入ってくる他の何かのようなものだ。質量＝エネルギーはあなたが入るので増える。そこでこの解の局所的エネルギー保存が成り立つ。

二本のひもが逆方向に進んですれ違うことが重要だ。必要なのはひもの周囲を移動する宇宙船だけで、出発点に出発時刻に戻って来られる。マイケル・レモニックは『タイム』誌に、私のタイムマシンについての記事を書き、そこに小さな模型の宇宙船とともに二本のひもを持っている私の写真を入れた。

カリフォルニア工科大学のカート・カトラーは、私の二本のひも解の非常に興味深い特性を発見した。過去への時間旅行はありえないという時代があった。ひもが遠い過去、遠く離れていたときには、それを回るには時間がかかり、必ず惑星Aを出発した後に戻ってくることになる。しかしひもが十分に近づき、ちょうどすれ違うときには、ひもを回って自身の過去の出来事を訪れることができるように戻ってくることができる。そのような出来事は時間旅行領域にある。図21-

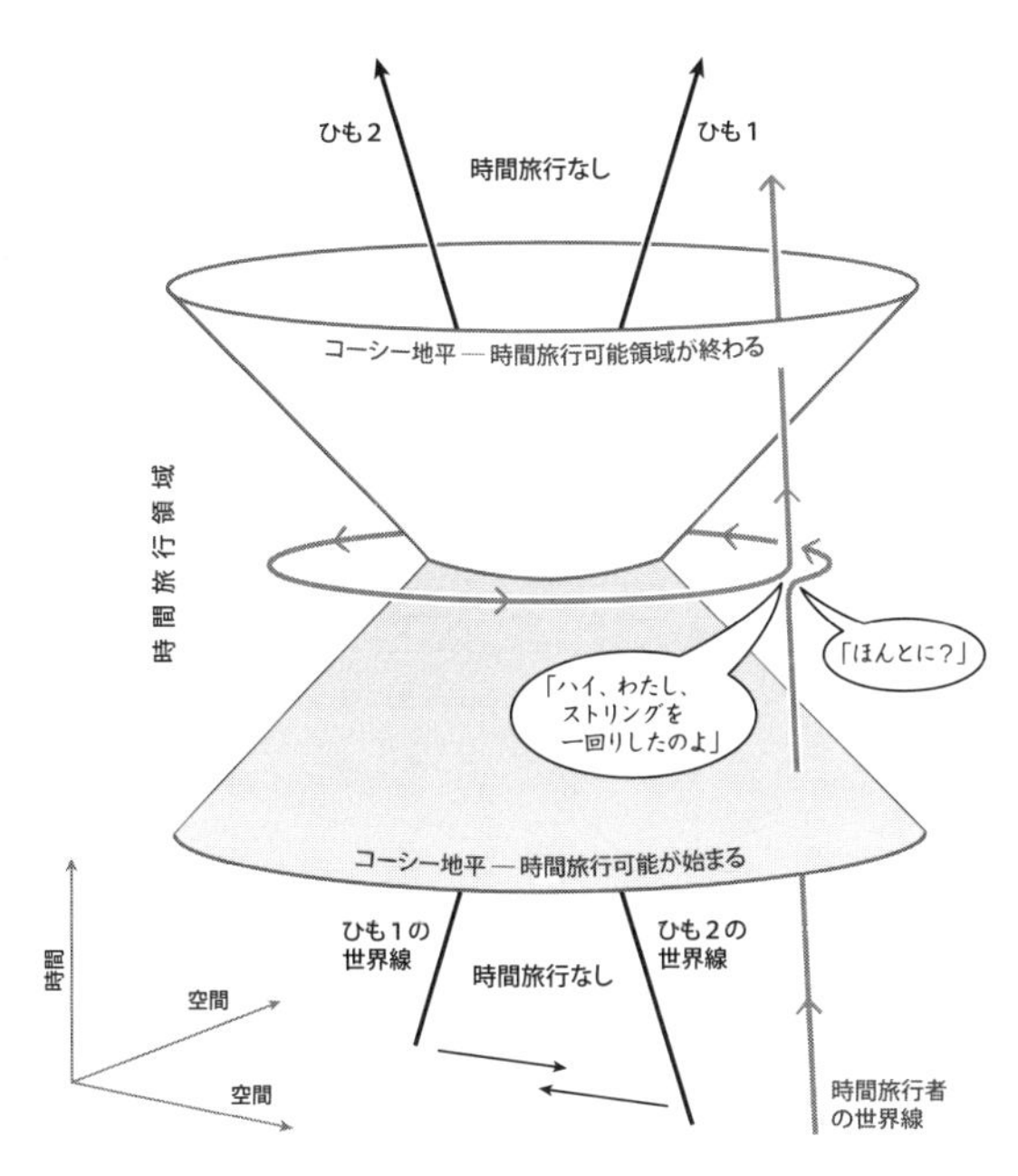

図 21-6　２本のひもによるタイムマシンの時空図。
図版 —— J. Richard Gott による もの（*Time Travel in Einstein's Universe, Houghton Mifflin*, 2001）を元にした。

6はそのことを表す三次元時空図だ。

時間は上下方向で表され、空間の二次元は奥行きのある水平方向で示されている。ひも1は右へ動いているので、その世界線は右に傾いた直線になる。ひも2は左へ動いているので、その世界線は左へ傾いた直線となる。時間旅行者の世界線も描かれている。時間旅行者の動きは遅いので、その世界線は惑星Aに着くまでほとんど垂直になる。それから午前〇時に出発し、二本のひもを回り、午前〇時に戻るのが見える。時間旅行者は若かりし自分に挨拶する。それからまたその先の人生をふつうに過ごすので、その世界線はまたほとんど垂直になる。カトラーは時間旅行の領域はコーシー地平と呼ばれる面で区切られることを見てとった。これは二つのランプのかさが、一方が他方に逆さまに乗ったような形をしている。時間旅行者が惑星Aに近づくのは、遠い過去の、過去への時間旅行が可能でない領域からだということに注目しよう。それから旅行者は時間旅行が始まるコーシー地平を渡る。その時点の後、未来から到着する時間旅行者が見える。しばらく時間旅行が可能だが、いずれ旅行者は第二のコーシー地平を渡り、過去への時間旅行は止まる。その後はもう未来から到着する時間旅行者とは出会わない。そのときまでには、二本の宇宙ひもは遠く離れていて、どんな時間旅行者この二本をぐるっと回って、出発と同時に戻ってくることはできなくなる。

これがスティーヴン・ホーキングの有名な問い、「するとその時間旅行者たちはどこにいるのか」への答えだ。時間旅行が可能なら、有名な歴史的出来事が未来からの時間旅行観光客だらけにならないのはなぜか。遠い未来からビデオカメラと銀色の宇宙服を着た時間旅行者がケネディ暗殺事件のフィルムに映っていないのはなぜか。答えは未来にねじれた時空型のタイムマシンを作っても、コーシー地平ができて、その時点になって初めて未来からの時間旅行が可能になるということだ。しかし、この時間旅行者は、タイムマシンができる前にまで戻ることはできない。タイムマシンが西暦三〇〇〇年にできるなら、原理的にはそれを使って三〇〇二年から三〇〇一年に戻ることはできるが、それを使って三〇〇〇年より前に戻ることはできない。そのときにはまだタイムマシンができてないからだ。私たちがそのような時間旅行者を見ていないのは、まだタイムマシンができていないからだ。ワームホールやワープ航法でできたタイムマシンについても成り立つ。これについても簡単に取り上げる。しかしそれは、過去を調べて未来からの時間旅行者がいないとしても、ある未来の時点で、コーシー地平を過ぎて、未来の旅行者が突然現れるのを見ることはありうるということだ。

私たちは、宇宙ひもが、これまで論じたようなともに無限のひもとして（有限の輪ゴムのような環としても）現れると予想する。それには引張力がかかっているので、無限の宇宙ひもは光速の半分程度の速さでくねっていると予想される。しかし実際には、タイムマシンを生み出すのに必要な速さですれちがう二本の無限の宇宙ひもを運良く見つけられるとは予想されない。大統一宇宙ひもは、タイムマシンを生み出すには、光速の少なくとも九九・九九九九九九九九六パーセントの速さで進まなければならないことになる（光速よりもわずかに遅いが、それでもものすごく速い）。しかしひもの環なら必ず見つけてそれを大質量の宇宙船を使って重力的に操作し、引張力のせいで何分の一にもつぶせるようにすることもできただろう。ひもの環は輪ゴムのようだ。そのそばに大質量の宇宙船を飛ばすことによって、それをぱちんと閉じて、二本の非常に長い、まっすぐなひもの部分がタイムマシンを作れるほどの速さですれ違えるように操作できるだろう。私は（一九九一年の『フィジカル・レビュー・レターズ』に掲載された宇宙ひもタイムマシンに関する論文で）、この場合にはひもの環がその周囲にできるブラックホールのつぶれている内部にあることを示すことができた。それはいいことではない。

私はこれはブラクッホール内の時間旅行領域に閉じ込められる可能性が高いことを示した。リ・リシンと私は後に、タイムマシンでひもを回る宇宙船の追加の質量が、自分の周囲にブラックホールを形成するひきがねにもなりそうだということも見つけることになる。

ストリングの環は、二本の長い、お互いに逆向きに高速ですれ違う線分ができて、環は何らかの角運動量を得て、回転するブラックホールができる。

回転するブラックホールを論じよう。第20章で取り上げたように、アインシュタインの場の方程式の回転する（角運動量を持つ）ブラックホールを表す厳密解は、ロイ・カーによって一九六三年に発見された。回転するブラックホール解の内部（事象の地平の内側）で起きることは、ブランドン・カーターによって明らかにされた。カーの解には二つの臨界半径、事象の地平を画するr_+と、もっと小さく、内側の、あるいは「コーシー地平」であるr_-がある。

カー・ブラックホールの中心は、点のような特異点（シンギュラリティ）はなく、あるのは「リング状特異領域（シンギュラリティ）」だ。曲率が無限大になるのはリング上だけとなる（実際には量子効果で若干ぼやけるので、ほとんど無限大ということ）。リングに当たると、潮汐力（第20章で述べた体をはさんだり手足をひっぱったりの拷問台）で人は死んでしまう。しかし興味深いことに、回転するブラックホールの内側に落ちた大学院生は、このリング状特異領域に当たるのを避けることができる。それは院生の未来へ向かう道を塞いでしまうわけではないのだ。大学院生はまず$r+$（事象の地平）の内側に入り、$r-$（コーシー地平）の内側に入る。リング状特異領域はコーシー地平の内側にあり、大学院生は、コーシー地平を過ぎたとたんにそれを見ることができる。大学院生がフラフープをくぐるようにリングをくぐり抜けると、まったく新しい大きな宇宙（宇宙1）に入る。カーターは大学院生がリングを通って宇宙1へ入り、向こう側にいる間に特定の形でリングの周を回れば、実際には、院生が入る前にこちら側にリングをくぐって戻れる。大学院生は少し時間をループして過去に行き、最初にリングをくぐる直前の若かりし自分に挨拶できる。もちろん、ブラックホールの外側の誰も、これを見ることはまったくできない。事象の地平の内側で起きているからだ。大学院生がコーシー地平の内側へ入ってしまうと、過去への時間旅行が可能な領域に入る——図21-6のように。このコーシー地平は時間旅行可能期の始まりを画する——ブラックホールの事象の地平の内側に完全に閉じ込められた時期だ。大学院生は私たちの宇宙に戻って友人に自分の時間旅行冒険譚を自慢することはできないだろう。未来へ進み続けることはできる。これを表す「時空図」では、リング状特異領域が一方の側にずれ、院生の未来への道を塞がない。院生は第二のコーシー地平を過ぎて時間旅行領域を出て（やはり図21-6のように）、別の大きな、私たちの宇宙のような宇宙（宇宙2）に飛び出る。私たちが回転するホワイトホールと呼ぶものから宇宙2に飛び出るのだ。院生はそこで天寿をまっとうすることもできる。あるいはホールに戻ってさらに未来の他の宇宙を旅することができる。これは高層ビルでエレベーターに乗るのに似ている。一階、つまり私たちの宇宙でエレベーターに乗るとしよう。扉が閉まり、上昇する——一階の宇宙にはもう戻れない。そこは過去に置き去りにしている。扉がまた開き、新しい宇宙（宇宙1）が見える。リング状特異領域をくぐることによってエレベータを下り、宇宙1を訪れることができる。宇宙1で死ぬまで暮らすこともできるし、リングをまたくぐってエレベーターに戻ることもできる。そうすればさらに上昇して、次の宇宙（宇宙2）でまた扉が開く。そこから外に出てそこで暮らすこともできれば、エレベーターにとどまって、さらに未来へ進み、新しい宇宙でエレベーターの扉が開いて閉じるのを永遠に見ていることもできる。しかし一階の宇宙（私たちの宇宙）に戻ることはないだろう。カーの解は、これがすべて、宇宙の有限の過去にできていてもおかしくない回転するブラックホールで起きることを示す。

しかしいくつかの但書も考えなければならない。

第20章の場合のように、教授はブラックホールの外の安全なところにいて無事だ。教授が発信してブラックホールに落ちる光子を、事象の地平を通過した後の大学院生は受信することができる。教授は院生に、「よくやった」とか「そのまま進めば大論文が書けるぞ」といったメッセージを送ることができる。院生はそれをすべて受け取る。事象の地平を超えて、コーシー地平を超えるという有限時間を隔てて院生の身に起きる二つの出来事――太陽の数十億倍という質量のブラックホールの場合、数時間程度――の間に、院生はブラックホールの外にある私たちのいる宇宙の無限の未来全体を見ることになる。記事の見出しが高速で院生のところにやって来る。カーの解によれば、大学院生は、コーシー地平を渡るでの有限の時間で、外からのニュース映像が原理的には無限に手に入る。

これは歴史家にとっては好都合だろう。大学院生が宇宙の未来について知りたければ、有限の時間で私たちの宇宙の無限の未来全体がどうなるかがわかるだろう。しかしそれは危険だ。その急速に飛び込んでくるニュースがそれほど高速なのは、それが大きく青方偏移して運ばれるからだ。光子が青方変異するのは、それがブラックホールの中に落ちてエネルギーを得るからだ。光子は青方変異する分、それが伝える報道も加速される。そのような高エネルギーの光子はガンマ線で、それは大学院生を殺すことができる。光子は大学院生がコーシー地平を渡るときにどれだけでも（無限大に近づく）青方偏移するし、コーシー地平に沿って曲がった特異領域を作って、時間旅行領域や他の未来の宇宙への道を塞ぐ。

しかしこのコーシー地平領域沿いの特異領域は弱いかもしれない。エイモス・オリによる計算は、そこでの潮汐力は体を引きちぎることはないことを示す。潮汐力は無限大にまで積み上がるが、そこにとどまるのは無限小の時間の間だけだ。スピードの出し過ぎ防止のでこぼこを超えるようなもので、大学院生は衝撃は受けるだろうが、生き延びることはできるだろう。大学院生は体が無限に引き延ばされる（スパゲティ化する）ことはなく、カイロプラティック療法師のところでなるような、何センチか延びるだけかもしれない。コーシー地平が不安定に見えることもわかっていない。コーシー地平でのゆらぎは大きくなって、地平の向こうの解の一部を新たな予測不能の方向に送り出すかもしれない。大学院生に有利なことの一つは、私たちが量子重力――ミクロの規模での重力のふるまい――の法則を知らないことだ。アインシュタインによる一般相対性理論の方程式に対するカーによるこの解は、量子効果を考慮に入れていない。ミクロの規模では量子効果が重要になって、特異領域からしみ出すことが予想される。これは大学院生を助けることになるかもしれない。しかし私たちは量子重力の法則を知らないので、実際どうなるかはよくわからない。素粒子物理学の大統一理論が得られると、この問いに答えられるかもしれない。他方、回転するブラックホールもまだ何らかの秘密を握っている。それを明らかにする一つの方法は飛び込むことだ。

ここで回転するブラックホールの内部に落ちてタイムマシンを作るひもの輪に戻ろう。カトラーが見つけたひもを回る時間旅行のためのコーシー地平は、カーの回転するブラックホールでのコーシー地平に一致するだろう。コーシー地平をまたぐと、時間旅行領域に入る。手がかりとなる、つぶれるひもの輪の場合を表す厳密解はまだ得られていないが、興味深いことに、一九九九年、セーレン・ホルストとハンス＝ユルゲン・マッチュルは、同様の、低次元（平面世界）の場合の厳密解を見つけた。ここでは二つの粒子（宇宙ひものように円錐形の外形がある）が曲がった時空で高速ですれ違い、回転するブラックホールの中に閉じ込められるタイムマシンを生み出す。

ひもの輪の場合については、起きそうなことについていくつかの可能性を考えなければならない。宇宙ひものループを回って戻って来て、若い自分と挨拶できるかもしれないが、自分はブラックホールの中にいて、したがって外に戻って冒険譚について知らせることはできない。特異領域に当たって死んでしまうかもしれない。本当に幸運なら、別の宇宙に飛び出すこともあるかもしれないが、元の宇宙の友人に会うことはできないだろう。さらに悪いことに、そもそも時間旅行ができる前に特異領域に当たって死ぬこともありうる。こうした可能性のどれになるかはわからない。

スティーヴン・ホーキングは、コーシー時間旅行地平が有限の領域にできて、物質密度が負にならないなら、特異領域がコーシー地平上のどこかにできるはずだということを証明した。基本的に、それは簡単に手に入る通常の物質で時空を穏やかに曲げるだけで（どこにも特異領域を作らずに）タイムマシンを作るのは難しいという内容の定理だ。二つの無限のひもがすれ違う場合、エネルギー密度はつねにどこでも負にならないが、ひもは無限なので、コーシー地平は無限に広がり、ホーキングの定理はあてはまらない。しかし、タイムマシンが実際に作れると想像できそうな有限の宇宙ひもの輪の解については、特異領域はブラックホール内のコーシー地平上にできると考えてもよいだろう。これは必ずしも道を塞がないが、コーシー地平を通過するちょうどそのときに、少なくとも遠くに見えるだろう。しかし、コーシー地平がブラックホール内に閉じ込められていて（私がそうだとにらむとおり）、ブラックホールがホーキング放射で蒸発するとすると（そうならざるをえない）、ブラックホールの外の量子真空状態は、わずかに負のエネルギー密度となる（事象の地平を収縮させる）。この場合もホーキングの定理は成り立たない。すると、回転するブラックホール内部でコーシー地平をまたぐ前に特異領域によって死なずに、そこに閉じ込められるタイムマシンを作っても、必ずしも定理に違反することにはならない。

ブラックホールが有限の時間で蒸発するという事実は、コーシー地平に達するときに、それをまたぐ前に私たちの宇宙の未来全体を見ない（ブラックホールの事象の地平の大きさが蒸発でゼロになる時点以前に起きることだけが見える）ということだ。したがって、落下するときに外から来る光子がどこまでも大きく青方偏移したものが当たることはない。これも助かる。

コーシー地平は不安定だが、わざと不安定にしてパイロットが操作しやすくなるような戦闘機もある。長い鉛筆の先を指先に乗せ、指を急速に、鉛筆が動かして倒れようとするのに対抗してつりあいを取るようなものだ。ジャグラーはいつもこれをしている。原理的には、超高度文明がコーシー地平を能動的に適切に乱すことによって、安定化することができるかもしれない。

つぶれるひもの輪を（ブラックホールの中で）一周することによって時間を一年さかのぼろうとすれば、銀河の質量の半分くらいの質量があるひもの輪を見つけて操作する必要があるだろう。そんなことを試みるなどということは、超文明にしかできない。

時間旅行を実行する前に死ぬことになるだろうか。回転するブラックホールの中なら、自分の過去の出来事へ行く時間旅行を達成するまで生き延びるだろうか。こうした問いに答えるには、私たちはつまるところ、量子重力の法則――重力がミクロのスケールでどうふるまうか――を理解する必要がある。それがこの問題が興味深い理由の一つだ。

運動する宇宙ひもはアインシュタインの一般相対性理論の方程式に対する唯一の時間旅行解ではない。第一の解は膨張はしないが、回転する宇宙解で、一九四九年に有名な数学者のクルト・ゲーデルによって唱えられた。私たちの宇宙は膨張しており回転はしていないものの、ゲーデルの解は過去への時間旅行は一般相対性理論で原理的に許容されることを示した。そのような解が存在したとすれば、他の解でもありうるだろう。一九七四年、フランク・ティプラーが無限に背の高い、回転する円柱形なら過去への時間旅行が可能であることを示した。一九八八年、キップ・ソーンと二人の共同研究

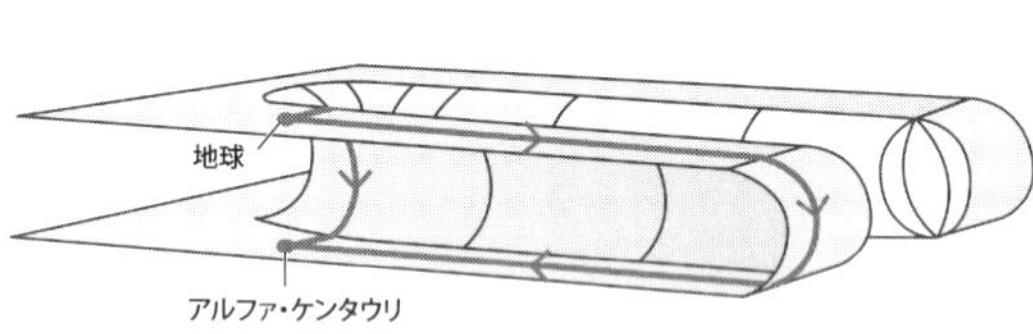

ワームホールが地球からアルファ・ケンタウリの近道を生み出す

地球
アルファ・ケンタウリ

ワープ・ドライブが時空でU字形のゆがみを生み出し、
また地球とアルファ・ケンタウリの近道も生み出す。

図21-7　ワームホールとワープ・ドライブ。
図版 —— J. Richard Gott によるもの（*Time Travel in Einstein's Universe*, Houghton Mifflin, 2001）を元にした。

者、マイク・モリスとユルヴィ・ウルトセヴェルは、通過できるワームホールを使うタイムマシンを唱えた。一般相対性理論では、ワームホールは曲がった時空では遠く離れた二点をつなぐ短いトンネルだ。通過可能なワームホールはそこをくぐれるほど長い間開いているもののことを言う（第20章で私たちが見たクラスカル図のワームホールとは違う）。私たちの一般相対性理論の理解によれば、そのようなトンネルは存在するかもしれない。まだ発見されてはいないが。トンネルの一方の端が地球付近にあり、反対側が四光年先のアルファ・ケンタウリのあたりにあって、トンネルそのものはわずか三メートルほどということもあるかもしれない（図21-7）。

地球からアルファ・ケンタウリまで光線を送ったら、届くのに四年かかる。しかし光がワームホールに飛び込んでくぐれば、アルファ・ケンタウリには数秒後に到達する。こうすると、アルファ・ケンタウリまでワームホールを通る近道をすることで光線の先回りができる。そのワームホールの開口部、口はどう見えるだろう。図では円として示してあるが、その図は空間の二次元を示しているだけだ。実際のワームホールの口は球のように見える。庭でときどき見かけるきらきら反射する球のようなものだ。これは映画『インターステラー』では正確に描かれている。何せキップ・ソーンが物理学の監修を務めたのだ。しかしそこに見られるのは、地上の庭が反射したものだと予想しないように。逆に、アルファ・ケンタウリを公転する惑星上の庭が見える。地球上の球に飛び込み、反対側のアルファ・ケンタウリ付近のどこかの庭から飛び出る。

次のようにすると、ワームホールをタイムマシンにすることができる。そのようなワームホールが三〇〇〇年一月一日に見つかったとしよう。ワームホールごしに見ると、アルファ・ケンタウリが見えるが、それはいつだろう。二つの口

（ワームホール・トンネルの両側の端）が同時なら、アルファ・ケンタウリの時計を見ても、三〇〇〇年一月一日を表示しているだろう。そこには時間旅行はない。しかし今度は、大質量の宇宙船を引き出し、光速の九九・五パーセントで二・五光年の距離を往復する旅行をして、地球近くにあるワームホールの口を重力で引くことを考えてみよう。地球にいる人々は、この往復旅行は五年とちょっとかかり、ワームホールの口は三〇〇五年一月一〇日に戻ってくる。

宇宙飛行士はワームホール・トンネルの中央にいるとしよう。この飛行士の年の取り方は一〇倍も遅いことがわかる。光速の九九・五パーセントで進んでいたからだ。旅行の間、一〇分の五年、つまり六か月だけしか経っていない。帰ったときには飛行士の時計は三〇〇〇年七月一日を指しているだろう。しかしワームホール・トンネルはやはり長さ三メートルしかない。その長さは旅の間に変化することはない。その形はワームホール・トンネル内部にあるものによって決まり、それは変化しないからだ。さらに、飛行士はアルファ・ケンタウリ側の口に対して静止しており、アルファ・ケンタウリ側の口は、端では何も動いていないので、アルファ・ケンタウリに対して静止している。つまり、飛行士の時計はアルファ・ケンタウリと同期したままにならざるをえない。ワームホールが戻って来たときにそこを覗いて、宇宙飛行士の時計が三〇〇〇年七月一日を表示しているのを見たとき、その肩ごしにアルファ・ケンタウリのを見ると、それも三〇〇〇年七月一日と表示しているにちがいない。したがって、ワームホールが三〇〇五年一月一〇日に地球に戻るちょうどそのとき、ワームホールの向こうを見ると、アルファ・ケンタウリの時計は三〇〇〇年七月一日を表示している。これはチャンスだ。ワームホールをくぐると、三〇〇〇年七月一日のアルファ・ケンタウリにいることになる。宇宙船に乗って、光速の九九・五パーセントの速さで地球に戻ってくる。通常の空間を通る旅行は四年と少しかかるだろう。地球には三〇〇四年七月八日に戻ってくる。しかし三〇〇五年一月一〇日に旅を始めたのだから、出発の前に戻ったことになる。時間をさかのぼったのだ。自分自身の過去の出来事を訪れることができる。旅に出る前の三〇〇四年七月八日の若い自分に挨拶することもできる。ワームホールを使っても、地球付近にあるワームホールの一方の口が旅に使われてタイムマシンができる前に戻ることはできない点に注意しよう。たとえば三〇〇〇年以前には、ワームホールの口がシンクロする前なので戻れない。

この研究方向はカール・セーガンがきっかけで始まった。セーガンが『コンタクト』というSF小説を書いていたときのことだ。タイソンは第10章で映画の方の話をした。セーガンは、映画ではジョディ・フォスターが務めた主人公に、ワームホールに飛び込んで二五光年離れた恒星ベガあたりに出てきてほしいと思った。物理学的に正しくなるようにもしたかったので、友人のキップ・ソーンに電話をした。ソーンと研究室の共同研究者たちがワームホールの物理を調べると、ワームホールは何らかの負のエネルギーをもった中身――ゼロより小さいエネルギーのもの、重力的に反発するもの――をもってぽこっと開かなければならないことを見た。ワームホールでは光は収束して、ワームホールのトンネルをくぐり、反対側で発散する。それは負のエネルギーをもつものによる斥力の効果のしるしだ。クラスカル図ではブラックホールにつながるワームホールがあったが、それをくぐって反対側には出られなかったことを思い出そう。反対側の宇宙に出る前に、特異点にぶつかってばらばらになってしまう。しかし負のエネルギーのものなら、ワームホールを開いて、くぐり抜けられるようにする。しかし負のエネルギーのものをどこで見つければいいか。

　興味深いことに、カシミール効果という量子の効果が実際に負のエネルギーをもったものを生み出す。金属の伝導体の板を二枚、近づけて平行に並べると、両者間の量子真空状態が負のエネルギー密度を持つ。カシミール効果に関連する圧力の低下が、M・J・スパルナーエイとS・K・ラモローの率いる実験室で確かめられた。ハートル＝ホーキングのブラックホール周辺の量子真空状態も、わずかに負のエネルギー密度があり、それによってブラックホールは時間とともに蒸発して事象の地平の面積を減らすことができる。こうした二つの例は負のエネルギーのものが作ることができることを示している。ソーンらは、二つの球形のプレートをワームホール・トンネルに背中合わせに、わずか10^{-10}センチメートルの間隔で置いてトンネルを塞げば、両者間のカシミール効果がワームホールを開くことができると計算した。そのプレートに仕掛けたトラップドアを開いてくぐり抜ければよい（この解は負のエネルギーのものを含むので、ワームホール解は、特異点のない有限の領域でタイムマシンを生み出せる。先に取り上げたこのことについてのホーキングの定理が成り立たないからだ）。

　ソーンらが唱えたタイムマシンにとって、ワームホールのそれぞれの口は、太陽質量の一億倍、半径は一ＡＵある。そのようなワームホールを作るのは巨大事業で、試みることができるのはどこかの超文明だけだ。これを行なう唯一の方法は、ミクロのスケールでは存在すると考えられる量子時空の泡の一部となる、1.6×10^{-33} cm 間隔の、直径 1.6×10^{-33} cm という何らかのミクロのワームホールの口を見つけることだろう。そしてそれを引き離し、ゆっくり拡大して、それぞれ一億太陽質量分にしなければならない。これは自宅で作れるようなものではない。しかしマルダセナとサスキンドの最近の成果からすると、量子的にもつれた粒子をつなぐミクロのワームホールなら、少なくとも出発点は与えられるかもしれない。

もう一つの有名なタイムマシンは、『スタートレック』に出てくるワープ・ドライブだ。これはやはり空間を抜ける、たとえばアルファ・ケンタウリまでの近道を生み出すU字形の空間のねじれだ。穴もなく、ただU字形のねじれだけ（図21-7）。物理学者のミゲル・アルクビエレはこれを一般相対性理論の観点から見て、それが機能するには正のエネルギーのものと負のエネルギーのものの両方が必要で、それは理論的には可能だと考えた。

エイモス・オリは最近、トロイド（ドーナッ形）のタイムマシンを提案している。時間旅行を含む、創造性ある一般相対性理論の解はさらに発見されつつある。

スティーヴン・ホーキングは、まだ発見されていないある量子効果があれば、それが必ず、一般相対性理論では認められている時間旅行でも、それを禁じるために割り込んでくるかもしれないという。ホーキングはこの「時間保護仮説」を唱えて、物理学の法則はどうにかして過去への時間旅行を阻止するのではないかと言う。もちろん、それはただの仮説だった。ホーキングは、誰かがコーシー地平と時間旅行領域に近づくと、量子真空状態が膨らむ（無限大になる）という兆候の上に立っている。リ・リシンと私は反例を見つけた。ホーキング説には別の、コーシー地平で膨らまない量子真空状態があった。ホーキングの学生、マイケル・J・キャシディは、別の推論から同じ例を見つけた。つまり、ある状況では、時間旅行ができることになるらしい。ここでも、確実なことを知るには量子重力の法則をはっきりさせなければならない。

一八九五年、H・G・ウェルズが小説『タイム・マシン』を発表したとき、知られていた物理法則、つまりニュートンの法則は、誰もが合意する普遍時間があり、時間旅行は未来へも過去へも禁じられていた。ところがそのわずか一〇年後の一九〇五年、アインシュタインは未来への時間旅行は可能だということを証明する。宇宙飛行士のゲナジー・パダルカはすでに四四分の一秒後の未来へ行っている（第18章）。一九一五年、アインシュタインの曲がった時空に基づく重力理論により、光線に勝てる近道が可能になり、それによって過去への時間旅行の扉が開いた。今のところ、アインシュタインの方程式に対するいくつかの解が、原理的に過去への時間旅行を許容することが知られている。私たちの今の状況は、

H・G・ウェルズがその有名な本を書いたときとは正反対になっている。アインシュタインの一般相対性理論はこれまで考えられてきた試験すべてに合格していて、私たちが得ている中では最善の重力理論で、原理的には過去への時間旅行が可能な解がある。必要な手段は超文明でもないと試みられないものではあるが。私たちは、重力がマクロの規模でどうふるまうかを知っているものの、ミクロのスケールでのふるまいについては知らない。量子効果の重みが増さざるをえないし、量子重力理論を明らかにする必要がある。実際に過去へのタイムマシンを作れるかどうかを理解するには、一般相対性理論と量子力学を一つの有効な理論にうまくまとめなければならない。今わかっているところでは、物理学の法則は過去への時間旅行を許容しているらしいが、将来私たちが発見する物理学の法則がそのような時間旅行を妨げるかどうかという問いは未解決のままだ。

私は『時間旅行の基礎知識』という本の中で、時間旅行の可能性に関係する範囲で特殊および一般相対性理論の考え方を探っている。私たちが一般相対性理論を用いた過去への時間旅行を研究するのは、今タイムマシンを製造するためではなく、宇宙の仕組みについての手がかりを得るためのものだ。時間旅行解は極端な状況下での物理学の法則を検証してくれる。第23章で、宇宙の始まりの極限状況を考えるときに、あらためて時間旅行について考える。

第22章　宇宙の形とビッグバン

J・リチャード・ゴット

宇宙の形について語るために、まず宇宙にはいくつの次元があるかという問いを再び取り上げよう。すでに述べたとおり、私たちは四次元の宇宙で暮らしている。どんな事象の位置を特定するにも四つの座標、つまり空間の三次元と時間の一次元が必要となる。アインシュタインは特殊相対性理論で、事象間の間隔は（少なくとも平らな時空では）$ds^2 = -dt^2 + dx^2 + dy^2 + dz^2$ で表せることを示した。この dt^2 の項の前にあるマイナス符号が時間の次元と空間の次元とを分けており、すべての観測者が光速は一定であると合意するのを保証している。

空間や時間の次元の数が異なる宇宙があると想像することができる。空間の二次元と時間の一次元の宇宙では、事象間の間隔は $ds^2 = -dt^2 + dx^2 + dy^2$ で表される。この宇宙で暮らす人々は、z 座標がどういうものか知らないだろう——上下を知らないということだ。このような人々は「平面国（フラットランド）」に暮らしている。フラットランドの図（図22-1）に、自宅に立つフラットランド人が描かれている。

家の正面に玄関があり、裏庭のプールで泳ぐこともできる。しかし泳ぎたければ、玄関を出て、屋根をよじ登り、屋根からプールに飛び込まなければならない。フラットランド人の眼は一つ。正面にレンズがあり、奥に網膜がある。私たちはフラットランド人の断面を見ていることに気づかれるかもしれない。その体内がまる見えだ。私たちはフラットランド人がどんな病気になっても診断がつけられる立場にある。体内の器官がすべて見えるからだ。口、食道、胃が見えるが、その先へ進む消化管はない。それがあったら、体は二つに分かれてしまうだろう。食物は胃で消化され、残りは吐き出さなければならない。図のフラットランド人は新聞を持っているところだ。私たちの新聞は二次元——広がる紙——だが、こちらの新聞は一次元の、線のようなものだ。記事は長短の線でできている——モールス符号だ。ベッドに横になりたけ

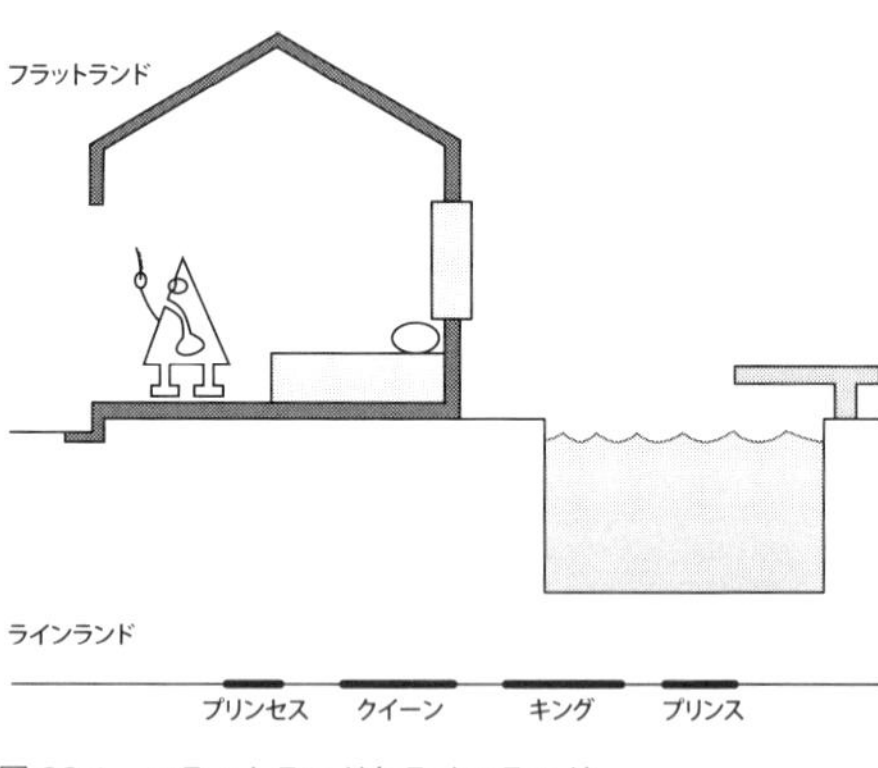

図22-1　フラットランドとラインランド
図版 —— J. Richard Gott によるもの（*Time Travel in Einstein's Universe*, Houghton Mifflin, 2001）を元にした。

れば、バク転してベッドに入ればよい。頭はどうなっているのだろう。フラットランドでは交差する神経細胞（あるいは配線）はできない。しかし電磁信号はフラットランドでも交差できるので、神経細胞の代わりに電磁波を使って細胞から細胞へと信号を送ることになるだろう。[*1] 原理的に、フラットランド人には脳はあってもよいが、それを適切に配線するのは難しいだろう。

一八八〇年、エドウィン・アボットが『フラットランド』という、空間が二次元の世界に暮らす生き物についての見事な本を書いた。語り手は正方形だった。[*2]

空間が一次元だけで時間が一次元だったらどうなるだろう。これは「線の国（ラインランド）」だ（やはり図22-1）。すべては一本の線上にあって、$ds^2 = -dt^2 + dx^2$ となる。人々は線分だ。王様と王妃様、王子様と王女様がいてもいいが、ラインランドで暮らしているなら、自分の左右の隣にいる人しか見えない。その隣の人は点に見える。お隣は好きになった方がいい。それ以外の人を見ることはないのだから。もっとも、知的生命はフラットランドでは難しそうだし、ラインランドでは望めない。

私たちの見ている空間よりも次元が多い時空も想像できる。空間にもう一次元加えるとしてみよう。すると $ds^2 = -dt^2 + dx^2 + dy^2 + dz^2 + dw^2$ が得られる。これは空間が四次元、時間が一次元の時空だ。空間の一次元が増えている（w）。

一九一九年、テオドール・カルツァがそのような余剰次元が実際に存在すると唱えた。なぜか。カルツァはめざましいことに気づいたのだ。アインシュタインの一般相対性理論の方程式を信頼して、それを五次元の時空に適用し、解がw方向で一様なら、アインシュタインの一般相対性理論の四次元での（つまり通常の重力の）時空にマクスウェルの方程式（アインシュタインが特殊相対性理論を使って更新したもの）を加えたのと同等になるという。奇跡だ。電磁気は余剰次元での重力の作用と同等だった。これは重力と電磁気を統一することになる。アインシュタインの一般相対性理論に一次元を加えると自動的にマクスウェルの方程式が再現できるというのはあんまりな符合のように見える。

この発見は魅力的だったが、この理論には困ったことが一つあった。それは筋が通らないように見えたのだ。この余剰次元はなぜ見えないのだろう。一九二六年、オスカル・クラインが答えにたどりつき、余剰次元がストローのように丸まっているのだという考えを得た。ストローは円筒形で、二次元の表面を持っている。要するに二次元のシートを丸めてできる。ストロー表面に生物がいれば、二次元生物、つまりフラットランド人にならざるをえない。ストロー表面での位置を特定するには二つの座標があれば足りる。ストローでの高さと、ストローとの周上の位置を教える角度による座標だ。しかしその周は小さく、ストローを遠くから見ると、ラインランドのような一次元に見える。私たちが気づくのはストローの巨視的な次元――縦方向の次元――のみだ。ストローの周が原子よりも小さければ、周はまったく見えない。

こうしてカルツァ＝クライン説は電磁気を説明する。正電荷を持つ粒子はストローを反時計回りに進むが、負電荷をもつ粒子は時計回りに進む。中性子のような中性の粒子は回らない。ストローが弓のように曲がると、時計回りと反時計回りの測地線は巨視的な方向では曲がり方が異なることがありうる。小さな余剰次元では両者の初速が異なるからだ。これは電場で正電荷を持つ粒子がマクロな方向では負電荷の量子とは逆向きに加速できることを説明するだろう。その小さな周方向の速さは異なるので、異なる測地線上を動くことになる。電荷が量子化される理由も説明する。粒子の波としての性質は、波長の整数個（一、二、三……）分のみでストローの周を回れるということだ。それは、粒子の w 方向の運動量（これは波長によって決まり、電荷に等しい）が陽子あるいは電子の電荷の整数倍でなければならないことを意味する。陽子と電子の電荷の観測された大きさから、ストローの周を求めることができて、それは 8×10^{-31} cm となる。この長さは原子核よりも小さく、余剰次元が見えない理由を説明する。

アインシュタインは一般相対性理論を考えた後、自然界の力をすべて統一するような大統一理論を見つけることを夢見ていた。カルツァとクラインがその目標に向かっていくらか前に進んだと言っておくべきだろう。二人は電磁気と重力を統一したのだ。電磁気は丸まった余剰次元で動作する重力にすぎなかった。しかしカルツァ＝クライン説にはそれ以上のものがあった。ストローの周が時間によって、また場所ごとに変動してもよいということだ。つまり、時空の場所ごとに異なりうる「スカラー場」があるのと同等になる。スカラー場とは、大きさだけがあって特定の方向を指すわけではない場のことを言う。温度はスカラー場だ。風速はベクトル場となる。それには速さと特定の方向（たとえば北の風などと言うように）があるからだ。この場合、スカラー場は余剰次元のその点での周の大きさであり、したがって、その地点での電子の電荷の大きさのことになる。一般相対性理論とマクスウェルの方程式だけが望みなら、その周は一定とならざるを得ず、変動はしない。私たちはつねに、電子がどこにあっても同じ電荷を持っていることを観測している。周が変動するなら、それは電子の電荷が変動するということで、そうはならない。ストローの周を一定にしておくものが何かははっきりしなかった。望みどおりにそれが一定だったら、その理論は新しい予測を出すことはない。標準の一般相対性理論とマクスウェルの方程式と同じ予測を出した。アインシュタインは幸運だった——一般相対性理論は、ニュートンの理論とは異なる予測をし（水星の軌道や光が曲がること）、それを確かめることができた。しかしカルツァとクラインは新しい予測を明示しなかったので、その理論はテストできず、ノーベル賞の対象にはならなかった。

今日知られている力は、強い核力、弱い核力、電磁気、重力という四つがある。強い核力は原子核をまとめているもので、弱い核力は一定の形の放射性崩壊で重要なものだ。スティーヴン・ワインバーグ、アブドゥス・サラム、シェルドン・グラショウは、弱い核力と電磁気力を統一して一九七九年のノーベル賞を受賞した。三人の理論は、光子が電磁気力を伝えるのと同じく、光子の親戚の重いW^+、W^-、Z_0の各粒子が弱い核力を伝えることを予想した。こうした粒子はCERNの粒子加速器（ジュネーブの近くにある）で発見された。カルロ・ルッビアとシモン・ファン・デル・メールはその成果で一九八四年のノーベル賞を共同受賞した。強い核力と弱い核力と電磁気力はどれも素粒子物理学の標準理論の中ですべて取り上げられる。最近は、ヨーロッパの大型ハドロン衝突型加速器（LHC）を使った研究者チームがヒッグス粒子を発見した。これもこの理論から予想されていた。ヒッグス粒子は、ヒッグス場という、空間全体に広がり、W^+、W^-、Z_0粒子に質量を与えるスカラー場に対応する粒子だ。素粒子物理学の標準モデルは非常な成功を収めているが、今のところ、ダークマター、あるいは質量がゼロでないニュートリノの説明はもたらしていない。また、強い核力、弱い核力、電磁気力は、重力と統一されていない。

今日、四つの力をすべてまとめる大統一理論で最も有望なのは超弦（スーパーストリング）理論だ。これは素粒子が点のようなものではなく、約10^{-33}センチメートルというごくわずかな長さの「弦」だと考えることに基づいている。この弦は、正の質量があり、縦方向に引っぱられているという点で、すでに述べた宇宙ひもに似ている。しかしスーパーストリングは、ミクロの太さではなく、太さはゼロになっている。ストリングの振動状態の違いで異なる素粒子——クォークやら電子やら何やら——になる。エド・ウィッテンは、五種類のスーパーストリング理論と、超重力と呼ばれる別の理論が、実は、全体を束ねる一つの、ウィッテンの言うM理論の限定版だということを明らかにした。M理論では、時空は空間の一〇次元と時間の一次元の一一次元だ。これは、マクロな空間の次元は私たちが知っている三つで、さらに極微の丸まった空間の次元が七つあると想定している。私がラインランド人にストローがどんなものかを説明しようとしたら、それは線のようだが、その線上の各点は点ではなく、実は小さな円だと言うことになる。空間の余剰次元が二つあったら、それは小さな二次元の面ということになる。円ではなく、たぶん小さなドーナツの面だ。M理論では、強い核力、弱い核力電磁気力を説明するはずの七つの丸まった次元が極微のプレッツェル形の中にある。空間内の点があると思われるところのどこにでも、実際には七次元の極微の丸まったプレッツェル形がある。とりうる形は多い。目標は、私たちが観測する素粒子物理学を説明する正しい形を見つけることだ。

ワトソンとクリックがDNA分子の構造を求めようとしていたときに直面していた難問のようなものだ。ありうる構造はいろいろあるように見えるが、どれが正しいか。二人がやっと問題を解いたときには、得られた構造によって、染色体が分かれて別々の、それでも同一の複製を作れる経緯が説明できた。答えはDNAの二重らせん形で、これがほどけて相補的な塩基対を引き寄せ、二つの同一のらせんができる。物理学の場合と同様、私たちは現に見られているような物理を説明する余剰次元のミクロの形を見つけたいと思っている。多くの人々がこの研究をしていて、カルツァとクラインが敷いた道をたどっている。リサ・ランドールと共同研究者のラマン・サンドラムは、きつく丸まった余剰次元が重力が他の力と比べて弱い理由を説明するのではないかと見た。テスト可能で観測に一致する予測を伴うM理論を誰かが見つけたら、その人物は、素粒子物理学の統一理論を見つけたいというアインシュタインの夢を実現したことになり、ニュートンやアインシュタインの列に加わることになる。どきどきする展開だ。

私たちはミクロの宇宙を調べており、今度はマクロの宇宙を見る態勢になっている。私たちは宇宙全体をカバーする一枚の見取り図を作りたい。それは低軌道のハッブル宇宙望遠鏡から、太陽、惑星、恒星、銀河、遠いクェーサーや、私たちに見ることができる最も遠いものである宇宙マイクロ波背景（CMB）放射の興味深いことを見せてくれるだろう。問題

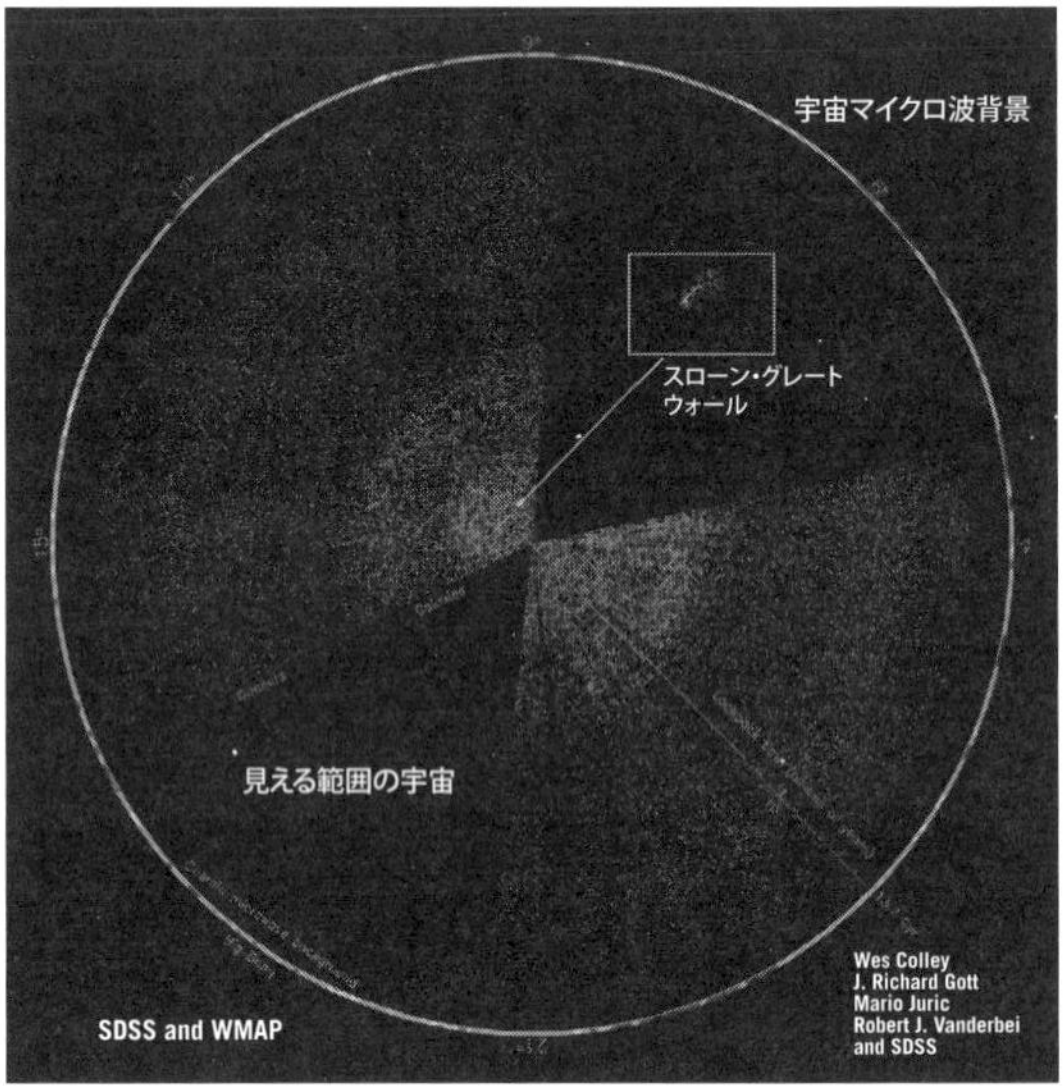

は、私たちの銀河が見える範囲の宇宙に比べて小さく、太陽系はその銀河に比べても微々たるものというところにある。したがって、宇宙をすべてが収まる地図に載せて、私たちの見るべきものをすべて表示するというのは難問だ。

図22-2は見える範囲の宇宙全体の横断面の地図で、地球の赤道から眺めわたしたものだ。地球は地図の中央にある。私たちに見える範囲の宇宙の中心にあるのは、私たちが特別な位置にいるからではなく、当然のことながら、見える領域の中心にいるからだ。同様にして、エンパイアステート・ビルのてっぺんへ行けば、地平線に区切られた、エンパイアステート・ビルを中心とする円形の領域が見えるだろう。エッフェル塔の展望台からも、塔を中心とする円形の領域が見えるだろう。

図 22-2　見える範囲の宇宙全体の赤道で切った断面。私たちは見える範囲の領域の中心にいる。ドットはそれぞれ銀河（緑）あるいはクェーサー（オレンジ）を示し、スローン・デジタル・スカイサーベイ（SDSS）で測定された赤方偏移を伴う（この図の中央部は先に図 15-4 で示したところ）。宇宙マイクロ波背景が円周をなす。写真提供―― J. Richard Gott, Robert J. Vanderbei（Sizing Up the Universe, National Geographic, 2011）

この見える範囲の宇宙のマップでは、見える中で最も遠いものは、外周付近に見える、CMBだ（WMAP衛星から見たもの）。この円の内側に、ドットで示された、スローン・デジタル・スカイサーベイで得られた一一万六五九四個の銀河とクェーサーが見える。ドットで埋まった二つの扇形の領域は、同サーベイが観測した領域の断面を示している。空白の扇形は、同サーベイでは調査されなかった領域だ。写真には、スローン・グレートウォール（第15章で取り上げた）が見える。クェーサーは銀河よりも遠いところに見える。すでにご存じのとおり、宇宙を見るときには過去にさかのぼって見ていることになる。何十億年もの過去がこの図には示されている。私たちの天の川銀河はこの画像の中心にある一個のドットにすぎない――そして近くの星々や太陽系の惑星の位置は小さすぎてこの図では見えない。

私たちが本当に欲しい見取り図は、ソール・スタインバーグによる、「九番街からの世界の眺め」という『ニューヨーカー』誌の有名な表紙のようなものだ。それは『ニューヨーカー』の世界観を示している。マンハッタンの建物が正面に大きく浮かび上がる。ハドソン川は小さくなり、「ジャージー」は向こう側に見える帯にすぎない。中西部はハドソン川の長さに圧縮され、太平洋は、その向こうでやはり細い帯になったアジアに接している。『ニューヨーカー』にとって重要なことが大きく示され、遠くの方の土地は小さく示される。見える範囲の宇宙の見取り図も、まさしくこういうふうに見えるものであってほしいのだ。私たちにとって重要な太陽系の天体が大きく描かれ、もっと遠い天体は縮小して描かれていてほしい。

私は一九七〇年代に大学院生だった頃、そうするための地図の投影法を考えた。その後の年月でいろいろな種類の投影法を作り、一九九〇年代にはポケット版も作った。

この「宇宙の地図」は宇宙の等角図法だ。等角図法とは、地球のメルカトル図法のように、局所的な形は維持することを意味する。メルカトル図法の地図ではアイスランドはキューバと同じく形が歪んでいない。局所的な領域は実際の形で表され、いずれかの方向につぶれたり引き延ばされたりしていない。だからグーグルマップではメルカトル図法が用いられている。細かく調べるための小さな領域を拡大しても、形はきちんとしている。しかし大きさは違う。メルカトル図法では、グリーンランドは南米大陸なみに見えるが、地球上では、その真の面積は八分の一ほどしかない。私の考えた地図も同様で、地球から遠い天体ほど小さく描かれるが、形は正確になっている。

マリオ・ジュリチと私は二〇〇三年、専門家向けに宇宙の見取り図の大型判を作った。これは『ニューヨーク・サイエンティスト』誌と『ニューヨーク・タイムズ』紙に取り上げられ、一五〇万回もプリントされた。それが発表されたのは二〇〇五年の『アストロフィジカル・ジャーナル』でのことだった。『ロサンゼルス・タイムズ』紙はそれをメルカトルの地図とバビロニアの地図になぞらえ、「最も心惹かれる地図と言える」と評した。ボブ・ヴァンダーベイと私はフルカラーの大規模模番の地図を描いた（図22-3に、九〇度回転したものを見開き三枚分でお見せする）。本を反時計回りに九〇度回転させてページをめくれば、地図の下段、中段、上段が順に見られる。

左から右に、地球の赤道から見た三六〇度のパノラマがある。横座標は天体の赤径で、縦軸座標は地球からの距離を示

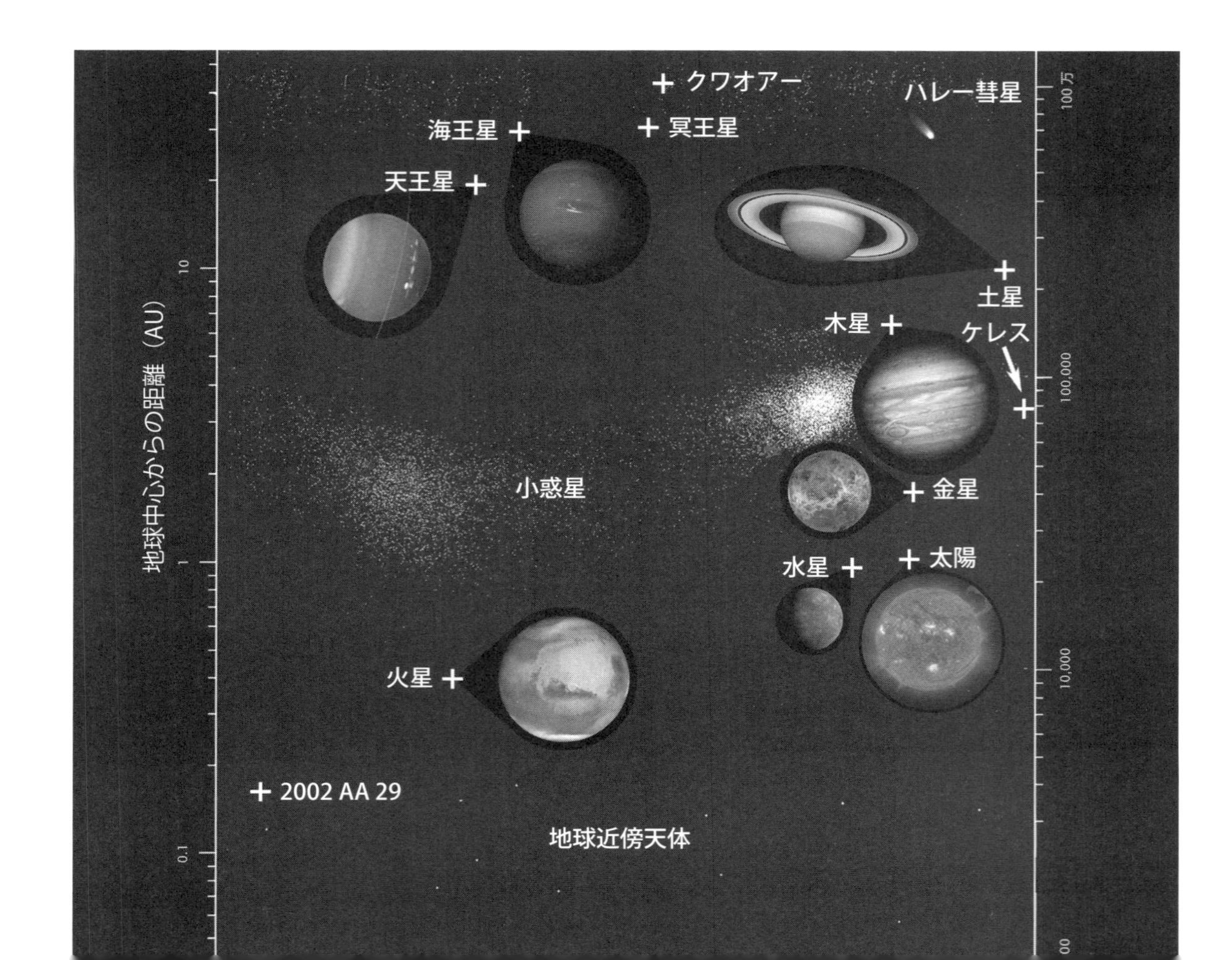

地球中心からの距離（AU）
10
1
0.1
クワオアー
ハレー彗星
海王星
冥王星
天王星
土星
木星
ケレス
小惑星
金星
水星
太陽
火星
2002 AA 29
地球近傍天体
100万
100,000
10,000

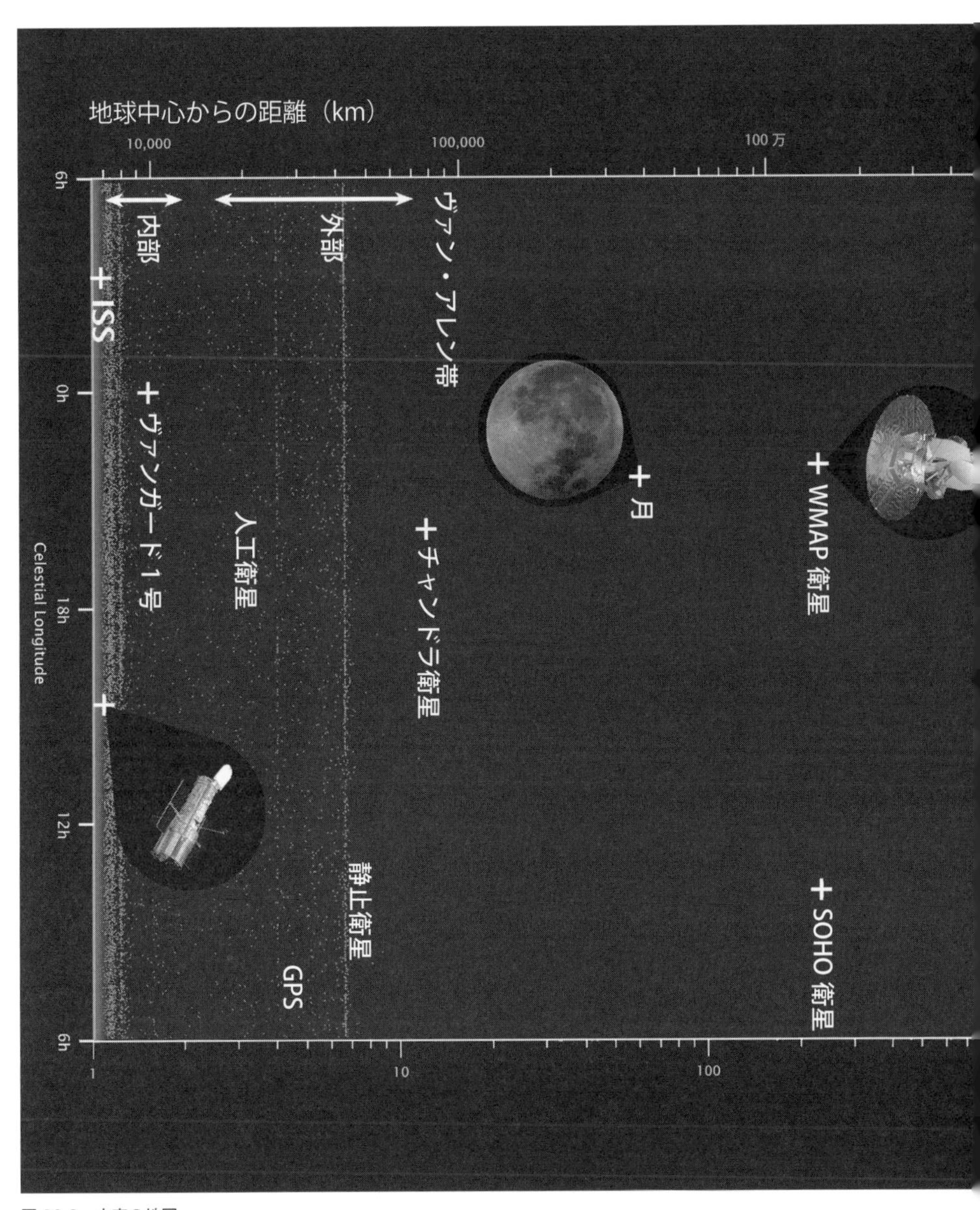

図22-3　宇宙の地図。
写真—— J. Richard Gott and Robert J. Vanderbei のもの（Sizing up the Universe, National Geographic, 2011）を元にした

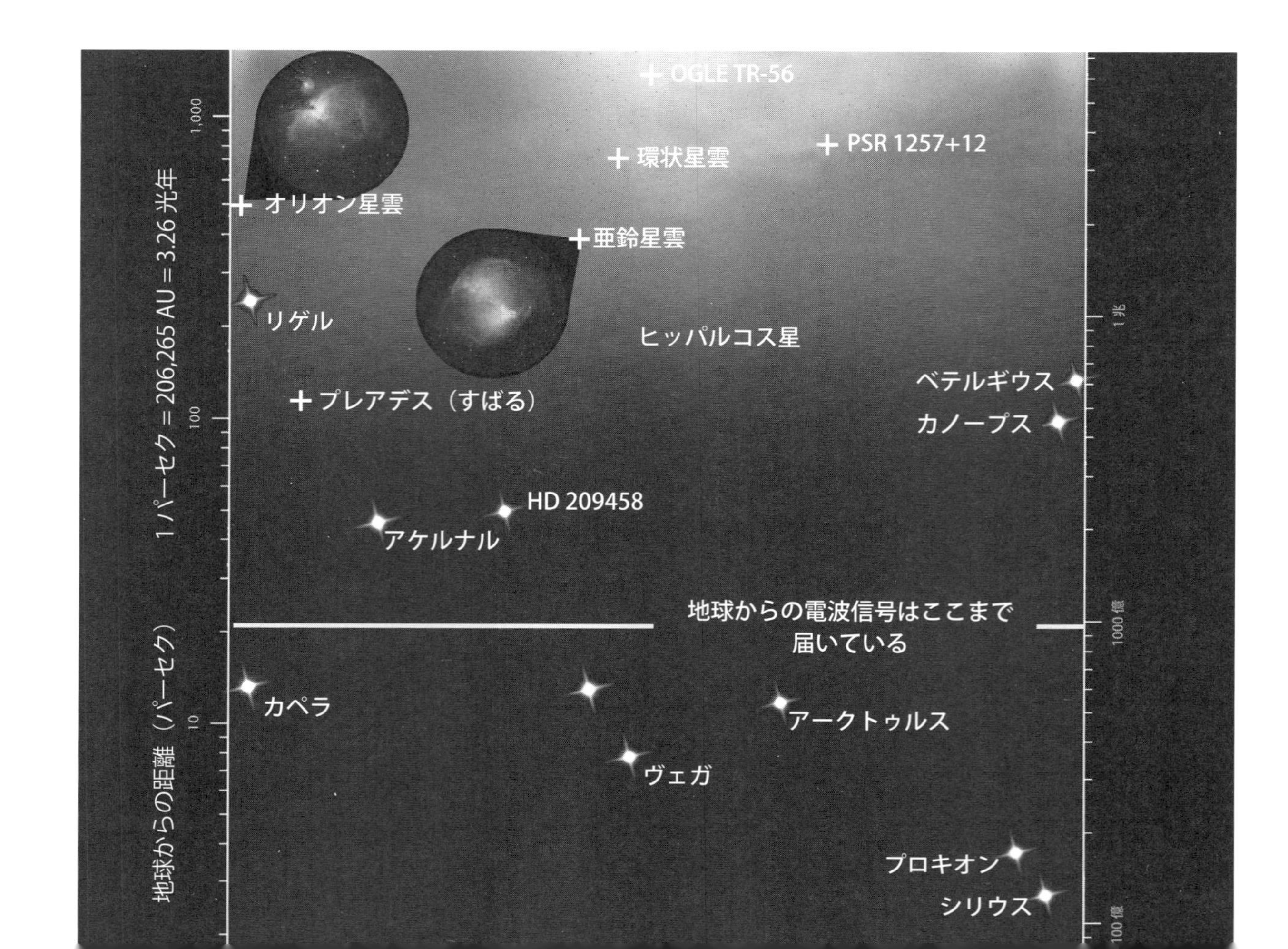

地球からの距離（パーセク）　1 パーセク = 206,265 AU = 3.26 光年
1,000
100
10
OGLE TR-56
PSR 1257+12
環状星雲
オリオン星雲
亜鈴星雲
リゲル
ヒッパルコス星
ベテルギウス
プレアデス（すばる）
カノープス
HD 209458
アケルナル
地球からの電波信号はここまで
届いている
カペラ
アークトゥルス
ヴェガ
プロキオン
シリウス
1 兆
1000 億
100 億

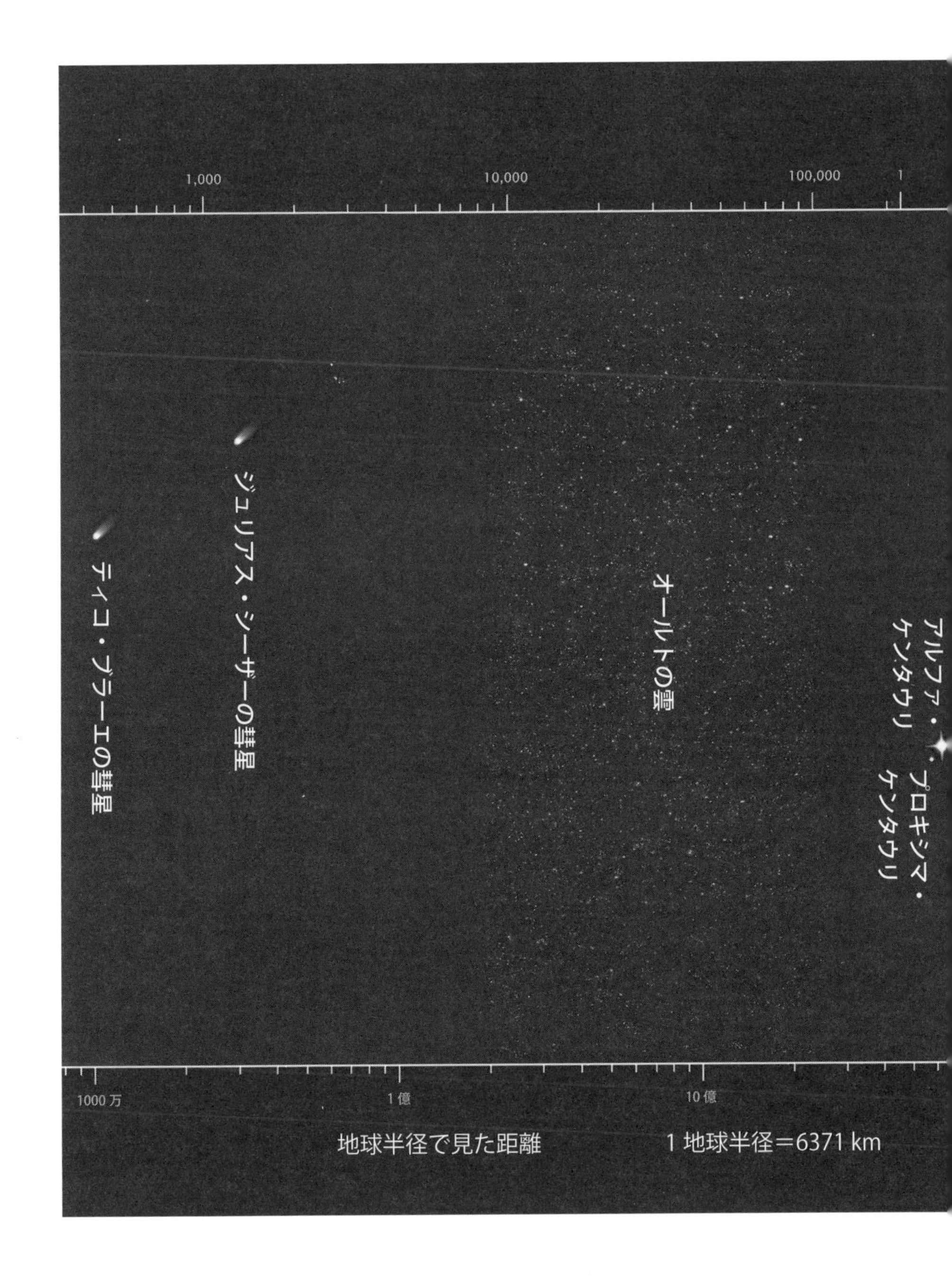
1,000
10,000
100,000
ジュリアス・シーザーの彗星
ティコ・ブラーエの彗星
オールトの雲
アルファ・ケンタウリ
プロキシマ・ケンタウリ
1000 万
1 億
10 億
地球半径で見た距離
1 地球半径＝6371 km

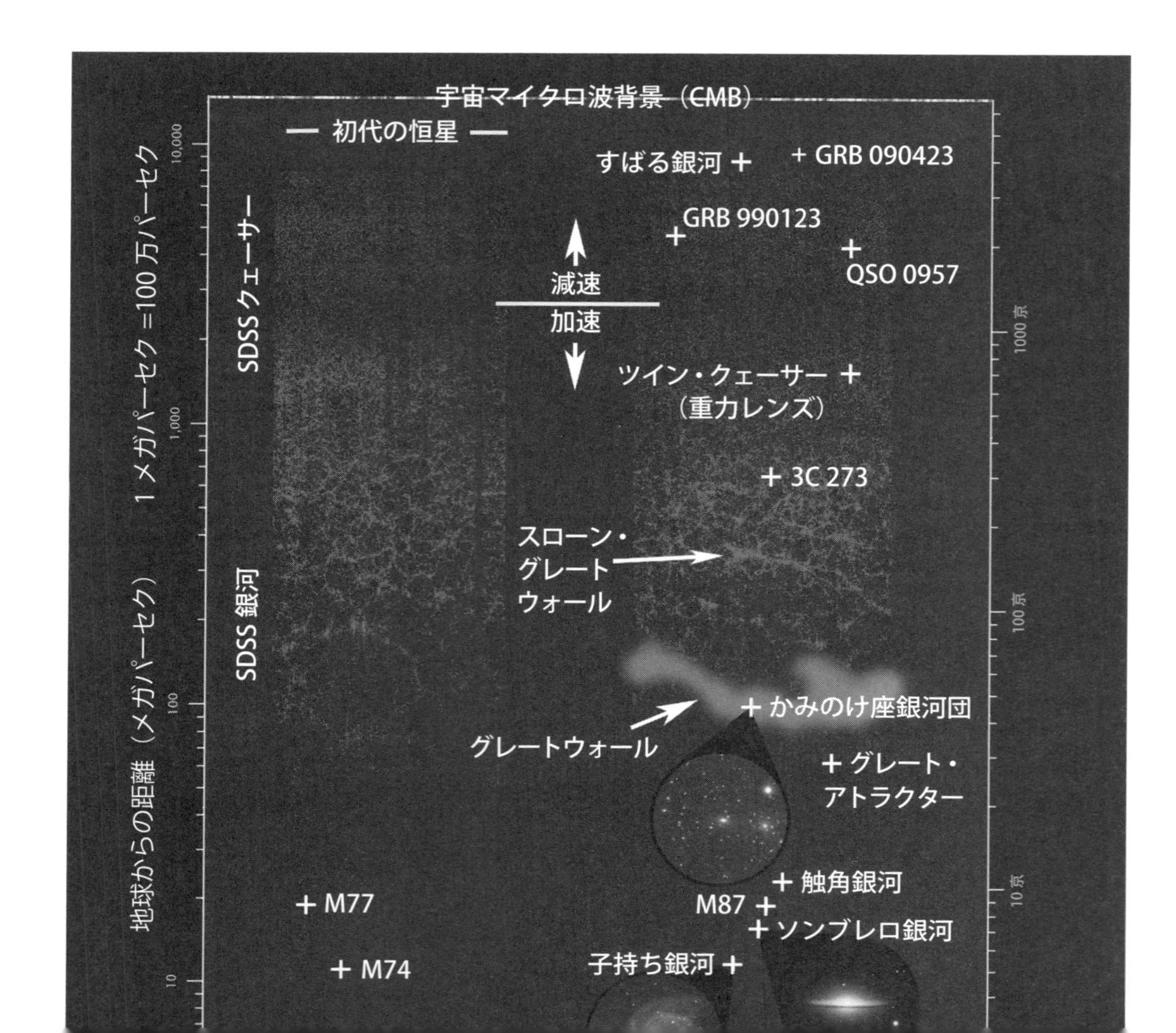

宇宙マイクロ波背景（CMB）
初代の恒星
すばる銀河
GRB 090423
GRB 990123
QSO 0957
減速
加速
ツイン・クェーサー
（重力レンズ）
3C 273
スローン・グレートウォール
かみのけ座銀河団
グレートウォール
グレート・アトラクター
触角銀河
M87
ソンブレロ銀河
子持ち銀河
M77
M74
SDSSクェーサー
SDSS銀河
地球からの距離（メガパーセク）
1メガパーセク=100万パーセク
10,000
1,000
100
10
1000京
100京
10京

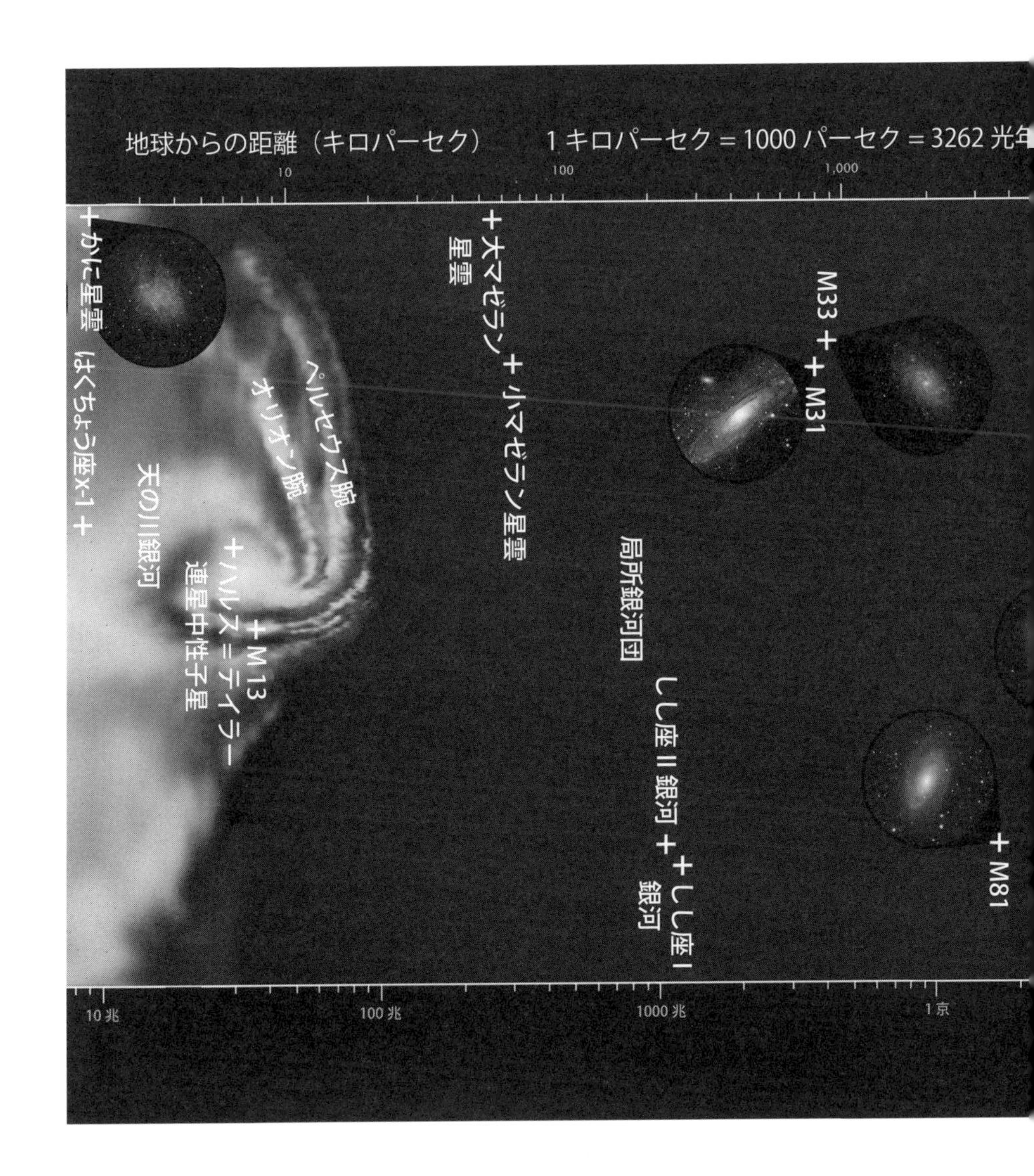
地球からの距離（キロパーセク）
1 キロパーセク = 1000 パーセク = 3262 光年
10
100
1,000
かに星雲
はくちょう座x-1
天の川銀河
ペルセウス腕
オリオン腕
ハルス＝テイラー連星中性子星
M 13
大マゼラン星雲
小マゼラン星雲
M33
M31
局所銀河団
しし座II銀河
しし座I銀河
M81
10 兆
100 兆
1000 兆
1 京

し、大きな目盛ごとに地球の中心からの距離が一〇倍になる。天体が一〇倍遠くなると、距離は一〇分の一に縮めて表示される。天体が遠いほど小さく描かれる。赤道での地球表面が直線に見える。月、太陽、各惑星が見える。さらに遠くへ行くと、プロキシマ・ケンタウリ、アルファ・ケンタウリ、シリウスから始まる恒星がある。さらに遠くには、天の川銀河の巨体が見える。その向こうにはM31とM81各銀河がある。それからM87銀河。マーガレット・J・ゲラーとジョン・ハックラが発見したグレートウォールは、銀河による巨大な糸、あるいは鎖だ。その向こうの地図の最上段にCMB、つまり私たちに見える最も遠くがあり、三六〇度全体で私たちを囲んでいる。

この地図は二〇〇三年八月一二日グリニッジ標準時で四時四八分の、見える範囲の宇宙を、地球の赤道面を中心とする四度のスライスで撮ったスナップショットだ（この範囲外にある有名な天体をいくつか入れた）。衛星と惑星はその時点での位置に描かれていて、各銀河はこの時点で達しているであろう距離――つまり共動距離で示されている。当時知られていたカイパーベルト天体もすべて示している。赤道面から二度以内で知られていた小惑星全てを見せている。地球表面の下にはマントルや核がある。大気は地球表面の上の薄い青い線で示され、電離層へと広がる。地球を回る八四二〇個の人工衛星もすべて示している。国際宇宙ステーション（ISS）もハッブル宇宙望遠鏡も出ている。月は満月で、太陽から一八〇度の位置にある。火星は公転軌道で地球に最接近しているところが示されている。水星、金星、木星、土星、天王星、海王星も描かれている。最大の小惑星、ケレス（九四五キロメートル）が見える。冥王星よりずっと後に発見されたカイパーベルト天体、クワオアーがその冥王星とともに示されている。この図には、惑星を持つ恒星がいくつか載せられている。すぐ近くに木星なみの大きさの惑星があるHD209458などだ。はくちょう座X‐1という太陽質量七個分のブラックホールもあり、中心部に太陽質量三〇億個分のブラックホールを宿すM87銀河もある。第11章で触れたハルス＝テイラー連星パルサーは、緊密な軌道でかみ合った二つの中性子星で、らせんを描いて徐々に内側に進んでいる。この連星系がアインシュタインが予想した通りに重力波を放出しているからだ。ハルスとテイラーは一九九三年、この発見でノーベル物理学賞を受賞した。見取り図の最上段あたりに、スローン・デジタル・スカイサーベイで得られた一二万六五九四個の銀河とクェーサーがある。これは間に空白地帯をはさんだ上下の二本の帯の形に見えている。空白地帯はこの観測の対象外だった領域だ。これは図22‐2に示したのと同じ扇形の領域で、この新たなマップに従ってプロットしなおしている。

この見取り図にはスローン・グレートウォールが含まれている。これはマリオ・ジュリッチと私が二〇〇三年に測定し、長さが一三億七〇〇〇万光年ある、当時知られている中では宇宙で最大の構造物であることがわかった。これはゲラーとハックラによるグレートウォールの約二倍の長さだ。しかし距離は三倍あり、地図では三分の一の大きさで示される。すると、このマップ上ではゲラーとハックラのグレートウォールの三分の二の大きさに見えることになる。スローン・グレートウォールは二〇〇六年の『ギネスブック』に宇宙で最大の構造物として掲載された。私はギネスブックに載るとは思っていなかった。一〇分で六八個のホットドッグを食べるとか、最大の撚り糸球を手に入れるとかのことはすることもなかったのに。この記録は二〇一五年頃まで保持していたが、さらに遠くを観測した結果、これよりも長いグレートウォールが見つかり、記録は破られた。

この見取り図には3C273、つまり第16章で取り上げた、距離が測定された最初のクェーサーも顔を出している。当時知られていた中で最も遠い銀河、すばる銀河と、当時知られていた中で最も遠い天体（おそらく超新星）、GRB090423ガンマ線バースターもある。地図の最上段はCMBで、私たちに見える最も遠い存在だ。私が天文学に興味を抱いたのは八歳のときだった。当時はカイパーベルト天体は知られておらず（冥王星以外は）、太陽系外惑星もパルサーもブラックホールもクェーサーもガンマ線バースターも知られておらず、CMBも観測されていなかった。この見取り図は天文学者一世代分の間にどれほどの進歩があったかを示している。

さて、大きく見た宇宙の形についての話をしよう。アインシュタインは、一般相対性理論の方程式を完成させたとき、それを宇宙論に応用したいと思った。その方程式は、エネルギー密度と圧力が時空をどう曲げるかを教えていた。その方程式の解の方程式の解の一つは、平らな空っぽの時空だったが、アインシュタインは宇宙論的解（つまり全体としての宇宙にあてはめられるもの）を求めたかった。問題は、アインシュタインの方程式から静止的解が出てこないことだった。ニュートンは静止的宇宙を考えていた。星は無限の空間に、まずまず一定の密度で散らばっているものだ。それぞれの星が、他の星それぞれからの重力を感じるが、この力はあらゆる方向で等しく引いているので相殺し合い、星は互いの位置を一定に保つことになる。これにより静止的モデルになり、それを人々は正しい宇宙の記述だと信じていた。ニュートンの当時には、誰も銀河のことは知らなかった。そのようないろいろな方向からかかる力が互いに相殺されるという考え方は、ニュートンが抱いたような絶対空間という認識があれば成り立つ。しかしアインシュタインの理論では、当初は静止的なモデルを生み出そうとしても、すべての銀河の互いに対する引力で宇宙はつぶれ始めることになる。ただアインシュタインも宇宙は静止的だと考えていた（これは一般相対性理論が一九一五年に考えられた直後のことだというのを忘れないように。ハッブルが銀河の様子や宇宙の膨張について調べるのは、まだ一〇年以上先のことだった）。アインシュタインは星（天の川の）しか知らず、その太陽に対する速度は光速と比べると小さかった――基本的に静止的だとアインシュタインは考えた。この問題を処理するために、アインシュタインは非常に異例のことをした。方程式に追加の項を加えたのだ。これは宇宙定数と呼ばれ、宇宙が重力で収縮する傾向に対抗するように作用する。

今日であれば、これは、空っぽの空間の真空には実はわずかでも正のエネルギー密度があると言っているのと同じことだと物理学者は言うだろう（ジョルジュ・ルメートルが初めてそう言ったのは一九三四年のことだった）。それはどういうことだろう。部屋から中身をすべて――人も、椅子も、部屋を満たす空気の原子も――出してしまい、すべての光子などの粒子も取り去れば、空っぽの空間、真空が残るだろう。エネルギー密度はゼロと予想される。ところがその空っぽの空間の真空が正のエネルギー密度を持っているとしよう。すると、宇宙船で互いにいろいろな速さで移動する宇宙飛行士たちがそれぞれ同じエネルギー密度を測定するなら――とくに選ばれる静止座標系がないのであれば――真空は空間の三次元のそれぞれに等しく作用する負の圧力をもっていなければならないというのも真でなければならない。この真空の圧力は負の符号を持っていなければならない（エネルギー密度の符号の逆）。方程式 $ds^2 = -dt^2 + dx^2 + dy^2 + dz^2$ では、時間方向に対応する項（$-dt^2$）は、空間の三次元の項とは逆の符号がついている。この ds^2 を表す式は、運動する宇宙飛行士にとっても同じ形になる。それにはとくに選ばれる静止の基準はない。同様に、正のエネルギー密度（アインシュタインの時間次元がある理論に対応）と、x, y, z の方向に同じ大きさで作用する負の圧力がある真空にもない。今度は、この真空の一部を部屋の中に押し込むことができれば、負の圧力が箱の側面を引き寄せ、それをつぶす方向に動く。しかし一様に広がっていれば、それには気づかないだろう。気象で言えば、圧力差が力を生む。それで風がものを倒すこともできる。しかし圧力が一様なら、それを感じることはない。ふつうの部屋では、気圧は平方センチあたり一キログラムほどだが、それには気づかない。一様なので、どちらかに押されるということがない。同様に、真空の圧力が空間全体で一様なら、それは水力学的な力は生まない。しかし重力的な影響はある。

エネルギー密度は引力であり、ものを引き寄せる。アインシュタインの方程式では、圧力がエネルギー密度と同様に重力的作用を及ぼす。これはニュートンには思いも及ばなかったところだが、アインシュタインの方程式では、時空を曲げるのはエネルギー・運動量のテンソル$T_{\mu\nu}$で、これにはエネルギー密度項だけでなく圧力項もある。したがって、アインシュタインの理論では、圧力も重力を及ぼす。正の圧力は引力を及ぼすが、負の圧力は斥力となる。真空での圧力が三次元に作用するので、負の圧力の斥力の効果は真空の正のエネルギー密度による引力を三対一の比で上回り、全体としての真空の重力的効果は斥力となる。今日、このゼロでない真空エネルギー密度は（それに伴う負の圧力とともに）ダークエネルギーと呼ばれる。それが「ダーク」と呼ばれるのは見えないからで、「エネルギー」と言われるのは、真空にある正のエネルギーだからだ。タイソンが強調しているように、天文学者は単純な名を好む。

アインシュタインは一九一七年の宇宙モデルを生み出すために、星は空間で一様に分布していると仮定した。星は重力による引力を及ぼしているので、それとつりあいをとって、宇宙定数という斥力を入れた。そうすると静止的――一定の形をもつ――モデルができる。アインシュタインの静止的宇宙の時空図は円筒形の表面のように見える（図22-4）。

この図では、時間および空間の一次元だけを示している。イメージしやすくするために、当面、空間の他の二次元は気にしないでおく。時間は上下方向の座標で、円筒は垂直に立っている。任意の時刻に円形の断面が得られる。その円周が

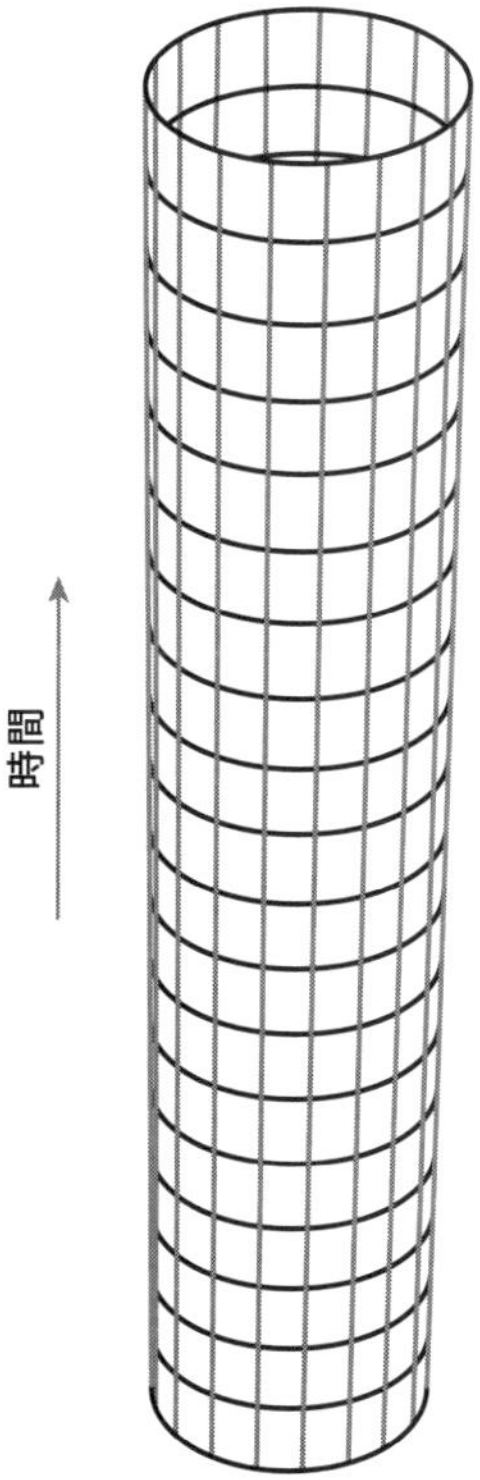

時間

図22-4　アインシュタインの静止的宇宙。これは時空図。時間は上下方向で、未来は上に向かう。空間は１次元だけ（円筒を囲む周方向）と時間次元（上下方向）を示している。このモデルでの星（あるいは銀河）の世界線は、円筒をまっすぐ上に上がる、まっすぐな縦線（測地線）だ。円筒の周は時間とともに変化しない――モデルは静止的になっている。この図で実在するところは、円筒形そのものだけで、その内側にも外側にも意味はない。図版―― J. Richard Gott によるもの（*Time Travel in Einstein's Universe*, Houghton Mifflin, 2001）を元にした。

空間の一次元を表す。これは円の国（サークルランド）となる。ラインランド人は、無限の直線上、つまりラインランドではなく、円周上のサークルランドにいるかもしれない。ラインランド人は自分がサークルランドにいることをどうやって知るのだろう。ラインランド人はある方向に距離 $2\pi r$ 進んだ後、自分が出発点にいることになる。これは宇宙が丸く自己完結しているような閉じた宇宙論モデルだ。星（あるいは銀河）の世界線は円筒を縦に上へ伸びる緑の直線。これは測地線で、できるかぎりまっすぐになっている。玩具のトラックをハンドルを切らずに円筒形をまっすぐ上に走らせることができる。銀河の世界線は平行で、銀河は近づきも遠ざかりもしない。宇宙の円周は時間が経っても変化しない。これがサークルランドで、円の半径は時間とともに変わることはない。こうした性質は静止的モデルを確認している。銀河の重力による引力は、宇宙定数という宇宙全体の重力の作用（今では「ダークエネルギー」と呼ばれる）とちょうどつりあう。

　そこで図には入れなかった空間の他の二次元を取り上げよう。実際にはこの宇宙の形は円でも球でもなく、私たちが三次元球面と呼ぶものになる。三次元球面とは何だろう。円はユークリッド平面上にある中心となる点からの距離が一定の点の集合だ。球面は三次元のユークリッド空間にある中心となる点からの距離が一定の点の集合となる。球面は二次元の面をなす。球面にはフラットランド人がいるかもしれない。このフラットランド人は、どの方向にでもまっすぐ進むと、$2\pi r$ の距離を進んだ後、出発点に戻っていることを知るだろう。このフラットランド人は、三つの角が直角の三角形を描いて自分が球面国（スフィアランド）に暮らしていることもわかる。北極点と、赤道上の軽度で九〇度離れた地点を結べばよい（図19–1）。これはユークリッド平面幾何学ではない。球のどの横断面も円となる（おもしろいことに、マーク・アルパートと私は、アインシュタインが点質量が重力的に引力で引き合わないフラットランドに暮らしていたら、アインシュタインは宇宙定数を導入しなくてもスフィアランドの静止的宇宙を考えられただろうということを証明した。しかしアインシュタインはフラットランドに暮らしてはいない――もう一次元上の超球面を使わなければならなかった）。私たちがたいていよく知っているような円と球面は、それぞれ一次元球面と二次元球面と呼ばれる。三次元球面は単純に一次元上がった形の球面で、四次元ユークリッド空間にある一点からの距離が一定の r である点の集合ということになる。この四次元のユークリッド空間での二点間の距離は、$ds^2 = dx^2 + dy^2 + dz^2 + dw^2$ で表される（ここには時間の次元は入っていない）。追加の空間のような次元を表す w の項が加わっている。三次元球面は、$r^2 = x^2 + y^2 + z^2 + w^2$ となる点の集合のことだ。

円が、曲がった一次元の閉じた線であるのと同じく、球は曲がった二次元の面であり、三次元球面は曲がった三次元の体積だ。円には有限の円周（$2\pi r$）があり、球には有限の表面積（$4\pi r^2$）があり、三次元球面には有限の表面体積（$2\pi^2 r^3$）がある。三次元球面の宇宙に暮らしていて、北に向かい、つねにまっすぐ前に進めば、いずれ$2\pi r$の距離を進んで出発点に戻ってくるだろう。宇宙を一周して、南から戻ってくることになる。東に向かい、つねにまっすぐ前に進むとすれば、$2\pi r$進んで宇宙を一周したうえで、西から元の惑星に戻ってくるだろう。しかしまっすぐ上に向かって出発すれば、やはり$2\pi r$の距離を進んだ後で、下から元の惑星に戻ってくる。これは私たちがいるのと同じ三組の方向――南北、東西、上下――があるが、どの方向へ行っても、出発したところに戻ってくる三次元宇宙だ。アインシュタインの三次元球面宇宙の勇敢な旅行者は、遠くの銀河を探検して、故郷の銀河に戻ってくることを確信できる。どの方向でも測地線ルート上をまっすぐ進み続けるかぎり。旅行者は必ず、ブーメランのように戻ってくる。空間には限りがあるが旅行者が進むのを妨げる縁、つまり境界はない。

三次元球面宇宙は閉じていて、体積は有限、そこにある銀河の数も有限だ。たとえば、銀河どうしの平均間隔が二四〇〇万光年あるとしたら、銀河ごとの平均体積は、$(2400\text{万光年})^3$となる。静止的三次元球面宇宙の曲率半径が二四億光年だとすると、三次元球面宇宙の体積は$2\pi^2(24\text{億光年})^3$。さて、$(24\text{億})^3/(2400\text{万})^3$は$100^3$、つまり一〇〇万だ。つまり、この宇宙は$2\pi^2\times 100\text{万}$の銀河、約二〇〇〇万の銀河があることになる。アインシュタインの静止的宇宙にいるとしたら、銀河は遠ざかることもなく、有限個の銀河があると見ることになる。そのような宇宙にいる天文学者はその銀河を特定して数えることもできるだろう。

三次元球面宇宙では、特別な観測者はいない。どの銀河の位置も他の誰にとっての位置とも同じようなもので、球面上には特別な点がないのと同じことだ。地球では、すべての観測者が自分は中心だと（つまり球面の頂点にいると）考えることができる。地球の私たちにとっては、自分が今、世界の頂点にいるかのように見える。自分がまっすぐ上に向かって立っていて、他の人々は横向きにひっかかっていることになる。オーストラリアの人々は地球に逆さまにぶらさがっているように見えるにちがいない。しかし誰もが自分が中心と考えることができる。北京には、世界の中心を表すとされる円形の台がある。イギリスには、ロンドン郊外にあって天文台があるグリニッジを通る経度〇度の線――「本初子午線」――が置かれている。私たちはみな自分が中心にいると思ってよい。それはすべての点が同等だからだ。重要なことに、三次元球面宇宙に暮らしていて、銀河を数えたら、すべての方向で同じ数になる。数は等方的、つまり方向によらない。ハッブルが発見したように。

アインシュタインが静止的宇宙論を発表したのは一九一七年だった。その方程式に加えられた宇宙定数項は、空っぽの空間に追加の曲率をもたらすが、それはごく小さく、したがって、一般相対性理論の太陽系でのテストにはまったく干渉しなかった。さらに、この項を加えても、方程式が局所エネルギー保存を維持するという事実は変えなかった。アインシュタインはおそらく、そのような修正が静止的宇宙を生むことを明らかにできる唯一の頭の持ち主だっただろう。

一方ロシアでは、一九二二年、アレクサンドル・フリードマンがアインシュタインの元の（宇宙定数がない方の）場の方程式に宇宙論的解を見つけた。フリードマンの解には、通常の星（あるいは銀河）があった。それは動的な（静止的ではない）解で、その分、解きにくくなる。フリードマンのモデルでは、宇宙の形はアインシュタインが唱えたのと同じ三次元球面だが、半径が時間とともに変わることができた。フリードマンは時空図がフットボールを立てた（キックオフの前のティーアップされた）ように見える解を見つけた（図22-5）。

この図では時間は縦方向に進み、てっぺんに向かう方が未来を表す。この図で示されているのは時間の一次元と空間の一次元だけ。空間の次元は、半径が時間とともに変化する円の断面（サークルランド）として示される。三次元球面の宇宙はビッグバンの半径ゼロ（いちばん下）から始まり、それから時間とともに円周が大きくなって、フットボールの中央部分で最大円周に達し、それから縮み始め、最後には「ビッグクランチ」で半径ゼロにつぶれる。銀河の世界線はビッグバンから始まりビッグクランチで終わるフットボールの縫い目に沿っている。この世界線はできるかぎりまっすぐになっている。その縫い目に沿って小さなトラックを動かせば、ハンドルを切る必要はない。これはアインシュタインの方程式が最高の状態で有効になっているところを示す。銀河の質量は時空を曲げていて、時空の湾曲が銀河の世界線——縫い目——を曲げる。下から縫い目どうしが離れていくが、フットボールの面の湾曲が引き戻し、ビッグクランチに至る。ビッグバンでは、最初、銀河は互いに飛び去るが、しかし重力による引力（湾曲）はその膨張を減速し、中央のフットボールの赤道のところで一時的に停止させ、その後、上半分で銀河は互いに集まり始める。宇宙の周も小さくなり、銀河どうしの距離は減り始め、ビッグクランチですべてぶつかり合う。そういうところには居合わせたくはないだろう。宇宙の体積がゼロに近づくにつれて、あなたも押しつぶされることになる。曲率が無限大のビッグクランチの特異点にぶつかる――ブラックホールの特異点と同じことだ。

ここで実在するのは「ボールの革」だけだということを強調しておくべきだろう。フットボールの内部は実在せず、フットボールの外も実在しない。私たちは高次元空間でのフットボールを目に見えるように描いているにすぎない。

時間はビッグバンで始まる――曲率無限大の特異点がある。ビッグバンの話は第14章で始まった。ビッグバンの前には何があっただろう。この問いは一般相対性理論の範囲では意味をなさない。時間と空間はビッグバンで生み出されたものだからだ。南極の南に何があるかと問うのに似ている。どんどん南へ行けば、いずれ南極点に達する。しかし南極点のさらに南へ行くことはできない。同様に、時間をどんどんさかのぼれば、いずれビッグバンに達するが、その時点は時間と空間が生まれたところなので、それ以前には行けない。アリストテレスは無限に古い宇宙を好んだ。それがどう始まったかを問う必要がなくなるからだ。始まり、つまり第一原因があるなら、その第一原因を生んだのは何かと説明する必要があるとアリストテレスは心配した。アインシュタインとニュートンも無限に古い宇宙を好んだ。しかしフリードマンの宇宙は過去の有限の時点の時間と空間が生まれるビッグバンで始まった。

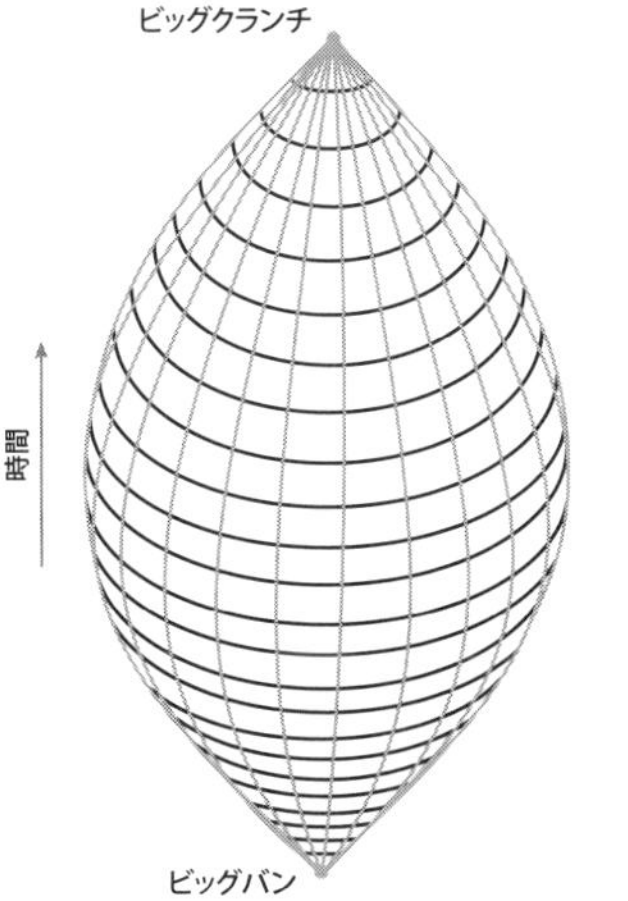

ビッグクランチ
時間
ビッグバン

図 22-5　フリードマンのビッグバン宇宙。この時空図も空間の 1 次元（フットボール形の周）だけと時間の 1 次元（上下）を示している。銀河の世界線は、フットボールを上下に走る緑の縫い目だ。それが測地線――この面に描ける最もまっすぐな線――となる。銀河の質量は曲がった形をもたらし、世界線は曲がった面で測地線をたどる。宇宙は動的で、ビッグバンが始まりにある。宇宙の周が時間とともに大きくなるとともに銀河どうしは遠ざかる。これは膨張する宇宙だ。しかしその後、重力による銀河の引力で宇宙は収縮を始め、最後にはビッグクランチで終わる。この図で現実にあるのは「ボール」の面だけだ――ボールの中も外も意味はない。
図版―― J. Richard Gott によるもの（*Time Travel in Einstein's Universe*, Houghton Mifflin, 2001）を元にした。

フリードマンがその解を発表したのは一九二二年で、それに注目した人はほとんど誰もいなかった。アインシュタインはそれが自分の方程式に対する興味深い数学的解だと思ったが、自分の静止的モデルこそが実際の宇宙にあてはまると考えた。その後第14章で見たように、一九二九年、ハッブルが宇宙の膨張を発見した。フリードマンのモデルは宇宙が膨張しているか収縮しているかいずれかであるはずだということを予想していた。そして今度はハッブルが銀河の世界線は実際に遠ざかっているのを見た。すると私たちはフリードマン・モデルのどこにいるだろう。私たちは立てたフットボールの下側にいて、銀河の世界線がばらけている膨張段階にいる。一九三一年に得られたさらなるデータで、ハッブルとヒューメイソンは、遠くの銀河が私たちから秒速二万キロメートルもの速さで後退していることを発見して、宇宙が膨張しているという結論を固めた。

アインシュタインは一九三一年のハッブルの成果を聞いて、ジョージ・ガモフに、宇宙定数は自分の生涯最大のどじだったと言った。なぜか。誰もフリードマンの論文に注目しなかった。しかしアインシュタインが宇宙定数を考えていなかったとしたらと考えてみよう。静止的モデルを捨てて、フリードマンの解を自分で発見していたかもしれない。アインシュタインがフリードマンの発表したのと同じモデルを発表していたら、世界中が耳を傾けたことだろう。アインシュタインは、宇宙全体が静止的ではないにちがいなく、膨張しているか収縮しているかいずれかだろうと前もって予測できていたかもしれない。そうなると、ハッブルが宇宙の膨張を発見したとき、アインシュタインの一般相対性理論の大きな確認が得られたことになる。それはアインシュタイン最大の功となっただろう。それまで膨張する宇宙のようなことは誰も説いていなかったのだ。人々はどこへ向かって膨張しているのかと尋ねたかもしれない。しかしアインシュタインの理論では、曲がった空間そのものが膨張できた。それはどこかへ膨張しているのではなく（フットボールの中も外もなく、ただフットボールの革の部分だけがある）、ただ伸びているだけなのだ。大きくなっているのはすべての銀河をつないでいる空間だ。これはすごい。このことを認識して、アインシュタインは宇宙定数は自分の最大のどじだと断言した。後の第23章では、アインシュタインが今生きていたら、その評価を改訂していいと思ったかもしれないことを述べる。

フリードマンのモデルは通常の物質だけを使ったもの（負の圧力、つまりダークエネルギーのようなものをまったく含まないもの）として想像できる唯一のものではなかった。この種のモデルの中で最も一般的なものとして、どんなモデルが構築できるだろう。私たちにとって、宇宙は等方的（どの方向にも同じ）に見える。ハッブルはあらゆる方向で銀河の数が等しいことを観測し、銀河があらゆる方向で等しく遠ざかっていることを観測した。ストラウスが第14章で論じたように、これは私たちが大爆発のまさしく中心にいたということだと考えてもおかしくはない。一方にずれていれば、中心方向にある銀河の方が、その反対方向の銀河よりも数が多くなると予想されるかもしれない。しかし中心にいたら、どの方向でも銀河の数は等しく見えると予想される。しかしコペルニクス以後、それは信じられなくなる。私たちが中心という特別なところにある銀河にいて、他はすべて中心を外れているというのはありえない。私たちの宇宙での位置は特別ではないというコペルニクス原理を適用すれば、宇宙はどの銀河の観測者にとっても等方的に見えなければならない（そうでないとその等方的と見ている私たちが特別ということになってしまう）。はるかかなたの銀河からも、宇宙はやはり等方的に見えなければならない。すべての観測者があらゆる方向で同じ宇宙を見るなら、宇宙は等質的でなければならない。

ある領域での銀河の密度が別の領域よりも大きければ、この領域の隣の観測者は密度が高い方向にある銀河の方が、反対方向にある銀河よりも多いと見ることになり、その結果は等方的ではなくなる。もちろん、小規模に見れば銀河団があったりするが、大きく見れば、方向が違っても銀河の数は同じになる。したがって、宇宙が等方的で等質的にならなければならないのは、大規模に見たときのことだ。一般相対性理論で等質的で等方的なモデルといえば、一様な曲率をもつものしかない。曲率が一つの時代で領域ごとに大きかったり小さかったりすると、どの観測者にとってあらゆる方向で同じに見えるということはない。等方的なモデルでは、この曲率にとって特別な方向はないので、曲率はあらゆる方向で同じで一定の値にならなければならない。三次元球面のフリードマン宇宙はそのような解の一つで、それは一様な正の曲率を持っている。球（二次元球面）のような正の曲率があり、三次元球面宇宙は同様に特殊な点や特殊な方向を持たない。

カール・フリードリヒ・ガウスは二次元の面の曲率を、$1/r_1 r_2$ と定義した。r_1 と r_2 は主曲率半径だ。球のガウス曲率は、r_0 を球の半径として、$1/r_0^2$ となる。曲率半径は同じ符号を持っている。たとえば、球のてっぺんにいれば、左から右への測地線も前から後ろへの測地線も同じく下向きに曲がる。二つの負（下向きに曲がる）をかけると正になるので、積 $r_1 r_2$ は正となる。つまり球面の曲率はつねに正。

しかし他に二つの可能性がある（曲率ゼロあるいは負の曲率）。まず、宇宙はある時期、曲率ゼロ、つまり無限に平らな平面のように平坦な形状であってもよかった（そのような宇宙を「平坦」と呼ぶとき、二次元のフラットランドのようなものというより、「曲がっていない」ということを意味している。これはユークリッドの立体幾何学の法則に従う無限の三次元宇宙のこと）。この宇宙は広がりの点で無限であり、無限個の銀河がある（第14章で論じたように、中心はない）。

第三の、曲率が負の場合。ある時期の形状は、無限に大きな馬の鞍のような形で負に曲がっている。馬の鞍は左から右へは下向きに曲がり、またいだ脚にそろっているが、前後には上向きに曲がって、馬の首から背中にそろっている。つまり二つの方向での曲がり方は逆で、プラス×マイナスはマイナスなので、曲率 $1/r_1 r_2$ は負となる。馬の鞍に円を描けば、その円周は $2\pi r$ より大きく、球とは逆になる。球の場合は先にも論じたように、円周は $2\pi r$ より小さくなる。馬の鞍では、今いるところから距離 r のところでは、円周をたどると上がったり下がったりするので、円周は平面で予想される値 $2\pi r$ より大きい。

図 22-6　通常の時空の中の双曲的負に曲がった空間（青）。時間は縦方向で、上に向かって未来。二つの空間的な次元——横軸——も示してある。図版—— Lars H. Rohwedder のものに手を加えた。

負に曲がった面は無限個の銀河を持つ無限の宇宙に向かう。負に曲がった場合は、図22-6では、特殊相対性理論の通常の平らな時空に生きるお椀形の面のように描かれている双曲宇宙になる。この図では、時間は上下方向で、未来は上の方向に向かう。空間の二次元も横方向の赤い矢印によって示す。

お椀の底の中心から始め、お椀のてっぺんの周まで巻き尺を伸ばすと、面に沿って引いた半径の長さは、円周に対して予想外に短い。それは、空間で外へ動くのに加えて、巻き尺も、お椀の面に沿って時間の中で上昇する。測定された距離は、$-dt^2$の項のせいで、短くなる。巻き尺で測定して得られるds^2の値から引かれるからだ。お椀の面に作図された円の半径は、その円周に対して短いなら、それは円周が半径に比して長い——負の曲率の証明——ということになる（馬の鞍は円周と半径の比が大きいことを捉えるたとえだが、どの方向でも同じ双曲宇宙にはない特別な方向、前後、左右がある）。この双曲面は無限に伸び、無限の体積があり、無限個の宇宙を含む。フリードマンはこの種のモデルを一九二四年に調べ、それがビッグバンで始まり、永遠の広がることを見た。後にハワード・ロバートソンは平らな、つまり曲率ゼロの場合を調べ、それもビッグバンで始まり、永遠に広がることを見た。

こうした結果をまとめよう（表22-1）。正の曲率の宇宙では、特定の時点で描いた三角形の角の和は球面上の場合のよう

モデル	3次元球面	平坦	双曲面
曲率	正	ゼロ	負
円周	$< 2\pi r$	$= 2\pi r$	$> 2\pi r$
三角形の内角の和	$> 180°$	$= 180°$	$< 180°$
銀河の数	有限	無限	無限
始まり	ビッグバン	ビッグバン	ビッグバン
未来	有限	無限	無限
膨張の歴史	膨張し、それから収縮して、ビッグクランチで終わる	永久に膨張する	永久に膨張する

表 22-1　フリードマン型ビッグバン・モデルの特徴

に、一八〇度より大きい。平坦で曲率ゼロの宇宙では、特定の時点での三角形の角度の和は一八〇度に等しい。負に曲がった宇宙では、ある時点での三角形の角度の和は一八〇度より小さくなる。負に曲がったフリードマンの宇宙は空間で有限であり、時間では有限となる。それは自らに巻き戻ってきて、閉じた面をなし、時間でも閉じる——最後のビッグクランチによる。平坦なフリードマンの宇宙と負に曲がったフリードマンの宇宙は空間的に無限であり、無限個の銀河を含み、時間でも無限で、永遠に未来に広がる。

一九六五年のペンジアスとウィルソンのマイクロ波背景放射の発見以後、探究は続き、私たちの宇宙を最もよく記述するこのモデルはいずれかと探している。WMAP衛星やプランク衛星からの今のデータは、一パーセント未満という精度で曲率ゼロのモデルに有利だ。しかし宇宙の力学はフリードマンが想像したよりも複雑だということはわかった。フリードマンのモデルが予想したハッブルの観測結果が膨張する宇宙を確認してから、いくつかの謎が残った。ビッグバン以前は本当にないのか。ビッグバンを起動したのは何か。マイクロ波背景放射は私たちが観測するように一様になったのはどういういきさつか。そうした問いに答えようとすると、宇宙のごく初期の歴史を再検討しなければならなくなるだろう。

第23章　インフレーションと最近の宇宙論の展開

J・リチャード・ゴット

本章ではごく初期の宇宙を調べる――ビッグバンや、さらにその前にまでさかのぼる。すでに述べたように、一九四八年、ジョージ・ガモフは宇宙はその最初の時期、どのように見えるだろうと考えて、宇宙はビッグバン付近では圧縮され、非常に熱く、その熱い熱放射で満たされていただろうと推理した。宇宙が膨張すると、この放射が冷える。

これは三次元球面のフリードマン宇宙について考えることで説明できる。この宇宙は時期ごとに有限の円周があり、この三次元球面宇宙が膨張すると、円周は大きくなる。この周を、レーシングカーが円形のコースを周回するように回る光子を想像しよう。コースの円周は、レーシングカーがいつも互いを追ってコースを周回している間に、時間とともに大きくなる一二個の光子が時計の文字盤にある一二個の数字のように等間隔で円形のコース上にあるとしよう。コースが膨張しても、レーシングカーの速さはすべて同じ、光速だ。コース上で各レーシングカーが等間隔で、コースの一二分の一ずつの差でスタートすれば、膨張する間もコース上の間隔はずっと同じになる。車の性能は同じなら、車は前方の車について行く。そうでなければ遅れて後続の車に衝突する。車の間隔がずっと同じなら、コースの円周が大きくなると、車を隔てる距離も大きくなる。コースの大きさが二倍になれば、車どうしの距離も二倍になる。さて、円周を時計回りに進む電磁波があるとしよう。一二個の光子をこの波の山の一つに置くことができる。光子と波の山はどちらも光速で進むので、光子は波が進んでもその波の山にとどまっている。つまり、コースの円周が大きくなると、波の山どうしの間隔も同じ比率で広がる。宇宙の周が二倍になれば、波長（山と山の距離）も二倍になる。

宇宙が膨張すると光が赤方偏移するのはそういうことで、空間が伸びるからだ。この赤方偏移は、宇宙が膨張するにつれて、初期宇宙の熱い熱放射が冷える（波長が長くなる）ことを意味する。最初の三分に起きる核反応を計算し、今日見られる重水素の量と照合すると、ガモフの学生、ロバート・ハーマンとラルフ・アルファーは、宇宙がその最初の時期からどのように膨張したかを推定することによって、当時の放射の今の温度を計算できた。二人が得た現時点の温度は五Ｋだった。一九六〇年代には、第15章で見たように、プリンストン大学のロバート・ディッケが同じ論証について考え、同様の結論を得て、この放射を探すことにした。そのことではペンジアスとウィルソンがディッケのチームに勝った。

一九八九年、宇宙背景探査（ＣＯＢＥ）衛星が打ち上げられて、宇宙マイクロ波背景（ＣＭＢ）を詳細に測定したとき、それは二・七二五Ｋの、ほぼ完璧な黒体のスペクトル（ガモフが予想していたとおりの）を見いだした。ジョージ・スムートとジョン・マザーは、ＣＯＢＥでの研究について、二〇〇六年のノーベル物理学賞を受賞した。

ガモフとアルファーのＣＭＢが存在するという予測と、アルファーとハーマンによる五Ｋという温度の推定は、ともに科学史上でも特筆すべき、後に確かめられる予測となる。この展開は直径五〇フィートの空飛ぶ円盤が、ホワイトハウスの芝生に着陸すると予測されて、実際には二七フィートの円盤が姿を見せたようなものだ。これはまた、私たちの位置は特別ではないにちがいないというコペルニクス原理の重要な確認でもある。ハッブルの等方性の観測については、コペルニクス原理はただちに、アインシュタインの場の方程式について、ガモフらがマイクロ波背景を予測する元にもなった、等質で等方的なフリードマンのビッグバン解に導く。

その結果生まれたフリードマンのビッグバン・モデルはヒットしたが、それでも重要な疑問点がいくらか残った。この宇宙には始まり、つまりビッグバンがあるが、ビッグバンの前には何があったのだろう。標準的な答え（第22章で示した）では、時間も空間もビッグバンのときにできたもので、そもそもビッグバン以前には以前と言える時間がなかったということになる。それでも、ビッグバンはなぜそれほど一様なのかという疑問もある。見る方向を変えても、ＣＭＢの温度は一〇万分の一まで一様だ。こうしたいろいろな領域が同じ温度になるのを「知って」いるというのはどういうことか。私たちが一つの方向を覗き込めば、一三八億光年先までが見えることになる。しかし私たちに見えるのは、宇宙が三八万歳の時期までのでしかない。標準的なビッグバン・モデルでは、その領域に影響を及ぼすのは、そこからの距離が三八万光年までのものだけだということになる。しかし空を一八〇度めぐって正反対の方向を一三八億光年先まで見れば、基本的に同じ温度の別の領域が見える。標準のビッグバン・モデルでは、この空の正反対の側にある二つの領域は、ビッグバンから三八万年後の時期（今それを見ている時期）には、八六〇〇万光年離れていて、生まれてわずか三八万年では、互いに連絡を取り合う時間はなかった。たいていは、二つの領域の温度が同じなら、それはお互いにやりとりがあって熱的平衡に達したからだということになる。しかし標準のビッグバン・モデルでは、空で観測できる遠く離れた部分どうしには、互いに影響し合うような時間はない。フリードマンのモデルでは、宇宙の異なる領域は、至るところで同じ温度になっていて、奇跡のような等質的膨張を始めなければならなかった。どうすればそんなに一様になれるのだろう。

しかしCOBEは領域どうしに一〇万分の一のわずかなゆらぎを検出した。宇宙が完全に一様なら、後に銀河や銀河団になるような密度の強弱はないはずだ。私たちの存在は宇宙の最初にわずかなゆらぎがあったことに依存している。そのゆらぎがあったからこそ、その後、重力の作用で大きくなって私たちが今観測している銀河ができた。宇宙はほぼ完全に一様でなければならなかったが、ぴったり一様ではだめだ。それが謎だった。私はかつての大不況の時代のことわざ、「ベーコンがあれば、朝食にベーコンエッグができるのに。卵があれば」が浮かぶ。私たちはまず、一様性全体を説明し、それからそのわずかなゆらぎを説明する必要がある。

図 23-1　初めには円周は小さくて異なる領域が、わずかな時間が加わったおかげで、因果関係でつながるようになり、そのうえでラッパ期の加速した膨張で遠く離れる。その結果、連絡する時間が足りなかったのではないかと思われるような見かけになっただけだ。
写真提供―― J. Richard Gott

一九八一年、アラン・グースはこの問題の解を唱えた。そのモデルは、宇宙がごく短期間、膨張が加速する時期で始まったと唱え、その膨張をインフレーションと呼んだ。時空図では、これはフリードマンのフットボール形時空を支えるゴルフのティーのように上を向いた、小さなラッパの先のように見える。それはラッパの吹き口付近の有限の円周で始まるが、時間を上に進むにつれて、ものすごく大きくなり、ベル形の開口部のように広がる。フリードマンのフットボールの下側の端は小さな、最下面の周が有限の――3×10^{-27} cm ほどかもしれない――ラッパの口に代わっている（図23–1）。ラッパの時期はフットボールのビッグバン先端だけの場合よりも少し長く続き、この追加の時間によって今日見られる異なる領域が因果的に接触できるだけの余裕ができる。初めには円周は小さく、あちらとこちらの領域が、わずかな時間が加わったおかげで因果関係でつながるようになり、そのうえでラッパ期の加速した膨張で遠く離れる。その結果、連絡する時間が足りなかったのではないかと思われるような見かけになっただけだ。

グースは何に基づいてこのモデルを考えたのだろう。グースが考えたのは、初期の宇宙には、アインシュタインの有名な宇宙定数が含意する空っぽの空間のような、高いエネルギー密度の――したがって高い負の圧力の――真空状態があったのではないかということだった。しかしグースはこの宇宙定数について非常に高い値を求めた。私たちは空っぽの空間の密度はゼロだと思うことに慣れている。何と言っても、すべての粒子と放射を除いているのだ。しかし空っぽの空間は、宇宙を満たすヒッグス場のような場のおかげでエネルギー密度を持っていてもよい。そこにある真空エネルギーの量は物理学の法則によって決まる。グースは、弱い核力、強い核力、電磁気力は、初期宇宙では単独のスーパーフォースに統合されていて、そのとき（物理学の法則が違っていたとき）の真空エネルギーは、今日見られている小さな値よりもずっと高かったのではないかと論じる。つまり宇宙定数は、実は（アインシュタインが想定したような）定数ではなく、時間とともに変化できたのだ。ごく初期の宇宙では、真空エネルギー密度はきわめて高くてもよかった。この高いエネルギー密度には、大きな負の圧力が伴い、特殊相対性理論の法則によって、真空エネルギーは、空間を異なる速さで移動する異なる観測者から見ると、すべて同じになる。先に論じたように、真空エネルギー密度は引力を生むが、三つの方向に作用する負の圧力は、三倍の斥力を生む。これは、アインシュタインの方程式によれば、グースが望んでいた加速された膨張で宇宙を始めることになる。私たちが「ビッグバン」と呼んでいる最初の膨張を生み出したのは、この斥力だった。

実は、このアインシュタインの場の方程式に対するラッパ形の解は、一九一七年、ウィレム・ド・ジッターによって発見されていた。ド・ジッターはアインシュタインの方程式を、宇宙定数はあるが他には何もない空っぽの空間の場合について解いた。宇宙定数の斥力効果に対抗する通常の物質がないので、この解は膨張が加速される宇宙をもたらす。解全体はド・ジッター空間と呼ばれる。この時空は、無限の過去に無限の半径で始まる三次元球面宇宙となる。それはほとんど光速で収縮する。しかし宇宙定数の斥力効果が収縮を減速させ、最小半径――周が最小になるウェストの部分――のときに収縮は停止して膨張に転じる。宇宙定数の斥力効果が続く間、膨張の速さも増す。膨張の速さはだんだん光速に近づき、無限の未来には、宇宙は無限大の大きさに膨張する。ド・ジッター時空の時空図はウェストの細いコルセットのように見える（図23-2）。図は水平面での円周を回る空間の一次元と上下方向の時間の次元を示している。未来はてっぺん側にある。下の裾は収縮期を示し、中央の細いウェストが最小半径を示す。それから上の方で広がり、ラッパの開口部のようになる。

フリードマンの時空モデルの場合のように、ここで注目すべきは、コルセット形の面だけだ。内側も外側もないものとすること。面だけが実在する。このコルセット形の時空には、一枚一枚のスライスに水平の円周上の断面がある。このスライスは、宇宙的時間の特定の瞬間の三次元球面宇宙の周を示す。この円はいちばん下で大きく、ウェストのところで最小となり、また大きくなっててっぺんに向かい、三次元球面宇宙が収縮したり膨張したりするときの大きさを示す。上下方向の「コルセット」の縦の線は粒子にありうる世界線を表す。いずれも、小さなトラックがコルセット表面でハンドルを切らずにまっすぐたどれる測地線だ。コルセットは下半分では絞られ、ウェストのところで間隔が最小になり、上半分では広がる。上半分では、時空の湾曲は、それをたどる粒子を互いに対して加速して離れるようにする。粒子が飛び去るとともに、その時計の進み方は、光速に近づくにつれて指数関数的に遅くなる。その時計はだ——ん——だ——ん——お——そ——く——な——る。時計の進み方が遅くなる間、円周はものすごく膨張する。図では空間はおおよそ直線的に膨張して、最後の方では光速に近い速さに（円錐の広がり方が四五度近くに）なるように描いてあるが、粒子に乗っている指数関数的に遅くなる時計が測定するところでは、円周は隣り合う時間間隔ごとに倍になり、1、2、4、8、16、32、64、128、256、512、1024……というふうに、指数関数的に加速する膨張となる。それは通貨のインフレのようなもので、そのためにグースはこのモデルを「インフレーション」と呼んだ。

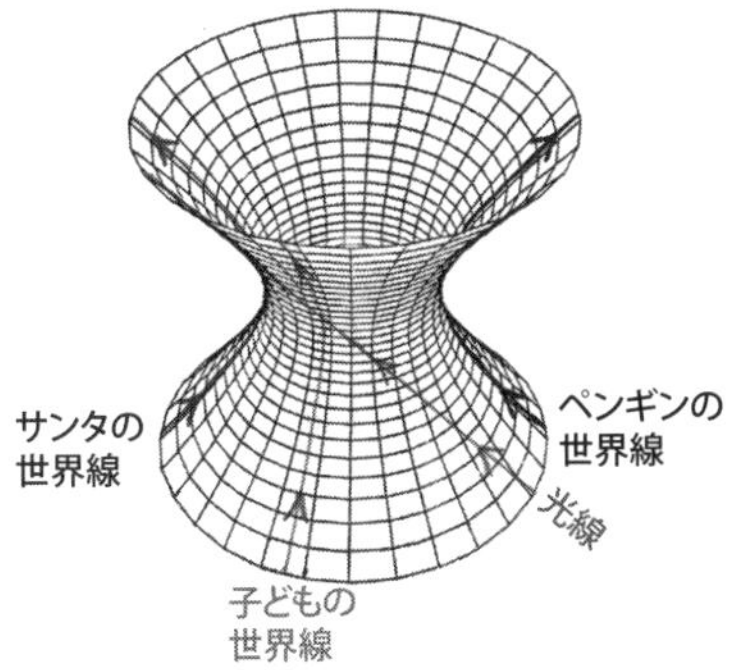

図 23-2　ド・ジッター空間の時空図。図 22.4 と 22.5 にあるように、この図は 1 次元の空間と 1 次元の時間を示す。J. Richard Gott 提供。

ウェスト部分を見よう。それは最大収縮時点での、三次元球面宇宙を表す円だった。それは実際には三次元球面であることを忘れないように。この円の左端にある点をこの宇宙の「北極」と呼ぼう。サンタクロースはそこにいる。コルセットの左側の赤い線を考えよう。これは三次元球面宇宙の北極にいるサンタの世界線。右側の一八〇度離れたところの黒い線は南極にいるペンギンの世界線だ。サンタの世界線は北極にあり、南極で暮らすペンギンを見ることはない。無限の過去のペンギンから出た光線は左へ四五度の傾きでまっすぐ進む。それはコルセットの正面を斜め上に横切るが、左のサンタの世界線に達することはない。この宇宙には事象の地平がある。サンタはペンギンの身の上に起きることは何も見えない——斜めの線の上、右側のものは何も見えない。サンタに近いところで暮らす子どもを考えよう。図23-2では薄い世界線で示されている。その子どもからの光線はサンタに届く。サンタは後になって、自分から遠ざかって加速する子どもを見る。子どもからの光はどんどん赤方偏移する。子どもがサンタに「ばんじじゅんちょうにいってます」という通信文を送ると、サンタが受信するのは「ばんじじゅん—ちょ——う」という形になるだろう。しかしサンタは「にいってます」を受け取ることはない。「にいって」の信号は四五度の斜めの線上にあって、届くことはない。サンタからは子どもがブラックホールに落下しているかのように見える。子どもの世界線が四五度の斜めの線、つまりサンタの事象の地平と交差すると、子どもの信号はもう届かない。サンタと子どもの間の空間は単純に速く広がりすぎて、斜めの線の反対側で出た「ます」の信号はどんどん広がるサンタと子どもの距離を踏破できない。これは特殊相対性理論には反しない。特殊相対性理論が言っているのは、他の誰かの宇宙船が光速を超える速さであなたを通過することはできないということだ。しかし一般相対性理論は二つの粒子間の空間が高速で伸びて、光が両者間の広がる間隔を埋められない場合があることを許容する。ド・ジッターの時空は粒子がウェストあたりでどのようにして連絡をとって熱的平衡に達し、それから遠く分かれることができるのかを説明する。

グースは最終的にド・ジッター宇宙が、今日の推定では、たぶん約3×10^{-27} cmの小さな円周のウェストのところで始まったことを唱えようとしていた。グースは無限の収縮期（時空全体の下半分）を消去しようとしていた。必要なのは最初に高密度の真空状態が少しだけだった。巨大な負の圧力による斥力効果があれば、時空は膨張を始め、それからどんどん膨張が早くなって、宇宙の大きさは10^{-38}秒ごとに二倍になる。宇宙は非常に大きくなる。宇宙が膨張するとき、真空状態のエネルギー密度は同じままになる。宇宙定数は一定だ。高エネルギー密度の小さな領域は膨張して同じ高エネルギー密度を持つ大きな領域となる。

奇妙なことに、これは局所的エネルギー保存には反しない。高密度の負の圧力の流体がある箱があると、その箱の壁を広げるにつれて、膨張に抵抗する負の圧力にさからって、壁を引き離す仕事をしなければならない。私がこの負の圧力(あるいは吸引力)にさからって壁を引き離そうとしてする仕事は流体にエネルギーを加える——箱の体積が増えても同じ高水準のエネルギー密度を維持できるほどに。こうしてエネルギーは局所的に保存される。しかし宇宙では、何が箱の壁を引いているのだろう。それは隣にある他の同様に小さな時空の箱からの負の圧力だ。圧力が宇宙全体で一様であれば、膨張そのものがその仕事をする。

一般相対論的宇宙論では、全域的なエネルギー保存はない。宇宙にはエネルギーの基準が確立する平らなところ(特殊相対性理論の時空に近い)はないからだ。こうして、負の圧力があれば宇宙のエネルギー総量が時間とともに増える。これによってグースはわずかなかけらの高密度の真空によるインフレーションモデルを起動し、それから自然に同じ密度の真空状態をもつ大きな宇宙に成長させることができた。こうすると、真空状態は「自己再生」し、最初は極微でもそこから指数関数的に大きくなる。このため、グースは宇宙を「究極のただ飯」だと言った。その後、強い核力、弱い核力、電磁気力が分かれ、真空状態は崩れる。空っぽの空間の真空におけるエネルギー密度の値が低くなるにつれて、真空エネルギーは大量の素粒子の形になる。宇宙には素粒子の熱分布が沸き出すことになる。

そこが宇宙の始まりにあったインフレーションのラッパがフットボールの形のフリードマンのビッグバンモデルにつながるところだ。すると宇宙の膨張は、フットボールモデルにあったように、減速を始める。圧力は今や粒子の通常の熱的圧力にすぎず、これは正となる。加速するインフレーションのラッパ期には互いに「さよなら」と言っていた世界線(サンタと子どものように)は、フリードマン期の減速を経て、「またお会いしましたね」と言うことになる。インフレーションはフリードマンのビッグバン・モデルの初期状態がどうすれば自然に生じうるかを示した。初期真空状態の、重力が斥力としてはたらくような作用(負の圧力による)がビッグバンを始めたのだ。ビッグバンは特異点で始まる必要はなく、小さな高密度の真空領域で始まることができた。インフレーションは、宇宙がなぜこれほど大きいか、なぜそれほど一様なの

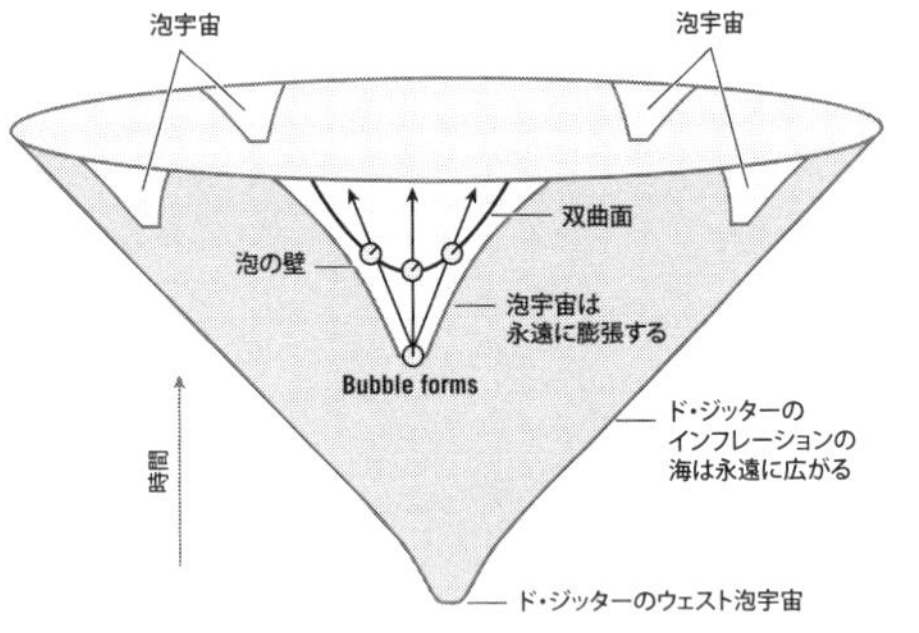

図23-3　インフレーションの生みでできる泡宇宙――マルチバース図版―― J. Richard Gott によるもの（*Time Travel in Einstein's Universe*, Houghton Mifflin, 2001）を元にした。

かを説明できた。どんなでこぼこも、宇宙が巨大にふくらむと均されてしまう。それは私たちが観測する一〇万分の一のわずかなゆらぎも説明できるだろう。そのゆらぎとは、ハイゼンベルクの不確定性原理による小さなランダムな量子のゆらぎだ。宇宙は最初、10^{-38}秒で二倍になっていた。こうしたごく短い時間では、不確定性原理でどんな場のエネルギーにもランダムなゆらぎが生じうる。実際、今日の宇宙に見られる銀河が集まるスポンジのようなパターン――「宇宙の網目（コズミック・ウェッブ）」――も、ＣＭＢに見られる高温と低温のパターンも、初期条件が、インフレーションによって予測されるランダムな量子ゆらぎから予想されるとおりにランダムに見えていたことを示す（ゴットの *The Cosmic Web* [2016] を参照のこと）。

しかしインフレーションには一つ問題があり、グースもそれを認識していた。始まりにあった高密度の真空状態は、一度に素粒子に崩壊するとは予想されないのだ。この高密度のインフレーションを起こす海は、低密度の真空の泡に崩壊する。シドニー・コールマンが研究した現象だ。それはやかんで湯が沸くのに似ている。水はいっぺんに蒸気になるのではない。水中に蒸気の泡ができる。しかしこれは一様には分布していない――私たちが予想していた一様な宇宙ではない。そのことをグースは問題として挙げた。一九八二年、私はインフレーションが泡宇宙を生むことを唱えた――それぞれの泡が膨張してそれぞれ別の宇宙になるということだ（図23-3）。

私の理論モデルでは、私たちは低密度の泡の一つで暮らしている。泡ができた後、真空エネルギーが崩壊するのに間があれば、双曲面で崩壊して、一様な、負の曲率の、双曲フリードマン宇宙（図22-6）ができることに私は気がついた。泡の内部から見ると、私たちは空間の奥を見て、時間的にはさかのぼって見ることになり、私たちは自分たちがいる宇宙とそれができる前のインフレーションを起こす一様な海を見ているだけだ。私たちにはすべて一様に見える――グースの非一様性の問題が解決する。泡はほとんど光速で膨張する。しかしインフレーションする海の膨張速度も大きいので、ぼこぼこと湧く泡で空間全体が満たされることはない。いつも新しい泡宇宙ができていて、泡どうしの間で膨張する海が広がり、さらに新しい泡宇宙ができる。私は絶えず膨張するインフレーションの海で無限個の泡宇宙——今ではマルチバースと呼ばれている[*1]——ができるところを思い浮かべた。こうした泡宇宙なら、内側では負の曲率となり、永遠に膨張を続けるだろう——双曲フリードマン宇宙となる。同時期をなす面は双曲的になり、膨張する泡の内側に収まる双曲面となる。同時期をなす面では、個々の粒子についている目覚まし時計がすべて鳴り始め、泡の形成時からの一定の時間を示している。その形は双曲面となる。早い粒子ほど進み方が遅い時計を持っていて、したがって、目覚ましが鳴る時点では遅れているからだ（図22-6を参照）。これは、広がる泡の壁の内側で上の方に湾曲しながら、広がりが無限大の双曲面の形を生む（図23-3）。最後には、泡が無限の未来の無限大の体積に膨張するにつれて、無限個の銀河が生み出されることになる。つまり、最初はごく小さい、高密度のド・ジッター空間から、無限大の泡宇宙が無限個できることになる。

これは奇妙に見える。有限の始まりから無限個の、それぞれが最後には無限の大きさになる宇宙がどうして得られるのか。ド・ジッターの時空は先が上向きに広がるラッパのように見える。トランペットの開口部のド・ジッター空間のウェストのところで真横に切った断面は円だ。これは有限の円周と有限の体積をもった小さな三次元球面宇宙で、アインシュタインが考えたようなものだ。しかしラッパの上の方は円錐状で、円錐は切り方によって、円、放物線、双曲線になる。ド・ジッター時空を真横に切れば円になる——これは三次元球面宇宙だ。四五度の傾きで切ると、放物線になり、無限の平坦な宇宙が得られる。縦の面に沿って切ると双曲線になる——これは負の曲率が無限大の曲がった宇宙だ。群盲象を撫でるという古諺のようなものだ。ある人は鼻に触って象というのは蛇のようだと言う。またある人は脚を触って、象は木の切り株のような形だと言う。さらにまたある人は象の脇腹を触って、壁のようだと言う。同様に、ド・ジッターの空間の形は切り方による。無限に膨張する泡宇宙内で、双曲線の切れ目を作れば、無限の空間のスライスが得られ、膨張するド・ジッター真空が終わる時期を画し、あふれたエネルギーが粒子となり、フリードマン・モデルが始まる。食パンがアメリカ式に真横に切れたりフランス式に斜めに切れたりする例のように、実在するのは当のパンだけだ。インフレーション・モデルについてのド・ジッター空間の時空の形を見ると、それはウェストの有限の三次元球面宇宙で始まり、永遠に膨張し、無限大に大きくなる。このインフレーションが永遠に続き空間が無限に大きくなる顕著な時空の形状によって、永遠にインフレーションする海の無限の泡宇宙が無限個できるようになる。

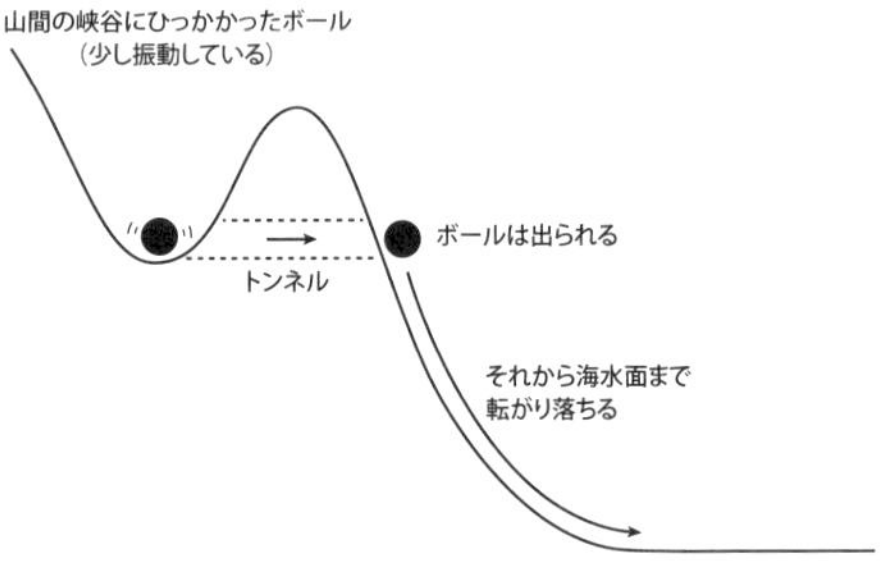

泡が異なれば、地形のいろいろな渓谷にトンネルで出て来たり転がり落ちることに対応するなら、泡宇宙ごとに物理法則は異なっていてもいいだろう。私たちの宇宙に見られる物理法則は、アンドレイ・リンデやマーティン・リーズが力説していたような、地域限定のローカルルールなのかもしれない。

ド・ジッターのインフレーション宇宙がウェストのところで始まるのも重要だ。私たちはそれに先行する無限の収縮期は求めていない。ボードとヴィレンキンはその理由を示した。泡は収縮期にも生じて、その収縮する空間の中で泡は膨張するだろう。低密度の泡どうしが衝突して、空間を満たし、インフレーションする海を止めて、それをウェストと膨張期に達しないようにしている。ビッグクランチに達するだけだ。泡は内部でウェスト部分に戻ってくる負の圧力は持たない。そうしてボードとヴィレンキンはインフレーション宇宙が、最初、インフレーションする有限の部分として始まるという結論を出した。これは3×10^{-27} cm程度という小ささでよい。それはゼロではないが、たぶん、可能なかぎりゼロに近いだろう。

図23-4　量子トンネル効果。
図版 ―― J. Richard Gott によるもの（*Time Travel in Einstein's Universe*, Houghton Mifflin, 2001）を元にした。

真空エネルギー密度は地形の中での高度と見ることができる。高度は真空エネルギー密度、つまり空っぽの空間のエネルギー密度を表す。土地での場所の違いに対応して、真空エネルギーを生んでいるいろいろな場（ヒッグス場のような）の異なる値がある。場所の違い（場の値の違い）に対応して、高さの違い（真空エネルギー密度の値の違い）がある。今日、真空エネルギー密度は非常に低い――海水面に近いところにある。しかし初期の宇宙での真空エネルギー密度は、高い山の峡谷にはまったように高くなる（図23-4）。

高い山の峡谷にひっかかったボールは結局は不安定だ。もっと下の安定したエネルギー状態、つまり海水面があるのだ。しかし周囲を山で囲まれていたらそこにひっかかっていられる。ニュートンの宇宙では、そうなるとそこから出て転がり落ちることはできないが、量子トンネル効果という量子力学的な過程によって、周囲の山をくぐって海水面まで転がり落ちることができる。[*2]

量子トンネル効果はジョージ・ガモフによって発見された過程だ。ウランの放射性崩壊もこれで説明される。ウラン原子核は、アルファ粒子（陽子二個と中性子二個からなるヘリウム原子核）を放出して崩壊する。アルファ粒子は強い核力によって陽子と中性子が互いに引き合って原子核の中に閉じ込められている。この強い核力は山間の峡谷を取り囲む山脈のような作用をして、アルファ粒子を原子核の中に閉じ込める。しかし強い核力は短距離の力で、アルファ粒子は、どうにかして原子核の外の強い核力の引力が及ぶ範囲外に出れば、脱出できることになる。アルファ粒子は正電荷を持っていて、正電荷を持つ原子核本体から斥力を受ける。それは原子核から遠ざかる斜面を下り、静電気の斥力による運動エネルギーを得る。ウランが崩壊したとき、放出された一個のアルファ粒子が持つエネルギーを測定すると、その粒子が出発したときエネルギー的にどれくらいの高さにあるかを計算できる。わかったことは、それがウラン原子核の外から発射されているということだった。どうやってそこに出られたのだろう。量子力学は、光は波でありかつ粒子であるのと同じように、たとえばアルファ粒子のような、ふつう「粒子」と呼ばれる物体もそうだと言う。アルファ粒子の波としての性質は、ハイゼンベルクの不確定性原理によって捉えられる意味で、きちんと場所を特定できないという意味だ。ガモフはアルファ粒子がウラン原子核の内部に保持している山を「すっとばし」、突如、原子核の外にいて、そこで静電気による斥力のせいで原子核から斜面を下りることになる確率がわずかながらあることを見てとった。私はこれを禅の公案に似ていると思う。あひるはいかにして瓶の外に出るや（瓶の首はあひるが脱出するには細すぎるのに）——そもさん！ 説破！——あひるが外にいるということなればなり。アルファ粒子の量子トンネル効果もそういうことで、「アルファ粒子は外にいる」のだ。これまた、ガモフがノーベル賞を受賞していたかもしれない例だ。

泡宇宙の場合には、山間の峡谷は初期の高い真空エネルギー密度を持ったインフレーション宇宙（ド・ジッター空間のウェストのところ）を表す。そのずっと膨張する高密度の状態に永遠にとどまれば満足だろうが、長い時間が経つうちに、トンネルをすっとばして山の外に出て、海水面まで転がり落ち、真空のエネルギーを運動エネルギーに変え、通常の素粒子を創成することになる。このトンネル効果は、外の真空エネルギー密度よりわずかに低い真空エネルギー密度を持った小さな泡が瞬間的にできることを表す。泡の外の負の圧力は、泡の中の負の圧力より強く、その差で泡の壁は外側に引かれる。膨張はどんどん速くなり、そのうち光速に達する。その間、泡の内部では、真空エネルギー密度は徐々に斜面を下って海水面に向かう。インフレーションは泡が斜面を下りているときに、その中でしばらく続く。海水面まで転がり落ちて、真空エネルギーを粒子の形で蓄えるとインフレーションは止まり、フリードマン期が始まる。私の論文が出てまもなく、アンドレイ・リンデや、アンドレアス・アルブレヒトとポール・スタインハートが独自に発表したのは、この種の想定だった。泡の外では、真空状態が山間の峡谷にとどまっていて、どこまでもインフレーションを続ける海が加速する膨張を続けている。私は、今日では「マルチバース」と呼ばれる泡宇宙の形成にかかわる形状と一般相対性理論を論じていたが、リンデやアルブレヒトとスタインハートは、それぞれ独自に、泡宇宙が形成できるような詳細な素粒子物理学を唱えた。私たちが暮らしている宇宙ができるには、インフレーションが泡宇宙でしばらく続くことを私は求めていた。リンデやアルブレヒトとスタインハートの各モデルでは、これは泡の真空エネルギー密度が少々の時間をかけて斜面をゆっくり海水面まで転がるときに、自然に起きることだった。一九八二年にはさらに、スティーヴン・ホーキングが泡宇宙説を取り上げ、初期の量子ゆらぎがインフレーションにより膨張して、宇宙論的規模では、銀河や銀河団ができる種子に必要な形に見えることを示す論文を発表した。[*3] その後ＣＭＢと銀河分布両方で観測された構造については第15章で述べたが、これはインフレーションからの予測と見事に一致している。

　隣接する泡が将来、私たちのいる泡と衝突する可能性はあるが（たぶん今から10^{1800}年くらい後で、突如空に熱い斑点ができて、そのときに生命がいても、その放射によっておそらくすべて死んでしまうだろう）、マルチバースにある他の宇宙のほとんどは、私たちから見える範囲からは事象の地平で永遠に画されることになる。他の宇宙は、そこからの光が私たちと向こうの間のインフレーションを続ける領域を渡ることはできないほど離れている。インフレーションはいったん始まったら止めるのは難しいようだ。それは永遠に膨張を続け、私たちがいるような宇宙が無限個あるマルチバースを生み出す。一九八三年、リンデは「カオス的インフレーション」を唱えた。これも、絶えず膨張するインフレーションを起こす海の中に、宇宙の低密度のポケットのマルチバースを生むとするものだ。リンデのカオス的インフレーション・モデルは、地形上でランダムに動くために量子のゆらぎに依拠する。量子ゆらぎが真空エネルギー密度が高い斜面あるいは山を上らせる可能性はあった。高度があるほど、エネルギー密度も高く、膨張で二倍になる時間も短くなる。その高度がある領域では、高速のインフレーションによって、高い真空エネルギー密度の余地がさらに急速に生まれている。高度のある領域はもっと急速に増殖する。暮らしているところの高さがあるほど子どもの数が多くなるかのようなことだ。数世代経つと、ほとんど誰もが山で暮らしていることになる。マルチバース全体は高速でインフレーションすることになる。すると個々の領域は谷に転げ落ちて、私たちの宇宙のような個々のポケット宇宙を生み出すことができるだろう。空間のほとんどは急速に膨張する山の領域になるが、海水面まで転がり落ちることによって常にできる斑（ポケット宇宙）があるだろう。つまり実は山間の谷から始まる必要はないということだ。一般の地形では、私たちがいるような低密度の宇宙が永遠にインフレーションするマルチバースでいつもできると予想される。

マルチバースの中の他の宇宙は見えないとしても、それが存在すると考える根拠はある。そうした宇宙があることはインフレーション理論から導き出される不可避の予想らしく、それが様々な観測データを説明するからだ。

ＷＭＡＰやプランク衛星が結果を出したとき、インフレーションは大いに補強された。ＣＭＢのいろいろな角度スケールで見られる温度ゆらぎの強さは、インフレーションから予想されるパターンとぴったり一致する（図15-3を思い出すこと）。ＷＭＡＰとプランク衛星の観測結果は、宇宙の曲率がほぼゼロであることも示した。曲率が正の宇宙では、マイクロ波背景地図に見られる斑が少なくなるだろう。大きな円の円周が、ユークリッド幾何学で予想される$2\pi r$よりも小さくなるからだ。曲率が負だったら、円周は$2\pi r$よりも大きくなり、斑は多くなって、その斑はユークリッド幾何学から予想されるより、角度で見た大きさが小さくなるだろう。観測結果は、角度スケールで約一度のところに強度の山がある温度ゆらぎを示す。これは曲率ゼロの宇宙から予測されることと一致する。

これは、私たちが曲率の符号を本当には知らないということを意味する。宇宙の曲率は私たちに測定できないほど小さいということだ。私たちが現時点で得ているデータは、見える範囲の宇宙は一パーセントよりも少し高い精度までの範囲で平坦だ。バスケットのコートは、地球の曲面に沿っていることはわかっていても、平らに見えるのも同じことだ。地球の半径はバスケットのコートよりもはるかに大きく、バスケットのコート程度では曲がっていることはわからない。古代の人々は地面が平らだと思っていたこともわかっている。地球のごくわずかな部分だけを見れば、ほとんど平らに見えるためだ。私たちが本当に知っているのは、宇宙の曲率半径が、私たちに見える範囲の——ＣＭＢまでの——一三八億光年よりもはるかに大きいということだけだ。グースは、宇宙の形が最初どうであっても（曲率が正でも負でも）、単純なモデルのインフレーションで、宇宙を私たちに調べられる部分よりもはるかに大きくするほどの膨張を生むことを強調した。グースは私たちが見るのはほとんど平らの宇宙になると予測して、実際、その通りだった。私たちの宇宙が泡宇宙なら、その宇宙は、真空状態がトンネル効果の後で斜面を転がり落ちる間、泡の中で長い間インフレーションを続けるということだ。たとえば、泡の内部から見ると大きさが一〇〇〇回二倍になるような「長い」間のインフレーションは、二倍になる時間が10^{-38}秒なら、10^{-35}秒で終えることができる。それは今の宇宙の曲率半径を、見える範囲の10^{274}倍にするので、宇宙は平らに見えることになる。

今日の宇宙論モデルは、Ω_mとΩ_Λという二つのパラメータで定められる。この二つのパラメータの値が宇宙の膨張の歴史と、その広がりが有限か（三次元球のように）無限かを決める。第一のパラメータは物質密度を記述していて、Gをニュートンの重力定数、ρ_mを今日の宇宙の平均物質密度（通常の物質とダークマターの両方を含む）、H_0を今日の宇宙の膨張の速さを表すハッブル定数として、$\Omega_m = 8\pi G\rho_m/3H_0^2$となる。分子（$8\pi G\rho_m$）は、宇宙における密度（重力による引力の量）を記述し、分母（$3H_0^2$）は、膨張の運動エネルギーを記述する。単純なフリードマン・モデルでは物質のみが含まれ、Ω_mは、宇宙が永遠に膨張するかどうかを教えてくれる。$\Omega_m>1$なら、重力による引力が膨張の運動エネルギーを上回り、宇宙は最終的につぶれる。これは図22-5に示された、フリードマンの三次元球フットボール型の時空だ。$\Omega_m<1$なら、膨張の運動エネルギーの方が重力による引力を上回り、曲率が負のフリードマン宇宙となって永遠に膨張する。$\Omega_m=1$なら、運動エネルギーが重力による引力とつりあい、モデルは平坦となる。時間とともに密度が下がり、膨張の運動エネルギーが小さくなるにつれて、膨張は遅くなりながら永遠に続く。このフリードマン・モデルはすべて$\Omega_\Lambda=0$となり、からっぽの空間の真空エネルギーはない――図23-5の下の端に広がっている。

今現在、真空エネルギーがあるなら、第二のパラメータの値も考えなければならない。こちらは真空エネルギー密度を規定するもので、ρ_{vac}を今日の宇宙の真空（バキューム）エネルギー密度（ダークエネルギーのエネルギー密度）として、$\Omega_\Lambda = 8\pi G\rho_{vac}/3H_0^2$となる。Λという添字を使うのは、ダークエネルギーはアインシュタインの宇宙定数項Λと同じようにふるまうことを忘れないためだ。ありうる宇宙論モデルを平面上に表示することができる。横軸にはΩ_m（物質密度）の値を取り、縦軸にはΩ_Λ（真空エネルギー＝ダークエネルギー）を取る。個々の宇宙論モデルは、図23-5の平面上の、縦横の座標（Ω_m, Ω_Λ）の点によって表される。それぞれが今日の物質密度とダークエネルギー密度の個々の組合せを表している。Ω_Λがゼロでなければ、図全体を埋めているモデルが得られる。赤い斜線は$\Omega_0 = \Omega_m + \Omega_\Lambda = 1$のモデルの集合を示し、それがインフレーションが予想する平らであることを示している。赤い線の左側のモデルは馬の鞍形で無限に広がり、赤い線の右側のモデルは三次元球面宇宙を表す。黒い水玉模様のネクタイ形の領域は、初期の重要な実験となった、南極でのブーメラン高高度気球望遠鏡観測に基づくデータに整合するモデルを示す。それは赤い線に並んで延びていて、CMBデータが平らなモデルに有利であることを示している。宇宙モデルには、遠くの天体の赤方偏移と距離の関係を観測した結果から宇宙の膨張の歴史を直接測定することによる制約もかけられる。科学者はいわゆるIa型超新星という、優れた標準燭光となるものを使う。Ia型超新星観測結果によって許容される（Ω_m, Ω_Λ）平面での領域は、緑色で示されている。こうしたデータは宇宙の膨張が加速されていることを示し、この発見によって、ソール・パールマター、ブライアン・シュミット、アダム・リースは二〇一一年のノーベル物理学賞を共同受賞した。

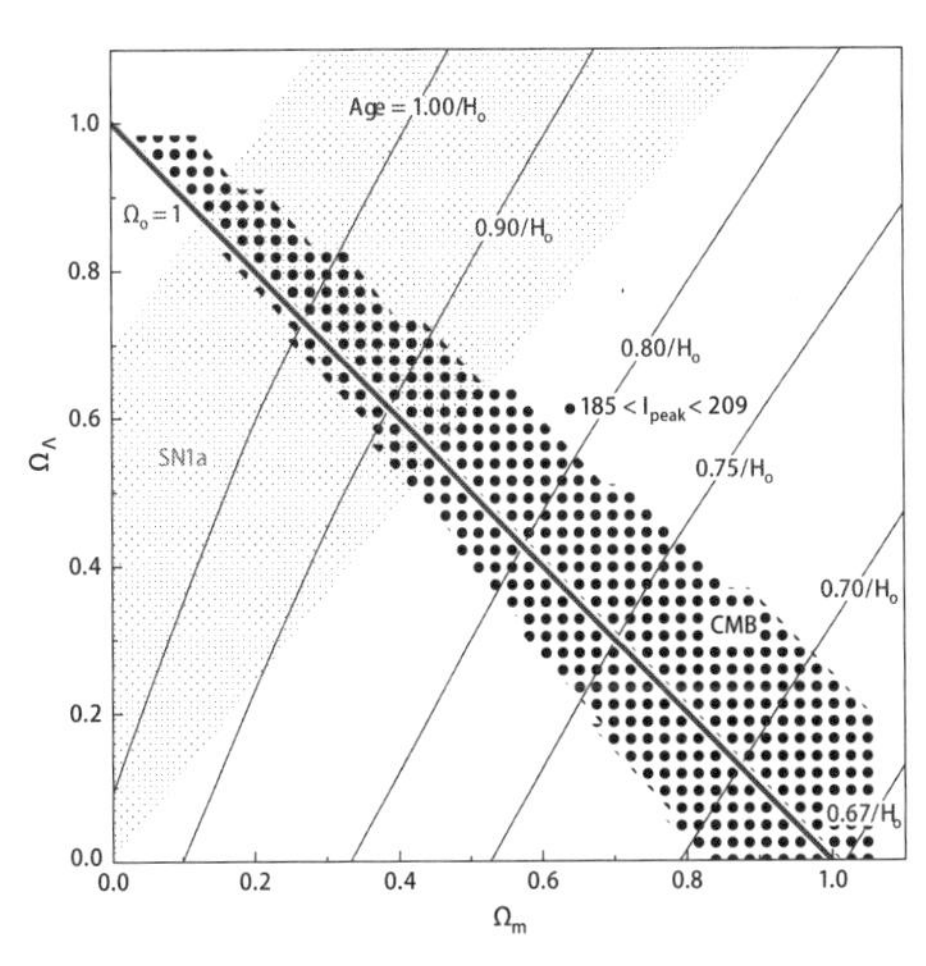

図23-5　宇宙論モデル（Ω_m, Ω_Λ）。図中の各点は、特定の物質密度の値（横軸座標Ω_mに対応）とダークエネルギー密度（縦軸座標Ω_Λに対応）を持つ、個々の宇宙モデルを表す。緑の点が並んだ領域は、宇宙が膨張することを示したIa型超新星（SN1a）の観測結果によって許容されるモデルの範囲を表す。黒い点の領域は、2000年のブーメラン気球観測による、宇宙マイクロ波背景（CMB）で許容されるモデルの範囲。こちらの観測は、$\Omega_m \approx 0.3$かつ$\Omega_\Lambda \approx 0.7$あたりで、CMBと超新星の観測結果を合わせて平坦な宇宙（$\Omega_0 = \Omega_m + \Omega_\Lambda = 1$）を意味することを示した初期の論文の一つとなった。ダークエネルギーは宇宙の中身の70%を占める。WMAPやプランク各衛星によるその後の観測は、この結論を大いに補強している。図── MacMillan Publishers Ltdの許可を得て転載。*Nature*, 404, P. de Bernardis, et al. April 27, 2000

$\Omega_\Lambda > \Omega_m/2$のモデルでは、今日の膨張が加速している。ダークエネルギーによる斥力が物質による引力より大きいせいだ。超新星データによる緑の領域はこの不等式を満たし、今日加速しているところを表す（$\Omega_\Lambda < \Omega_m/2$のモデルだと、今は減速していることになる）。黒いネクタイの領域は、緑の領域と、$\Omega_m \approx 0.30$と$\Omega_\Lambda \approx 0.70$あたりの小さな領域で重なる。この二つの値はCMBデータと超新星データの両方と整合する。

興味深いことに、この重なった領域は、銀河団の質量、個々の銀河の動き、宇宙の構造の成長に基づく力学的論証による$\Omega_m \approx 0.30$という値に合致する。これは通常の物質（バリオン——陽子と中性子）およびダークマターの両方を含む。ハッブル定数が約67(km/sec)/Mpcであることをふまえると、図15–3の偶数番と奇数番の山の相対的高さを測定することによって直接にΩ_mと$\Omega_{バリオン}$を決めることができる。答えは$\Omega_{バリオン} \approx 0.05$と$\Omega_m \approx 0.30$となる。CMBによるこの結果は、第15章で述べたガモフ型の核合成による、$\Omega_{バリオン} \approx 0.05$と一致し、宇宙にあるほとんどの物質はダークマターであって（$\Omega_{ダークマター} \approx 0.25$）、これは通常の物質（バリオン）ではできていないことを教える。ストラウスが述べているように、ダークマターの正体を見つけるための探査が続いている。

図23–5の青い線は$1/H_0$で表した宇宙の年齢を示す。有利な宇宙論モデルは、「年齢＝$1/H_0$」と記された線のあたりにある。

二〇〇〇年のブーメランの結果以後、WMAP衛星がCMBを高い精度で測定し、こうした推定を仕上げ、すべての観測からの制約を説明する宇宙論の標準モデルを生み出している。プランク衛星は、この推定をさらに精密にして、$H_0 = 67$(km/sec)/Mpcとした。宇宙の年齢は一三八億年ということになる。また$\Omega_m + \Omega_\Lambda$の値は測定誤差の範囲内で、一パーセントよりも高い精度で一となり、平坦な宇宙モデルと整合する。

WMAPの結果は、超新星などのデータと組み合わせると、宇宙の膨張の歴史をたどることもできたし、アインシュタインの方程式の応用を通じて「圧力のエネルギー密度に対する比」という、簡単にしてwと呼ばれる重要な尺度を確立することもできた。WMAPが発見した値は$w = -1.073 \pm 0.09$で、これはアインシュタインの宇宙定数モデルによって予測される値−1に観測誤差の範囲内で等しい。プランク衛星も同様の推定を出した。最近、スローン・デジタル・スカイサーベイがwの最新値を、銀河の固まり具合に関するデータと、ザック・スレピアンと私が考えた式を用いて、$w_0 = -0.95 \pm 0.07$と測定した。同じデータと式を使って、それに前景の銀河による背景の重力レンズによる拡大からのデータを加えて、プランク衛星チームは$w_0 = -1.008 \pm 0.068$と求めた。こうした推定はすべて、観測誤差の範囲内で、真空エネルギー（ダークエネルギー）から予想される$w = -1$と整合している。私たちはダークエネルギーのエネルギー密度が正であることは知っている。正のエネルギー密度は、通常の物質とダークマターの密度に加えて、宇宙を平坦（私たちがそう観測していること）にするために必要とされる。ダークエネルギーの圧力は負であることもわかっている。ダークエネルギー密度が正でなければならないなら、ダークエネルギーについては負の圧力だけが、観測されている宇宙の加速的膨張を起こすのに必要な斥力を生みうるからだ。私たちはこの負の圧力の量も正確に測定できて、それがダークエネルギーのエネルギー密度の−1倍に観測誤差の範囲内で等しいこともわかっている。アインシュタインなら喜んだだろう。アインシュタインの宇宙定数項はどじではなかったのだ。

　ときどき、ダークエネルギーは現在の宇宙の加速的膨張を引き起こしている謎の力だとか、ダークエネルギーについては何もわかっていないといったことが言われるが、それは実際には正しくない。宇宙の加速的膨張を起こしている力はただの重力だ。それが斥力になるのは、ダークエネルギーに関連する負の圧力による。私たちは、ダークエネルギーが、重力の法則をなす左辺ではなく、アインシュタインの方程式の右辺に宇宙の中身とともに現れるものと強く考えている。初期宇宙にはダークエネルギーの量が違っていて（もっと高くて）、インフレーションを生んだと見ているからだ。私たちはダークエネルギーが場、あるいはいくつかの場によって生じる真空エネルギーの一形態だと見ているが、どの場かはわからない。ダークエネルギーの量が時間的にほぼ一定だということはわかっているが、それが徐々に下がっているのか（斜面を下っているのか）、上昇しているのか（斜面を登っているのか）はわからない。そうしたことが今の研究の焦点になっている。

　スローン・デジタル・スカイサーベイは、図15−3にあるＣＭＢのゆらぎに見られる振動に対応する銀河の集中具合に見つかった特徴的な尺度を使い、ハッブル定数の正確な推定を行なうことができた。するとこの尺度はケフェウス型変光星という物差しに代わることができ、同時に超新星データを使ってハッブル定数の時間による詳細な変化を図にした。こうして $H_0 = 67.3 \pm 1.1$ (km/sec)/Mpc という値が求められた。これはつまり、ダークエネルギーの密度は 6.9×10^{-30} g/cm^3 ほどということを意味する。私たちを中心にして半径が月までの距離に等しい球を描くとしたら、その球に含まれるダークエネルギーの量に相当する質量は、一・六キログラムとなる――地球の質量に比べると取るに足りない。それは小さくて、月の軌道に対するわずかな重力の作用、あるいは負の圧力による斥力の作用は識別できない。しかしわずか 3×10^{-30} g/cm^3 という平均物質密度の宇宙論的な規模での作用はとてつもない。

この宇宙モデルがわずかな誤差で立てられるのはなかなかの成果だ。WMAPとプランク両衛星は、ゆらぎのパワーをCMBの角度スケールの関数として詳細な測定結果を生み出し、これはインフレーションから予想される結果ときわめて細かいところまで一致する（図15-3）。これはインフレーションの劇的な実験的検証だ。そして私たちが今見ているダークエネルギーは、初期の宇宙でインフレーションを起こすのに必要な形をとっているが、非常に密度が低い。

最近、別個のインフレーションの検証が新たに唱えられた。インフレーションが宇宙の大きさを約10^{-38}秒に一回ずつ二倍にするなら、当初は10^{-38}光秒、つまり3×10^{-28} cmの距離しか見えないだろう。この距離はわずかで、量子力学でのハイゼンベルクの不確定性原理のせいで、これは時空の形状にゆらぎ（波）をもたらす。アインシュタインの方程式によれば、この波は光速で広がる——すなわち重力波だ。これはマイクロ波背景放射の偏光に特徴的な渦のパターンを残し、それは原理的に測定できる。これまでのところ、この重力波の検出は難しいことがわかっている。プランク衛星と、ケックやBICEP2（バイセップツー）と呼ばれる地上での実験と合わせた現行の上限は、単純なリンデのカオス的インフレーション・モデルの上限より下に収まる。生み出される重力波の振幅は、転がり落ちた傾斜の細かい形による（図23-4）。プランク衛星チームがデータにあてはめた中で最もよく合うインフレーション・モデルは、アレクセイ・スタロビンスキーによるモデルで、そこでの二倍になる時間はインフレーション期の終わりで3×10^{-38}秒となる。リンデの最も単純なモデルでは、二倍になる時間は5×10^{-39}秒だ。この六分の一の緩さの膨張で、重力波の波長も六分の一となり、今の上限を十分に下回る。南極での高高度の気球や地上の実験など、いくつかの観測の試みが、観測誤差を下げ、さらにインフレーション・モデルを検証しようとしている。天文学者はそうした観測結果が初期の宇宙に新たな窓を開けるかどうかを固唾を呑んで待っている。

今の宇宙に関しては、二〇世紀になってからの宇宙論の初期の天文学者の中で、真相にいちばん近づいたのはジョルジュ・ルメートルだった。一九三一年、宇宙がビッグバンで始まり、フリードマン・モデルのように膨張して、その後で惰性期に入り、その間は宇宙定数はほとんど物質密度とつりあっていて、しばらくアインシュタインの静止的モデルに近いところにあるが、その後はさらに膨張し、物質が希薄になると宇宙定数が支配的になってくるとするモデルを唱えた。このモデルの時空図は下のところ（フリードマン期）ではフットボールの下半分に見え、それから円筒形になり（アインシュタインの静止期）、最後にラッパの開口部のように広がる（ド・ジッター空間期）。中央の惰性期以外はルメートルは正しかった。ルメートルは、ハッブルによる銀河の距離とスライファーの赤方偏移を組み合わせることによって膨張の速さを計算した最初の人物だった。ルメートルはアインシュタインの宇宙定数が、正のエネルギー密度と負の圧力を持つ真空状態と見ることができると説いた最初の人物でもあった。一人の業績としては立派なことだ。

インフレーションは私たちが見ている宇宙の構造をうまく説明している。私たちは、インフレーションがどう始まったかについては本当のことはよく知らない。インフレーションは、宇宙が指数関数的に膨張し、初期の成分のいっさいを希薄にするにつれて、その初期状態を「忘れる」。しかしインフレーションの始まり方についてはいくらかの推測もある。

インフレーションはたぶん周がわずか3×10^{-27} cmの極微のド・ジッター三次元球面「ウェスト」宇宙で始まり、そこから膨張を始めることができる。しかしそれはどこから来るのだろう。アレックス・ヴィレンキンは、泡宇宙の形成のときに生じるのと似た、量子トンネル効果を通じて生じるのではないかと考えた。このときは、山間の峡谷に静止しているボールは大きさゼロの三次元球面宇宙に対応するだろう。それは山のトンネルをくぐり抜けて、突然、外の斜面にいる。これは有限の大きさの三次元球面宇宙――ド・ジッターのウェスト――に対応するだろう。それから斜面を転がり落ち、その時期がド・ジッターの漏斗に対応することになる。この宇宙の時空図はどのように見えるだろう。

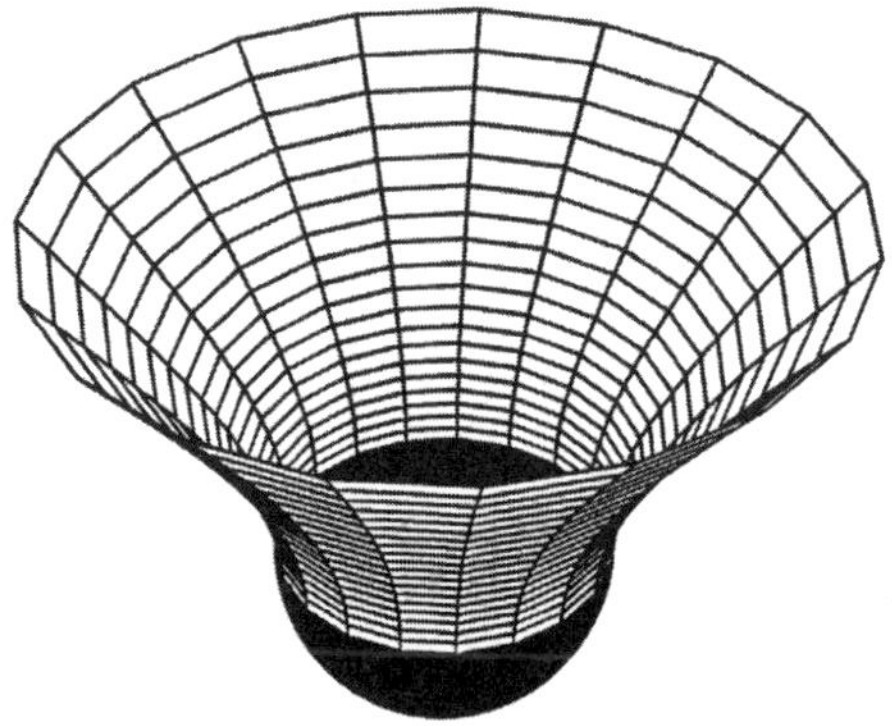

図23-6　無からトンネルをくぐって出た宇宙の時空図。
図―― J. Richard Gott (Time Travel in Einstein's Universe, Houghton Mifflin, 2001).

ヴィレンキンはそれはむしろバドミントンのシャトルコックのように見えることを示した(図23-6)。いちばん下の点は、始まりの点のような大きさゼロの宇宙。シャトルコックの羽根の部分、漏斗形の上部は、最後のド・ジッター膨張となる。いちばん下の点を上で開いた漏斗に結びつけるのが、黒い半球形の部分だ。これは、山をトンネルで抜けるときの形状を表す。トンネルの中の「地下」にあることは、時間次元の前でマイナス符号をひっくり返し、時間は空間のような次元にすぎなくなる。この半球は、空間の四次元があって時間の次元はない、四次元球面の半分だ。この領域では時計は時を刻まず、トンネル効果は一瞬で生じる。ボールは山間の峡谷にあり、突然外に出る。ジェームズ・ハートルとスティーヴン・ホーキングはこのようなモデルを考え、この半球の底の始点――南極――は、面上の他の点と何も違わなかったという説を加えた。それはまさしく、地球表面の他の点と違うところのない、地球の南極のようなものだった。この宇宙は底のところでは境界を持たない――ホーキングの言う、「無境界条件」だ。ホーキングはこの初期の領域について、虚数時間を持つと言ったことがある。虚数iは–1の平方根だ。通常、$\mathrm{d}s^2 = -\mathrm{d}t^2 + \mathrm{d}x^2 + \mathrm{d}y^2 + \mathrm{d}z^2$となるところを、虚数時間$it$となるなら、$i^2 = -1$なので、$-\mathrm{d}(it)^2$という量は$+\mathrm{d}t^2$になり、$\mathrm{d}s^2 = \mathrm{d}t^2 + \mathrm{d}x^2 + \mathrm{d}y^2 + \mathrm{d}z^2$が得られる。虚数時間とは不気味だが、空間の次元が一つ増えたことになるだけだ。この領域では空間三次元と時間一次元ではなく、空間の四次元があることになる。

　量子トンネル効果は確かに奇妙だ。私たちは宇宙の始まりに起きる奇妙なことを探している。そのとき起きたことが本当に特筆に値するからだ。もしかするとそれは量子トンネル効果かもしれない。しかし実際に無から始まるのではない。物理法則と量子力学についてすべて知っている大きさゼロの宇宙に対応する量子状態で始まる。無がどうして物理法則を知っているのだろう。物理法則は単に、中身のふるまい方の規則にすぎない。中身がないとすれば、物理法則とはどういうことだろう。これは宇宙を無から創ろうとするときの問題の一つだ。

　他方、アンドレイ・リンデはインフレーションする宇宙が、量子のゆらぎによって別のインフレーションする宇宙を産むことができることに気づいた。ド・ジッターのインフレーションするラッパの口は、別のインフレーションするラッパを生む。樹木から枝が伸びるように、新たなラッパが芽生え、成長する。実際、この枝はインフレーションし、幹なみの大きさになり、そこからまた新たな枝が生える。枝は枝を生み続け、宇宙の無限のフラクタル宇宙ができる。すべてもともとは一つの幹だ。個々の枝それぞれが泡宇宙を作りうる漏斗だ（図23-3）。私たちはその枝の一方にある一つの泡宇宙に暮らすことになるが、ただこんな疑問は残る。その幹はどこから来たのか。

　リ・リシンと私はこの問題に答えようとした。私たちは、枝の一つが時間の中でぐるっと回って幹に育つという説を唱えた。そのモデルは図23-7に図解されている。上にはラッパ形のインフレーションしているド・ジッター宇宙が四つあり、左から右へ1、2、3、4と番号が振られている。宇宙2は宇宙1を生む。宇宙2は宇宙3を生む。宇宙3は宇宙4

を生む。宇宙4は宇宙2の孫だ。この枝は次々と広がりさらに枝を無限に生んでいく。こうした漏斗どうしで衝突はしない——もっと高次の空間ですれ違うものと考えていただきたい。この時空図は、これまでの図と同じく、面だけが実在する。

そこでこのモデルの最も驚くべき特色となる。宇宙2は他にも枝を生んでいるが、これは時間をぐるりと回って育ち、幹になっている。最初に数字の「6」のような形の小さな時間ループを創っているのだ。宇宙2はそれ自身を産んでいる！　すでに論じたように、一般相対性理論は時空にループができる余地を残す。このモデルには曲率の特異領域はない。私たちは、筋が通り、安定した宇宙にとっての量子真空状態を見つけることができた。時間ループは、時間旅行が終わる境界を画すコーシー地平を持っている。それは幹を、枝が木から分かれるところのすぐ上で四五度で切る。「6」の下のところでまたループに入って何度でも回ることもできるが、枝分かれのところで「6」の上に入ると戻ることはできない。コーシー地平の前では、その枝に戻って時間的にループして過去の自分のところに戻ることができるが、コーシー地平をわたってしまうと、分岐点を越え、上方へ進んで上の漏斗の一つに入るばかりになる。この宇宙は始まりに閉じこもる小さなタイムマシンを持っている。おもしろいことに、そのようなタイムマシンは安定しており、そのため、実際、宇宙の始めにそういうものができやすい。

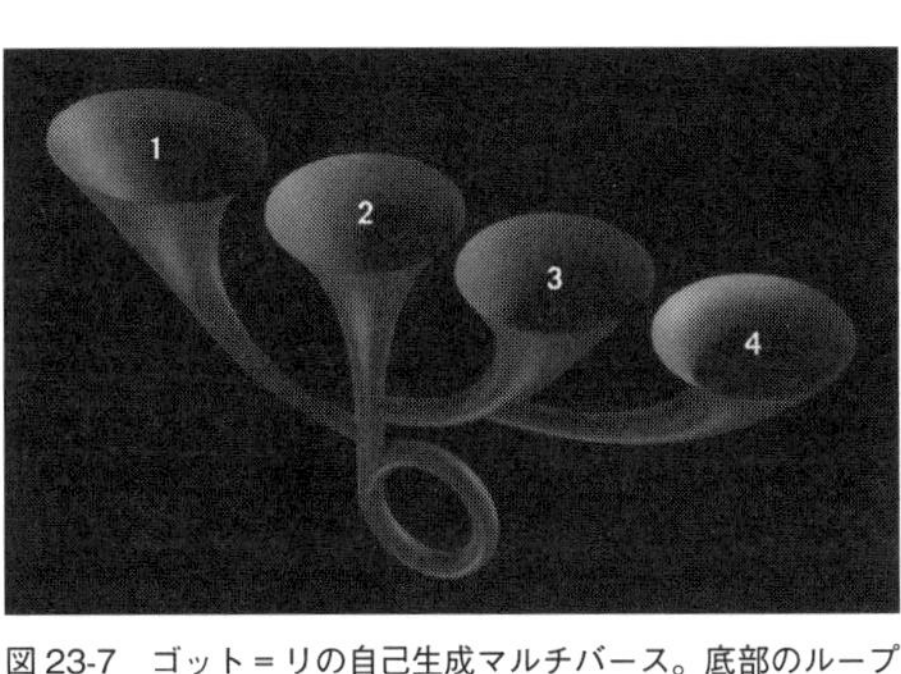

図23-7　ゴット＝リの自己生成マルチバース。底部のループはタイムマシンに相当する。宇宙はそれ自身を生む。写真—— J. Richard Gott, Robert J. Vanderbei（Sizing Up the Universe, National Geographic, 2011）.

それが興味深いのは、タイムマシンを宇宙の始まりに設定するのを、第一原因問題を説明にしたいちょうどその時点に置くからだ。この宇宙のすべての出来事には、それに先立つことがある。時間ループのどこかにいれば、反時計回りのところに必ず以前の出来事があり、通常どおりの因果関係で目の前のことが生じる。このマルチバースは過去について有限だが、最初の出来事はない。これは一般相対性理論の曲がった時空でも生じうる。

この理論的モデルはスーパーストリング理論とも良く合うように見える。スーパーストリング理論、あるいはM理論は、一一次元の時空を仮定し、そのうち一次元がマクロに伸びる時間、三次元がマクロに広がる空間で、残りの七次元は空間の次元だが、カルツァとクラインが望んだような、丸まったミクロの次元となっている。複雑なミクロの形が物理学の法則を決定する。興味深いことに、インフレーションからすると、今日私たちが見ているマクロな空間の三次元は元々ミクロのカルツァ＝クライン次元なみに小さかったことになる。ド・ジッターの 3×10^{-27} cm のウェスト部分だ。ミクロのド・ジッター周は宇宙が膨張するとともに大きくインフレーションを起こした。元は一〇の、ミクロの空間次元があったが、七つは丸まった極微のままでいるが、三つは始まってから大きく膨らんだ。われわれの（ゴット＝リ）モデルは、時間ももともとミクロの時間ループに丸まっていたのだと説く。時間ループは時間での円周（時計回りのループ）がある。私たちが唱えた矛盾のない量子真空状態があるとして、5×10^{-44} 〜 10^{-37} 秒のどこかという短さだ。時間ループの中では、空間の一〇次元は時間の一次元とともに極微で丸まっている。

インフレーションのよくできているところの一つは、インフレーションを起こす真空状態の小さなかけらが膨張して大きな体積を生み出し、その小さな部分それぞれは、最初のピースとまったく同じように見える。こうした小さなかけらの一つがあなたの始まりなら、そこには時間ループがある。したがって、われわれの理論では、宇宙は無からできたのではなく、それ自体の小さなかけらという何かかから生まれている。そうなると、宇宙は自らを産むことができる。時間旅行は一般相対性理論で認められるらしい変わったことだが、それは宇宙が始まる様子を説明するためにまさしく必要なものかもしれない。

私は今日のインフレーション理論は非常によくできていると言いたい。それでCMBの細部に見られるゆらぎを説明できる（図15–3）。インフレーションが起きたことを疑うなら、私たちは今、低レベルのインフレーションが進行しているのが見えるのを思い出そう。宇宙の膨張は加速していて、それは密度が 6.9×10^{-30} g/cm^3 という低密度の真空状態（ダークエネルギー）で引き起こされているらしい。インフレーションは初期宇宙の大量のダークエネルギーだけによっている。インフレーションは不可避的に複数の宇宙によるマルチバースを生み出すらしい。科学者はこのことにどの程度確信を抱いているだろう。かつてリー・マーティン・リーズ（英王室天文官）は、ある学会で、私たちがマルチバースに暮らしていることをどれほど確信していますかと尋ねられた。リーズはそれに自分の命（ライフ）を賭けようとは思わないが、飼っている犬の命は賭けられるくらいにはと答えた。リンデが立ち上がって言った。先生はこれまでの何十年をかけてマルチバース説を研究してきたのだから、すでに人生(ライフ)は賭けていらっしゃると。ノーベル賞を受賞したスティーヴン・ワインバーグは、私ならリンデの命とマーティン・リーズの犬の命の両方を賭けると言った。

インフレーションはどのように始まったのだろう。私たちにはわからない。量子トンネル効果で無から出てくるのか(たぶん一番人気の説)、さらに奇妙なことに始まりに小さな時間ループがあったのか。ペドロ・ゴンザレス＝ディアスは、私たちが量子重力の正しい理論が得られると、その二つのモデルは同じことだということになるかもしれないと推測している。ポール・スタインハートとニール・チュロクによる推測では、ビッグバンは一一次元時空に漂う二つの宇宙が衝突し、突如として加熱されるときに起きるのではないかという。繰り返しビッグバンが起きることもありうる(これは二枚の紙――平面宇宙を表す――が三次元空間で何度もぶつかるようなことだろう。M理論では原理的にそのようなことが起こりうる)。リー・スモーリンは、宇宙は先行する宇宙のブラックホールの中で生まれたのかもしれないと考える。星がつぶれてブラックホールになると、その内部の密度は増して、高密度の真空状態が生まれ、それは斥力として作用するのでド・ジッターのウェスト部分でバウンドして膨張するインフレーション状態を生み、それがマルチバースを生むのだと、クロード・バラベスとヴァレリ・フロ一ロフは言う。それがすべて、できたブラックホールの内部で、クラスカル図のスマイル特異点がド・ジッターの膨張期の始まりに置き換わって起きる。

以上は、物理学者が、この宇宙はどのようにして始まったかという究極の問いに答えようとして推測したいくつかの例だ。そうした説のうち、おそらく無からのトンネル効果モデルが今のところ一番人気だが、私たちはどれが正しいのかはまったくわかっていない。一般相対性理論と量子力学を統合し、強い核力、弱い核力、電磁気力をして物理学の法則をすべて説明する「万物理論」が見つかると答えもわかるのかもしれない。「万物理論」の方程式が得られると、私たちはそれがどんな宇宙論的解を生み出すがわかるだろう。だから私たちは基礎物理学を研究しているのだ。私たちは宇宙の仕組みについて、またひょっとすると、その始まり方について、手がかりを探している。

第24章　宇宙における私たちの未来

J・リチャード・ゴット

この章では宇宙の未来について話をしたい。宇宙史の主だったできごとを、過去と未来両方について時系列に並べてみよう。そこには遠い未来も含まれるし、初期のごく短い時期も含まれる。初期の宇宙で私たちが語れる最も早い時期はいつだろう。

それに答えるには、関連する二つの問いに答える必要がある。私たちに測れる最短の時間は何か。想像しうる中で最も刻み方が速い時計は何か。どんな時計も、クォーツ時計であれ何であれ、柱時計の振り子のような、往復運動をするものがなければならない。最速の時計が欲しければ、往復運動が最速のものが必要ということになる。そのために何を使えばいいだろう。それは光だ。私たちが往復させられる中ではこれが最も速い。要するに、図17-1にあったような二枚の鏡とその間を跳ね返って往復する光線による光時計があればよい。その刻みを速くするにはどうするか。二枚の鏡を近づければよい。二枚の鏡を近づけるほど、時計の刻みは速くなる。この時計で一個の光子を往復させてみよう。

時計を小さくするとどうなるだろう。問題が発生する。時計には、少なくとも光子の波長λ一つ分は収まっていなければならない。私の時計の鏡の間の距離をLとすると、その時計にありうる最小の大きさは$L=\lambda$となる。光子の波長と振動数には、$\lambda=c/\nu$という関係がある。波長が小さいほど、振動数は大きくなる。私の時計の大きさLを小さくすると、光子がその中に収まるように、光子の波長も小さくしなければならない。つまり光子の振動数も上げなければならない。振動数を増すということは、エネルギーを増すということになる。光子のエネルギーは$E=h\nu$となるからだ。そしてアインシュタインの式、$E=mc^2$を忘れてはならない。光子のエネルギーは一定量の質量に相当する。すると、時計を小さくすれば、光子のエネルギーが大きくなり、時計の質量も増すことになる。いずれ時計の質量は大きくなりすぎ、小さなL

に圧縮されすぎて、それに対応するシュワルツシルト半径の中に入ってしまい、ブラックホールをなす。刻みを速くしすぎて時計の長さが $L = 1.6 \times 10^{-33}$ cm ほどになり、5.4×10^{-44} 秒に一回刻むようになると、このように崩壊してブラックホールになる。この時間はプランク時間と呼ばれる。これは測定しうる中で最も短い時間だ。長さ $L = 1.6 \times 10^{-33}$ cm の方は、すでにお話しした通りだ。私はシュワルツシルト・ブラックホールの中心にできる特異点の大きさは、ぴったりゼロではないと言った——実はその大きさが直径約 1.6×10^{-33} cm で、量子効果で若干のぶれがある。この長さはプランク長さと呼ばれ、測定できる最も短い距離となる。私は先に、ストリング理論によって予想される余剰次元の周は 10^{-33} センチメートル程度かもしれないと説明したが、それもプランク長さのことだ。

　プランク時間より短い時間は計れない。リ・リシンと私が宇宙の最初にあったと言っていた小さな時間ループの長さもこのくらい短いかもしれない（第23章）。実は、通常の時空を 1.6×10^{-33} cm の規模と、5×10^{-44} 秒の規模の時間を見ると、不確定性原理によって、時空の形状は定かではなくなる。このスケールで見ると、時空はスポンジのようになり、接続も多重になる。プランク長さは基本定数を使って、$L_{プランク} = (Gh/2\pi c^3)^{1/2} = 1.6 \times 10^{-33}$ cm と求められる。使われているのは、ブラックホールのシュワルツシルト半径を計算するのに用いられたニュートンの万有引力定数 G、光子のエネルギー $E = h\nu$ を計算するときに用いたプランク定数 h、光子のエネルギーの質量当量（$E = mc^2$）の計算に用いられる光の速さ c という、おなじみの定数だ。プランク時間 $T_{プランク} = L_{プランク}/c$ で、これは光線がプランク長さを進むのに必要な時間ということになる。指数の2と π はパスするとして、これはブラックホールにつぶれないでできる最速の時計の最小サイズとなる。この小さな、最速の時計の質量は、プランク質量、つまり 2.2×10^{-5} g となり、この小さな時計の密度はプランク密度、5×10^{93} g/cm^3 となる。これは量子力学がにじみ出さずにブラックホールの特異点で上げられる密度だ。プランク規模は量子力学が一般相対性理論にも参入するところで、先にも述べたように、量子重力についての統一モデルはまだ得られていない。つまりプランク規模（長さあるいは時間）は今の理解ではその先へ進めない限界を表している。

　プランク時間 5×10^{-44} 秒は、測定できる最短の時間で、宇宙で語ることができる最初の時刻だ。すでに論じたように、私たちの宇宙はインフレーションを起こしている漏斗の一つにできて、果てしない年齢かもしれないマルチバースをなす無限の宇宙フラクタル樹の一本の枝をなす、一つの泡（あるいは斑）かもしれない。しかし私がちが数えているのはこの小

ビッグバンからの経過時間	出来事
5×10^{-44} 秒	プランク時間
10^{-35} 秒	インフレーションが終わる。ランダムな銀河形成の種子となる量子ゆらぎができている。物質ができ、クォーク・スープとなっている。
10^{-6} 秒	クォークが固まって陽子と中性子になる。
3 分	ヘリウム合成。軽い元素ができる。
38 万年	再結合。電子が陽子と組み合わさって水素原子になる。宇宙マイクロ波背景。
10 億年	銀河形成
100 億年	地球上に生物
138 億年	今
220 億年	太陽が主系列星の寿命を終え白色矮星となる。
8500 億年	宇宙はギボンズ=ホーキング温度まで冷える。
10^{14} 年	星が消える。最後の赤色矮星が死滅。
10^{17} 年	惑星が分離。恒星どうしの遭遇で母性からはぎ取られ、白色矮星あるいは中性子星による太陽系が滅びる。
10^{21} 年	銀河質量のブラックホールができる。ほとんどの恒星と惑星は消えている。
10^{64} 年	陽子はこの頃には崩壊している。ブラックホール、電子、陽電子、光子、重力子が残る。
10^{100} 年	銀河質量ブラックホールが蒸発。

表 24-1　宇宙の各時期

さな泡宇宙ができた後の時間だ。表24－1はそれぞれの時期に起きることを示す。

インフレーションが10^{-35}秒のときに終わると、初期宇宙を高密度のダークエネルギーで満たしていた真空状態が崩壊して熱放射になる。この熱放射は非常に熱く、光子（電磁気力を伝える）だけでなく、クォーク、反クォーク、電子、陽電子、ミュー粒子、反ミュー粒子、タウ粒子（ミュー粒子の重い親戚）、反タウ粒子、ニュートリノ、反ニュートリノ、グルーオン（強い核力を伝える）、Xボソン（一部の理論で予想される仮説上の粒子で、非対称的な崩壊によって今日の宇宙で物質が反物質より多い結果を生む）、ヒッグス粒子（粒子に質量を与えるヒッグス場に対応する粒子）、重力子（光子が電磁場の担い手であるように、重力場の担い手）もある。超対称性理論が正しければ、今挙げたそれぞれの粒子に対応する超対称性粒子があることになる。

重力子について一言するなら、アインシュタインは、重力波という、空っぽの空間を光速で伝わる時空の形状にできる波が、一般相対性理論の場の方程式に得られる一つの解であると見た。同様の形で、マクスウェルはそれ以前に、空っぽの空間を光の速さで進む電磁波が自分の立てた場の方程式の一つの解と見ていた。私たちは、重力波についてテイラーとハルスの連星中性子星という間接的な証拠は得ている。これは、中性子星の公転で重力波が発生することによって、アインシュタインがそうなると予想した通りに、らせんを描いて互いに近づいて行く。二〇一五年九月一四日、ＬＩＧＯの実験が、初めて重力波を直接に探知した。レーザー干渉計がきわめて高い精度で（陽子の直径の一〇〇〇分の一）、二組の鏡の間の距離を測定し、重力波が通過するときの鏡の間の距離がわずかに振動するのを記録した。アインシュタインが予想した重力が、後にレーザーという、やはりアインシュタインが原理を発見したものを使って検出されるとは、何とふさわしいことだろう。このときの重力波の元は、太陽質量の二九倍と三六倍という二つのブラックホールが連星のらせん軌道を描いて互いに近づき、合体して太陽質量の六二倍の一個のブラックホールになることだった。かくて重力波は存在し、その結果は光速で進む重力子と整合する。重力波ともても弱い力なので、まだ単独の重力子は検出されたことはないが、重力波を検出したとなれば、それは存在せざるをえないと予想され、これについても電磁波と光子の場合と同様に、波動＝粒子の二重性が予想される。

私たちは、このすべての素粒子が飛び回る時期を「クォークのスープ」と呼ぶ。クォークは三つ組にまとめられておらず、自由に飛び回っている。不確定性原理によって、量子真空状態が生じる時期が領域によってわずかに早かったり遅かったりして、量子真空状態が崩壊するときにもたらされる熱放射にランダムな密度ゆらぎが生じる。

この密度ゆらぎはインフレーションが終わる10^{-35}秒に存在する。そのゆらぎが種子となり、それが一三八億年にわたる重力の作用によって、最後には私たちが今見ている銀河や銀河団の形成となる。私たちが見ている銀河団がフィラメント（つまり鎖）でつながったような、銀河でできたスポンジのようなパターン（図15-4）は、コズミック・ウェブと呼ばれ、宇宙ができて10^{-25}秒のときの初期の量子ゆらぎの化石のような（大きく広がった）なごりを表している。[*1]

宇宙が膨張するにつれて、この熱いスープは冷え、質量の大きな粒子が崩壊して小さな粒子になる。当初、宇宙は物質と反物質を等量ずつ持っていたが、重いXボソンの非対称的な崩壊が反物質より物質の方をひいきして、崩壊の産物では、物質の方が反物質よりわずかに多くなる。物質と反物質各粒子は衝突すると消滅して同数の光子を生み、残りでは物質が支配的になる。私たちが見ている銀河は物質の方でできている。今日の宇宙では、反物質粒子は稀少で、他にたくさんある物質粒子の一つとぶつかって消滅する危険にさらされている。反物質粒子の数は今日では、物質粒子に大きく下回っている。

10^{-6}秒の時点では、放射が冷え、クォークが他のクォークと合わさって、陽子や中性子を作るようになる。クォークには六通りのフレーバー、つまり、アップ、ダウン、ストレンジ、チャーム、トップ、ボトムがある。最も軽いのはアップとダウンで、陽子は二個のアップクォークと一個のダウンクォークでできていて、お互いの間で三つのグルーオンをやりとりしてまとまっている。中性子は二個のダウンクォークと一個のアップクォークでできており、やはり三つのグルーオンでまとまっている（陽子（プロトン）の方にはアッ「プ」クォークが多く、中性子（ニュートロン）にはダウ「ン」クォークが多いと覚えるとよい）。アップクォークの電荷は+2/3だが、ダウンクォークの電荷は−1/3。それで陽子の電荷は+1となり、中性子の電荷は0となる。

三分の時点では、第15章で述べたヘリウム合成が生じる。宇宙は陽子と中性子が融合して軽元素になれる程度まで冷えている。最もありふれた元素は水素（陽子）だが、加えて無視できない量のヘリウムができ、またわずかながら重水素（デューテリウム）とリチウムができた。ガモフとその許にいた学生がCMBの存在を予測するのに用いていたのがこの時期だ。

三八万年の段階で、宇宙は約三〇〇〇Kまで冷えた。この時点では、電子が陽子に拘束されて水素原子ができるようになる。この過程は、すでに述べているように「再結合」と呼ばれる。宇宙は、ほとんどは電荷を持つ陽子（+）と電子（−）の電荷を帯びたプラズマ状態から、電気的に中性の、ほとんどは水素のガスになり、陽子一個は電子一個を捉えて電気的に中性の水素原子となる。この時期の前には、光子が絶えず電荷を持った陽子や電子に向きをそらされていて、光子はランダムな、「酔」歩をさせられていた。光子はあまり遠くまでは行けず、つねに進む方向が変わっていた。再結合の後、光子は長い距離を邪魔されずにまっすぐ飛ぶことができるようになった。光子が自由に動けるようになったおかげで、この時期についてはCMB放射を観測して直接に見ることができる。

一〇億年の段階で、銀河があたりまえにできるようになる。第16章で取り上げた赤方偏移が大きいクェーサーは、この時期の少し前に見られる、早い時期に形成された銀河に由来する。

今日の宇宙は一三八億年経っている。

二二〇〇億年経つ頃には、太陽は主系列星の寿命を終え、白色矮星になっており、アンドロメダ銀河は天の川銀河に衝突している。

約八五〇〇億年の時点では、宇宙はギボンズとホーキングが記述した過程のせいで、一定の温度に冷えている。第23章で述べたように、観測結果からは、宇宙はエネルギー密度に大きさが等しく負の圧力で規定されるダークエネルギー（アインシュタインの宇宙定数と力学的には同等）で満たされている。ダークエネルギーが同じ密度のままでありながら、宇宙の物質が膨張のせいで希薄になると、宇宙の未来はますますダークエネルギーが優勢になる。つまり未来の宇宙の形状は、時空漏斗のド・ジッター空間に似ているはずだ。それはさらに膨張しているだろう。今日ならお互いに見える銀河もさらに高速に後退することになる。そのうち、二つの銀河間の空間は急速に膨張して、ますます遠ざかる両者間の距離を光でも越えることができなくなる。事象の地平ができる。遠くの銀河はこちらから見るとブラックホールに落ちているように見える。どんどん赤方偏移が大きくなるだろう。遠くの銀河の地球外生命が「事態は問題ない」という信号を送っていたとしても、それは「じた…い……は」のようになるだろうし、信号の尻尾の方「問題ない」を受け取ることはないだろう。遠くの銀河の終わりの時期に起きる出来事は事象の地平の向こうになり、私たちには見えなくなる（図23-2を思い出すこと）。

ホーキングは事象の地平がホーキング放射を生み出すことを明らかにした。ギボンズとホーキングは後期のド・ジッター空間では、そこにいる観測者は誰でもそこに生じる、適切な呼び方をするとギボンズ・ホーキング放射という熱放射を見ることになる。この熱放射は私たちの宇宙の未来に見られ、約二二〇億光年という固有波長（λ_{max}）を持つことになる。CMB放射は宇宙が指数関数的に膨張するとともに波長を増し続け、一二二億年ごとに二倍になる。八五〇〇億年後には、CMBの熱放射の固有波長は二二〇億光年より長くなり、事象の地平によって生じるギボンズ・ホーキング放射と比べると重みはなくなる。その時点で、私たちは宇宙の温度は下がらなくなり、7×10^{-31} Kほどのギボンズ・ホーキング温度で一定になるのを見ることになる。ものすごく冷たいが、それでも絶対零度よりは上だ。

この説は実際に検証できる。ギボンズ・ホーキング放射は宇宙初期のインフレーション段階でも生み出される。そこには電磁放射も重力放射も含まれる。そのような初期宇宙からの重力放射が、第23章で述べたCMBに刷り込まれた偏光を介して検出されれば、私の考えでは、それはホーキング放射という仕掛についての重要な実験的検証となるだろう。この重力波は、ＬＩＧＯが検出した重力波のような、運動する物体によってできるのではなく、別のこと、ホーキング機構という量子的な過程によって生じる。そうなると、新しい刺激的なことになる。

遠い未来にあると予想されるギボンズ・ホーキング放射は、結局のところ、知的生命にとっては都合が悪い。フリーマン・ダイソンは、温度がずっと下がり続けるところがあって、そこに廃熱を捨てられるなら、知的生命は限られたエネルギー備蓄でもどこまでも生きられることを示した。気温三〇〇Ｋの劇場で可視光の光子を使って映画を上映すれば、上映のために一定量のエネルギーがかかる。しかし劇場でのすべてを減速するとしよう。映画は波長が可視光の光子の二倍ある赤外線光子を使って上映されるとすると、同じ映画を半分のエネルギーで上映できる（光子一つ一つのエネルギーが半分になる）が、上映時間は二倍になる（光子の波長が二倍になるため）。劇場の熱放射にある光子の波長も二倍になるので、劇場の温度は通常の三〇〇Ｋではなく、半分の一五〇Ｋとなる。知的生命が考えて通信することによってエネルギーをやりとりする速さはどんどんお……そ……く……な……る……自分の思考を遅くし続けることによって限りあるエネルギー量を使う思考の数を無限にすることもできるだろう。これは廃熱（すべて思考過程を含む生物的な過程が生み出す）を、ときどき避寒しつつも時間の経過とともにさらに温度を下げる、だんだん冷たくなるマイクロ波背景に捨てることができれば可能となる。ＣＭＢが絶対零度に向かって冷え続けるかぎり、これは成り立つ。しかし八五〇〇億年の時点で宇宙はギボンズ・ホーキング温度という平衡温度に達して、その温度はその後ずっと一定のままになる。エネルギーを蓄えるためにそれより低い温度で動作するというわけにはいかない。冷却が必要になるが、それは残ったエネルギーを急速に使い果たしてしまう。さらに、別の銀河は事象の地平の向こうに後退しているので、使えるエネルギー貯蔵量はごく限られた量しか残っていない。知的生命はエネルギーに困ることになり、最終的には死滅する。

こんな困難もある。10^{14}年には、最後の低質量の星が水素燃料を使い果たし、恒星は絶滅する。宇宙は暗くなる。星の残骸――白色矮星、中性子星、ブラックホール――だけが残っている。惑星がいくつか公転しているかもしれない。しかし10^{17}年になると、星々が接近しあって惑星を軌道からはぎ取り、すべて星間空間にはじきとばしてしまうだけの時間になる。10^{21}年で銀河質量のブラックホールができる。二つの天体による相互作用で一部の星が銀河からはじき出され、残りは中央のブラックホールに落下する。重力放射は恒星をブラックホールに近づけてらせんを描いて落下させる。

ホーキングによれば、10^{64}年には（まだそうなっていなければ）、プランク規模のブラックホール（不確定性原理により）に陽子が落ち、そのブラックホールがホーキング放射ですぐに蒸発するという稀な過程によって陽子が崩壊する。ブラックホールはバリオン数（陽子または中性子）を保存しない——それが陽子だったのか陽電子だったのかはおぼえていない——が、電荷はおぼえている。そのため、陽子が消えるブラックホール崩壊の産物として陽電子（陽子より軽い）が放出されることがありうる。陽子崩壊として、最も重い粒子としては電子と陽電子だけが残る。陽子はそれ以前に崩壊しているかもしれない。10^{34}年程度の時間だが、いずれにせよ10^{64}年には崩壊しているだろう。

10^{100}年で巨大質量ブラックホールがホーキング放射で蒸発してしまう。

その後はどうなるかというと、物理学者が得ている標準的な構図では、現在において指数関数的な宇宙の膨張をもたらしているダークエネルギーが、一定の正のエネルギー密度の（負の圧力の）真空状態を代表するということだ。スティーヴン・ワインバーグは、今の状況を海水面よりわずかに上の峡谷にいることになぞらえる——私たちがいる高さは真空中に存在するダークエネルギーの量を示す。この谷底まで転がってきたが、今はそこに居座っているだけだ。真空中のエネルギー——ダークエネルギー——の量は時間とともに変わることはない。これによって、宇宙は一二二億年で二倍という速さで長い間大きくなり続ける。

十分な時間があれば、ダークエネルギーをもたらす真空状態は、量子トンネルで（谷の壁をすっとばして）もっと低いエネルギー状態（谷の向こうのもっと低い地形の）になることもあるだろう。これによって、低い方のエネルギー状態の泡が、私たちの見える範囲の宇宙のどこかにできる。泡の外の負の圧力は中の圧力よりもさらに負になり、泡の外の壁を引っぱる。まもなく泡の壁は光速に近い速さで広がることになる。それは永遠に膨張するだろう。物理法則は、泡の内側では違っていて、泡の壁が人に当たればその人は死んでしまう。

谷から量子トンネル効果で低高度の領域に出る単位時間あたりの確率を計算することができて、低い方の密度の真空の泡が、ヒッグス真空に知られている不安定性のせいで、10^{138}年で「やっと」できることがわかるかもしれない。しかし多くの物理学者はヒッグス真空はもっと高いエネルギーの作用によって安定させられると考えている。その場合、アンドレイ・リンデによる推測による計算によれば、密度が低い方の真空は、10^(10^34) 年後にやっとできはじめるはずだ。こうした泡ができ、図23-3の泡宇宙のように、空間全体を埋めることは決してない。膨張を続ける真空状態は、一二二億年ごとに大きさが二倍になり、体積はどこまでも増えるかもしれない——インフレーションを続ける海が泡で区切られる。最後には、宇宙は永遠に泡立つ茸のようになるだろう。

もっと稀なことに、リンデとヴィレンキンが説いたように、量子ゆらぎは見える範囲の宇宙全体を高い真空エネルギー密度に跳び上がらせて、新しい、急速にインフレーションする高密度インフレーション宇宙を生み出すこともありうる。これは宇宙の始まりに見た高エネルギーのインフレーションのようなもので、新しいマルチバースを始めることになる。そうなるまでには 10^(10^120) 年くらいかかりそうだ。

私たちは谷に住んでいるのではなく、斜面にいて、海水面までゆっくり下っているだろう。これはゆっくり転がるダークエネルギーと言われる。私がバーラット・ラトラ、ジム・ピーブルス、ザック・スレピアンなど多くの人々と調べたように、これはダークエネルギーを何十億、何百億年にもわたってゆっくりと散逸させ、斜面を転がり落ちて、最終的にはエネルギー密度ゼロの真空状態になる。まさしくそのような転がり方はインフレーションの前にも一度起きている。非常に高密度のダークエネルギー状態が、私たちが今見ている低エネルギー真空に転がり落ちるときのことだ。それがまた起きることがありえて、私たちが最終的に海水面——真空エネルギーがゼロ——に転がり落ちることができるようにする。こうした想定は、宇宙のこれまでの膨張の歴史を詳細に測定することによって調べることができる。これによって私たちは、アインシュタインの方程式を使って、圧力のダークエネルギーにあるエネルギーに対する比、wと呼ばれる比を測定できる。このwがちょうど-1で力学的にはアインシュタインの宇宙定数に相当する値だということになると、それは「谷にひっかかる」想定に有利になり、ダークエネルギーは今の値に留まり、宇宙は永遠に一二二億年に二倍というペースを維持することになる。ところがwが-1よりもゼロに近くなると、私たちはゆっくりと海水面まで転がり、加速膨張はいずれ近似的には線形の膨張に道を譲ることになるはずだ。宇宙は永遠に膨張を続けるが、指数関数的ではなく、一次関数的になる。この場合には、宇宙の膨張は時間とともに、二倍、三倍、四倍、五倍、六倍というふうに進む。

ロバート・コードウェル、マーク・カミノコウスキー、ネヴィン・ワインバーグは、wが-1よりさらにマイナスになるかもしれないという過激な説を唱える。これは「幽霊(ファントム)エネルギー」と呼ばれる。それは時間とともに宇宙が膨張するにつれて真空エネルギーが増えるようにし、指数関数に輪をかけた膨張となり、未来に特異領域（ビッグリップ）をもたらす。これは銀河、星、惑星を、わずか一兆年でばらばらにする。この「ファントム」エネルギーは、場の転がる運動で、ダークエネルギーを制御する負の運動エネルギーを必要とするだろう。私には物理学的にはありそうにないように思う。その想定からすると、私たちが今日見ているダークエネルギーはインフレーションの前に存在していたダークエネルギーとはまったく別物に見えるようになるだろう。つまり、可能性は残るとはいえ、それは他の二つの想定ほどの可能性があるようには見えない。しかし多くの物理学者が「ファントムエネルギー」の可能性をけっこう本気で考えている。[*2]

第23章で述べたように、wについての現在の最善の推定値（プランク衛星チームが、スローン・デジタル・スカイサーベイのデータも含む、使えるデータすべてを使って得たもの）は、$w_0 = 1.008 \pm 0.068$だ。特筆すべきことに、誤差の範囲内で、これは−1という単純な値（近似的にアインシュタインの宇宙定数）と矛盾しない。これは私たちが谷底に収まっているというモデルに対応する。この結果は、ダークエネルギーがプラスのエネルギーとマイナスの圧力をもつ真空状態を表すという大方の説を強く支持するが、この観測結果はまだ、私たちが谷底にいるという説と、私たちが斜面を転がり落ちつつある（上りつつある）という説とを本当に区別できるほどではない。後の方の場合、w_0はちょうど−1ではなくてもそれに近く、わずかにそれを上下することになる。将来wが精密に測定されてそれが紛れもなく−1ではないということになれば、ゆっくり転がるダークエネルギーとファントム・エネルギーのいずれの構図が有利かがわかるだろう。しかし、測定結果が改善され誤差が小さくなっても、$w_0 = -1$と誤差の範囲内で整合するなら、「谷底に収まっている」モデルの勝ちを宣言してもよいかもしれない。w_0の誤差を一桁以上小さくできそうな実験がいくつか準備中、あるいは提案中で、こうした測定が宇宙の究極の運命を明らかにできることが期待される。

さて、宇宙が未来にどうなりそうかについて可能なかぎりの予想が得られた。しかし宇宙における私たちの未来はどうなるだろう。私たちはどうなる可能性が高いか。私たち人類は遠い未来でどう暮らしている可能性が高いか。こういう問いにも答えたいものだ。

まず、私たちは今、非常に暮らしやすい時期にいることを言っておきたい。宇宙は暮らしやすい程度に冷えている。炭素などの生命に必須の元素が十分にできており、星はちょうどよい輝き方をしていて、温かさとエネルギーをもたらしている。今は私たちが知的生命がいると期待してもよさそうな時期なのだ。星が消えた後では、知的生命ははるかに存在しにくくなる。表24-1を見れば、私たちが暮らしやすい時期にいることがわかる。ロバート・ディッケが唱え、後にブランドン・カーターがその名と精密な表し方を与えた「弱い人間原理」は、知的観測者はもちろん、自分が居住可能なところ――宇宙の中の居住可能な時期――にいると予想するはずだ（論理的に言えば、知的観測者が居住不能な時期にいてこういうことを考えることはできないだろう）。実際、私たちがいるのは、宇宙の最も住みやすそうな時期のどまんなかだ。

しかし私たちは、今のところ私たちが宇宙で遭遇している唯一の知的観測者として、私たちの種としての未来の寿命がどのくらいあるかを知りたい。この問いにはどう答えればいいのだろう。

一九六九年、私はベルリンの壁を訪れた。この都市を東西ドイツそれぞれに属する区域に分けていた壁だ。当時の人々は、ベルリンの壁がいつまであるのだろうと思っていた。これは一時的な異常事態で、すぐになくなると思う人々もいれば、現代ヨーロッパを象徴する恒久的なものであり続けると思う人々もいた。

図24-1　ベルリンの壁にいるリチャード・ゴット。1969年。私の右足は東ベルリンにあり、左足は西ベルリンにある。ベルリンの壁は私の後ろに建っている。写真はJ. Richard Gott所蔵のもの。

図24-1に一九六九年当時の壁の写真を掲げた。壁の将来の寿命を推定するために、私はコペルニクス原理を適用することにした。私はこう考えた。自分は特別ではない。この来訪も特別ではない。私は大学を出てヨーロッパにいるだけだ――当時「一日五ドルで暮らせるヨーロッパ」だった。私がベルリンの壁を見に寄ったのは、私がベルリンにいて、壁がそのときたまたまあったからにすぎない。私はベルリンの壁の歴史のどの時点で見ていてもよかった。しかし、私がそこを訪れたのが特別なことでないのなら、その訪問は、壁が始まってから終わるまでの間の任意のどこかに位置するはずだ（終わりが来るのは、壁が終わるか、それを見る人がいなくなるか、いずれかのときで、どちらが先でもよい）。すると、私がそれが存在する期間の中央の半分のどこか――中央の二つの四半期――にいる可能性は五〇パーセ

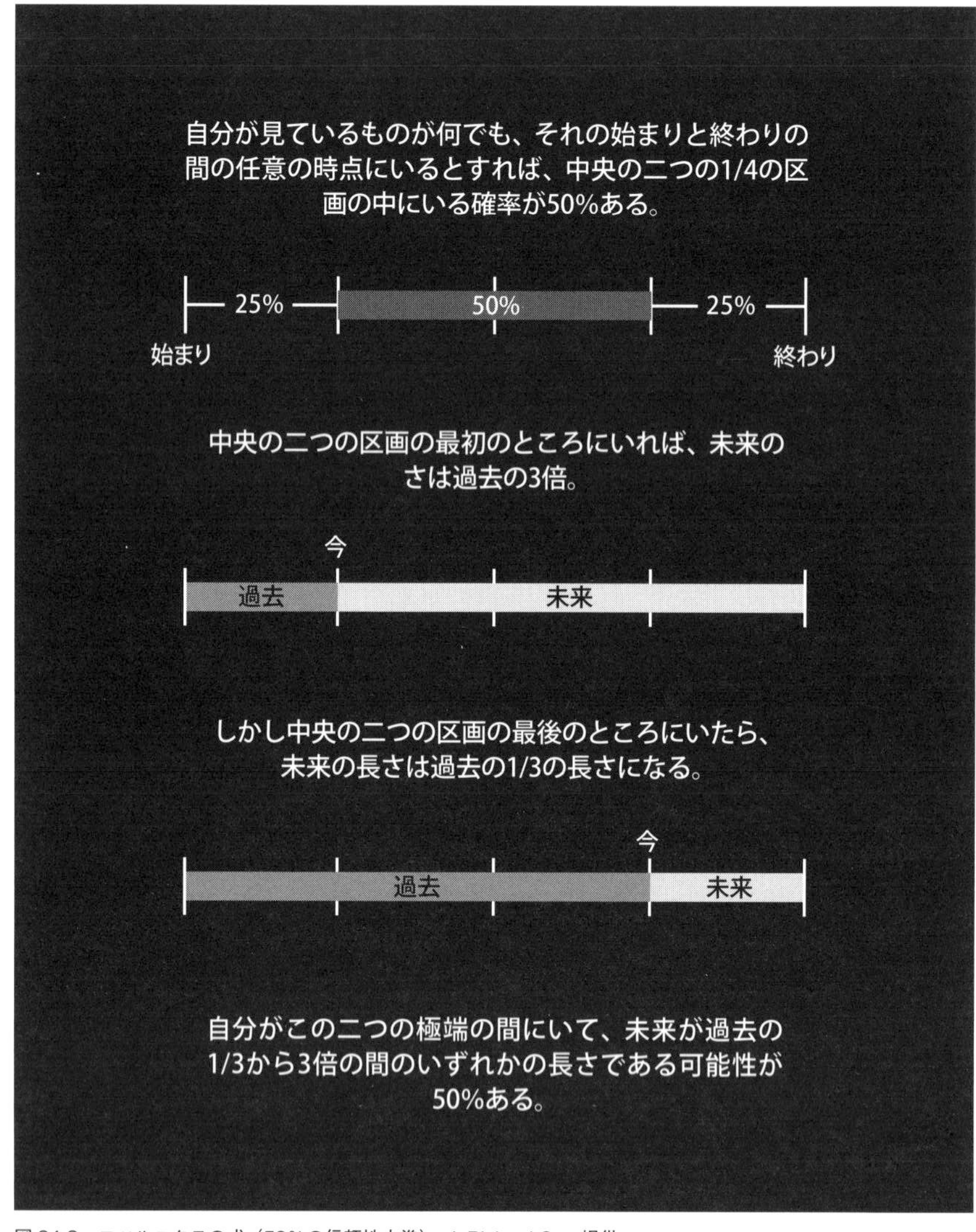

自分が見ているものが何でも、それの始まりと終わりの
間の任意の時点にいるとすれば、中央の二つの1/4の区
画の中にいる確率が50%ある。
25%
50%
25%
始まり
終わり
中央の二つの区画の最初のところにいれば、未来の
さは過去の3倍。
今
過去
未来
しかし中央の二つの区画の最後のところにいたら、
未来の長さは過去の1/3の長さになる。
今
過去
未来
自分がこの二つの極端の間にいて、未来が過去の
1/3から3倍の間のいずれかの長さである可能性が
50%ある。

図 24-2　コペルニクスの式（50%の信頼性水準）。J. Richard Gott 提供。

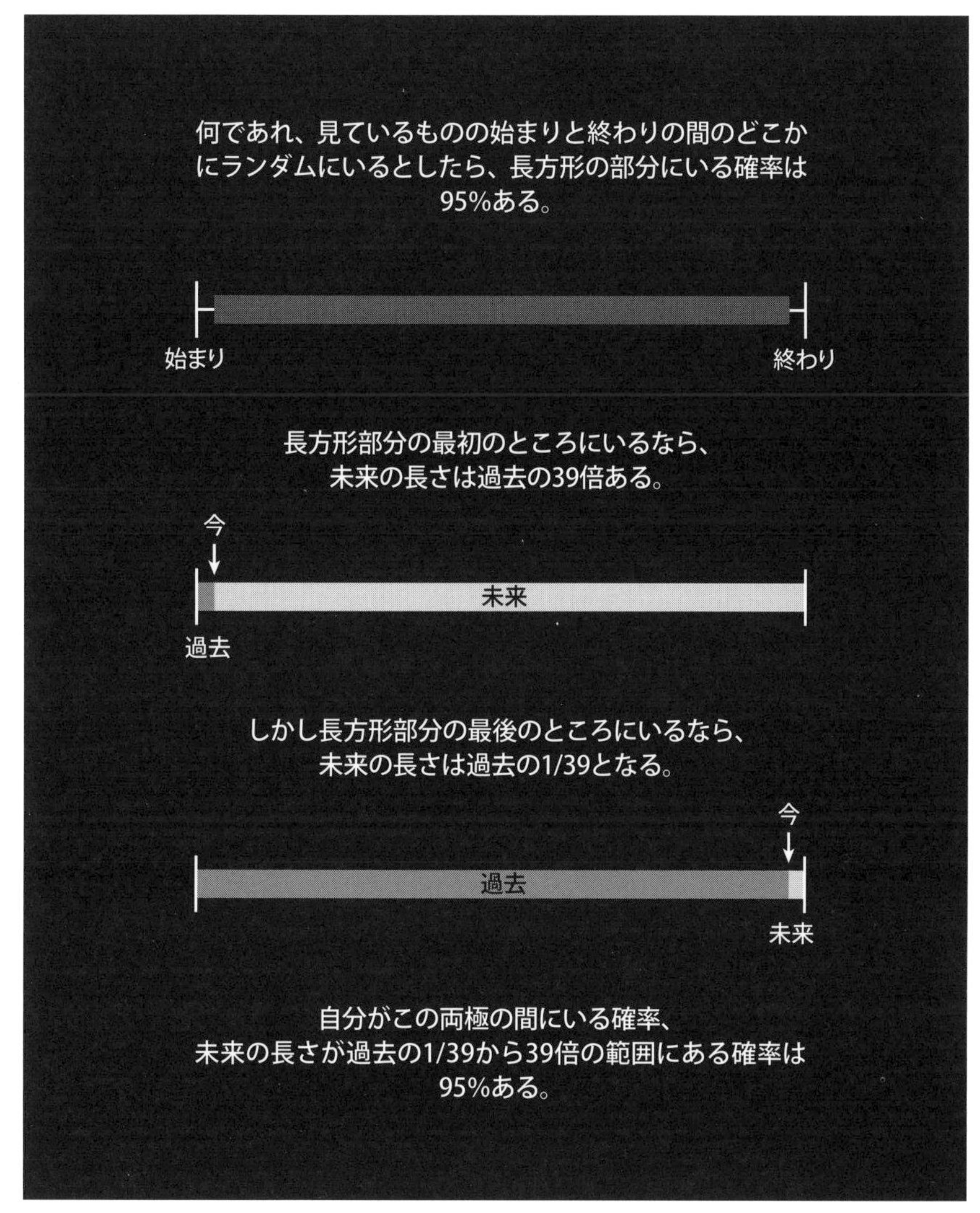

何であれ、見ているものの始まりと終わりの間のどこかにランダムにいるとしたら、長方形の部分にいる確率は95%ある。
始まり
終わり
長方形部分の最初のところにいるなら、未来の長さは過去の39倍ある。
今
未来
過去
しかし長方形部分の最後のところにいるなら、未来の長さは過去の1/39となる。
今
過去
未来
自分がこの両極の間にいる確率、未来の長さが過去の1/39から39倍の範囲にある確率は95%ある。

図 24-3　コペルニクスの公式（95%の信頼性水準）。J. Richard Gott 提供。

ントあるはずだ。私が中央の五〇パーセントの始まりにそれを訪れたとしたら、私は壁の歴史の四分の一のところにいて、未来はまだ四分の三残っている。この場合、壁の未来の寿命は、これまで過ごした時間の三倍ということになる。逆に、私が訪れたのは中央の五〇パーセントの終わりの方だとしたら、その歴史の四分の三が経過していて未来には四分の一が残っていて、未来は過去に経過した時間の三分の一ということになる。

そこで私は、自分がこの二つの極限の間にいて、壁の未来の寿命は過去の三分の一から三倍の間である可能性が五〇パーセントあると推理した（図24-2）。私が訪れたときは、壁はできて八年だった。壁のところに立っている間に、私は友人のチャック・アレンに、壁の未来の寿命は二・六六年から二四年の間だと予想した。

それから二〇年後、テレビを見ながら私はその友人に電話して言った。「チャック、僕がベルリンの壁について出した予測を覚えているか？　テレビを点けてみろよ。『NBCニュース』のトム・ブロコウが、壁が今日倒されていると言っているよ」。チャックは予測をおぼえていてくれた。ベルリンの壁は二〇年後に倒れた。私が予想した二・六六年から二四年の間という範囲内だ。私が訪れたのは冷戦のさなかだったので、その予測をしてから一ミリ秒後に、核爆弾でそれが（私も）吹き飛ばされることもありえた。逆に、中国の万里の長城のような何千年も残っている有名な壁もある。私の予測の幅はかなり狭かったが、それでも正解が得られた。

科学者は一般に、五〇パーセント以上正しいと言えそうな予測を立てるのを好む。正しい可能性が九五パーセントある予測を立てようとする。科学論文で用いられるのはその九五パーセントの信頼性水準だ。これは論証をどう変えるだろう。コペルニクス原理を適用するときには、時間の中での自分の位置が特殊でないなら、自分が見ているものが見える期間のうち九五パーセントの中央のどこかにいる可能性が九五パーセントあることを頭に入れておかなければならない――それは最初の二・五パーセントにも最後の二・五パーセントにもない（図24-3）。

二・五パーセントを分数で表せば四〇分の一だ。自分の観測が九五パーセントの先頭にあるなら――始まってからまだ二・五パーセントなら――見ている者の歴史の四〇分の一が過ぎていて、四〇分の三九は未来に残っている。この場合、未来は過去の三九倍ある。最後から二・五パーセントのところにいるなら、四〇分の三九は過ぎていて、残りは四〇分の一。未来は過去の三九分の一の長さだ。自分が両極の間の中央の九五パーセントにあるなら（そうである可能性は九五パーセ

ント）、未来は過去の三九分の一から三九倍の間の長さとなる。つまり、

何であれ目の前にあるものの未来の寿命は、現時点での年齢の三九分の一から三九倍の間にある（九五パーセントの信頼性水準で）。

私はこのことを、重要なこと、つまりホモ・サピエンスという人類の種の未来にあてはめてみることにした。人類が生まれて約二〇万年。アフリカのミトコンドリア・イブという、私たち全員の元にある存在にまでさかのぼる。この式は九五パーセントの信頼水準で、私たちの種の歴史の時系列における位置が特別でなければ、ホモ・サピエンスの未来の長寿は少なくとも五一〇〇年（200000/39）はあるが、あと七八〇万年（200000×39）もはない。[*3] 他の知的種族（この種の問いを考えられる存在）に関する保険統計的データはないので、私たちにできるのはここまでと言える。予測された未来の寿命の範囲はこれと同じ程度の大きさだ。求められているのは九五パーセントの確率で正しいことだからだ。推定を出す多くの専門家がこの範囲の外の予測を立てている。終末的な予測には、一〇〇年もせずに絶滅しそうだというものもある。しかしそれが本当なら、私たちは不運にも人類史の最後のところにいるということになる。楽観論者の中には、人類は銀河系に植民して何兆年も続くと考える人々もいる。しかしそれが本当なら、私たちは幸運にも、人類史の最初のところにいることになる。ことほどさように、こんなに広い範囲でも、コペルニクスに基づく公式はやはり情報量は多い。他の多くの人々が考えるよりも可能性を狭く限定するからだ。

確かに私たちが天文学で学んだことのすべては、私たちがコペルニクス原理（自分の入るところは特別ではなさそうだ）が成り立つと考えるべきだということを教えている。私たちは最初、自分が宇宙の中心を占めていると思っていた。しかしその後、私たちがいるところは太陽を回るいくつもの惑星の一つにすぎないことを認識する。それから太陽もごくふつうの恒星で、銀河の中心にはなく、中心から半径の半分ほど外側のところにあることもわかった。私たちのいる銀河は、ありふれた超銀河団の中のふつうの銀河団にあることも知った。私たちの発見が増えるほど、私たちの位置は特別でないことがわかってくる。

コペルニクス原理は科学の仮説の中でも成功した一つで、いろいろな状況で何度も立証されている。クリスティアーン・ホイヘンスはそれを使って星までの距離を予想した。太陽が宇宙で最も明るい光源になるのはなぜかも考えた。星は太陽のような他の恒星にすぎないとホイヘンスは推理した。他の星の絶対光度が太陽なみなら（太陽が特別ではないと仮定して）、その星が太陽よりもはるかに暗く見えるということは、その星がはるか遠くにあるということにならざるをえない。ホイヘンスは夜空で最も明るい星、シリウスが最も近いと見積もり、シリウスの明るさの太陽との比較から、シリウスは太陽の二万七六六四倍遠くなければならないと計算した。正しい距離の二〇分の一ほどだったが、そこに含まれる不確定部分が大きいことを考えれば、立派な成果だった。ホイヘンスは恒星どうしの距離は太陽系の大きさと比べて広大であることを正しく見てとったのだ。

他の銀河が私たちからあらゆる方向で同じように後退していることを見たハッブルは、私たちは巨大な爆発の中心という特別な場所にいると判断することもできただろう。しかしコペルニクス以後、私たちはそういう考え方に陥ることはない。これほど多くの銀河があるとなると、私たちがその中心にある銀河にいるという幸運はありえない。そのように見えるとしても、全ての銀河にいる観測者にとって同じように見えなければならない――でないと私たちは特別になる。これは一般相対性理論の等質・等方のビッグバン・モデルを生む。ガモフ、ハーマン、アルファーは、これを使ってペンジアスとウィルソンの発見より一七年前、CMB放射の存在を予測した。確かめられたものとして科学史上有数の予想だった。この成功は大部分、コペルニクス原理をまともに取り上げ、そこから導かれるところに従うことによって達成された。

興味深いことに、コペルニクス原理によって予測される人類の全寿命は、地球上にいる他の種の実際の寿命と見事に合っている。ホモサピエンスの全寿命について私が出した九五パーセントの信頼水準の予測は、二〇万五一〇〇年から八〇〇万年の間だ（すでに経過した二〇万年に、未来に残っていそうな五一〇〇年と七八〇万年を足しただけ）。先祖のホモ・エレクトゥスは一六〇万年ほど続き、ネアンデルタール人はわずか三〇万年ほどだった。哺乳類の種は平均して二〇〇万年ほどの寿命で、哺乳類以外の地球上の種族の平均寿命は一〇〇万年から一〇〇〇万年。恐ろしいティラノサウルスさえ、二五〇万年存在して絶滅した。約六五〇〇万年前の小惑星の衝突によって倒されてしまったのだ。

私のコペルニクス的予測は人類の知的種――自己意識があって、こういう問いを考えることができる――としての過去の長さのみに基づいていることを忘れないようにしよう。タイソンの言う、代数ができる種だ。人類がこれから一兆年続くとしたら、私たちがまだ生まれて二〇万年という人類史のごく初期の、さらに私たちの過去の長さが他の種と一致する全寿命を予測する時期にいるのは幸運ということになる。私たちはその一兆年のうちの任意の位置、たとえば今から四〇〇〇億年のところで観測しているのだったら、人類が他の種よりもはるかに長続きしていることもわかっていて、自分たちの未来の寿命も長いと適切に展望することになるだろう。人類の過去が、今わかっている二〇万年ではなく、すでに四億年経っているのなら、もっと楽観的になることだろう。

ホモ・サピエンスは、原理的に、それが知的種族であるというだけで、他の種よりはるかに寿命が長いということもありうる。しかし私たちはなお哺乳類で、他の哺乳類の寿命に沿ったものになる、コペルニクス的に予測された寿命がある。哺乳類は平均の種よりもずっと頭がいいとしても、その寿命は目立って長くはなく、ヒト科（ホモ・エレクトゥスやネアンデルタール人）は他の典型的な哺乳類の種より長生きなわけではなかった。知能と寿命の相関はないように見える。これはちょっと待てよということになるはずだ。

実際、他の哺乳類の保険統計的データを使って私たちの種の寿命を予想するだけなら、将来の寿命は五万六〇〇〇年から七四〇〇万年の間と見ることになる（九五パーセントの信頼水準）。こうした限界は、私たちの知的種族としての過去の長さのみに基づいてコペルニクス原理から言える限界の中に収まる。地球にとどまるかぎり、他の種を絶滅させたのと同じ危険にさらされていて、人類が生まれてわずか二〇万年ほどという事実は、私たちの知能が必ずしも他の種と比べて運命を向上するわけではないという心配が生じるはずだ。アインシュタインは頭が良かったが、それでも他の人々よりとくに長寿だったわけではない。知能があれば種の長寿にとって助けになるというわけではないかもしれない。

それで結構と思われるかもしれない。確かにホモ・サピエンスは絶滅するだろうが、それはかまわない。未来には、私たちに代わるもっと知能のある種を生んでいるだろうからだ。しかしダーウィンは、ほとんどの種は後継の種を残していないと言っている。多くの子孫となる種を残したわずかな種があって、それが殖えるのだ。しかしほとんどの種は血統を残さずに滅びてしまう。この点では、ヒト科の一族にある他の種はすべて（ネアンデルタール人、ハイデルベルク人、ホモ・エレクトゥス、ホモ・ハビリス、アウストラロピテクスなど）は絶滅している。私たちは唯一残ったヒト科だ。これと比べると、齧歯類は一六〇〇種ほどが現存している。こちらはよく栄えていて、生き残る可能性は高い。ドゥーガル・ディクソンは『アフターマン』という好著で、さらに五〇〇〇万年の進化が続いたらどうなっているかを推測したが、それは私たちが気に入るようなものではなかった。人類は一〇〇万年でいなくなる。今から五〇〇〇万年後には、ウサギはまだ優勢だが、シカほどの大きさになっていて、今の齧歯類の後裔であるラットのような動物の群れに襲われている。この本とそれが想像する未来世界で恐ろしいのは、その結果が妥当に見えるところであり、しかもそれが明らかに聞きたくない話だというところにある。地球に残っている動物のどれも、知的観測者ではなく、「自分たちの種はいつまでもつだろう」といったことを考えることはできない。もちろん、進化の進み方にはさまざまあるので、ドゥーガル・ディクソンの特定の動物についての予測が本当になる可能性は低いが、この本は、そうした道筋のほとんどには将来知的観測者が含まれていない。しかもそれはきわめてありそうなことだ。スティーヴン・ジェイ・グールドは同様のことを説いて、私たちを進化のクリスマスツリーにある「一つの飾りにすぎない」と言う。

同じコペルニクス的論証が、知的系統全体、つまり人類と、将来のその後裔になりそうな知的生物種を加えたものについてもあてはまる。私たちはこの系統の最初の知的（この手の問いを考えられる）生物種であり、今のところこの知的系統全体の年齢はわずか二〇万年ということになり（宇宙の歴史のわずか六万五〇〇〇分の一）、したがって、知的生命の系統全体は、永遠に続きそうにはなく[*4]、それに与えられる未来の長さには人類に課せられていたのと同じ限界があるはずだ。私たちはこの系統の唯一の知的生物種であってもおかしくない――私たちが自分が最初と見ることを考えれば。これはダーウィンの、ほとんどの種は絶滅したときに後継を残していないという所見と合致する。

この公式を使うべきでない場合もいくつかある。結婚式で誓いの言葉が交わされた一分後に、この結婚は三九分しか持たないなどと予想してはいけない。あなたは結婚の始まりという特別な節目の式に呼ばれているのだ。しかしたいていの場合にはコペルニクスの公式が使える。私がこの式を紹介してから、それは何度も確かめられ、ブロードウェイの芝居やミュージカル、政権、世界の指導者の治世など未来の寿命を予想して当ててきた[*5]。例外をもう一つ。宇宙の未来の寿命の推定には使わないこと。人は知的観測者であるがゆえに、特別な（居住可能な）位置にいるのかもしれない（知的観測者は初期の熱い宇宙には存在しなかったし、主系列星が燃え尽きたときには死滅するかもしれない）。しかし知的観測者の間では、時空のこの位置は特殊ではないはずだ。一般に、コペルニクスの公式が使えるのは、すべての場所のうち、知的観測者が存在するような特殊な場所はそもそもわずかしかなく、特殊ではない場所が多いからだ。人はそうした特殊ではない多くのところの一つにいる可能性が高い。また、今観察されていることは、知的観測者によって行なわれる観測全体に対して特殊な位置にあることはなさそうだ。

私たちは宇宙にいる知的種族について、寿命の保険統計的データは持っていない。そうした種族がどのくらい続くものなのかのデータはない。しかし知的種族としての私たち自身の過去の長さはわかっていて、その関連性の高いデータを無視すべきではない。コペルニクス的公式は、その情報を使って私たちの未来の寿命を九五パーセントの信頼水準で概算する方法を教えてくれる。

自分が特別ではないのなら、自分は人類を生まれ順に並べたリストの無作為のどこかにいると予想されるはずだ。過去の二〇万年に生まれた人の数はだいたい七〇〇億。コペルニクスの公式では、未来に生まれる人の数は、一八〇億から二兆七〇〇〇億の間のどこかにあることになる。私は一九九三年の『ネイチャー』に載った私の論文の査読者で、人間原理で有名なブランドン・カーターから、カーターとジョン・レスリーとホルガー・ニールソンも、自分がこれまで生まれた人類全体のうち最初の方にいる可能性は小さいと言っていることを知った。カーターは（後にはその成果を詳細にしたレスリーは）ベイズ統計を用いてこの結論に達したが、ニールソンは別個に、自分は人類の生まれ順リストのランダムな位置を占めるはずだという考え方――私の推論のように――を用いて同じ結論に達していた。私には似たような考え方の同業者がいたというわけだ。

あなたは人口が中央値よりも多い国の出身者である可能性が高い。世界一九〇か国の半分が人口七〇〇〇万未満だ。しかしもっと人口が多い国に住んでいる人の方が多いので、世界中の全員のうち九七パーセントはその中央値よりも人口が多い国に住んでいる。あなたは人口が七〇〇〇万以上の国の生まれだろうか。あなたが中央値よりも人口が多い国に住んでいる可能性が高いのと同じく、人口が多い世紀に暮らしている可能性も多い。確かに、あなたが生きているのは史上で最も人口が多い世紀だ。あなたは人口の急上昇を引き起こした何らかの出来事（農業の発見など）の後、人口の急減をもたらす出来事の前に生きているものと予想される。人口が中央値の世紀よりも大きい人口急増の中で暮らしているだろう。この急増は人類史の任意のどの時点で起きてもおかしくない。あなたの後に何人の人々が生きるかを知りたければ、今までに何人生きてきたかを問えばよい。人類がこれからどれだけ生きるかを知りたければ、これまでどれだけ生きてきたかを問えばよい。

あなたは宇宙にいる知的種族の中で人口が中央値以上の知的文明に暮らしている可能性が高い——あなたが人口の多い国に暮らしている可能性が高いのと同じ理由だ。知的観測者はたいてい、人口が中央値未満の文明に生まれたわずかな人々の間にいるのではなく、中央値よりも上の文明に暮らしていて、多くの観測者の中の一人である可能性が高い。つまり、地球の現在の人口は、宇宙にいる知的種族については中央値の人口より上である可能性が高い。地球外生命の巨大な銀河文明がちっぽけな地球を攻撃しに来るという、SF小説でのおなじみの状況とは違う。そうだったら——私たちが地球外生命のゴリアテに立ち向かうダヴィデだったら——おもしろいドラマになるが、計算される確率からは私たちは人口の点では成功している方の文明に属している可能性が高い。高度技術文明は人口が大きくなる可能性が高いので、私たちもその一つにいると予想してよいだろう。

二〇一五年、バルセロナ大学のファーガス・シンプソンがそこから言える興味深いことを唱えた。私たちが中央値より人口が多い惑星の生まれである可能性が高いなら、知的観測者が暮らす惑星の大半は、地球よりも小さい可能性が高いということだ。つまり、知的生命でもどんな種類の生命でも探すとすれば、地球よりも小さい惑星——実物の大半がいそうなところ——に目を向けるすべきだろう。

銀河の中の電波を発する文明の平均寿命の上限について、九五パーセントの信頼水準でコペルニクス的推定ができる。第10章のドレイクの式に入れられる値だ。これは、自分が電波を発信する文明に暮らす知的観測者の中で特殊な存在ではないだろうという考えに基づいている。あなたは長生きな方の電波発信文明の一つにいる可能性が高い。時間全体で見ると、そういうところにいる知的観測者の方が多いからだ。また、私たちの電波発信時代の始まりのところにいる可能性は低い。それでも、私たちの文明よりも長生きしている電波発信文明は必ずありうるし、そうした文明も平均に影響している。文明を足していって、全文明を足し合わせた全寿命に等しい長さの時系列を作るとしよう。電波発信文明を長寿の順に並べ、最も長生きした電波発信文明が長い時系列の最後に来るようにする。あなたが特別でないなら、あなたはその長い時系列の中のランダムな位置にいるはずで、ホモ・サピエンスの時間部分の中のランダムな位置にいるはずだ（私たちの電波発信文明の全寿命を与える）。私はこの考え方や、凝った代数を使って、電波発信文明の平均寿命の上限を九五パーセント信頼水準で定めることができた。一万二〇〇〇年だった。平均寿命がそれより長ければ、私の一九九三年の論文は、私たちの電波発信文明の中では異例に早く見えるか、電波発信文明すべてによる時系列の中で異例に早く見えるか、いずれかになってしまうだろう。これによって、ドレイクの式に入れられるコペルニクス的推定が得られる。$L_C < 12000$年（九五パーセントの信頼水準）。タイソンはこの推定を第10章で用いている。

知的種族はふつうに知的機械種族あるいは遺伝子組換え種族に進化すると思うなら、自分はなぜ知的機械ではないのかと問わなければならない。なぜ私は遺伝子組換え生物ではないのかと。

知的種族はあたりまえに銀河に移住すると思うなら、なぜ自分は宇宙移住種族ではないのかと問わなければならない。一九五〇年、エンリコ・フェルミは地球外生命について有名な問いを立てた。みんなどこにいるんだろうね？　地球外生命がとっくに地球に植民していないのはなぜか。コペルニクス原理はフェルミの問いに答えを出す。知的観測者の無視できない割合がまだ故郷の惑星にいるにちがいない（特別な存在でないなら）。移住はそんなにたびたびは起きないにちがいない。重要なことに、これは私たちがドレイクの式を適用してよいということを意味する。それは独自に故郷の惑星で生まれる知的文明の数を推定するものなのだ。移住がふつうでなければ、それは私たちが見つける地球外文明の総数にほぼ等しい数になる。

当初、次の二つの仮説が成り立つ可能性は等しいと思われていたとしよう。

H_1、人類は絶滅するまで地球にとどまる。

H_2、人類は将来、銀河にある一八〇〇億の居住可能な惑星に移住する。

ベイズ統計は、仮説H_1とH_2の事前確率に、今見ていることをH_1、H_2いずれかの下で見る可能性を乗じなければならないとする。私は地球に留まるという仮説H_1の下では、人間が自分は地球にいることを観察する可能性は一〇〇パーセントある。しかし人類が一八〇億の惑星に植民しているなら（H_2が正しいなら）、人間としては、自分が人類が暮らす一八〇億のうちの最初の惑星にいる可能性は一八〇億分の一しかない。したがって、私たちが地球に留まっているより銀河に移住しているという事態については、当初五分五分と見ていたとしても、自分が地球にいることを考えると、ベイズ統計学はそのオッズを一八〇億対一で、銀河への移住に不利と見積もり直さなければならなくなる。私のコペルニクス的論法は、自分が特別でないなら、自分が人類が暮らす惑星全ての最初の一八〇億分の一にいる可能性は一八〇億分の一しかなく、したがって、自分が最初の惑星にいるとして、私たちが一八〇億の惑星への移住に乗り出す可能性も一八〇億分の一しかないと言う。それでも、私たちが将来、火星に始まって二つ三つの惑星に移住して、私たちが生き残る可能性を高めることはありえない話ではなさそうだ。私たちはまだ宇宙開発計画があるうちに、さっさとそうするのがよい。

人間の宇宙飛行計画の目標は、宇宙に移住することによって私たちが生き残れる見込みを増すことであるべきだ。これは無理のないコストで達成できるだろう。たとえば、まず男女合わせて八人の宇宙飛行士を火星に送り、そこで固有の物質を使って殖えることができるだろう。火星へ片道でもかまわず行って、そちらに留まり、子や孫をなそうという気のある少数の宇宙飛行士——地球に戻って有名人になるより、火星文明の創始者となる方を選ぶ人々——を見つけなければならないだけだ。そのような果敢な人々はすぐに見つかるだろう。私がよく知っている宇宙飛行士のストーリー・マスグレーヴは、自分は喜んで火星への片道飛行に志願すると言っていた。火星一号隊（マーズ・ワン）の募集には、火星移住者になりたいという志望者が一〇〇人集まった。遺伝子多様性のために、冷凍卵子と精子を携行してもいいかもしれない（この場合、実際に送る飛行士はわずかでも、地球で生まれた多くの人々が火星に子孫を得ることになる）。火星にはそこそこの重力があり（地球の三分の一）、大気、水、生命にとって必要な化学物質がある——月とは違う。大気は二酸化炭素で、そこから呼吸用の酸素は得られるし、水は凍土や火星の極冠に大量にある。放射レベルは、居住地を地下一〇メートルに設置し、移住者の地上での作業は短くすれば許容範囲内に収まりそうだ。私たちの祖先は洞窟に住んでいた——火星への移住者もそれができるだろう。軌道周回船はすでに、調べてみる価値のある、良さそうな洞窟の入り口をいくつか見つけている。

私は、そのような居住地を火星に設置するには、これまで私たちが宇宙に送り込んだのと同程度の質量のものをこれから地球周回軌道に乗せればいいということを示した。そんなに途方もない要求ではない。ロバート・ズブリンによれば、八人の宇宙飛行士を火星に送り、緊急時の帰還用の乗り物（使われなければそれに越したことはない）を提供するには、地球低軌道に五〇〇トンを打ち上げればよいという。そこから火星軌道へ向けて打ち出し、火星大気で減速して着陸することになる。ジェラード・オニールによれば、宇宙居住地（スペースコロニー）には、一人あたり五〇トンほどあれば、生命圏に「閉鎖系での生命」を生むことができるという。火星表面まで四〇〇トンの資材を運ぶには、地球低軌道に二〇〇〇トンを打ち上げる必要がある。つまり、八人が自足的火星居住地のためには、地球低軌道に二五〇〇トンを打ち上げる必要があることになる。比較して言うと、アポロ計画やアメリカのスペースシャトル事業では、低軌道に一万トン以上を打ち上げており、ロシアと中国の有人宇宙飛行を加えると、その数字はさらに多くなる。NASAは今、一三〇トンもの資材を低軌道に打ち上げられる重い荷物用の機体を建造することを検討している（サターンV型なみ）。コロニーを建設するには二〇回打ち上げればよい（アポロ計画ではサターンV型を一八回飛ばした）。こうしたロケットのうち四機はケネディ宇宙センターの垂直組立棟で同時に建造可能だろう。そのようなロケットを開発するのに一〇年かかり、二六か月に四機の打ち上げ体制で進めば、火星の居住地はさらに九年で完成できる。今から始めると、完成までわずか一九年だ。私がこれを書いている時点で、人類は最初の宇宙飛行から五五年を経ている。コペルニクス原理からすると、人間の宇宙飛行は少なくともあと五五年続く可能性が五〇パーセントある――火星に居住地を確立するには十分な長さだ。そのような火星居住地を求めるのは理不尽なことではない。スペースX社を率いるイーロン・マスクは個人的に火星移住の資金を出そうとしている。私はロバート・ズブリンが主催した火星会議でマスクと同じ演壇に立ったことがある。私は人類が近い将来火星に移住することを望むべきだとする理由について語り、マスクは自分がどのようにしてそれを進めるかを語った。タイソンは著書の『スペース・クロニクル』で火星へ行くことを説いている。火星に居住地を設営すれば、世界史の流れが変わるだろう。もはや「世界史」とも言えなくなるかもしれない。最近、スティーヴン・ホーキングも声を上げて、bigthink.com によるインタビューでこう語った。「人類の長期的な未来は宇宙になければならないと信じています。地球が今後一〇〇年で大災害を避けるのは難しいでしょうし、一〇〇〇年後、一〇〇万年後となればなおさらです。人類はすべての卵を一つの籠というか一つの惑星に入れておくべきではありません。負荷を分散するまで籠を落とさないでいられると望みましょう」。

火星移住者カップルが平均して四人の子を儲ければ、人口は三〇年で倍になり、六〇〇年で八〇〇万人に達する（わずかな人口でも増えることはできる――オーストラリア原住民のアボリジニは、五万年前の当初、インドネシアから筏で渡った三〇人の人々だったと考えられている。その人口は、ヨーロッパ人が移住してきた時期には、三〇万人から一〇〇万人に増えていた）。宇宙開発計画の予算が打ち切られることを心配するなら、自足できる居住地を建設するのはまさしく求められることだ。火星に宇宙飛行士を送って全員を地球に戻すのではない。そこに残ってもらえば、そこで人類が生き延びる見込みに貢献できるということだ。火星移住は人類に一つではなく二つの道をもたらし、その分、私たちが長期的に生き残る見込みも二倍になる。それは気候変動による災害、小惑星衝突、不意打ちの流行病など、地球に入る私たちを圧倒しそうな天災に対する生命保険だろう。アルファケンタウリまで人類が到達する可能性も二倍になるかもしれない。コロニーはさらにまたコロニーを見つけることができる。月で話された最初の言葉が英語だったのは、イギリスが月へ宇宙飛行士を送ったからではなく、イギリスが北米に植民地を置いたからだった。

見回せば、宇宙が私たちのなすべきことを示してくれるのがわかるだろう。私たちは広大な宇宙のごく小さなかけらに暮らしている。宇宙は私たちに、散らばって、居住地を増やし、生き残る見込みを高めなさいと言っている。私たちは絶滅した生物種の骨が散らばる惑星に暮らし、私たちの生物種の年齢は、全体としての宇宙に比べたらごくわずかなものだ。死滅する前に散らばるべきだろう。私たちが他の惑星に人を送り込めるような宇宙計画を手にし始めたのはほんの半世紀前のことだ。それがなくなってしまう前にできるだけ賢明にそれを利用すべきだろう。宇宙に乗り出すか、宇宙に背を向けるか。私たちが地球でこういう話をしているという事実は、私たちが地球にとらわれたまま終わりを迎える可能性が無視できないという警告だ。

一九六九年の夏、私はベルリンの壁に行っただけではなかった。ストーンヘンジにも行った。その頃、ストーンヘンジはできて約三八七〇年だった。それはまだある。フロリダへ行って、あのサターンV型の打ち上げも見た。アポロ一一号のニール・アームストロング、バズ・オルドリン、マイケル・コリンズを乗せて月へ送ったときのことだ。そのとき、サターンV型ロケットは七か月かかって製造されてから月へ向かって離陸した。その後三年半で、月へ向かうサターンV型による打ち上げは終了する。サターンV型打ち上げの光景は壮大だった（図24-4の写真）。それが高く上るにつれて、魔法の剣がそれ自身よりはるかに長い煙を引いているように見えた。そういうものを私は見たことがなかった。一〇〇万人ほどの群集がやって来てそれを見た。みな打ち上げを一言もしゃべらずに見つめていたが、ロケットが高層の巻雲に見えなくなると、とてつもない喝采の声が上がった。宇宙への移住はなすべきことだ。

私たちの知能は、銀河に移住し、超文明になるという大きな可能性をもたらすが、ほとんどの知的種族にはそれができないにちがいない——あるいは私たちが一つしかない惑星の種族という特殊なものと思うだろうか。私たちが扱うエネルギー源は、太陽よりもはるかに小さい。私たちの力は小さく、まだ生まれてまもない。しかし私たちは知能がある生物で、宇宙とそのふるまいを定める法則について多くのことを学んできた——宇宙がどれほど前に始まり、銀河や星や惑星がどのようにしてできたかということを。それはとてつもない成果で、われわれがここで語ってきたのはそのことだ。

図 24-4　アポロ 11 号の打ち上げ。写真提供—— J. Richard Gott

謝辞

本書と、その元になった授業は、多くの人々の尽力によって実現することになった。まず、私たちが長年大いに教えを享け、このような仕事をするのに生産的でぴったりの雰囲気を与えてくれているプリンストン大学の教員の方々に感謝する。とくに、そもそも著者三人をまとめるという構想を立てていただいたネータ・バーコール教授にお礼申し上げる。カレン・ブレイク、ウェス・コリー、ジュリー・カマフォード、ダニエル・グリン、ヨンシャン・ロー、ジャスティン・シェーファー、ジョシュア・シュローダー、ザック・スレピアン、イスクラ・ストラテヴァ、マイケル・ヴォジェリーなどの学生諸氏にも感謝する。ラミン・アシュラフ、ソラト・ツンカシリ、ポーラ・ブレット、ソフィア・キラコス・ストラウス（マイケル・ストラウスの妻）、キャシー・グリゼスキには途中助けてもらい、ルーシー・ポラード・ゴット（リチャード・ゴットの妻）には本書全体の校正をしてもらった。ロバート・J・ヴァンダーベイにはいくつかの天文画像を使わせてもらい、リ・リシンには画像の処理を手伝ってもらった。アダム・バローズ、クリス・チャイバ、マシアス・ザルダリアガ、ロバート・J・ヴァンダーベイ、ドン・ページには有益な話をしてもらった。

プリンストン大学出版では、出版編集者のマーク・ベリス、校閲のシド・ウェストモアランド、たぐいまれな誠実さと見通しを与えてくれた担当編集者のイングリッド・ナーリッチにお礼申し上げる。

マイケル・A・ストラウス
ニール・ドグラース・タイソン
J・リチャード・ゴット

付録1　$E = mc^2$ の導出

実験室があって、中で粒子がゆっくりと左から右へ進む。速さは v だが、c よりははるかに小さい（つまり $v << c$）。ニュートンの法則は成り立つし、粒子の質量が m なら、ニュートンによれば、右向きの運動量 $P = mv$ を持つ。この粒子が二つの光子を発射する。それぞれエネルギーは $E = h\nu_0$ で、向きは正反対、つまり一方は左へ、もう一方は右へ行く。粒子はエネルギー $\Delta E = 2h\nu_0$ を失う。光子二つによって持ち去られるエネルギーの分だ。アインシュタインは、光子の運動量はエネルギーを光速で割ったものに等しいことを示した。粒子は二つの光子が当量の運動量を正反対の方向に持ち去るのを見るので、粒子が見る二つの光子によって持ち去る全運動量はゼロになる。粒子はそれが静止していると「思う」（アインシュタインの第一公準によって）。そして二つの等しい光子を正反対の方向に発射する。対称性によって、静止した粒子が二つの同じ振動数の光子を正反対の方向に発射しても、粒子は静止したままになる。二つの光子からの反発力が相殺される。粒子の世界線はまっすぐのまま。つまり速度の変化はない（図18-4を参照）。

右へ行く光子はいずれ実験室の右側の壁にぶつかる。壁に当たると壁はわずかに右に押される。これは放射圧の作用で、壁は光子の運動量を吸収し、これが壁を右に押す。右側の壁に観測者が着いていれば、光子が右へ進んで右の壁に当たるのを見る。粒子は壁に近づいているので、振動数は発射されたときの振動数より高い（それはスペクトルの青側に偏移する）。これはドップラー効果の例だ。対照的に、実験室の左側の壁にいる観測者は左へ進む光が左の壁に当たるとき、粒子は観測者から遠ざかっているので赤方偏移して、発射されたときよりも振動数が低くなっているのを見る。高い振動数（青側）の光子は低い振動数（赤側）の光子よりも運動量が大きい。それで右の壁は、左の壁が受ける（左方向への）衝撃よりも強い衝撃を受ける（右方向へ）。二つの打撃は相殺されず、実験室は全体として右向きの打撃を受ける。その衝撃全体がどれだけの大きさかを計算してみよう。

放出された光子の（波と見た場合の）、この粒子から見た波の山と山の間の時間間隔はΔt_0となる。波の二つの山を送り出す時間間隔Δt_0は、粒子から見た光の振動数ν_0分の一に等しい。たとえば、この光の振動数が毎秒一〇〇サイクルだったら、波の山と山の時間間隔は一〇〇分の一秒となる。つまり、$\Delta t_0 = 1/\nu_0$だ。vを粒子の実験室に対する速さとしよう。粒子の時計は（実験室の静止座標系で測ると）、すでに取り上げたように、実験室の時計に対して$\sqrt{[1-(v^2/c^2)]}$の速さで刻む。しかしこの計算では、$v << c$という前提なので、(v/c)程度の項だけを考えて、(v^2/c^2)の程度になる項は無視して、(v/c)程度の項のみを残す（たとえば、$v/c = 10^{-4}$という、地球が太陽を回る速さ程度の30 km/sec程度だったら、$v^2/c^2 = 10^{-8}$となる。この二次の項は一次の項に比べて無視できるほど小さい）。私たちは$v << c$となる極限で考えているので、粒子の時計が刻む速さは実験室の時計の刻みと基本的に同じになる。つまり、粒子が見る刻み（Δt_0）と実験室の時計の刻み（$\Delta t'$）は、粒子の動きが遅いので、基本的に同じとなる。

したがって、実験室に対して静止している観測者も、時間$\Delta t' = \Delta t_0 = 1/\nu_0$が、粒子から最初の波の山が出てから次の山が出るまでの時間と見る（図18−4を参照のこと。時間間隔$\Delta t'$は斜めの破線で示されている）。次の波の山が粒子から右に向かって出た瞬間、その山は先に出た波の山から距離$d = (c-v)/\Delta t'$遅れている。それは光線が時間$\Delta t'$に進む距離（$c\Delta t'$）マイナス粒子が進む距離（$v\Delta t'$）となる。二つの山は右へ速さcで進んでいる（アインシュタインの第二公準）。つまり、両者は平行して進んでいて、両者間の距離は一定の$d = (c-v)\Delta t'$となる。実験室の右側の壁に着いている観測者が見る波長λ_Rは、この波の山の間隔に等しいので、$\lambda_R = (c-v)\Delta t'$となる。図18−4の時空図は、思考実験を明らかにしている。この波の山どうしの距離λ_Rは実験室時間のある時点（時空図の横線に沿う）で測定されている。

二つの波の山が右側の壁に達する時間の間隔は、したがって、$\Delta t_R = \lambda_R/c = (c-v)\Delta t'/c$で、右へ進む光子の振動数は$\nu_R = 1/\Delta t_R = c/[(c-v)\Delta t'] = \nu_0\, c/(c-v)$となる。$v << c$については、量$c/(c-v)$は近似的に$[1+(v/c)]$となり、一次の$v/c$の項のみが残っている（たとえば、$v/c = 0.00001$なら、高い精度で$c/(c-v) = 1/0.00000 = 1.00001$となる——電卓で実際に計算してみること）。すると、実験室右側の壁についている観測者は、右に向かう光子が振動数$\nu_R = \nu_0\,[1+(v/c)]$で右の壁に当たるのを見る。つまり、ドップラー効果により、粒子の速さをvとして、放出された振動数ν_0の$[1+(v/c)]$倍に高くなった振動数を見る。これは壁に向かって低速vで進む粒子から出て実験室右側の壁に当たる青方偏移した光を表す標準的な

ドップラー偏移の式だ。

右へ進む光子が右側の壁に当たるとき、それは右向きの運動量 $h\nu_R/c = h\nu_0[1+(v/c)]/c$ を壁に与える。

粒子は左へ進む光子も出す。それはいずれ左の壁に当たる。実験室の左の壁に付いている観測者は、この左へ進む光子が $\nu_L = \nu_0[1-(v/c)]$ の振動数で壁に当たるのを見る。式にある速さの符号が逆転しているのは、左側の壁の観測者は粒子が速さ v で自分から遠ざかると見るからだ。ドップラー効果のせいで放出された振動数よりも低い振動数が見えることになる。実験室に二つの光子によって与えられる全体としての右向き運動量は、右向き光子によって与えられる運動量、$h\nu_0[1+(v/c)]/c$ マイナス、逆向きに進む左向き光子によって与えられる $h\nu_0[1-(v/c)]/c$ となる。これによって、二つの光子によって実験室に与えられる右向き運動量全体として $2h\nu_0(v/c^2)$ が得られる。この右向き運動量全体が実験室に与えられるのは、右側の壁に向かう高い振動数の（青い方の）光子の方が、左側の壁に向かう低い振動数の（赤い方の）光子よりも大きな打撃を与え、両者は相殺されないからだ。さて、$2h\nu_0 = \Delta E$ は、二つの光子の形で粒子から放出されるエネルギーに他ならない。つまり実験室が得る右向き運動量は $\Delta Ev/c^2$ となる。係数 v/c^2 は、ドップラー偏移による係数 v/c と、光子によって運ばれるエネルギーに対する運動量による係数 $1/c$ からなる。

運動量保存則により、実験室が受ける右向きの運動量は、粒子によって失われた右向き運動量に等しくなければならない。粒子の右向き運動量は mv（$v << c$ なので、ニュートンの運動量の式は正確に成り立つ）。粒子の速さは変わらないので、それが右向きの運動量 mv を失うには、質量を失うしかない。それが右向きの運動量を失う量は、粒子が失う質量を Δm として、$v\Delta m$ でなければならない。

$\Delta Ev/c^2 = v\Delta m$ と置くと、$\Delta E/c^2 = \Delta m$ がわかる。粒子のわずかな速さは相殺されるのだ。$v << c$ であるかぎり、答えは v には依存しない。等式の両辺に c^2 をかけると $\Delta E = \Delta mc^2$ が得られる。粒子は質量を失う。失う質量 Δm に c^2 をかけたものは、放出された二つの光子のエネルギー量 ΔE に等しい。両辺の Δ 記号をはずすと $E = mc^2$ となる。二つの光子によって奪われるエネルギーは、粒子が失う質量に c^2 をかけたものに等しい。粒子が質量を失うとき、$E = mc^2$ で与えられる量のエネルギーを放出する。多くの本がこの式の意味とその仕組みを解説しているが、どうやって導けるかは語ってくれない。これでそれがわかった。

付録2　ベッケンシュタイン、ブラックホールのエントロピー、情報

今の直径六インチ（一五センチメートル）のハードディスクは約五テラバイト、つまり4×10^{13}ビットの情報を保存することができる。直径六インチのハードディスクにどれほどの情報を詰め込むことが可能なのだろう。まず、これは思考実験なので、この直径の内側にできるだけ多くの体積を詰め込むべく、球で考える――半径七・五センチメートルのグレープフルーツの大きさほどだ。ベッケンシュタインはブラックホールが、事象の地平の面積に比例する有限のエントロピーを持つことを示した。結局、ブラックホールの地平のエントロピー（S）は、面積を平方プランク長さで表すと、事象の地平の面積のちょうど四分の一になった（正確な値は最終的にホーキングによって得られている）。プランク単位で表すと、半径七・五センチメートルのブラックホールの表面積は$4\pi\,(7.5\ \mathrm{cm}/1.6 \times 10^{-33}\ \mathrm{cm})^2 = 2.76 \times 10^{68}$となる。その四分の一、$S = 6.9 \times 10^{67}$がエントロピーだ。特定量のエントロピー（無秩序の増大）は、特定量の情報の破壊に対応する。エントロピーSに対応する情報のビット数は、$S/\ln 2$となる。2の自然対数（$\ln 2$と表されている部分）は0.69。2が出て来るのは、一ビットの情報はイエスかノーかの問い、つまり答えに二つの可能性がある問いへの答えだからだ（イエスノーの問い二〇問に答えるゲーム［「20の扉」］は二〇ビットの情報を与えることになる。私が1と2^{20}、つまり約一〇〇万の間のどの数を思い浮かべているかを知ろうとするなら、最初の問いは、「それは上半分ですか」となる。そうやって可能性の範囲を半分に分けていく。二〇回問えば、私が考えている数を当てられるだろう）。半径七・五センチメートルのブラックホールを作ることは、宇宙の無秩序を、情報10^{68}ビットの破壊に相当する分増やす。そのようなブラックホールの作り方は、10^{68}ビットの情報で記述される2^(10^68)通りあり、ブラックホールができると、その元になる情報が失われる。半径七・五センチメートルのハードディスクに10^{68}ビット以上の情報が保存できるとしたら、それをつぶすと（七・五センチメートルより小さいブラックホールになるまでどんどん小さく押しつぶす）、10^{68}ビット以上の情報が失われることになる。しかしそれはできない。ブラックホールができるときに10^{68}ビット以上

の情報が失われると、できるブラックホールの半径は七・五センチメートルよりも大きくなければならない。これは矛盾している。それで実際に起きるのは、一定の半径のハードディスクに多くの情報をハードディスクに詰め込もうとすると、その質量は増え、10^{68}ビットの情報を超えると、その質量は地球の質量の八・四倍になり、それはつぶれてブラックホールになる。こうして10^{68}ビット（1.16×10^{58}ギガバイト）の情報が、直径六インチのハードディスクに保存できる情報量の上限となる。

原註

第1章　宇宙の大きさ、規模

＊1　細かいことを言えば、一メガバイトは 2^{20} = 1,048,576 バイト、一ギガバイトは 2^{30} = 1,073,741,824 バイト。口語的には、それぞれ切りのいい、一〇〇万と一〇億に丸められる。

第3章　ニュートンの法則

＊1　D. T. Whiteside, "The Prehistory of the 'Principia' from 1664 to 1686". *Notes and Records of the Royal Society of London* 45, no. 1 (January 1991): 38.

第9章　冥王星が惑星ではない理由

＊1　たとえばヘール・ボップ彗星は直径三五キロメートルで、発見されたのは太陽に最接近する二年前になってからだった。それが地球に向かっていたら、TNT火薬四〇億メガトンもの爆発力で衝突しただろう。これは史上最大の威力とされる水素爆弾の六〇〇〇万倍に相当する。

第10章　銀河での生命探し

＊1　もしかすると、脚本家にも免罪符はあるのかもしれない。最初、ジョディは私たちの銀河だけで四〇〇〇億の星があると言っているが、最後には何百万も文明があると言う。それは、誰もがそう考えるような銀河だけの話なのか、それとも宇宙全体のことなのか。それを試してみよう。見える範囲の宇宙には一三〇〇億の銀河がある（ジョディは地球外生命を探していて、見える範囲の宇宙しか見えない）。その場合、〇・〇〇〇〇〇四個の文明に一三〇〇億をかける必要があり、それは見える範囲の宇宙に五万二〇〇〇の文明があることになる。何百万というわけにはいかない。つまりそれでも成り立たないということだ。

第14章　宇宙の膨張

＊1　歴史的限界は、欧州宇宙機関のガイア宇宙望遠鏡によって広がってきた。今、恒星の視差の最善の測定を行なって、それによると、

数万光年先の恒星の距離も特定できることになる。

第17章　アインシュタインの相対性理論への道

＊1　哲学者カール・ポパーが立てた基準によれば、科学的仮説は反証可能だというところが重要だ。

＊2　私は図17-1に描かれているような宇宙飛行士の光時計を観測する。一般的には、宇宙飛行士は私を速さvで通過する。私は宇宙飛行士が左から右へ移動するときにそちらの光時計を見る。光が斜めの線に沿って一フィート進む間に、宇宙船は左から右へv/cで進む。この間、光は上下方向には$\sqrt{[1-(v^2/c^2)]}$進む。それは、直角三角形の斜辺の長さが一、横の辺の長さがv/c、縦の辺の長さが$\sqrt{[1-(v^2/c^2)]}$であれば、直角三角形についての三平方の定理〔ピタゴラスの定理〕が成り立つからだ。$\sqrt{[1-(v^2/c^2)]}$の平方は$[1-(v^2/c^2)]$で、これに(v^2/c^2)を足すと1^2となる。ピタゴラスはうれしいだろう。私の時計で光線が上へ一フィート進む時間で、宇宙飛行士の光線は、上には$\sqrt{[1-(v^2/c^2)]}$フィートしか進まない。私が一〇歳年をとれば、飛行士は$10\times\sqrt{[1-(v^2/c^2)]}$歳年をとる。

第18章　特殊相対性理論から導かれること

＊1　J. Richard Gott, "Will We Travel Back (or Forward) in Time?" *Time*, April 10, 2000, 68–70.

第19章　アインシュタインの一般相対性理論

＊1　四次元のリーマン曲率$R^{\alpha}_{\beta\gamma\delta}$には二五六個の成分がある。各添字（上付文字あるいは下付文字）α、β、γ、δはそれぞれ、四次元時空の一つ(t, x, y, z)に対応する四つの値のいずれかを取れる。それで$4\times4\times4\times4=256$個の成分となる。

＊2　$T_{\mu\nu}$はエネルギー運動量・テンソルで、これは時空の特定の位置での中身、つまり、質量・エネルギー密度、圧力、ストレス、エネルギー流束、運動量流束を記述する。計量$g_{\mu\nu}$（先にお目にかかった。平らな時空では、これは$ds^2=-dt^2+dx^2+dy^2+dz^2$で与えられる）は、空間と時間で距離がどう測定されるかを教えてくれる。$R_{\mu\nu}$とRはリーマン曲率テンソルの成分から計算される。アインシュタイン方程式のテンソルは四つ値のどれでも取れる二つの添字が二つあるので$4\times4=16$本の方程式を表す。その一六本のうち一〇本が独立している。

＊3　一九三三年六月二〇日、グラスゴー大学での講演より。Albert Einstein, *The Origins of the Theory of Relativity*, で公刊され、*Mein Weltbild* (Amsterdam: Querido Verlag, 1934), 138 および *Ideas and Opinions* (reprint, New York: Broadway Books, 1995), 289–290 に転載されたもの（「一般相対性理論の発想をめぐって」、井上健／中村修太郎訳・編『アインシュタイン選集』共立出版（一九七二）第三巻所収）。

第20章　ブラックホール

＊1　ホーキングの学生だったドン・ページからの私信。ページはこの話を "Hawking Radiation and Black Hole Thermodynamics" Don N. Page, Alberta University, September 2004 で語っている。*New Journal of Physics* 7 (2005): 203, ALBERTA-THY-18-04, DOI: 10.1088/1367-2630/7/1/203, e-Print: hep-th/0409024 | PDF の形で公刊。この話はその出来事のホーキングによる *Brief History of Time*, 99–105 での叙述とも一致する〔ホーキング『ホーキング、宇宙を語る』（林一訳、ハヤカワ文庫ＮＦ（一九九五年）〕。

第22章　宇宙の形とビッグバン

＊1　マーク・アルパートと私は一般相対性理論がフラットランドでどう成り立つかを調べた。わかったのは、フラットランドでの点質量の周囲の形状は円錐形に見えて空っぽの空間は局所的に平坦なので（つまり、円錐は平らな紙に描いた円の一部を切り取って、できた端を貼り合わせることによってできる）遠くの物体は引力を及ぼし合わないということだった。このフラットランドについての作業が、その後宇宙ひもに関する研究の元になる。宇宙ひもを表す厳密解を得るためにしなければならなかったのは、点質量についてのフラットランド厳密解に縦軸座標を加えることだけだった。この場合、私たちの空想世界の探究によって、現実世界にも関係する解が生まれた。フラットランドでの点質量は互いに重力による引力を及ぼさないことによって、フラットランドで質量を集めて惑星をなすのはもっと難しくなる。

＊2　この概念はA・デュードニーによって、一九八四年の著書 *Planiverse*〔デュードニー『プラニバース』野崎昭弘ほか訳、工作舎（一九八九年）〕で更新された。二〇〇七年、フラットランドのアニメ映画版が、アーサー正方形（スクウェア）と、その孫娘、六角形（ヘクサゴン）のヘックスの声をマーティン・シーンとクリスティン・ベルが演じた。私がハーバード大学の学部生時代の指導教授の一人、トマス・バンチョは、ＤＶＤ版の特典映像で明快な数学的解説を加えている。

第23章　インフレーションと最近の宇宙論の展開

＊1　一九八二年に『ネイチャー』に掲載された拙稿で、私は「私たちの宇宙は通常の真空のバブルの一つだ」と言った。

＊2　シドニー・コールマンの泡形成に関する研究に続く同じ論文で、私は量子トンネル効果を、泡宇宙を生み出す過程と特定した。「かくてわれわれは宇宙の形成を量子トンネル現象と見ることができる」。

＊3　ホーキングが一九八二年に出した論文のタイトルは「単一の泡インフレーション宇宙における不規則性の発達」といって、リンデ、アルブレヒト、スタインハート、私などの論文が参照されていた。一九八二年、アメリカ物理学会が刊行する *Physics News* でその年の出来事が回顧され、表紙には私の論文の中心となる図を用いていた。

第24章　宇宙における私たちの未来

＊1　私はこのことを著書の *The Cosmic Web* (2016) で詳細に述べている。

＊2　私は $w > -1$, $w = -1$, $w < -1$ の三つの筋書きとそれが意味することについて、*The Cosmic Web* でさらに詳細に述べている。

＊3　私はこれを科学誌 *Nature*, 一九九三年五月二七日号の「コペルニクス原理の私たちの未来の展望に対する意味」という論文で発表した。

＊4　私たちの知性ある系統（ホモ・サピエンスとその知性ある子孫）は永遠に続きそうか？私たちの知的系統はこれまで二〇万年ほど存在している。これは宇宙の歴史に比べればごく短く、六万五〇〇〇分の一ほどだ。私たちの知的系統がさらに年を重ねると、その年齢の宇宙の年齢に対する比は一に近づいていく。私たちの知的系統が永遠に続くなら、それを見る観測者のほとんどは、この系統の年齢が宇宙そのものの年齢の大きさと同程度になる。それを観測しなければ、自分を特別な存在にすることになる。この考え方は定量化できる。二次元のグラフを描くとしてみよう。縦軸座標 y は私たちの知的系統が始まったときの宇宙の年齢をとり、横軸座標 x は人が観測を行なうときの宇宙の年齢を表す。平面上の各点は、人が行なう可能性のある観測を表す。しかし制約もある。両方の年齢 x と y は正だ（それによって観測点は平面の右上の象限に限られる）。観測が行なわれるのは知的系統が始まった後なので、$x > y$ とならなければならない。それが観測点の範囲を右上の象限の半分、つまり平面全体の八分の一に限られる——平面の東から北東にかけての八分円となる。これを原点から無限大に向かう広がる四五度幅の領域としてイメージすることができる。観測点（人が観測を行なうときの x と y の値による）は、この四五度幅の扇形のどこにでもありうる。観測が特別でなければ、たとえば、観測点が境界となる斜めの直線 $y = x$ から一度以内のところに収まる可能性は四五分の一しかない。しかし実際には、人は斜めの線にもっと近いところにいる。$x = (1 + [1/65{,}000])y$ と見る。その原点から測った (x, y) の点は、上限（直線 $y = x$）の縁から〇・〇〇〇四四度しか離れていない。それほど縁に近いところに偶然で収まる確率は、観測が特別でなければ、$P = 0.00044°/45° = 10^{-5}$ となる。つまり、私たちの知的系統が永遠に続き、観測が特別でないなら、人が宇宙の年齢のわずか六万五〇〇〇分の一かそれ未満という私たちの知的系統を見いだすのはきわめてありそうにない（確率はわずか10^{-5}）。コペルニクス原理は、人が自分の位置が一〇万分の一のところにあるのを見ることは（この場合、永遠に続く知的系統にいることは）きわめて可能性が低いことを言う（$P = 10^{-5}$）。つまり、コペルニクス原理は、常識にも沿って、私たちの知的生命が永遠に続くことはきわめてありそうにない（$P = 10^{-5}$）ことを教える。それに終わりがあるなら、コペルニクスの式から、終わりがいつになるかを（九五パーセントの信頼性で）予想する。

＊5　コペルニクスの式は検証できる。たとえば、私の論文の掲載時には、ブロードウェイで四四本の芝居とミュージカルが上演されていた。それまでの上演時期が短かったものはその後短い時間で終演になる傾向にある。たとえば、『マリソル』は始まって七日だったが、その一〇日後には終了した。これは39という係数の範囲に収まり、私の予想に合致する。この式は長期公演の作品にも成り立った。有名なミュージカル『ファンタスティクス』は上演開始から一万二〇七七日で、さらに三一五三日で終了した。やはり係数39の

範囲内だ。全体として、私の元のリストにあった終了した芝居とミュージカルのうち、42中42が範囲内で、二本はまだ定まっていない。その二つについては間違いかもしれないが、少なくとも九五パーセントの確率で正しい。

同じ日時の段階で、世界で三一三人の権力の座にある指導者――独立国家の国家元首と政府の長――がいた。その大半が今は権力から離れている。一〇〇歳を超えてその地位に留まる人がいないとすると、式の的中率は九四パーセントを超える(予想される九五パーセントに並外れて近い)。Henry Bienen and Nicholas van de Walle は、コペルニクス的予想に従って、著書の *Of Time and Power*〔時間と権力について〕で(世界の指導者二二五六年についての詳細な統計学的分析をしたうえで)、「指導者が権力についていた時間の長さは、その指導者があとどれくらい権力にとどまるかの良い指標である」。調べたすべての変数について、それが最も信頼性を与える予測因子だ。

一九九三年九月三〇日、*Nature* で、P. T. Landsberg, J. N. Dewynne, and C. P. Please は、私の式を用いて、イギリスの保守政権がどれだけ続くかを予想した。この三人は、その時点で一四年の間政権にあった保守政権は、さらに政権にある長さは四・三か月から五四六年の間だと九五パーセントの信頼性水準で推定した。実際には三・六年後まで続いた。予測の範囲内だ。

私は国連の保険統計表を用いて、一九九三年の世界にいたすべての人々が将来の寿命を私の式を使って計算したら、そのうち九六パーセントの人々にとっては、式は正しかったことになるという計算をした。

哲学者の Bradley Montond and Brian Kierland は、を私の説の核心を、二〇〇六年の *Philosophical Monthly* の論文で擁護した。二人は、私の式を使えば、どんな時間的規模であっても、あるいは時間規模が経験的に知られていない場合でも、将来の寿命を予測できると論じた。確率の問題は何でもベイズの公式を与えられる。ベイズ推定は新しいデータが手に入ったときに、以前の見方をどう修正すべきかを明らかにする。私のコペルニクスの式は、漠然とした(ジェフリース)事前確率を採用するのと同等となる(誰でも使えるようになっているため、「公開方針事前確率(パブリック・ポリシー・プライアー)」とも呼ばれる)。自分が観測した過去の寿命を可が得た後でそうする前の見方を改訂する。この種の事前確率の見方は不可知論的で、全体の寿命のそれぞれの規模を同等に秤量する。知的(つまりこれのような問題を問える)生物種の保険統計データがないなら、これができるかぎり最善のことと言え、コペルニクスの式のとおりの結果が得られるだろう。どんな観測者もそれを使えるし、そのような知的観測者のあいだでは、自分は特別ではないはずだ。

推薦図書リスト

Abbott, E. A. Flatland. New York: Dover, 1992.（エドウィン・アボット・アボット『フラットランド』竹内薫訳、講談社選書メチエ、二〇一七年）

Bienen, H. S., and N. van de Walle. Of Time and Power. Stanford, CA: Stanford University Press, 1991.

Brown, M. How I Killed Pluto and Why It Had It Coming. New York: Spiegel & Grau/Random House, 2010.（マイク・ブラウン『冥王星を殺したのは私です』梶山あゆみ訳、飛鳥新社、二〇一二年）

Ferris, T. The Whole Shebang. New York: Simon and Schuster, 1997.

Feynman, R. The Character of Physical Law. Cambridge, MA: MIT Press, 1994.（R・P・ファインマン『物理法則はいかにして発見されたか』江沢洋訳、岩波現代文庫、二〇〇一年）

Gamow, G. One, Two, Three … Infinity. New York: Dover, 1947.（ジョージ・ガモフ『1，2，3…無限大』崎川範行訳、白揚社、二〇〇四年、新版）

Goldberg, D. The Universe in the Rearview Mirror. Boston: Dutton/Penguin, 2013.

Goldberg, D., and J. Blomquist. A User's Guide to the Universe. Hoboken, NJ: Wiley, 2010.

Gott, J. Richard. Time Travel in Einstein's Universe. Boston: Houghton Mi in, 2001.（J・リチャード・ゴット『時間旅行者のための基礎知識』林一訳、草思社、二〇〇三年）

———. The Cosmic Web. Princeton, NJ: Princeton University Press, 2016.

Gott, J. Richard, and R. J. Vanderbei. Sizing Up the Universe. Washington, DC: National Geographic, 2010.

Gould, S. J. Wonderful Life. New York: W. W. Norton, 1989.（スティーヴン・ジェイ・グールド『ワンダフル・ライフ』渡辺政隆訳、

ハヤカワ文庫ＮＦ、二〇一〇年）

Greene, B. The Elegant Universe. New York: Vintage Books, 1999.（ブライアン・グリーン『エレガントな宇宙』林一、林大訳、草思社、二〇〇一年）

Hawking, S. W. A Brief History of Time. New York: Bantam Books, 1988.（スティーヴン・W・ホーキング『ホーキング、宇宙を語る――ビッグバンからブラックホールまで』林一訳、ハヤカワ文庫ＮＦ、一九九五年）

Kaku, M. Hyperspace. New York: Doubleday, 1994.（）

Lemonick, M. D. The Light at the Edge of the Universe. New York: Villard Books/Random House, 1993.（マイケル・D・ルモニック『宇宙論の危機』小林健一郎訳、講談社ブルーバックス、一九九四年）

———. The Georgian Star. New York: W. W. Norton, 2009.

———. Mirror Earth. New York: Walker & Company, 2012.

Leslie, J. The End of the World. London: Routledge, 1996.（ジョン・レスリー『世界の終焉』松浦俊輔訳、青土社、二〇一七年、新装版）

Misner, C. W., Thorne, K. S., and J. A. Wheeler. Gravitation. San Francisco: Freeman, 1973.（Charles W. Misner, Kip S. Thorne, John Archibald Wheeler『重力理論：gravitation』若野省己訳、丸善出版、二〇一一年）

Novikov, I. D. The River of Time. Cambridge: Cambridge University Press, 1998.

Ostriker, J. P., and S. Mitton. Heart of Darkness. Princeton, NJ: Princeton University Press, 2013. Peebles, P.J.E., Page, L. A., Jr., and R. B. Partridge. Finding the Big Bang. Cambridge: Cambridge University Press, 2009.

Pickover, C. A. Time: A Traveler's Guide. New York: Oxford University Press, 1998.（クリフォード・A・ピックオーバー『2063年、時空の旅』青木薫訳、講談社ブルーバックス、二〇〇〇年）

Rees, M. Our Cosmic Habitat. Princeton, NJ: Princeton University Press, 2001.（マーティン・リース『宇宙の素顔』青木薫訳、講談社ブルーバックス、二〇〇三年）

———(ed.). Universe. Revised edition. New York: DK Publishing, 2012.（『マーティン・リース総編集 Universe（ＤＫブックシ

リーズ)』ネコ・パブリッシング、二〇一四年)

Sagan, C. Cosmos. New York: Random House, 1980.(カール・セーガン『Cosmos』木村繁訳、朝日新聞出版朝日選書、上・下、二〇一三年)

Shu, F. The Physical Universe. Sausalito, CA: University Science Books, 1982.

Taylor, E. F., and Wheeler, J. A. Spacetime Physics. San Francisco: W. H. Freeman, 1992.(E・テイラー、J・ホイーラー『時空の物理学』曽我見郁夫、林浩一訳、現代数学社、一九九一年)

Thorne, K. S. Black Holes and Time Warps. New York: Norton, 1994.(キップ・S・ソーン『ブラックホールと時空の歪み』林一・塚原周信訳、白揚社、一九九七年)

Tyson, N. deG. Death by Black Hole. New York: W. W. Norton, 2007.(ニール・ドグラース・タイソン『ブラックホールで死んでみる』吉田三知世訳、早川書房、二〇〇八年)

———. The Pluto Files. New York: W. W. Norton, 2009.(ニール・ドグラース・タイソン『かくして冥王星は降格された』吉田三知世訳、早川書房、二〇〇九年)

———. Space Chronicles. New York: W. W. Norton, 2012.

Tyson, N. deG., and D. Goldsmith. Origins. New York: W. W. Norton, 2004.(ニール・ドグラース・タイソン、ドナルド・ゴールドスミス『宇宙起源をめぐる140億年の旅』水谷淳訳、早川書房、二〇〇五年)

Tyson, N. deG., C. T.-C. Liu, and R. Irion. One Universe. New York: John Henry Press, 2000.

Vilenkin, A. Many Worlds in One. New York: Hill and Wang/Farrar, Straus and Giroux, 2006.(アレックス・ビレンケン『多世界宇宙の探検』林田陽子訳、日経BP社、二〇〇七年)

Wells, H. G. The Time Machine (1895), reprinted in The Complete Science Fiction Treasury of H. G. Wells. New York: Avenel Books, 1978.(H・G・ウェルズ『タイムマシン』邦訳は各種文庫など、多数あり)

Zubrin, R. M. The Case for Mars. New York: Free Press, 1996.(ロバート・ズブリン『マーズ・ダイレクト』小菅正夫訳、徳間書店、一九九七年)

訳者あとがき

本書は、Neil deGrasse Tyson, Michael A. Strauss, and J. Richard Gott, *Welcome to the Universe: An Astrophysical Tour* (Princeton University Press, 2016) を翻訳したものです。著者のニール・ドグラース・タイソンは、アメリカ自然史博物館に属するヘイデン・プラネタリウムの館長を務め、メディアに登場することも多く、宇宙物理学的理解や広く科学的な考え方の普及の面で活躍しています。マイケル・A・ストラウスとJ・リチャード・ゴットはプリンストン大学で宇宙物理学の教授を務めており、ストラウスは観測面、ゴットは理論面で活躍しています。その三人が、プリンストン大学で開講された、日本で言えば教養科目としての天文学の講義を共同で担当したことで生まれたのが本書であり、天文学としてまとめられる分野全体を広く見渡し、三人三様の切り口でトピックを取り上げ、一般の人々に向けて解説しています。

取り上げられるトピックは、天文学（宇宙物理学）の基礎となる物理学、太陽系、恒星の仕組みや一生、銀河系の構造や動き、宇宙の膨張やビッグバンをはじめとする、宇宙全体の大きさや構造、始まりから終わりに至る歴史、アインシュタインの相対性理論とそれをふまえたブラックホールやワームホールや時間旅行の理論、さらには地球外生命や宇宙への移住の可能性というふうに多岐にわたっており、この分野のホットなテーマで、ニュースなどで一般の人々にも伝えられる話題が網羅的に押さえられています。その分ボリュームもありますが、それだけに情報量も圧倒的で、これ一冊で天文学の世界で語られていること全体の概略が見渡せるような本と言えるでしょう。

個々の内容については、本書そのものが解説になっているので、ここで余計な口をはさむ必要もないでしょう。本書を通じて存分に宇宙の驚異に圧倒されたり、可能性に思いあたったり、ときにはトリビアにほほうと思っていただければと思います。難しくてよくわからないというのではなく、わかるところを積み重ね、わからないことを発見する、そんなふうにも楽しんでほしい本です。ただ一言するなら……

本書に記されているように、わかってきたことはたくさんありますが（そういうことについて、著者たちは、ここまではわかっていると、きっぱりと述べています）。しかし、わかっていないこと、現時点では推測や可能性にとどまっていることがたくさんあることも述べられています。わかることもあればわからないこともある（さらには「知らないことも知らないこと（本書にも引かれるラムズフェルド元国防長官の言葉）」あるいは「私たちにはわかっていないことがわかっていないこと」（what we don't understand that we don't understand＝タイソンによる言い方）が新たに見つかる）のが科学です。広い宇宙のかなた、時間的にも空間的にも広大な世界が相手の最先端の分野となればなおさらです。だから、理論的可能性は可能性であってまだ確かめられているわけではなく、推測は推測で（まだ）事実ではなく、わからないことはわからないと把握するのも理解のうちだというのを忘れないようにしてほしいと思います。たとえば科学者がエイリアンや時間旅行の可能性を考えている、だからエイリアンやタイムマシンはあるんだ、ということではありません。まだまだわからないことが多い広大な謎の海の中で少しずつ解き明かされていく途上にあるということなのです。

現時点での（乏しい）知識で、可能性の中からお気に入りを選び、それが答えだと断定するのは科学の仕事ではありません。わからないことはわからないとし、調べる必要のあることは調べるのが科学で、だからこそ科学は先へ進めるのだということです。「わからないなら無駄だ」とか、「わからない、だから（勝手に）こう解釈する」ではなく、「わからない、だからまだ調べる必要がある」し、本書の著者たちのような科学者も、手をかえ品をかえ科学の仕事の実際を紹介する必要がある、というふうにとらえていただきたいと願っています。本書もその一端というわけです。

本書の翻訳は、青土社の篠原一平氏の勧めで担当することになりました。このような壮大な機会を与えていただいたことにお礼を申します。編集作業は同社編集部の加藤峻氏に、装幀は岡孝治氏に担当していただきました。これも記して感謝いたします。

二〇一八年一月

訳者識

索引

さ行

ま行

や行

ら行

わ行

ＡＢＣ、１２３

宇宙へようこそ

宇宙物理学をめぐる旅

2018年2月 5日　第1刷印刷
2018年2月15日　第1刷発行

著者――ニール・ドグラース・タイソン
マイケル・A・ストラウス
J・リチャード・ゴット
訳者――松浦俊輔

発行人――清水一人
発行所――青土社
〒101-0051　東京都千代田区神田神保町1-29　市瀬ビル
［電話］03-3291-9831（編集）　03-3294-7829（営業）
［振替］00190-7-192955

印刷・製本――シナノ印刷

装丁――岡 孝治

ISBN978-4-7917-7043-4
Printed in Japan